5판

ANSYS Workbench를 이용한

유한요소해석

ANSYS Workbench를 이용한

유한요소해석 5판

2023년 2월 16일 5판 1쇄 펴냄
지은이 Saeed Moaveni
옮긴이 박정선 · 김용하
펴낸이 류원식 | **펴낸곳 교문사**

편집팀장 김경수 | **책임편집** 안영선 | **표지디자인** 신나리 | **본문편집** 신성기획

주소 (10881) 경기도 파주시 문발로 116(문발동 536-2)
전화 031-955-6111~4 | **팩스** 031-955-0955
등록 1968. 10. 28. 제406-2006-000035호
홈페이지 www.gyomoon.com | E-mail genie@gyomoon.com
ISBN 978-89-363-2441-4 (93550)
값 35,000원

Finite Element Analysis: Theory and Application with ANSYS

FIFTH EDITION

5판

ANSYS Workbench를 이용한

유한요소해석

Saeed Moaveni 지음

박정선 · 김용하 옮김

교문사

역자 소개

박정선

Ph.D. Aerospace Engineering, University of Michigan, 1993

[Doctoral Dissertation : Selected Optimization Problems in Structural Mechanics]

M.S. Aerospace Engineering, Korea Advanced Institute of Science and Technology, 1985

B.S. Aerospace and Mechanical Engineering, Korea Aerospace University, 1983

한국항공대학교 항공우주 및 기계공학부 교수

김용하

Ph.D. Aerospace and Mechanical Engineering, Korea Aerospace University, 2019

[Doctoral Dissertation : An Optimization of Composite Lattice Cylindrical Structure using the Approximate Method]

M.S. Aerospace and Mechanical Engineering, Korea Aerospace University, 2014

B.S. Aerospace and Mechanical Engineering, Korea Aerospace University, 2012

충남대학교 기계공학부 교수

PREFACE

역자 머리말

1950년 초에 영국항공회사에서 Turner의 3각형 요소를 항공기 구조설계해석에 응용하기 위하여 시작된 유한요소해석이 1960년 초에 구소련과의 우주개발경쟁을 따라 잡기 위해 활발히 사용되기 시작하여, 항공우주, 토목, 자동차, 기계 부품, 전자기기, 조선 등 다양한 분야의 설계해석에 사용되어 현재는 필수 설계해석 도구가 되었다. 현재 범용 유한요소 프로그램으로 ANSYS, NASTRAN, ABAQUS, MARC 등이 산업현장에서 널리 사용되고 있다. 이중 ANSYS는 다양한 분야의 설계해석 프로그램으로써 우리나라 산업 설계분야에 폭넓게 활용되고, 이를 이용하여 설계된 다양한 제품이 출시되고 있다.

초기에 유한요소해석 분야는 대학원교육을 받은 인력의 활용분야였으나, 현재는 학부교육에 포함되어 설계 엔지니어를 교육하는 단계에 이르렀다. 유한요소해석 프로그램에 대해 수치계산기(number cruncher)에 의한 결과를 맹신하는 현실에서, 유한요소해석 이론의 기본사항에 대한 제공과 ANSYS 사용법, 그리고 유한요소해석 결과에 대한 결과검증 방법 등을 제공하여 유능한 유한요소해석을 이용한 설계 엔지니어를 양성하려는 필요성에 Moaveni의 유한요소해석 교재가 적절히 저술되어 있음을 발견하여 이를 번역하게 되었다.

이 교재 1판을 1999년 구남서, 권영두, 김위대, 박훈철, 박정선 교수 등이 번역하였고, 이번에 개정증보판인 5판의 번역을 하게 되었다. 1판의 트러스, 1차원 요소, 2차원 요소, 3차원 요소, 열전달해석, 고체역학, 유체역학, 최적화 설계 등의 내용에, 본 5판에서는 ANSYS WORKBENCH 사용법이 추가되어 유한요소해석의 다양한 설명과 ANSYS WORKBENCH의 활용에 대한 사항을 제공하고 있다. 또한 본 번역판에서는 유한요소해석 한 학기 강의 커리큘럼에 적합하도록 원서의 2장, 6장, 8장, 9장, 12장, 14장, 15장 내용을 제외하였다.

본 유한요소해석을 수학하기 위해서는 학부의 기초적인 공학수학, 재료역학, 유체역학, 열역학 등의 지식을 지니고 있으면 충분하고, CAD 소프트웨어 사용 지식의 추가를 추천한다. 피로수명평가, 비선형해석, 소음해석, 경계요소해석, 유체-구조연결해석, 신뢰성해석, 최적설계 등 좀 더 전문적인 깊은 지식을 습득하려면 대학원 과정에 진학하여야 하지만, 현장의 기본설계해석 엔지니어와 고학년 학부학생들이 수업하면 충분히 효율적으로 기본적인 유한요소해석 지식을 습득하리라 판단된다.

역자, 편집진, 그리고 교정진의 노력에도 불구하고 본 번역본에 오류가 있으리라 판단되며, 독자들께서 오류를 지적하여 연락해 주시면 참고하여 개정 시 수정할 것을 약속드린다.

본 번역 시 도와준 한국항공대학교의 항공우주 구조 시스템 설계 연구실의 강연준, 김연희 대학원생들에게도 감사드린다. 마지막으로 본 5판 교재의 번역 기회를 준 교문사에 감사를 드린다.

박정선, 김용하

PREFACE

저자 머리말

5판에서의 변화

이번 5판은 모두 15장으로 구성되어 있다. 4판을 사용한 교수, 학생, 전문가들의 제안과 요청, 그리고 ANSYS 개정으로 다수의 내용을 수정하고 추가하였다. 이번 책의 주된 수정내용은 다음과 같다.

- 더욱 상세히 설명된 이론과 유도과정
- 비선형 방정식의 해에 관한 새로운 섹션 추가
- 온도 변화가 있는 축 하중을 받는 부재에 관한 새로운 섹션 추가
- 새로운 ANSYS 출시에 따른 예제 문제 수정
- 새롭게 개정된 MATLAB에 대한 설명을 부록 F에 추가
- ANSYS Workbench를 활용한 예제 풀이를 부록 G에 섹션 추가
- 강사를 위한 파워포인트 슬라이드 세트 추가
- 다양한 종류의 공학 문제 모델링과 시뮬레이션에 있어서 ANSYS Workbench 환경을 사용하는 방법을 자세히 설명하는 비디오 세트 추가

구성

최근에는 설계의 실용적인 도구로 유한요소법을 사용하는 것이 급속히 일반화되어가는 추세이다. 다시 말하면, ANSYS와 같은 사용하기 쉬운 범용 유한요소 프로그램이 설계업무에 종사하는 엔지니어가 반드시 사용해야 할 도구가 되고 있다. 그러나 불행하게도 이를 사용하는 엔지니어 중에는 적절한 훈련을 받지 못하여 유한요소법의 기본적인 개념에 대한 이해가 부족한 사람들이 있는 것이 사실이다. 이 교재는 유한요소법을 처음 대하는 공대생이나 현장의 실무자가 기본 개념을 확실하게 이해할 수 있도록 구성하였다. 유한요소해석의 깊이 있는 이론뿐 아니라 실제 문제를 모델링하는 기법도 다루었다. 유한요소법을 처음 대하는 학생들에게 지나치게 이론만을 강조하여 가르치는 것은 바람직하지 않다는 것이 저자의 오랜 생각이다. 물론 ANSYS와 같은 범용 프로그램을 정확하고 효과적으로 사용하는 데 필요한 이론적인 배경도 충분히 전달될 수 있도록 하였다. ANSYS는 이 책에서 없어서는 안 되는 중요한 부분을 차지하고 있다. 이 책의 구성을 보면, 각 장마다 먼저 관련된 기본적인 이론을 설명하고 나서 수계산이 가능한 간단한 문제를 소개한다. 그 다음으로 ANSYS

를 사용하는 예제를 설명한다. 연습문제 또한 같은 방식으로 제시되어 있다. 문제에 따라서는 수계산만으로 해결이 가능한 것도 있고, 문제가 복잡하여 ANSYS를 사용해야 하는 것도 있다. 간단한 문제를 손으로 해석해 봄으로써 유한요소해석에 필요한 절차를 확실히 이해할 수 있도록 하였다. 또한 3, 4, 6, 9, 14장에는 현장에서 부딪칠 수 있는 실제적 문제를 다룬 설계과제를 제시하였다.

그릇된 해석 결과를 가져올 수 있는 여러 가지 오차 요인에 대하여 상세히 기술하였다. 엔지니어는 자신이 해석한 결과를 검증할 수 있는 방법을 알고 있어야 한다. 실험적으로 검증하는 것이 가장 좋은 방법이지만 시간이 많이 걸리고 비용이 많이 든다는 단점이 있다. 따라서 자신이 수행한 유한요소해석 결과를 검증할 수 있는 합리적인 방법을 책 전반에 걸쳐서 중점적으로 설명하였다. 이를 위하여 각 장의 끝에 ANSYS를 사용하여 구한 해석 결과를 검증하는 방법을 기술하였다. 이 책의 또 다른 특징은 마지막 두 장에 설계과정의 소개와 재료 선택, 최적화 설계이론과 ANSYS의 매개변수 프로그래밍을 다루었다는 점을 들 수 있다.

이 책은 총 15개의 장으로 이루어져 있다. 1장에서는 직접 정식화, 퍼텐셜 에너지 정식화, 가중잔여법과 같은 유한요소해석의 기본 개념을 다루었다. 2장에서는 행렬 대수의 포괄적인 내용을 설명하였다. 3장에서는 다양한 구조문제를 쉽고 빠르게 해석할 수 있는 트러스의 해석 기법을 다룬다. 또한 학생들이 바로 ANSYS를 시작할 수 있도록 ANSYS 프로그램을 개괄적으로 설명하였다. 4장에서는 축 하중을 받는 부재와 보, 프레임의 유한요소 정식화를 소개하였다. 5장에서는 1차원 해석의 근간을 이루는 1차원 선형, 2차, 3차 요소를 다루며, 전체, 국부, 자연 좌표계에 대해 상세히 논의하였다. 또한 등매개변수 정식화와 Gauss–Legendre 수치적분법을 설명하였다. 6장에서는 1차원 열전달 문제와 유체문제의 Galerkin 정식화를 고찰하였다. 7장에서는 2차원 선형 및 고차 요소와 Gauss–Legendre 공식의 2차원 적분을 설명하였다. 8장에서는 ANSYS 프로그램의 주요한 기능과 구성을 다루었으며, ANSYS를 사용하여 모델을 생성하고 해석하는 절차를 기술하였다. 9장에서는 2차원 열전달 문제를 다루었으며, 10장에서는 비원형 단면 봉의 비틀림, 평면문제에 대해 논의하였다. 11장에서는 동적 문제를 다루었으며, 동역학과 구조, 기계적 시스템의 진동에 대해 복습하였다. 12장에서는 2차원 이상유체역학 문제를 다루었다. 그리고 파이프망 문제와 지하수 침투 문제의 직접 정식화 등이 논의되었다. 13장에서는 3차원 유한요소 정식화에 대해 논의하였으며, 특히 하향식 및 상향식 솔리드 모델링 기법의 기본 개념을 설명하였다. 책의 마지막 두 장은 설계과정과 최적화 이론에 대해 소개하고 있다. 설계과정과 재료 선택은 14장에서 논의되었고, 15장에서는 최적화 설계이론과 매개변수 프로그래밍에 대해 논의하였다. ANSYS 배치 파일 예제 또한 15장에 들어 있다. 각 장은 장의 목적을 서술하는 것으로 시작하고, 그 장의 학습을 통해 얻을 수 있는 바를 요약하는 식으로 마무리 짓는다.

ANSYS를 이용한 예제들을 사용하여 해석하는 방법을 자세히 설명하여, 실제 문제를 어떻게 모델링하고 해석하는지에 대한 방법을 습득하도록 하였다. 특히 8장은 독립적인 내용이기 때문에 교수가 학기 초반부터 ANSYS 실습을 병행하고자 한다면 먼저 다루는 것이

좋을 것이다.

책 전반에 걸쳐 고체역학, 열전달, 동역학, 유체역학에 대한 기본 개념을 간략히 고찰하였다. 학생들은 유한요소해석이 만능이 아니며, 먼저 간단한 해석적인 해가 있는지를 찾아서 이를 사용해야 함을 반드시 기억하고 있어야 한다. 몇몇 자주 사용되는 재료의 기계적 물성과 열역학적 물성을 부록 A와 B에 수록하였으며, 부록 C와 D에는 구조강의 일반적인 면적의 성질과 기하학적 물성을 각각 수록하였다. MATLAB에 대한 포괄적인 소개내용은 부록 F에 수록되어 있다. ANSYS Workbench 예제들은 부록 G에 수록되어 있다.

마지막으로, 웹사이트 http://www.pearsonglobaleditions.com/moaveni는 다음의 목적을 위해 계속해서 유지될 것이다. (1) ANSYS의 새로운 버전에서의 변화된 내용을 공유하고, (2) 앞으로 출판될 개정판에 대한 정보를 소개하며, (3) 추가적인 과제와 설계문제를 제공하고, (4) 그리고 책을 서술함에 있어 오류나 실수를 범하지 않고자 최선을 다했으나 오류가 존재할 수 있으므로 위의 사이트를 통해 수정내용을 공지하고자 한다. 위의 웹사이트는 모든 학생과 교수들이 접속할 수 있을 것이다.

본 책을 사용해 주심에 감사드리며 5판을 유용하게 사용하기를 바란다.

Saeed Moaveni

CONTENTS

차례

APPENDIX 부록 445

CHAPTER 1

서론

유한요소법은 응력해석, 열전달, 전자기, 유체 유동 등의 공학적 문제에 대한 해를 구하기 위해 사용되는 수치적 방법이다. 이 책은 유한요소 모델링의 기본 개념을 명확히 이해할 수 있도록 쓰였다. 기본 개념에 대한 명확한 이해를 통해서 ANSYS 같은 일반적인 유한요소 소프트웨어를 효과적으로 사용할 수 있게 된다. ANSYS는 이 책에서 중요한 부분을 차지한다. 각 장에서는 그와 관련된 기본적 이론이 먼저 논의되고, ANSYS를 사용한 예제가 주어진다. 이 책의 전 범위에서 유한요소해석(FEA, Finite Element Analysis)을 통하여 습득한 지식을 확인하는 데 주안점을 두었다. 또 각 장의 마지막에는 ANSYS를 사용하여 얻은 결과를 검증하기 위해서 고려해야 하는 사항들에 대하여 기술하였다.

이 책의 연습문제 중 일부는 수(hand)계산으로 해를 구하도록 되어 있다. 이런 연습을 통해서 유한요소해석에 필요한 단계를 밟아봄으로써 기본 개념을 이해하는 데 많은 도움이 되리라 생각한다. 그리고 이 책은 이미 유한요소 모델링을 하고 있거나 유한요소해석(FEA)의 기본 개념을 알아야 하는 설계 엔지니어에게 참고가 되도록 하였다.

이 장의 목적은 **직접 정식화**, **최소 총 퍼텐셜 에너지 정식화**, **가중잔여법** 등과 같은 유한요소 정식화에 관한 기본적인 개념을 설명하는 것이다. 이 장에서 다루는 주요 내용은 다음과 같다.

1.1 공학 문제
1.2 수치적 방법
1.3 유한요소법의 간략한 역사와 ANSYS
1.4 유한요소법의 기본 단계
1.5 직접 정식화
1.6 최소 총 퍼텐셜 에너지 정식화
1.7 가중잔여법 정식화
1.8 결과 검증
1.9 문제의 이해

1.1 공학 문제

일반적으로 공학 문제는 물리적인 현상에 대한 수학적인 모델이다. 수학적인 모델은 관련된 경계조건과 초기조건을 가지는 미분 방정식으로 주어진다. 미분 방정식은 시스템이나 검사체적(control volume)에 대해서 기본적인 법칙과 원리를 적용하여 유도할 수 있다. 이 지배방정식은 질량, 힘 또는 에너지의 평형을 나타낸다. 이러한 방정식의 엄밀해는 표 1.1의 몇 가지 예와 같이 주어진 조건에서 시스템의 상세한 거동을 나타낸다. 해석해는 두 부분으로 구성된다. 즉, 동차해(homogenous) 부분과 특수해(particular) 부분으로 구성된다. 주어진 공학 문제에서, 시스템 거동에 영향을 미치는 2개의 변수들이 있다. 첫째, 주어진 시스템의 **본질적 거동**(natural behavior)과 관련된 정보를 제공하는 변수이다. 이 변수들은 탄성계수, 열전도도, 점성, 면적, 단면의 2차 모멘트 같은 재료 및 기하학적 특성을 포함한다. 표 1.2는 다양한 문제의 본질적 거동을 특징짓는 물리적 성질을 요약한 것이다.

반면에, 시스템을 **교란**(disturbances)시키는 변수가 있다. 이런 변수들은 표 1.3에 요약되어 있다. 이런 변수들의 예로는 외력, 모멘트, 매개체를 지나면서 생기는 온도차, 유체에서의 압력차 등이 있다.

표 1.1 공학 문제에서의 지배 미분 방정식, 경계조건, 초기조건과 엄밀해의 예시

문제 유형	지배 방정식, 경계조건, 초기조건	해
보: Y, w, X, E, I, L	$EI\dfrac{d^2Y}{dX^2} = \dfrac{wX(L-X)}{2}$ 경계조건: $X = 0$에서 $Y = 0$이고, $X = L$에서 $Y = 0$이다.	거리 X의 함수에 의한 보(beam) Y의 처짐 $Y = \dfrac{w}{24EI}(-X^4 + 2LX^3 - L^3X)$
탄성 시스템: y_0, y, m, k	$\dfrac{d^2y}{dt^2} + \omega_n^2 y = 0$ 여기서 $\omega_n^2 = \dfrac{k}{m}$ 초기조건: $t = 0$에서 $y = y_0$이고, $t = 0$에서 $\dfrac{dy}{dt} = 0$이다.	시간의 함수에 의한 질량 y의 위치 $y(t) = y_0 \cos \omega_n t$
핀: T_∞, h, T_{base}, A_C, P = 주변 길이, X, L	$\dfrac{d^2T}{dX^2} - \dfrac{hp}{kA_c}(T - T_\infty) = 0$ 경계조건: $X = 0$에서 $T = T_{base}$ $L \to \infty$일 때 $T = T_\infty$	함수 X에 의한 핀(fin)에 따른 온도 분포 $T = T_\infty + (T_{base} - T_\infty)e^{-\sqrt{\frac{hp}{kA_c}}X}$

표 1.2에 나타낸 시스템의 특성은 시스템의 본질적 거동을 가리키며, 항상 지배 미분 방정식 **해의 동차해**(homogenous part of the solution)에 나타나게 된다. 반면에, 교란과 관련된 변수는 **특수해**(particular solution)로 나타나게 된다. 유한요소 모델링에서 강성 또는 전

표 1.2 다양한 공학 시스템을 특징짓는 물리적 성질

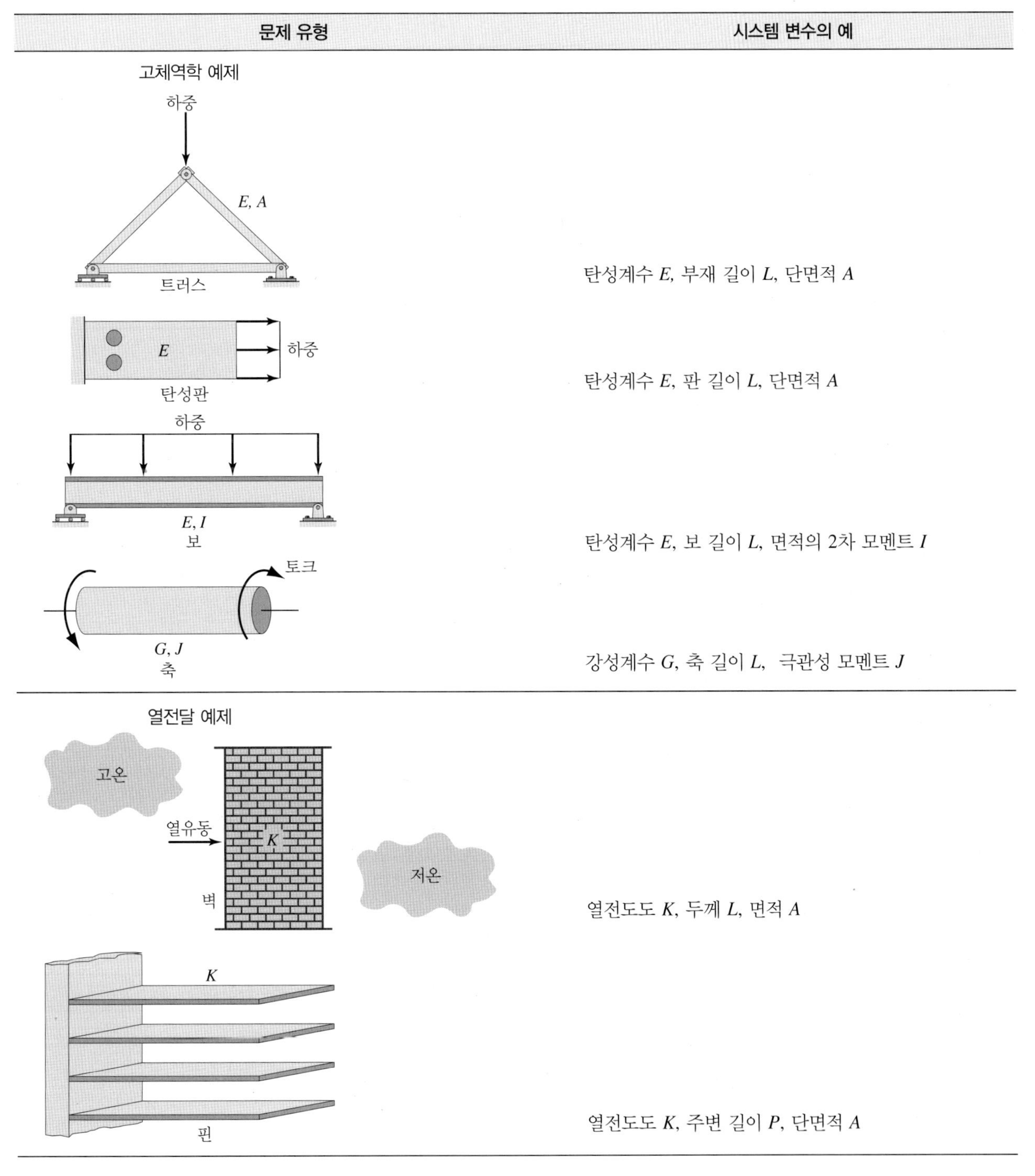

문제 유형	시스템 변수의 예
고체역학 예제	
트러스 (하중; E, A)	탄성계수 E, 부재 길이 L, 단면적 A
탄성판 (E; 하중)	탄성계수 E, 판 길이 L, 단면적 A
보 (하중; E, I)	탄성계수 E, 보 길이 L, 면적의 2차 모멘트 I
축 (토크; G, J)	강성계수 G, 축 길이 L, 극관성 모멘트 J
열전달 예제	
벽 (고온; 열유동; K; 저온)	열전도도 K, 두께 L, 면적 A
핀 (K)	열전도도 K, 주변 길이 P, 단면적 A

(계속)

표 1.2 다양한 공학 시스템을 특징짓는 물리적 성질(계속)

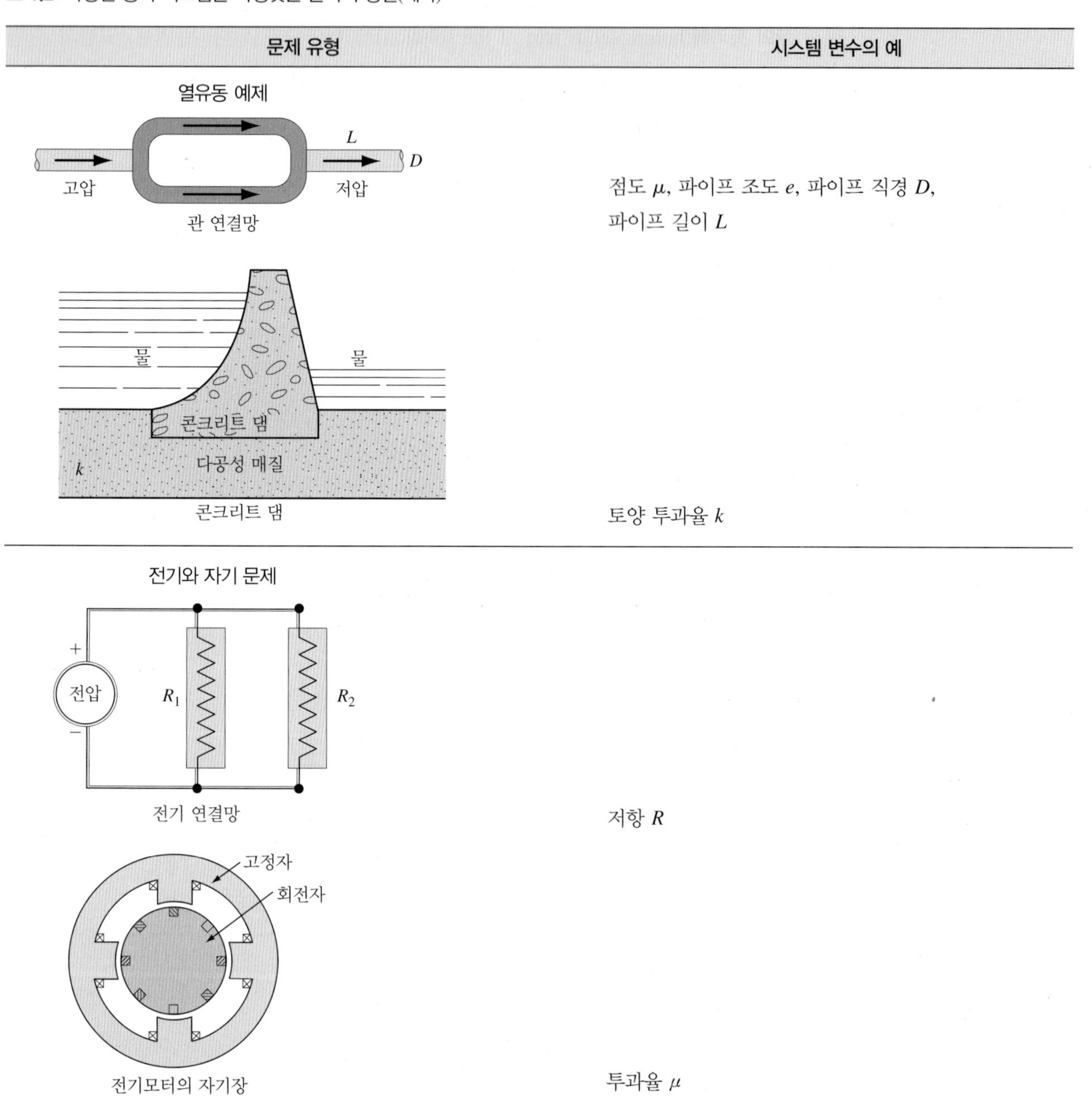

표 1.3 여러 가지 공학 시스템에서의 교란 요소

문제 유형	시스템을 교란시키는 변수들의 예들
고체역학	외력과 모멘트: 지지 자극
열전달	온도차: 열 유입
유체 흐름과 관 연결망	압력차: 유량
전기 연결망	전압차

도행렬, 하중행렬 속에 이런 변수들이 나타나게 되므로 이 변수들의 역할을 이해하는 것이 중요하다. 시스템의 특성은 항상 강성행렬, 전도행렬, 저항행렬을 통해 나타나게 되지만 교란변수는 항상 하중행렬에 나타나게 된다. 강성, 전도, 하중행렬에 대해서는 1.5절에서 설명한다.

1.2 수치적 방법

공학 문제 중에는 엄밀해를 얻을 수 없는 실제적인 문제들이 많이 있다. 엄밀해를 얻을 수 없는 것은 지배 미분 방정식의 복잡성 또는 경계조건이나 초기조건을 다룰 때 생기는 어려움 때문이라고 할 수 있다. 이런 문제를 다루기 위해서 수치적인 근사가 필요하다. 시스템 내 특정 지점에서의 엄밀한 거동을 나타내는 해석적인 해와는 대조적으로 수치적인 해는 '절점'이라고 불리는 이산화된 점에서 엄밀해를 근사한다. 수치적 절차의 첫째 단계는 이산화(discretization)이다. 이 과정을 통해서 관심 대상을 부영역(요소)과 절점으로 분할한다. 이러한 수치적 방법으로 **유한차분법**(finite difference method)과 **유한요소법**(finite element method)의 두 가지 방법이 있다. 유한차분법에서는 미분 방정식이 각 절점에서 표현되고, 도함수는 **차분 방정식**(difference equation)으로 바뀐다. 이 과정을 통해서 연립 선형 방정식이 유도된다. 유한차분법은 이해하기 쉽고 간단한 문제에 적용하기 쉽지만, 복잡한 형상이나 복잡한 경계조건을 갖고 있는 문제에는 적용하기 어렵다는 단점이 있다. 이러한 현상은 비등방성 재료 물성의 문제에도 해당된다.

반대로, 유한요소법은 대수 방정식을 만들기 위해 차분 방정식을 사용하는 것이 아니라 **적분 과정**(integral formulation)을 사용한다. 또한 근사 연속 함수는 각 요소의 해를 나타내는 것으로 가정한다. 그리고 완전한 해는 각각의 해를 조합해서 얻어지게 되는데, 이때 각 요소 경계에서 연속성이 보장되어야 한다.

1.3 유한요소법의 간략한 역사* 와 ANSYS

유한요소법은 다양한 공학 문제들의 해를 얻기 위해 적용시킬 수 있다. 정상상태, 과도상태, 선형 또는 비선형 응력해석 문제 및 열전달, 유체 유동, 전자기장 문제들은 유한요소법을 통해서 해석할 수 있다. 현대 유한요소법의 기원은 이산화된 등가 탄성봉을 이용하여 탄성 연속체들을 모델링하고 근사화한 1900년대 초로 거슬러 올라간다. 그러나 Courant(1943)가 유한요소법을 최초로 개발한 사람으로 간주되고 있다. 1940년대 초에 발간된 논문에 의하면, Courant는 비틀림 문제를 연구하기 위해 삼각형 부영역에 대한 다항식 보간법을 사용하였다.

다음의 중요 단계는 비행기 날개를 모델링하기 위하여 삼각 응력 요소를 사용했던 보잉사가 1950년대에 행하였다. 그러나 1960년대에야 비로소 **유한요소**(finite element)라

* 더 자세한 사항은 Cook et al.(1989)을 참조하라.

표 1.4 ANSYS의 성능을 나타내는 예들*

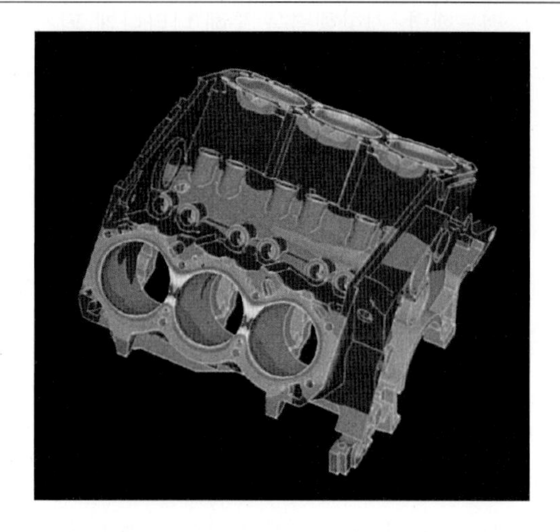

전륜 구동 자동차의 V6 엔진이 ANSYS 열전달 기능으로 해석되었다. 그 해석은 제품 성능 개선을 위하여 미국 자동차 제조사 대신 Analysis & Design Appl. Co. Ltd.(ADAPCO)사에 의해 수행되었다. 엔진 블록의 열응력 분포가 그림에 나타나 있다.

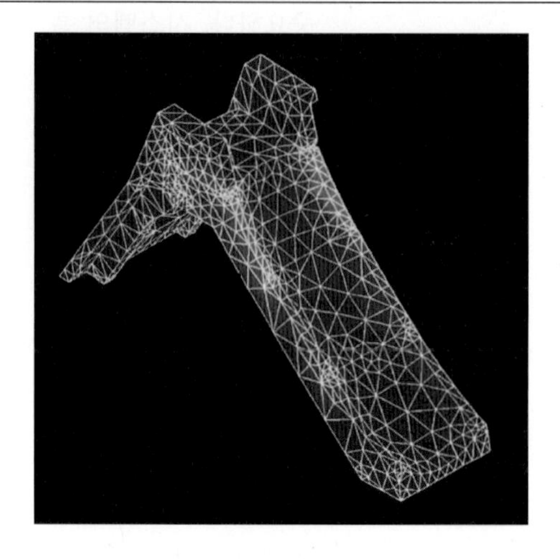

Today's Kids사의 과하중을 받는 미끄럼틀의 파괴 지점을 확인하기 위해 ANSYS의 대변형 기능이 사용되었다. 이런 비선형 해석 기능이 제품의 구조 거동에 의한 응력을 파악하기 위해 필요하다.

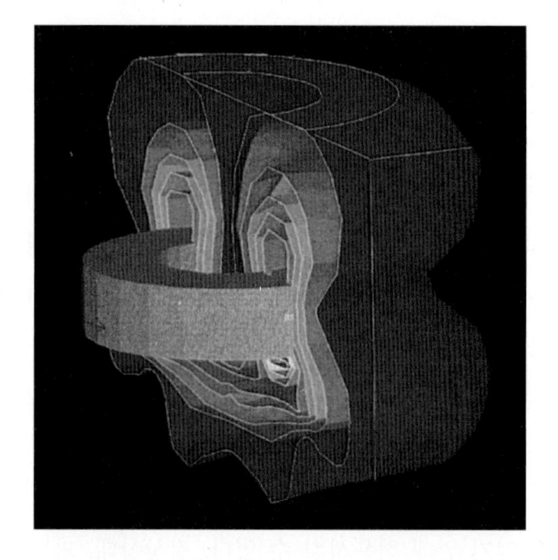

특수 요소를 통해 연결된 벡터와 스칼라 퍼텐셜과 무한 경계 요소의 사용에 의한 멀리 떨어진 장(field)의 감소에 대한 3차원 그래픽 표현을 포함하는 ANSYS 전자기 기능이 위의 그림과 같이 전해판 해석에 나타나 있다. 등고선이 H 장의 세기를 나타내기 위해 사용되었다.

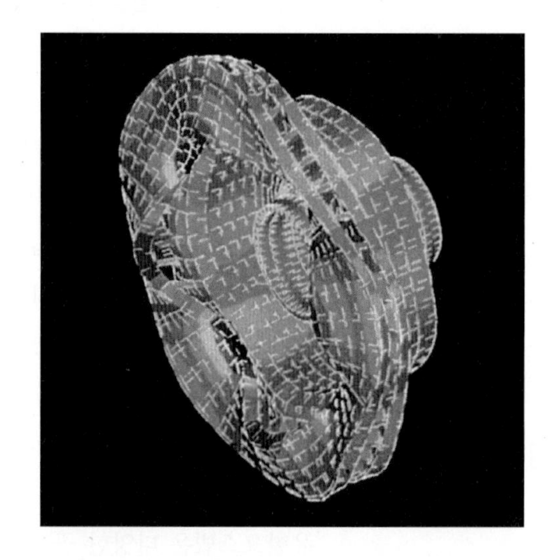

디스크 브레이크 로터의 고유 진동수를 구하기 위해서 Structural Analysis Engineering Corporation사에 의해 ANSYS가 사용되었다. 이 해석에서 브레이크의 소음 발생 원인인 50개의 진동 모드가 경트럭 브레이크 로터에 존재함이 발견되었다.

* ANSYS, Inc., Canonsburg, PA 제공.

는 용어가 Clough에 의하여 대중화되었다. 1960년대 동안 연구자들은 열전달이나 침투 유동 문제 같은 공학의 다른 영역에도 유한요소법을 적용하기 시작했다. Zienkiewicz와 Cheung(1967)은 1967년에 전체적으로 유한요소법에 중점을 둔 첫 번째 책을 썼다. 그리고 1971년에 ANSYS가 처음으로 배포되었다.

ANSYS는 100,000라인 이상의 코드를 포함하는 범용 유한요소 컴퓨터 프로그램이다. ANSYS는 정적, 동적, 열전달, 유체 유동, 전자기장 해석을 수행할 수 있다. ANSYS는 40년 동안 FEA 프로그램을 이끌고 있다. ANSYS의 현재 버전은 그래픽 사용자 인터페이스(GUI, Graphical User Interface)를 갖춘 다중 창, 풀다운 메뉴, 대화상자, 그리고 툴바를 갖춘 완전히 새로운 모습이다. 요즘 ANSYS는 항공, 자동차, 전자공학, 핵공학 등의 여러 공학 문제에서 폭넓게 사용되고 있다. ANSYS나 다른 상용 FEA 컴퓨터 프로그램을 제대로 사용하기 위해서는, 유한요소법에 내재되어 있는 기본 개념과 한계를 완벽하게 이해하는 것이 선행되어야 한다.

ANSYS는 다양한 문제를 풀기 위해 사용할 수 있는 강력한 공학 도구이다(표 1.4 참조). 그러나 유한요소법에 대한 기본 개념이 없는 사용자는, 많은 장비와 도구를 이용할 수는 있지만 컴퓨터의 내부 작동 원리를 이해하지 못하기 때문에 컴퓨터를 고칠 수 없는 기술자와 같은 곤경에 처하게 될 것이다.

1.4 유한요소법의 기본 단계

유한요소해석의 기본 단계는 다음과 같이 구성된다.

전처리 단계

1. 해의 영역을 유한요소로 생성하고 이산화한다. 즉, 절점과 요소로 문제를 분할한다.
2. 형상함수가 요소의 물리적 운동을 표현한다고 가정한다. 즉, 근사 연속 함수는 요소의 해를 표현한다고 가정한다.
3. 요소에 대한 방정식을 만든다.
4. 전체 문제를 풀기 위해 요소를 조합하여 전체 강성행렬을 만든다.
5. 경계조건, 초기조건, 하중을 부과한다.

해석 단계

6. 절점에서 변위값이나, 열전달 문제의 절점온도값처럼 절점에서의 결과를 얻기 위해 선형 또는 비선형 연립 대수 방정식을 푼다.

후처리 단계

7. 다른 중요 정보를 얻는다. 주응력, 열유속 등의 값을 얻을 수 있다.

일반적으로, 유한요소 정식화에는 (1) **직접 정식화**, (2) **최소 총 퍼텐셜 에너지 정식화**, (3) **가중잔여법**이 있다. 다시 말하면, 어떻게 유한요소 모델을 생성하든 관계없이 유한요소해석의 기본 단계는 위에 열거한 것과 같다는 것에 주의하도록 한다.

1.5 직접 정식화

다음 문제는 직접 정식화의 절차와 단계를 설명한다.

예제 1.1

그림 1.1에서 보듯이, 하중 P가 작용하는 단면적이 변하는 인장봉(bar)을 생각하자. 이 봉은 한쪽이 고정되어 있고, 반대편에는 하중 P가 작용하고 있으며 맨 위쪽의 폭은 w_1이고, 아래쪽의 폭은 w_2, 두께는 t, 길이는 L이라 하자. 봉의 탄성계수는 E이다. 하중 P가 작용할 때 길이방향을 따라 각 지점에서 봉이 얼마나 변형되는지를 결정하고자 한다. 여기서는 작용하중이 봉의 무게에 비해 매우 크다는 가정하에 봉의 무게는 무시한다.

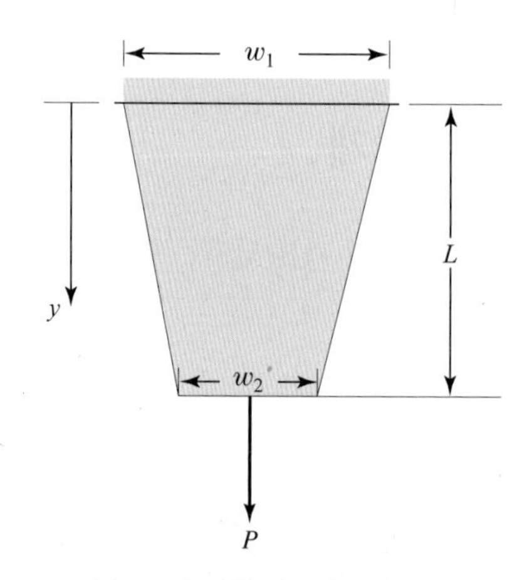

그림 1.1 축방향 하중이 작용하는 봉

전처리 단계

1. **해 영역을 유한요소로 이산화하라.**

   문제를 절점과 요소로 분할한다. 유한요소해석의 기본 단계를 쉽게 설명하기 위해서, 이 문제를 그림 1.2처럼 5개의 절점과 4개의 요소로 이루어진 간단한 모델로 나타낸다. 절점 수와 요소 수를 증가시키면 더욱 정확한 결과를 얻을 수 있으며, 이것은 연습문제로 남긴다(연습문제 1 참조). 이 봉은 각 부분이 균일한 단면적을 가지는 4개의 부분(요소)으로 모델링되어 있다. 각 요소의 단면적은 요소를 구성하는 절점에서 단면의 평균 면적으로 표현된다. 이 모델은 그림 1.2에 나타냈다.

2. **요소의 거동을 근사하는 해를 가정하라.**

   전형적인 요소의 거동을 알아보기 위해서 그림 1.3처럼 힘 F가 가해졌을 때, 길이

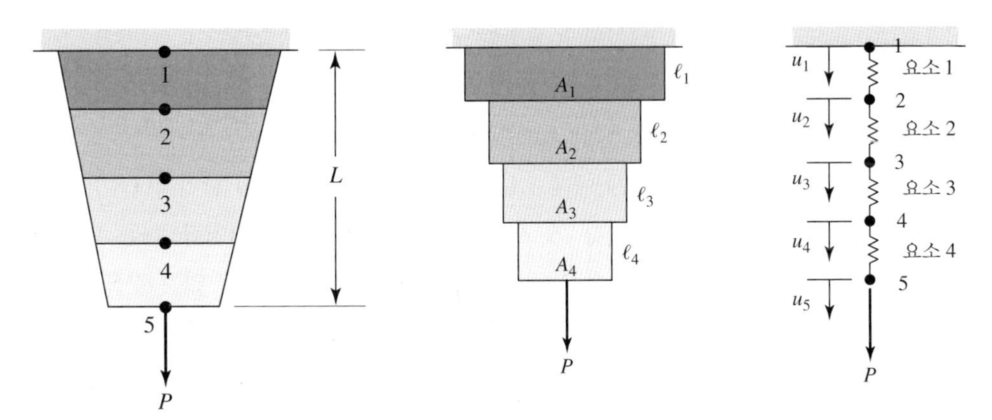

그림 1.2 절점과 요소로 세분화된 봉

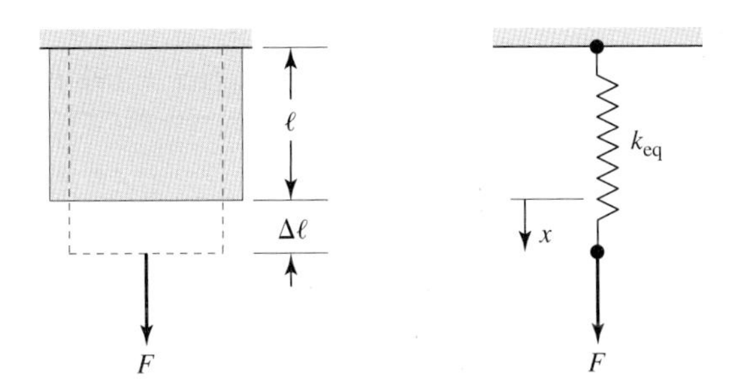

그림 1.3 힘 F가 가해지는 균일한 단면적의 고체 요소

ℓ과 균일한 단면적 A를 가진 고체 요소의 변위를 생각해 보자.

각 요소의 평균 응력 σ는 다음과 같이 주어진다.

$$\sigma = \frac{F}{A} \tag{1.1}$$

각 요소의 평균 수직변형률 ε은 요소의 기존 단위길이 ℓ당 변화하는 길이 $\Delta\ell$로 정의된다.

$$\varepsilon = \frac{\Delta\ell}{\ell} \tag{1.2}$$

탄성 영역에 대해서, 응력과 변형률 사이의 관계는 Hooke의 법칙에 의해 다음과 같이 주어진다.

$$\sigma = E\varepsilon \tag{1.3}$$

여기서 E는 재료의 탄성계수이다. 식 (1.1)과 (1.2), (1.3)을 조합하여 다음과 같이 단순화시킬 수 있다.

$$F = \left(\frac{AE}{\ell}\right)\Delta\ell \tag{1.4}$$

식 (1.4)는 선형 스프링 $F = kx$와 유사하다는 것에 주의하도록 한다. 그러므로 중앙에 하중이 가해지는 균일한 단면의 요소는 다음과 같은 등가 강성을 가지는 스프링으로 모델링될 수 있다.

$$k_{eq} = \frac{AE}{\ell} \tag{1.5}$$

이제 예제 1.1을 살펴보도록 하자. 봉의 단면적이 y방향으로 변하고 있다는 점에 주의한다. 첫 번째 가정으로 그림 1.2에서처럼, 다른 단면적을 갖고 있으면서 중앙에 하중이 가해지고 있는 요소가 연속적으로 있는 것으로 모델링한다. 이렇게 봉은 4개의 스프링(요소)이 직렬로 연결된 것으로 표현할 수 있다. 그리고 절점 i와 $i+1$ 사이의 요소의 탄성 거동은 다음과 같이 등가 선형 스프링에 의해 모델링된다.

$$f = k_{eq}(u_{i+1} - u_i) = \frac{A_{avg}E}{\ell}(u_{i+1} - u_i) = \frac{(A_{i+1} + A_i)E}{2\ell}(u_{i+1} - u_i) \tag{1.6}$$

여기서 u_{i+1}과 u_i는 절점 $i+1$과 i에서의 변위를 나타내고, 요소의 등가 강성은 다음과 같다.

$$k_{eq} = \frac{(A_{i+1} + A_i)E}{2\ell} \tag{1.7}$$

A_i와 A_{i+1}은 절점 i와 $i+1$에서의 단면적을 나타내고, ℓ은 요소의 길이이다. 각 절점에 작용하는 힘을 생각해 보도록 하자. 절점 1부터 5까지 힘이 작용하는 자유물체도가 그림 1.4에 설명되어 있다.

정적 평형조건으로부터 각 절점에 작용하는 힘의 합이 0이 되어야 한다. 이 조건

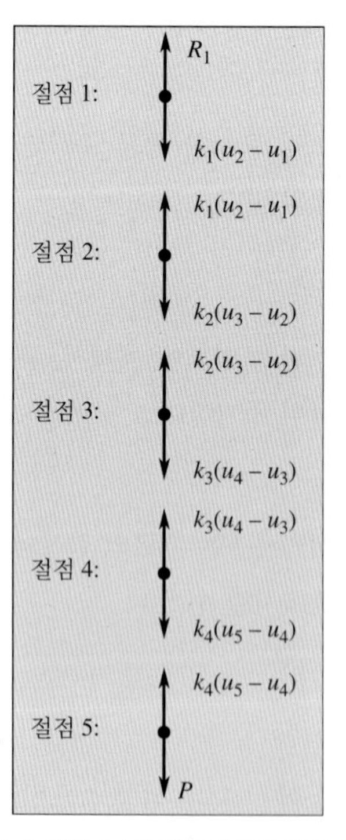

그림 1.4 예제 1.1의 절점에서의 자유물체도

으로부터 다음과 같은 5개의 방정식이 만들어진다.

$$
\begin{aligned}
&\text{절점 1: } R_1 - k_1(u_2 - u_1) = 0 \\
&\text{절점 2: } k_1(u_2 - u_1) - k_2(u_3 - u_2) = 0 \\
&\text{절점 3: } k_2(u_3 - u_2) - k_3(u_4 - u_3) = 0 \\
&\text{절점 4: } k_3(u_4 - u_3) - k_4(u_5 - u_4) = 0 \\
&\text{절점 5: } k_4(u_5 - u_4) - P = 0
\end{aligned}
\tag{1.8}
$$

식 (1.8)에서 내력을 반력 R_1과 외력 P로 분리하여 주어진 평형 방정식을 다시 정리하면, 다음 식을 얻을 수 있다.

$$
\begin{array}{llllllllll}
k_1u_1 & -k_1u_2 & & & & & & & = -R_1 \\
-k_1u_1 & +k_1u_2 & +k_2u_2 & -k_2u_3 & & & & & = 0 \\
 & & -k_2u_2 & +k_2u_3 & +k_3u_3 & -k_3u_4 & & & = 0 \\
 & & & & -k_3u_3 & +k_3u_4 & +k_4u_4 & -k_4u_5 & = 0 \\
 & & & & & & -k_4u_4 & +k_4u_5 & = P
\end{array}
\tag{1.9}
$$

평형 방정식 (1.9)를 행렬 형태로 나타내면 다음과 같다.

$$
\begin{bmatrix}
k_1 & -k_1 & 0 & 0 & 0 \\
-k_1 & k_1 + k_2 & -k_2 & 0 & 0 \\
0 & -k_2 & k_2 + k_3 & -k_3 & 0 \\
0 & 0 & -k_3 & k_3 + k_4 & -k_4 \\
0 & 0 & 0 & -k_4 & k_4
\end{bmatrix}
\begin{Bmatrix} u_1 \\ u_2 \\ u_3 \\ u_4 \\ u_5 \end{Bmatrix}
=
\begin{Bmatrix} -R_1 \\ 0 \\ 0 \\ 0 \\ P \end{Bmatrix}
\tag{1.10}
$$

하중행렬에서 작용하중과 반력을 구분하는 것이 중요하다. 그러므로 식 (1.10)은 다음과 같이 쓸 수 있다.

$$
\begin{Bmatrix} -R_1 \\ 0 \\ 0 \\ 0 \\ 0 \end{Bmatrix}
=
\begin{bmatrix}
k_1 & -k_1 & 0 & 0 & 0 \\
-k_1 & k_1 + k_2 & -k_2 & 0 & 0 \\
0 & -k_2 & k_2 + k_3 & -k_3 & 0 \\
0 & 0 & -k_3 & k_3 + k_4 & -k_4 \\
0 & 0 & 0 & -k_4 & k_4
\end{bmatrix}
\begin{Bmatrix} u_1 \\ u_2 \\ u_3 \\ u_4 \\ u_5 \end{Bmatrix}
-
\begin{Bmatrix} 0 \\ 0 \\ 0 \\ 0 \\ P \end{Bmatrix}
\tag{1.11}
$$

식 (1.11)로 나타낸 관계는 추가적인 절점하중과 다른 경계조건이 있는 경우에도 일반적인 형태로 다음과 같이 쓸 수 있다.

$$
\{\mathbf{R}\} = [\mathbf{K}]\{\mathbf{u}\} - \{\mathbf{F}\} \tag{1.12}
$$

이들이 의미하는 바는 다음과 같다.

{반력행렬} = [강성행렬]{변위행렬} − {하중행렬}

하중행렬 $\{\mathbf{F}\}$와 반력행렬 $\{\mathbf{R}\}$ 사이의 차이에 대해 주목하라.

다시 예제 1.1을 생각해 보자. 봉이 윗부분에서 고정되어 있기 때문에, 절점 1의 변위는 0이 된다. 여기서는 4개의 미지 절점변수 u_2, u_3, u_4와 u_5가 있다. 절점 1의 반력은 R_1이며 미지수이다. 이를 모두 합치면 5개의 미지수가 존재한다. 식 (1.11)처럼 5개의 평형 방정식이 존재하기 때문에 모든 미지수의 해를 구할 수 있다. 그러나 여기서 주의할 점은 미지수와 방정식의 수가 같더라도 방정식 안에 다른 형태의 미지수(변위, 반력)를 포함할 수도 있다는 것이다. 동시에 미지 반력과 미지 변위를 소개하기 위해서 기지의 경계조건을 사용해야 한다. 따라서 식 (1.10)에 주어진 시스템 방정식의 첫째 행은 $u_1 = 0$이 되어야 한다. 경계조건 $u_1 = 0$을 적용하면 미지수인 반력을 고려할 필요가 없으며, 미지수가 변위만 존재하는 연립 방정식을 얻을 수 있다. 이렇게 경계조건의 적용의 결과는 다음의 행렬 방정식과 같다.

$$\begin{bmatrix} 1 & 0 & 0 & 0 & 0 \\ -k_1 & k_1 + k_2 & -k_2 & 0 & 0 \\ 0 & -k_2 & k_2 + k_3 & -k_3 & 0 \\ 0 & 0 & -k_3 & k_3 + k_4 & -k_4 \\ 0 & 0 & 0 & -k_4 & k_4 \end{bmatrix} \begin{Bmatrix} u_1 \\ u_2 \\ u_3 \\ u_4 \\ u_5 \end{Bmatrix} = \begin{Bmatrix} 0 \\ 0 \\ 0 \\ 0 \\ P \end{Bmatrix} \tag{1.13}$$

위 식의 해는 절점변위이다. 위의 설명과 식 (1.13)을 살펴보면 분명해지듯이, 고체역학 문제에 대하여 유한요소식에 경계조건을 적용하면 식 (1.11)을 강성행렬, 변위행렬, 하중행렬로 구성된 새로운 일반적인 형태로 변환시킨다.

[강성행렬]{변위행렬} = {하중행렬}

위의 관계식으로부터 절점변위값의 해를 구한 후 식 (1.12)를 이용하여 반력을 구한다. 다음에서 일반적인 요소 강성행렬을 만들고, 전체 강성행렬의 조합에 대하여 논의하고자 한다.

3. 요소에 대한 방정식을 만들어라.

예제 1.1에서 각각의 요소는 2개의 절점을 가지고 있고, 각 절점에는 1개의 변위가 관계있으므로 각 요소마다 2개의 식이 필요하게 된다. 이 식 안에는 절점변위와 요소의 강성을 포함하고 있어야 한다. 그림 1.5에서 보듯이 내부적으로 전달된 힘 f_i와

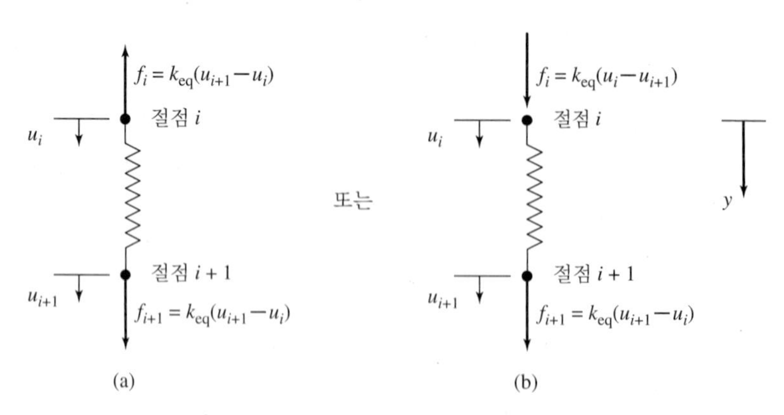

그림 1.5 임의의 요소를 통해 내부적으로 전달된 힘

f_{i+1}, 그리고 끝부분의 변위 u_i와 u_{i+1}을 생각해 보자.

정적 평형조건은 f_i와 f_{i+1}의 합이 0이 되어야 한다. 그림 1.5에서 (a), (b) 모두 이 조건을 만족하지만, 다음 절에서 설명하게 될 다른 정식화와의 부호 통일을 취하여 여기서는 그림 1.5(b)의 방법을 사용한다. 절점 i와 $i+1$에서 전달된 힘의 방정식을 다음과 같이 쓸 수 있다.

$$\begin{aligned} f_i &= k_{eq}(u_i - u_{i+1}) \\ f_{i+1} &= k_{eq}(u_{i+1} - u_i) \end{aligned} \tag{1.14}$$

식 (1.14)는 행렬 행태로 아래와 같이 표현된다.

$$\begin{Bmatrix} f_i \\ f_{i+1} \end{Bmatrix} = \begin{bmatrix} k_{eq} & -k_{eq} \\ -k_{eq} & k_{eq} \end{bmatrix} \begin{Bmatrix} u_i \\ u_{i+1} \end{Bmatrix} \tag{1.15}$$

4. 전체 문제를 나타내기 위해서 요소를 조합하라.

요소 하나에 대한 식 (1.15)를 모든 요소에 적용할 경우 전체 강성행렬을 조합하게 된다. 요소 (1)의 강성행렬은 다음과 같이 주어진다.

$$[\mathbf{K}]^{(1)} = \begin{bmatrix} k_1 & -k_1 \\ -k_1 & k_1 \end{bmatrix}$$

그리고 전체 강성행렬에 조합되는 위치는 다음과 같이 주어진다.

$$[\mathbf{K}]^{(1G)} = \begin{bmatrix} k_1 & -k_1 & 0 & 0 & 0 \\ -k_1 & k_1 & 0 & 0 & 0 \\ 0 & 0 & 0 & 0 & 0 \\ 0 & 0 & 0 & 0 & 0 \\ 0 & 0 & 0 & 0 & 0 \end{bmatrix} \begin{matrix} u_1 \\ u_2 \\ u_3 \\ u_4 \\ u_5 \end{matrix}$$

절점변위행렬은 전체 강성행렬 안에서 요소 (1)의 위치에 따라 위치시켰다. 이것은 절점이 이웃하고 있는 요소에 어떻게 연관되어 있는지를 살펴볼 수 있도록 하기 위한 것이다. 동일한 방법으로 적용하면, 요소 (2), (3), (4)의 강성행렬과 각각의 요소 강성행렬이 전체 행렬에 조합되는 위치는 다음과 같다.

$$[\mathbf{K}]^{(2)} = \begin{bmatrix} k_2 & -k_2 \\ -k_2 & k_2 \end{bmatrix}$$

그리고 전체 행렬의 조합되는 위치는 다음과 같다.

$$[\mathbf{K}]^{(2G)} = \begin{bmatrix} 0 & 0 & 0 & 0 & 0 \\ 0 & k_2 & -k_2 & 0 & 0 \\ 0 & -k_2 & k_2 & 0 & 0 \\ 0 & 0 & 0 & 0 & 0 \\ 0 & 0 & 0 & 0 & 0 \end{bmatrix} \begin{matrix} u_1 \\ u_2 \\ u_3 \\ u_4 \\ u_5 \end{matrix}$$

$$[\mathbf{K}]^{(3)} = \begin{bmatrix} k_3 & -k_3 \\ -k_3 & k_3 \end{bmatrix}$$

그리고 전체 행렬의 조합되는 위치는 다음과 같다.

$$[\mathbf{K}]^{(3G)} = \begin{bmatrix} 0 & 0 & 0 & 0 & 0 \\ 0 & 0 & 0 & 0 & 0 \\ 0 & 0 & k_3 & -k_3 & 0 \\ 0 & 0 & -k_3 & k_3 & 0 \\ 0 & 0 & 0 & 0 & 0 \end{bmatrix} \begin{matrix} u_1 \\ u_2 \\ u_3 \\ u_4 \\ u_5 \end{matrix}$$

$$[\mathbf{K}]^{(4)} = \begin{bmatrix} k_4 & -k_4 \\ -k_4 & k_4 \end{bmatrix}$$

그리고 전체 행렬의 조합되는 위치는 다음과 같다.

$$[\mathbf{K}]^{(4G)} = \begin{bmatrix} 0 & 0 & 0 & 0 & 0 \\ 0 & 0 & 0 & 0 & 0 \\ 0 & 0 & 0 & 0 & 0 \\ 0 & 0 & 0 & k_4 & -k_4 \\ 0 & 0 & 0 & -k_4 & k_4 \end{bmatrix} \begin{matrix} u_1 \\ u_2 \\ u_3 \\ u_4 \\ u_5 \end{matrix}$$

최종 전체 강성행렬은 각각의 요소 행렬을 단순히 조합함으로써 다음과 같이 얻어진다.

$$[\mathbf{K}]^{(G)} = [\mathbf{K}]^{(1G)} + [\mathbf{K}]^{(2G)} + [\mathbf{K}]^{(3G)} + [\mathbf{K}]^{(4G)}$$

$$[\mathbf{K}]^{(G)} = \begin{bmatrix} k_1 & -k_1 & 0 & 0 & 0 \\ -k_1 & k_1 + k_2 & -k_2 & 0 & 0 \\ 0 & -k_2 & k_2 + k_3 & -k_3 & 0 \\ 0 & 0 & -k_3 & k_3 + k_4 & -k_4 \\ 0 & 0 & 0 & -k_4 & k_4 \end{bmatrix} \tag{1.16}$$

식 (1.16)에서 주어진 것처럼 요소 강성행렬을 조합하여 구한 절점에서의 자유물체도로부터 구한 전체 강성행렬인 식 (1.10)의 좌변과 동일하다.

5. 경계조건과 하중을 부과하라.

봉의 윗부분이 고정되어 있기 때문에 $u_1 = 0$이다. 외력 P는 절점 5에 작용한다. 이 조건을 부과한 후의 결과는 다음과 같은 선형 방정식으로 나타나게 된다.

$$\begin{bmatrix} 1 & 0 & 0 & 0 & 0 \\ -k_1 & k_1 + k_2 & -k_2 & 0 & 0 \\ 0 & -k_2 & k_2 + k_3 & -k_3 & 0 \\ 0 & 0 & -k_3 & k_3 + k_4 & -k_4 \\ 0 & 0 & 0 & -k_4 & k_4 \end{bmatrix} \begin{Bmatrix} u_1 \\ u_2 \\ u_3 \\ u_4 \\ u_5 \end{Bmatrix} = \begin{Bmatrix} 0 \\ 0 \\ 0 \\ 0 \\ P \end{Bmatrix} \tag{1.17}$$

$u_1 = 0$이라는 조건을 나타내기 위해 식 (1.17) 행렬의 첫째 행이 1개의 1, 4개의 0으

로 이루어져야 함을 유념한다. 또한 고체역학 문제에서 유한요소 정식화는 다음과 같은 일반적인 형태를 가지고 있다.

$$[\text{강성행렬}]\{\text{변위행렬}\} = \{\text{하중행렬}\}$$

해석 단계

6. 연립 대수 방정식을 풀어라.

절점변위의 수학적 값을 얻기 위해 $E = 10.4 \times 10^6$ lb/in^2(알루미늄), $w_1 = 2$ in, $w_2 = 1$ in, $t = 0.125$ in, $L = 10$ in, $P = 1000$ lb로 가정한다. 풀이 과정은 표 1.5를 참조한다.

표 1.5 예제 1.1에서 요소들의 물성

요소	절점	평균 단면적 (in^2)	길이 (in)	탄성계수 (lb/in^2)	요소의 강성계수 (lb/in)
1	1 2	0.234375	2.5	10.4×10^6	975×10^3
2	2 3	0.203125	2.5	10.4×10^6	845×10^3
3	3 4	0.171875	2.5	10.4×10^6	715×10^3
4	4 5	0.140625	2.5	10.4×10^6	585×10^3

봉 단면적의 y방향 변화는 다음과 같이 표현될 수 있다.

$$\begin{aligned} A(y) &= \left(w_1 + \left(\frac{w_2 - w_1}{L}\right)y\right)t = \left(2 + \frac{(1-2)}{10}y\right)(0.125) \\ &= 0.25 - 0.0125y \end{aligned} \tag{1.18}$$

식 (1.18)을 사용하여 각 절점에서의 단면적을 계산하면 다음과 같다.

$A_1 = 0.25 \text{ in}^2$ $\quad A_2 = 0.25 - 0.0125(2.5) = 0.21875 \text{ in}^2$

$A_3 = 0.25 - 0.0125(5.0) = 0.1875 \text{ in}^2$ $\quad A_4 = 0.25 - 0.0125(7.5) = 0.15625 \text{ in}^2$

$A_5 = 0.125 \text{ in}^2$

다음으로 등가 강성계수는 다음 식으로 계산된다.

$$k_{eq} = \frac{(A_{i+1} + A_i)E}{2\ell}$$

$$k_1 = \frac{(0.21875 + 0.25)(10.4 \times 10^6)}{2(2.5)} = 975 \times 10^3 \frac{\text{lb}}{\text{in}}$$

$$k_2 = \frac{(0.1875 + 0.21875)(10.4 \times 10^6)}{2(2.5)} = 845 \times 10^3 \frac{\text{lb}}{\text{in}}$$

$$k_3 = \frac{(0.15625 + 0.1875)(10.4 \times 10^6)}{2(2.5)} = 715 \times 10^3 \frac{\text{lb}}{\text{in}}$$

$$k_4 = \frac{(0.125 + 0.15625)(10.4 \times 10^6)}{2(2.5)} = 585 \times 10^3 \frac{\text{lb}}{\text{in}}$$

그리고 요소 강성행렬은 다음과 같다.

$$[\mathbf{K}]^{(1)} = \begin{bmatrix} k_1 & -k_1 \\ -k_1 & k_1 \end{bmatrix} = 10^3 \begin{bmatrix} 975 & -975 \\ -975 & 975 \end{bmatrix}$$

$$[\mathbf{K}]^{(2)} = \begin{bmatrix} k_2 & -k_2 \\ -k_2 & k_2 \end{bmatrix} = 10^3 \begin{bmatrix} 845 & -845 \\ -845 & 845 \end{bmatrix}$$

$$[\mathbf{K}]^{(3)} = \begin{bmatrix} k_3 & -k_3 \\ -k_3 & k_3 \end{bmatrix} = 10^3 \begin{bmatrix} 715 & -715 \\ -715 & 715 \end{bmatrix}$$

$$[\mathbf{K}]^{(4)} = \begin{bmatrix} k_4 & -k_4 \\ -k_4 & k_4 \end{bmatrix} = 10^3 \begin{bmatrix} 585 & -585 \\ -585 & 585 \end{bmatrix}$$

요소 강성행렬을 조합하면 다음과 같은 전체 강성행렬을 얻는다.

$$[\mathbf{K}]^{(G)} = 10^3 \begin{bmatrix} 975 & -975 & 0 & 0 & 0 \\ -975 & 975 + 845 & -845 & 0 & 0 \\ 0 & -845 & 845 + 715 & -715 & 0 \\ 0 & 0 & -715 & 715 + 585 & -585 \\ 0 & 0 & 0 & -585 & 585 \end{bmatrix}$$

경계조건 $u_1 = 0$과 $P = 1000$ lb를 적용하면 다음 결과를 얻는다.

$$10^3 \begin{bmatrix} 1 & 0 & 0 & 0 & 0 \\ -975 & 1820 & -845 & 0 & 0 \\ 0 & -845 & 1560 & -715 & 0 \\ 0 & 0 & -715 & 1300 & -585 \\ 0 & 0 & 0 & -585 & 585 \end{bmatrix} \begin{Bmatrix} u_1 \\ u_2 \\ u_3 \\ u_4 \\ u_5 \end{Bmatrix} = \begin{Bmatrix} 0 \\ 0 \\ 0 \\ 0 \\ 10^3 \end{Bmatrix}$$

둘째 행에서 계수 -975가 $u_1 = 0$과 곱하여지기 때문에, 결과적으로 4×4행렬을 풀면 된다.

$$10^3 \begin{bmatrix} 1820 & -845 & 0 & 0 \\ -845 & 1560 & -715 & 0 \\ 0 & -715 & 1300 & -585 \\ 0 & 0 & -585 & 585 \end{bmatrix} \begin{Bmatrix} u_2 \\ u_3 \\ u_4 \\ u_5 \end{Bmatrix} = \begin{Bmatrix} 0 \\ 0 \\ 0 \\ 10^3 \end{Bmatrix}$$

해를 구하면 변위는 $u_1 = 0$, $u_2 = 0.001026$ in, $u_3 = 0.002210$ in, $u_4 = 0.003608$ in, $u_5 = 0.005317$ in이다.

후처리 단계

7. 다른 정보를 얻어라.

예제 1.1에서 각 요소의 평균 응력과 같은 다른 정보를 얻고자 한다. 이 값은 다음 식과 같이 얻어진다.

$$\sigma = \frac{f}{A_{\text{avg}}} = \frac{k_{\text{eq}}(u_{i+1} - u_i)}{A_{\text{avg}}} = \frac{\dfrac{A_{\text{avg}}E}{\ell}(u_{i+1} - u_i)}{A_{\text{avg}}} = E\left(\frac{u_{i+1} - u_i}{\ell}\right) \qquad (1.19)$$

모든 절점들의 변위를 알고 있기 때문에 식 (1.19)를 응력과 변형률 관계로부터 직접 유도할 수도 있다.

$$\sigma = E\varepsilon = E\left(\frac{u_{i+1} - u_i}{\ell}\right) \qquad (1.20)$$

예제 1.1에서 식 (1.20)을 사용하여 각 요소의 평균 수직응력을 계산하면 다음과 같다.

$$\sigma^{(1)} = E\left(\frac{u_2 - u_1}{\ell}\right) = \frac{(10.4 \times 10^6)(0.001026 - 0)}{2.5} = 4268 \frac{\text{lb}}{\text{in}^2}$$

$$\sigma^{(2)} = E\left(\frac{u_3 - u_2}{\ell}\right) = \frac{(10.4 \times 10^6)(0.002210 - 0.001026)}{2.5} = 4925 \frac{\text{lb}}{\text{in}^2}$$

$$\sigma^{(3)} = E\left(\frac{u_4 - u_3}{\ell}\right) = \frac{(10.4 \times 10^6)(0.003608 - 0.002210)}{2.5} = 5816 \frac{\text{lb}}{\text{in}^2}$$

$$\sigma^{(4)} = E\left(\frac{u_5 - u_4}{\ell}\right) = \frac{(10.4 \times 10^6)(0.005317 - 0.003608)}{2.5} = 7109 \frac{\text{lb}}{\text{in}^2}$$

그림 1.6에 나타난 것처럼 주어진 문제에 대해서 봉의 단면과는 무관하게 모든 단면에서의 내력은 1000 lb이다. 이를 이용하여 평균 수직응력을 계산하면 다음과 같다.

$$\sigma^{(1)} = \frac{f}{A_{\text{avg}}} = \frac{1000}{0.234375} = 4267 \frac{\text{lb}}{\text{in}^2}$$

$$\sigma^{(2)} = \frac{f}{A_{\text{avg}}} = \frac{1000}{0.203125} = 4923 \frac{\text{lb}}{\text{in}^2}$$

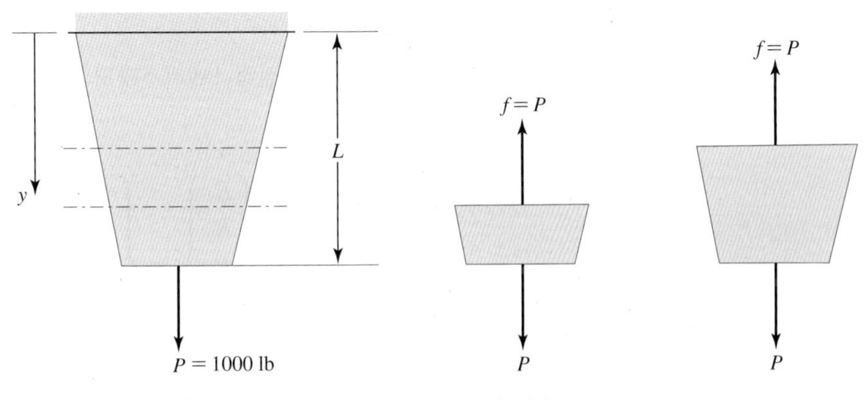

그림 1.6 예제 1.1의 내력

$$\sigma^{(3)} = \frac{f}{A_{avg}} = \frac{1000}{0.171875} = 5818 \frac{\text{lb}}{\text{in}^2}$$

$$\sigma^{(4)} = \frac{f}{A_{avg}} = \frac{1000}{0.140625} = 7111 \frac{\text{lb}}{\text{in}^2}$$

오차를 무시하면 이 결과는 변위로부터 계산된 요소응력과 일치함을 알 수 있다. 이런 비교로부터 변위 계산이 타당함을 알 수 있다.

반력 예제 1.1에서 반력은 여러 가지 방법으로 계산될 수 있다. 먼저 그림 1.4의 절점 1에 대한 정적 평형으로부터 다음 식을 얻을 수 있다.

$$R_1 = k_1(u_2 - u_1) = 975 \times 10^3(0.001026 - 0) = 1000 \text{ lb}$$

전체 봉의 정적 평형을 고려하면 다음과 같다.

$$R_1 = P = 1000 \text{ lb}$$

앞에서 나타낸 일반적인 반력 방정식 (1.12)로부터 반력을 계산할 수 있다.

$$\{\mathbf{R}\} = [\mathbf{K}]\{\mathbf{u}\} - \{\mathbf{F}\}$$

또는

$$\{\text{반력행렬}\} = [\text{강성행렬}]\{\text{변위행렬}\} - \{\text{하중행렬}\}$$

예제 1.1은 간단한 문제이기 때문에 반력을 계산하기 위해 식 (1.12)를 사용할 필요가 없다. 그러나 설명하기 위해서 그 절차를 보였으며, 위의 식으로부터 아래와 같이 반력행렬을 얻는다.

$$\begin{Bmatrix} R_1 \\ R_2 \\ R_3 \\ R_4 \\ R_5 \end{Bmatrix} = 10^3 \begin{bmatrix} 975 & -975 & 0 & 0 & 0 \\ -975 & 1820 & -845 & 0 & 0 \\ 0 & -845 & 1560 & -715 & 0 \\ 0 & 0 & -715 & 1300 & -585 \\ 0 & 0 & 0 & -585 & 585 \end{bmatrix} \begin{Bmatrix} 0 \\ 0.001026 \\ 0.002210 \\ 0.003608 \\ 0.005317 \end{Bmatrix} - \begin{Bmatrix} 0 \\ 0 \\ 0 \\ 0 \\ 10^3 \end{Bmatrix}$$

여기서 R_1, R_2, R_3, R_4, R_5는 절점 1에서 5까지의 반력을 나타낸다. 행렬을 계산하면 다음을 얻는다.

$$\begin{Bmatrix} R_1 \\ R_2 \\ R_3 \\ R_4 \\ R_5 \end{Bmatrix} = \begin{Bmatrix} -1000 \\ 0 \\ 0 \\ 0 \\ 0 \end{Bmatrix}$$

R_1의 음의 값은 단순히 반력이 위쪽 방향이라는 것을 의미한다(왜냐하면 양의 y방향

을 아래쪽으로 잡았기 때문이다). 물론, 위의 행렬의 행이 절점에서 정적 평형상태를 나타내기 때문에 이전에 계산했던 것과 같다. 반력을 구할 때 경계조건이 고려되지 않은 전체 강성행렬 식 (1.11)과 (1.12)를 사용해야 한다. 다음에는 열전달 문제의 유한요소 정식화를 고려할 것이다.

비틀림 문제: 직접 정식화

예제 1.2

그림 1.7에 도시한 것처럼 원형축의 비틀림을 고려하자. 재료역학에서 배운 바와 같이 단면적이 균일하고 극관성 모멘트가 J이고 길이가 ℓ이며, 전단계수 G를 가지고 비틀림 모멘트 T를 받고 있는, 균일한 재료로 구성된 축의 비틀림각 θ는 다음과 같이 주어진다.

$$\theta = \frac{T\ell}{JG}$$

직접 정식화와 평형 방정식을 이용해 보자.

$$T = \frac{JG}{\ell}\theta$$

예제 1.1의 직접 정식화 과정과 마찬가지로, 평형조건과 위 식을 사용하면 2개의 절점으로 구성된 요소에 대하여 강성행렬, 비틀림각, 토크 사이의 관계가 다음 식과 같이 표현된다는 것을 알 수 있다.

$$\frac{JG}{\ell}\begin{bmatrix} 1 & -1 \\ -1 & 1 \end{bmatrix}\begin{Bmatrix} \theta_1 \\ \theta_2 \end{Bmatrix} = \begin{Bmatrix} T_1 \\ T_2 \end{Bmatrix} \tag{1.21}$$

6장에서 비틀림 문제를 더 자세하게 논의할 것이며, 여기서는 그림 1.8에 도시한 것처럼 2개의 부분으로 구성된 축을 고려할 것이다. AB부분은 전단 탄성계수 $G_{AB} = 3.9 \times 10^6$ lb/in^2, 그리고 직경이 1.5 in인 재료로 구성되어 있다. BC부분은 $G_{BC} = 4.0 \times 10^6$ lb/in^2, 그리고 직경이 1 in인 재료로 구성되어 있다. 축의 양끝은 고정되어 있다. D에 비틀림 모멘트 200 lb·ft가 작용한다. 3개의 요소를 사용하여 D와 B에서의 비틀림각과 경계에서의 반모멘트(reaction moment)를 결정하라.

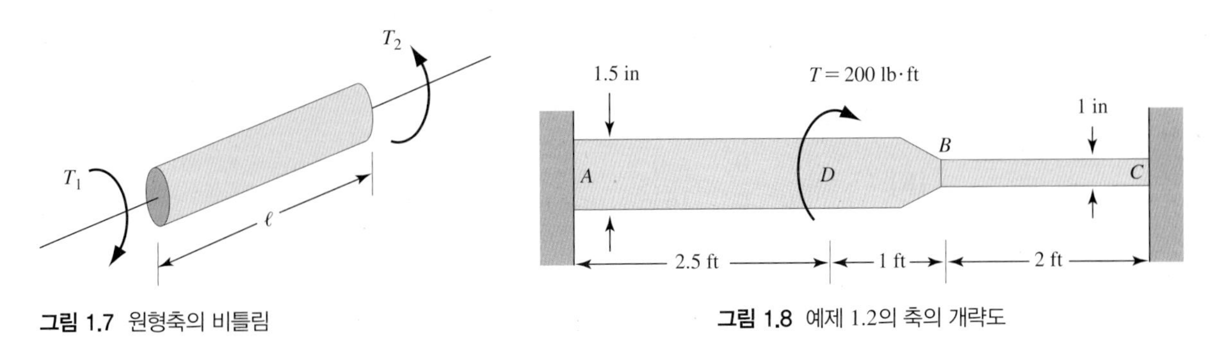

그림 1.7 원형축의 비틀림

그림 1.8 예제 1.2의 축의 개략도

여기서는 4개의 절점(A, B, C, D)과 3개의 요소(AD, DB, BC)를 가진 모델로 이 문제를 나타낼 것이다.

각 요소의 극관성 모멘트는 다음과 같이 주어진다.

$$J_1 = J_2 = \frac{1}{2}\pi r^4 = \frac{1}{2}\pi\left(\frac{1.5}{2}\text{ in}\right)^4 = 0.497\text{ in}^4$$

$$J_3 = \frac{1}{2}\pi r^4 = \frac{1}{2}\pi\left(\frac{1.0}{2}\text{ in}\right)^4 = 0.0982\text{ in}^4$$

각 요소의 강성행렬은 식 (1.21)에 의하여 계산된다.

$$[\mathbf{K}]^{(e)} = \frac{JG}{\ell}\begin{bmatrix} 1 & -1 \\ -1 & 1 \end{bmatrix}$$

요소 (1)에서 강성행렬은 다음과 같다.

$$[\mathbf{K}]^{(1)} = \frac{(0.497\text{ in}^4)(3.9 \times 10^6\text{ lb/in}^2)}{(12 \times 2.5)\text{ in}}\begin{bmatrix} 1 & -1 \\ -1 & 1 \end{bmatrix} = \begin{bmatrix} 64610 & -64610 \\ -64610 & 64610 \end{bmatrix}\text{lb}\cdot\text{in}$$

그리고 전체 강성행렬에 조합되는 이 요소 강성행렬의 위치는 다음과 같다.

$$[\mathbf{K}]^{(1G)} = \begin{bmatrix} 64610 & -64610 & 0 & 0 \\ -64610 & 64610 & 0 & 0 \\ 0 & 0 & 0 & 0 \\ 0 & 0 & 0 & 0 \end{bmatrix}\begin{matrix} \theta_1 \\ \theta_2 \\ \theta_3 \\ \theta_4 \end{matrix}$$

동일한 방법을 적용하면, 요소 (2), (3)의 강성행렬과 각각의 요소 강성행렬이 전체 강성행렬에 조합되는 위치는 다음과 같다.

$$[\mathbf{K}]^{(2)} = \frac{(0.497\text{ in}^4)(3.9 \times 10^6\text{ lb/in}^2)}{(12 \times 1.0)\text{ in}}\begin{bmatrix} 1 & -1 \\ -1 & 1 \end{bmatrix} = \begin{bmatrix} 161525 & -161525 \\ -161525 & 161525 \end{bmatrix}\text{lb}\cdot\text{in}$$

$$[\mathbf{K}]^{(2G)} = \begin{bmatrix} 0 & 0 & 0 & 0 \\ 0 & 161525 & -161525 & 0 \\ 0 & -161525 & 161525 & 0 \\ 0 & 0 & 0 & 0 \end{bmatrix}\begin{matrix} \theta_1 \\ \theta_2 \\ \theta_3 \\ \theta_4 \end{matrix}$$

$$[\mathbf{K}]^{(3)} = \frac{(0.0982\text{ in}^4)\ (4.0 \times 10^6\text{ lb/in}^2)}{(12 \times 2.0)\text{ in}}\begin{bmatrix} 1 & -1 \\ -1 & 1 \end{bmatrix} = \begin{bmatrix} 16367 & -16367 \\ -16367 & 16367 \end{bmatrix}\text{lb}\cdot\text{in}$$

$$[\mathbf{K}]^{(3G)} = \begin{bmatrix} 0 & 0 & 0 & 0 \\ 0 & 0 & 0 & 0 \\ 0 & 0 & 16367 & -16367 \\ 0 & 0 & -16367 & 16367 \end{bmatrix}\begin{matrix} \theta_1 \\ \theta_2 \\ \theta_3 \\ \theta_4 \end{matrix}$$

최종 전체 행렬은 각각의 요소 행렬을 단순히 조합함으로써 다음과 같이 얻어진다.

$$[\mathbf{K}]^{(G)} = [\mathbf{K}]^{(1G)} + [\mathbf{K}]^{(2G)} + [\mathbf{K}]^{(3G)}$$

$$[\mathbf{K}]^{(G)} = \begin{bmatrix} 64610 & -64610 & 0 & 0 \\ -64610 & 64610 + 161525 & -161525 & 0 \\ 0 & -161525 & 161525 + 16367 & -16367 \\ 0 & 0 & -16367 & 16367 \end{bmatrix}$$

점 A와 C에서의 고정 경계조건을 부과하고 외부 비틀림 모멘트를 부과하면 다음을 얻는다.

$$\begin{bmatrix} 1 & 0 & 0 & 0 \\ -64610 & 226135 & -161525 & 0 \\ 0 & -161525 & 177892 & -16367 \\ 0 & 0 & 0 & 1 \end{bmatrix} \begin{Bmatrix} \theta_1 \\ \theta_2 \\ \theta_3 \\ \theta_4 \end{Bmatrix} = \begin{Bmatrix} 0 \\ -(200 \times 12)\ \text{lb}\cdot\text{in} \\ 0 \\ 0 \end{Bmatrix}$$

위 식을 풀면 아래와 같다.

$$\begin{Bmatrix} \theta_1 \\ \theta_2 \\ \theta_3 \\ \theta_4 \end{Bmatrix} = \begin{Bmatrix} 0 \\ -0.03020\ \text{rad} \\ -0.02742\ \text{rad} \\ 0 \end{Bmatrix}$$

경계 A, C에서의 반모멘트는 다음과 같이 계산된다.

$$\{\mathbf{R}\} = [\mathbf{K}]\{\boldsymbol{\theta}\} - \{\mathbf{T}\}$$

$$\begin{Bmatrix} R_A \\ R_D \\ R_B \\ R_C \end{Bmatrix} = \begin{bmatrix} 64610 & -64610 & 0 & 0 \\ -64610 & 226135 & -161525 & 0 \\ 0 & -161525 & 177892 & -16367 \\ 0 & 0 & -16367 & 16367 \end{bmatrix} \begin{Bmatrix} 0 \\ -0.03020\ \text{rad} \\ -0.02742\ \text{rad} \\ 0 \end{Bmatrix} - \begin{Bmatrix} 0 \\ -(200 \times 12)\ \text{lb}\cdot\text{in} \\ 0 \\ 0 \end{Bmatrix}$$

$$\begin{Bmatrix} R_A \\ R_D \\ R_B \\ R_C \end{Bmatrix} = \begin{Bmatrix} 1951\ \text{lb}\cdot\text{in} \\ 0 \\ 0 \\ 449\ \text{lb}\cdot\text{in} \end{Bmatrix}$$

R_A, R_C의 합은 외부 비틀림 모멘트 2400 lb · in와 같다는 것에 주목하라. 또 축의 직경이 변하므로 여기서 사용한 모델에 의해서는 설명할 수 없는 응력집중 현상이 일어날 것이라는 점에도 주목하라.

예제 1.3

강판에 그림 1.9와 같은 축하중이 걸려 있다. 판에서의 변형량과 평균 응력을 근사적으로 구하라. 판의 두께는 1/16 in이고, 탄성계수는 $E = 29 \times 10^6\ \text{lb/in}^2$이다.

그림 1.9에 보인 것처럼 4개의 절점과 4개의 요소를 사용하여 이 문제를 모델링하면 각 요소의 등가 강성은 다음과 같다.

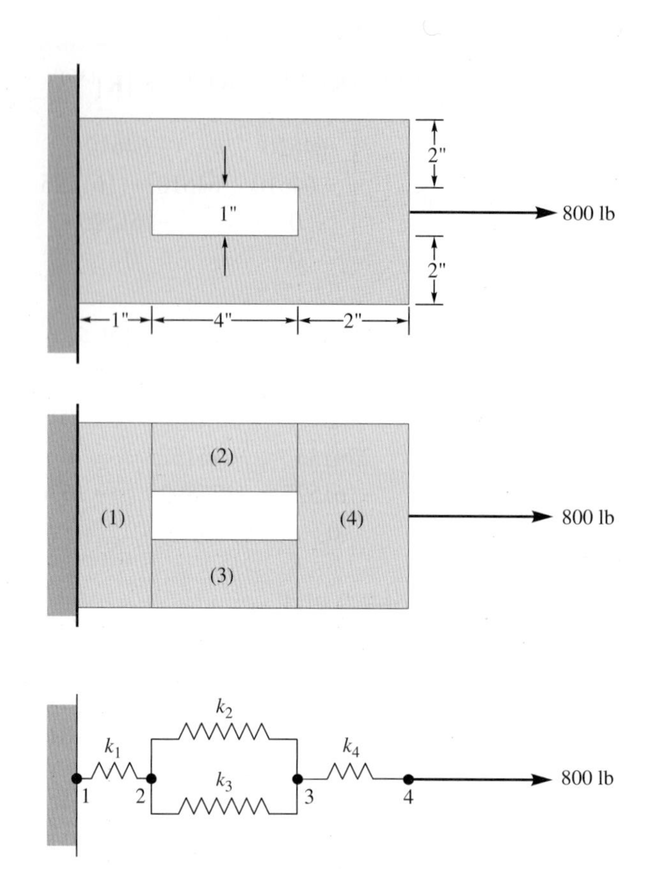

그림 1.9 예제 1.3에서의 강철판의 개략도

$$k_1 = \frac{A_1E}{\ell_1} = \frac{(5)(0.0625)(29 \times 10^6)}{1} = 9{,}062{,}500 \text{ lb/in}$$

$$k_2 = k_3 = \frac{A_2E}{\ell_2} = \frac{(2)(0.0625)(29 \times 10^6)}{4} = 906{,}250 \text{ lb/in}$$

$$k_4 = \frac{A_4E}{\ell_4} = \frac{(5)(0.0625)(29 \times 10^6)}{2} = 4{,}531{,}250 \text{ lb/in}$$

요소 (1)의 강성행렬은 다음과 같다.

$$[\mathbf{K}]^{(1)} = \begin{bmatrix} k_1 & -k_1 \\ -k_1 & k_1 \end{bmatrix}$$

그리고 전체 강성행렬에 조합되는 이 요소 강성행렬의 위치는 다음과 같다.

$$[\mathbf{K}]^{(1G)} = \begin{bmatrix} k_1 & -k_1 & 0 & 0 \\ -k_1 & k_1 & 0 & 0 \\ 0 & 0 & 0 & 0 \\ 0 & 0 & 0 & 0 \end{bmatrix} \begin{matrix} u_1 \\ u_2 \\ u_3 \\ u_4 \end{matrix}$$

동일한 방법을 적용하면, 요소 (2), (3), (4)의 강성행렬과 각각의 요소 강성행렬이 전체 강성행렬에 조합되는 위치는 다음과 같다.

$$[\mathbf{K}]^{(2)} = \begin{bmatrix} k_2 & -k_2 \\ -k_2 & k_2 \end{bmatrix} \qquad [\mathbf{K}]^{(2G)} = \begin{bmatrix} 0 & 0 & 0 & 0 \\ 0 & k_2 & -k_2 & 0 \\ 0 & -k_2 & k_2 & 0 \\ 0 & 0 & 0 & 0 \end{bmatrix} \begin{matrix} u_1 \\ u_2 \\ u_3 \\ u_4 \end{matrix}$$

$$[\mathbf{K}]^{(3)} = \begin{bmatrix} k_3 & -k_3 \\ -k_3 & k_3 \end{bmatrix} \qquad [\mathbf{K}]^{(3G)} = \begin{bmatrix} 0 & 0 & 0 & 0 \\ 0 & k_3 & -k_3 & 0 \\ 0 & -k_3 & k_3 & 0 \\ 0 & 0 & 0 & 0 \end{bmatrix} \begin{matrix} u_1 \\ u_2 \\ u_3 \\ u_4 \end{matrix}$$

$$[\mathbf{K}]^{(4)} = \begin{bmatrix} k_4 & -k_4 \\ -k_4 & k_4 \end{bmatrix} \qquad [\mathbf{K}]^{(4G)} = \begin{bmatrix} 0 & 0 & 0 & 0 \\ 0 & 0 & 0 & 0 \\ 0 & 0 & k_4 & -k_4 \\ 0 & 0 & -k_4 & k_4 \end{bmatrix} \begin{matrix} u_1 \\ u_2 \\ u_3 \\ u_4 \end{matrix}$$

최종 전체 행렬은 각각의 요소 행렬을 단순히 조합함으로써 다음과 같이 얻어진다.

$$[\mathbf{K}]^{(G)} = [\mathbf{K}]^{(1G)} + [\mathbf{K}]^{(2G)} + [\mathbf{K}]^{(3G)} + [\mathbf{K}]^{(4G)}$$

$$[\mathbf{K}]^{(G)} = \begin{bmatrix} k_1 & -k_1 & 0 & 0 \\ -k_1 & k_1 + k_2 + k_3 & -k_2 - k_3 & 0 \\ 0 & -k_2 - k_3 & k_2 + k_3 + k_4 & -k_4 \\ 0 & 0 & -k_4 & k_4 \end{bmatrix}$$

요소 강성계수를 대입하면 전체 강성행렬은 다음과 같이 된다.

$$[\mathbf{K}]^{(G)} = \begin{bmatrix} 9{,}062{,}500 & -9{,}062{,}500 & 0 & 0 \\ -9{,}062{,}500 & 10{,}875{,}000 & -1{,}812{,}500 & 0 \\ 0 & -1{,}812{,}500 & 6{,}343{,}750 & -4{,}531{,}250 \\ 0 & 0 & -4{,}531{,}250 & 4{,}531{,}250 \end{bmatrix}$$

경계조건 $u_1 = 0$과 절점 4에 하중을 부과하면 다음을 얻는다.

$$\begin{bmatrix} 1 & 0 & 0 & 0 \\ -9{,}062{,}500 & 10{,}875{,}000 & -1{,}812{,}500 & 0 \\ 0 & -1{,}812{,}500 & 6{,}343{,}750 & -4{,}531{,}250 \\ 0 & 0 & -4{,}531{,}250 & 4{,}531{,}250 \end{bmatrix} \begin{Bmatrix} u_1 \\ u_2 \\ u_3 \\ u_4 \end{Bmatrix} = \begin{Bmatrix} 0 \\ 0 \\ 0 \\ 800 \end{Bmatrix}$$

위 식을 풀면 다음과 같이 절점변위가 구해진다.

$$\begin{Bmatrix} u_1 \\ u_2 \\ u_3 \\ u_4 \end{Bmatrix} = \begin{Bmatrix} 0 \\ 8.827 \times 10^{-5} \\ 5.296 \times 10^{-4} \\ 7.062 \times 10^{-4} \end{Bmatrix} \text{in}$$

그리고 각 요소에서의 응력은 다음과 같다.

$$\sigma^{(1)} = E\left(\frac{u_2 - u_1}{\ell}\right) = \frac{(29 \times 10^6)(8.827 \times 10^{-5} - 0)}{1} = 2560\,\frac{\text{lb}}{\text{in}^2}$$

$$\sigma^{(2)} = \sigma^{(3)} = E\left(\frac{u_3 - u_2}{\ell}\right) = \frac{(29 \times 10^6)(5.296 \times 10^{-4} - 8.827 \times 10^{-5})}{4} = 3200\,\frac{\text{lb}}{\text{in}^2}$$

$$\sigma^{(4)} = E\left(\frac{u_4 - u_3}{\ell}\right) = \frac{(29 \times 10^6)(7.062 \times 10^{-4} - 5.296 \times 10^{-4})}{2} = 2560\,\frac{\text{lb}}{\text{in}^2}$$

직렬로 연결된 스프링과 병렬로 연결된 스프링으로 이루어진 문제를 해석하는 데 이 모델을 사용할 수 있다. 병렬로 연결된 스프링은 강성이 $k_2 + k_3$인 하나의 스프링과 같다(연습문제 16 참조). 또 구멍이 있기 때문에 생기는 단면의 갑작스런 변화는 여기서 계산한 평균 응력을 초과하는 값을 가지는 응력집중을 일으키게 된다. 2차원 평면 문제의 유한요소 정식화(6장에서 논의)를 공부한 후에 이 문제를 다시 접할 것이다(연습문제 6.13 참조). ANSYS를 사용하여 그 문제를 풀도록 요구할 것이며 판에서의 응력 분포를 그려보면 최대 응력의 크기와 위치를 확인할 수 있다.

6장의 내용을 보여주고 또한 응력집중에 대해 간단히 논의하기 위해서 예제 1.3을 ANSYS를 사용하여 풀었다. 그리고 응력의 x방향 성분을 계산하여 그림 1.10에 나타내었다. 그림 1.10에 나타난 바와 같이 하중은 봉의 우측 전체 표면에 걸쳐 압력처럼 작용되었다. 단면 $A-A$에서 응력이 대략 3000 psi에서 3500 psi로 변하고, 단면 $B-B$에서는 응력의 x방향 성분이 대략 2300 psi에서 2600 psi로 변한다는 점에 주목하라. 이 값은 직접 정식화를 사용하여 얻은 평균 응력에서 크게 벗어나는 값은 아니다. 또한 ANSYS에 의해 주어진 최대, 최소 응력값은 어떻게 봉에 하중을 가하느냐에 따라 변할 수 있다는 점에도 주의하라. 특

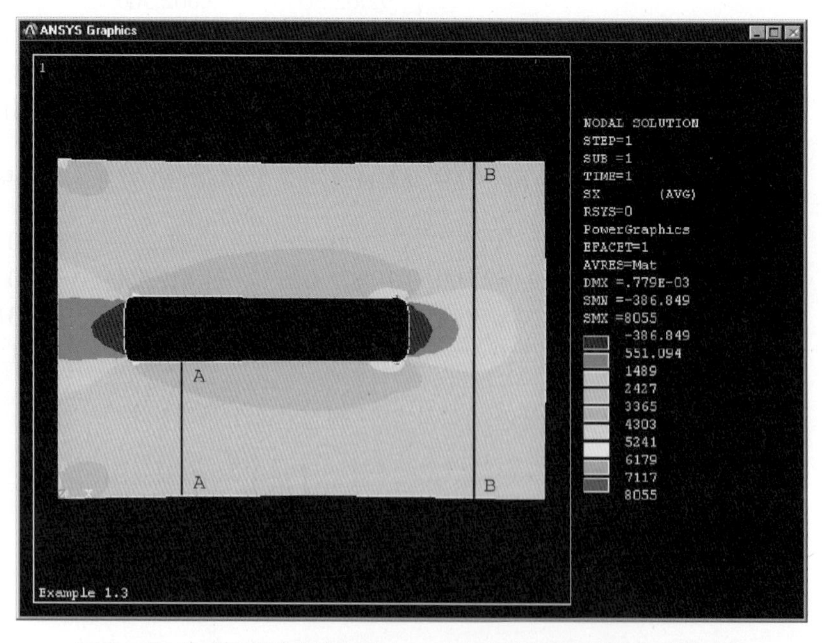

그림 1.10 ANSYS에서 계산된 예제 1.3의 강철판의 응력 분포의 x방향 성분

히 하중이 가하는 점 근처와 구멍 근처 영역의 응력 변화에 주목하라. 예제 1.3과 그림 1.9를 마음에 새겨두고, 실제 상황에서는 하중이 하나의 점에 작용하는 것이 아니고 유한한 크기를 가지는 면에 작용한다는 점을 기억하라. 그 결과 유한요소 모델에 외부 하중을 어떻게 부과하느냐에 따라 응력 분포 결과에 영향을 미칠 것이다. 특히 하중이 작용하는 곳 근처에서 응력 분포에 영향을 미친다는 점을 기억하라. 이 원리는 특히 예제 1.3에서와 같이 구멍을 가진 짧은 판을 해석하는 경우 잘 드러난다.

편의상 1.5절의 결과를 표 1.6에 요약하였다. 표 1.6에서 요소의 구성, 자유도, 물리적 평형조건 등을 주의 깊게 살펴보자.

1.6 최소 총 퍼텐셜 에너지 정식화

최소 총 퍼텐셜 에너지 정식화는 고체역학의 유한요소 모델을 생성하는 일반적인 접근방법이다. 외부에서 가해진 힘은 물체에 변형을 일으킬 것이다. 변형 과정 중 외력에 의한 일은 변형 에너지(strain energy)로 불리는 탄성 에너지의 형태로 그 물체에 저장된다. 그림 1.11과 같이 힘 F를 받는 고체 부재에 저장되는 변형 에너지를 고려해 보자.

그림 1.11에는 미소 입방체의 형태로 나타낸 그 부재의 일부분과 이 체적의 표면에 작용하는 수직응력들이 그려져 있다. 앞에서 고체 요소의 탄성 거동은 선형 스프링으로 모델링될

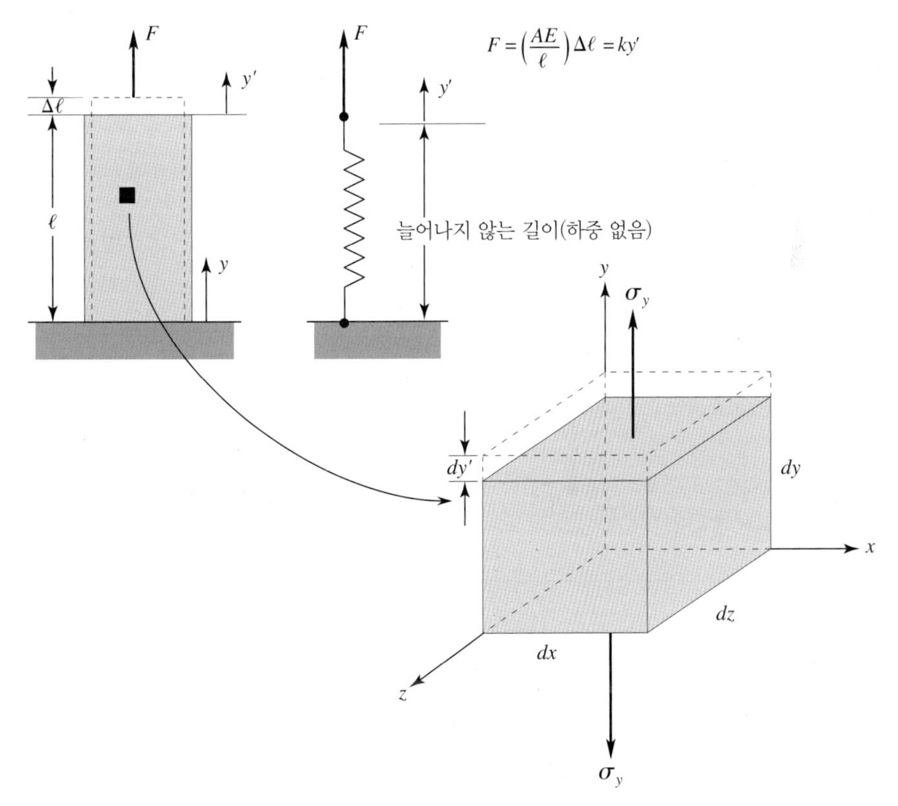

그림 1.11 물체 중심으로부터 힘을 받는 부재의 탄성 거동

표 1.6 요소와 절점의 예

요소	자유도	물리적 평형조건
선형 탄성 요소(선형 스프링)		
 $f_i = k(u_i - u_{i+1})$ $f_{i+1} = k(u_{i+1} - u_i)$	절점변위: u_i, u_{i+1}	힘 평형: $f_i + f_{i+1} = 0$
비틀림 탄성 요소(비틀림 스프링)		
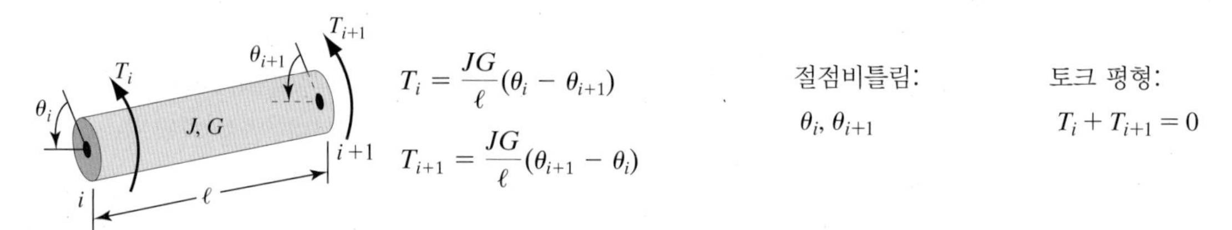 $T_i = \frac{JG}{\ell}(\theta_i - \theta_{i+1})$ $T_{i+1} = \frac{JG}{\ell}(\theta_{i+1} - \theta_i)$	절점비틀림: θ_i, θ_{i+1}	토크 평형: $T_i + T_{i+1} = 0$
열전도 요소		
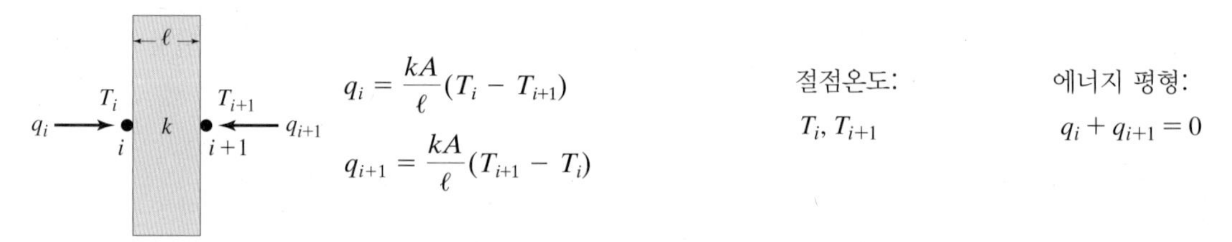 $q_i = \frac{kA}{\ell}(T_i - T_{i+1})$ $q_{i+1} = \frac{kA}{\ell}(T_{i+1} - T_i)$	절점온도: T_i, T_{i+1}	에너지 평형: $q_i + q_{i+1} = 0$
층류 파이프 유동 요소		
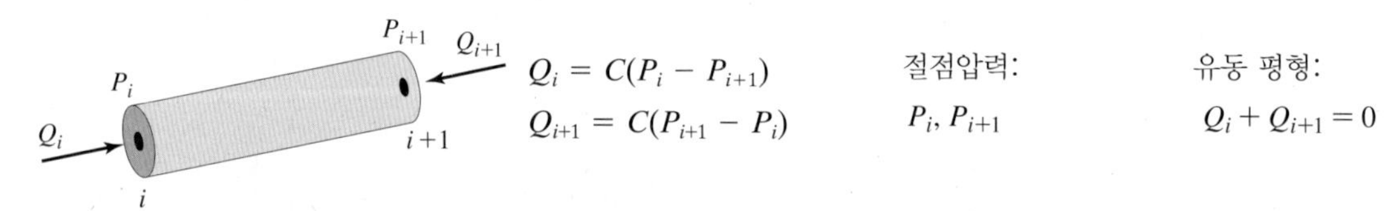 $Q_i = C(P_i - P_{i+1})$ $Q_{i+1} = C(P_{i+1} - P_i)$	절점압력: P_i, P_{i+1}	유동 평형: $Q_i + Q_{i+1} = 0$
전기 저항 요소		
$I_i = \frac{1}{R}(V_i - V_{i+1})$ $I_{i+1} = \frac{1}{R}(V_{i+1} - V_i)$	절점전압: V_i, V_{i+1}	전류 평형: $I_i + I_{i+1} = 0$

수 있다는 것을 보였다. 그림 1.11에서 y'은 부재의 변형을 나타내는 변수이고, 0에서 $\Delta\ell$까지 변화함을 유의하라. 이 부재가 미소량 dy'만큼 늘어날 때 저장되는 에너지는 다음과 같다.

$$\Lambda = \int_0^{y'} F dy' = \int_0^{y'} ky' dy' = \frac{1}{2} ky'^2 = \left(\frac{1}{2} ky'\right) y' \tag{1.22}$$

식 (1.22)를 수직응력(σ)과 수직변형률(ε)의 형태로 나타내면 다음과 같다.

$$d\Lambda = \frac{1}{2}\overbrace{(ky')}^{\text{탄성력}}\,dy' = \frac{1}{2}\overbrace{(\sigma_y dxdz)}^{\text{탄성력}}\overbrace{\varepsilon dy}^{dy'} = \frac{1}{2}\sigma\varepsilon\, dV$$

따라서 축방향 힘을 받는 부재나 요소의 경우에 변형 에너지 $\Lambda^{(e)}$는 부재를 구성하는 모든 부분(미소 입방체)에 저장된 에너지를 더함으로써 다음과 같이 구해진다.

$$\Lambda^{(e)} = \int d\Lambda = \int_V \frac{\sigma\varepsilon}{2}dV = \int_V \frac{E\varepsilon^2}{2}dV \tag{1.23}$$

여기서 V는 부재의 체적이고, $\sigma = E\varepsilon$이다. n개의 요소와 m개의 절점으로 이루어진 물체에 대한 총 퍼텐셜 에너지 Π는 총 변형 에너지와 외력이 한 일의 차이이다.

$$\Pi = \sum_{e=1}^{n}\Lambda^{(e)} - \sum_{i=1}^{m}F_i u_i \tag{1.24}$$

최소 총 퍼텐셜 에너지 정식화에 의하면, 안정된 시스템에서 평형인 경우의 변위는 시스템의 총 퍼텐셜 에너지가 최소인 경우에 생긴다.

$$\frac{\partial \Pi}{\partial u_i} = \frac{\partial}{\partial u_i}\sum_{e=1}^{n}\Lambda^{(e)} - \frac{\partial}{\partial u_i}\sum_{i=1}^{m}F_i u_i = 0 \qquad i = 1, 2, 3, \ldots, n \tag{1.25}$$

다음 예제는 식 (1.25)의 물리적 의미에 대한 이해를 돕는다.

예제 1.4

다음의 상황을 고려해 보자. (a) 그림 1.12에 나타낸 바와 같이 힘 F가 선형 스프링에 작용하고 있다. 스프링의 강성에 좌우되어 스프링은 x만큼 늘어난다. 작용하는 힘 F와 스프링 내력 kx는 정적 평형을 이룬다.

$$F = kx \quad \text{또는} \quad x = \frac{F}{k}$$

여기서 시스템의 총 퍼텐셜 에너지는 식 (1.24)로 정의된다. 스프링에 저장된 탄성 에너지는 $\Lambda = \frac{1}{2}kx^2$이고, 외력 F에 의한 일은 Fx이다. 그러므로 시스템의 총 퍼텐셜 에너지는 다음과 같다.

$$\Pi = \frac{1}{2}kx^2 - Fx$$

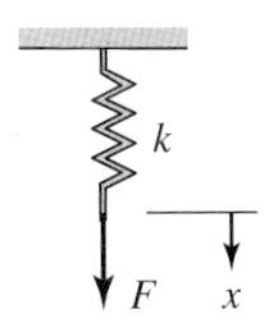

그림 1.12 힘 F가 작용하는 선형 스프링

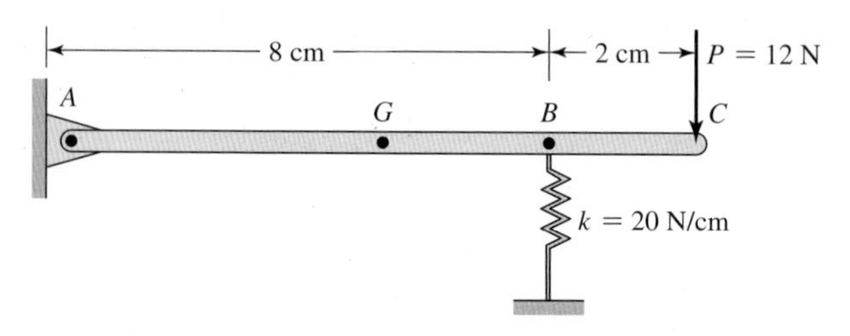

그림 1.13 예제 1.4의 보

x에 대해 Π를 최소화시키면 다음과 같다.

$$\frac{d\Pi}{dx} = \frac{d}{dx}\left(\frac{1}{2}kx^2 - Fx\right) = kx - F = 0$$

여기서 $x = \frac{F}{k}$이다.

(b) 그림 1.13에 도시한 보의 무게는 8 N이고 스프링 계수가 $k = 20$ N/cm인 스프링에 의해서 지지되고 있다. 보의 끝 쪽 점 C에 힘 $P = 12$ N이 작용하고 있다. 스프링의 변형량을 구하라.

첫째로, 정적 평형조건과 최소 총 퍼텐셜 에너지 개념을 적용하여 문제를 풀어보자. 점 A에 작용하는 모멘트는 0이라는 정적 평형식을 세울 수 있다. 보의 자유물체도는 그림 1.14에 나타나 있다.

$$\circlearrowleft \sum M_A = 0 \qquad -(8N)(5\text{ cm}) + F_S(8\text{ cm}) - (12\text{ N})(10\text{ cm}) = 0$$

$$F_S = 20\text{ N} \quad \text{그리고} \quad kx = (20\text{ N/cm})(x) = 20\text{ N}$$

$$x = 1\text{ cm}$$

이제 문제를 풀기 위하여 최소 총 퍼텐셜 에너지 방법을 적용한다. 시스템에 저장된 탄성 에너지는 스프링의 탄성 에너지에 의한 것임을 유념해야 한다.

$$\Lambda = \frac{1}{2}kx^2 = \frac{1}{2}(20\text{ N/cm})(x^2) = 10x^2$$

외력에 의한 일은 봉의 무게와 점 G의 변위의 곱과 힘 P와 점 C의 변위의 곱에 의해서 계산된다. 삼각형을 통하여 점 G와 C의 변위를 스프링(점 B)과 관련시킬 수 있다.

$$\frac{x}{8} = \frac{x_G}{5} \quad \text{또는} \quad x_G = \frac{5}{8}x$$

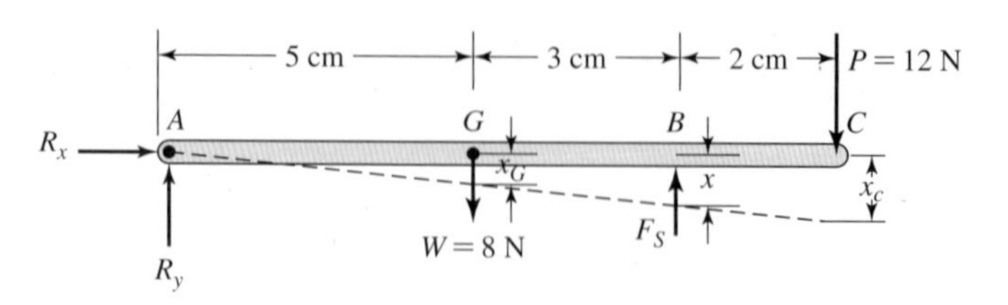

그림 1.14 예제 1.4에서의 보의 자유물체도

$$\frac{x}{8} = \frac{x_C}{10} \quad \text{또는} \quad x_C = \frac{5}{4}x$$

그러므로 외력에 의한 일은 다음과 같다.

$$\sum F_i u_i = (8\,\text{N})\left(\frac{5}{8}x\right) + (12\,\text{N})\left(\frac{5}{4}x\right) = 5x + 15x = 20x$$

시스템의 총 퍼텐셜 에너지는 다음과 같다.

$$\Pi = \sum \Lambda - \sum F_i u_i = 10x^2 - 20x$$

그리고

$$\frac{d\Pi}{dx} = \frac{d}{dx}\left(10x^2 - 20x\right) = 20x - 20 = 0$$

위의 식을 풀면 $x = 1$ cm인 것을 알 수 있다. 왜냐하면 오로지 하나의 미지 변위가 있기 때문이다. 식 (1.24)와 (1.25)의 u_i 대신에 x를 대입하고 편미분 기호를 상미분 기호로 바꿀 수 있다. 총 퍼텐셜 에너지 $\Pi = 10x^2 - 20x$를 x에 따라 그래프로 그림 1.15에 도시하였다. 그림 1.15에서 보여주듯이 최소 총 퍼텐셜 에너지는 $x = 1$ cm인 지점에서 발생한다.

다시 예제 1.1의 경우를 생각해 보자. 임의의 요소 (e)에 대한 변형 에너지는 다음과 같이 식 (1.23)으로부터 구할 수 있다.

$$\Lambda^{(e)} = \int_V \frac{E\varepsilon^2}{2}\,dV = \frac{A_{\text{avg}}E}{2\ell}(u_{i+1}^2 + u_i^2 - 2u_{i+1}u_i) \tag{1.26}$$

여기서 축방향 변형률 ε과 체적 V는 $\varepsilon = (u_{i+1} - u_i)/\ell$와 $V = A_{\text{avg}}\ell$로 대치되었다. 변형 에너지를 u_i와 u_{i+1}에 대해 최소화시키면 다음을 얻을 수 있다.

$$\begin{aligned}\frac{\partial \Lambda^{(e)}}{\partial u_i} &= \frac{A_{\text{avg}}E}{\ell}(u_i - u_{i+1}) \\ \frac{\partial \Lambda^{(e)}}{\partial u_{i+1}} &= \frac{A_{\text{avg}}E}{\ell}(u_{i+1} - u_i)\end{aligned} \tag{1.27}$$

이를 행렬 형태로 나타내면 다음과 같다.

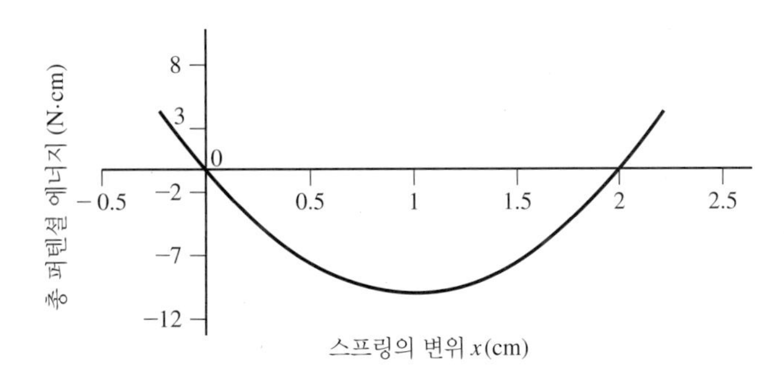

그림 1.15 총 퍼텐셜 에너지 대 변위 x

$$\begin{Bmatrix} \dfrac{\partial \Lambda^{(e)}}{\partial u_i} \\ \dfrac{\partial \Lambda^{(e)}}{\partial u_{i+1}} \end{Bmatrix} = \begin{bmatrix} k_{\text{eq}} & -k_{\text{eq}} \\ -k_{\text{eq}} & k_{\text{eq}} \end{bmatrix} \begin{Bmatrix} u_i \\ u_{i+1} \end{Bmatrix} \tag{1.28}$$

여기서 $k_{\text{eq}} = (A_{\text{avg}}E)/\ell$이다. 임의의 요소 (e)의 절점 i와 $i+1$에 가해진 외력에 의한 일을 최소화시키면

$$\begin{aligned} \frac{\partial}{\partial u_i}(F_i u_i) &= F_i \\ \frac{\partial}{\partial u_{i+1}}(F_{i+1} u_{i+1}) &= F_{i+1} \end{aligned} \tag{1.29}$$

을 얻을 수 있다. 예제 1.1의 경우, 최소 총 퍼텐셜 에너지 정식화를 사용하면 직접 정식화로부터 구한 것과 동일한 전체 강성행렬을 얻을 수 있다.

$$[\mathbf{K}]^{(G)} = \begin{bmatrix} k_1 & -k_1 & 0 & 0 & 0 \\ -k_1 & k_1 + k_2 & -k_2 & 0 & 0 \\ 0 & -k_2 & k_2 + k_3 & -k_3 & 0 \\ 0 & 0 & -k_3 & k_3 + k_4 & -k_4 \\ 0 & 0 & 0 & -k_4 & k_4 \end{bmatrix}$$

더 나아가 경계조건과 하중조건을 적용해 보자.

$$\begin{bmatrix} 1 & 0 & 0 & 0 & 0 \\ -k_1 & k_1 + k_2 & -k_2 & 0 & 0 \\ 0 & -k_2 & k_2 + k_3 & -k_3 & 0 \\ 0 & 0 & -k_3 & k_3 + k_4 & -k_4 \\ 0 & 0 & 0 & -k_4 & k_4 \end{bmatrix} \begin{Bmatrix} u_1 \\ u_2 \\ u_3 \\ u_4 \\ u_5 \end{Bmatrix} = \begin{Bmatrix} 0 \\ 0 \\ 0 \\ 0 \\ P \end{Bmatrix} \tag{1.30}$$

결과적으로 구해지는 변위들은 앞에서 직접 정식화로 구한 것(식 (1.17))과 일치할 것이다. 변형 에너지와 최소 총 퍼텐셜 에너지의 개념들은 3장, 6장, 그리고 8장에서 고체역학 문제들을 정식화하는 데 사용할 것이다. 따라서 지금 그 기본 개념들을 이해하는 데 시간을 투자한다면 나중에 상당히 도움이 될 것이다.

예제 1.1(재론): 엄밀해*

여기서는 예제 1.1에 대한 엄밀해를 유도하고, 그 정확한 변위를 유한요소법으로 구한 변위와 비교할 것이다. 그림 1.16에서 정적 평형상태가 되려면 y방향의 힘들의 합이 0이 되어야 한다. 이 조건으로 다음 관계식을 얻는다.

$$P - (\sigma_{\text{avg}})A(y) = 0 \tag{1.31}$$

* 전단응력의 부과는 배제한다.

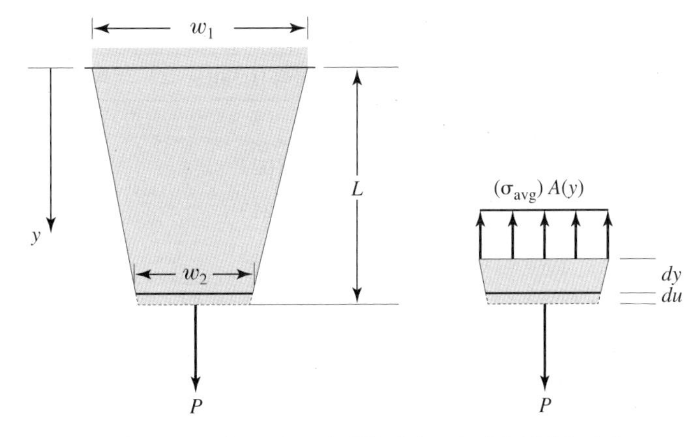

그림 1.16 예제 1.1의 봉에 대한 외력 P와 평균 응력의 관계

Hooke의 법칙($\sigma = E\varepsilon$)을 사용하여 평균 응력을 변형률로 대치하면,

$$P - E\varepsilon A(y) = 0 \tag{1.32}$$

을 얻는다. 평균 수직변형률은 미분 요소 dy의 변형하기 전의 단위길이당 길이 변화 du이다. 이는 다음과 같이 표현한다.

$$\varepsilon = \frac{du}{dy}$$

이 관계식을 식 (1.32)에 대입하면,

$$P - EA(y)\frac{du}{dy} = 0 \tag{1.33}$$

을 얻을 수 있다. 식 (1.33)을 다시 정리하면 다음과 같다.

$$du = \frac{Pdy}{EA(y)} \tag{1.34}$$

엄밀해는 식 (1.34)를 봉의 길이를 따라 적분하면 얻어진다.

$$\int_0^u du = \int_0^L \frac{Pdy}{EA(y)}$$

$$u(y) = \int_0^y \frac{Pdy}{EA(y)} = \int_0^y \frac{Pdy}{E\left(w_1 + \left(\dfrac{w_2 - w_1}{L}\right)y\right)t} \tag{1.35}$$

여기서

$$A(y) = \left(w_1 + \left(\frac{w_2 - w_1}{L}\right)y\right)t$$

봉의 변형량은 식 (1.35)를 적분함으로써 얻어진다.

표 1.7 변위 결과들의 비교

위치(in)	엄밀해[식 (1.36)]	직접 정식화의 결과(in)	에너지 방법의 결과(in)
$y = 0$	0	0	0
$y = 2.5$	0.001027	0.001026	0.001026
$y = 5.0$	0.002213	0.002210	0.002210
$y = 7.5$	0.003615	0.003608	0.003608
$y = 10$	0.005333	0.005317	0.005317

$$u(y) = \frac{PL}{Et(w_2 - w_1)}\left[\ln\left(w_1 + \left(\frac{w_2 - w_1}{L}\right)y\right) - \ln w_1\right] \tag{1.36}$$

식 (1.36)은 봉의 각 지점에서의 변위값을 구하는 데 사용할 수 있다. 이제 직접 정식화 방법과 최소 총 퍼텐셜 에너지 방법으로 구한 변위 결과를 엄밀해와 비교함으로써 그 정확도를 조사해 보자. 표 1.7은 세 가지 방법을 이용하여 계산한 절점변위들을 보여준다.

표 1.7을 보면 모든 결과들이 서로 잘 맞는다는 것을 알 수 있다.

1.7 가중잔여법 정식화

가중잔여법(weighted residual method)은 지배 미분 방정식에 대한 근사해를 가정하는 것에 기초한다. 가정되는 해는 반드시 주어진 문제의 초기조건과 경계조건을 만족시켜야 한다. 가정된 해는 정확하지 않기 때문에, 그 해를 미분 방정식에 대입하면 **잔여(오차)**가 남게 된다. 간단히 말하면, 각 잔여법들은 그 잔여가 일부 선택된 구간 또는 점에서는 0이 되어야 한다는 조건을 사용한다. 이 개념을 설명하기 위해 예제 1.1을 고려해 보자. 이 문제에 대한 지배 미분 방정식과 경계조건은 다음과 같다.

$$\text{경계조건 } u(0) = 0\text{을 받는 } \quad A(y)E\frac{du}{dy} - P = 0 \tag{1.37}$$

다음으로 경계조건을 만족시키는 근사해를 가정해야 한다. 여기서는 다음을 선택한다.

$$u(y) = c_1 y + c_2 y^2 + c_3 y^3 \tag{1.38}$$

여기서 c_1, c_2, c_3는 미지수들이다. 식 (1.38)은 '$u(0) = 0$'으로 표시되는 고정된 경계조건을 만족시킨다. 가정된 해(식 (1.38))를 지배 미분 방정식 (1.37)에 대입하면 다음과 같이 잔여 함수 $\mathfrak{R}$을 얻을 수 있다.

$$\overbrace{\left(w_1 + \left(\frac{w_2 - w_1}{L}\right)y\right)}^{A(y)} tE\overbrace{(c_1 + 2c_2 y + 3c_3 y^2)}^{\frac{du}{dy}} - P = \mathfrak{R} \tag{1.39}$$

예제 1.1에서 주어진 w_1, w_2, L, t, E를 대입하고 간단히 정리하면,

$$\mathcal{R}/E = (0.25 - 0.0125y)(c_1 + 2c_2 y + 3c_3 y^2) - 96.154 \times 10^{-6}$$

를 얻을 수 있다.

배열법

배열법(collocation method)에서 잔여함수 $\mathcal{R}$은 미지수 개수만큼의 점에서 0이 되어야 한다. 이 예제에서 가정된 해는 3개의 미지수를 갖고 있기 때문에, 잔여함수가 세 점에서 0이 되어야 한다. 여기서는 잔여함수가 $y = L/3$, $y = 2L/3$, $y = L$에서 0이 되도록 선택한다.

$$\mathcal{R}(c, y)\Big|_{y=\frac{L}{3}} = 0$$

$$\mathcal{R} = \left(0.25 - 0.0125\left(\frac{10}{3}\right)\right)\left(c_1 + 2c_2\left(\frac{10}{3}\right) + 3c_3\left(\frac{10}{3}\right)^2\right) - 96.154 \times 10^{-6} = 0$$

$$\mathcal{R}(c, y)\Big|_{y=\frac{2L}{3}} = 0$$

$$\mathcal{R} = \left(0.25 - 0.0125\left(\frac{20}{3}\right)\right)\left(c_1 + 2c_2\left(\frac{20}{3}\right) + 3c_3\left(\frac{20}{3}\right)^2\right) - 96.154 \times 10^{-6} = 0$$

$$\mathcal{R}(c, y)\Big|_{y=L} = 0$$

$$\mathcal{R} = (0.25 - 0.0125(10))(c_1 + 2c_2(10) + 3c_3(10)^2) - 96.154 \times 10^{-6} = 0$$

이렇게 해서 미지수 c_1, c_2, c_3를 얻기 위한 3개의 선형 방정식을 얻는다.

$$\begin{aligned} c_1 + \frac{20}{3}c_2 + \frac{100}{3}c_3 &= 461.539 \times 10^{-6} \\ c_1 + \frac{40}{3}c_2 + \frac{400}{3}c_3 &= 576.924 \times 10^{-6} \\ c_1 + 20c_2 + 300c_3 &= 769.232 \times 10^{-6} \end{aligned}$$

위의 방정식을 풀면, $c_1 = 423.0776 \times 10^{-6}$, $c_2 = 21.65 \times 10^{-15}$, $c_3 = 1.153848 \times 10^{-6}$가 유도된다. 이 미지수들을 식 (1.38)에 대입하면 근사적인 변위함수가 구해진다.

$$u(y) = 423.0776 \times 10^{-6}y + 21.65 \times 10^{-15}y^2 + 1.153848 \times 10^{-6}y^3 \qquad (1.40)$$

배열법으로 구한 근사적인 결과가 얼마나 정확한지 알기 위해, 이 절 끝부분에서 그 결과들을 엄밀해와 비교할 것이다.

부영역법

부영역법(subdomain method)에서는 잔여함수가 선택된 부영역에서의 적분이 0이 되도록 한

다. 부영역의 개수는 미지수의 개수와 같아야 한다. 따라서 앞에서 가정한 해에 대해, 다음 3개의 적분이 필요하게 된다.

$$\int_0^{\frac{L}{3}} \mathcal{R}\, dy = 0$$

$$\int_0^{\frac{L}{3}} [(0.25 - 0.0125y)(c_1 + 2c_2 y + 3c_3 y^2) - 96.154 \times 10^{-6}]dy = 0$$

$$\int_{\frac{L}{3}}^{\frac{2L}{3}} \mathcal{R}\, dy = 0$$

$$\int_{\frac{L}{3}}^{\frac{2L}{3}} [(0.25 - 0.0125y)(c_1 + 2c_2 y + 3c_3 y^2) - 96.154 \times 10^{-6}]dy = 0 \tag{1.41}$$

$$\int_{\frac{2L}{3}}^{L} \mathcal{R}\, dy = 0$$

$$\int_{\frac{2L}{3}}^{L} [(0.25 - 0.0125y)(c_1 + 2c_2 y + 3c_3 y^2) - 96.154 \times 10^{-6}]dy = 0$$

식 (1.41)을 적분하면 미지수 c_1, c_2, c_3를 얻기 위한 3개의 선형 방정식을 얻는다.

$$763.88889 \times 10^{-3} c_1 + 2.4691358 c_2 + 8.1018519 c_3 = 320.513333 \times 10^{-6}$$
$$0.625 c_1 + 6.1728395 c_2 + 47.4537041 c_3 = 3.2051333 \times 10^{-4}$$
$$0.4861111 c_1 + 8.0246917 c_2 + 100.694444 c_3 = 3.2051333 \times 10^{-4}$$

위의 방정식을 풀면, $c_1 = 391.35088 \times 10^{-6}$, $c_2 = 6.075 \times 10^{-6}$, $c_3 = 809.61092 \times 10^{-9}$를 얻을 수 있다. 이 미지수들을 식 (1.38)에 대입하면 근사적인 변위함수가 구해진다.

$$u(y) = 391.35088 \times 10^{-6} y + 6.075 \times 10^{-6} y^2 + 809.61092 \times 10^{-9} y^3 \tag{1.42}$$

부영역법으로 구한 변위 결과들도 이 절의 끝부분에서 엄밀해와 비교할 것이다.

Galerkin 방법

Galerkin 방법에서는 잔여함수가 아래의 적분에 의해서 가중함수 Φ_i에 직교해야 한다.

$$\int_a^b \Phi_i \mathcal{R}\, dy = 0, \quad i = 1, 2, \ldots, N \tag{1.43}$$

가중함수는 근사해와 같은 종류의 함수 중에서 선택된다. 예제 1.1에서 가정된 근사해에는 3개의 미지수가 있기 때문에 3개의 방정식을 만들어야 한다. 가정된 함수가 $u(y) = c_1 y + c_2 y^2 + c_3 y^3$이므로, 가중함수들로서 $\Phi_1 = y$, $\Phi_2 = y^2$, $\Phi_3 = y^3$을 선택한다. 이렇게 선택하면 다음 방정식들을 얻는다.

$$\int_0^L y[(0.25 - 0.0125y)(c_1 + 2c_2y + 3c_3y^2) - 96.154 \times 10^{-6}]dy = 0$$

$$\int_0^L y^2[(0.25 - 0.0125y)(c_1 + 2c_2y + 3c_3y^2) - 96.154 \times 10^{-6}]dy = 0 \quad (1.44)$$

$$\int_0^L y^3[0.25 - 0.0125y)(c_1 + 2c_2y + 3c_3y^2) - 96.154 \times 10^{-6}]dy = 0$$

식 (1.44)를 적분하면 미지수 c_1, c_2, c_3를 얻기 위한 3개의 선형 방정식을 얻는다.

$$8.333333c_1 + 104.1666667c_2 + 1125c_3 = 0.0048077$$

$$52.083333c_1 + 750c_2 + 8750c_3 = 0.0320513333$$

$$375c_1 + 5833.3333c_2 + 71428.57143c_3 = 0.240385$$

위의 방정식을 풀면, $c_1 = 400.642 \times 10^{-6}$, $c_2 = 4.006 \times 10^{-6}$, $c_3 = 0.935 \times 10^{-6}$를 얻을 수 있다. 이 미지수들을 식 (1.38)에 대입하면 근사적인 변위함수가 구해진다.

$$u(y) = 400.642 \times 10^{-6}y + 4.006 \times 10^{-6}y^2 + 0.935 \times 10^{-6}y^3 \quad (1.45)$$

Galerkin 방법으로 구한 변위 결과들도 마찬가지로 이 절의 끝부분에서 엄밀해와 비교할 것이다.

최소 제곱법

최소 제곱법(least-squares method)에서는 잔여함수의 제곱이 가정되는 해의 미지수에 대해 최소가 되게끔 해야 한다. 이는 다음과 같이 표현할 수 있다.

$$\text{Minimize}\left(\int_a^b \mathcal{R}^2 dy\right)$$

위 조건으로부터 다음과 같은 식이 유도된다.

$$\int_a^b \mathcal{R}\frac{\partial \mathcal{R}}{\partial c_i}dy = 0, \qquad i = 1, 2, \ldots, N \quad (1.46)$$

예제 1.1에서 가정된 근사해에는 3개의 미지수가 있기 때문에 식 (1.46)에 의하여 3개의 방정식이 유도된다. 잔여함수는 앞에서 구한 것처럼 다음과 같다.

$$\mathcal{R}/E = (0.25 - 0.0125y)(c_1 + 2c_2y + 3c_3y^2) - 96.154 \times 10^{-6}$$

잔여함수를 c_1, c_2, c_3에 대해 미분하여 식 (1.46)에 대입하면 다음과 같다.

$$\int_0^{10} \overbrace{[(0.25 - 0.0125y)(c_1 + 2c_2y + 3c_3y^2) - 96.154 \times 10^{-6}]}^{\mathcal{R}} \overbrace{(0.25 - 0.0125y)}^{\frac{\partial \mathcal{R}}{\partial c_1}} dy = 0$$

$$\int_0^{10} \overbrace{[(0.25 - 0.0125y)(c_1 + 2c_2y + 3c_3y^2) - 96.154 \times 10^{-6}]}^{\mathcal{R}} \overbrace{(0.25 - 0.0125y)2y}^{\frac{\partial \mathcal{R}}{\partial c_2}} \, dy = 0$$

$$\int_0^{10} \overbrace{[(0.25 - 0.0125y)(c_1 + 2c_2y + 3c_3y^2) - 96.154 \times 10^{-6}]}^{\mathcal{R}} \overbrace{(0.25 - 0.0125y)3y^2}^{\frac{\partial \mathcal{R}}{\partial c_3}} \, dy = 0$$

식 (1.46)을 적분하면 미지수 c_1, c_2, c_3에 대한 3개의 선형 방정식을 얻는다.

$$0.364583333c_1 + 2.864583333c_2 + 25c_3 = 0.000180289$$

$$2.864583333c_1 + 33.333333c_2 + 343.75c_3 = 0.001602567$$

$$25c_1 + 343.75c_2 + 3883.928571c_3 = 0.015024063$$

위의 방정식을 풀면, $c_1 = 389.773 \times 10^{-6}$, $c_2 = 6.442 \times 10^{-6}$, $c_3 = 0.789 \times 10^{-6}$를 얻을 수 있다. 이 미지수들을 식 (1.38)에 대입하면 근사적인 변위함수가 구해진다.

$$u(y) = 389.733 \times 10^{-6}y + 6.442 \times 10^{-6}y^2 + 0.789 \times 10^{-6}y^3 \tag{1.47}$$

최소 제곱법으로 구한 변위 결과들도 이 절의 끝부분에서 엄밀해와 비교할 것이다.

각각의 가중잔여법에 의한 해들의 비교

이제 앞에서 구한 결과들을 엄밀해와 비교함으로써 가중잔여법이 얼마나 정확한지 조사할 것이다. 표 1.8은 배열법, 부영역법, Galerkin 방법, 최소 제곱법을 이용하여 구한 절점에서의 변위들을 엄밀해와 비교한 것이다.

표 1.8을 살펴보면, 결과들이 서로 잘 일치한다는 것을 알 수 있다. 여기서 1.7절의 주된 목적이 가중잔여법의 일반적인 개념과 그 기본적인 과정들을 가능한 한 간단한 방식으로 소개하는 것이었다는 점을 기억하라. 또한 앞에서 가중잔여법들을 사용할 때, 주어진 문제의 전체 영역에서 근사적인 해를 제공할 수 있도록 해를 가정했다는 점을 기억해 두길 바란다. 나중에 알게 되겠지만 Galerkin 방법에서 가정되는 해는 부분적으로 성립하면 된다. 즉,

표 1.8 가중잔여법의 결과 비교

봉의 점의 위치 (in)	엄밀해의 결과 [식 (1.36)] (in)	배열법의 결과 [식 (1.40)] (in)	부영역법의 결과 [식 (1.42)] (in)	Galerkin 방법의 결과[식 (1.45)] (in)	최소 제곱법의 결과[식 (1.47)] (in)
$y = 0$	0	0	0	0	0
$y = 2.5$	0.001027	0.001076	0.001029	0.001041	0.001027
$y = 5.0$	0.002213	0.002259	0.002209	0.002220	0.002208
$y = 7.5$	0.003615	0.003660	0.003618	0.003624	0.003618
$y = 10$	0.005333	0.005384	0.005330	0.005342	0.005331

다시 말해서 단지 각각의 요소에서만 유효한 선형 또는 비선형 해들을 가정하고 나서, 그 해들을 전체 영역에서 성립할 수 있도록 조합시킬 것이다.

1.8 결과 검증

최근 들어서 설계 도구로서 유한요소법을 사용하는 경우가 많아지고 있다. ANSYS와 같이 사용하기 쉽고 포괄적인 패키지들이 설계 엔지니어들에게 일반적으로 쓰이는 도구가 되어 왔다. 그러나 불행하게도 많은 엔지니어들이 적절한 훈련이나 기본적인 개념에 대한 명확한 이해 없이 유한요소법을 사용하고 있다. 유한요소법을 사용하는 엔지니어들은 유한요소해석의 한계를 이해해야 한다. 다양한 오류의 원인들로 인해 잘못된 결과가 나타날 수 있다. 그 원인으로는 다음과 같은 것들이 있다.

1. 물성치, 치수와 같은 입력 데이터의 오류

이러한 실수는 해석을 좀 더 진행시키기 전에, 단순히 물리적 성질과 절점 또는 주요점(물체의 꼭짓점을 정의하는 점들로 8장에서 좀 더 자세히 다룬다)의 좌표를 정리하여 확인함으로써 고칠 수 있다.

2. 부적절한 요소 종류의 선택

이 점에 관해서는 기본적인 이론을 이해하는 것이 가장 도움이 될 것이다. 주어진 요소의 한계와 어떤 문제에 그 요소를 적용할 수 있는지를 완전히 이해할 필요가 있다.

3. 생성된 요소의 부적절한 형상과 크기

이 문제는 유한요소해석에서 상당히 중요한 부분이다. 요소의 부적절한 형상과 크기는 결과의 정확도에 영향을 미칠 것이다. 사용자는 자유요소 생성과 규격요소 생성 사이의 차이와 한계를 이해하는 것이 중요하다. 이러한 개념들은 8장에서 좀 더 자세히 다룰 것이다.

4. 잘못된 경계조건과 하중조건의 부과

이 단계는 대부분 유한요소해석에 있어서 가장 어려운 부분이다. 이는 실제 문제의 하중조건과 경계조건을 유한요소 모델에 대해 적용하는 것을 말한다. 이 단계는 적절한 판단과 어느 정도의 경험을 필요로 한다.

항상 결과를 검증하는 방법을 찾아야 한다. 그 모델에 대해 실험을 하는 것이 가장 좋은 방법일 수 있겠지만, 그것은 상당한 시간과 비용이 든다. 물리적 법칙이 만족되는 것을 보이기 위해서는 항상 모델의 여러 부분들에 평형조건과 에너지 평형을 적용함으로써 시작해야 한다. 예를 들어, 정적 모델의 경우 모델의 자유물체도에 작용하는 모든 힘들의 합은 0이 되어야 한다. 이런 개념은 계산된 반력들의 정확성을 점검할 수 있게 해줄 것이다. 임의의 단면을 따른 응력들을 정의하고 변환시키고 적분하여 내력을 구한다. 이러한 방식으로 계산된 내력들의 합은 외력들과 평형을 이루어야 한다. 정상상태의 열전달 문제에서는 임의의 절점을 둘러싸는 검사체적에 에너지 보존 법칙을 적용해야 한다. 절점의 안쪽과 바깥쪽으로 흐르는 에너지들이 평형을 이루고 있는가? 이 책 각 장의 끝부분에서 모델에 대한 결과를 검증하는 방법에 관하여 설명한다. 그리고 ANSYS를 이용하여 문제를 풀고 그 결과를 검증하는 절차를 보여줄 것이다.

1.9 문제의 이해

해석하고자 하는 문제를 이해하는 데 종이와 연필을 가지고서 약간의 시간을 우선 투자한다면 많은 시간과 비용을 절약할 수 있다. 컴퓨터로 수치적인 유한요소 모델을 생성하기 전에 그 문제를 전반적이고 직관적으로 이해하는 것이 반드시 필요하다. 우수한 엔지니어라면 모델 작성과정 전에 생각하는 많은 질문들이 있다. 예를 들어, 재료가 축력을 받고 있는가, 물체가 굽힘 모멘트를 받고 있는가, 비틀림 모멘트를 받고 있는가, 또는 두 가지 모멘트를 동시에 받고 있는가, 좌굴에 대해 신경을 써야 하는가, 2차원 모델을 가지고서 그 재료의 거동을 근사시킬 수 있는가, 문제에서 열전달이 중요한 부분을 차지하는가, 열전달의 어떤 모드가 지배적인가 등이다. 유한요소해석에서 사전 계산은 문제의 이해에 상당히 도움이 될 것이며, 따라서 합당한 유한요소 모델을 만드는 데에, 특히 요소를 선택함에 있어서 도움이 될 것이다. 재료역학과 열전달 분야에서 엄밀해가 존재하는 문제들을 현장 엔지니어들은 유한요소해석을 이용하여 풀고 있는 경우도 있다. 이 점을 명확히 하기 위해 다음 예제를 고려해 보자.

예제 1.5

그림에 도시된 사각형 단면을 가진 강철봉의 비틀림($G = 11 \times 10^3$ ksi)을 고려해 보자. 보이는 바와 같이, 하중이 작용할 때 비틀림각 $\theta = 0.0005$ rad/in으로 측정되었다. 최대 전단 응력의 위치와 크기를 구하라.

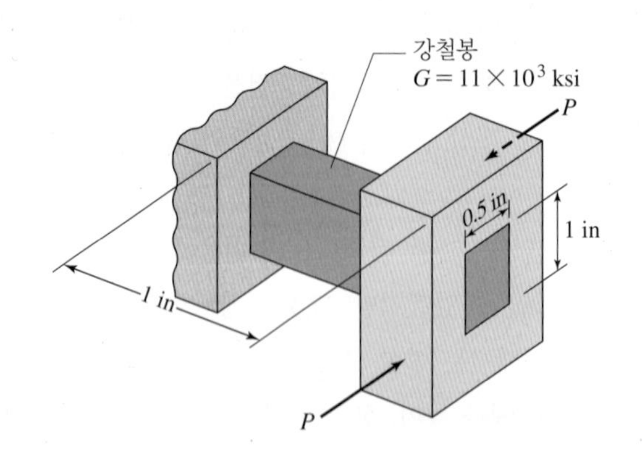

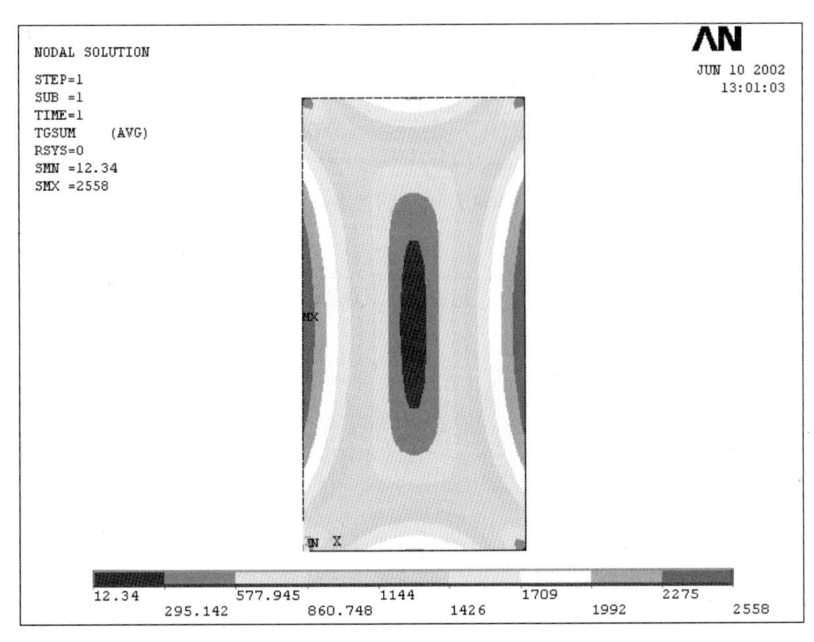

그림 1.17 예제 1.5의 강철봉의 전단응력 분포

마찬가지로 유한요소 모델을 이용하여 이 문제를 해석하였다. 모든 과정은 예제 6.1(다시 보기)에 따라서 하도록 한다. 해석 결과는 그림 1.17에 도시하였다.

유한요소해석의 결과는 사각형의 중간 면에서 최대 전단응력 2558 lb/in^{2}가 발생한다. 재료의 거동에 대한 기본 개념을 이해했을 때 수계산으로 쉽게 풀 수 있는 또 다른 예제이다.

사각 단면을 가진 부재의 비틀림 문제는 6.1절에서 배울 것이다. 사각 단면을 가진 직선의 봉에 재료의 탄성 영역 내에서 토크가 작용할 때, 최대 전단응력과 비틀림각은 다음과 같이 주어진다.

$$\tau_{\max} = \frac{T}{c_1 w h^2}$$

여기서 $\tau_{\max}$ = 최대 전단응력, lb/in^2

T = 작용 토크, lb·in

w = 사각 단면의 폭, in

h = 사각 단면의 높이, in

c_1 = 가로세로비에 의한 상수, 0.246(표 6.1 참조)

그리고

$$\theta = \frac{TL}{c_2 G w h^3}$$

여기서 L = 봉의 길이, in

G = 재료의 전단계수, lb/in^2

c_2 = 가로세로비에 의한 상수, 0.229(표 6.1 참조)

위의 식에 주어진 조건을 대입하여 구하면 다음과 같다.

$$\theta = \frac{TL}{c_2 Gwh^3} = 0.0005 \text{ rad/in} = \frac{T(1\text{ in})}{0.229(11 \times 10^6 \text{ lb/in}^2)(1\text{ in})(0.5\text{ in})^3}$$

$$\Rightarrow T = 157.5 \text{ lb} \cdot \text{in}$$

$$\tau_{\max} = \frac{T}{c_1 wh^2} = \frac{157.5 \text{ lb} \cdot \text{in}}{0.246(1\text{ in})(0.5\text{ in})^2} = 2560 \text{ lb/in}^2$$

2560 lb/in^2와 유한요소 결과 2558 lb/in^2를 비교해 볼 때 수계산을 이용한 최대 전단응력 계산이 많은 시간을 절약할 수 있음을 확인할 수 있었고 유한요소 모델 생성을 피할 수 있었다.

요약

1. 공학 시스템의 거동을 특징짓는 물리적 성질들과 변수들을 잘 이해해야 한다. 이런 성질과 변수의 예가 표 1.2와 1.3에 주어져 있다.
2. 유한요소법의 기본적인 개념을 잘 이해하고 있으면 ANSYS를 좀 더 효율적으로 사용하는 데 도움이 될 것이다.
3. 1.4절에서 논의된 유한요소해석에서의 7개의 기본 단계들을 알아야 한다.
4. 직접 정식화, 최소 총 퍼텐셜 에너지 정식화, 그리고 가중잔여법(특히 Galerkin 방법) 사이의 차이점을 이해해야 한다.
5. 유한요소 모델을 작성하기 전에 문제를 완전히 이해하는 데 시간을 투자하는 것이 도움이 될 것이다. 심지어 완전해(closed-form solution)의 해가 존재한다면 많은 시간과 비용을 절약할 수 있다.
6. 항상 유한요소해석의 결과를 검증하는 방법을 찾아야 한다.

참고문헌

ASHRAE Handbook, *Fundamental Volume,* American Society of Heating, Refrigerating, and Air-Conditioning Engineers, Atlanta, 1993.

Bickford, B. W., *A First Course in the Finite Element Method,* Richard D. Irwin, Burr Ridge, 1989.

Clough, R. W., "The Finite Element Method in Plane Stress Analysis, Proceedings of American Society of Civil Engineers, 2nd Conference on Electronic Computations," Vol. 23, 1960, pp. 345–378.

Cook, R. D., Malkus, D. S., and Plesha, M. E., *Concepts and Applications of Finite Element Analysis,* 3rd. ed., New York, John Wiley and Sons, 1989.

Courant, R., "Variational Methods for the Solution of Problems of Equilibrium and Vibrations," Bulletin of the American Mathematical Society, Vol. 49, 1943, pp. 1–23.

Hrennikoff, A., "Solution of Problems in Elasticity by the Framework Method," *J. Appl. Mech.,* Vol. 8, No. 4, 1941, pp. A169−A175.

Levy, S., "Structural Analysis and Influence Coefficients for Delta Wings," *Journal of the Aeronautical Sciences,* Vol. 20, No. 7, 1953, pp. 449−454.

Patankar, S. V., *Numerical Heat Transfer and Fluid Flow,* New York, McGraw-Hill, 1991.

Zienkiewicz, O. C., and Cheung, Y. K. K., *The Finite Element Method in Structural and Continuum Mechanics,* London, McGraw-Hill, 1967.

Zienkiewicz, O. C., *The Finite Element Method,* 3d. ed., London, McGraw-Hill, 1979.

연습문제

1. 예제 1.1을 (1) 2개의 요소, (2) 8개의 요소를 이용해서 각각 풀고, 결과를 엄밀해와 비교하라.

2. 그림과 같이 콘크리트 기둥 지지부가 약 500 lb의 하중을 받고 있다. 1.5절에서 설명한 직접 정식화를 이용하여 기둥의 변형량과 평균 수직응력을 계산하라. 기둥을 5개의 요소로 분리하라($E = 3.27 \times 10^3$ ksi).

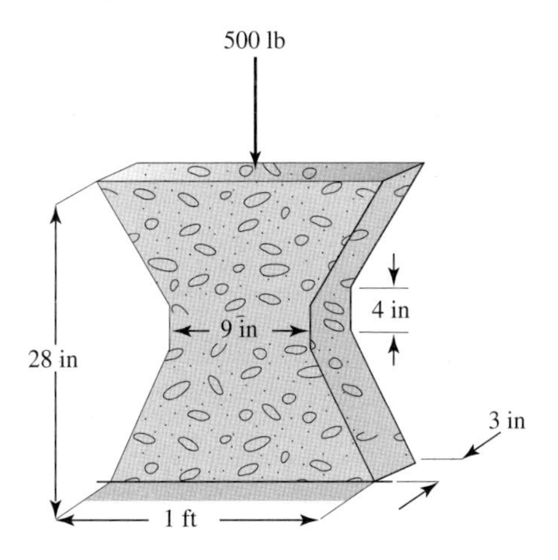

3. 그림과 같이 6 mm 두께의 알루미늄 띠가 1800 N의 하중을 받고 있다. 1.5절에서 설명한 직접 정식화를 이용하여 이 띠의 변형량과 평균 수직응력을 계산하라. 3개의 요소로 분리하라. 이 문제는 6장에서 다시 주어질 것이고, 거기에서 더 심도 있게 분석할 것이다($E = 68.9$ GPa).

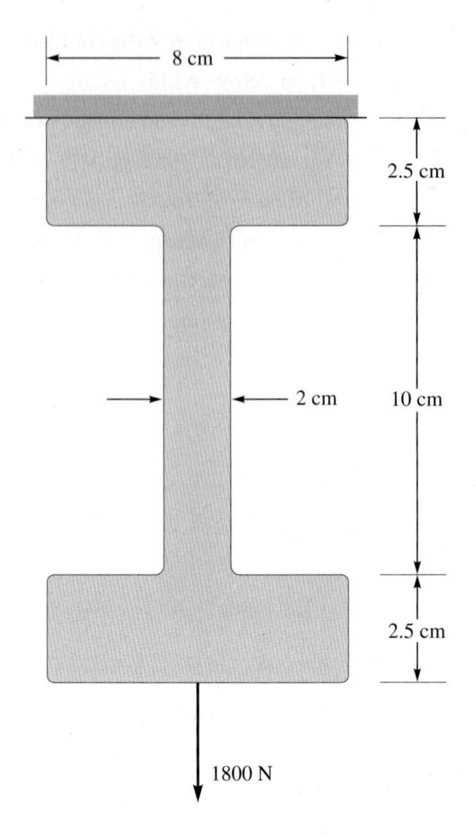

4. 그림에서 도시된 것과 같이 얇은 철판이 축방향 하중을 받고 있다. 그림에 보인 모델을 사용하여 근사적인 변형량과 평균 수직응력을 계산하라. 판의 두께는 0.125 in이고 탄성계수 $E = 28 \times 10^3$ ksi이다. 6장에서 이 문제를 ANSYS를 이용하여 풀 것이다.

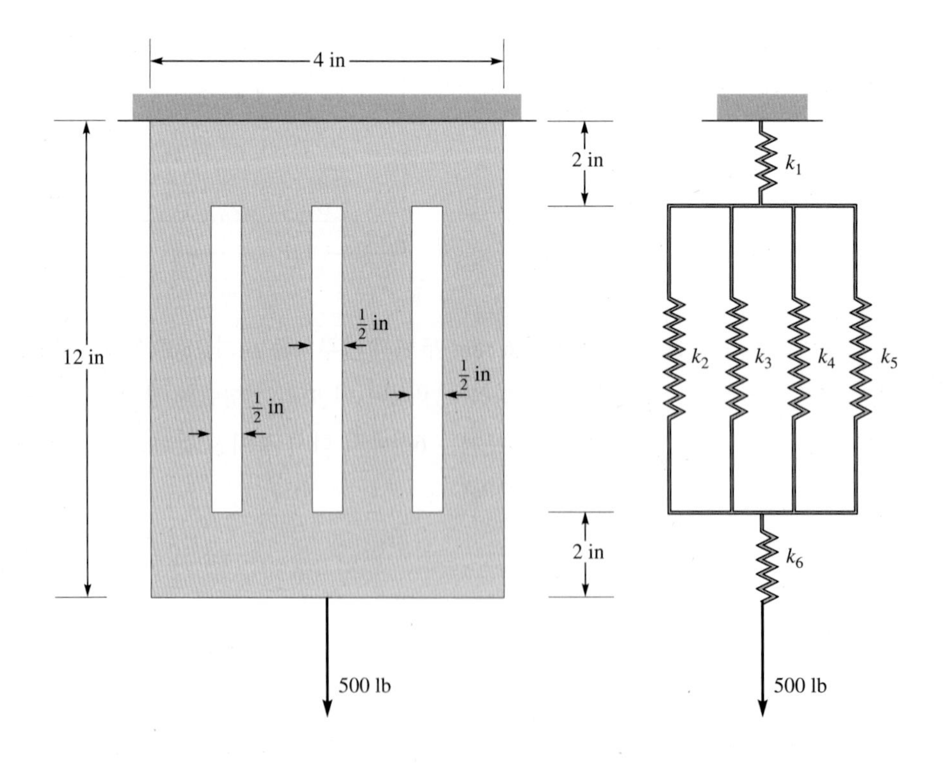

5. 연습문제 **4**에 주어진 얇은 철판의 유한요소 모델의 각 절점에 정적 평형조건을 직접 적용하라.

6. 그림에 보인 스프링 시스템에 대해 각 절점의 변위를 구하라. 먼저 전체 행렬의 크기를 계산하라. 요소 강성행렬을 구하고, 전체 행렬에서의 각 요소 행렬의 위치를 나타내라. 경계조건과 하중조건을 부과하고, 선형 연립 방정식을 풀어라. 또 반력도 계산하라.

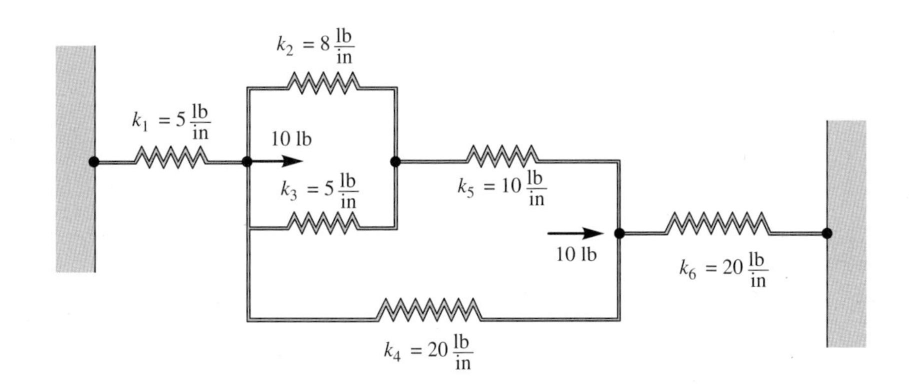

7. 연습문제 **2**에서 콘크리트 기둥 지지대를 3개의 $\frac{1}{2}$ in 금속막대로 보강하였다(그림 참조). 하중 1000 lb가 작용할 때 기둥을 따라 생기는 평균 수직응력과 변형량을 결정하라. 기둥을 5개 요소로 분리하라($E_C = 3.27 \times 10^3$ ksi, $E_s = 29 \times 10^3$ ksi).

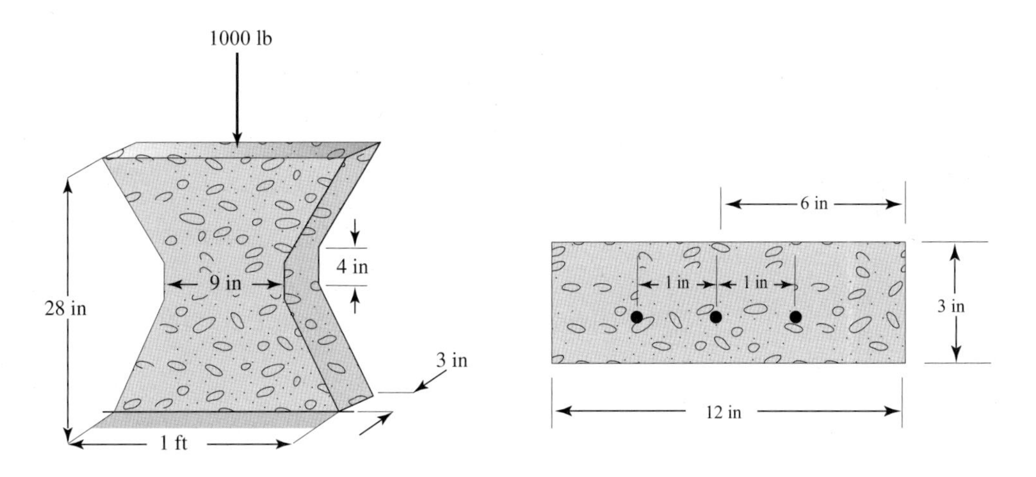

8. 연습문제 **7**에서 콘크리트 기둥 지지부에 대한 총 변형 에너지를 계산하라.

9. 무게가 6 lb인 10 in 길이의 막대가 강성 $k = 60$ lb/in인 스프링으로 지지되고 있다. 그림에 나타낸 지점에 $P = 35$ lb의 하중이 가해진다. (a) 막대의 자유물체도와 정적 평형조건에 의해 스프링의 변형량을 결정하라. (b) 최소 총 퍼텐셜 에너지 개념을 사용하여 스프링의 변형량을 결정하라.

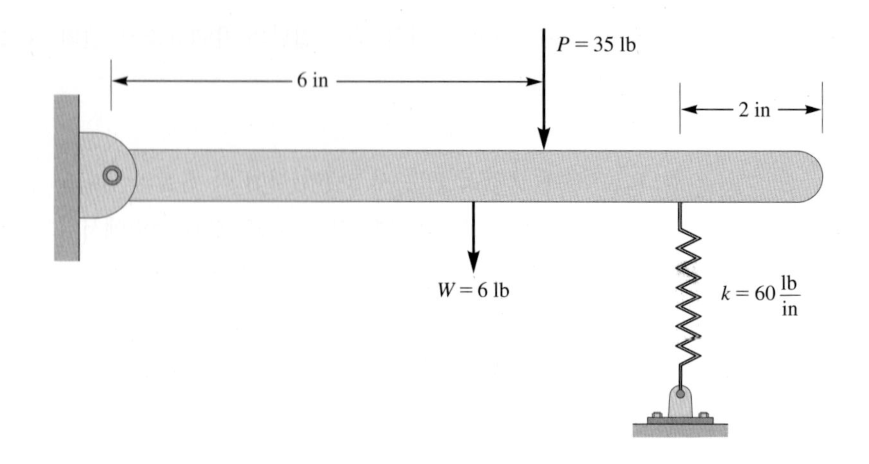

10. 다음 그림과 같이 주어진 분포하중을 받는 단순지지 보의 처짐은 다음 식과 같이 주어진다.

$$\frac{d^2Y}{dX^2} = \frac{M(X)}{EI}$$

여기서 $M(X)$는 내부 굽힘 모멘트이고, 다음과 같이 주어진다.

$$M(X) = \frac{wX(L - X)}{2}$$

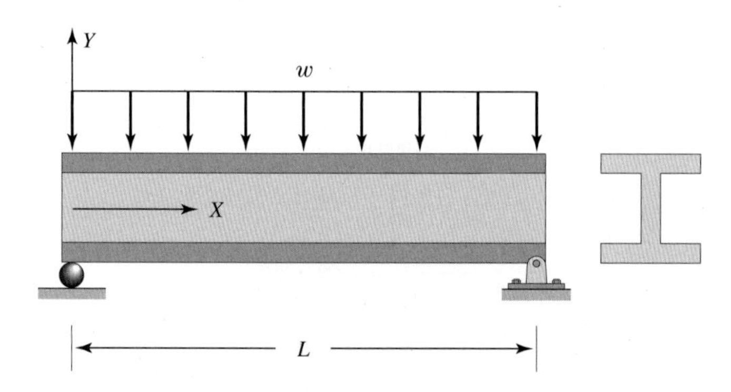

정확한 처짐량을 나타내는 식을 유도하라. 또 처짐량 근사해를 다음과 같은 형태로 가정하라.

$$Y(X) = c_1\left[\left(\frac{X}{L}\right)^2 - \left(\frac{X}{L}\right)\right]$$

c_1을 구하기 위해 (a) 배열법, (b) 부영역법을 사용하라. 근사해를 사용하여 보의 최대 처짐량을 계산하라. 여기서 W24 × 104(광폭 플랜지 형상)이고, 길이 $L = 20$ ft, 분포하중 $w = 5$ kips/ft으로 주어진다.

11. 1.7절에서 사용된 예제에서 근사해를 $u(y) = c_1y + c_2y^2 + c_3y^3 + c_4y^4$로 가정하라. 그리고 배열법, 부영역법, Galerkin 방법, 최소 제곱법을 사용하여 미지수 c_1, c_2, c_3, c_4를

결정하라. 또 1.7절에서 얻은 결과와 계산 결과를 비교하라.

12. 다음 그림은 외팔보를 나타낸다. 하중 P가 작용할 때 보의 처짐을 지배하는 방정식은 다음과 같다.

$$\frac{d^2Y}{dX^2} = \frac{M(X)}{EI}$$

여기서 $M(X)$는 내부 굽힘 모멘트이다.

$$M(X) = -PX$$

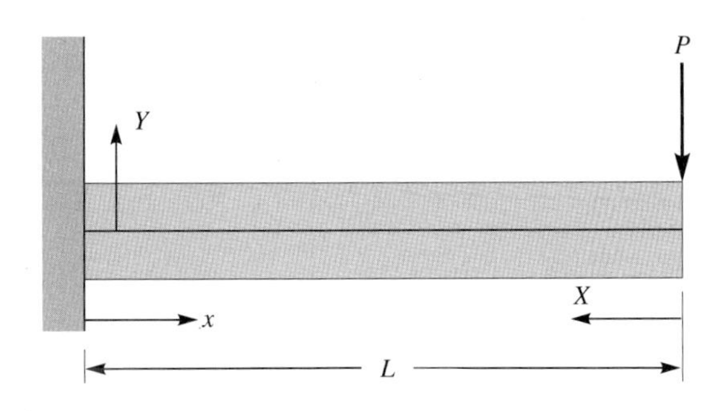

정확한 처짐량을 나타내는 식을 유도하라. 또 적당한 형태의 다항식을 가정하라. 가정된 해는 주어진 경계조건을 만족해야 한다는 점을 기억하라. 부영역법과 Galerkin 방법을 사용하여 가정된 해의 미지수를 계산하라.

13. 다음 그림과 같이 3개의 부분으로 된 축이 있다. AB, CD부분은 전단계수 $G = 9.8 \times 10^3$ ksi를 가지는 같은 재료로 이루어져 있고 직경은 1.5 in이다. BC부분은 전단계수 $G = 11.2 \times 10^3$ ksi인 재료이고 직경은 1 in이다. 축은 양 끝점에서 고정되어 있다. 점 C에 2400 lb·in의 토크가 작용한다. 3개의 요소를 사용하여 점 B와 C에서의 비틀림각을 결정하고, 경계에서의 반모멘트를 구하라.

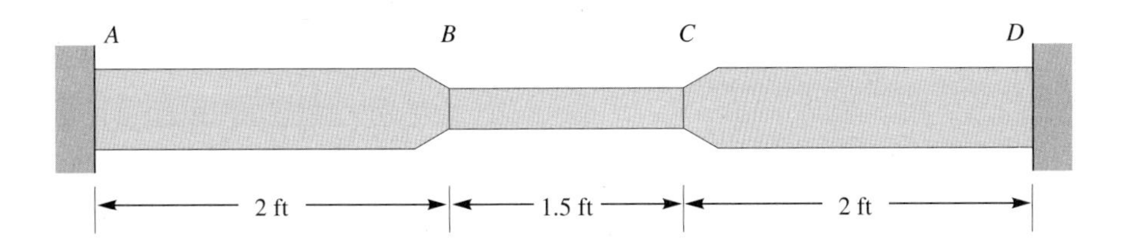

14. 연습문제 **13**의 축에서, 점 C에서의 토크를 점 B와 C에서의 2개의 등가 토크 1200 lb·in로 대체하라. 점 B와 C에서의 비틀림각과 경계에서의 반모멘트를 계산하라.

15. 다음 그림처럼 하중 1500 lb가 가해지고, 단면적이 변하는 판을 고려하라. 직접 정식화를 사용하여 $y = 2.5$ in, $y = 7.5$ in, $y = 10$ in의 위치에서 봉의 변형량을 결정하라. 판

은 탄성계수 $E = 10.6 \times 10^3$ ksi를 가지는 재료로 구성되어 있다.

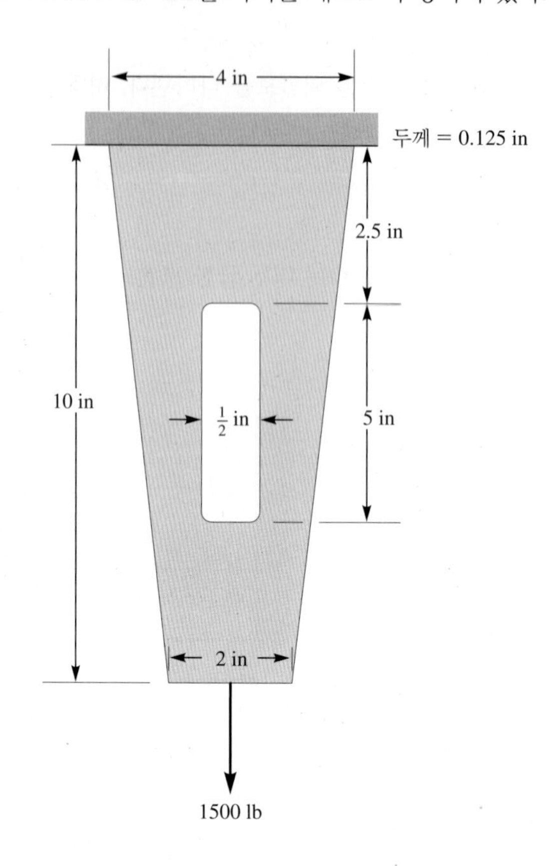

16. 다음 그림과 같이 병렬과 직렬로 배열된 스프링을 고려해 보자. 병렬 연결된 스프링 각각의 변형량은 같고 작용된 힘은 각각의 스프링에 작용하는 힘의 합과 같음에 유의하라. 병렬 배열된 스프링의 스프링 상수 k_e는 다음과 같음을 보여라.

$$k_e = k_1 + k_2 + k_3$$

직렬로 배열된 스프링의 총 변형량은 스프링 각각의 변형의 합과 같고, 스프링 각각의 힘은 작용하는 힘과 같음에 유의하라. 이때 스프링 상수는 다음과 같음을 보여라.

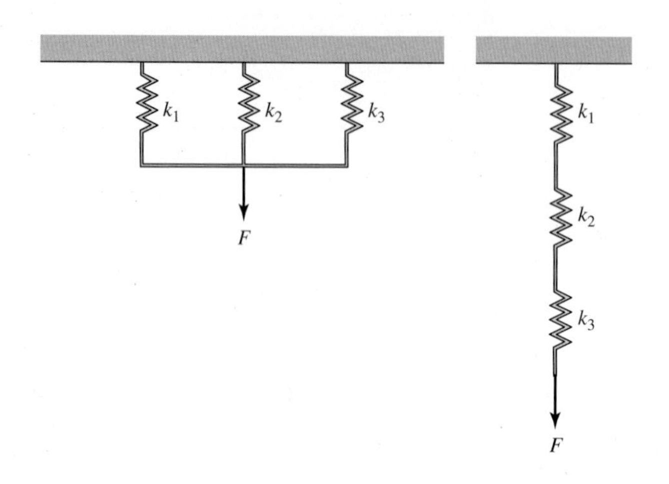

$$k_e = \frac{1}{\dfrac{1}{k_1} + \dfrac{1}{k_2} + \dfrac{1}{k_3}}$$

17. 연습문제 **16**의 결과를 이용하여 다음 그림에 도시된 스프링 시스템의 등가 스프링 상수를 구하라.

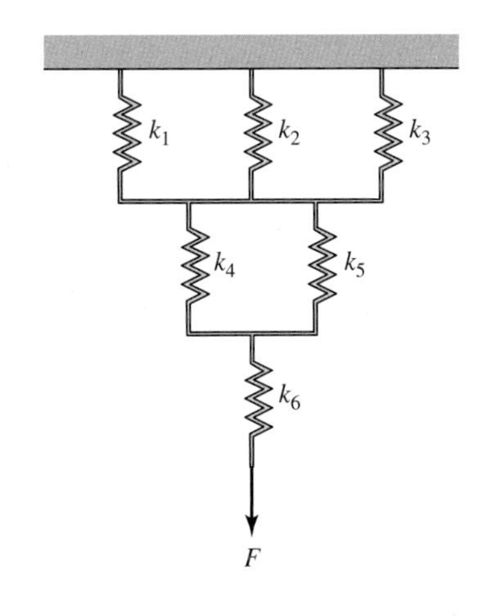

18. 다음 그림에 도시된 외팔보의 등가 스프링 상수를 구하라.

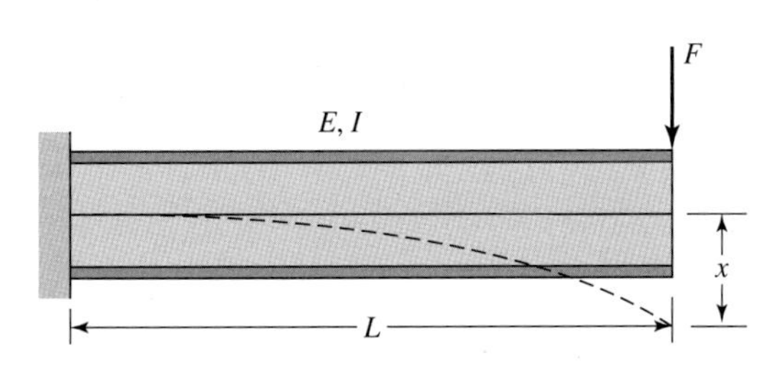

19. 연습문제 **18**의 결과와 식 (1.15)를 이용하여 다음 그림에 도시된 시스템의 등가 스프링 상수를 구하라.

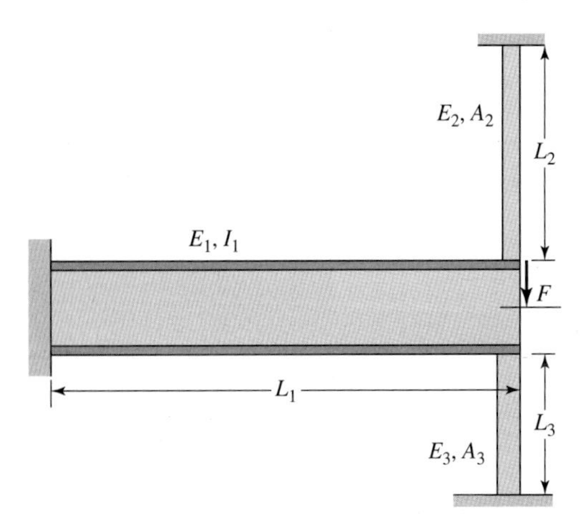

20. 다음 그림에 도시된 시스템의 등가 스프링 상수를 구하라. 최소 총 퍼텐셜 에너지법을 이용하여 점 A에서의 변형량을 구하라.

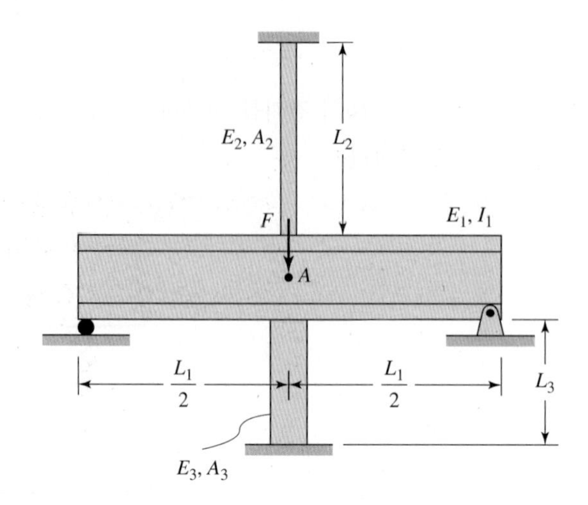

21. 연결봉(connecting rod)의 질량을 무시하고 다음 그림에 보인 스프링 시스템의 각자의 변형량을 (a) 정적 평형조건을 적용하여, (b) 최소 총 퍼텐셜 에너지법을 이용하여 구하라.

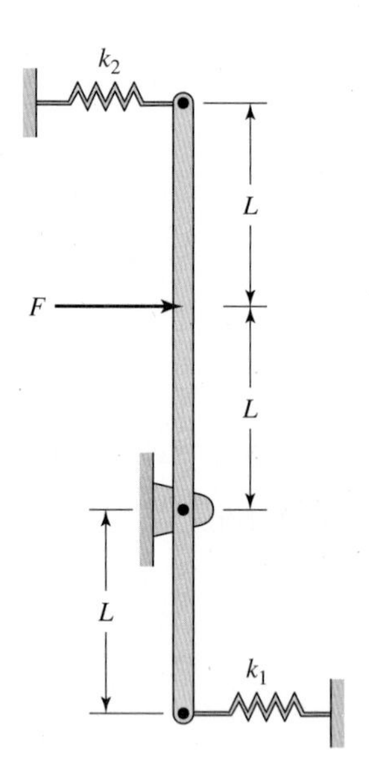

CHAPTER 2

트러스

이 장에서는 트러스(truss)에 대한 유한요소 정식화의 기본 개념을 소개하고 ANSYS 프로그램을 개괄적으로 살펴본다. 이 장에서 주로 다룰 내용은 ANSYS 시작메뉴(Launcher), 그래픽 사용자 인터페이스(GUI, Graphical User Interface), ANSYS 프로그램의 구성 등이며, 그 구체적인 내용은 다음과 같다.

2.1 트러스의 정의

트러스(truss)는 끝단이 볼트, 리벳, 핀(pin) 또는 용접 등으로 연결된 직선 부재로 만들어진 구조물이다. 트러스 부재로는 보통 강이나 알루미늄 튜브, 목재 지지대, 금속 봉, 앵글, 채널 등이 쓰인다. 송전탑, 다리, 빌딩의 지붕과 같이 많은 실제 구조 문제들은 트러스 구조로 모델링하여 해석할 수 있다. 평면 트러스(plane truss)는 부재가 한 평면에 놓인 것이다. 이러한 트러스에 작용하는 힘 역시 같은 평면에 놓여야 한다. 트러스 부재는 일반적으로 **이력 부재**(two-force members)로 고려된다. 이력 부재는 그림 2.1과 같이 부재 방향에 따라 작용하는 내력의 크기는 같고 방향은 반대인 것을 의미한다.

부재는 마찰이 없는 핀(3차원 트러스는 볼과 소켓)으로 연결되었다고 가정하고 해석한다. 볼트나 용접으로 체결된 트러스도 각 부재의 중심축을 연장한 선이 한 점에서 만난다

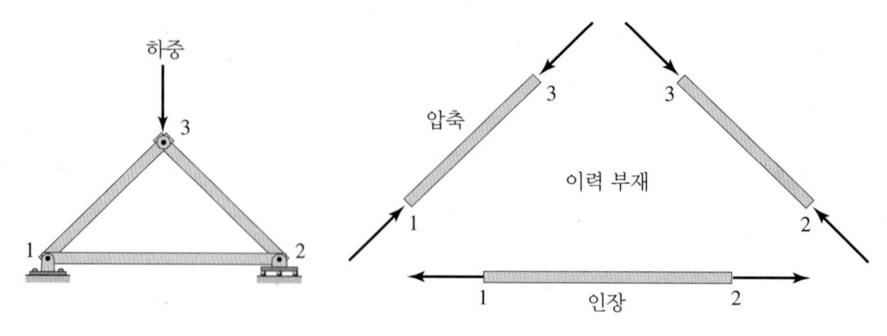

그림 2.1 하중을 받고 있는 단순 트러스

면 마찰이 없는 핀인 것처럼 해석할 수 있다(굽힘이 없음). 다른 중요한 가정은 힘이 가해지는 방법과 관련이 있다. 모든 하중은 조인트(joint)에 가해져야 한다. 이 가정은 하중이 조인트에 가해지는 방식으로 트러스가 고안되었기 때문에 대부분의 경우에 타당하다. 일반적으로 가해지는 하중과 비교하여 부재의 무게는 무시할 수 있다. 그러나 부재의 무게를 고려한다면 연결 조인트에는 각 부재 무게의 절반을 가한다. **정정**(statically determinate) 트러스 문제는 많은 기초 역학 책에서 이미 다루었다. 이런 종류의 문제는 조인트법이나 단면법(methods of joints or sections)에 의해 해석된다. 그러나 트러스 부재를 강체로 취급하기

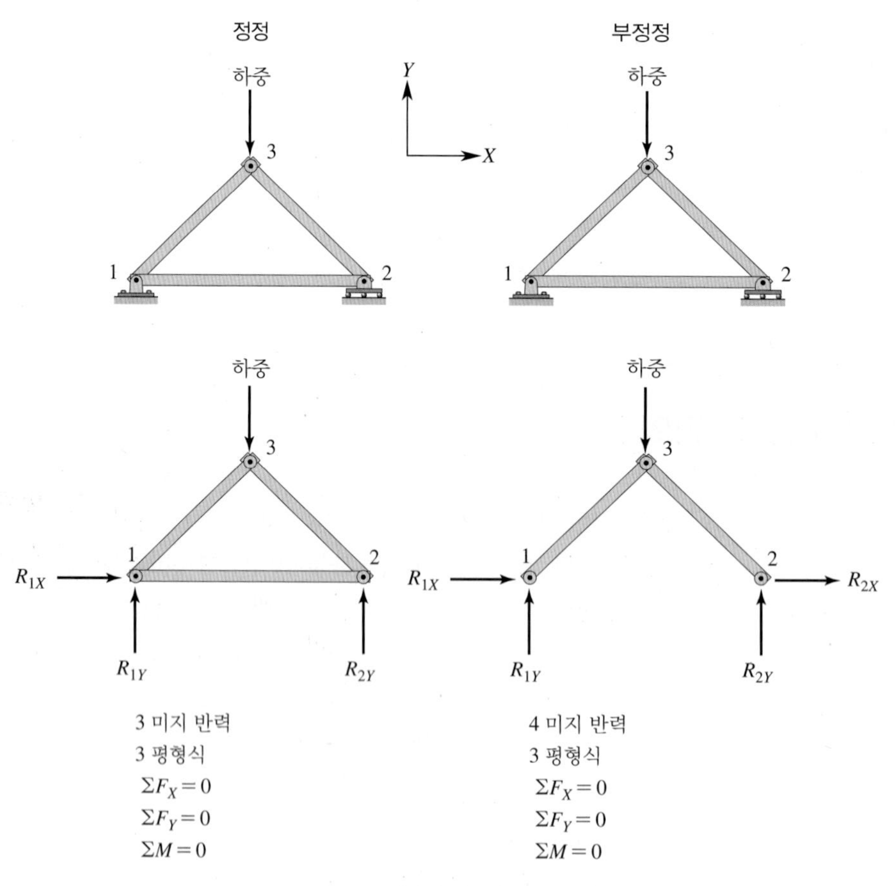

그림 2.2 정정과 부정정 문제의 예

때문에 이러한 방법들로는 조인트의 변위를 알 수 없다. 또 트러스 부재가 강체라는 가정 때문에 **부정정**(statically indeterminate) 문제의 해석은 불가능하다. 유한요소법에서는 트러스가 강체라는 가정을 제거하여 이런 종류의 문제를 풀 수 있도록 한다. 그림 2.2는 정정 문제와 부정정 문제의 예를 보여준다.

2.2 유한요소 정식화

그림 2.3과 같이 힘 F가 가해진 단일 부재의 변형을 고려하자. 강성계수를 유도하는 방법은 1.5절에서 설명한 축하중을 받는 부재의 해석 방법과 같다. 복습을 위해 다시 요소의 등가 강성을 유도한다. 임의의 이력 부재에서 평균 응력은 다음과 같다.

$$\sigma = \frac{F}{A} \tag{2.1}$$

부재의 평균 변형률은 다음과 같이 표현된다.

$$\varepsilon = \frac{\Delta L}{L} \tag{2.2}$$

탄성 영역에서 응력과 변형률은 Hooke의 법칙을 따른다.

$$\sigma = E\varepsilon \tag{2.3}$$

식 (2.1), (2.2), (2.3)을 조합하면 다음과 같다.

$$F = \left(\frac{AE}{L}\right)\Delta L \tag{2.4}$$

식 (2.4)는 선형 스프링 식 $F = kx$와 유사함을 알 수 있다. 축하중을 받는 단면이 일정한 부재는 등가 강성이 다음과 같은 스프링으로 간주할 수 있다.

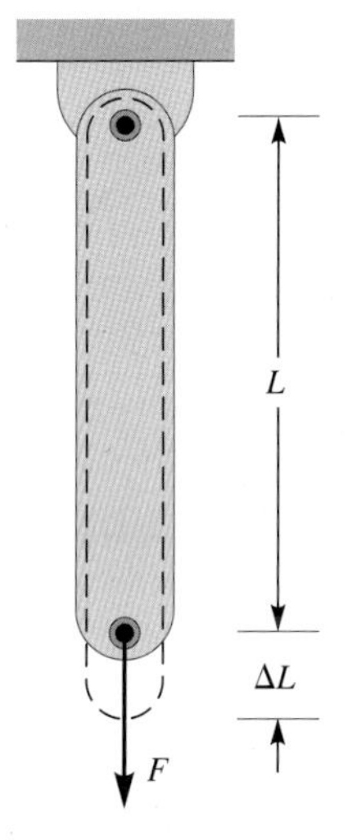

그림 2.3 하중 F를 받고 있는 이력 부재

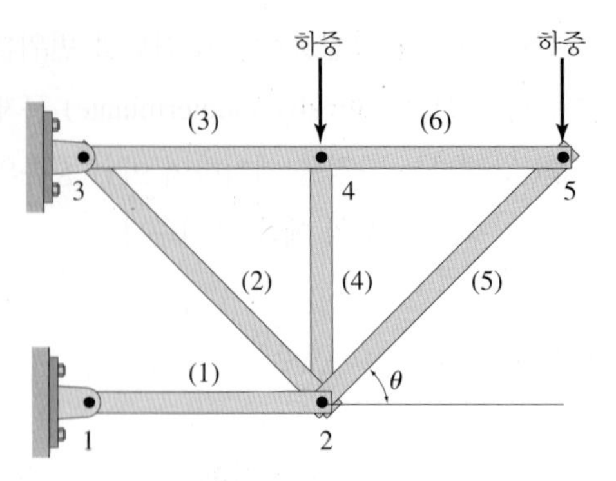

그림 2.4 발코니 트러스

$$k_{\text{eq}} = \frac{AE}{L} \tag{2.5}$$

5개의 절점과 6개의 요소로 이루어진 발코니 트러스가 그림 2.4에 도시되어 있다. 이 트러스에서 임의의 방향으로 놓인 하나의 요소를 분리하여 고려하자. 여기서는 (5)를 선택하였다.

일반적으로 트러스 문제를 기술할 때, **전체 좌표계**(global coordinate system)와 **국부 좌표계**(local coordinate system)의 두 가지 좌표계가 필요하다. 고정된 전체 좌표계(X, Y)는 (1) 각 조인트(절점)의 위치를 나타내고, 각 θ를 사용하여 각 부재(요소)의 방위(orientation)를 나타내며, (2) 하중과 구속조건을 전체 좌표값으로 부과하고, (3) 트러스 문제의 해, 즉 각 절점에서의 변위를 전체 좌표계의 성분으로 나타내는 데 사용된다. 국부 좌표계(x, y)는 요소의 이력 부재의 거동을 표현하기 위해 필요하다. 국부 좌표계와 전체 좌표계의 관계는 그림 2.5에 나타내었다.

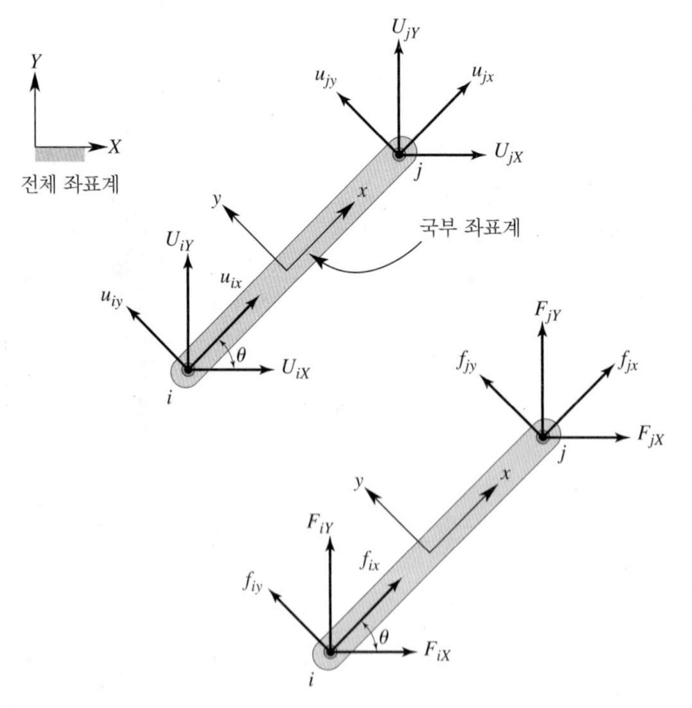

그림 2.5 국부 좌표와 전체 좌표의 관계. 국부 좌표인 x는 절점 i에서 절점 j의 방향을 나타낸다.

전체 변위(절점 i에서 U_{iX}, U_{iY}, 절점 j에서 U_{jX}, U_{jY})와 국부 변위(절점 i에서 u_{ix}, u_{iy}, 절점 j에서 u_{jx}, u_{jy}) 사이의 관계는 다음과 같다.

$$\begin{aligned} U_{iX} &= u_{ix}\cos\theta - u_{iy}\sin\theta \\ U_{iY} &= u_{ix}\sin\theta + u_{iy}\cos\theta \\ U_{jX} &= u_{jx}\cos\theta - u_{jy}\sin\theta \\ U_{jY} &= u_{jx}\sin\theta + u_{jy}\cos\theta \end{aligned} \tag{2.6}$$

식 (2.6)을 행렬 형태로 나타내면 다음과 같다.

$$\{\mathbf{U}\} = [\mathbf{T}]\{\mathbf{u}\} \tag{2.7}$$

여기서

$$\{\mathbf{U}\} = \begin{Bmatrix} U_{iX} \\ U_{iY} \\ U_{jX} \\ U_{jY} \end{Bmatrix}, [\mathbf{T}] = \begin{bmatrix} \cos\theta & -\sin\theta & 0 & 0 \\ \sin\theta & \cos\theta & 0 & 0 \\ 0 & 0 & \cos\theta & -\sin\theta \\ 0 & 0 & \sin\theta & \cos\theta \end{bmatrix}, \text{ 그리고 } \{\mathbf{u}\} = \begin{Bmatrix} u_{ix} \\ u_{iy} \\ u_{jx} \\ u_{jy} \end{Bmatrix}$$

이다. $\{\mathbf{U}\}$는 전체 좌표계 XY에 대한 절점 i와 j의 변위이고, $\{\mathbf{u}\}$는 국부 좌표계 xy에 대한 절점 i와 j의 변위이다. $[\mathbf{T}]$는 국부 좌표계의 변위를 전체 좌표계의 변위로 변환시키는 변환행렬(transformation matrix)이다. 유사한 방법으로 전체 좌표계와 국부 좌표계 사이의 힘의 관계는 다음과 같다.

$$\begin{aligned} F_{iX} &= f_{ix}\cos\theta - f_{iy}\sin\theta \\ F_{iY} &= f_{ix}\sin\theta + f_{iy}\cos\theta \\ F_{jX} &= f_{jx}\cos\theta - f_{jy}\sin\theta \\ F_{jY} &= f_{jx}\sin\theta + f_{jy}\cos\theta \end{aligned} \tag{2.8}$$

행렬 형태로는 다음과 같다.

$$\{\mathbf{F}\} = [\mathbf{T}]\{\mathbf{f}\} \tag{2.9}$$

여기서

$$\{\mathbf{F}\} = \begin{Bmatrix} F_{iX} \\ F_{iY} \\ F_{jX} \\ F_{jY} \end{Bmatrix}$$

는 절점 i와 j에 가해지는 전체 좌표계에 대한 하중벡터이고,

$$\{\mathbf{f}\} = \begin{Bmatrix} f_{ix} \\ f_{iy} \\ f_{jx} \\ f_{jy} \end{Bmatrix}$$

는 국부 좌표계에서 절점 i와 j의 하중벡터이다.

전체 좌표계 성분과 국부 좌표계 성분 사이의 일반적인 관계는 앞에서 유도했다. 그러나 이력 부재라는 가정하에서 부재는 단지 길이 방향으로만 변위가 발생하므로 국부 좌표에 대한 y방향 변위와 힘은 0이다. 이는 부재가 길이 방향 축(국부 좌표계의 x축)으로만 늘어나거나 줄어든다는 이력 부재의 가정만 보더라도 자명하다. 물론 그림 2.6에서처럼 내력이 국부 좌표계의 x방향으로만 힘이 가해진다는 것을 보더라도 알 수 있다. 그러나 이 항들을 0이라 놓지 않고 요소 강성행렬을 유도해야 일반적인 행렬 표기를 유지할 수 있다. 이 과정은 변위의 y방향 성분과 힘을 0으로 놓을 때 명백해질 것이다. 국부 좌표계에 대한 내력과 변위는 강성행렬을 통해 다음과 같은 관계가 성립된다.

$$\begin{Bmatrix} f_{ix} \\ f_{iy} \\ f_{jx} \\ f_{jy} \end{Bmatrix} = \begin{bmatrix} k & 0 & -k & 0 \\ 0 & 0 & 0 & 0 \\ -k & 0 & k & 0 \\ 0 & 0 & 0 & 0 \end{bmatrix} \begin{Bmatrix} u_{ix} \\ u_{iy} \\ u_{jx} \\ u_{jy} \end{Bmatrix} \tag{2.10}$$

여기서 $k = k_{eq} = \dfrac{AE}{L}$이고, 행렬 형태로 나타내면 다음과 같으며,

$$\{\mathbf{f}\} = [\mathbf{k}]\{\mathbf{u}\} \tag{2.11}$$

$\{\mathbf{f}\}$와 $\{\mathbf{u}\}$를 $\{\mathbf{F}\}$와 $\{\mathbf{U}\}$로 치환하면 다음과 같다.

$$\overbrace{[\mathbf{T}]^{-1}\{\mathbf{F}\}}^{\{\mathbf{f}\}} = [\mathbf{k}]\overbrace{[\mathbf{T}]^{-1}\{\mathbf{U}\}}^{\{\mathbf{u}\}} \tag{2.12}$$

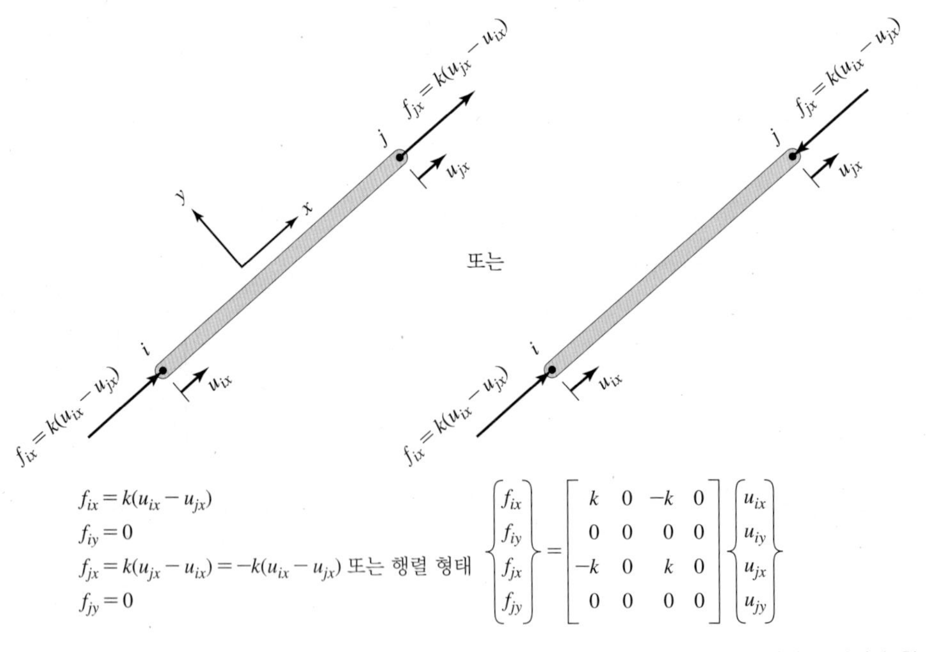

그림 2.6 임의의 트러스 요소에 대한 내력. 정적 평형조건에서는 f_{ix}와 f_{jx}의 합이 0인 것에 유의해야 한다. 또 선택된 표현에 관계없이 f_{ix}와 f_{jx}의 합은 0이다.

여기서 $[\mathbf{T}]^{-1}$은 변환행렬 $[\mathbf{T}]$의 역행렬이다.

$$[\mathbf{T}]^{-1} = \begin{bmatrix} \cos\theta & \sin\theta & 0 & 0 \\ -\sin\theta & \cos\theta & 0 & 0 \\ 0 & 0 & \cos\theta & \sin\theta \\ 0 & 0 & -\sin\theta & \cos\theta \end{bmatrix} \tag{2.13}$$

식 (2.12)의 양변에 $[\mathbf{T}]$를 곱하고 간단히 하면 다음과 같다.

$$\{\mathbf{F}\} = [\mathbf{T}][\mathbf{k}][\mathbf{T}]^{-1}\{\mathbf{U}\} \tag{2.14}$$

식 (2.14)에 $[\mathbf{T}]$, $[\mathbf{k}]$, $[\mathbf{T}]^{-1}$, $\{\mathbf{U}\}$의 값을 넣고 계산해 보자.

$$\begin{Bmatrix} F_{iX} \\ F_{iY} \\ F_{jX} \\ F_{jY} \end{Bmatrix} = k \begin{bmatrix} \cos^2\theta & \sin\theta\cos\theta & -\cos^2\theta & -\sin\theta\cos\theta \\ \sin\theta\cos\theta & \sin^2\theta & -\sin\theta\cos\theta & -\sin^2\theta \\ -\cos^2\theta & -\sin\theta\cos\theta & \cos^2\theta & \sin\theta\cos\theta \\ -\sin\theta\cos\theta & -\sin^2\theta & \sin\theta\cos\theta & \sin^2\theta \end{bmatrix} \begin{Bmatrix} U_{iX} \\ U_{iY} \\ U_{jX} \\ U_{jY} \end{Bmatrix} \tag{2.15}$$

식 (2.15)는 가해지는 힘과 요소 강성행렬 $[\mathbf{K}]^{(e)}$, 변위 사이의 관계를 나타낸다. 임의의 트러스의 요소 강성행렬 $[\mathbf{K}]^{(e)}$는 다음과 같다.

$$[\mathbf{K}]^{(e)} = k \begin{bmatrix} \cos^2\theta & \sin\theta\cos\theta & -\cos^2\theta & -\sin\theta\cos\theta \\ \sin\theta\cos\theta & \sin^2\theta & -\sin\theta\cos\theta & -\sin^2\theta \\ -\cos^2\theta & -\sin\theta\cos\theta & \cos^2\theta & \sin\theta\cos\theta \\ -\sin\theta\cos\theta & -\sin^2\theta & \sin\theta\cos\theta & \sin^2\theta \end{bmatrix} \tag{2.16}$$

다음 단계는 요소 강성행렬을 조합하고, 경계조건과 힘을 부과하여 변위를 구한 후 수직 응력 등을 계산하면 된다. 이 과정은 예제를 통해 설명한다.

예제 2.1

그림 2.4의 발코니 트러스를 고려하자. 여기서 그림에서와 같이 하중이 가해질 때 각 조인트의 변위를 구하는 데 관심이 있다. 모든 부재의 탄성계수 $E = 1.90 \times 10^6$ lb/in^{2}이고 단면적이 8 in^{2}인 미송나무 목재로 만들어졌다. 여기서의 관심은 각 부재의 평균 응력을 계산하는 데 있다. 먼저 수계산으로 해를 구하고, ANSYS 사용법을 배운 후 이 문제를 ANSYS를

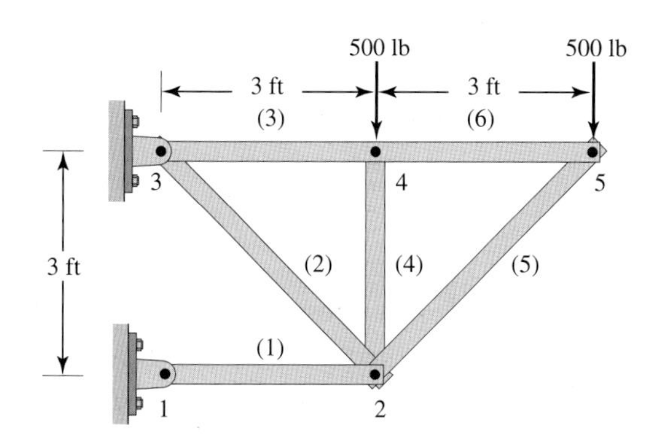

이용하여 풀어보자.

1.4절에서 설명했듯이 유한요소해석은 7단계로 나뉜다. 여기서는 트러스 문제의 해석과 관련하여 이 과정을 3단계(전처리, 해석, 후처리)로 다시 나누어 설명한다.

전처리 단계

1. 문제를 요소와 절점으로 분리한다.

각 트러스 부재는 요소로, 각 부재를 연결하는 조인트는 절점으로 생각할 수 있다. 따라서 주어진 트러스는 5개의 절점과 6개의 요소로 모델링할 수 있다. 표 2.1을 참고하기 바란다.

표 2.1 요소와 절점과의 관계

요소	절점 i	절점 j	θ(그림 2.7~2.10 참조)
(1)	1	2	0
(2)	2	3	135
(3)	3	4	0
(4)	2	4	90
(5)	2	5	45
(6)	4	5	0

2. 요소의 거동을 근사하는 해를 가정하라.

2.2절에서 언급했듯이 식 (2.5)에 의해 각 요소는 등가 강성 k를 가지는 스프링으로 모델링할 수 있다. 요소 (1), (3), (4), (6)은 동일한 길이, 단면적, 탄성계수를 가지며, 이들 부재의 등가 강성은 다음과 같다.

$$k = \frac{AE}{L} = \frac{(8\ \text{in}^2)\left(1.90 \times 10^6 \frac{\text{lb}}{\text{in}^2}\right)}{36\ \text{in}} = 4.22 \times 10^5\ \text{lb/in}$$

요소 (2), (5)의 등가 강성은 다음과 같다.

$$k = \frac{AE}{L} = \frac{(8\ \text{in}^2)\left(1.90 \times 10^6 \frac{\text{lb}}{\text{in}^2}\right)}{50.9\ \text{in}} = 2.98 \times 10^5\ \text{lb/in}$$

3. 요소에 대한 방정식을 만들어라.

요소 (1), (3), (6)은 국부 좌표계와 전체 좌표계가 일치한다(즉, $\theta = 0$). 이 관계는 그림 2.7에 도시하였다. 식 (2.16)으로부터 강성행렬은 다음과 같다.

$$[\mathbf{K}]^{(e)} = k\begin{bmatrix} \cos^2\theta & \sin\theta\cos\theta & -\cos^2\theta & -\sin\theta\cos\theta \\ \sin\theta\cos\theta & \sin^2\theta & -\sin\theta\cos\theta & -\sin^2\theta \\ -\cos^2\theta & -\sin\theta\cos\theta & \cos^2\theta & \sin\theta\cos\theta \\ -\sin\theta\cos\theta & -\sin^2\theta & \sin\theta\cos\theta & \sin^2\theta \end{bmatrix}$$

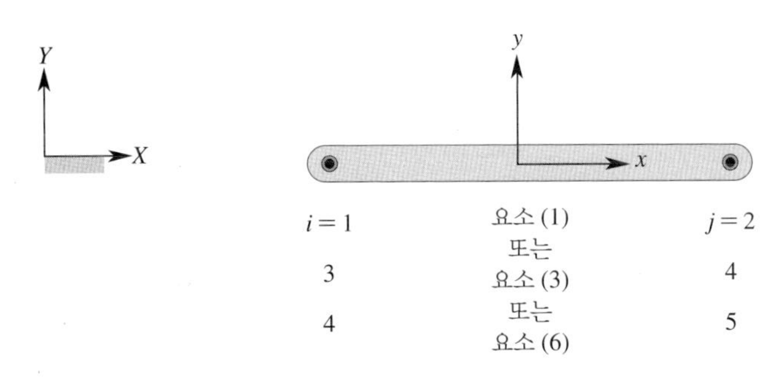

그림 2.7 요소 (1) 또는 (3) 또는 (6)의 전체 좌표계에 대한 국부 좌표계의 방위

$$[\mathbf{K}]^{(1)} = 4.22 \times 10^5 \begin{bmatrix} \cos^2(0) & \sin(0)\cos(0) & -\cos^2(0) & -\sin(0)\cos(0) \\ \sin(0)\cos(0) & \sin^2(0) & -\sin(0)\cos(0) & -\sin^2(0) \\ -\cos^2(0) & -\sin(0)\cos(0) & \cos^2(0) & \sin(0)\cos(0) \\ -\sin(0)\cos(0) & -\sin^2(0) & \sin(0)\cos(0) & \sin^2(0) \end{bmatrix}$$

$$[\mathbf{K}]^{(1)} = 4.22 \times 10^5 \begin{bmatrix} 1 & 0 & -1 & 0 \\ 0 & 0 & 0 & 0 \\ -1 & 0 & 1 & 0 \\ 0 & 0 & 0 & 0 \end{bmatrix} \begin{matrix} U_{1X} \\ U_{1Y} \\ U_{2X} \\ U_{2Y} \end{matrix}$$

그리고 전체 행렬에서 요소 (1)에 대한 강성행렬 위치는 다음과 같다.

$$[\mathbf{K}]^{(1G)} = 10^5 \begin{bmatrix} 4.22 & 0 & -4.22 & 0 & 0 & 0 & 0 & 0 & 0 & 0 \\ 0 & 0 & 0 & 0 & 0 & 0 & 0 & 0 & 0 & 0 \\ -4.22 & 0 & 4.22 & 0 & 0 & 0 & 0 & 0 & 0 & 0 \\ 0 & 0 & 0 & 0 & 0 & 0 & 0 & 0 & 0 & 0 \\ 0 & 0 & 0 & 0 & 0 & 0 & 0 & 0 & 0 & 0 \\ 0 & 0 & 0 & 0 & 0 & 0 & 0 & 0 & 0 & 0 \\ 0 & 0 & 0 & 0 & 0 & 0 & 0 & 0 & 0 & 0 \\ 0 & 0 & 0 & 0 & 0 & 0 & 0 & 0 & 0 & 0 \\ 0 & 0 & 0 & 0 & 0 & 0 & 0 & 0 & 0 & 0 \\ 0 & 0 & 0 & 0 & 0 & 0 & 0 & 0 & 0 & 0 \end{bmatrix} \begin{matrix} U_{1X} \\ U_{1Y} \\ U_{2X} \\ U_{2Y} \\ U_{3X} \\ U_{3Y} \\ U_{4X} \\ U_{4Y} \\ U_{5X} \\ U_{5Y} \end{matrix}$$

전체 행렬에서 요소 (1)에 대한 강성행렬의 위치를 찾는 것을 돕기 위해, 절점변위행렬을 전체 행렬 옆에 나타낸 것을 유의하라. 동일한 방법으로 요소 (3)의 강성행렬은 다음과 같고,

$$[\mathbf{K}]^{(3)} = 4.22 \times 10^5 \begin{bmatrix} 1 & 0 & -1 & 0 \\ 0 & 0 & 0 & 0 \\ -1 & 0 & 1 & 0 \\ 0 & 0 & 0 & 0 \end{bmatrix} \begin{matrix} U_{3X} \\ U_{3Y} \\ U_{4X} \\ U_{4Y} \end{matrix}$$

전체 행렬에서의 위치는 다음과 같다.

$$[\mathbf{K}]^{(3G)} = 10^5 \begin{bmatrix} 0 & 0 & 0 & 0 & 0 & 0 & 0 & 0 & 0 & 0 \\ 0 & 0 & 0 & 0 & 0 & 0 & 0 & 0 & 0 & 0 \\ 0 & 0 & 0 & 0 & 0 & 0 & 0 & 0 & 0 & 0 \\ 0 & 0 & 0 & 0 & 0 & 0 & 0 & 0 & 0 & 0 \\ 0 & 0 & 0 & 0 & 4.22 & 0 & -4.22 & 0 & 0 & 0 \\ 0 & 0 & 0 & 0 & 0 & 0 & 0 & 0 & 0 & 0 \\ 0 & 0 & 0 & 0 & -4.22 & 0 & 4.22 & 0 & 0 & 0 \\ 0 & 0 & 0 & 0 & 0 & 0 & 0 & 0 & 0 & 0 \\ 0 & 0 & 0 & 0 & 0 & 0 & 0 & 0 & 0 & 0 \\ 0 & 0 & 0 & 0 & 0 & 0 & 0 & 0 & 0 & 0 \end{bmatrix} \begin{matrix} U_{1X} \\ U_{1Y} \\ U_{2X} \\ U_{2Y} \\ U_{3X} \\ U_{3Y} \\ U_{4X} \\ U_{4Y} \\ U_{5X} \\ U_{5Y} \end{matrix}$$

요소 (6)의 강성행렬은 다음과 같고,

$$[\mathbf{K}]^{(6)} = 4.22 \times 10^5 \begin{bmatrix} 1 & 0 & -1 & 0 \\ 0 & 0 & 0 & 0 \\ -1 & 0 & 1 & 0 \\ 0 & 0 & 0 & 0 \end{bmatrix} \begin{matrix} U_{4X} \\ U_{4Y} \\ U_{5X} \\ U_{5Y} \end{matrix}$$

전체 행렬에서의 위치는 다음과 같다.

$$[\mathbf{K}]^{(6G)} = 10^5 \begin{bmatrix} 0 & 0 & 0 & 0 & 0 & 0 & 0 & 0 & 0 & 0 \\ 0 & 0 & 0 & 0 & 0 & 0 & 0 & 0 & 0 & 0 \\ 0 & 0 & 0 & 0 & 0 & 0 & 0 & 0 & 0 & 0 \\ 0 & 0 & 0 & 0 & 0 & 0 & 0 & 0 & 0 & 0 \\ 0 & 0 & 0 & 0 & 0 & 0 & 0 & 0 & 0 & 0 \\ 0 & 0 & 0 & 0 & 0 & 0 & 0 & 0 & 0 & 0 \\ 0 & 0 & 0 & 0 & 0 & 0 & 4.22 & 0 & -4.22 & 0 \\ 0 & 0 & 0 & 0 & 0 & 0 & 0 & 0 & 0 & 0 \\ 0 & 0 & 0 & 0 & 0 & 0 & -4.22 & 0 & 4.22 & 0 \\ 0 & 0 & 0 & 0 & 0 & 0 & 0 & 0 & 0 & 0 \end{bmatrix} \begin{matrix} U_{1X} \\ U_{1Y} \\ U_{2X} \\ U_{2Y} \\ U_{3X} \\ U_{3Y} \\ U_{4X} \\ U_{4Y} \\ U_{5X} \\ U_{5Y} \end{matrix}$$

그림 2.8에 요소 (4)의 전체 좌표계에 대한 국부 좌표계의 방위를 나타내었다. $\theta = 90$인 요소 (4)의 강성행렬은 다음과 같고,

$$[\mathbf{K}]^{(4)} = 4.22 \times 10^5 \begin{bmatrix} \cos^2(90) & \sin(90)\cos(90) & -\cos^2(90) & -\sin(90)\cos(90) \\ \sin(90)\cos(90) & \sin^2(90) & -\sin(90)\cos(90) & -\sin^2(90) \\ -\cos^2(90) & -\sin(90)\cos(90) & \cos^2(90) & \sin(90)\cos(90) \\ -\sin(90)\cos(90) & -\sin^2(90) & \sin(90)\cos(90) & \sin^2(90) \end{bmatrix}$$

$$[\mathbf{K}]^{(4)} = 4.22 \times 10^5 \begin{bmatrix} 0 & 0 & 0 & 0 \\ 0 & 1 & 0 & -1 \\ 0 & 0 & 0 & 0 \\ 0 & -1 & 0 & 1 \end{bmatrix} \begin{matrix} U_{2X} \\ U_{2Y} \\ U_{4X} \\ U_{4Y} \end{matrix}$$

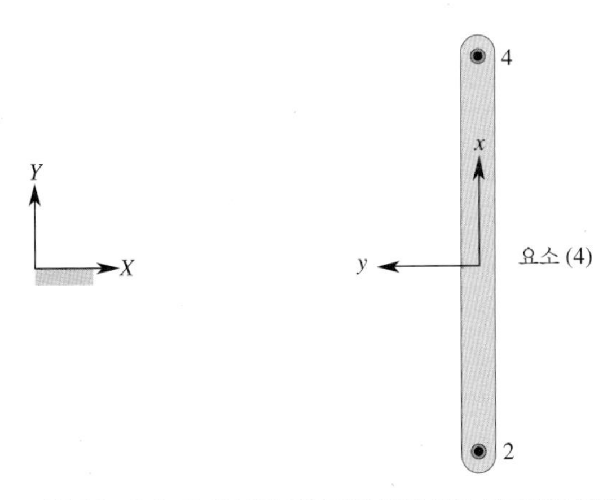

그림 2.8 요소 (4)의 전체 좌표계에 대한 국부 좌표계의 방위

전체 행렬에서의 위치는 다음과 같다.

$$[\mathbf{K}]^{(4G)} = 10^5 \begin{bmatrix} 0 & 0 & 0 & 0 & 0 & 0 & 0 & 0 & 0 & 0 \\ 0 & 0 & 0 & 0 & 0 & 0 & 0 & 0 & 0 & 0 \\ 0 & 0 & 0 & 0 & 0 & 0 & 0 & 0 & 0 & 0 \\ 0 & 0 & 0 & 4.22 & 0 & 0 & 0 & -4.22 & 0 & 0 \\ 0 & 0 & 0 & 0 & 0 & 0 & 0 & 0 & 0 & 0 \\ 0 & 0 & 0 & 0 & 0 & 0 & 0 & 0 & 0 & 0 \\ 0 & 0 & 0 & 0 & 0 & 0 & 0 & 0 & 0 & 0 \\ 0 & 0 & 0 & -4.22 & 0 & 0 & 0 & 4.22 & 0 & 0 \\ 0 & 0 & 0 & 0 & 0 & 0 & 0 & 0 & 0 & 0 \\ 0 & 0 & 0 & 0 & 0 & 0 & 0 & 0 & 0 & 0 \end{bmatrix} \begin{matrix} U_{1X} \\ U_{1Y} \\ U_{2X} \\ U_{2Y} \\ U_{3X} \\ U_{3Y} \\ U_{4X} \\ U_{4Y} \\ U_{5X} \\ U_{5Y} \end{matrix}$$

그림 2.9에 요소 (2)의 전체 좌표계에 대한 국부 좌표계의 방위를 나타내었다. 요소 (2)의 강성행렬은 다음과 같고,

$$[\mathbf{K}]^{(2)} = 2.98 \times 10^5 \begin{bmatrix} \cos^2(135) & \sin(135)\cos(135) & -\cos^2(135) & -\sin(135)\cos(135) \\ \sin(135)\cos(135) & \sin^2(135) & -\sin(135)\cos(135) & -\sin^2(135) \\ -\cos^2(135) & -\sin(135)\cos(135) & \cos^2(135) & \sin(135)\cos(135) \\ -\sin(135)\cos(135) & -\sin^2(135) & \sin(135)\cos(135) & \sin^2(135) \end{bmatrix}$$

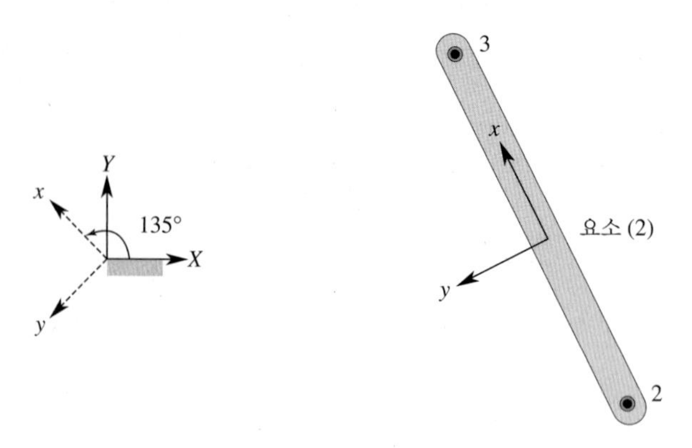

그림 2.9 요소 (2)의 전체 좌표계에 대한 국부 좌표계의 방위

$$[\mathbf{K}]^{(2)} = 2.98 \times 10^5 \begin{bmatrix} .5 & -.5 & -.5 & .5 \\ -.5 & .5 & .5 & -.5 \\ -.5 & .5 & .5 & -.5 \\ .5 & -.5 & -.5 & .5 \end{bmatrix} \begin{matrix} U_{2X} \\ U_{2Y} \\ U_{3X} \\ U_{3Y} \end{matrix}$$

이를 간단히 하면 다음과 같고,

$$[\mathbf{K}]^{(2)} = 1.49 \times 10^5 \begin{bmatrix} 1 & -1 & -1 & 1 \\ -1 & 1 & 1 & -1 \\ -1 & 1 & 1 & -1 \\ 1 & -1 & -1 & 1 \end{bmatrix} \begin{matrix} U_{2X} \\ U_{2Y} \\ U_{3X} \\ U_{3Y} \end{matrix}$$

전체 행렬에서의 위치는 다음과 같다.

$$[\mathbf{K}]^{(2G)} = 10^5 \begin{bmatrix} 0 & 0 & 0 & 0 & 0 & 0 & 0 & 0 & 0 & 0 \\ 0 & 0 & 0 & 0 & 0 & 0 & 0 & 0 & 0 & 0 \\ 0 & 0 & 1.49 & -1.49 & -1.49 & 1.49 & 0 & 0 & 0 & 0 \\ 0 & 0 & -1.49 & 1.49 & 1.49 & -1.49 & 0 & 0 & 0 & 0 \\ 0 & 0 & -1.49 & 1.49 & 1.49 & -1.49 & 0 & 0 & 0 & 0 \\ 0 & 0 & 1.49 & -1.49 & -1.49 & 1.49 & 0 & 0 & 0 & 0 \\ 0 & 0 & 0 & 0 & 0 & 0 & 0 & 0 & 0 & 0 \\ 0 & 0 & 0 & 0 & 0 & 0 & 0 & 0 & 0 & 0 \\ 0 & 0 & 0 & 0 & 0 & 0 & 0 & 0 & 0 & 0 \\ 0 & 0 & 0 & 0 & 0 & 0 & 0 & 0 & 0 & 0 \end{bmatrix} \begin{matrix} U_{1X} \\ U_{1Y} \\ U_{2X} \\ U_{2Y} \\ U_{3X} \\ U_{3Y} \\ U_{4X} \\ U_{4Y} \\ U_{5X} \\ U_{5Y} \end{matrix}$$

그림 2.10에 요소 (5)의 전체 좌표계에 대한 국부 좌표계의 방위를 나타내었다. $\theta = 45$인 요소 (5)의 강성행렬은 다음과 같고,

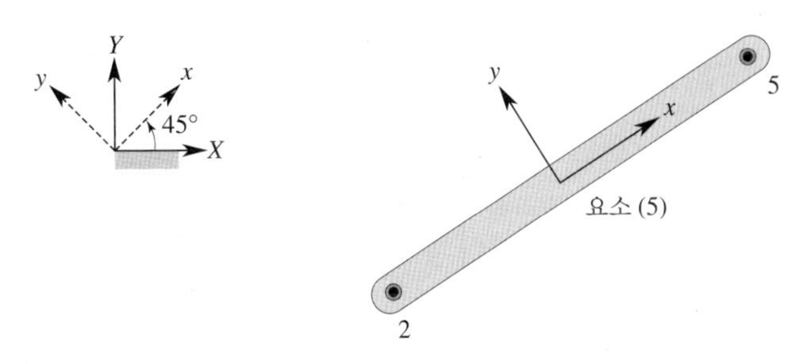

그림 2.10 요소 (5)의 전체 좌표계에 대한 국부 좌표계의 방위

$$[\mathbf{K}]^{(5)} = 2.98 \times 10^5 \begin{bmatrix} \cos^2(45) & \sin(45)\cos(45) & -\cos^2(45) & -\sin(45)\cos(45) \\ \sin(45)\cos(45) & \sin^2(45) & -\sin(45)\cos(45) & -\sin^2(45) \\ -\cos^2(45) & -\sin(45)\cos(45) & \cos^2(45) & \sin(45)\cos(45) \\ -\sin(45)\cos(45) & -\sin^2(45) & \sin(45)\cos(45) & \sin^2(45) \end{bmatrix}$$

$$[\mathbf{K}]^{(5)} = 2.98 \times 10^5 \begin{bmatrix} .5 & .5 & -.5 & -.5 \\ .5 & .5 & -.5 & -.5 \\ -.5 & -.5 & .5 & .5 \\ -.5 & -.5 & .5 & .5 \end{bmatrix} \begin{matrix} U_{2X} \\ U_{2Y} \\ U_{5X} \\ U_{5Y} \end{matrix}$$

전체 강성행렬에서의 위치는 다음과 같다.

$$[\mathbf{K}]^{(5G)} = 10^5 \begin{bmatrix} 0 & 0 & 0 & 0 & 0 & 0 & 0 & 0 & 0 & 0 \\ 0 & 0 & 0 & 0 & 0 & 0 & 0 & 0 & 0 & 0 \\ 0 & 0 & 1.49 & 1.49 & 0 & 0 & 0 & 0 & -1.49 & -1.49 \\ 0 & 0 & 1.49 & 1.49 & 0 & 0 & 0 & 0 & -1.49 & -1.49 \\ 0 & 0 & 0 & 0 & 0 & 0 & 0 & 0 & 0 & 0 \\ 0 & 0 & 0 & 0 & 0 & 0 & 0 & 0 & 0 & 0 \\ 0 & 0 & 0 & 0 & 0 & 0 & 0 & 0 & 0 & 0 \\ 0 & 0 & 0 & 0 & 0 & 0 & 0 & 0 & 0 & 0 \\ 0 & 0 & -1.49 & -1.49 & 0 & 0 & 0 & 0 & 1.49 & 1.49 \\ 0 & 0 & -1.49 & -1.49 & 0 & 0 & 0 & 0 & 1.49 & 1.49 \end{bmatrix} \begin{matrix} U_{1X} \\ U_{1Y} \\ U_{2X} \\ U_{2Y} \\ U_{3X} \\ U_{3Y} \\ U_{4X} \\ U_{4Y} \\ U_{5X} \\ U_{5Y} \end{matrix}$$

각 요소와 연관된 절점변위들을 각 요소의 강성행렬 옆에 나타내었다. 이렇게 하면 각각의 요소 강성행렬을 트러스의 전체 강성행렬로 조합하는 것을 쉽게 이해할 수 있다.

4. 요소를 조합하라.

전체 강성행렬은 각 요소의 강성행렬을 조합하거나 더해서 얻을 수 있다.

$$[\mathbf{K}]^{(G)} = [\mathbf{K}]^{(1G)} + [\mathbf{K}]^{(2G)} + [\mathbf{K}]^{(3G)} + [\mathbf{K}]^{(4G)} + [\mathbf{K}]^{(5G)} + [\mathbf{K}]^{(6G)}$$

$$[\mathbf{K}]^{(G)} = 10^5 \left[\begin{array}{ccccc} 4.22 & 0 & -4.22 & 0 & 0 \\ 0 & 0 & 0 & 0 & 0 \\ -4.22 & 0 & 4.22 + 1.49 + 1.49 & -1.49 + 1.49 & -1.49 \\ 0 & 0 & 1.49 - 1.49 & 4.22 + 1.49 + 1.49 & 1.49 \\ 0 & 0 & -1.49 & 1.49 & 4.22 + 1.49 \\ 0 & 0 & 1.49 & -1.49 & -1.49 \\ 0 & 0 & 0 & 0 & -4.22 \\ 0 & 0 & 0 & -4.22 & 0 \\ 0 & 0 & -1.49 & -1.49 & 0 \\ 0 & 0 & -1.49 & -1.49 & 0 \end{array}\right.$$

$$\left.\begin{array}{ccccc} 0 & 0 & 0 & 0 & 0 \\ 0 & 0 & 0 & 0 & 0 \\ 1.49 & 0 & 0 & -1.49 & -1.49 \\ -1.49 & 0 & -4.22 & -1.49 & -1.49 \\ -1.49 & -4.22 & 0 & 0 & 0 \\ 1.49 & 0 & 0 & 0 & 0 \\ 0 & 4.22 + 4.22 & 0 & -4.22 & 0 \\ 0 & 0 & 4.22 & 0 & 0 \\ 0 & -4.22 & 0 & 4.22 + 1.49 & 1.49 \\ 0 & 0 & 0 & 1.49 & 1.49 \end{array}\right] \begin{array}{c} U_{1X} \\ U_{1Y} \\ U_{2X} \\ U_{2Y} \\ U_{3X} \\ U_{3Y} \\ U_{4X} \\ U_{4Y} \\ U_{5X} \\ U_{5Y} \end{array}$$

이를 간단히 하면 다음과 같다.

$$[\mathbf{K}]^{(G)} = 10^5 \begin{bmatrix} 4.22 & 0 & -4.22 & 0 & 0 & 0 & 0 & 0 & 0 & 0 \\ 0 & 0 & 0 & 0 & 0 & 0 & 0 & 0 & 0 & 0 \\ -4.22 & 0 & 7.2 & 0 & -1.49 & 1.49 & 0 & 0 & -1.49 & -1.49 \\ 0 & 0 & 0 & 7.2 & 1.49 & -1.49 & 0 & -4.22 & -1.49 & -1.49 \\ 0 & 0 & -1.49 & 1.49 & 5.71 & -1.49 & -4.22 & 0 & 0 & 0 \\ 0 & 0 & 1.49 & -1.49 & -1.49 & 1.49 & 0 & 0 & 0 & 0 \\ 0 & 0 & 0 & 0 & -4.22 & 0 & 8.44 & 0 & -4.22 & 0 \\ 0 & 0 & 0 & -4.22 & 0 & 0 & 0 & 4.22 & 0 & 0 \\ 0 & 0 & -1.49 & -1.49 & 0 & 0 & -4.22 & 0 & 5.71 & 1.49 \\ 0 & 0 & -1.49 & -1.49 & 0 & 0 & 0 & 0 & 1.49 & 1.49 \end{bmatrix}$$

5. 경계조건과 하중을 부과하라.

이 문제의 경계조건으로 절점 1과 3이 고정되어 있다($U_{1X} = 0$, $U_{1Y} = 0$, $U_{3X} = 0$, $U_{3Y} = 0$). 위의 경계조건을 전체 강성행렬과 조합한 후 절점 4와 5에서 외력 $F_{4Y} = -500$ lb, $F_{5Y} = -500$ lb를 부과하여 연립적으로 풀게 될 선형 방정식을 만든다.

$$10^5\begin{bmatrix} 1 & 0 & 0 & 0 & 0 & 0 & 0 & 0 & 0 & 0 \\ 0 & 1 & 0 & 0 & 0 & 0 & 0 & 0 & 0 & 0 \\ -4.22 & 0 & 7.2 & 0 & -1.49 & 1.49 & 0 & 0 & -1.49 & -1.49 \\ 0 & 0 & 0 & 7.2 & 1.49 & -1.49 & 0 & -4.22 & -1.49 & -1.49 \\ 0 & 0 & 0 & 0 & 1 & 0 & 0 & 0 & 0 & 0 \\ 0 & 0 & 0 & 0 & 0 & 1 & 0 & 0 & 0 & 0 \\ 0 & 0 & 0 & 0 & -4.22 & 0 & 8.44 & 0 & -4.22 & 0 \\ 0 & 0 & 0 & -4.22 & 0 & 0 & 0 & 4.22 & 0 & 0 \\ 0 & 0 & -1.49 & -1.49 & 0 & 0 & -4.22 & 0 & 5.71 & 1.49 \\ 0 & 0 & -1.49 & -1.49 & 0 & 0 & 0 & 0 & 1.49 & 1.49 \end{bmatrix}\begin{Bmatrix} U_{1X} \\ U_{1Y} \\ U_{2X} \\ U_{2Y} \\ U_{3X} \\ U_{3Y} \\ U_{4X} \\ U_{4Y} \\ U_{5X} \\ U_{5Y} \end{Bmatrix} = \begin{Bmatrix} 0 \\ 0 \\ 0 \\ 0 \\ 0 \\ 0 \\ 0 \\ -500 \\ 0 \\ -500 \end{Bmatrix}$$

$U_{1X} = 0$, $U_{1Y} = 0$, $U_{3X} = 0$, $U_{3Y} = 0$이기 때문에 첫째, 둘째, 다섯째, 여섯째 행과 열을 제거하여 6×6행렬을 만들어 해를 구한다.

$$10^5\begin{bmatrix} 7.2 & 0 & 0 & 0 & -1.49 & -1.49 \\ 0 & 7.2 & 0 & -4.22 & -1.49 & -1.49 \\ 0 & 0 & 8.44 & 0 & -4.22 & 0 \\ 0 & -4.22 & 0 & 4.22 & 0 & 0 \\ -1.49 & -1.49 & -4.22 & 0 & 5.71 & 1.49 \\ -1.49 & -1.49 & 0 & 0 & 1.49 & 1.49 \end{bmatrix}\begin{Bmatrix} U_{2X} \\ U_{2Y} \\ U_{4X} \\ U_{4Y} \\ U_{5X} \\ U_{5Y} \end{Bmatrix} = \begin{Bmatrix} 0 \\ 0 \\ 0 \\ -500 \\ 0 \\ -500 \end{Bmatrix}$$

해석 단계

6. 연립 대수 방정식을 풀어라.

문제를 풀면 $U_{2X} = -0.00355$ in, $U_{2Y} = -0.01026$ in, $U_{4X} = 0.00118$ in, $U_{4Y} = -0.0114$ in, $U_{5X} = 0.00240$ in, $U_{5Y} = -0.0195$ in이다. 전체 변위행렬은 다음과 같다.

$$\begin{Bmatrix} U_{1X} \\ U_{1Y} \\ U_{2X} \\ U_{2Y} \\ U_{3X} \\ U_{3Y} \\ U_{4X} \\ U_{4Y} \\ U_{5X} \\ U_{5Y} \end{Bmatrix} = \begin{Bmatrix} 0 \\ 0 \\ -0.00355 \\ -0.01026 \\ 0 \\ 0 \\ 0.00118 \\ -0.0114 \\ 0.00240 \\ -0.0195 \end{Bmatrix} \text{in}$$

절점의 변위는 전체 좌표계에 대한 것임을 기억하라.

후처리 단계

7. 다른 값들을 얻는다.

반력 1장에 나온 것처럼 반력은 다음 식에 의해 구한다.

$$\{\mathbf{R}\} = [\mathbf{K}]^{(G)}\{\mathbf{U}\} - \{\mathbf{F}\}$$

$$\begin{Bmatrix} R_{1X} \\ R_{1Y} \\ R_{2X} \\ R_{2Y} \\ R_{3X} \\ R_{3Y} \\ R_{4X} \\ R_{4Y} \\ R_{5X} \\ R_{5Y} \end{Bmatrix} = 10^5 \begin{bmatrix} 4.22 & 0 & -4.22 & 0 & 0 & 0 & 0 & 0 & 0 & 0 \\ 0 & 0 & 0 & 0 & 0 & 0 & 0 & 0 & 0 & 0 \\ -4.22 & 0 & 7.2 & 0 & -1.49 & 1.49 & 0 & 0 & -1.49 & -1.49 \\ 0 & 0 & 0 & 7.2 & 1.49 & -1.49 & 0 & -4.22 & -1.49 & -1.49 \\ 0 & 0 & -1.49 & 1.49 & 5.71 & -1.49 & -4.22 & 0 & 0 & 0 \\ 0 & 0 & 1.49 & -1.49 & -1.49 & 1.49 & 0 & 0 & 0 & 0 \\ 0 & 0 & 0 & 0 & -4.22 & 0 & 8.44 & 0 & -4.22 & 0 \\ 0 & 0 & 0 & -4.22 & 0 & 0 & 0 & 4.22 & 0 & 0 \\ 0 & 0 & -1.49 & -1.49 & 0 & 0 & -4.22 & 0 & 5.71 & 1.49 \\ 0 & 0 & -1.49 & -1.49 & 0 & 0 & 0 & 0 & 1.49 & 1.49 \end{bmatrix}$$

$$\begin{Bmatrix} 0 \\ 0 \\ -0.00355 \\ -0.01026 \\ 0 \\ 0 \\ 0.00118 \\ -0.0114 \\ 0.00240 \\ -0.0195 \end{Bmatrix} - \begin{Bmatrix} 0 \\ 0 \\ 0 \\ 0 \\ 0 \\ 0 \\ 0 \\ -500 \\ 0 \\ -500 \end{Bmatrix}$$

전체 강성행렬, 변위, 그리고 하중행렬들을 사용한다는 것을 유념하라. 위 행렬을 계산하면 다음과 같은 반력을 얻는다.

$$\begin{Bmatrix} R_{1X} \\ R_{1Y} \\ R_{2X} \\ R_{2Y} \\ R_{3X} \\ R_{3Y} \\ R_{4X} \\ R_{4Y} \\ R_{5X} \\ R_{5Y} \end{Bmatrix} = \begin{Bmatrix} 1500 \\ 0 \\ 0 \\ 0 \\ -1500 \\ 1000 \\ 0 \\ 0 \\ 0 \\ 0 \end{Bmatrix} \text{lb}$$

내력과 수직응력 각 부재에서의 내력과 평균 수직응력을 계산한다. 부재의 내력 f_{ix}와 f_{jx}는 크기는 같고 방향은 반대이다.

$$\begin{aligned} f_{ix} &= k(u_{ix} - u_{jx}) \\ f_{jx} &= k(u_{jx} - u_{ix}) \end{aligned} \tag{2.17}$$

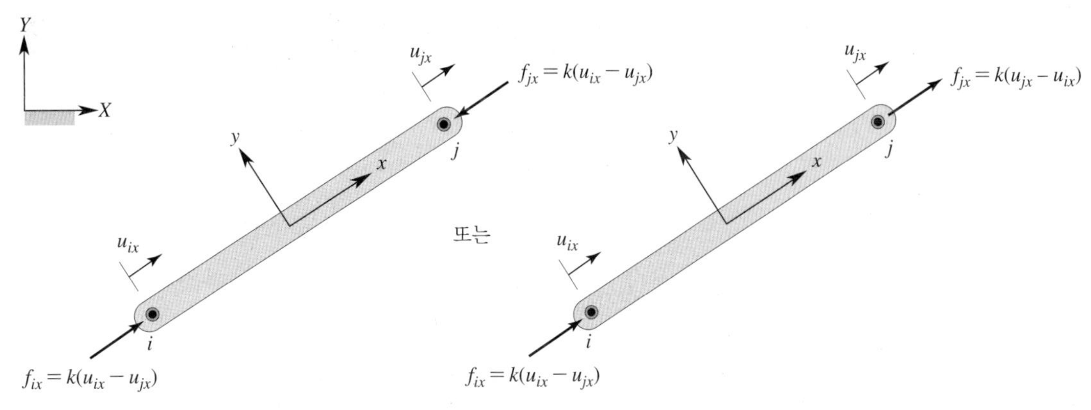

그림 2.11 트러스 부재의 내력

그림 2.11의 표현에 관계없이 f_{ix}와 f_{jx}의 합은 0이다. 앞으로 유도될 식의 일관성을 위해 f_{ix}와 f_{jx} 모두 국부 좌표계에 x의 양의 방향을 향하고 있는 두 번째 표현을 쓸 것이다. 식 (2.17)을 사용하여 주어진 요소의 내력을 구하기 위해서는 국부 좌표계 x, y에 대한 절점의 변위 u_{ix}와 u_{jx}를 알아야 한다. 식 (2.7)에서 전체 변위는 국부 변위와 변환행렬에 연관되고, 이를 다시 쓰면 다음과 같다.

$$\{\mathbf{U}\} = [\mathbf{T}]\{\mathbf{u}\}$$

국부 변위를 전체 변위로 나타내면 다음과 같다.

$$\{\mathbf{u}\} = [\mathbf{T}]^{-1}\{\mathbf{U}\}$$

$$\begin{Bmatrix} u_{ix} \\ u_{iy} \\ u_{jx} \\ u_{jy} \end{Bmatrix} = \begin{bmatrix} \cos\theta & \sin\theta & 0 & 0 \\ -\sin\theta & \cos\theta & 0 & 0 \\ 0 & 0 & \cos\theta & \sin\theta \\ 0 & 0 & -\sin\theta & \cos\theta \end{bmatrix} \begin{bmatrix} U_{iX} \\ U_{iY} \\ U_{jX} \\ U_{jY} \end{bmatrix}$$

각 부재의 내력이 구해지면 다음 식으로부터 각 부재의 수직응력을 구할 수 있다.

$$\sigma = \frac{\text{내력}}{\text{면적}} = \frac{f}{A}$$

다른 방법으로도 수직응력을 구할 수 있다.

$$\sigma = \frac{f}{A} = \frac{k(u_{ix} - u_{jx})}{A} = \frac{\frac{AE}{L}(u_{ix} - u_{jx})}{A} = E\left(\frac{u_{ix} - u_{jx}}{L}\right) \tag{2.18}$$

예를 들어, 요소 (5)에서 내력과 수직응력을 구해보자. $\theta = 45$인 요소 (5)는 $U_{2X} = -0.00355$ in, $U_{2Y} = -0.01026$ in, $U_{5X} = 0.00240$ in, $U_{5Y} = -0.0195$ in이다. 먼저 다음 관계식으로부터 절점 2와 5의 국부 좌표계에 대한 변위를 구한다.

$$\begin{Bmatrix} u_{2x} \\ u_{2y} \\ u_{5x} \\ u_{5y} \end{Bmatrix} = \begin{bmatrix} \cos 45 & \sin 45 & 0 & 0 \\ -\sin 45 & \cos 45 & 0 & 0 \\ 0 & 0 & \cos 45 & \sin 45 \\ 0 & 0 & -\sin 45 & \cos 45 \end{bmatrix} \begin{Bmatrix} -0.00355 \\ -0.01026 \\ 0.00240 \\ -0.01950 \end{Bmatrix}$$

$u_{2x} = -0.00976$ in이고 $u_{5x} = -0.01209$ in이다. 이 값들을 식 (2.17)과 (2.18)에 대입하면, 요소 (5)에서의 내력은 696 lb이고 수직응력은 87 lb/in^{2}이다. 같은 방법으로 다른 부재의 내력과 응력을 구할 수 있다.

이 문제는 뒤에서 ANSYS를 사용하여 다시 풀 것이다. 이 결과의 검증 또한 2.7절에서 논의할 것이다.

예제 2.1 다시보기

예제 2.1을 Excel을 이용하여 해를 구할 것이다.

1. 그림에서처럼 셀 A1, A3, A4에 **Example 2.1**, **E =** , **A =** 을 입력한다. 셀 B3에 E값을 입력한 후 B3를 선택하여 'Name Box'에 **E**를 입력하고, **Return** 키를 누른다. 유사한 방법으로, 셀 B4에 A값을 입력한 후 B4를 선택하여 'Name Box'에 **A**를 입력하고, **Return** 키를 누른다.

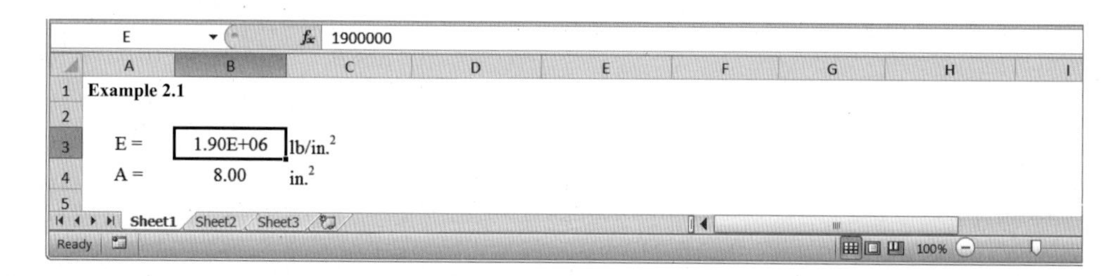

2. 각 부재에 대한 절점과 요소 번호, 길이, 면적, 탄성계수를 포함하고 있는 표를 생성한다. 셀 G7:G12에 각각의 요소에 대한 각도(θ)를 입력하고 Theta1, Theta2, Theta3, Theta4, Theta5, Theta6로 각각 명명한다. 또한 D7:D12에 있는 값들을 Length1, Length2, Length3, Length4, Length5, Length6로 명명한다.

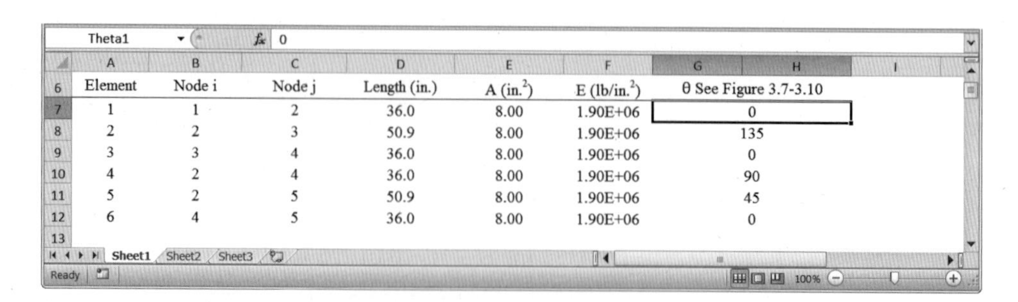

Element	Node i	Node j	Length (in.)	A (in.^{2})	E (lb/in.^{2})	θ See Figure 3.7-3.10
1	1	2	36.0	8.00	1.90E+06	0
2	2	3	50.9	8.00	1.90E+06	135
3	3	4	36.0	8.00	1.90E+06	0
4	2	4	36.0	8.00	1.90E+06	90
5	2	5	50.9	8.00	1.90E+06	45
6	4	5	36.0	8.00	1.90E+06	0

3. 그림에서처럼 **[K1]**에 대한 Cosine, Sine 항들을 계산하고, 선택된 범위를 CSelement1로 명명한다.

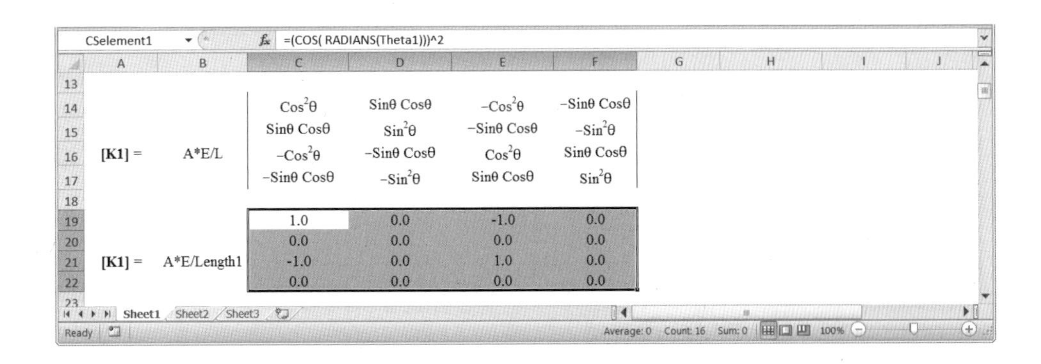

4. 유사한 방법으로 **[K2]**, **[K3]**, **[K4]**, **[K5]**, **[K6]**에 대한 Cosine, Sine 항들을 생성하고, 선택된 범위를 CSelement2, CSelement3, CSelement4, CSelement5, CSelement6로 명명한다.

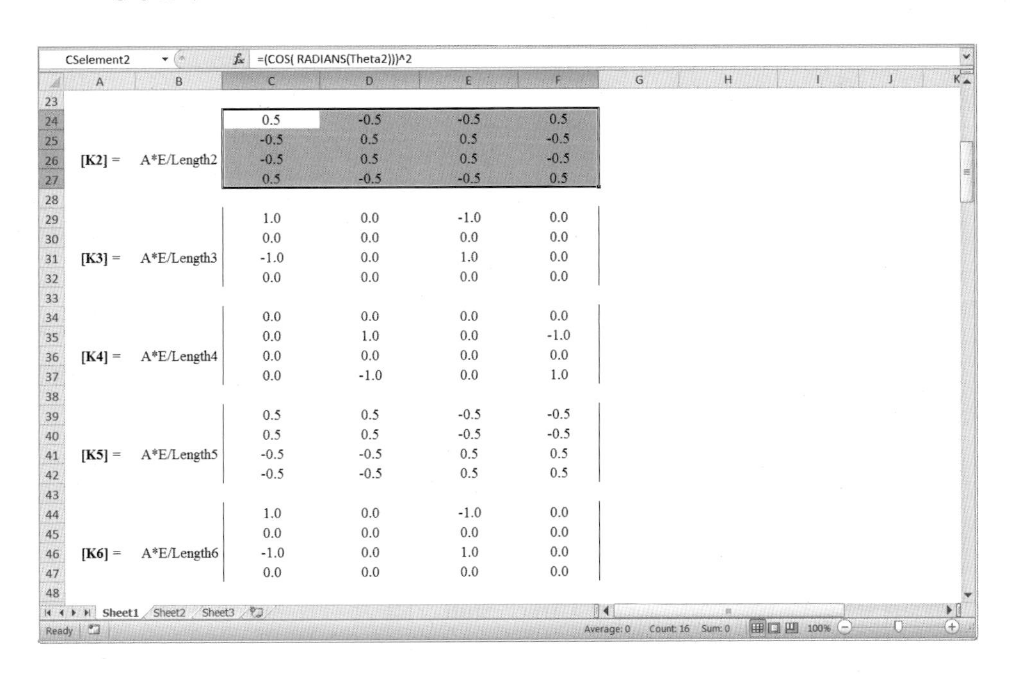

5. 그림에서처럼 **[A1]** 행렬을 생성하고, Aelement1이라고 명명한다. 절점의 변위인 U1X, U1Y, U2X, U2Y, U3X, U3Y, U4X, U4Y, U5X, U5Y와 UiX, UiY, UjX, UjY가 **[A1]** 행렬 옆에 나란히 나타나 있다. 이것은 인접 요소들에 대한 절점의 영향력을 관찰하는 데 도움이 된다.

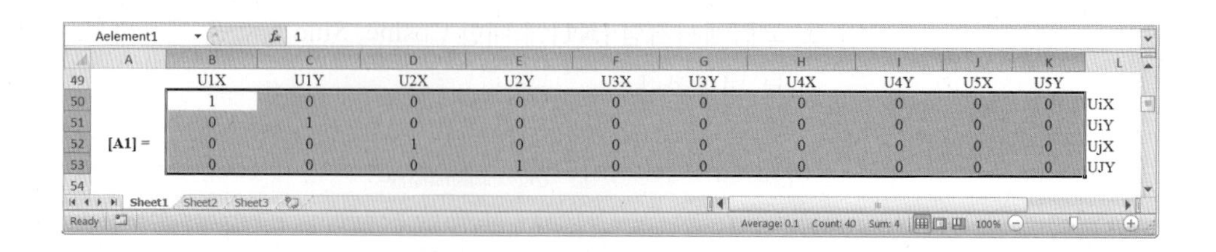

	A	B	C	D	E	F	G	H	I	J	K	L
49		U1X	U1Y	U2X	U2Y	U3X	U3Y	U4X	U4Y	U5X	U5Y	
50		1	0	0	0	0	0	0	0	0	0	UiX
51		0	1	0	0	0	0	0	0	0	0	UiY
52	[A1] =	0	0	1	0	0	0	0	0	0	0	UjX
53		0	0	0	1	0	0	0	0	0	0	UJY

6. 다음으로 **[A2]**, **[A3]**, **[A4]**, **[A5]**, **[A6]** 행렬들을 생성하고, Aelement2, Aelement3, Aelement4, Aelement5, Aelement6라고 명명한다.

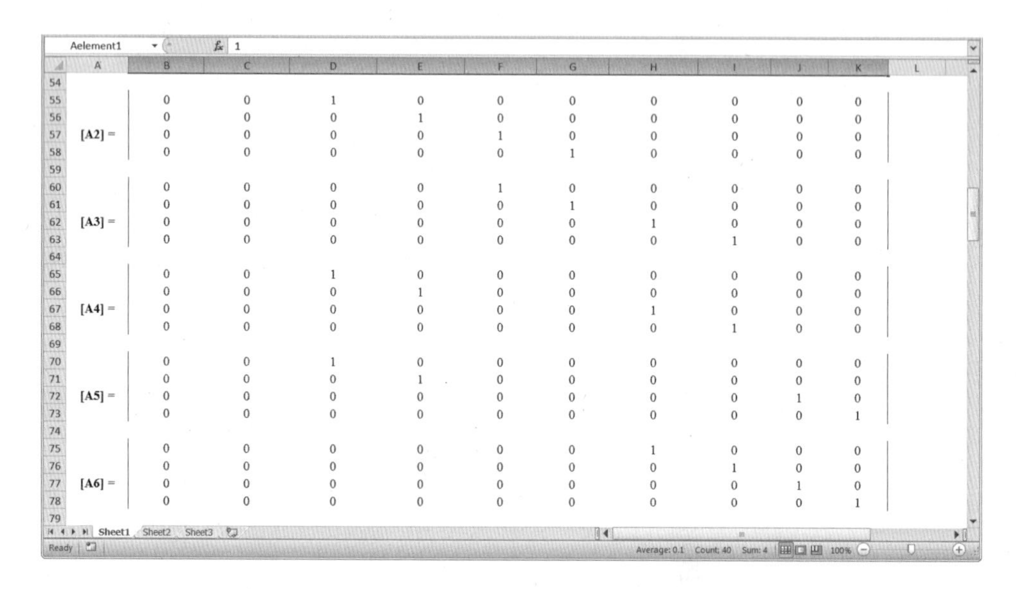

	A	B	C	D	E	F	G	H	I	J	K
55		0	0	1	0	0	0	0	0	0	0
56		0	0	0	1	0	0	0	0	0	0
57	[A2] =	0	0	0	0	1	0	0	0	0	0
58		0	0	0	0	0	1	0	0	0	0
60		0	0	0	0	1	0	0	0	0	0
61		0	0	0	0	0	1	0	0	0	0
62	[A3] =	0	0	0	0	0	0	1	0	0	0
63		0	0	0	0	0	0	0	1	0	0
65		0	0	1	0	0	0	0	0	0	0
66		0	0	0	1	0	0	0	0	0	0
67	[A4] =	0	0	0	0	0	0	1	0	0	0
68		0	0	0	0	0	0	0	1	0	0
70		0	0	1	0	0	0	0	0	0	0
71		0	0	0	1	0	0	0	0	0	0
72	[A5] =	0	0	0	0	0	0	0	0	1	0
73		0	0	0	0	0	0	0	0	0	1
75		0	0	0	0	0	0	1	0	0	0
76		0	0	0	0	0	0	0	1	0	0
77	[A6] =	0	0	0	0	0	0	0	0	1	0
78		0	0	0	0	0	0	0	0	0	1

7. (전체 행렬에서 알맞은 위치를 고려함과 동시에) 각 요소에 대한 강성행렬을 만들고 K1G, K2G, K3G, K4G, K5G, K6G로 명명한다. 예를 들어, $\mathbf{[K]^{1G}}$를 만들기 위해 B80:K89를 선택하고 아래와 같이 타이핑한다.

=MMULT(TRANSPOSE(Aelement1),MMULT(((A*E/Length1)*CSelement1), Aelement1))

그리고 **Ctrl**과 **Shift** 키를 동시에 누르면서 **Return** 키를 누른다. 유사한 방법으로 $\mathbf{[K]^{2G}}$, $\mathbf{[K]^{3G}}$, $\mathbf{[K]^{4G}}$, $\mathbf{[K]^{5G}}$, $\mathbf{[K]^{6G}}$를 그림과 같이 생성한다.

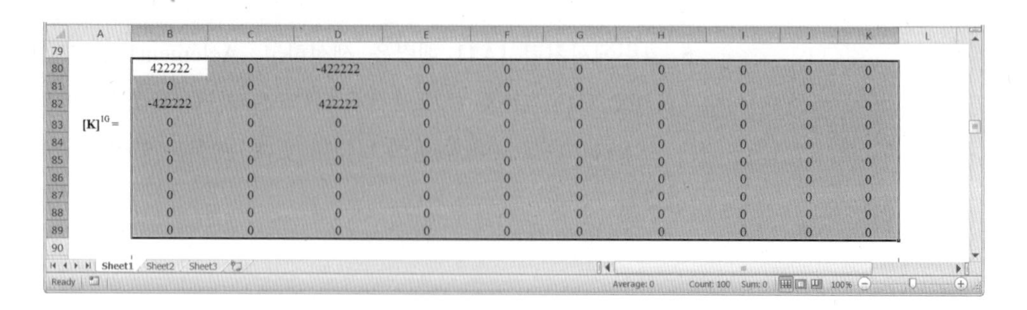

	A	B	C	D	E	F	G	H	I	J	K
80		422222	0	-422222	0	0	0	0	0	0	0
81		0	0	0	0	0	0	0	0	0	0
82		-422222	0	422222	0	0	0	0	0	0	0
83	$[K]^{1G}$ =	0	0	0	0	0	0	0	0	0	0
84		0	0	0	0	0	0	0	0	0	0
85		0	0	0	0	0	0	0	0	0	0
86		0	0	0	0	0	0	0	0	0	0
87		0	0	0	0	0	0	0	0	0	0
88		0	0	0	0	0	0	0	0	0	0
89		0	0	0	0	0	0	0	0	0	0

K2G {=MMULT(TRANSPOSE(Aelement2),MMULT(((A*E/Length2)*CSelement2),Aelement2))}

	B	C	D	E	F	G	H	I	J	K
	0	0	0	0	0	0	0	0	0	0
	0	0	0	0	0	0	0	0	0	0
	0	0	149312	-149312	-149312	149312	0	0	0	0
$[K]^{2G}=$	0	0	-149312	149312	149312	-149312	0	0	0	0
	0	0	-149312	149312	149312	-149312	0	0	0	0
	0	0	149312	-149312	-149312	149312	0	0	0	0
	0	0	0	0	0	0	0	0	0	0
	0	0	0	0	0	0	0	0	0	0
	0	0	0	0	0	0	0	0	0	0
	0	0	0	0	0	0	0	0	0	0

	B	C	D	E	F	G	H	I	J	K
	0	0	0	0	0	0	0	0	0	0
	0	0	0	0	0	0	0	0	0	0
	0	0	0	0	0	0	0	0	0	0
$[K]^{3G}=$	0	0	0	0	0	0	0	0	0	0
	0	0	0	0	422222	0	-422222	0	0	0
	0	0	0	0	0	0	0	0	0	0
	0	0	0	0	-422222	0	422222	0	0	0
	0	0	0	0	0	0	0	0	0	0
	0	0	0	0	0	0	0	0	0	0
	0	0	0	0	0	0	0	0	0	0

	B	C	D	E	F	G	H	I	J	K
	0	0	0	0	0	0	0	0	0	0
	0	0	0	0	0	0	0	0	0	0
	0	0	0	0	0	0	0	0	0	0
$[K]^{4G}=$	0	0	0	422222	0	0	0	-422222	0	0
	0	0	0	0	0	0	0	0	0	0
	0	0	0	0	0	0	0	0	0	0
	0	0	0	0	0	0	0	0	0	0
	0	0	0	-422222	0	0	0	422222	0	0
	0	0	0	0	0	0	0	0	0	0
	0	0	0	0	0	0	0	0	0	0

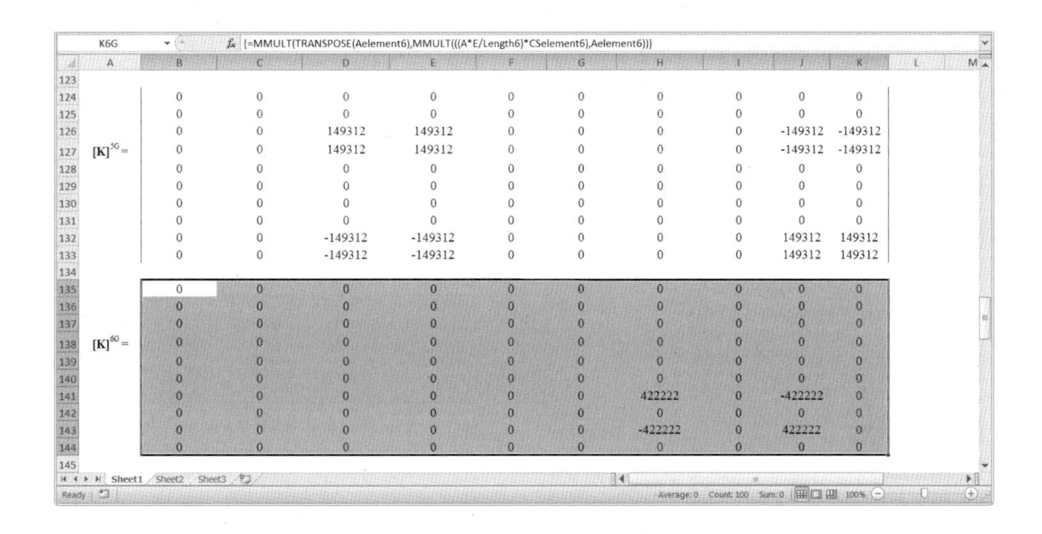

K6G {=MMULT(TRANSPOSE(Aelement6),MMULT(((A*E/Length6)*CSelement6),Aelement6))}

	B	C	D	E	F	G	H	I	J	K
	0	0	0	0	0	0	0	0	0	0
	0	0	0	0	0	0	0	0	0	0
	0	0	149312	149312	0	0	0	0	-149312	-149312
$[K]^{5G}=$	0	0	149312	149312	0	0	0	0	-149312	-149312
	0	0	0	0	0	0	0	0	0	0
	0	0	0	0	0	0	0	0	0	0
	0	0	0	0	0	0	0	0	0	0
	0	0	0	0	0	0	0	0	0	0
	0	0	-149312	-149312	0	0	0	0	149312	149312
	0	0	-149312	-149312	0	0	0	0	149312	149312

	B	C	D	E	F	G	H	I	J	K
	0	0	0	0	0	0	0	0	0	0
	0	0	0	0	0	0	0	0	0	0
	0	0	0	0	0	0	0	0	0	0
$[K]^{6G}=$	0	0	0	0	0	0	0	0	0	0
	0	0	0	0	0	0	0	0	0	0
	0	0	0	0	0	0	0	0	0	0
	0	0	0	0	0	0	422222	0	-422222	0
	0	0	0	0	0	0	0	0	0	0
	0	0	0	0	0	0	-422222	0	422222	0
	0	0	0	0	0	0	0	0	0	0

8. B146:K155 구간을 선택하고, **=K1G+K2G+K3G+K4G+K5G+K6G**를 타이핑하고, **Ctrl**과 **Shift** 키를 동시에 누르면서 **Return** 키를 누르면, 최종적인 전체 강성행렬이 생성된다. B146:K155 구간을 KG로 명명한다. 유사한 방법으로 전체 하중행렬을 생성한다.

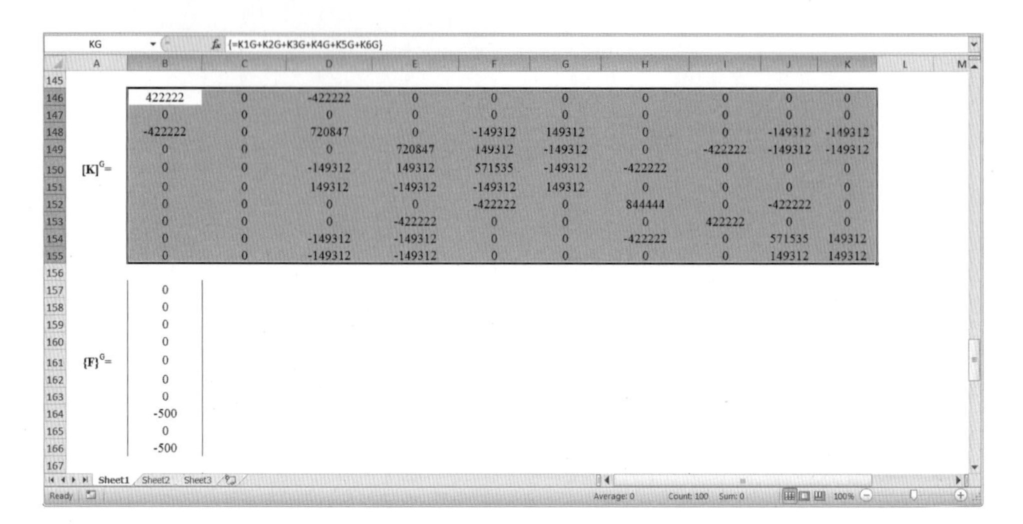

KG | {=K1G+K2G+K3G+K4G+K5G+K6G}

$[K]^G=$

B	C	D	E	F	G	H	I	J	K
422222	0	-422222	0	0	0	0	0	0	0
0	0	0	0	0	0	0	0	0	0
-422222	0	720847	0	-149312	149312	0	0	-149312	-149312
0	0	0	720847	149312	-149312	0	-422222	-149312	-149312
0	0	-149312	149312	571535	-149312	-422222	0	0	0
0	0	149312	-149312	-149312	149312	0	0	0	0
0	0	0	0	-422222	0	844444	0	-422222	0
0	0	0	-422222	0	0	0	422222	0	0
0	0	-149312	-149312	0	0	-422222	0	571535	149312
0	0	-149312	-149312	0	0	0	0	149312	149312

$\{F\}^G=$

B
0
0
0
0
0
0
0
-500
0
-500

9. 경계조건을 적용한다. KG 행렬의 적절한 부분을 복사하여, C168:H173 구간에 오직 값만 붙여 넣는다. 이를 KwithappliedBC로 명명한다. 유사하게 C175:C180 구간에 하중행렬을 만들고, FwithappliedBC로 명명한다.

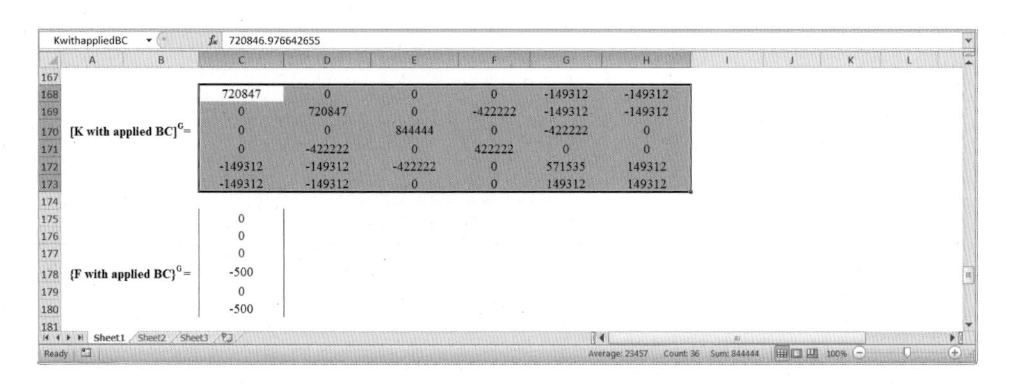

KwithappliedBC | 720846.976642655

$[K \text{ with applied BC}]^G=$

C	D	E	F	G	H
720847	0	0	0	-149312	-149312
0	720847	0	-422222	-149312	-149312
0	0	844444	0	-422222	0
0	-422222	0	422222	0	0
-149312	-149312	-422222	0	571535	149312
-149312	-149312	0	0	149312	149312

$\{F \text{ with applied BC}\}^G=$

C
0
0
0
-500
0
-500

10. C182:C187 구간을 선택하고 아래와 같이 타이핑한다.

=MMULT(MINVERSE(KwithappliedBC),FwithappliedBC)

그리고 **Ctrl**과 **Shift** 키를 동시에 누르면서 **Return** 키를 누른다. 또 그림에서처럼 C189:C198에 U partial 값을 복사하여 넣고, U1X = 0, U1Y = 0, U3X = 0, U3Y = 0을 추가한 다음 UG라고 명명한다.

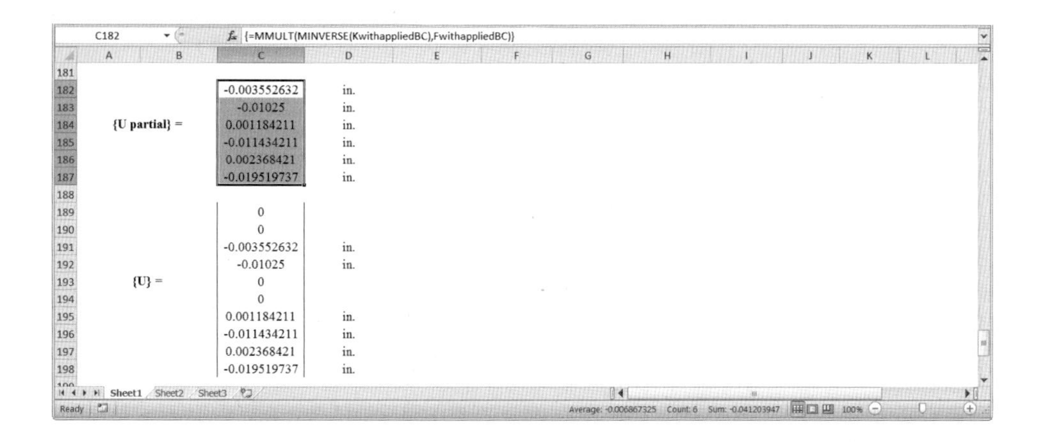

C182 — {=MMULT(MINVERSE(KwithappliedBC),FwithappliedBC)}

Row	B	C	D
182		-0.003552632	in.
183		-0.01025	in.
184	{U partial} =	0.001184211	in.
185		-0.011434211	in.
186		0.002368421	in.
187		-0.019519737	in.
189		0	
190		0	
191		-0.003552632	in.
192		-0.01025	in.
193	{U} =	0	
194		0	
195		0.001184211	in.
196		-0.011434211	in.
197		0.002368421	in.
198		-0.019519737	in.

11. 반력을 계산해 보자. C200:C209 범위를 선택하고 아래와 같이 타이핑한다.

=(MMULT(KG,UG)−FG)

그리고 **Ctrl**과 **Shift** 키를 동시에 누르면서 **Return** 키를 누른다.

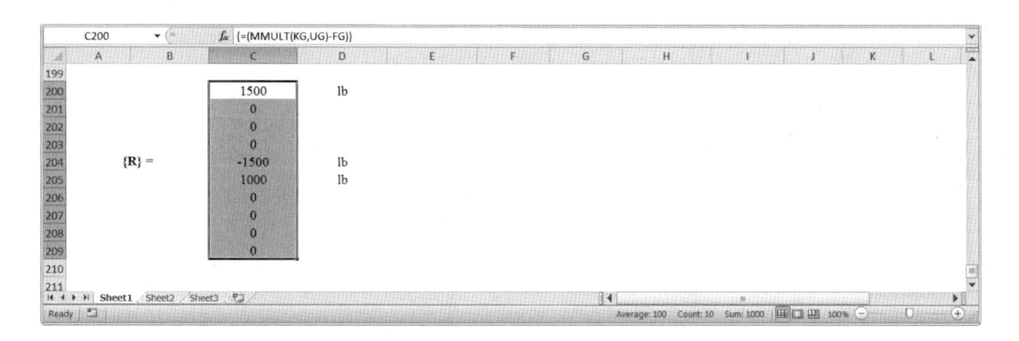

C200 — {=(MMULT(KG,UG)-FG)}

Row	B	C	D
200		1500	lb
201		0	
202		0	
203		0	
204	{R} =	-1500	lb
205		1000	lb
206		0	
207		0	
208		0	
209		0	

완성된 Excel sheet는 다음과 같다.

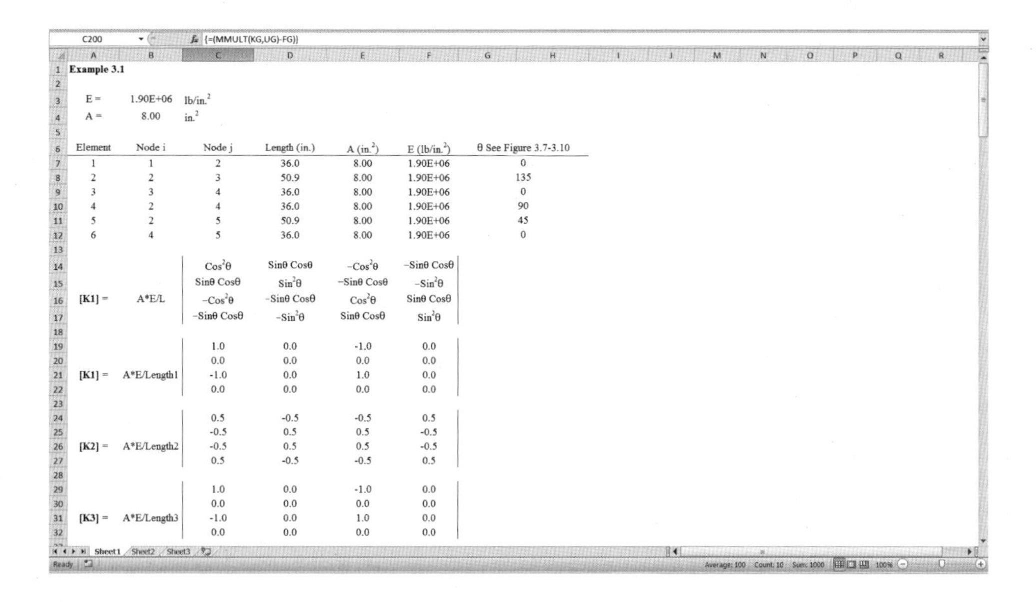

C200 — {=(MMULT(KG,UG)-FG)}

Example 3.1

E =	1.90E+06	lb/in.^{2}
A =	8.00	in.^{2}

Element	Node i	Node j	Length (in.)	A (in.^{2})	E (lb/in.^{2})	θ See Figure 3.7-3.10
1	1	2	36.0	8.00	1.90E+06	0
2	2	3	50.9	8.00	1.90E+06	135
3	3	4	36.0	8.00	1.90E+06	0
4	2	4	36.0	8.00	1.90E+06	90
5	2	5	50.9	8.00	1.90E+06	45
6	4	5	36.0	8.00	1.90E+06	0

		C	D	E	F
		$Cos^2θ$	Sinθ Cosθ	$-Cos^2θ$	−Sinθ Cosθ
		Sinθ Cosθ	$Sin^2θ$	−Sinθ Cosθ	$-Sin^2θ$
[K1] =	A*E/L	$-Cos^2θ$	−Sinθ Cosθ	$Cos^2θ$	Sinθ Cosθ
		−Sinθ Cosθ	$-Sin^2θ$	Sinθ Cosθ	$Sin^2θ$
		1.0	0.0	-1.0	0.0
		0.0	0.0	0.0	0.0
[K1] =	A*E/Length1	-1.0	0.0	1.0	0.0
		0.0	0.0	0.0	0.0
		0.5	-0.5	-0.5	0.5
		-0.5	0.5	0.5	-0.5
[K2] =	A*E/Length2	-0.5	0.5	0.5	-0.5
		0.5	-0.5	-0.5	0.5
		1.0	0.0	-1.0	0.0
		0.0	0.0	0.0	0.0
[K3] =	A*E/Length3	-1.0	0.0	1.0	0.0
		0.0	0.0	0.0	0.0

C200 | f_x | {=(MMULT(KG,UG)-FG)}

	A	B	C	D	E	F	G	H	I	J	K	L
33												
34			0.0	0.0	0.0	0.0						
35			0.0	1.0	0.0	-1.0						
36	**[K4]** =	A*E/Length4	0.0	0.0	0.0	0.0						
37			0.0	-1.0	0.0	1.0						
38												
39			0.5	0.5	-0.5	-0.5						
40			0.5	0.5	-0.5	-0.5						
41	**[K5]** =	A*E/Length5	-0.5	-0.5	0.5	0.5						
42			-0.5	-0.5	0.5	0.5						
43												
44			1.0	0.0	-1.0	0.0						
45			0.0	0.0	0.0	0.0						
46	**[K6]** =	A*E/Length6	-1.0	0.0	1.0	0.0						
47			0.0	0.0	0.0	0.0						
48												
49		U1X	U1Y	U2X	U2Y	U3X	U3Y	U4X	U4Y	U5X	U5Y	
50		1	0	0	0	0	0	0	0	0	0	UiX
51		0	1	0	0	0	0	0	0	0	0	UiY
52	**[A1]** =	0	0	1	0	0	0	0	0	0	0	UjX
53		0	0	0	1	0	0	0	0	0	0	UJY
54												
55		0	0	1	0	0	0	0	0	0	0	
56		0	0	0	1	0	0	0	0	0	0	
57	**[A2]** =	0	0	0	0	1	0	0	0	0	0	
58		0	0	0	0	0	1	0	0	0	0	
59												
60		0	0	0	0	1	0	0	0	0	0	
61		0	0	0	0	0	1	0	0	0	0	
62	**[A3]** =	0	0	0	0	0	0	1	0	0	0	
63		0	0	0	0	0	0	0	1	0	0	
64												
65		0	0	1	0	0	0	0	0	0	0	
66		0	0	0	1	0	0	0	0	0	0	

C200 | f_x | {=(MMULT(KG,UG)-FG)}

	A	B	C	D	E	F	G	H	I	J	K
64											
65		0	0	1	0	0	0	0	0	0	0
66		0	0	0	1	0	0	0	0	0	0
67	**[A4]** =	0	0	0	0	0	0	1	0	0	0
68		0	0	0	0	0	0	0	1	0	0
69											
70		0	0	1	0	0	0	0	0	0	0
71		0	0	0	1	0	0	0	0	0	0
72	**[A5]** =	0	0	0	0	0	0	0	0	1	0
73		0	0	0	0	0	0	0	0	0	1
74											
75		0	0	0	0	0	0	1	0	0	0
76		0	0	0	0	0	0	0	1	0	0
77	**[A6]** =	0	0	0	0	0	0	0	0	1	0
78		0	0	0	0	0	0	0	0	0	1
79											
80		422222	0	-422222	0	0	0	0	0	0	0
81		0	0	0	0	0	0	0	0	0	0
82		-422222	0	422222	0	0	0	0	0	0	0
83	$[K]^{1G}$ =	0	0	0	0	0	0	0	0	0	0
84		0	0	0	0	0	0	0	0	0	0
85		0	0	0	0	0	0	0	0	0	0
86		0	0	0	0	0	0	0	0	0	0
87		0	0	0	0	0	0	0	0	0	0
88		0	0	0	0	0	0	0	0	0	0
89		0	0	0	0	0	0	0	0	0	0
90											
91		0	0	0	0	0	0	0	0	0	0
92		0	0	0	0	0	0	0	0	0	0
93		0	0	149312	-149312	-149312	149312	0	0	0	0
94	$[K]^{2G}$ =	0	0	-149312	149312	149312	-149312	0	0	0	0
95		0	0	-149312	149312	149312	-149312	0	0	0	0
96		0	0	149312	-149312	-149312	149312	0	0	0	0

C200 | f_x | {=(MMULT(KG,UG)-FG)}

	A	B	C	D	E	F	G	H	I	J	K
97		0	0	0	0	0	0	0	0	0	0
98		0	0	0	0	0	0	0	0	0	0
99		0	0	0	0	0	0	0	0	0	0
100		0	0	0	0	0	0	0	0	0	0
101											
102		0	0	0	0	0	0	0	0	0	0
103		0	0	0	0	0	0	0	0	0	0
104		0	0	0	0	0	0	0	0	0	0
105	$[K]^{3G}$ =	0	0	0	0	0	0	0	0	0	0
106		0	0	0	0	422222	0	-422222	0	0	0
107		0	0	0	0	0	0	0	0	0	0
108		0	0	0	0	-422222	0	422222	0	0	0
109		0	0	0	0	0	0	0	0	0	0
110		0	0	0	0	0	0	0	0	0	0
111		0	0	0	0	0	0	0	0	0	0
112											
113		0	0	0	0	0	0	0	0	0	0
114		0	0	0	0	0	0	0	0	0	0
115		0	0	0	0	0	0	0	0	0	0
116	$[K]^{4G}$ =	0	0	0	422222	0	0	0	-422222	0	0
117		0	0	0	0	0	0	0	0	0	0
118		0	0	0	0	0	0	0	0	0	0
119		0	0	0	0	0	0	0	0	0	0
120		0	0	0	-422222	0	0	0	422222	0	0
121		0	0	0	0	0	0	0	0	0	0
122		0	0	0	0	0	0	0	0	0	0
123											
124		0	0	0	0	0	0	0	0	0	0
125		0	0	0	0	0	0	0	0	0	0
126		0	0	149312	149312	0	0	0	0	-149312	-149312
127	$[K]^{5G}$ =	0	0	149312	149312	0	0	0	0	-149312	-149312
128		0	0	0	0	0	0	0	0	0	0
129		0	0	0	0	0	0	0	0	0	0

C200 | {=(MMULT(KG,UG)-FG)}

	A	B	C	D	E	F	G	H	I	J	K
129		0	0	0	0	0	0	0	0	0	0
130		0	0	0	0	0	0	0	0	0	0
131		0	0	0	0	0	0	0	0	0	0
132		0	0	-149312	-149312	0	0	0	0	149312	149312
133		0	0	-149312	-149312	0	0	0	0	149312	149312
134											
135		0	0	0	0	0	0	0	0	0	0
136		0	0	0	0	0	0	0	0	0	0
137		0	0	0	0	0	0	0	0	0	0
138	$[K]^{6G}$ =	0	0	0	0	0	0	0	0	0	0
139		0	0	0	0	0	0	0	0	0	0
140		0	0	0	0	0	0	0	0	0	0
141		0	0	0	0	0	0	422222	0	-422222	0
142		0	0	0	0	0	0	0	0	0	0
143		0	0	0	0	0	0	-422222	0	422222	0
144		0	0	0	0	0	0	0	0	0	0
145											
146		422222	0	-422222	0	0	0	0	0	0	0
147		0	0	0	0	0	0	0	0	0	0
148		-422222	0	720847	0	-149312	149312	0	0	-149312	-149312
149		0	0	0	720847	149312	-149312	0	-422222	-149312	-149312
150	$[K]^G$=	0	0	-149312	149312	571535	-149312	-422222	0	0	0
151		0	0	149312	-149312	-149312	149312	0	0	0	0
152		0	0	0	0	-422222	0	844444	0	-422222	0
153		0	0	0	-422222	0	0	0	422222	0	0
154		0	0	-149312	-149312	0	0	-422222	0	571535	149312
155		0	0	-149312	-149312	0	0	0	0	149312	149312
156											

C200 | {=(MMULT(KG,UG)-FG)}

	A	B	C	D	E	F	G	H
156								
157		0						
158		0						
159		0						
160		0						
161	$\{F\}^G$=	0						
162		0						
163		0						
164		-500						
165		0						
166		-500						
167								
168			720847	0	0	0	-149312	-149312
169			0	720847	0	-422222	-149312	-149312
170	[K with applied BC]^G=		0	0	844444	0	-422222	0
171			0	-422222	0	422222	0	0
172			-149312	-149312	-422222	0	571535	149312
173			-149312	-149312	0	0	149312	149312
174								
175			0					
176			0					
177			0					
178	{F with applied BC}^{G}=		-500					
179			0					
180			-500					
181								
182			-0.003552632	in.				
183			-0.01025	in.				
184		{U partial} =	0.001184211	in.				
185			-0.011434211	in.				
186			0.002368421	in.				
187			-0.019519737	in.				

C200 | {=(MMULT(KG,UG)-FG)}

	A	B	C	D
188				
189			0	
190			0	
191			-0.003552632	in.
192			-0.01025	in.
193		{U} =	0	
194			0	
195			0.001184211	in.
196			-0.011434211	in.
197			0.002368421	in.
198			-0.019519737	in.
199				
200			1500	lb
201			0	
202			0	
203			0	
204		{R} =	-1500	lb
205			1000	lb
206			0	
207			0	
208			0	
209			0	

2.3 공간 트러스

3차원 트러스를 공간 트러스(space truss)라 한다. 단순 공간 트러스는 그림 2.12에서와 같이 6개의 부재로 연결되어 사면체를 형성한다. 하나의 단순 공간 트러스에 3개의 부재를 더하면 복합 공간 트러스를 만들 수 있다. 새 부재의 끝은 기존의 조인트에 연결되거나 다른 새 부재의 끝과 연결되어 새로운 조인트를 이룬다. 이 구조물은 그림 2.13에 나타나 있다.

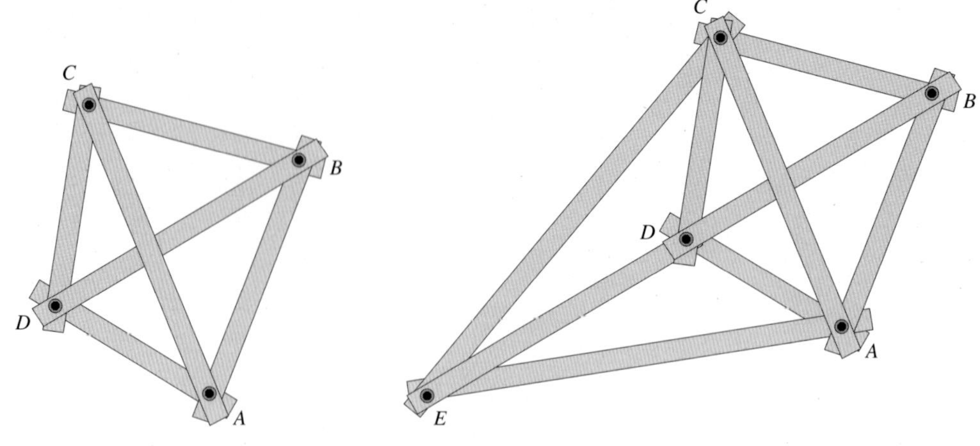

그림 2.12 단순 트러스　　**그림 2.13** 단순 트러스에 새로운 요소를 더한 복합 구조물

앞에서도 언급했듯이 일반적으로 트러스 부재는 이력 부재이다. 공간 트러스의 부재는 볼과 소켓 조인트(ball-and-socket joint)에 의해 연결되었다고 가정하고 해석한다. 각 부재를 연결한 조인트가 중심축에 위치하는 한 볼트로 체결되거나 용접된 조인트도 볼과 소켓 조인트로 가정하여 다루어진다(굽힘 모멘트 무시). 다른 가정은 모든 힘이 조인트에 가해진다는 것인데, 이 가정은 대부분의 경우에 타당하다. 2차원 트러스와 같이 부재의 무게는 작용하중에 비해 무시할 수 있지만, 만약 무게를 고려한다면 양쪽 조인트에 절반씩 고려해 준다.

공간 트러스의 유한요소 정식화는 평면 트러스의 해석방법을 확장하면 된다. 공간 트러스에서는 각 조인트(절점)가 세 방향으로 움직이므로 요소의 전체 변위는 미지수 6개 U_{iX}, U_{iY}, U_{iZ}, U_{jX}, U_{jY}, U_{jZ}로 표현된다. 그림 2.14에서처럼 전체 좌표계에 대한 부재의 방위는

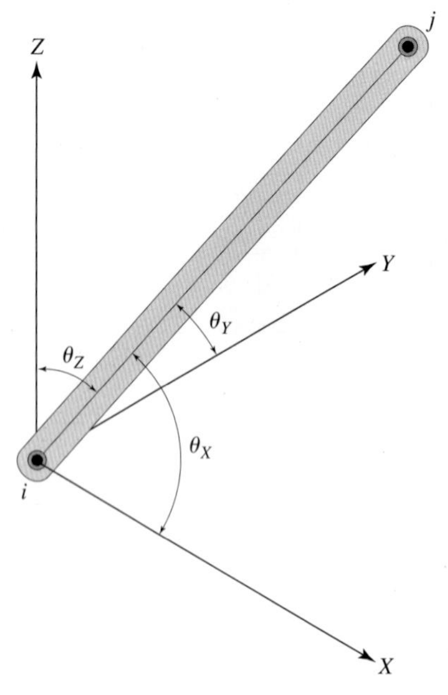

그림 2.14 부재와 *X*, *Y*, *Z*축과의 각

각 θ_X, θ_Y, θ_Z로 정의한다.

방향 여현(directional cosine)은 부재의 절점 i와 j의 좌표 차와 부재의 길이로 표현된다.

$$\cos\theta_X = \frac{X_j - X_i}{L} \tag{2.19}$$

$$\cos\theta_Y = \frac{Y_j - Y_i}{L} \tag{2.20}$$

$$\cos\theta_Z = \frac{Z_j - Z_i}{L} \tag{2.21}$$

여기서 L은 부재의 길이로 다음과 같다.

$$L = \sqrt{(X_j - X_i)^2 + (Y_j - Y_i)^2 + (Z_j - Z_i)^2} \tag{2.22}$$

공간 트러스의 강성행렬을 구하는 과정은 2차원 트러스의 요소 강성행렬을 구하는 것과 같다. 먼저 변환행렬을 통하여 전체 변위와 힘과 국부 변위와 힘을 연관시킴으로써 시작한다. 이력 부재라는 성질을 사용하여 식 (2.14)에서 주어진 것과 유사하게 행렬 관계식을 사용한다. 이 관계식으로부터 요소에 대한 강성행렬 $[\mathbf{K}]^{(e)}$를 구한다. 2차원 트러스의 강성행렬은 4×4행렬이나 공간 트러스 요소의 강성행렬은 6×6행렬이다. 공간 트러스에서 요소의 강성행렬은 다음과 같다.

$$[\mathbf{K}]^{(e)} = k\begin{bmatrix}
\cos^2\theta_X & \cos\theta_X\cos\theta_Y & \cos\theta_X\cos\theta_Z & -\cos^2\theta_X & -\cos\theta_X\cos\theta_Y & -\cos\theta_X\cos\theta_Z \\
\cos\theta_X\cos\theta_Y & \cos^2\theta_Y & \cos\theta_Y\cos\theta_Z & -\cos\theta_X\cos\theta_Y & -\cos^2\theta_Y & -\cos\theta_Y\cos\theta_Z \\
\cos\theta_X\cos\theta_Z & \cos\theta_Y\cos\theta_Z & \cos^2\theta_Z & -\cos\theta_X\cos\theta_Z & -\cos\theta_Y\cos\theta_Z & -\cos^2\theta_Z \\
-\cos^2\theta_X & -\cos\theta_X\cos\theta_Y & -\cos\theta_X\cos\theta_Z & \cos^2\theta_X & \cos\theta_X\cos\theta_Y & \cos\theta_X\cos\theta_Z \\
-\cos\theta_X\cos\theta_Y & -\cos^2\theta_Y & -\cos\theta_Y\cos\theta_Z & \cos\theta_X\cos\theta_Y & \cos^2\theta_Y & \cos\theta_Y\cos\theta_Z \\
-\cos\theta_X\cos\theta_Z & -\cos\theta_Y\cos\theta_Z & -\cos^2\theta_Z & \cos\theta_X\cos\theta_Z & \cos\theta_Y\cos\theta_Z & \cos^2\theta_Z
\end{bmatrix} \tag{2.23}$$

공간 트러스 부재의 각 요소 행렬들을 조합하고 경계조건과 하중을 부과하여 변위를 해석하는 과정은 2차원 트러스와 같다.

2.4 ANSYS* 프로그램의 개요

ANSYS 시작하기

이번 절에서는 ANSYS 프로그램의 개요를 간략하게 소개한다. ANSYS 프로그램은 그림 2.15에서처럼 ANSYS 시작메뉴(Launcher)를 통해 시작할 수 있다. 시작메뉴는 ANSYS 프로그램과 다른 보조 프로그램들을 실행하는 데 필요한 메뉴를 포함한다.

시작메뉴를 사용하여 ANSYS로 들어갈 때 다음 단계를 따른다.

1. 만약 Unix 환경에서 ANSYS를 실행시키려면, 시스템 프롬프트에서 적절한 명령에 의해 시작메뉴를 활성화시킨다. PC 환경에서는 **시작 → 프로그램 → ANSYS 19.0 → ANSYS 시작메뉴**를 선택한다.
2. 마우스의 커서를 시작메뉴의 **ANSYS** 옵션으로 이동한 후 좌측 마우스 버튼을 클릭하여 선택한다. 이것은 interactive entry options를 포함한 대화상자를 나타낸다.
   - **a. Working directory**: ANSYS를 실행시킬 디렉토리다. 만약 원하는 작업 디렉토리가 아니면 디렉토리 우측의 'Browse' 버튼을 클릭하여 원하는 디렉토리를 선택한다.
   - **b. Job name**: ANSYS를 실행할 때 생성되는 모든 파일들의 파일이름을 미리 정하여 주는 것이다. 대화상자에 요구되는 작업명을 넣는다.

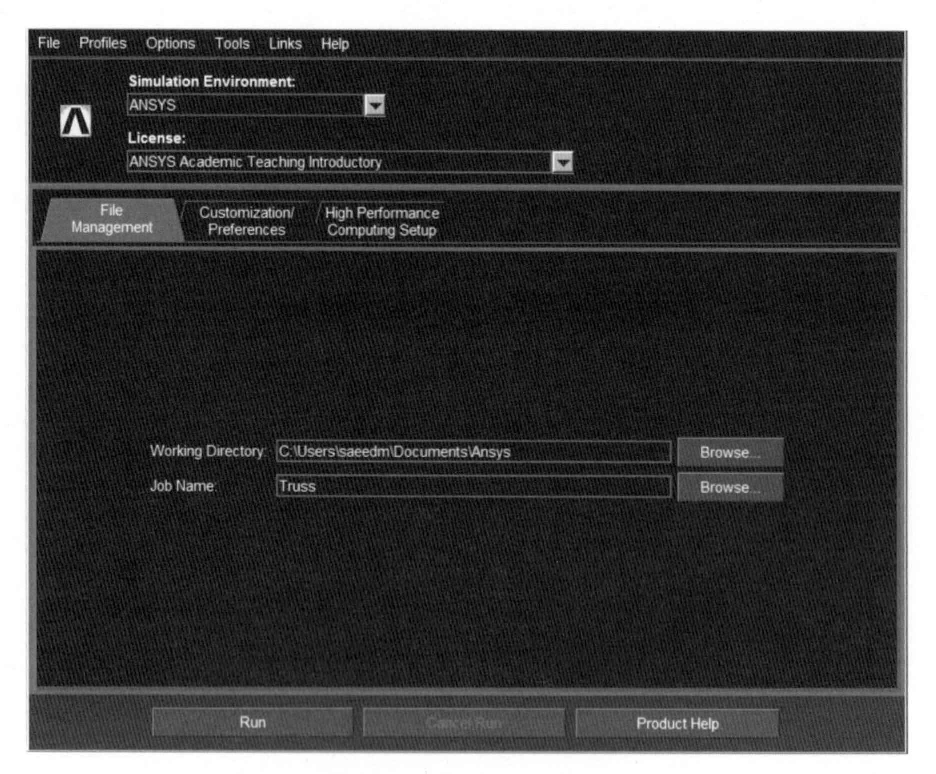

그림 2.15 PC용 ANSYS 시작메뉴

---

* 자료는 ANSYS 문서의 승인을 받아 수정되었다.

3. 창 아래에 있는 **Run** 버튼으로 마우스를 이동한 후 클릭한다. 그래픽 사용자 인터페이스(**GUI**, Graphical User Interface)가 활성화되면 ANSYS를 시작할 준비가 된 것이다.

프로그램 구성

그래픽 사용자 인터페이스를 소개하기 전에 ANSYS 프로그램의 기본 개념에 대해 살펴보자. ANSYS 프로그램은 2단계, 즉 (1) **시작 단계**(begin level)와 (2) **처리 단계**(processor level)로 구성되어 있다. 처음 프로그램을 실행시켰을 때가 시작 단계이다. 이 단계에서 그림 2.16과 같이 ANSYS 처리기(processor)로 들어간다.

그림 2.16에 나타나 있는 것보다 더 많거나 적은 처리기를 사용할 수도 있다. 사용 가능한 처리기는 가지고 있는 ANSYS 제품에 따라 다르다. 시작 단계는 ANSYS 프로그램에 들어가고 나가는 문처럼 작동하며, 또한 전체적으로 프로그램을 제어하도록 사용된다. 처리 단계에서 여러 개의 루틴(처리기)을 목적에 따라 활용할 수 있다. 대부분의 해석은 처리 단계에서 한다. ANSYS의 전형적인 해석은 3단계로 나눈다.

1. **전처리**(preprocessing): **PREP7** 처리기를 사용하여 기하학적 형상, 재료, 요소 종류와 같은 데이터를 프로그램에 입력한다.
2. **해석**(solution): **Solution** 처리기를 사용하여 해석 종류, 경계조건, 가해지는 하중을 지정하고, 유한요소해석을 시작한다.
3. **후처리**(postprocessing): **POST1**(정적 또는 정상상태의 문제) 또는 **POST26**(과도 문제)을 사용하여 해석한 결과를 그림이나 표 형식으로 볼 수 있다.

GUI 환경에서 원하는 처리기를 선택하면 처리기에 들어갈 수 있고, 작업 중 다른 처리기로 이동하고자 한다면 단순히 새로운 처리기를 ANSYS 주 메뉴에서 선택하면 된다. 다음으로 GUI를 간략하게 설명한다.

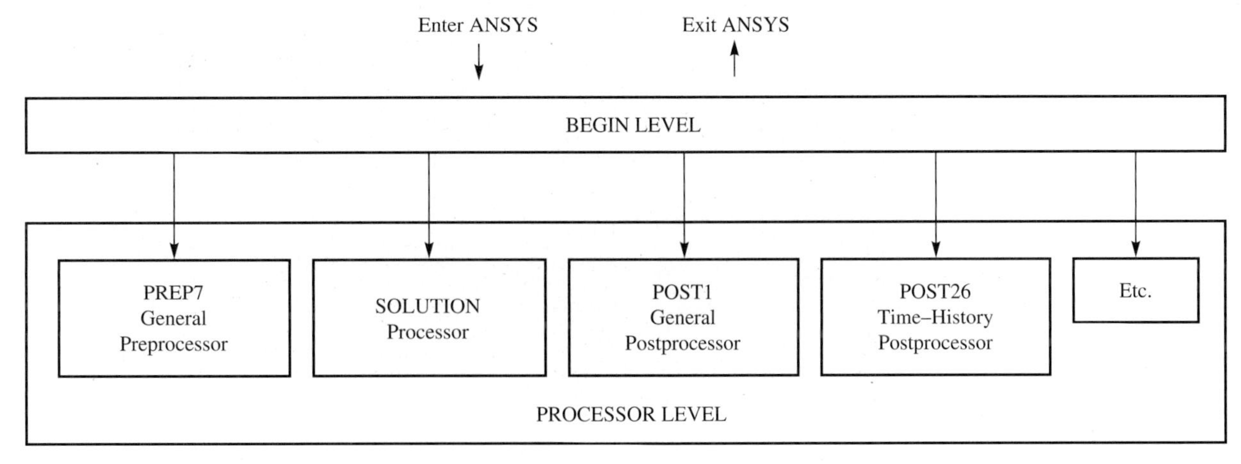

그림 2.16 ANSYS의 구성

그래픽 사용자 인터페이스

ANSYS를 사용하는 가장 단순한 방법은 그래픽 사용자 인터페이스(GUI, Graphical User Interface)라 불리는 ANSYS 메뉴 시스템을 사용하는 것이다. GUI는 ANSYS 프로그램과 사용자 사이를 연결시켜준다. ANSYS 프로그램은 ANSYS 명령에 의해 운용된다. 그러나 GUI를 사용하면 ANSYS 명령에 대한 상세한 지식이 없는 경우에도 해석이 가능하다. 각 GUI 기능이 프로그램에 의해 자동적으로 실행되는 하나 이상의 ANSYS 명령을 실행하기 때문이다.

GUI의 구성 ANSYS GUI는 그림 2.17처럼 6개의 주 영역(창)으로 이루어져 있다.

A **Utility Menu**: ANSYS 전반에 걸쳐 사용 가능한 파일 제어(file control), 선택(selecting), 그래픽 제어(graphic control)와 같은 유틸리티 기능(utility function)을 포함한다. 이 메뉴에서 ANSYS 프로그램을 종료할 수 있다.

B **Main Menu**: 처리기로 구성된 ANSYS 주요 기능들로 이루어져 있다. 이 기능들은 전처리기(preprocessor), 해석기(solution), 일반 후처리기(general postprocessor), 최적화 설계기(design xplorer) 등이다.

C **Toolbar**: 일반적으로 사용되는 ANSYS 명령과 기능을 실행하는 버튼들로 이루어져 있다. 각자에게 필요한 단축버튼을 추가할 수 있다.

D **Input Window**: 명령어를 직접 입력할 수 있다. 쉽게 참고하거나 접근할 수 있도록 이미 입력된 내용이 나타난다.

그림 2.17 ANSYS GUI

 **Graphics Window**: 그래픽이 나타나는 창이다.

Output Window: 프로그램의 텍스트 출력이 나타난다. 보통 다른 창들에 가려져 있고 필요할 때 다른 창의 앞으로 가져올 수 있다.

자주 사용하는 ANSYS 주 메뉴와 유틸리티 메뉴는 다음과 같다.

주 메뉴

그림 2.18(a)와 같이 주 메뉴(main menu)는 전처리기, 해석기, 후처리기와 같은 ANSYS 주요 기능으로 구성된다.

주 메뉴에서 각 메뉴는 하위 메뉴를 부르거나 명령을 수행한다. ANSYS 주 메뉴는 트리 구조이다. 각 메뉴의 항목(topic)은 다른 메뉴 옵션을 나타내기 위해 확장된다. 메뉴의 확장 옵션은 '+'로 나타낸다. 원하는 명령이 수행될 때까지 '+'나 제목을 클릭할 수 있다. 다른 하위 항목을 나타내었을 때, 그림 2.18(b)와 같이 '+'는 '−'로 변한다. 예를 들어, 사각형을 만든다면, **Preprocessor**를 클릭한 후 **Modeling**, **Create**, **Areas**, **Rectangle**을 클릭한다. 그림 2.18(b)에서와 같이 사각형을 만들기 위해 세 가지 선택 방법이 있다. 즉, **By 2 Corners, By Centr&Cornr**, 그리고 **By Dimensions**이 있다. 매번 또 다른 새로운 하위 항목이 나타날 때, '+'는 '−'로 변하는 것을 볼 수 있다.

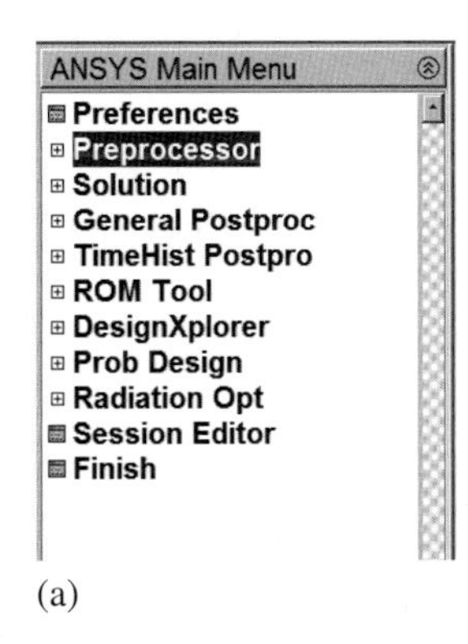

(a)

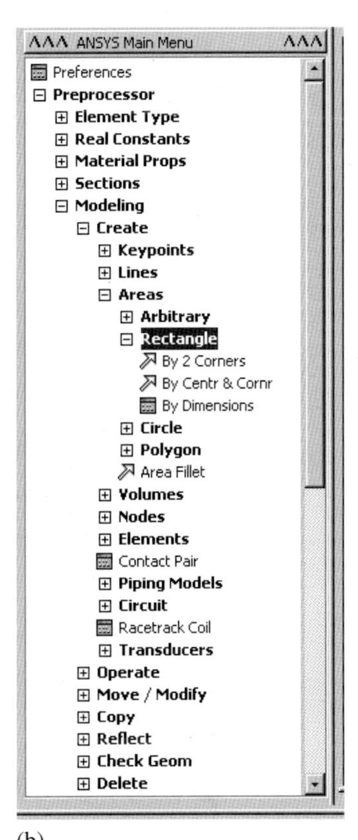

(b)

그림 2.18 주 메뉴

ANSYS/University Low Option Utility Menu (Test)
File Select List Plot PlotCtrls WorkPlane Parameters Macro MenuCtrls Help

그림 2.19 유틸리티 메뉴

좌측 마우스 버튼은 주 메뉴에서 항목을 선택할 수 있다. 계층구조(hierarchy)의 상위에 있는 다른 메뉴 항목이 선택될 때까지 주 메뉴의 하위 메뉴는 그대로 있게 된다.

유틸리티 메뉴

그림 2.19와 같이 유틸리티 메뉴(utility menu)는 파일 제어, 선택, 그래픽 제어와 같은 ANSYS 유틸리티 기능을 포함한다. 이 기능은 대부분 모델링과 관계가 없기 때문에 ANSYS를 실행하는 중 어느 때라도 이 기능들을 실행할 수 있다. 유틸리티 메뉴의 이러한 성질은 생산성과 GUI에 대한 사용자의 친근감을 향상시킨다.

유틸리티 메뉴의 각 메뉴 항목은 풀다운(pull-down) 방식으로 하위 항목을 활성화시키는데, 항목 오른쪽에 ▶이 있으면 하위 메뉴로 들어가며, 없으면 즉각 실행된다. 즉, 메뉴 우측에 있는 기호의 의미는 다음과 같다.

기호 없음: 기능이 즉시 실행됨
... : 대화상자가 나타남
\+ : 선택(picking) 메뉴가 나타남

유틸리티 메뉴의 메뉴 항목을 마우스 좌측 버튼으로 클릭하면 'pull-down' 메뉴 항목을 사용할 수 있다. 마우스 커서를 드래그하면 원하는 하위 항목으로 이동할 수 있다. 하위 항목 실행이나 GUI의 다른 곳을 클릭하면 메뉴는 사라진다.

그래픽 선택

GUI를 효율적으로 사용하기 위해서는 그래픽 선택(graphical picking)을 이해하는 것이 중요하다. 마우스를 사용하여 모델 요소(model entity)와 좌표의 위치를 확인할 수 있다. 그래픽 선택에는 새로운 점의 좌표 위치를 선택하는 **위치**(locational) 선택과 이미 존재하는 모델 요소를 선택하는 **복구**(retrieval) 선택이 있다. 예를 들면, 작업평면에서 위치를 선택함으로써 주요점(key point)을 생성하는 것은 위치 선택이고, 이미 존재하는 주요점을 선택하여 하중을 가하는 것은 복구 선택이다.

그래픽 선택을 사용할 때는 언제나 GUI가 선택 메뉴로 나타난다. 그림 2.20은 위치 선택과 복구 선택의 선택 메뉴를 보여준다. 앞으로 다룰 예제에서 자주 사용되는 선택 메뉴의 특징은 다음과 같다.

B▶ **Picking Mode**: 위치나 모델 요소를 선택하거나 선택해지를 하게 한다. Toggle 버튼이나 마우스의 우측 버튼을 사용하여 선택이나 선택해지 모드를 설정한다. 마우스 화살표가 위쪽이면 선택 모드, 아래쪽이면 선택해지 모드이다. 복구 선택에서는

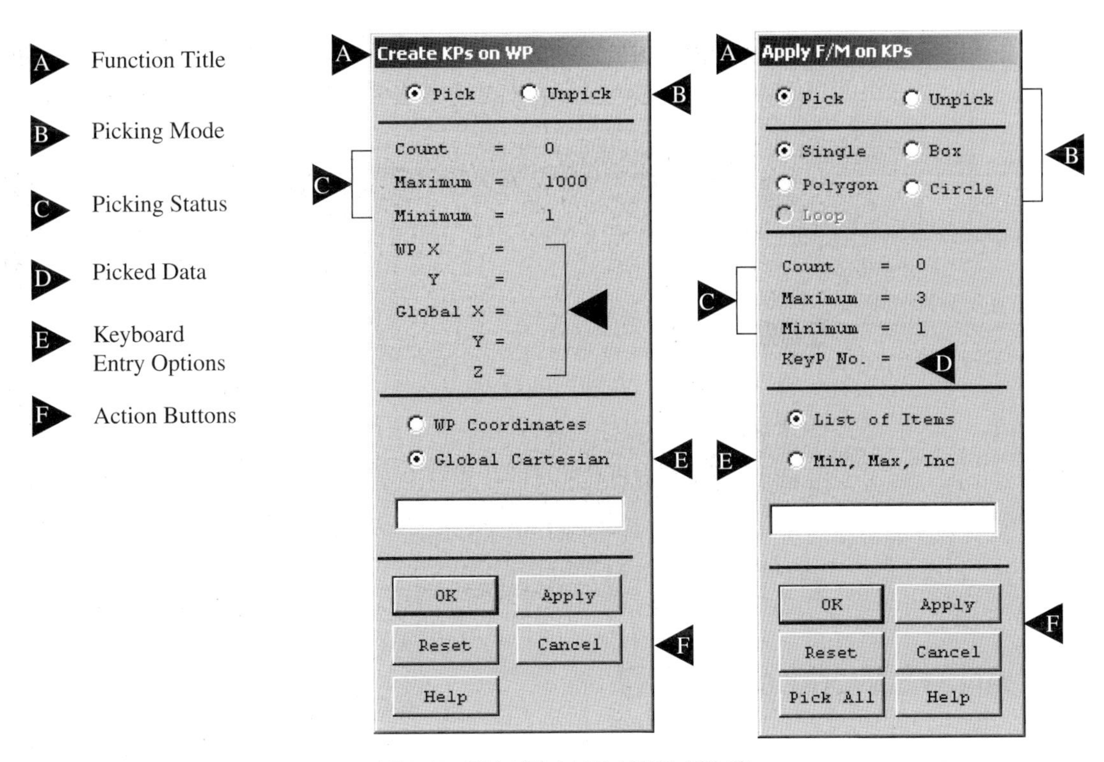

그림 2.20 위치 선택과 복구 선택의 선택 메뉴

단일 선택(single pick), 창(box), 원(circle), 다각형(polygon) 모드 중에 하나를 선택하여야 한다.

D **Picked Data**: 선택된 목록에 관한 정보를 제공한다. 위치 선택에서는 점의 작업평면과 전체 직교 좌표를 보여준다. 복구 선택에서는 요소 번호를 보여주는데, 그래픽 영역에서 마우스 버튼을 클릭한 채 드래그하면 이 데이터들을 볼 수 있다. 이 과정은 마우스 버튼을 놓아 영역을 선택하기 전에 정보를 미리 볼 수 있게 한다.

F **Action Buttons**: 다음에 주어진 것과 같이 선택된 모델 요소에 대하여 어떤 작동을 하는 버튼들이 있다.

OK: 선택된 모델 요소에 해당 기능을 실행시키고 선택 메뉴를 닫는다.

Apply: 선택된 모델 요소에 해당 기능을 실행한다.

Reset: 선택된 모든 요소의 선택을 해지한다.

Cancel: 해당 기능을 취소하고 선택 메뉴를 닫는다.

Pick All: 복구 선택에서만 사용되는 것으로 모든 모델 요소를 선택한다.

Help: 실행할 기능에 대한 도움말 정보가 나타난다.

선택을 위한 마우스 버튼 설정 선택 작업을 할 때 사용되는 마우스 버튼의 설정은 다음과 같다.

좌측 버튼은 마우스 커서에 가장 가까운 위치나 모델 요소를 선택하거나 선택해지한다. 좌측 버튼을 누른 후 커서를 드래그하면 선택되거나 선택해지되는 것을 미리 볼 수 있다.

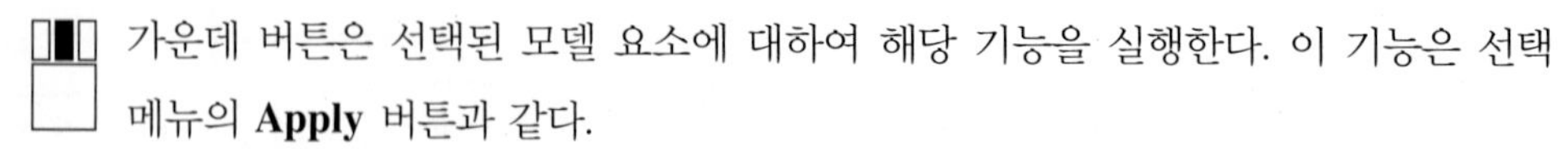

가운데 버튼은 선택된 모델 요소에 대하여 해당 기능을 실행한다. 이 기능은 선택 메뉴의 **Apply** 버튼과 같다.

우측 버튼은 선택/선택해지 모드로 바뀌게 한다. 이 기능은 선택 메뉴의 toggle 버튼과 같다.

도움말 시스템

ANSYS 도움말 시스템(help system)은 GUI와 ANSYS 명령에 대한 정보를 제공한다. 이는 GUI 내부의 유틸리티 메뉴의 도움말 항목이나 대화상자 안의 도움말 버튼을 클릭함으로써 접근할 수 있다. 설명서의 목차나 항목을 선택함으로써 도움말 항목을 볼 수도 있다. 도움말 시스템의 다른 특징으로는 하이퍼텍스트 링크(hypertext link), 단어 검색(word search) 및 도움말 출력 기능 등이 있다.

2.5 ANSYS Workbench 환경

ANSYS Workbench 환경은 ANSYS의 시뮬레이션 툴(tool) 및 프로젝트 진행 시 사용자에게 필요한 모든 종류의 기타 툴 기능의 조합으로 구성된다. 프로그램을 시작할 때 **Project** 탭이라고 불리는 주 프로젝트 작업 공간에서 시작한다. 해석을 구축하기 위해 사용자는 **Project Schematic**에 **시스템**(systems)으로 명명한 구축 블록을 추가한다. 이러한 시스템은 사용자의 프로젝트에 대한 순서도 형태의 데이터 흐름을 표현하는 다이어그램을 제작한다. 각 시스템은 **셀**(cells)이라는 이름의 단일 또는 다중 블록이며, 특정 종류의 해석을 위해 필요한 순차적 단계(step)를 표현한다. 시스템을 추가한 후에는 시스템 간 데이터 공유 및 전달을 수행할 수 있도록 사용자가 시스템을 상호 연결(link)할 수 있다.

Project Schematic 내부의 셀에서 사용자는 다양한 ANSYS 기능 및 해석을 수행할 수 있다. 이러한 작업은 Workbench 환경 내에서 탭(tab)으로 열리는 경우도 있고, 해당 작업이 독립적인 새로운 창(window)으로 열리면서 실행되는 경우 또한 존재한다.

앞서 언급한 것과 같이 ANSYS 프로그램은 사용자로 하여금 형상 수치, 물성치, **환경변수**(parameters) 설정을 통한 경계조건 등을 정의할 수 있도록 한다. 이러한 환경변수를 Workbench 환경에서 관리할 수 있다.

해석을 수행하기 위해서는 각 시스템의 셀에서 작업을 수행하게 되고, 대부분의 경우 top to bottom 형식으로 이루어진다. 해당 형식은 입력값 정의, 프로젝트 환경변수 특정, 시뮬레이션 구동, 결과 확인의 순서를 따라 진행되는 것을 의미한다.

Workbench를 통해 설계 변경 및 결과 확인의 난이도를 낮출 수 있다. 사용자는 손쉽게 해석 과정의 일부를 변경하거나 환경변수를 조정할 수 있고, 이후 프로젝트를 업데이트하여 해당 변화가 해석 결과에 미치는 영향을 확인할 수 있다.

2.6 ANSYS를 이용한 예제

이 절에서는 ANSYS 프로그램으로 트러스 문제를 풀어본다. ANSYS에는 트러스 문제를 해석하기 위해 3차원 스파 요소를 제공한다. **LINK180**이라 불리는 이 요소에는 각 절점에 3개의 자유도(U_X, U_Y, U_Z)가 있다. 입력 데이터로는 절점 위치, 부재의 단면적, 탄성계수가 포함되어야만 한다. 만약 부재가 이미 응력을 받고 있으면 입력 데이터에 초기 변형률도 포함되어야 한다. 트러스 요소의 이론에서 배운 것처럼 이 요소에는 표면 하중을 부과할 수 없으므로, 모든 하중은 절점에 가해져야만 한다. 이 요소에 대해 더 자세한 정보를 얻기 원한다면 ANSYS 온라인 도움말 메뉴를 실행하면 된다.

예제 2.2

그림에 보인 예제 2.1의 발코니 트러스를 고려하자. 여기서의 관심은 그림에서와 같이 하중이 가해질 때 각 조인트의 변위를 구하는 데 있다. 우리는 각 부재의 축 하중과 지지대의 반력을 구하고자 한다. 모든 부재는 탄성계수 $E = 1.90 \times 10^6$ lb/in^{2}이고 단면적이 8 in^{2}인 미송나무 목재로 만들어졌다. ANSYS Workbench를 사용하여 해석한다.

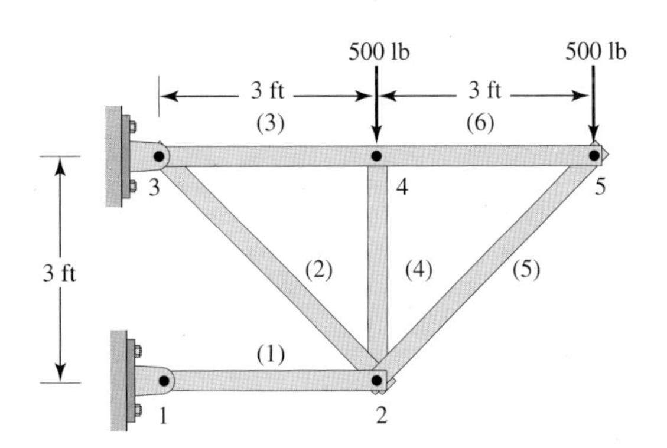

Workbench 19.2를 실행하고 Toolbox에서 **Static Structural** 시스템을 드래그하여 Project Schematic에 추가한다.

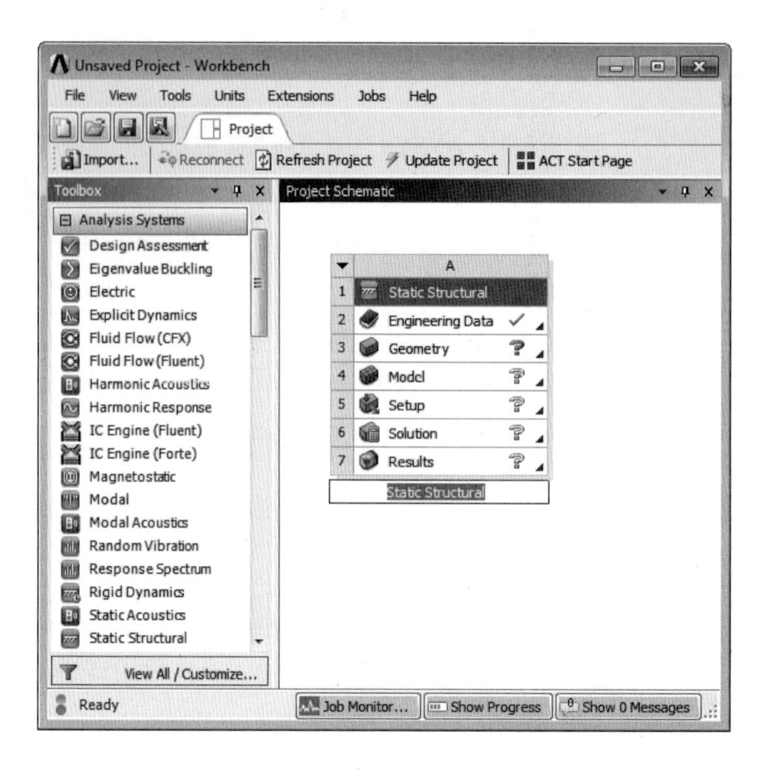

Engineering Data 셀을 두 번 클릭한다. Click here to add a new material 항목에 **wood**를 입력한다.

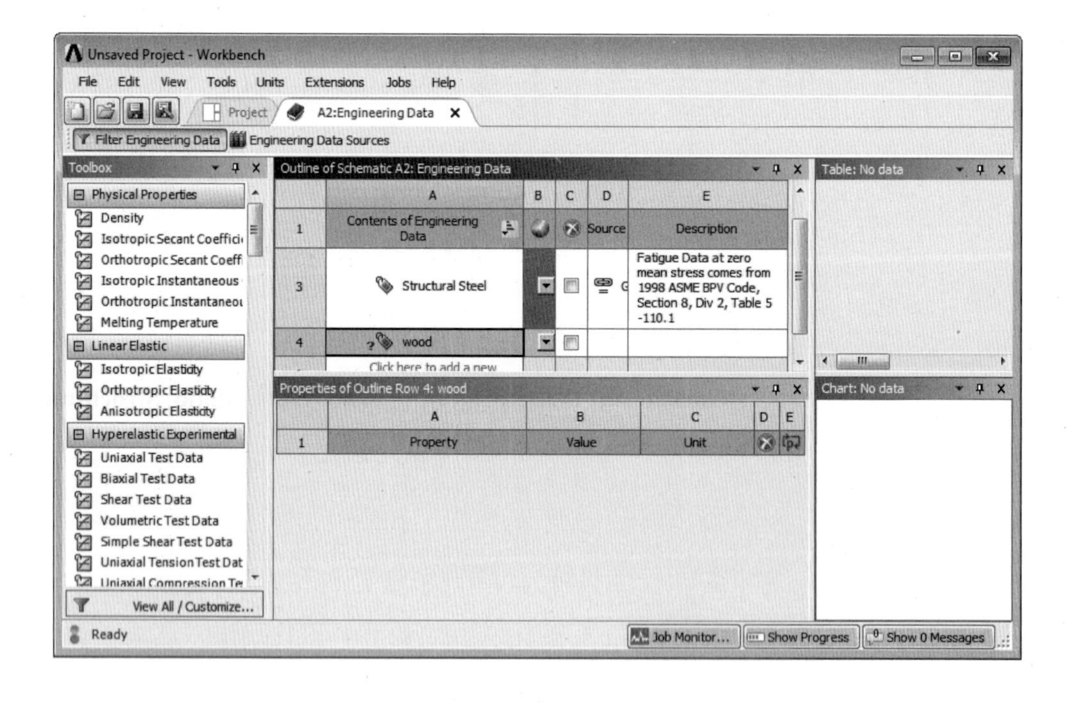

Toolbox에서 **wood** 위로 **Isotropic Elasticity**를 드래그하여 놓는다. 단위를 Pa에서 psi로 변경한 다음 Young's Modulus의 노란색 영역에 1.9e6을 입력하고 Enter를 친다. **흔한 실수인 단위 변경을 잊는 것을 주의해야 한다!** Poisson's Ratio에 0.3을 입력한다.

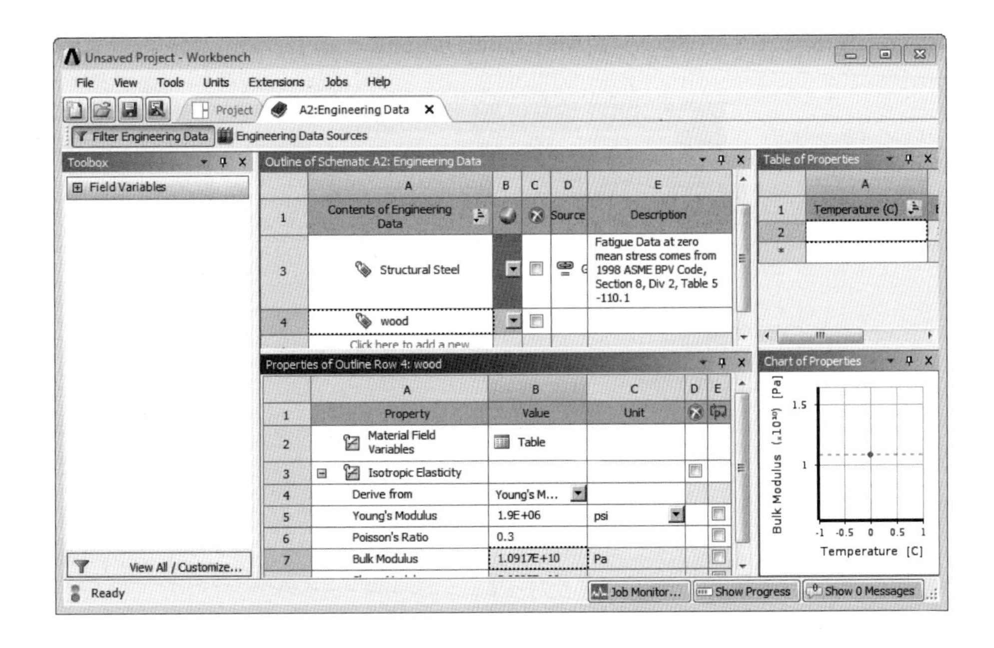

Project 탭을 클릭한다. **Geometry** 셀을 두 번 클릭한 후 SpaceClaim을 실행한다.

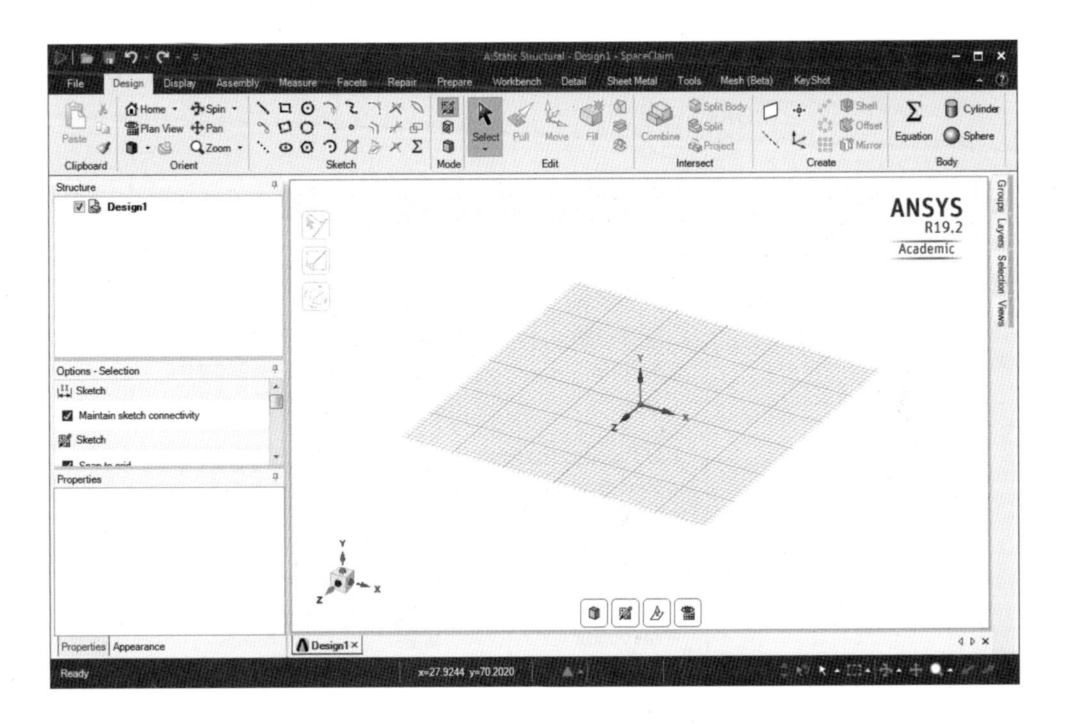

File → SpaceClaim Options

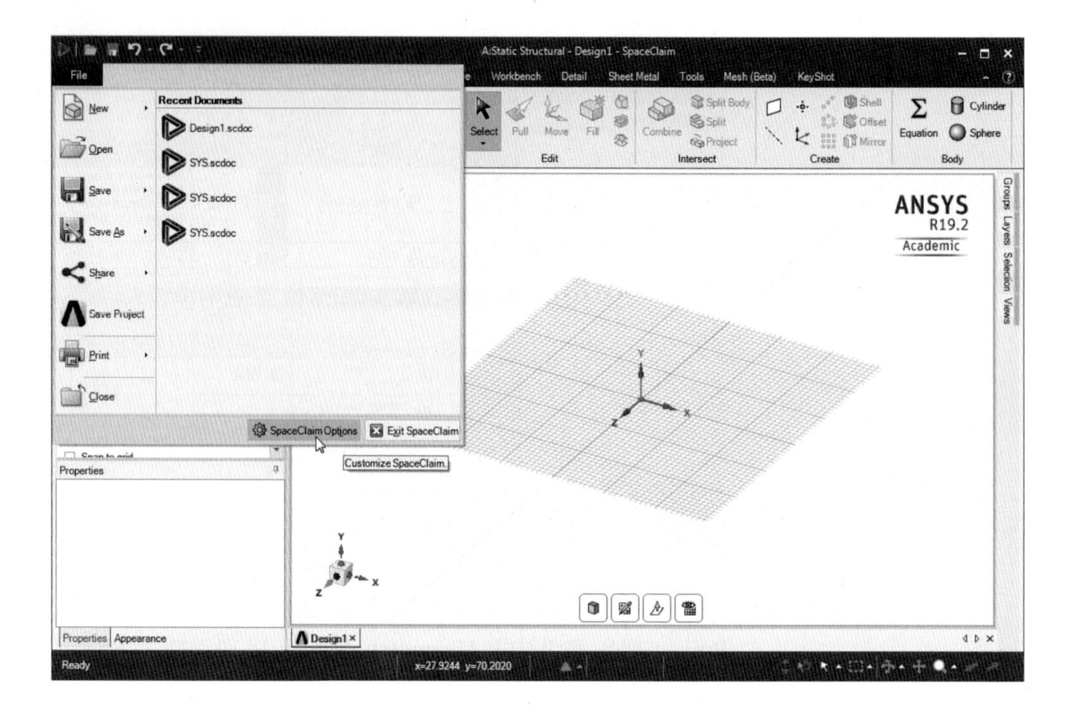

왼쪽 목록에서 **Units**을 선택하고, **Type:**을 **Imperial**로, **Length:**를 **Feet**로 설정한 다음 OK를 클릭한다.

Select New Sketch Plane을 클릭하고, 화면 중앙의 좌표계 주위로 마우스를 이동한다.

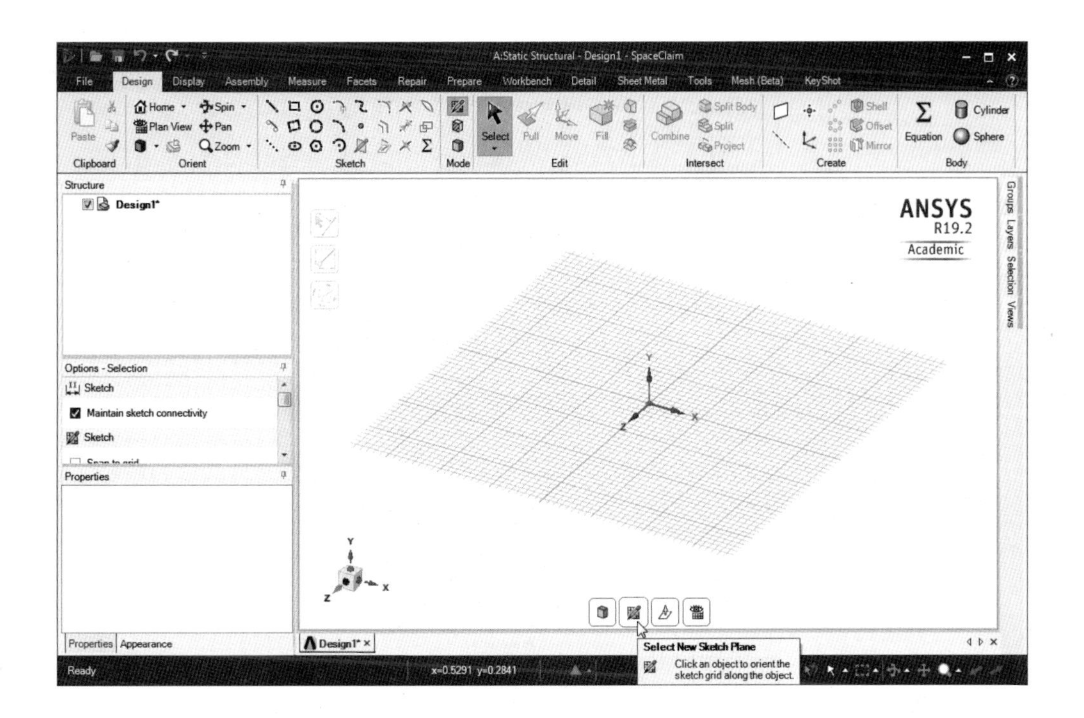

다른 평면을 선택하고, XY 평면에 불이 들어올 때 클릭한다. 그 다음 **Plan View** 버튼을 클릭한다.

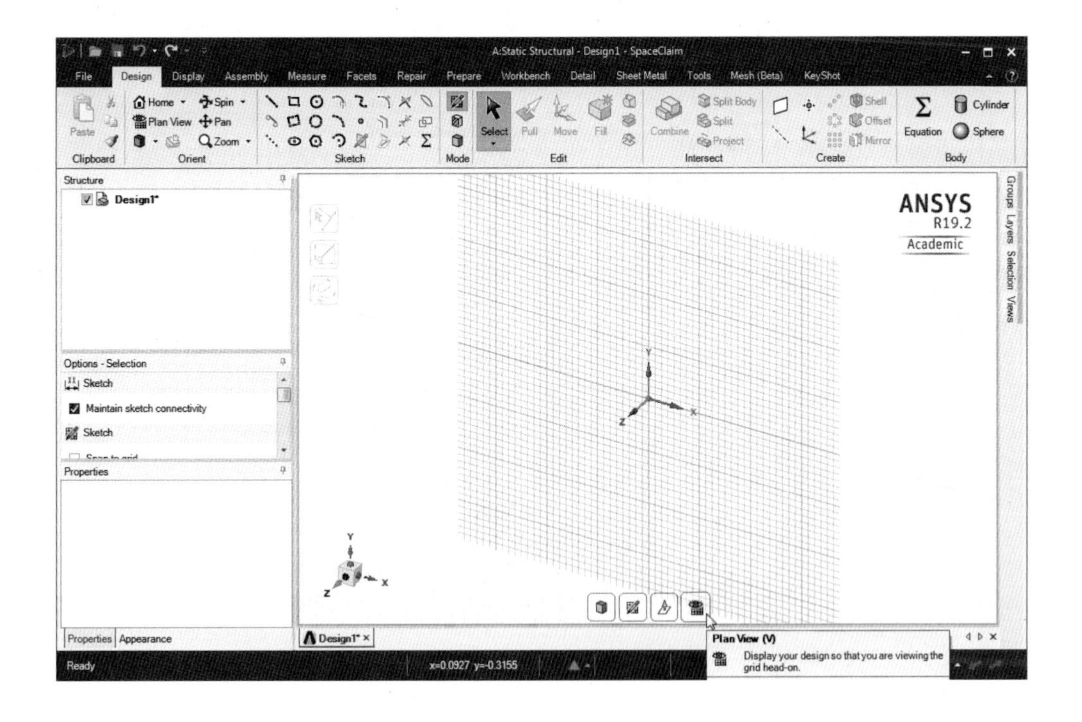

Line을 클릭한다.

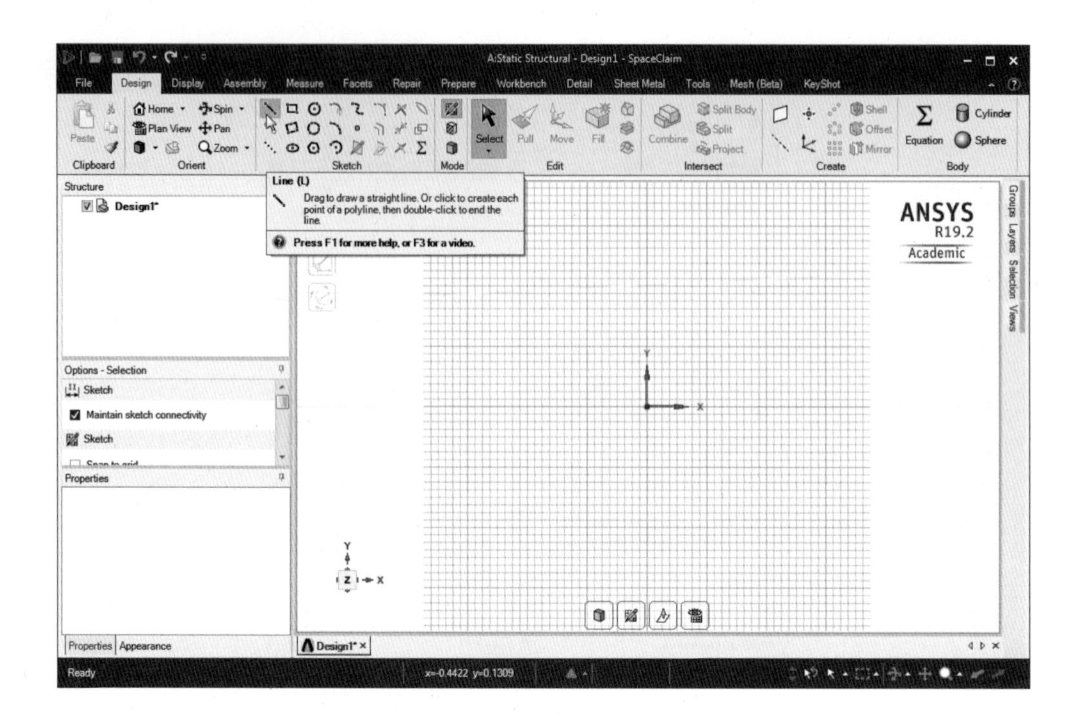

xy 좌표계의 원점을 클릭하고 오른쪽으로 드래그한다. 입력 창과 함께 선이 나타난다.

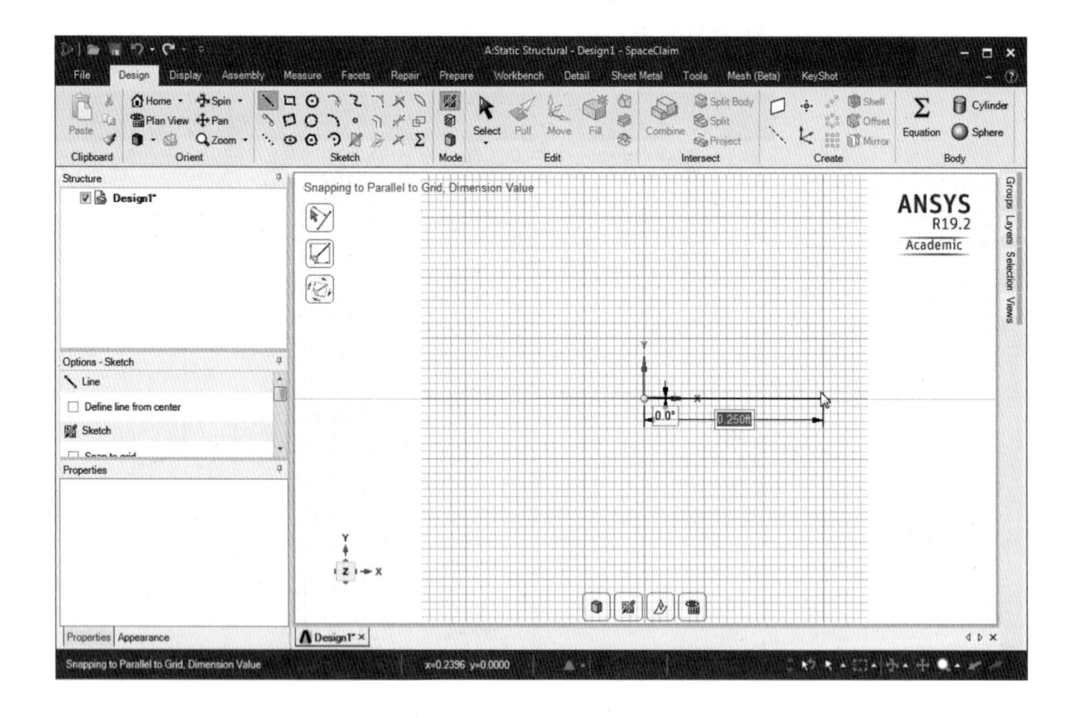

숫자 3을 입력하고 Enter를 치면, 선이 커지고 화면이 축소되며 마우스가 약간 아래로 이동된다.

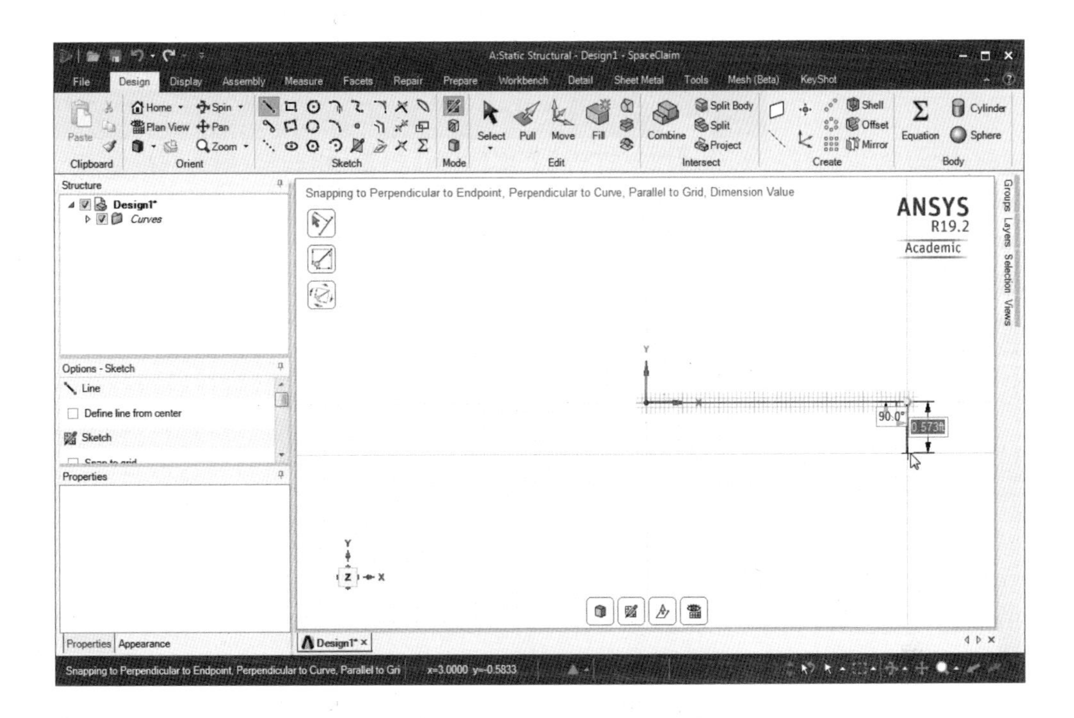

숫자 3을 입력하고 Enter를 치면, 선이 커지고 화면이 축소되며 3 ft 표시에 맞춰질 때까지 마우스를 왼쪽으로 이동한다.

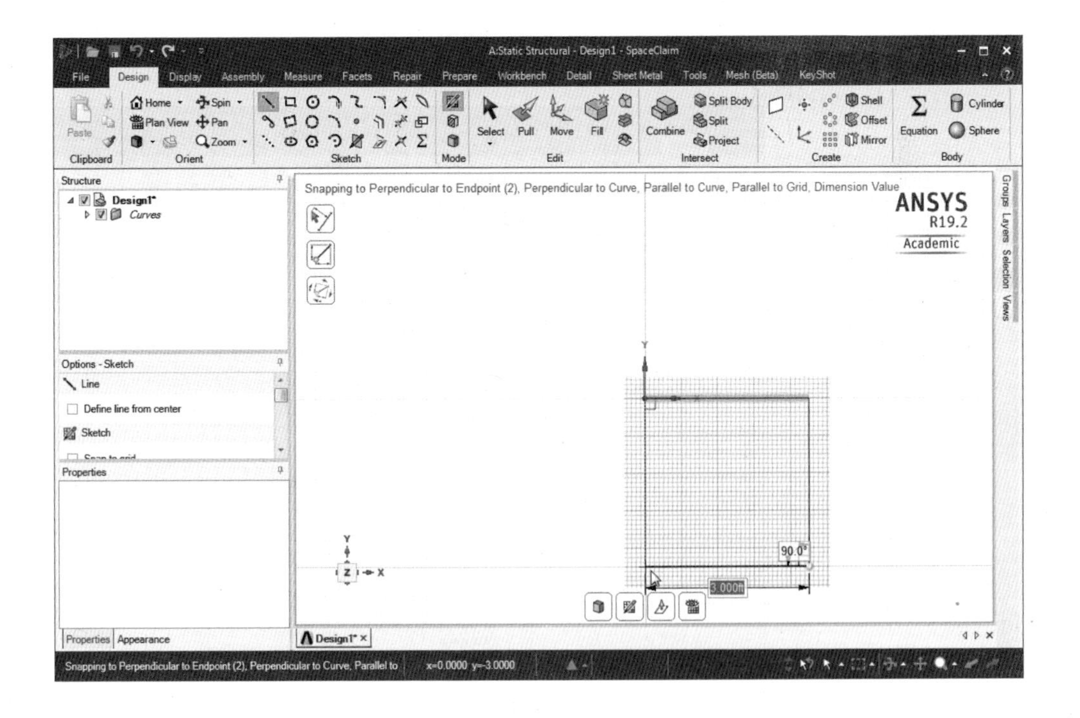

마우스를 끌어다 놓으면 선이 계속 유지되며, **Esc** 키를 누르면 선 생성이 중단된다. 원점을 클릭하고, 오른쪽 아래 점을 클릭하여 대각선을 생성한다. x축과의 정렬이 표시될 때까지 90도 각도로 계속 드래그하여 올린 다음 클릭한다.

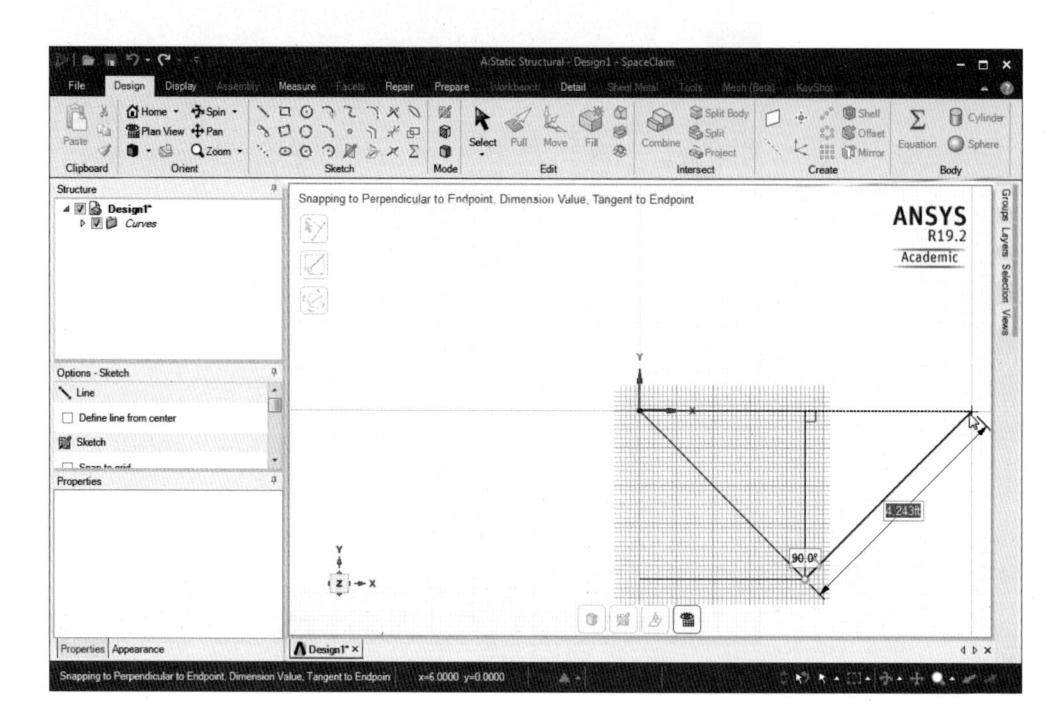

마지막으로 수직선 상단을 클릭하고, **Esc** 키를 두 번 클릭한다. Z 키를 눌러 화면을 확대/축소한다. 스크롤 휠을 사용하여 축소하고 Toolbar의 오른쪽 아래 **Pan** 버튼을 클릭하여 화면의 중심을 조정할 수 있다.

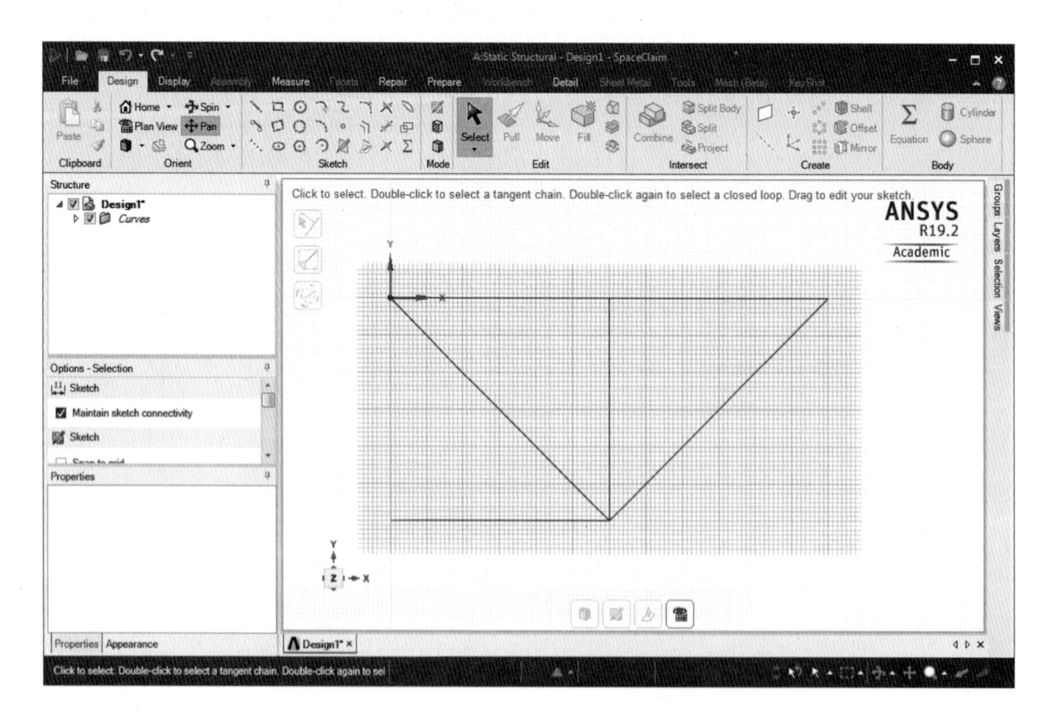

트러스 생성을 완료하면 트러스 부재에 대한 단면을 정의해야 한다. **Prepare** 탭을 클릭하고 **Profiles** 아이콘을 클릭한 후 **Circle** 프로파일을 선택한다.

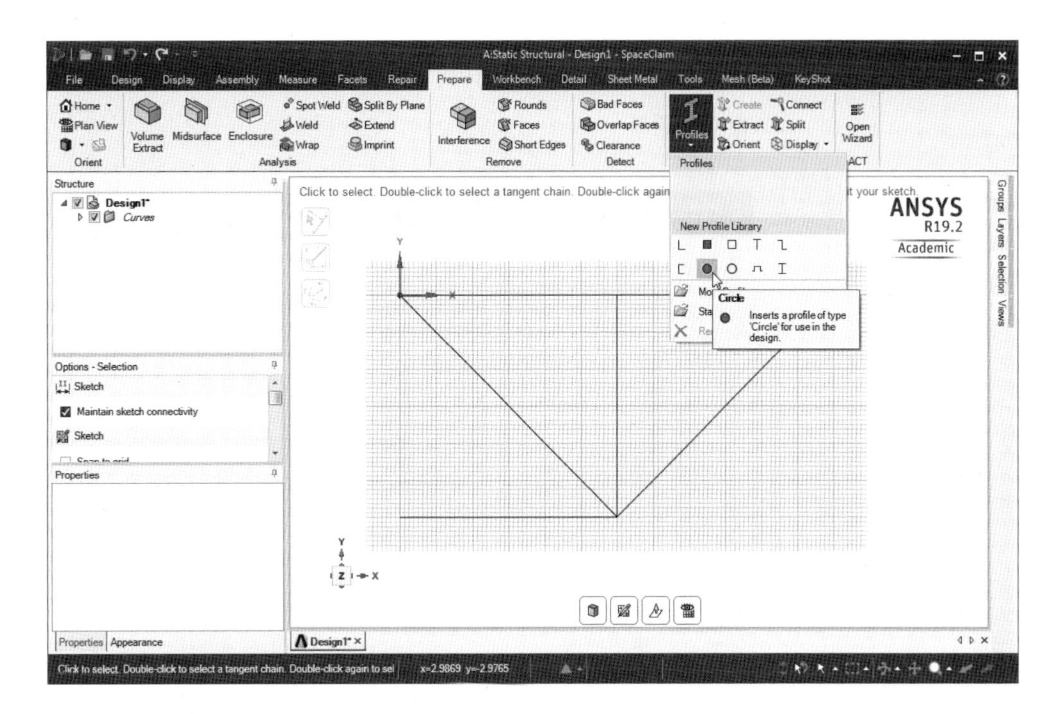

File → SpaceClaim Options

Units를 선택한 다음 **Length** 단위를 **Inches**로 변경한다. 왼쪽의 구조 창에서 Beam Profiles 폴더를 확장하고 **Circle**을 클릭한다. Properties 창의 Beam Section에서 **Area**를 확인할 수 있다. **Area**에 8을 입력한다.

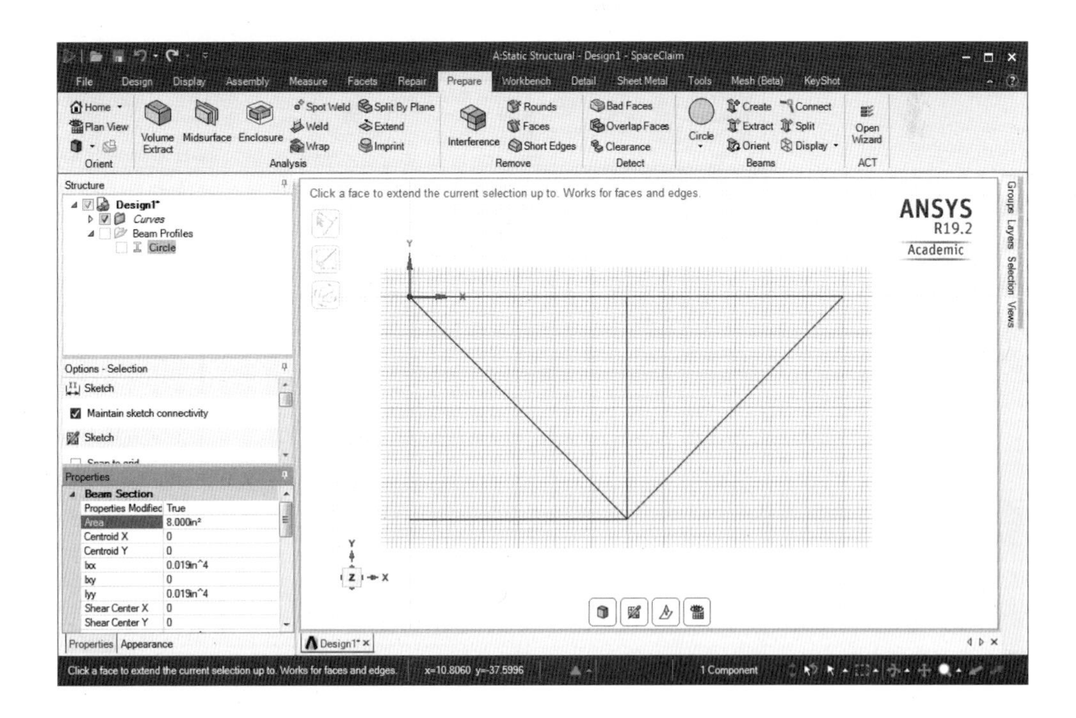

Curves 폴더에 나열된 Line은 Beam으로 변환해야 한다. 트러스에는 Beam 요소가 아닌 LINK180 요소가 필요하며, 이 지오메트리가 모델 빌드의 Mechanical app에 있을 때 LINK180 요소로 지정될 것이다. SpaceClaim에서 **Curves** 폴더를 확장하고, 첫 번째 Line을 클릭하고, shift를 누르고 마지막 Line까지 선택한 다음에 **Create** 버튼을 클릭하여 Beam을 생성한다.

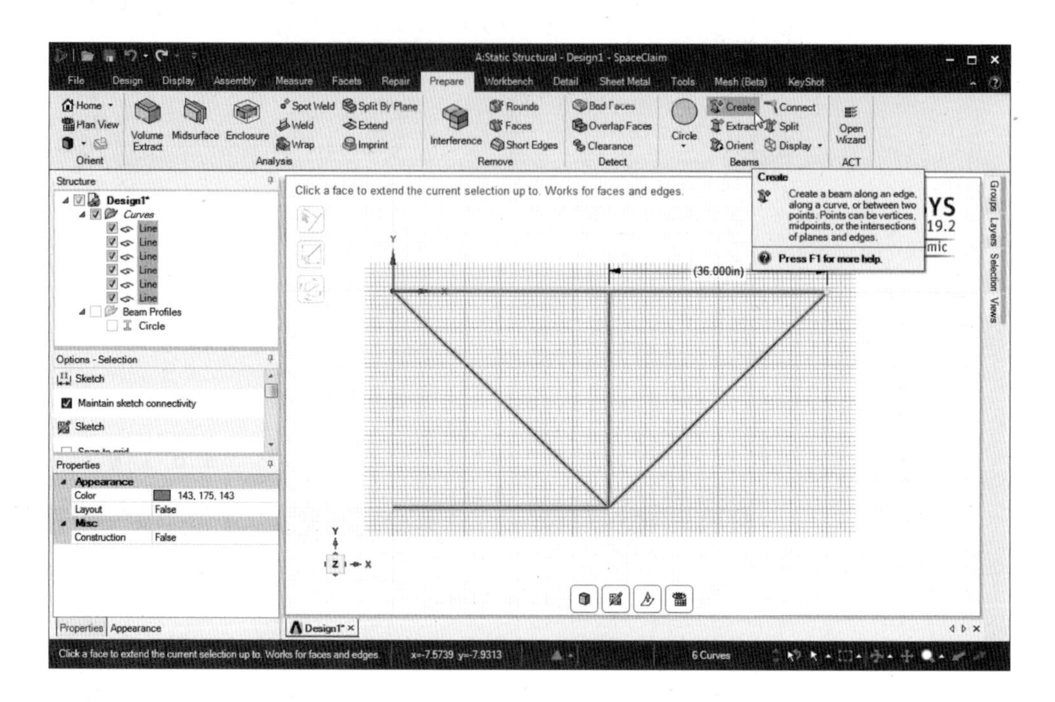

Line은 Beam으로 대체된다.

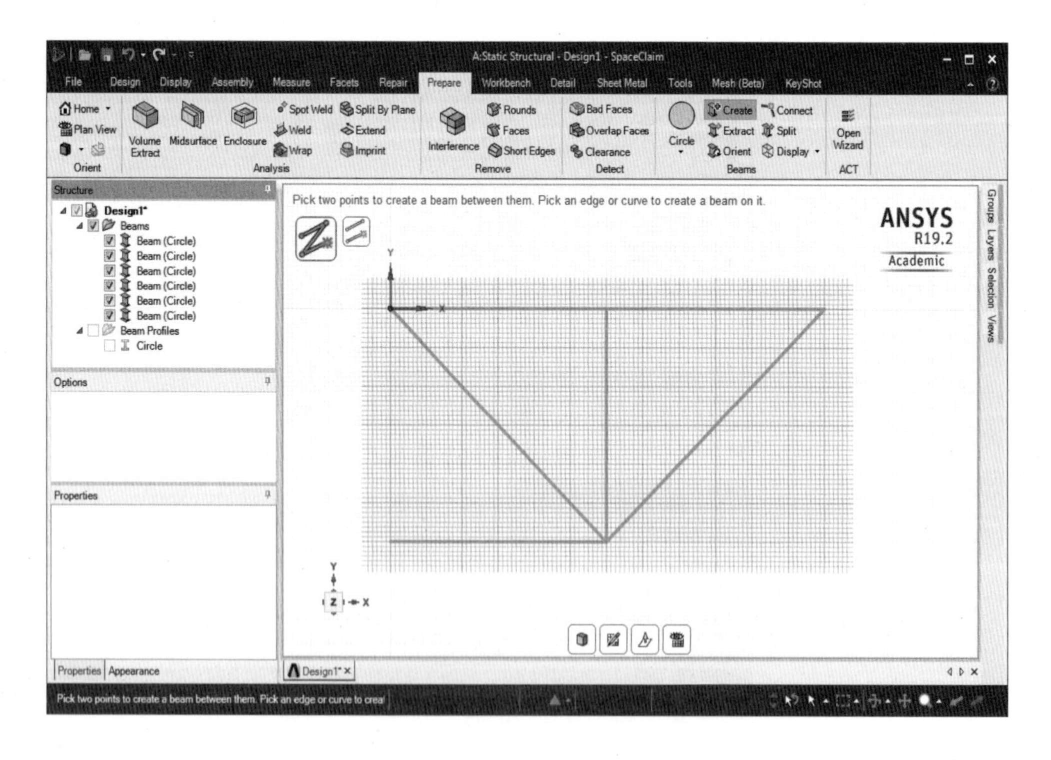

이 지오메트리에서 각각의 보는 개별적인 끝점이 존재한다. 각각의 보를 연결하기 위해서는 보들의 공통되는 끝점을 공유해야 한다. 이러한 작업은 **Design** 탭을 클릭하고, Structure 창의 맨 위에 있는 이름을 선택하고, Properties 창의 **Share Topology** 행에서 None에서 **Share**로 변경하면 된다.

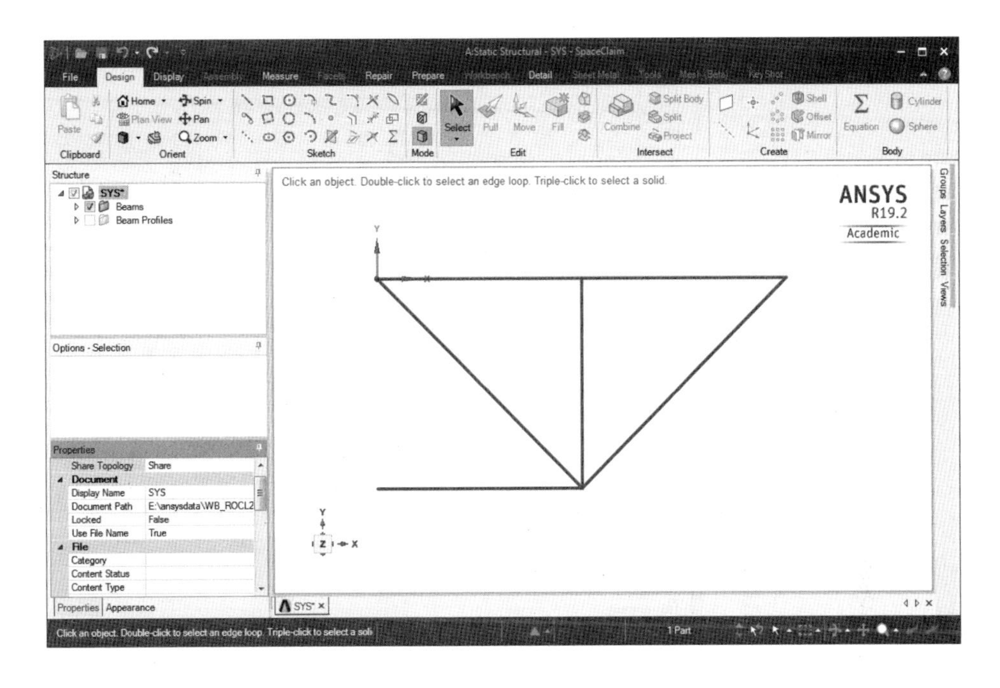

SpaceClaim을 종료하고 **Static Structural** 시스템에서 **Model** 셀을 두 번 클릭한다. Mechanical app이 시작되는 것을 기다리고 지오메트리가 연결되는 것을 기다린다.

View → Section Solids

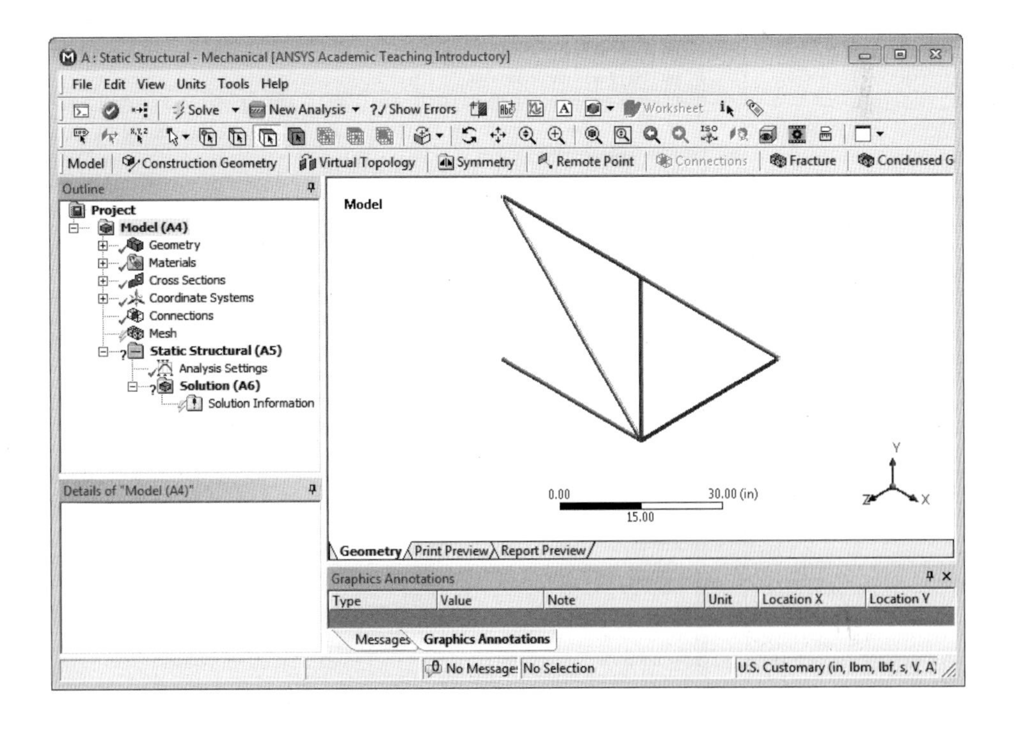

Geometry 분기를 확장하고 **Beam(Circle)**을 클릭한다. 세부정보 창의 Definition에서 **Model Type**을 Beam에서 **Link**로 변경하고, Material에서 **Assignment**를 Structural Steel에서 **wood**로 변경한다. 혼동을 줄이려면 Geometry 분기 아래의 Line의 이름을 Beam (Circle)에서 **Wood Links**로 바꾼다.

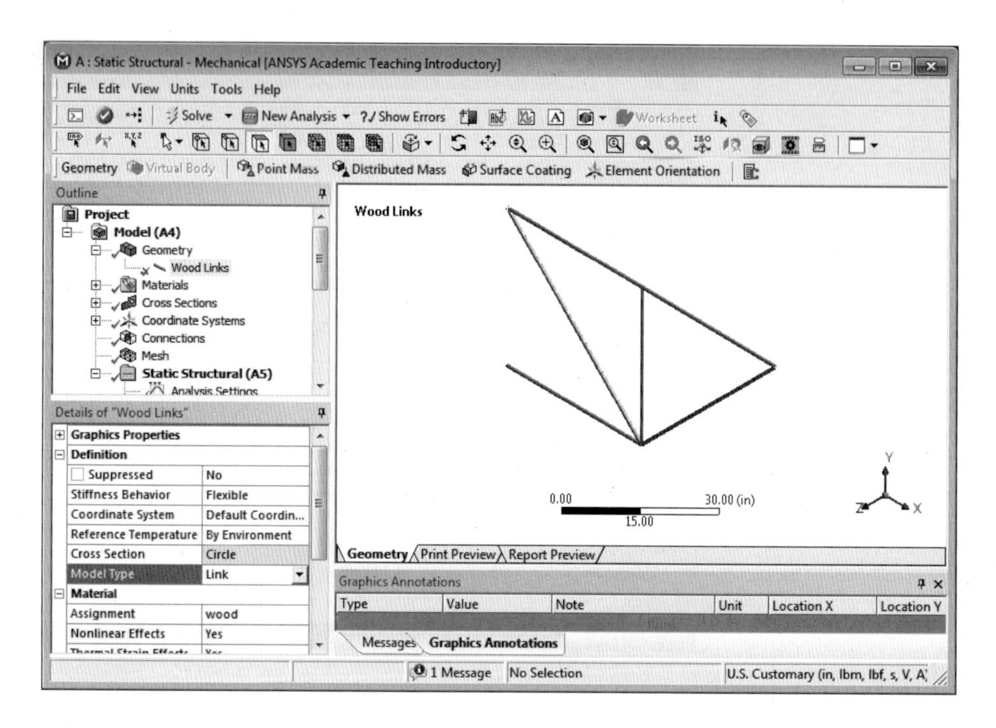

Outline을 아래로 스크롤하고 **Mesh** 분기를 클릭한다. 세부정보 창의 Defaults에서 **Element Size**를 80인치로 변경한다.

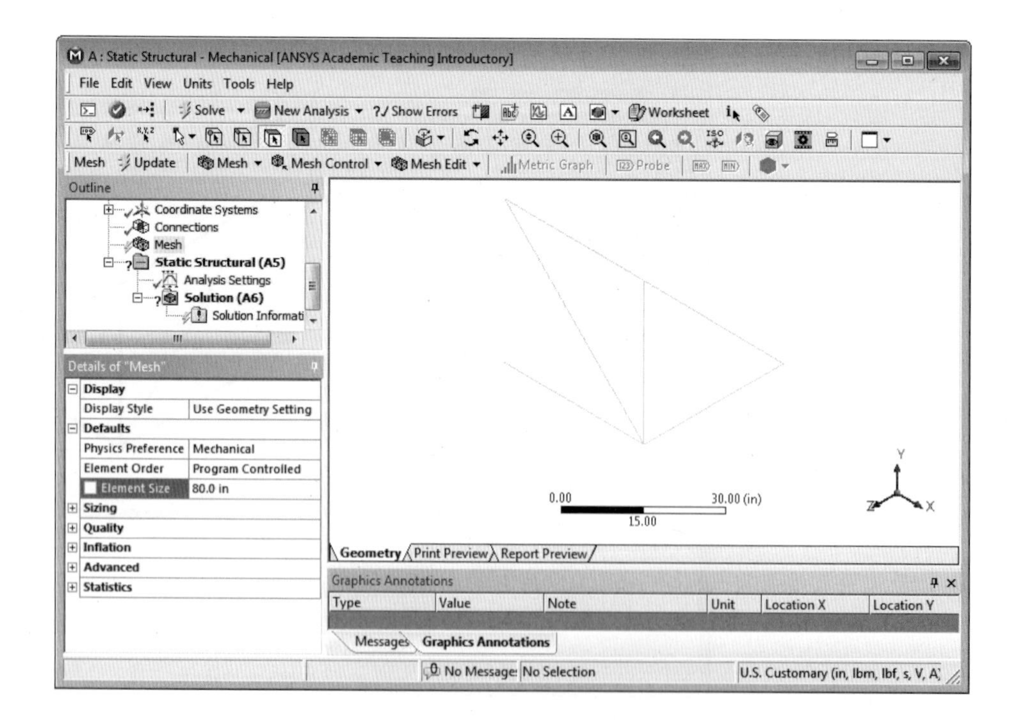

Mesh에 마우스 오른쪽 버튼을 클릭하고, **Generate Mesh**를 선택한다. Outline에서 **Static Structural** 분기를 클릭한다.

Geometry filters에는 Vertex, Edge, Face, Body가 있다. Geometry filters에서 **Vertex**를 클릭한다.

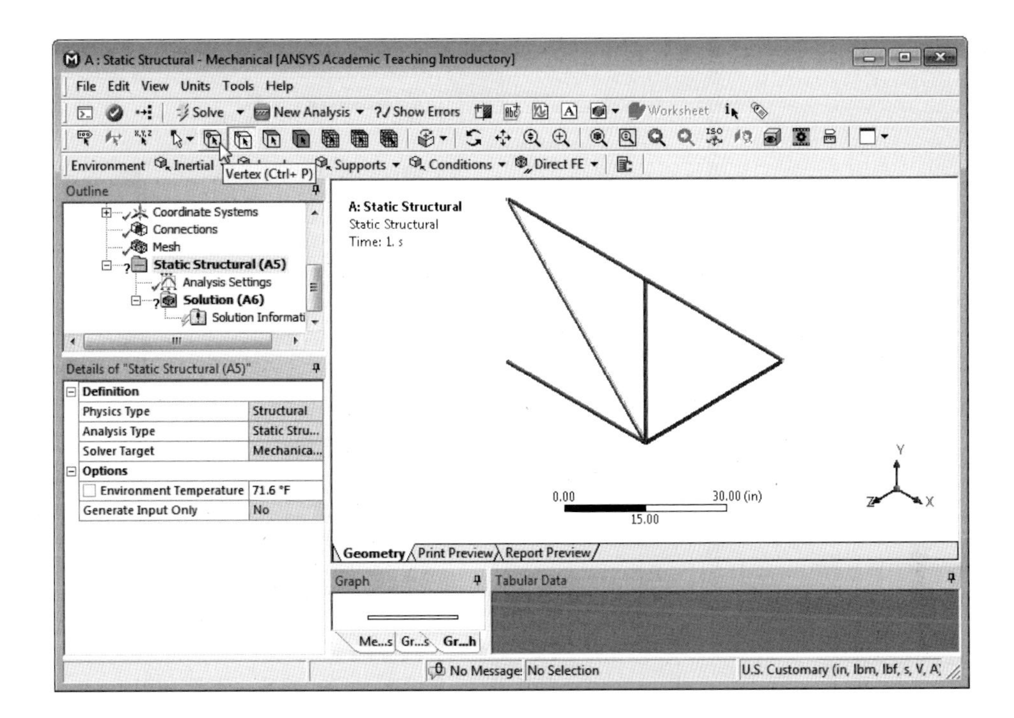

상단 중앙에서 점을 선택한다. Environment Toolbar의 **Loads**에서 **Force**를 클릭한다.

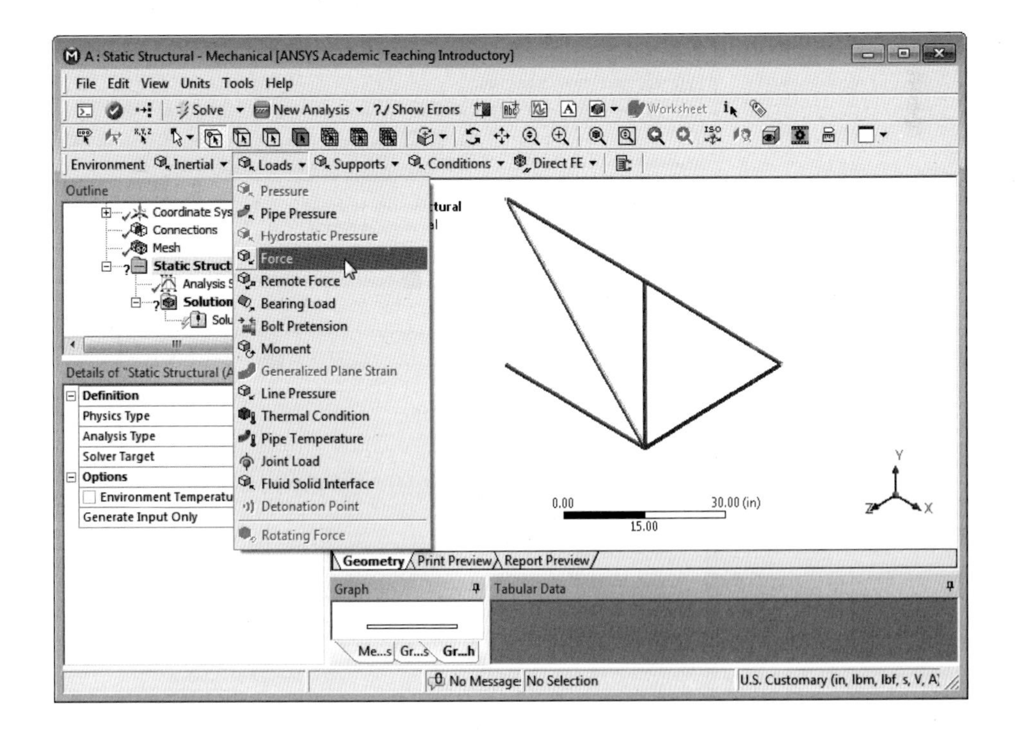

Force 세부정보 창의 **Define By**에서 Vector를 **Components**로 변경한 다음 Y Component에 −500 lbf를 입력한다. 힘은 꼭짓점에서 작용된다.

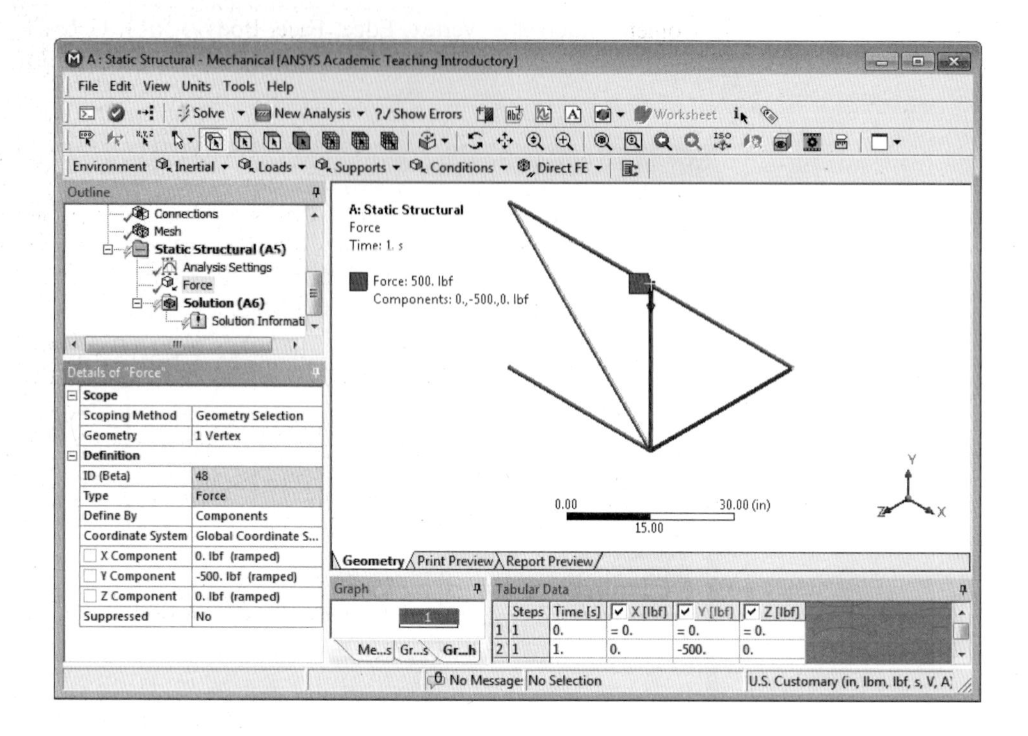

다음 작업을 하중이 작용되는 다른 점에 대해 반복한다. 왼쪽 상단 점을 선택하고, **Supports**에서 **Simply Supported**를 선택한다. 왼쪽 하단 점에 대해서도 다음 작업을 반복한다.

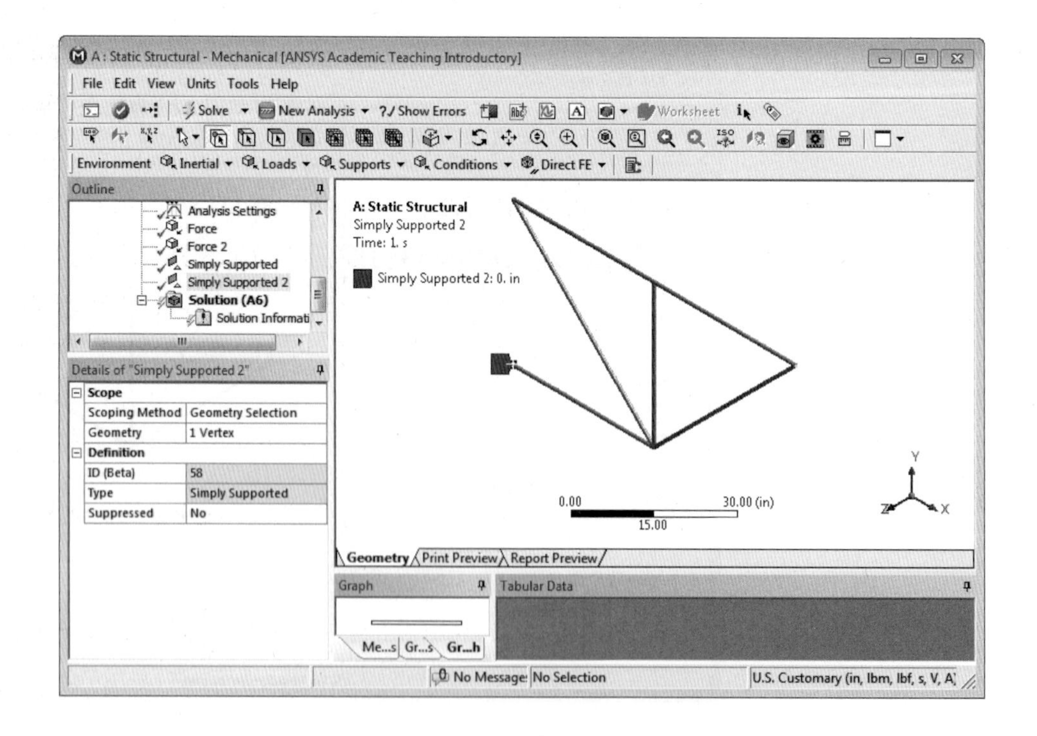

Outline에서 **Solution**을 클릭하고, **Probe**에서 **Deformation**을 선택한다. 오른쪽 상단 정점을 선택한 다음 Geometry 옆에 있는 **Apply**를 클릭한다. 상세정보 창의 Options에서 **Result Selection**을 **Total**로 변경한다. Result Deformation Probe의 이름을 **Point 5 Total Def**로 변경하고, 점 4와 2에 대해서도 동일한 작업을 반복한다.

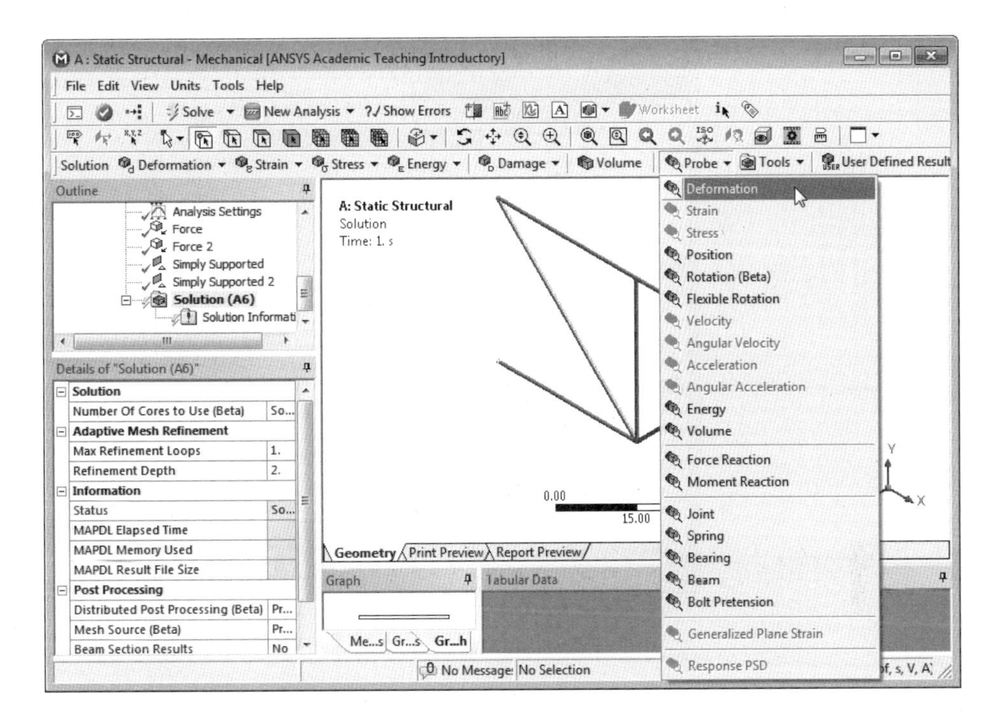

Probe에서 **Force Reaction**을 선택한다. Boundary Condition의 노란색 영역에서 **Simply Supported**를 선택하고, Simply Supported 2에서도 동일한 작업을 반복한다.

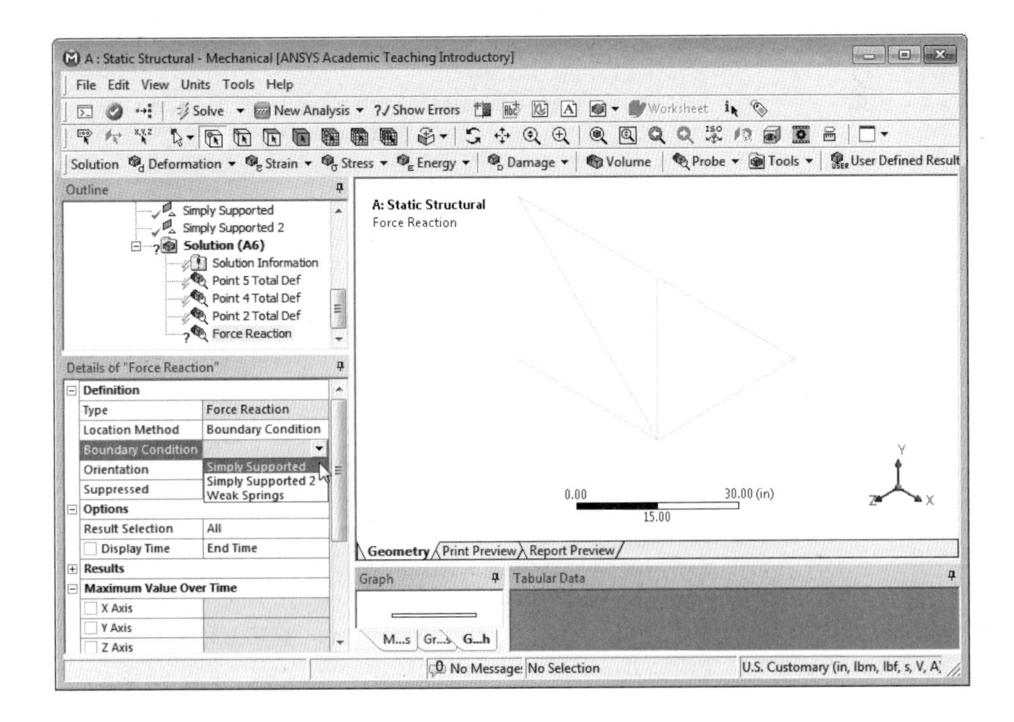

Solution에 오른쪽 버튼 클릭 → **Insert** → **Beam Results** → **Axial Force**. 이 작업은 Toolbar에 없으며, **Solve**을 클릭하고 기다린다.

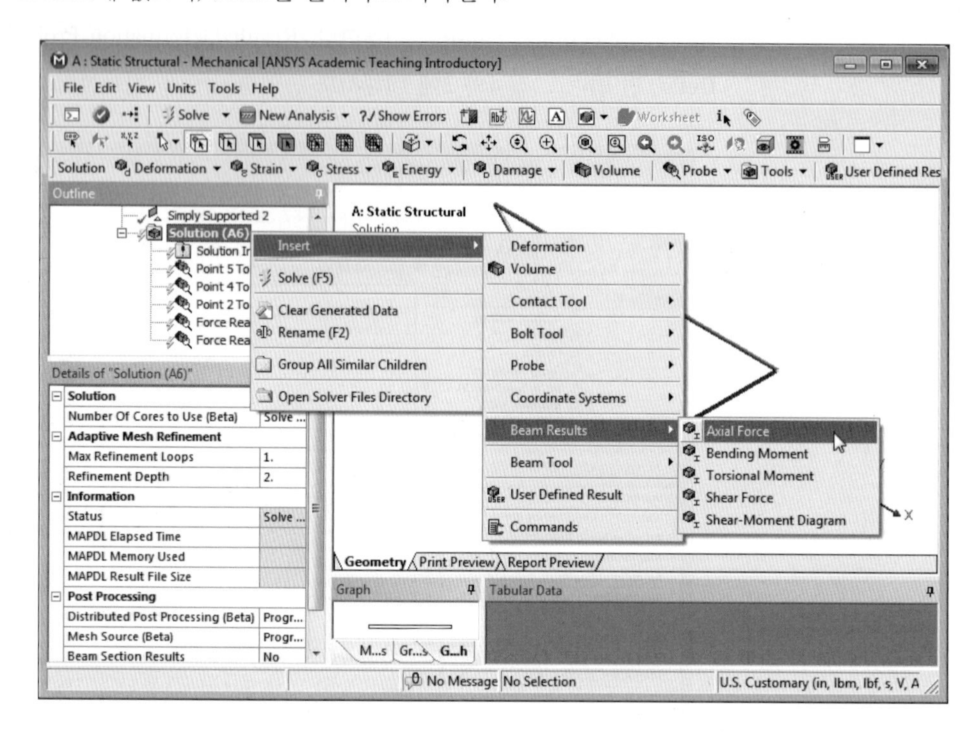

경고 메시지가 잠깐 나타나지만(메시지 창에 계속 표시됨), 현재 모델과는 관련이 없다. **Axial Force** 결과를 클릭하고 화면 오른쪽 아래에 있는 Triad의 Z축을 클릭하여 XY평면 뷰로 만든다. **Probe** 버튼을 클릭하고 트러스(link) 요소를 클릭한다. 태그가 나타나면, 모든 축력 값이 표시될 때까지 각 요소를 클릭한다.

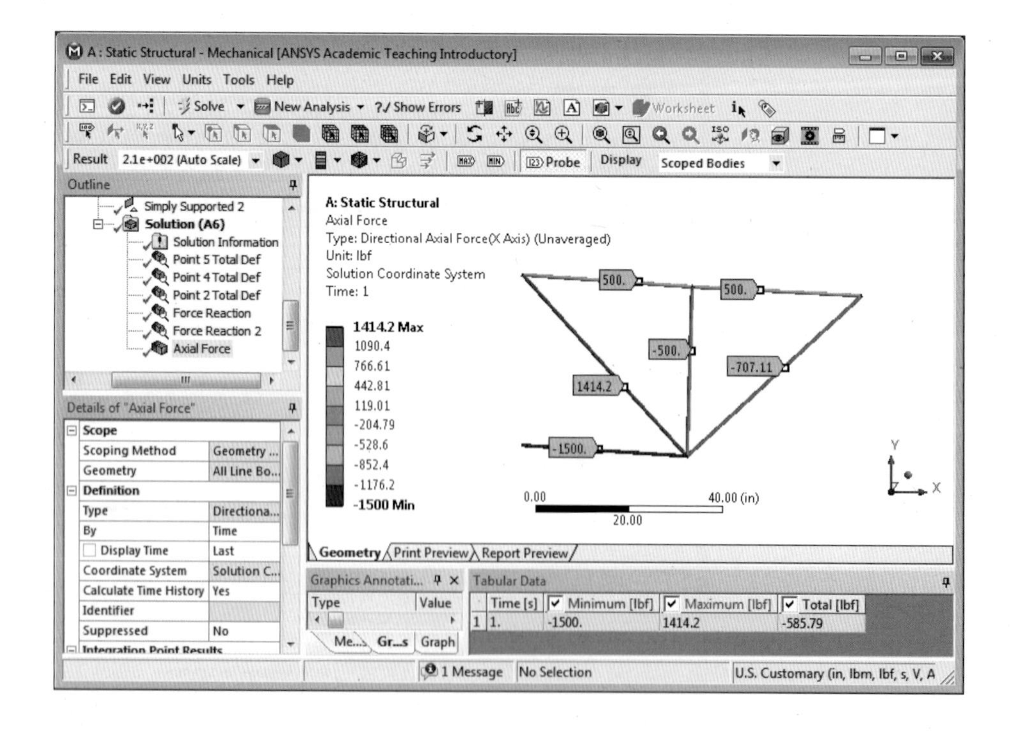

Result Toolbar에서 2.1e + 002(Auto Scale)가 있는 곳을 아래로 당겨서 **1.0(True Scale)**을 선택하면, 변형 형상이 True Scale로 업데이트된다. Force Reaction 값은 Tabular Data 창에 있다.

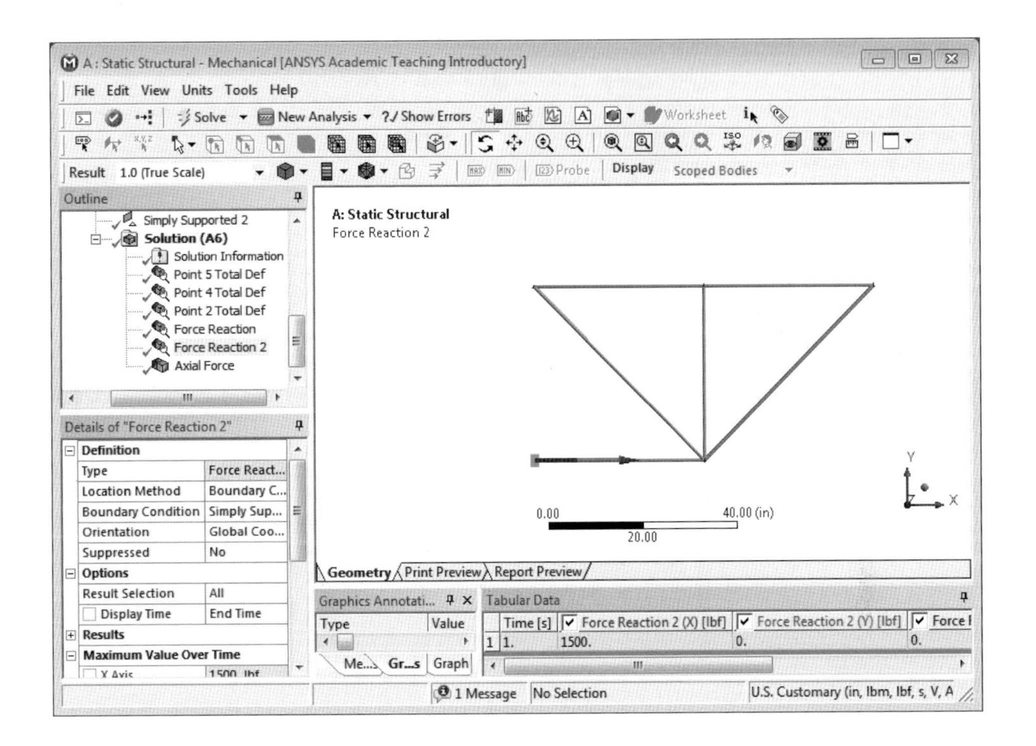

Force Reaction을 클릭한다.

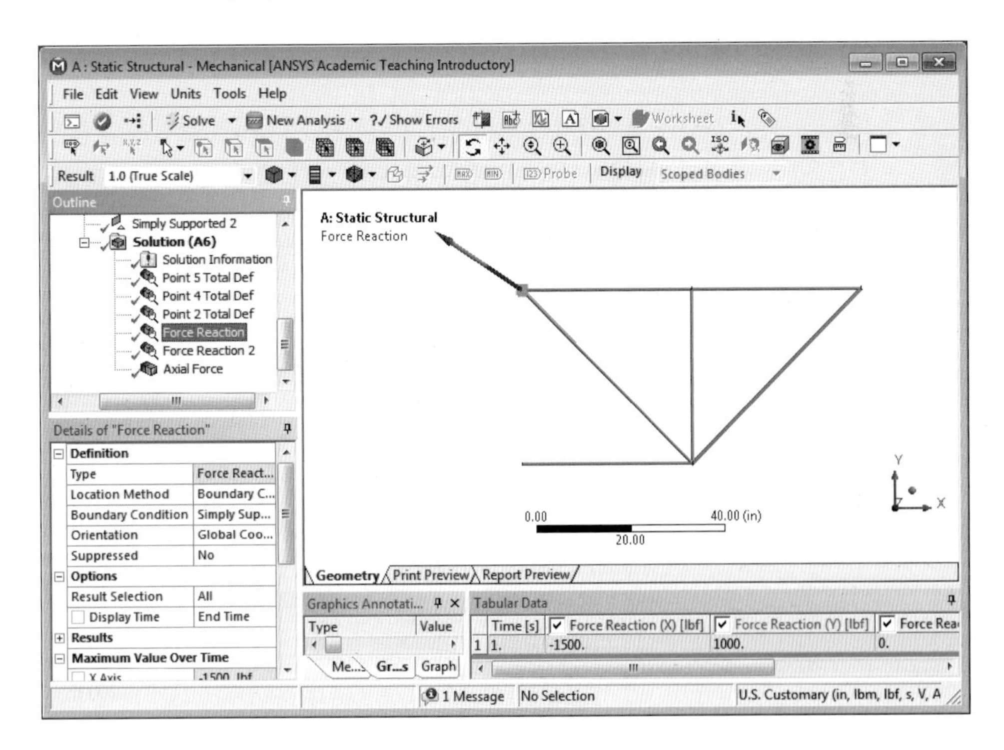

Point 5 Total Def를 클릭하고 Tabular Data 창에서 변형 결과를 읽는다. 점 4와 점 2에 대해서도 변형 결과를 확인한다. 변형의 X 및 Y 성분이 필요한 경우, 추가적으로 변형 Probe를 만들고 Result Selection에 대해 X 또는 Y 성분을 선택한다.

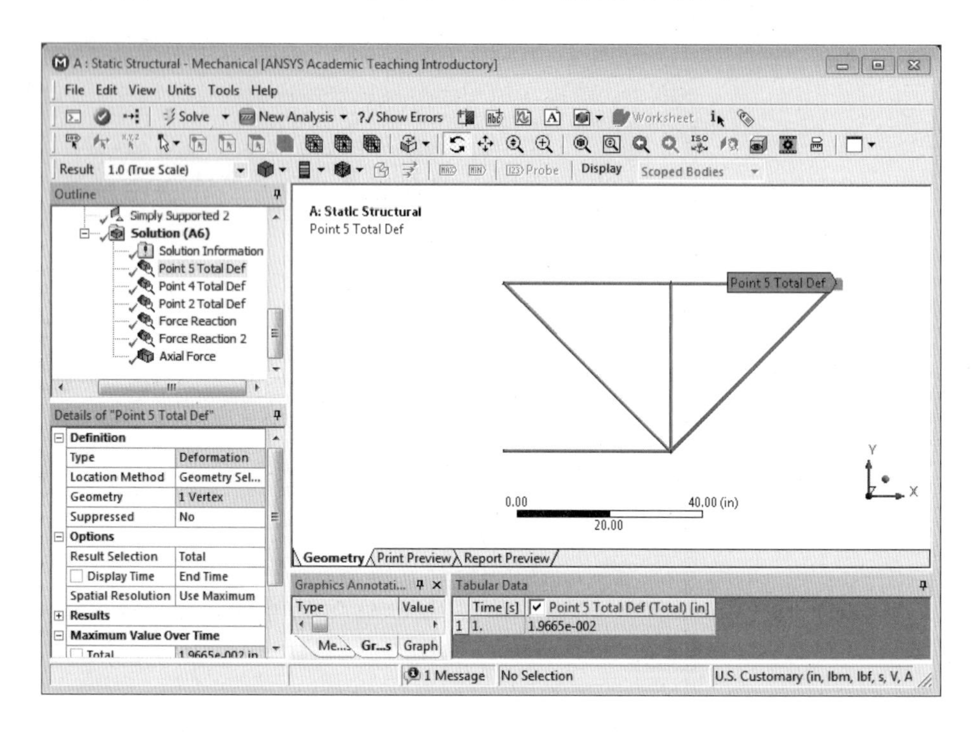

이것으로 예제 풀이가 완료된다. Mechanical app을 닫은 다음 Workbench에서 **File → Save**를 클릭하고, 프로젝트의 폴더와 파일 이름을 선택한다.

예제 2.3

그림에 보인 3차원 트러스를 고려하자. 여기서의 관심은 그림과 같은 하중이 주어질 때 조인트 2에서의 수직변위를 구하는 데 있다. 그림에 보인 좌표계에 대한 조인트의 직교 좌표

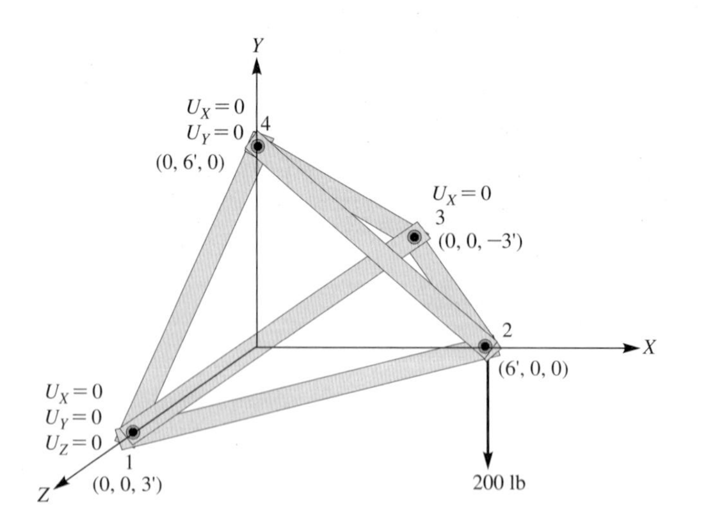

의 단위는 feet이다. 모든 부재는 탄성계수 $E = 10.6 \times 10^6$ lb/in^{2}이고 단면적 $A = 1.56$ in^{2}이다.

Workbench 19.2를 실행하고 Toolbox에서 **Static Structural** 시스템을 드래그하여 Project Schematic에 추가한다.

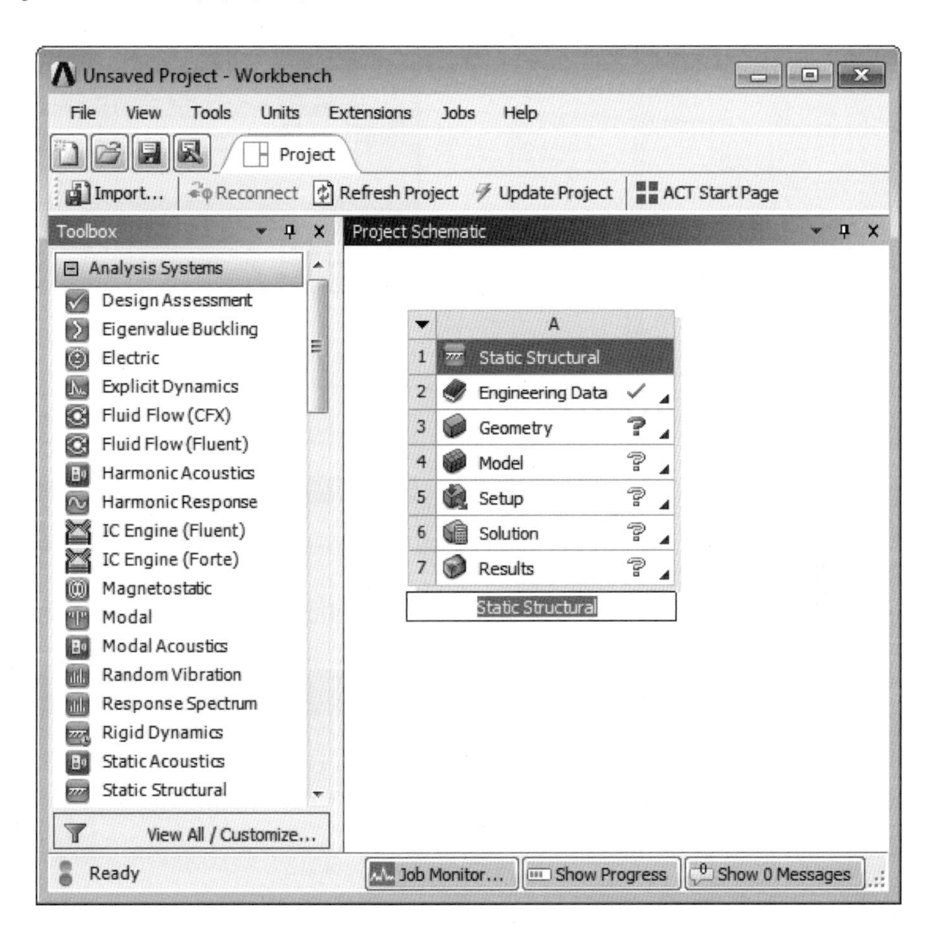

File → Save

3D Truss로 프로젝트의 폴더와 파일 이름을 선택한다.

Engineering Data 셀을 두 번 클릭한다. Click here to add a new material 항목에 **Aluminum**을 입력한다. Toolbox에서 **Aluminum** 위로 **Isotropic Elasticity**를 드래그하여 놓는다. 단위를 Pa에서 psi로 변경한 다음 Young's Modulus의 노란색 영역에 10.6e6을 입력하고 Enter를 친다. **흔한 실수인 단위 변경을 잊는 것을 주의해야 한다!** Poisson's Ratio에 0.3을 입력한다.

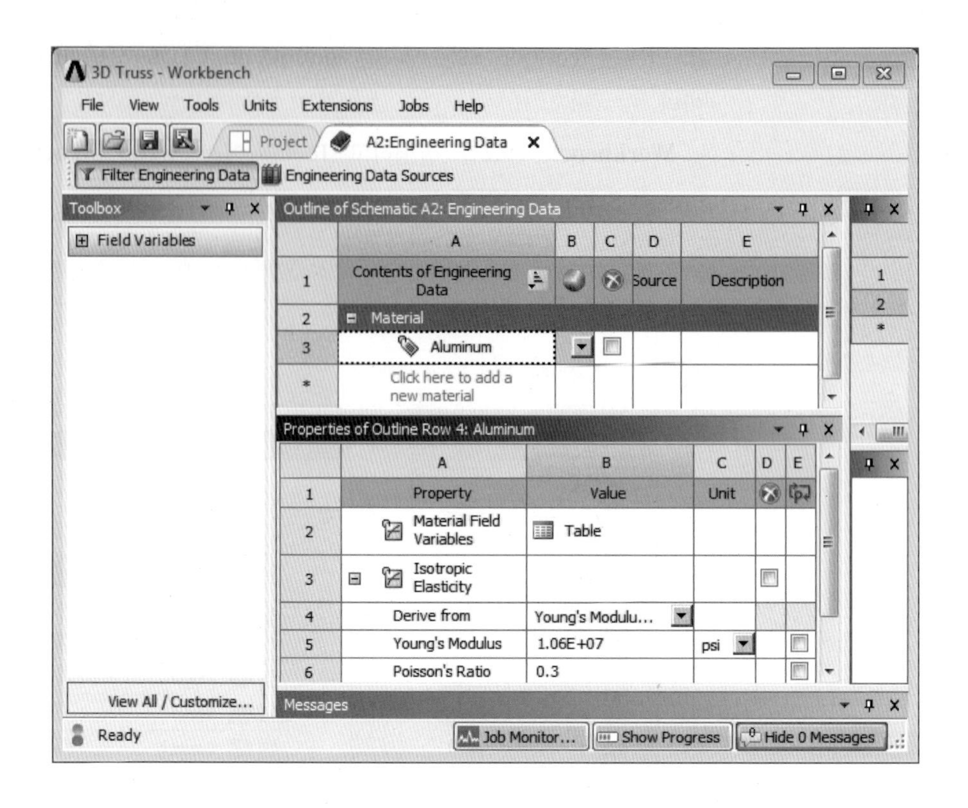

Project 탭을 클릭한다. **Geometry** 셀을 두 번 클릭한 후 SpaceClaim을 실행한다.

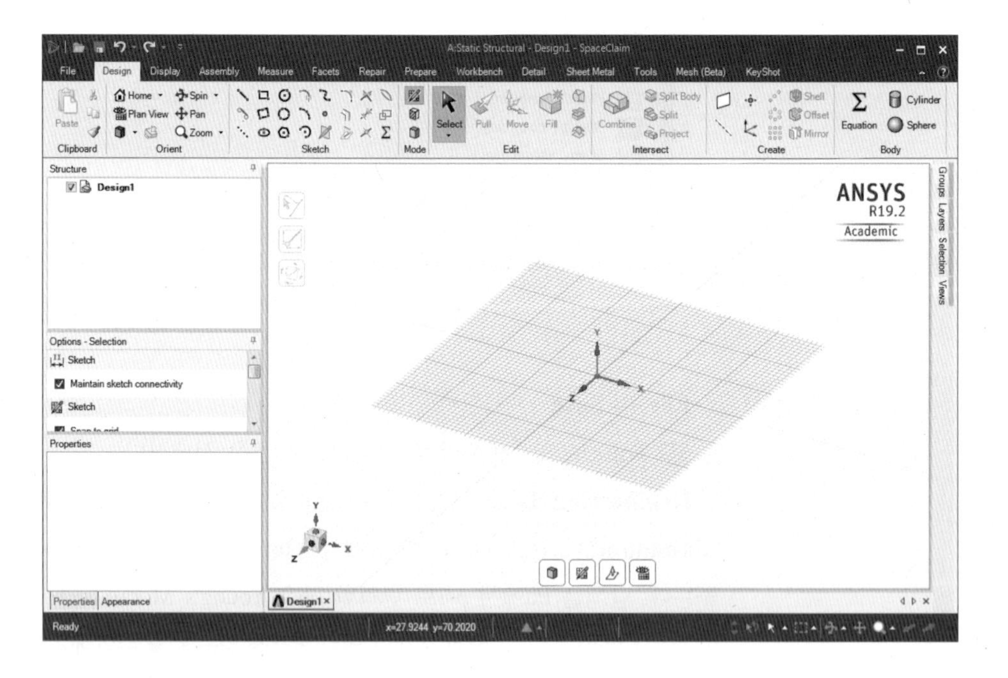

File → SpaceClaim Options

왼쪽 목록에서 **Units**을 선택하고, **Type:**을 **Imperial**로, **Length:**를 **Feet**로 설정한다. Grid로 스크롤하여 **Minor grid spacing**에 1을 입력하고 **Number of grid lines per major**에 10을 입력한 다음 OK를 클릭한다.

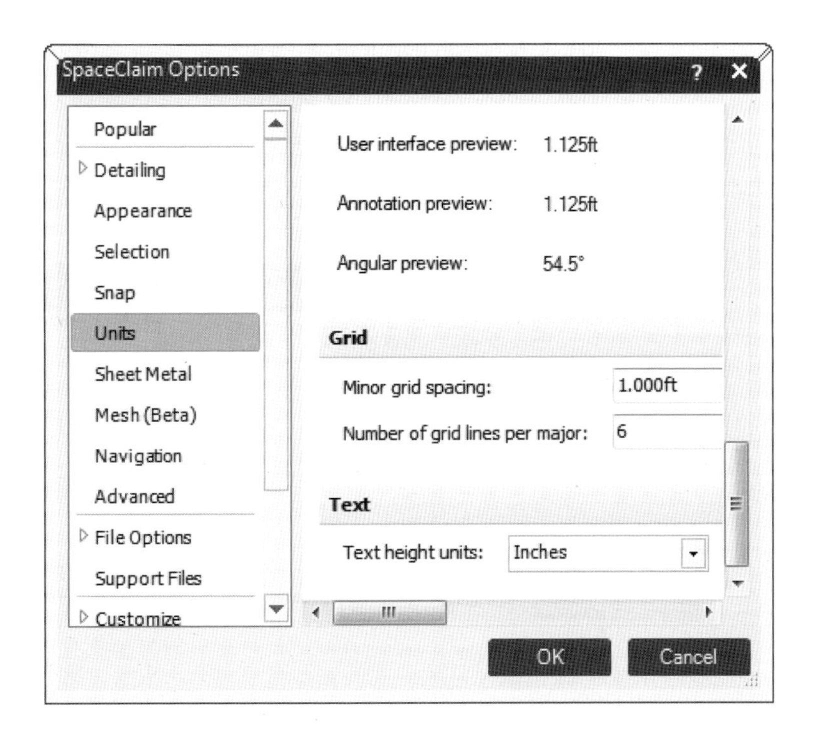

Workbench 예제 2.2에서는 모든 곡선이 한 평면에 존재했으나, 이 예제에서는 곡선이 서로 다른 평면에 존재하므로 Options-Selection에서 **Create layout curves**를 선택해야 한다. 이렇게 하지 않으면 SpaceClaim에서는 새로운 평면을 선택하는 즉시 닫힌 곡선인 삼각형을 삼각형 표면으로 변환한다.

Line을 클릭하고 그리드를 사용하여 세 점 (6, 0, 0), (0, 0, 3), (0, 0, −3)을 통해 XZ 평면에 삼각형을 그린다. Cartesian Dimensions을 클릭하여 화면에서 세부적인 치수를 입력할 수 있다.

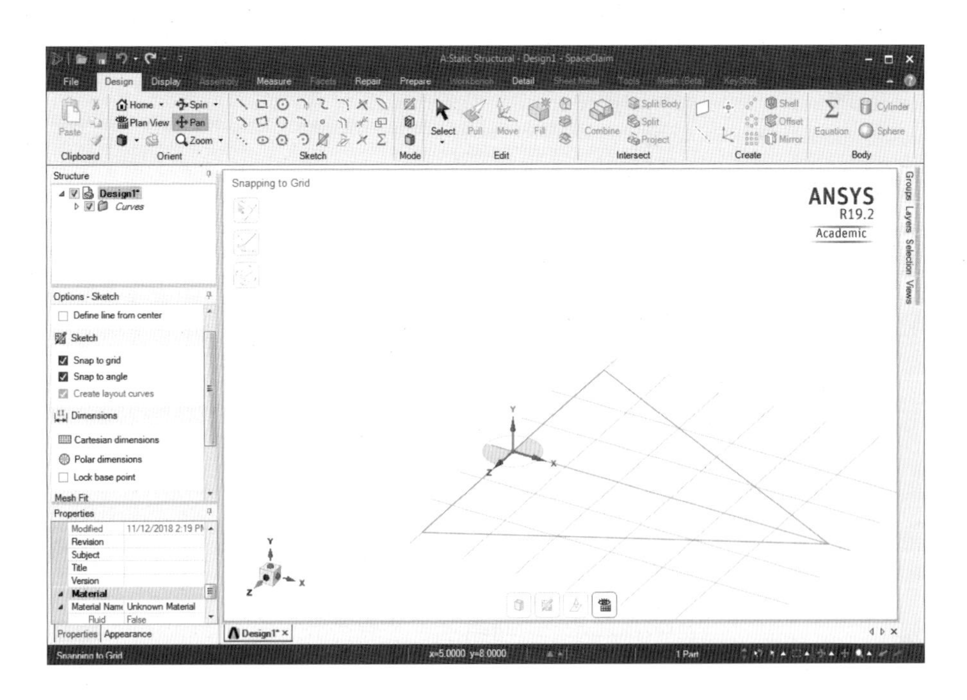

Select New Sketch Plane을 클릭하고, 화면 중앙의 좌표계 주위로 마우스를 이동한다. 다른 평면을 선택하고, YZ 평면에 불이 들어올 때 클릭한다. 그 다음 **Line**을 클릭한다. (0, 0, −3) 좌표로 이동하고 점을 클릭한 다음 (0, 0, 6) 좌표로 이동한다. 그리드와 Cartesian Dimensions은 삼각형을 그리는 데 도움이 된다.

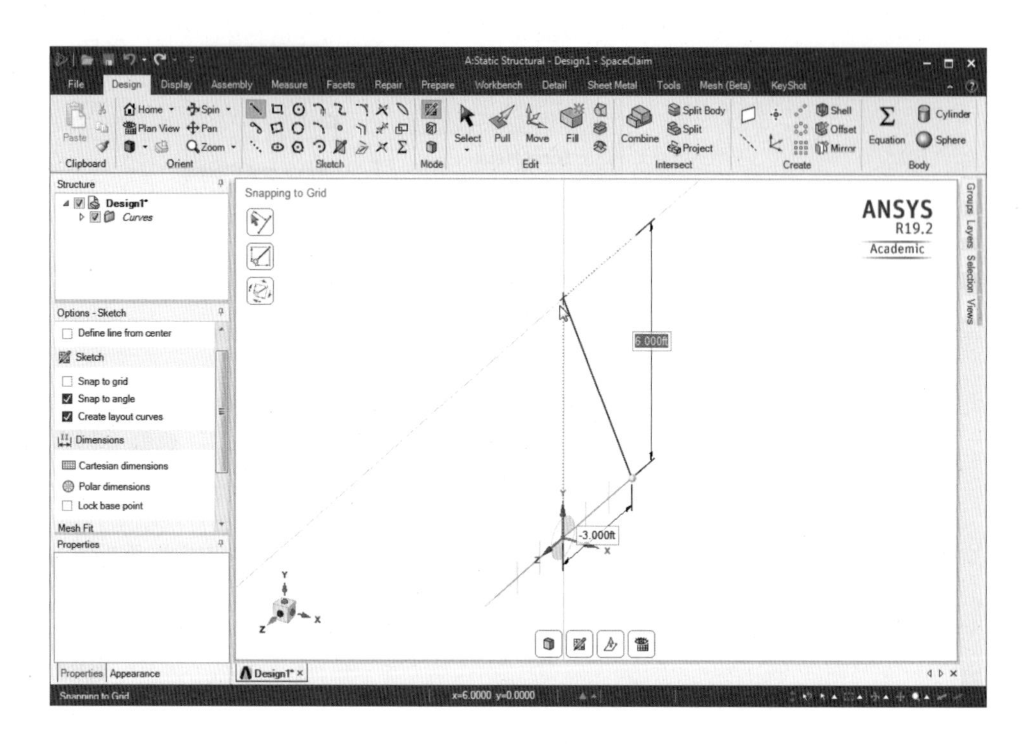

삼각형을 완료하고, Esc 키를 두 번 누른다.

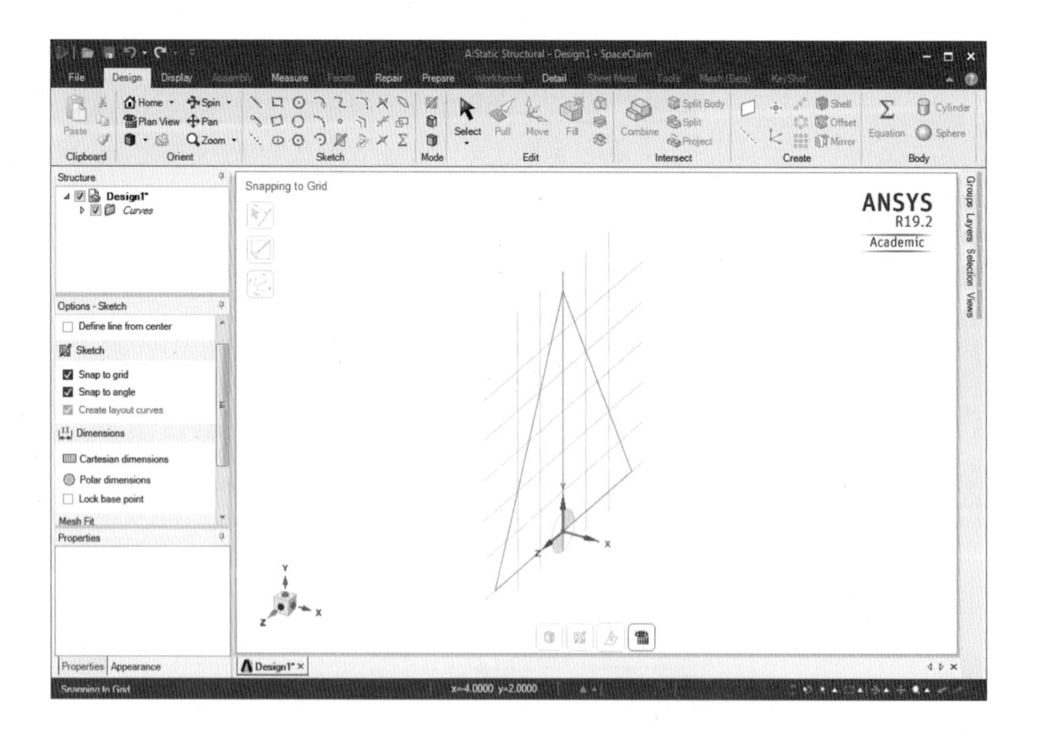

Select New Sketch Plane을 클릭하고, 화면 중앙의 좌표계 주위로 마우스를 이동한다. 다른 평면을 선택하고, XY 평면에 불이 들어올 때 클릭한다. 그 다음 **Line**을 클릭한다. 두 끝점을 연결하고 **Esc** 키를 누르고, **3D Mode** 버튼을 클릭한다.

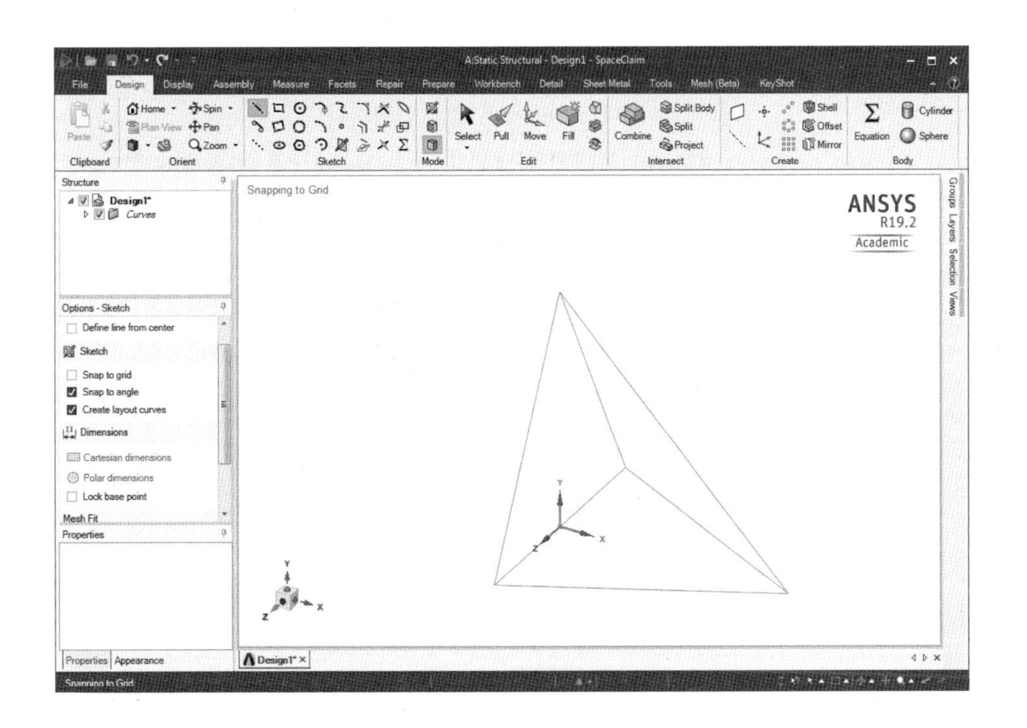

트러스 생성을 완료하면 트러스 부재에 대한 단면을 정의해야 한다. **Prepare** 탭을 클릭하고 **Profiles** 아이콘을 클릭한 후 **Circle** 프로파일을 선택한다.

File → SpaceClaim Options

Units를 선택한 다음 **Length** 단위를 **Inches**로 변경한다. 왼쪽의 구조 창에서 Beam Profiles 폴더를 확장하고 **Circle**을 클릭한다. Properties 창의 Beam Section에서 **Area**를 확인할 수 있다. **Area**에 1.56을 입력한다.

Curves 폴더에 나열된 Line은 Beam으로 변환해야 한다. 트러스에는 Beam 요소가 아닌 LINK180 요소가 필요하며, 이 지오메트리가 모델 빌드의 Mechanical app에 있을 때 LINK180 요소로 지정될 것이다. SpaceClaim에서 **Curves** 폴더를 확장하고, 첫 번째 Line를 클릭하고, shift를 누르고 마지막 Line까지 선택한 다음에 **Create** 버튼을 클릭하여 Beam을 생성한다. Line은 Beam으로 대체된다. 이 지오메트리에서 각각의 보는 개별적인 끝점이 존재한다. 각각의 보를 연결하기 위해서는 보들의 공통되는 끝점을 공유해야 한다. 이러한 작업은 **Design** 탭을 클릭하고, Structure 창의 맨 위에 있는 이름을 선택하고, Properties 창의 **Share Topology** 행에서 None에서 **Share**로 변경하면 된다.

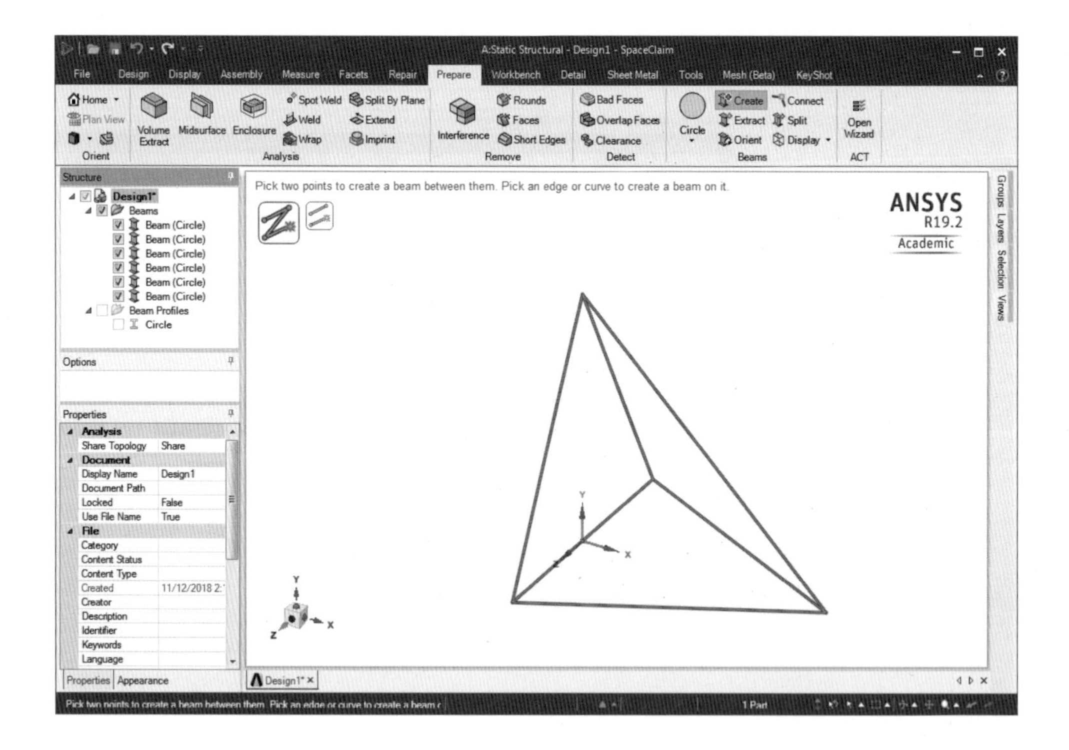

SpaceClaim을 종료하고 **Static Structural** 시스템에서 **Model** 셀을 두 번 클릭한다. Mechanical app이 시작되는 것을 기다리고 지오메트리가 연결되는 것을 기다린다.

View → Section Solids

Geometry 분기를 확장하고 **Beam(Circle)**을 클릭한다. 세부정보 창의 Definition에서 **Model Type**을 Beam에서 **Link**로 변경하고, Material에서 **Assignment**를 Structural Steel에서 **Aluminum**로 변경한다. 혼동을 줄이려면 Geometry 분기 아래의 Line의 이름을 Beam(Circle)에서 **Aluminum Links**로 바꾼다.

Units → U.S. Customary (in, etc)

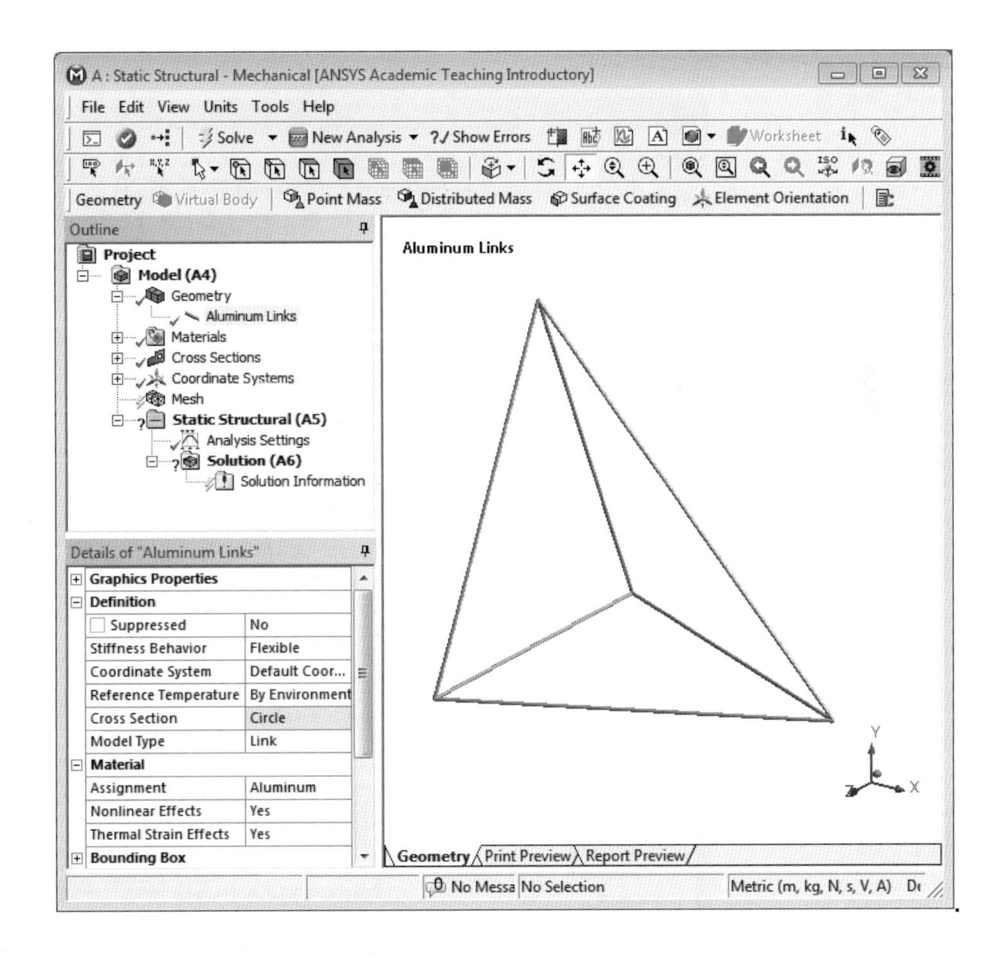

Outline을 아래로 스크롤하고 **Mesh** 분기를 클릭한다. 세부정보 창의 Defaults에서 **Element Size**를 200인치로 변경한다.

Mesh에 마우스 오른쪽 버튼을 클릭하고, **Generate Mesh**를 선택한다. Outline에서 **Static Structural** 분기를 클릭한다.

Geometry filters에는 Vertex, Edge, Face and Body가 있다. Geometry filters에서 **Vertex**를 클릭한다.

Environment Toolbar의 **Loads**에서 **Force**를 클릭한다. 점 (6, 0, 0)을 클릭하고, **Apply**를 클릭한다. **Force** 세부정보 창의 **Define By**에서 Vector를 **Components**로 변경한 다음 Y Component에 −200 lbf를 입력한다.

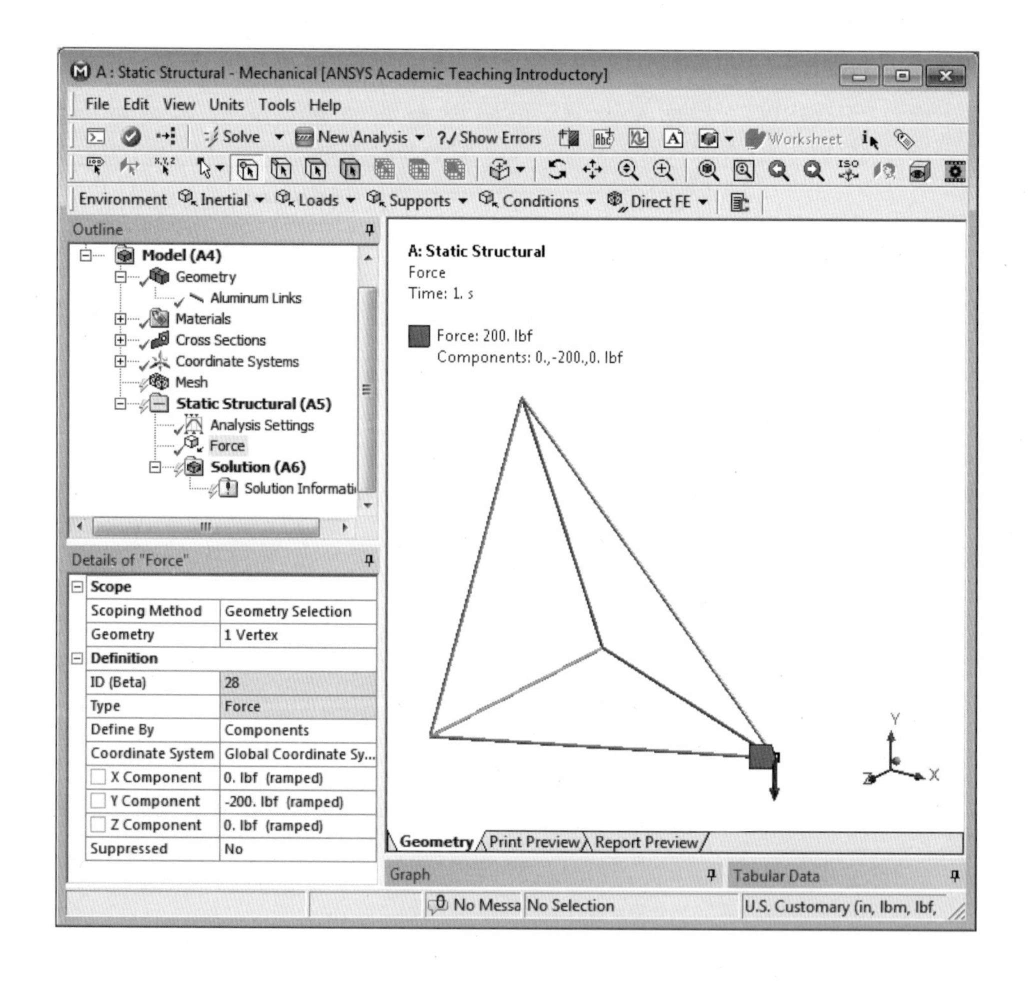

Supports에서 **Simply Supported**를 선택한다. 점 (0, 0, 3)을 클릭한 다음 Scope의 Geometry에서 **Apply** 버튼을 클릭한다. **Supports**에서 **Displacement**를 선택한다. 점 (0, 0, 3)을 클릭한 다음 **Apply** 버튼을 클릭한다. X Component에 0을 입력하고, 나머지는 자유단으로 설정한다.

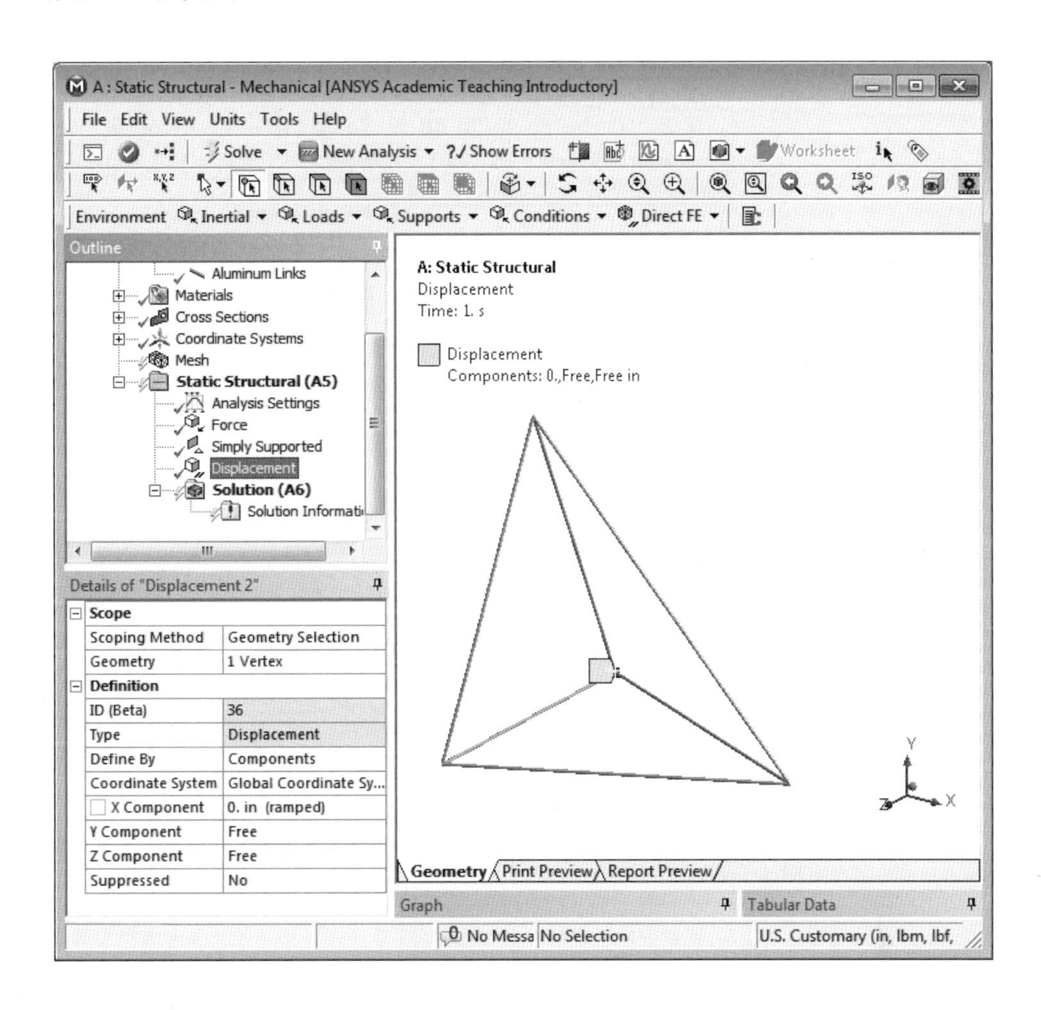

점 (0, 6, 0)을 클릭한 다음 **Supports**에서 **Displacement**를 선택한다. (점을 먼저 선택하는 경우에는 Apply를 클릭할 필요가 없다.) X Component와 Y Component에 0을 입력하고, Z Component는 자유단으로 설정한다.

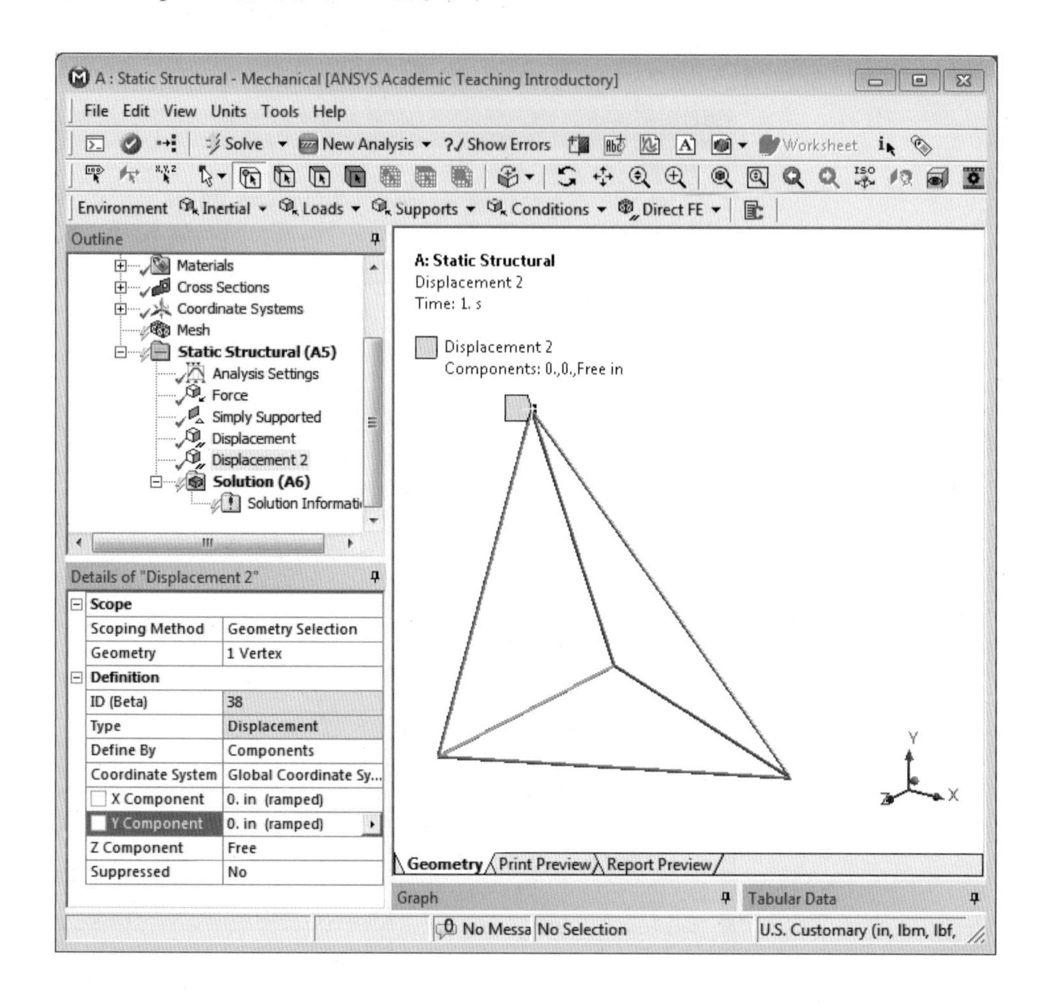

점 2를 선택한다. Outline에서 **Solution** 분기를 클릭하고, **Probe**에서 **Deformation**을 선택한다. 상세정보 창의 Options에서 **Result Selection**을 **Total**로 변경한다. Result Deformation Probe의 이름을 **Point 2 Total Def**로 변경하고, **Solve**을 클릭하고 기다린다.

경고 메시지가 잠깐 나타나지만(메시지 창에 계속 표시됨), 현재 모델과는 관련이 없다.

Point 2 Total Def를 클릭하고 Tabular Data 창에서 변형 결과를 읽는다. 변형의 X 및 Y 성분이 필요한 경우, 추가적으로 변형 Probe를 만들고 Result Selection에 대해 X 또는 Y 성분을 선택한다.

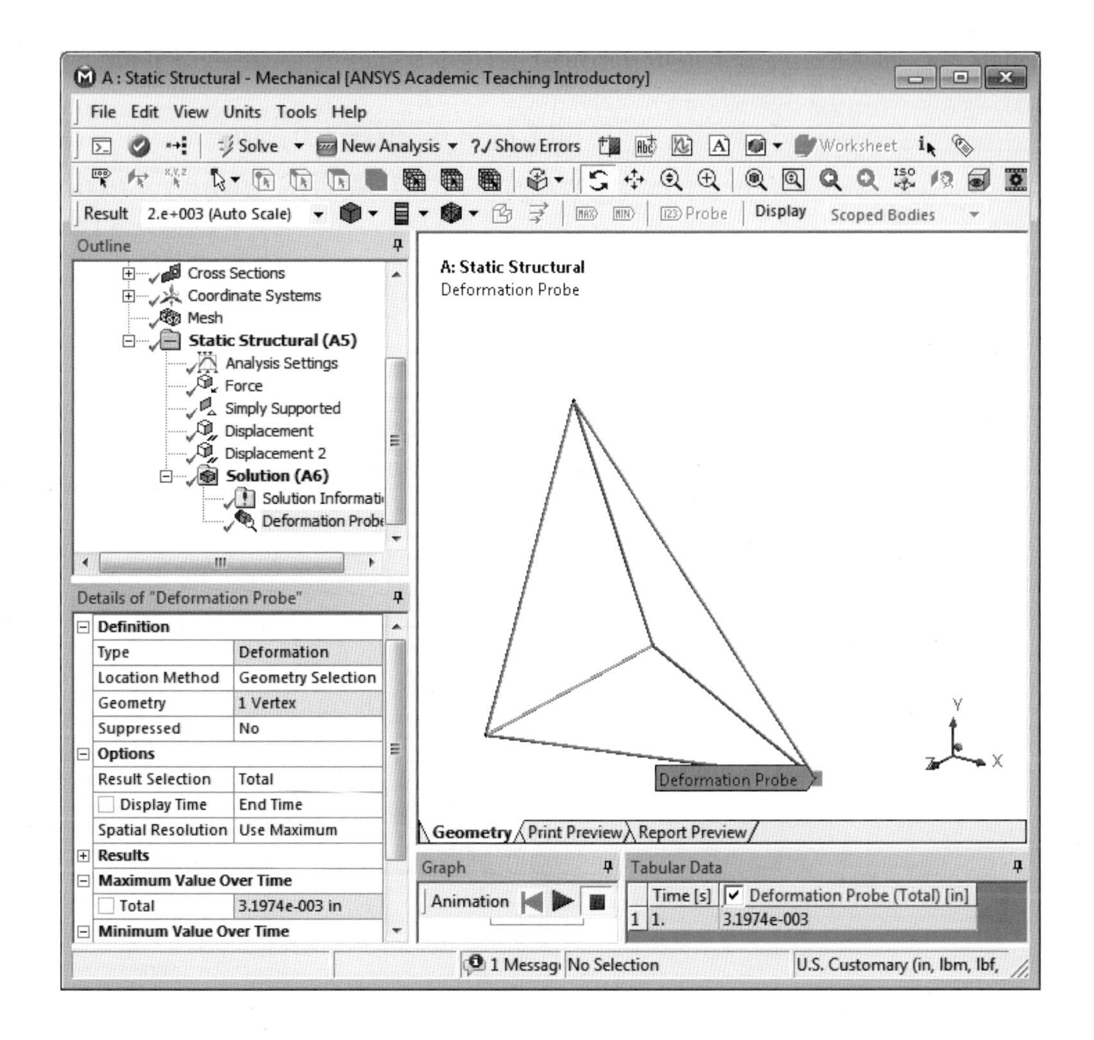

이것으로 예제 풀이가 완료된다. Mechanical app을 닫은 다음 Workbench에서 **File → Save**를 클릭한다.

2.7 결과 검증

결과를 검증하는 방법에는 여러 가지가 있다.

1. 반력을 확인한다.

계산된 반력과 외력을 사용하여 정적 평형 방정식을 확인한다.

$$\Sigma F_X = 0$$

$$\Sigma F_Y = 0$$

$$\Sigma M_{\text{node}} = 0$$

ANSYS에서 계산된 반력은 $F_{1X} = 1500$ lb, $F_{1Y} = 0$, $F_{3X} = -1500$ lb, $F_{3Y} = 1000$ lb이다. 그림의 자유물체도를 참조하여 정적 평형 방정식을 사용하면 다음과 같다.

$$\overset{+}{\rightarrow}\ \Sigma F_X = 0 \quad 1500-1500 = 0$$

$$+\uparrow \Sigma F_Y = 0 \quad 1000-500-500 = 0$$

$$\circlearrowleft + \Sigma M_{\text{node1}} = 0 \quad (1500)(3) - (500)(3) - (500)(6) = 0$$

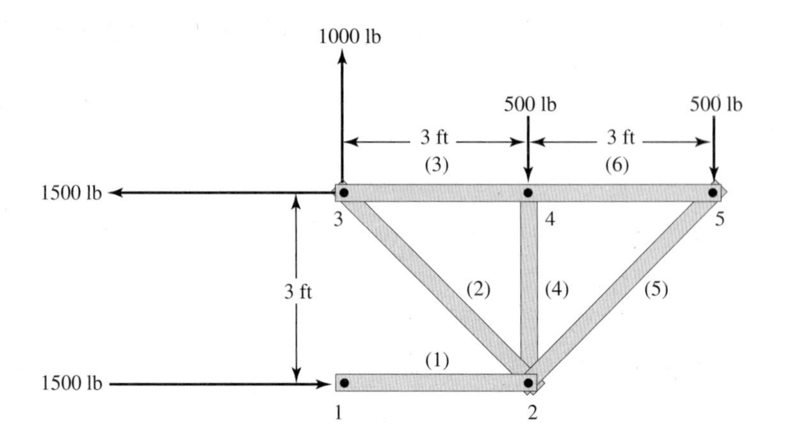

ANSYS에 의해 계산된 예제 2.1의 내력을 표 2.2에 나타내었다.

표 2.2 ANSYS에 의해 계산된 각 요소의 내력

요소 번호	내력(lb)
1	−1500
2	1414
3	500
4	−500
5	−707
6	500

2. 각 절점에서 힘의 합은 0이다.

임의의 절점에서 평형상태를 적용한다. 예를 들어, 절점 5를 선택하자. 다음 그림에 나타난 자유물체도를 참조하면 다음 식을 얻는다.

$$\overset{+}{\rightarrow}\ \Sigma F_X = 0 \quad -500 + 707 \cos 45 = 0$$

$$+\uparrow \Sigma F_Y = 0 \quad -500 + 707 \sin 45 = 0$$

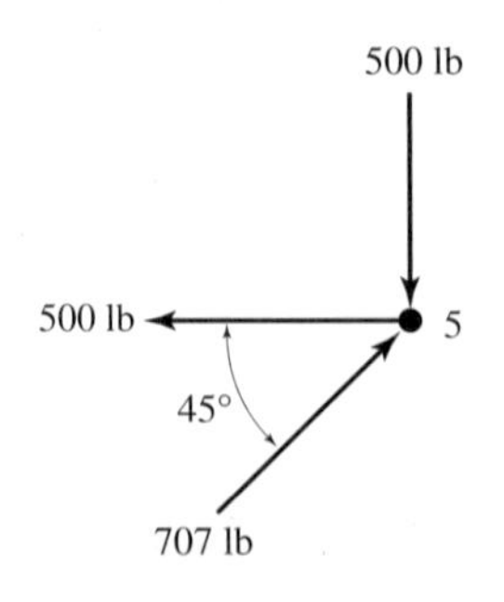

3. 트러스의 임의의 단면을 선택하여 힘의 평형을 계산한다.

유한요소해석 결과의 타당성을 확인하는 또 다른 방법은 트러스를 지나는 단면을 임의로 자른 후 정적 평형상태를 적용하는 것이다. 예를 들어, 그림처럼 요소 (1), (2), (3)을 지나게 자른 경우를 고려하자.

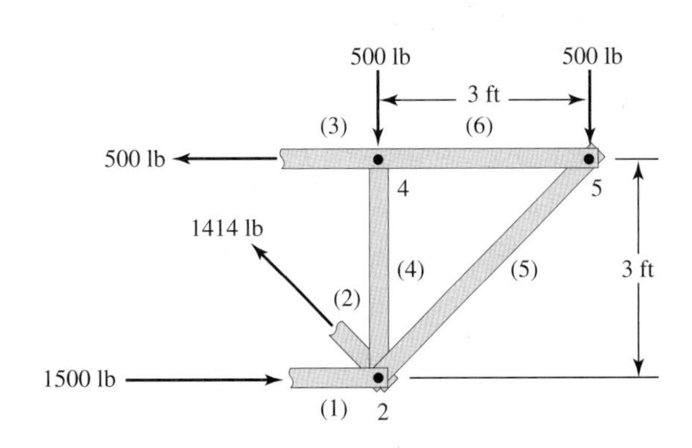

$$\xrightarrow{+} \Sigma F_X = 0 \quad -500 + 1500 - 1414 \cos 45 = 0$$

$$+\uparrow \Sigma F_Y = 0 \quad -500 - 500 + 1414 \cos 45 = 0$$

$$\circlearrowleft + \Sigma M_{\text{node2}} = 0 \quad -(500)(3) + (500)(3) = 0$$

계산된 내력의 타당성을 증명하였다. 정적 문제를 해석할 때 항상 평형상태를 만족해야 함을 유념하라.

요약

1. 트러스 해석에서 가정들을 이해해야 한다.
2. 주어진 문제에서 전체 좌표계와 국부 좌표계를 사용하는 의미를 이해해야 한다. 절점변위를 표현할 때 좌표계의 역할과 변환행렬을 통해 각 기준 좌표계에서의 정보들이 서로 어떻게 연관되어 있는지 알아야 한다.
3. 요소 강성행렬과 전체 강성행렬의 차이를 알아야 하고 전체 강성행렬을 구하기 위해 어떻게 요소 강성행렬을 조합하는지 알아야 한다.
4. 절점변위를 구하기 위해 경계조건과 하중을 어떻게 부과하는지 알아야 한다.
5. 변위를 가지고 어떻게 내력과 응력을 구하는지 알아야 한다.
6. ANSYS의 명령과 기본 개념을 터득해야 한다. ANSYS를 사용한 전형적인 해석에는 전처리 단계, 해석 단계, 후처리 단계가 있음을 알아야 한다. **전처리 단계**는 프로그램에 형상, 재료, 요소 종류와 같은 데이터를 입력한다. **해석 단계**에서는 경계조건과 하중을 부과하고 해를 구한다. **후처리 단계**에서는 그래픽을 통해 해석 결과를 보여준다.
7. 트러스 해석의 결과를 어떻게 검증하는지 알아야 한다.

참고문헌

ANSYS User's Manual: Procedures, Vol. I, Swanson Analysis Systems, Inc.

ANSYS User's Manual: Commands, Vol. II, Swanson Analysis Systems, Inc.

ANSYS User's Manual: Elements, Vol. III, Swanson Analysis Systems, Inc.

Beer, F. P., and Johnston, E. R., *Vector Mechanics for Engineers: Statics,* 5th ed., New York, McGraw-Hill, 1988.

Segrlind, L., Applied Finite Element Analysis, 2nd ed., New York, John Wiley and Sons, 1984.

연습문제

1. 변환행렬의 역행렬과 전치행렬이 같음을 보여라. 즉, 다음을 보여라.

$$[\mathbf{T}]^{-1} = \begin{bmatrix} \cos\theta & \sin\theta & 0 & 0 \\ -\sin\theta & \cos\theta & 0 & 0 \\ 0 & 0 & \cos\theta & \sin\theta \\ 0 & 0 & -\sin\theta & \cos\theta \end{bmatrix}$$

2. 식 (2.14)로부터 $\{\mathbf{F}\} = [\mathbf{T}][\mathbf{K}][\mathbf{T}]^{-1}\{\mathbf{U}\}$, 그리고 $[\mathbf{T}]$, $[\mathbf{K}]$, $[\mathbf{T}]^{-1}$, $\{\mathbf{U}\}$ 행렬을 대입하여 다음 식을 증명하라.

$$\begin{Bmatrix} F_{iX} \\ F_{iY} \\ F_{jX} \\ F_{jY} \end{Bmatrix} = k\begin{bmatrix} \cos^2\theta & \sin\theta\cos\theta & -\cos^2\theta & -\sin\theta\cos\theta \\ \sin\theta\cos\theta & \sin^2\theta & -\sin\theta\cos\theta & -\sin^2\theta \\ -\cos^2\theta & -\sin\theta\cos\theta & \cos^2\theta & \sin\theta\cos\theta \\ -\sin\theta\cos\theta & -\sin^2\theta & \sin\theta\cos\theta & \sin^2\theta \end{bmatrix}\begin{Bmatrix} U_{iX} \\ U_{iY} \\ U_{jX} \\ U_{jY} \end{Bmatrix}$$

3. 그림과 같이 단면적이 2.3 in^2인 알루미늄 합금($E = 10.0 \times 10^6\ \text{lb/in}^2$)으로 구성된 트러스 부재가 있다. 수계산으로 조인트 A에서 변위와 각 부재의 응력, 반력을 구하고 결과를 검증하라.

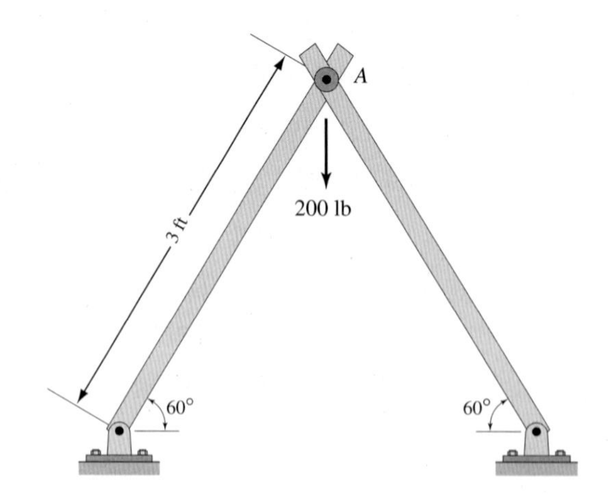

4. 그림과 같이 단면적이 8 cm^{2}인 강($E = 200$ GPa)으로 구성된 트러스 부재가 있다. 수계산으로 각 조인트의 변위와 각 부재의 응력, 반력을 구하고 그 결과를 검증하라.

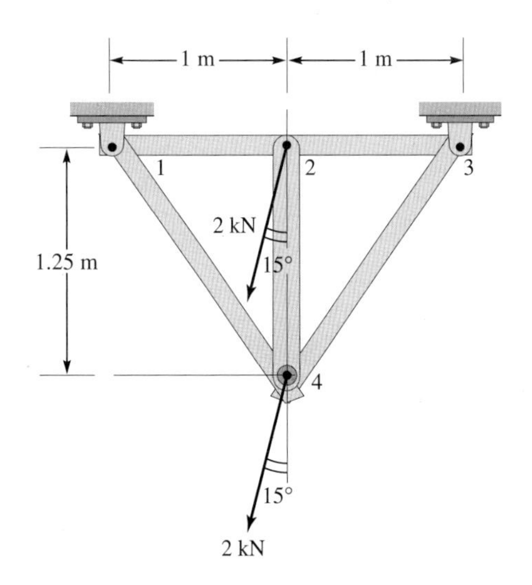

5. 그림과 같이 단면적이 15 cm^{2}인 알루미늄 합금($E = 70$ GPa)으로 구성된 트러스 부재가 있다. 수계산으로 각 조인트의 변위와 각 부재의 응력, 반력을 구하고 결과를 검증하라.

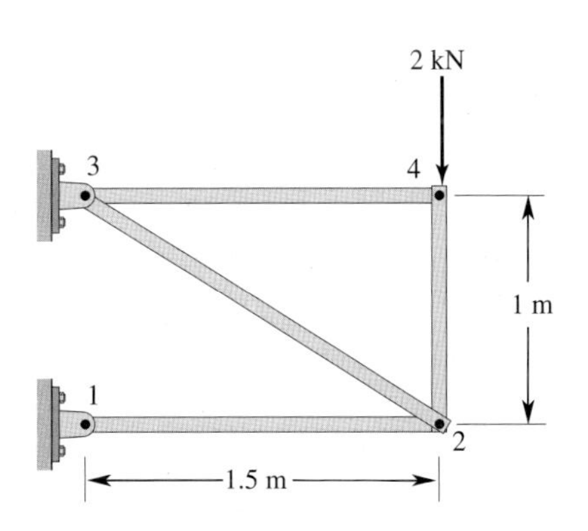

6. 그림과 같이 단면적이 2 in^{2}인 구조강($E = 30.0 \times 10^6$ lb/in^2)으로 구성된 트러스 부재가 있다. 수계산으로 각 조인트의 변위와 각 부재의 응력, 반력을 구하고 결과를 검증하라.

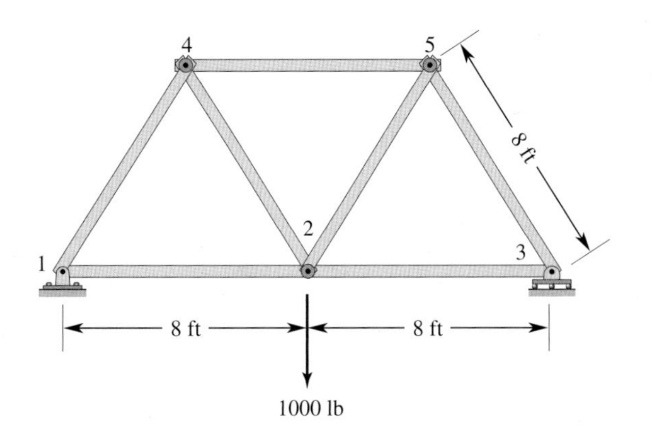

7. 그림과 같이 단면적이 2.5 in^2인 알루미늄 합금($E = 10.0 \times 10^6\ \mathrm{lb/in}^2$)으로 구성된 3차원 트러스 부재가 있다. 수계산으로 조인트 A의 변위와 각 부재의 응력, 반력을 구하고 결과를 검증하라.

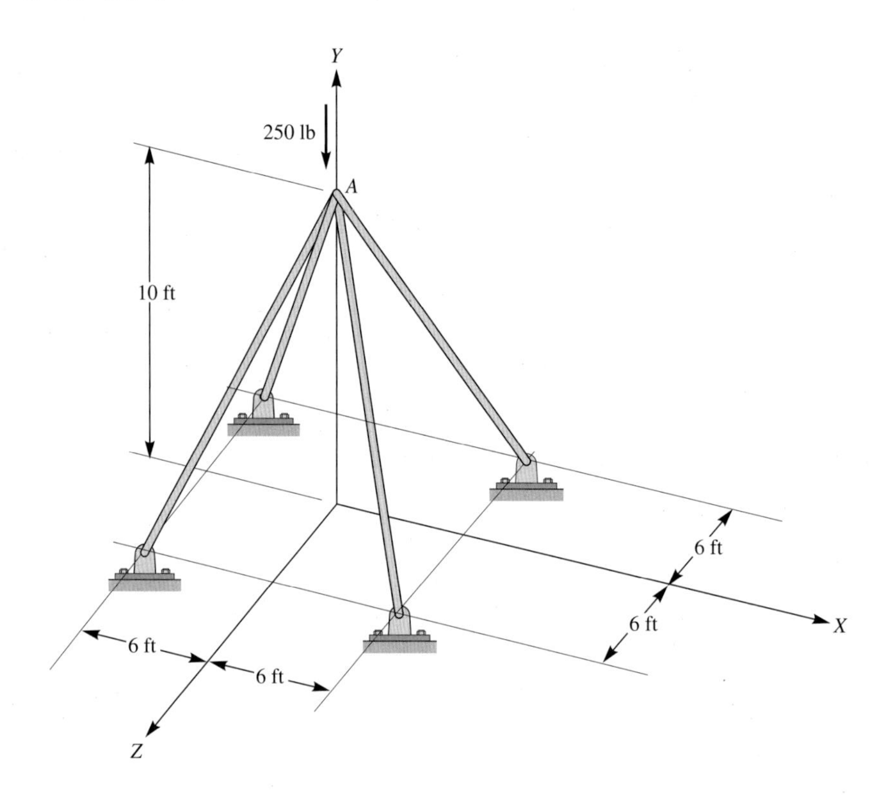

8. 그림과 같이 단면적이 15 cm^2인 알루미늄 합금($E = 200$ GPa)으로 구성된 3차원 트러스 부재가 있다. 수계산으로 조인트 A의 변위와 각 부재의 응력, 반력을 구하고 결과를 검증하라.

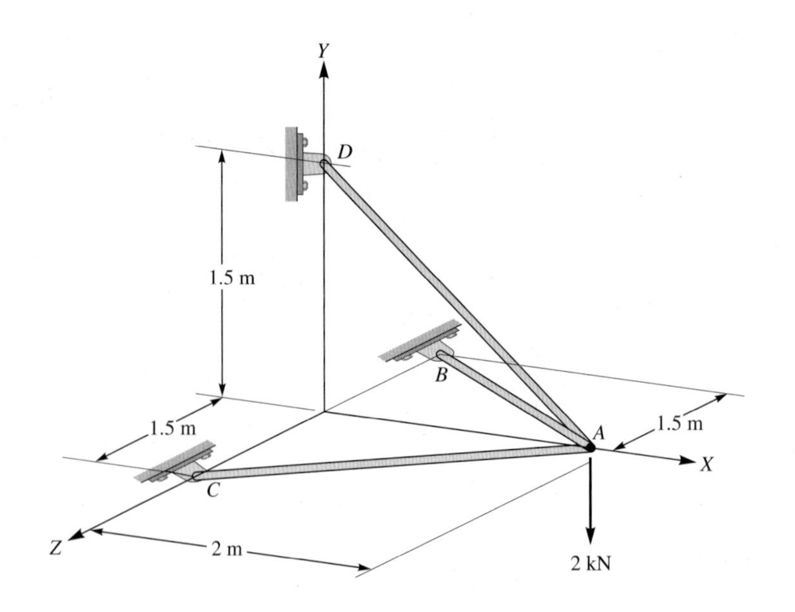

9. 그림과 같은 송전탑을 고려하자. 부재는 단면적이 10 in^2이고 탄성계수 $E = 29 \times 10^6$ lb/in^2이다. ANSYS를 사용하여 각 조인트의 변위와 각 부재의 응력, 반력을 구하고 결과를 검증하라.

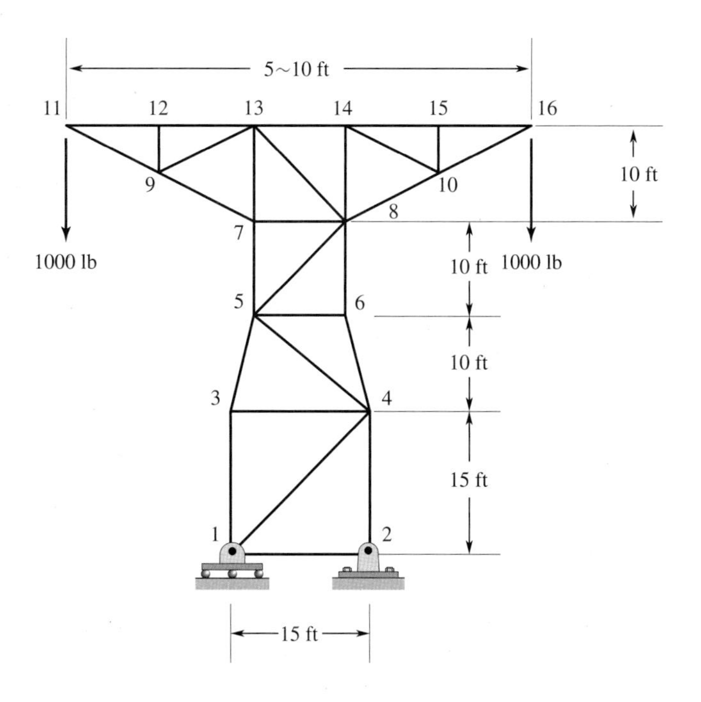

10. 그림에 보인 것처럼 계단식 트러스를 고려해 보자. 높이가 8 in, 길이가 12 in인 계단이 14개 있다. 각 부재들은 단면적이 4 in^2이고 탄성계수 $E = 29 \times 10^6$ lb/in^2인 강으로 구성되어 있다. ANSYS를 사용하여 각 조인트의 변위와 각 부재의 응력, 반력을 구하고 결과를 검증하라.

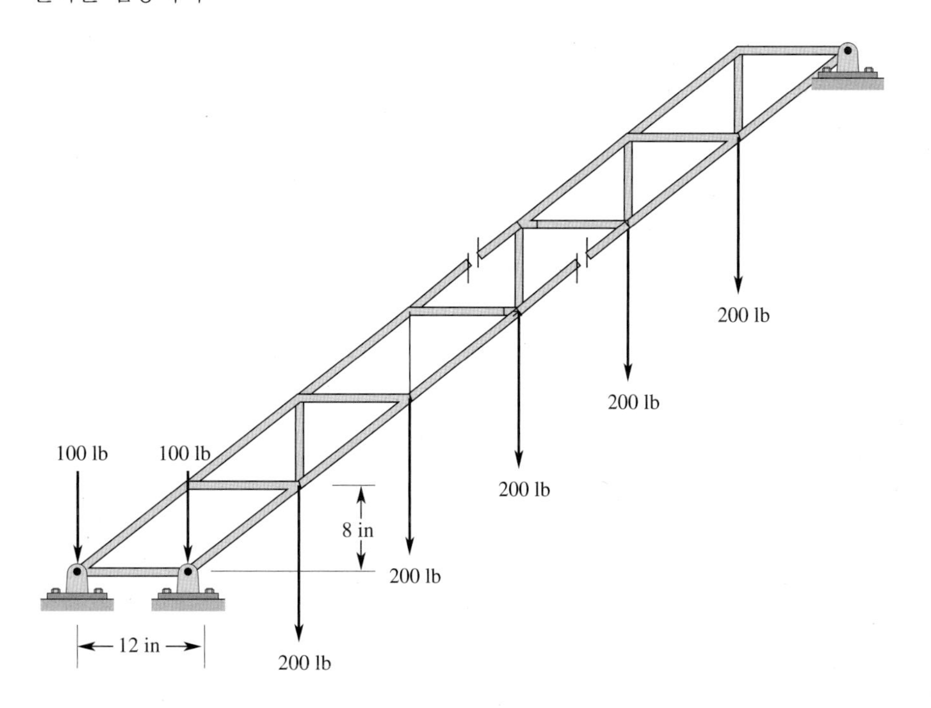

11. 그림과 같은 트러스 구조물의 각 부재가 단면적이 약 21.5 in^2이고, 탄성계수 $E = 1.9 \times 10^8$ lb/in^2인 전나무로 구성되어 있다. ANSYS를 사용하여 각 조인트의 변위와 각 부재의 응력, 반력을 구하고 결과를 검증하라. 또 고정된 경계조건을 한쪽만 롤러로 바꾸어 각 부재의 응력을 구하고 결과의 차이에 대해 논하라.

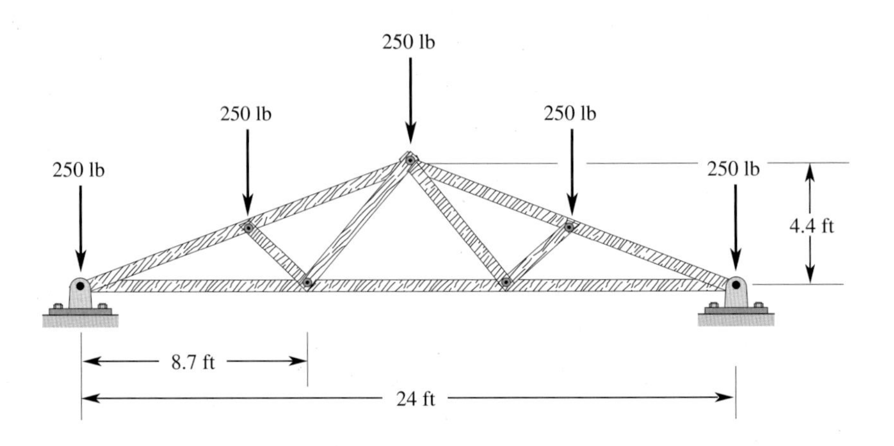

12. 그림과 같은 트러스 구조물의 각 부재가 단면적이 약 21.5 in^2이고, 탄성계수 $E = 1.9 \times 10^6$ lb/in^2인 전나무로 구성되어 있다. ANSYS를 사용하여 각 조인트의 변위와 각 부재의 응력, 반력을 구하고 결과를 검증하라. 또 고정된 경계조건을 한쪽만 롤러로 바꾸어 본 문제를 재수행하고 결과의 차이에 대해 논하라.

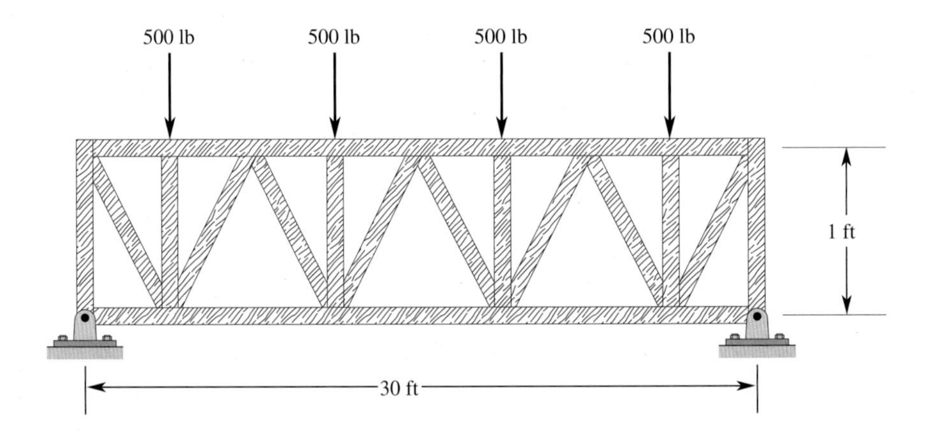

13. 알루미늄 합금($E = 10.9 \times 10^6$ psi)으로 구성된 3차원 트러스 구조물이 500 lb의 힘을 받고 있다. 직교 좌표계의 단위는 feet이다. 각 부재의 단면적은 2.246 in^2이다. ANSYS를 사용하여 각 조인트의 변위와 각 부재의 응력, 반력을 구하고 결과를 검증하라. 단면 2차 모멘트가 4.090 in^4라 할 때 좌굴을 고려해야 하는가? 결과를 검증하라.

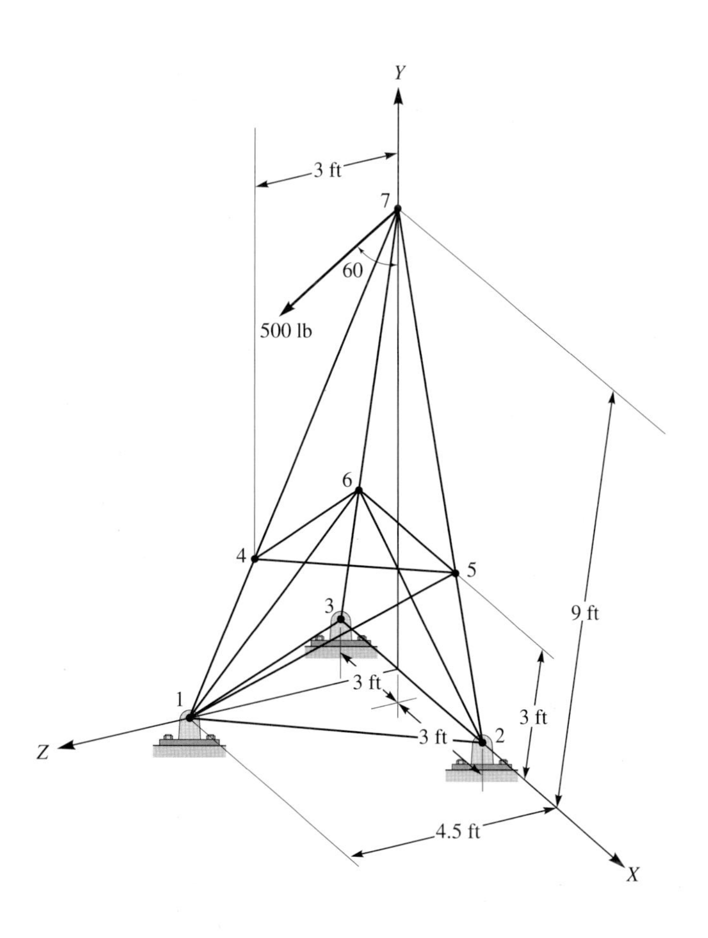

14. 알루미늄 합금($E = 10.4 \times 10^6$ lb/in^2)으로 구성된 3차원 트러스 구조물이 1000 lb의 힘을 받고 있다. 직교 좌표계의 단위는 feet이다. 각 부재의 단면적은 3.14 in^{2}이다. ANSYS를 사용하여 조인트 E의 변위와 각 부재의 응력, 반력을 구하고 결과를 검증하라.

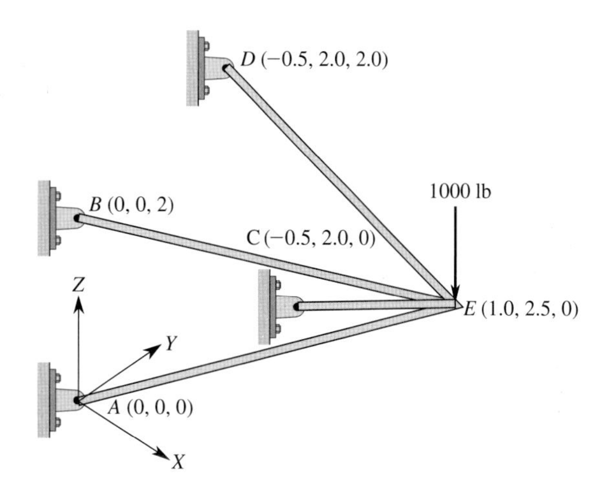

15. 강($E = 29 \times 10^6$ psi)으로 만들어진 3차원 트러스가 다음 그림처럼 힘을 받고 있다. 직교 좌표계의 단위는 feet이다. 각 부재의 단면적은 3.093 in^2이다. ANSYS를 사용하여 각 조인트의 변위와 각 부재의 응력, 반력을 구하고 결과를 검증하라.

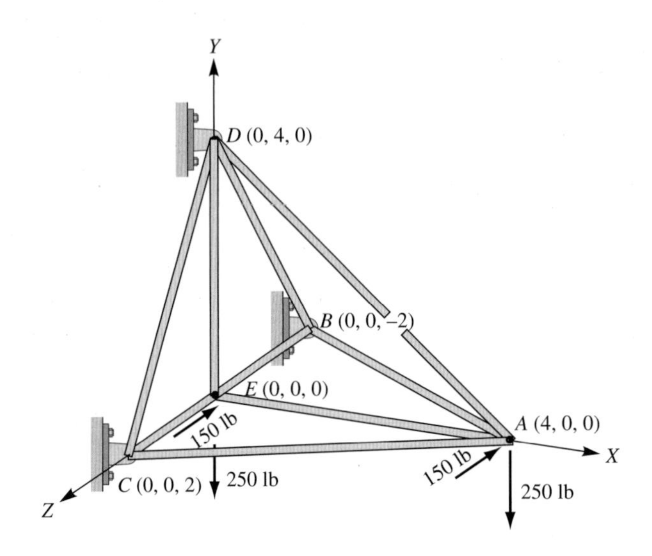

16. 연습문제 **15**에서 3차원 트러스를 수리하던 중에 부재 *AB*를 $E = 28 \times 10^6$ psi, $A = 2.246$ in^2인 부재로 바꾸었다. ANSYS를 사용하여 각 조인트에서의 변위와 각 부재의 응력을 구하라.

17. 연습문제 **13**에서 3차원 트러스를 수리하던 과정 중에 부재 4–5, 4–6, 5–6을 $E = 29 \times 10^6$ psi, $A = 1.25$ in^2인 강으로, 부재 1–5를 단면적이 1.35 in^2인 강으로 바꾸었다. ANSYS를 사용하여 각 조인트의 변위와 각 부재의 응력을 구하라.

18. 그림에 보인 공간 트러스의 임의의 부재에 대한 변환행렬을 유도하라. 부재의 절점 j와 i의 좌표 사이의 길이에 의해서 방향 여현은 다음과 같이 표현할 수 있다.

$$\cos\theta_X = \frac{X_j - X_i}{L}, \quad \cos\theta_Y = \frac{Y_j - Y_i}{L}, \quad \cos\theta_Z = \frac{Z_j - Z_i}{L}$$

여기서 L은 부재의 길이이다.

$$L = \sqrt{(X_j - X_i)^2 + (Y_j - Y_i)^2 + (Z_j - Z_i)^2}$$

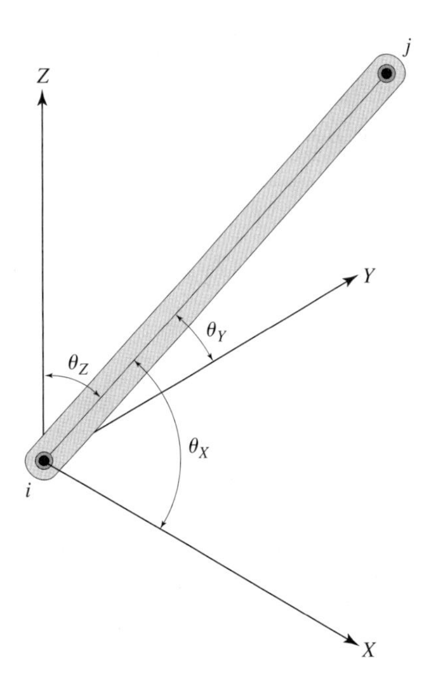

19. 강($E = 29 \times 10^6$ psi)으로 만들어진 3차원 트러스가 다음 그림과 같이 하중을 받고 있다. 치수의 단위는 feet이다. 각 부재의 단면적은 3.25 in^2이다. ANSYS를 사용하여 각 조인트의 변위와 각 부재의 응력, 반력을 구하고 결과를 검증하라.

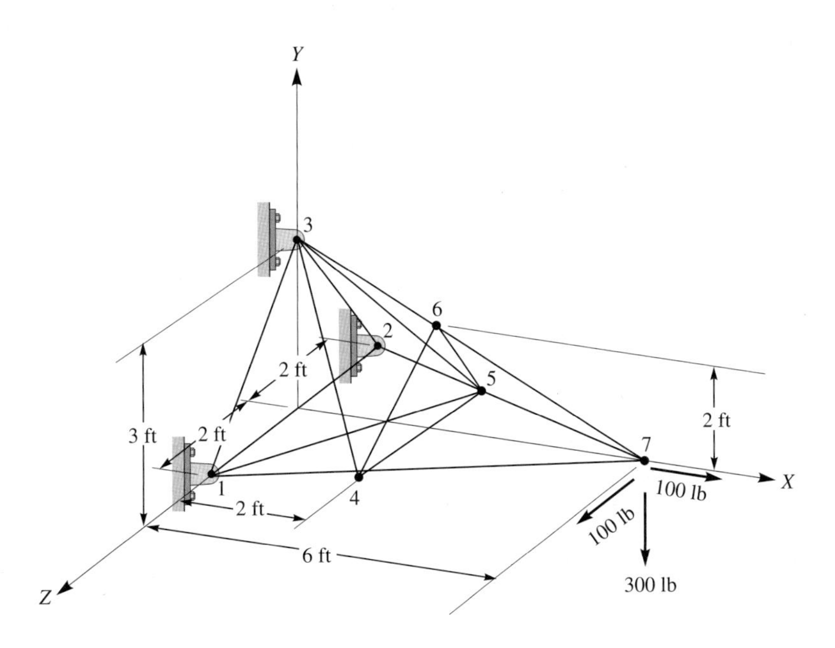

20. 설계과제 다음 그림과 같은 트러스 구조물에서 끝단의 변위를 1 in 이하로 하기 위해서 트러스 각 부재의 단면 치수를 결정하고, 적절한 재료를 선택한 후 최종 설계에 도달하기까지의 과정을 기술하라.

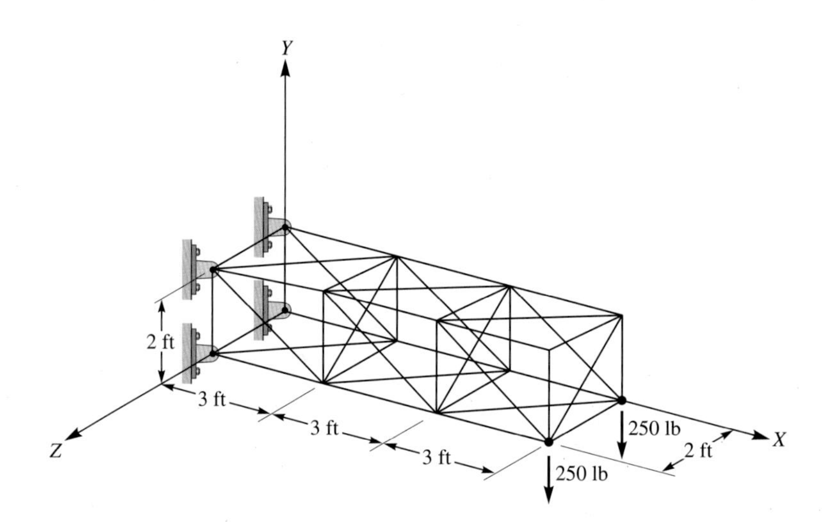

CHAPTER 3

축 부재, 보, 프레임

이 장에서는 축하중을 받는 부재, 보, 프레임의 해석에 대해 소개한다. 구조 부재와 기계 부품은 일반적으로 인장, 굽힘 또는 비틀림 하중을 받는다. 구조 부재의 비틀림이나 기계 부품의 평면응력 정식화는 6장에서 다룰 것이다. 이번 장에서 다룰 내용은 다음과 같다.

3.1 축하중을 받는 부재
3.2 보
3.3 보의 유한요소 정식화
3.4 프레임의 유한요소 정식화
3.5 3차원 보 요소
3.6 ANSYS를 이용한 예제
3.7 결과 검증

3.1 축하중을 받는 부재

이번 절에서는 축하중을 받는 부재에 대한 유한요소 모델을 생성하기 위해 최소 총 퍼텐셜 에너지 정식화를 사용한다. 축 부재의 유한요소 정식화를 시작하기 전에 축 요소, 형상함수와 그 특성에 대해 정의할 것이다.

선형 요소

이 절에서는 1차원 요소와 형상함수(shape function)의 기본 개념을 소개하기 위해 구조 예제가 사용되었다. 그림 3.1에서처럼 강철 기둥은 고층 빌딩의 각 층으로부터 하중을 지지하기 위해 사용된다. 그림에서의 기둥을 유한요소 모델로 만들면 4개의 요소와 5개의 절점으로 나눌 수 있다. 바닥에서 전달되는 하중은 기둥의 여러 점들의 수직변위를 발생시킨다. 축방향 중심 하중(axial central loading)을 가정하면 기둥의 실제 **수직변위**(deflection)를 **선형 함수**(linear function)를 사용하여 기둥의 각 요소나 단면에 대한 수직변위로 근사화할 수 있

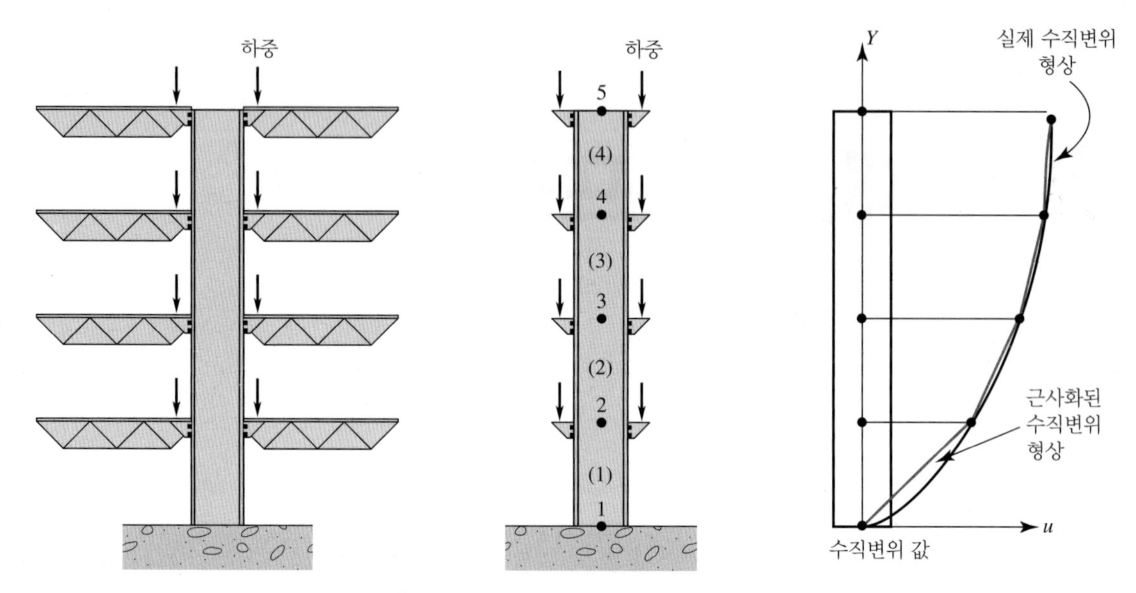

그림 3.1 바닥하중을 받는 강철 기둥의 수직변위

다. 수직변위 형상 u는 기둥의 여러 점에서의 수평이 아닌 수직한 변위를 나타낸다. 수직변위 형상은 단지 Y의 함수만으로 도시된다. 그림 3.1의 예제 문제를 5개의 절점과 4개의 요소로 모델링하였다. 그림 3.2에 보인 전형적인 요소에 대해 알아보고자 한다.

전형적인 요소에서의 선형 수직변위 분포는 다음과 같이 표현할 수 있다.

$$u^{(e)} = c_1 + c_2 Y \tag{3.1}$$

미지수 c_1과 c_2에 대해 풀기 위해서 절점의 수직변위 u_i와 u_j로 주어지는 요소 끝단의 수직변위에 대한 다음과 같은 조건을 사용한다.

$$\begin{aligned} Y = Y_i \text{에서 } u = u_i \\ Y = Y_j \text{에서 } u = u_j \end{aligned} \tag{3.2}$$

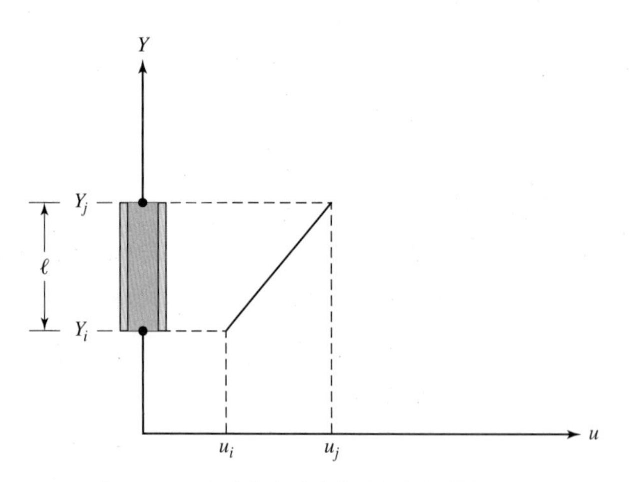

그림 3.2 요소에 대한 수직변위 변화량의 선형적 근사화

식 (3.1)에 절점값을 대입하면 2개의 미지수를 가지는 2개의 식이 된다.

$$\begin{aligned} u_i &= c_1 + c_2 Y_i \\ u_j &= c_1 + c_2 Y_j \end{aligned} \tag{3.3}$$

미지수 c_1과 c_2에 대해 풀면 다음과 같다.

$$c_1 = \frac{u_i Y_j - u_j Y_i}{Y_j - Y_i} \tag{3.4}$$

$$c_2 = \frac{u_j - u_i}{Y_j - Y_i} \tag{3.5}$$

절점값으로 요소의 수직변위 분포를 나타내면 다음과 같다.

$$u^{(e)} = \frac{u_i Y_j - u_j Y_i}{Y_j - Y_i} + \frac{u_j - u_i}{Y_j - Y_i} Y \tag{3.6}$$

식 (3.6)을 u_i와 u_j에 관해 정리하면 다음과 같다.

$$u^{(e)} = \left(\frac{Y_j - Y}{Y_j - Y_i}\right) u_i + \left(\frac{Y - Y_i}{Y_j - Y_i}\right) u_j \tag{3.7}$$

위 식에서 u_i와 u_j 앞에 있는 괄호 안의 항들을 **형상함수** S_i와 S_j로 정의하여 나타내면 다음과 같다.

$$S_i = \frac{Y_j - Y}{Y_j - Y_i} = \frac{Y_j - Y}{\ell} \tag{3.8}$$

$$S_j = \frac{Y - Y_i}{Y_j - Y_i} = \frac{Y - Y_i}{\ell} \tag{3.9}$$

여기서 ℓ은 요소의 길이이다. 그러므로 요소에 대한 수직변위를 형상함수와 절점의 수직변위로 나타내면 다음과 같다.

$$u^{(e)} = S_i u_i + S_j u_j \tag{3.10}$$

식 (3.10)을 행렬 형태로 나타내면 다음과 같다.

$$u^{(e)} = [S_i \quad S_j] \begin{Bmatrix} u_i \\ u_j \end{Bmatrix} \tag{3.11}$$

온도와 속도 같은 미지 변수의 공간상에서 변화량의 근사화도 같은 방법으로 접근이 가능하다. 1차원 요소와 그 특성에 대한 개념은 4장에서 좀 더 자세히 다룰 것이다.

2장에서는 유한요소 모델링에 있어서 다음 2개 좌표계에 대해 논하였다. (1) 전체 좌표계

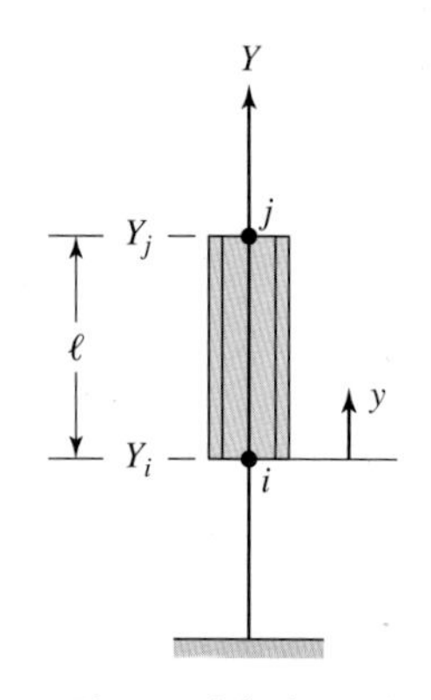

그림 3.3 전체 좌표 Y와 국부 좌표 y의 관계

는 각 절점의 위치와 각 요소의 방위를 나타내고 경계조건과 하중의 부과를 나타낸다. 유한 요소 모델에서의 절점해는 일반적으로 전체 좌표계에서 표현된다. 다른 한편으로 (2) 국부 좌표계는 시스템 거동의 국부 특성을 잘 나타낸다.

그림 3.2에 나타낸 1차원 요소에서 전체 좌표 Y와 국부 좌표 y의 관계는 $Y = Y_i + y$로 주어진다. 이 관계는 그림 3.3에 나타나 있다. 식 (3.8)과 (3.9)에서 Y항을 국부 좌표 y항으로 나타내면 다음과 같다.

$$S_i = \frac{Y_j - Y}{\ell} = \frac{Y_j - (Y_i + y)}{\ell} = 1 - \frac{y}{\ell} \tag{3.12}$$

$$S_j = \frac{Y - Y_i}{\ell} = \frac{(Y_i + y) - Y_i}{\ell} = \frac{y}{\ell} \tag{3.13}$$

여기서 국부 좌표 y의 구간은 0에서 ℓ까지이다($0 \le y \le \ell$).

형상함수 S_i와 S_j에 대하여 간단하게 설명한다. 형상함수는 강성행렬의 유도를 간단히 하고 바로 이해할 수 있는 독특한 특징을 가진다. 식 (3.12)와 (3.13)을 살펴보면 S_i와 S_j는 상응하는 절점에서는 1의 값을 가지고 이웃한 절점에서는 0의 값을 가지는 것을 알 수 있다. 예를 들면, 식 (3.12)에서 $y = 0$일 때 절점 i에서의 S_i를 계산하면 1이라는 것을 알 수 있다. 유사하게 $y = \ell$일 때 절점 j에서 S_j의 값도 1이다. 식 (3.12)에서 $y = \ell$일 때 이웃한 절점 j에서의 형상함수 S_i의 값과 식 (3.13)에서 $y = 0$일 때 이웃한 절점 i에서의 형상함수 S_j의 값은 0이다. 자세한 형상함수의 특성에 대해서는 4장에서 논의한다.

예제 3.1

강철 기둥으로 된 4층 빌딩을 고려하자. 기둥은 그림 3.4와 같은 하중을 받고 있다. 축하중을 받는다고 가정하고 선형 요소가 사용된다. 기둥과 각 층의 바닥이 만나는 점의 수직변위는 다음과 같다.

$$\begin{Bmatrix} u_1 \\ u_2 \\ u_3 \\ u_4 \\ u_5 \end{Bmatrix} = -\begin{Bmatrix} 0 \\ 0.03283 \\ 0.05784 \\ 0.07504 \\ 0.08442 \end{Bmatrix} \text{in}$$

탄성계수 $E = 29 \times 10^6$ lb/in^{2}이고 면적 $A = 39.7$ in^{2}이다. 자세한 해석은 다음 절에서 다룰 것이다. 여기서는 절점의 변위값이 주어졌을 때 점 A와 B에서의 수직변위를 구한다.

a. 전체 좌표 Y를 사용하면 점 A의 변위는 요소 (1)에 의해서 다음과 같다.

$$u^{(1)} = S_1^{(1)} u_1 + S_2^{(1)} u_2 = \frac{Y_2 - Y}{\ell} u_1 + \frac{Y - Y_1}{\ell} u_2$$

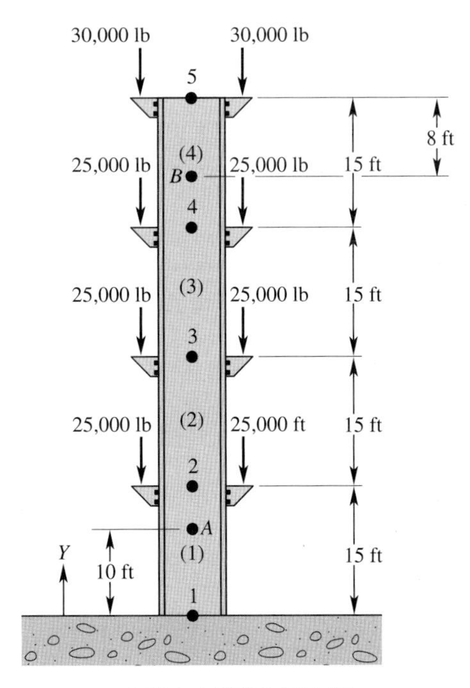

그림 3.4 예제 3.1의 기둥

$$u = \frac{15 - 10}{15}(0) + \frac{10 - 0}{15}(-0.03283) = -0.02188 \text{ in}$$

b. 점 B의 변위는 요소 (4)에 의해서 다음과 같다.

$$u^{(4)} = S_4^{(4)}u_4 + S_5^{(4)}u_5 = \frac{Y_5 - Y}{\ell}u_4 + \frac{Y - Y_4}{\ell}u_5$$

$$u = \frac{60 - 52}{15}(-0.07504) + \frac{52 - 45}{15}(-0.08442) = -0.07941 \text{ in}$$

강성행렬과 하중행렬

여기서는 축방향 하중을 받는 부재의 강성행렬과 하중행렬을 유도하기 위해 최소 총 퍼텐셜 에너지 정식화 방법을 사용한다. 그림 3.1에서와 같이 앞에서 축하중을 받는 기둥의 정확한 변위를 선형함수의 조합으로 근사화하였다. 또한 1.6절에서 언급했듯이 외부 하중은 물체의 변형을 야기한다. 변형이 생기는 동안 외력에 의한 일(work)은 변형 에너지의 형태로 부재 내에 저장된다. 축하중을 받는 부재(또는 요소)에서의 변형 에너지 $\Lambda^{(e)}$는 다음과 같다.

$$\Lambda^{(e)} = \int_V \frac{\sigma\varepsilon}{2}dV = \int_V \frac{E\varepsilon^2}{2}dV \tag{3.14}$$

요소의 수가 n개이고 m개의 절점으로 이루어진 물체의 총 퍼텐셜 에너지 Π는 총 변형 에너지와 외력에 의한 일의 차이로 기술되며 다음과 같다.

$$\Pi = \sum_{e=1}^{n} \Lambda^{(e)} - \sum_{i=1}^{m} F_i u_i \tag{3.15}$$

최소 총 퍼텐셜 에너지의 원리는 안정한 시스템에 있어서 평형을 이루는 위치의 변위는 시스템의 총 퍼텐셜 에너지가 최소화되는 점에서 결정된다는 것이다. 즉,

$$\frac{\partial \Pi}{\partial u_i} = \frac{\partial}{\partial u_i} \sum_{e=1}^{n} \Lambda^{(e)} - \frac{\partial}{\partial u_i} \sum_{i=1}^{m} F_i u_i = 0, \quad i = 1, 2, 3, \dots, m \tag{3.16}$$

이다. 여기서 i는 절점번호들을 의미한다. 절점 i와 j를 가지는 임의 요소의 변위를 국부 형상함수로 표현하면 다음과 같다.

$$u^{(e)} = S_i u_i + S_j u_j \tag{3.17}$$

여기서 $S_i = 1 - \frac{y}{\ell}$, $S_j = \frac{y}{\ell}$이고 y는 절점 i가 원점인 요소의 국부 좌표이다. 각 부재의 변형률은 $\varepsilon = \frac{du}{dy}$의 관계식으로부터 계산된다.

$$\varepsilon = \frac{du}{dy} = \frac{d}{dy}[S_i u_i + S_j u_j] = \frac{d}{dy}\left[\left(1 - \frac{y}{\ell}\right)u_i + \frac{y}{\ell}u_j\right] = \frac{-u_i + u_j}{\ell} \tag{3.18}$$

식 (3.14)를 식 (3.18)에 대입하면 임의의 요소 (e)에 대한 변형 에너지를 구할 수 있다.

$$\Lambda^{(e)} = \int_V \frac{E\varepsilon^2}{2} dV = \frac{AE}{2\ell}(u_j^2 + u_i^2 - 2u_j u_i) \tag{3.19}$$

변위 u_i와 u_j에 대해서 변형 에너지를 최소화시키면 다음 식과 같이 된다.

$$\begin{aligned} \frac{\partial \Lambda^{(e)}}{\partial u_i} &= \frac{AE}{\ell}(u_i - u_j) \\ \frac{\partial \Lambda^{(e)}}{\partial u_j} &= \frac{AE}{\ell}(u_j - u_i) \end{aligned} \tag{3.20}$$

또한 행렬 형태로는

$$\begin{Bmatrix} \dfrac{\partial \Lambda^{(e)}}{\partial u_i} \\ \dfrac{\partial \Lambda^{(e)}}{\partial u_j} \end{Bmatrix} = \frac{AE}{\ell}\begin{bmatrix} 1 & -1 \\ -1 & 1 \end{bmatrix}\begin{Bmatrix} u_i \\ u_j \end{Bmatrix} = \begin{bmatrix} k & -k \\ -k & k \end{bmatrix}\begin{Bmatrix} u_i \\ u_j \end{Bmatrix} \tag{3.21}$$

로 표시된다. 여기서 $k = \dfrac{(AE)}{\ell}$이다. 외력에 의한 일을 최소화하게 되면 식 (3.16) 우변의 둘째 항은 하중행렬이 된다.

$$\{\mathbf{F}\}^{(e)} = \begin{Bmatrix} F_i \\ F_j \end{Bmatrix} \tag{3.22}$$

각 요소에 대한 강성행렬과 하중행렬을 계산하고 조합하게 되면 전체 강성행렬과 전체 하중행렬이 얻어진다. 이 과정은 다음 예제에 나타나 있다.

예제 3.2 기둥 문제

그림 3.5와 같이 1개의 기둥이 하중을 견디고 있는 강철 기둥으로 된 4층 빌딩을 고려하자. 축하중을 고려할 때 (a) 바닥과 기둥이 만나는 여러 지점에서의 수직변위를 구하고, (b) 기둥 각 단면에서의 응력을 구하라. $E = 29 \times 10^6$ lb/in^2, $A = 39.7$ in^{2}이다.

모든 요소들의 길이, 단면적, 물성치 등이 동일하므로 요소 (1), (2), (3), (4)의 요소 강성행렬은 다음과 같다.

$$[\mathbf{K}]^{(e)} = \frac{AE}{\ell}\begin{bmatrix} 1 & -1 \\ -1 & 1 \end{bmatrix} = \frac{39.7 \times 29 \times 10^6}{15 \times 12}\begin{bmatrix} 1 & -1 \\ -1 & 1 \end{bmatrix} = 6.396 \times 10^6 \begin{bmatrix} 1 & -1 \\ -1 & 1 \end{bmatrix}$$

$$[\mathbf{K}]^{(1)} = [\mathbf{K}]^{(2)} = [\mathbf{K}]^{(3)} = [\mathbf{K}]^{(4)} = 6.396 \times 10^6 \begin{bmatrix} 1 & -1 \\ -1 & 1 \end{bmatrix} \frac{\text{lb}}{\text{in}}$$

전체 강성행렬은 요소 강성행렬들을 조합하여 다음과 같이 구한다.

$$[\mathbf{K}]^{(G)} = 6.396 \times 10^6 \begin{bmatrix} 1 & -1 & 0 & 0 & 0 \\ -1 & 1+1 & -1 & 0 & 0 \\ 0 & -1 & 1+1 & -1 & 0 \\ 0 & 0 & -1 & 1+1 & -1 \\ 0 & 0 & 0 & -1 & 1 \end{bmatrix}$$

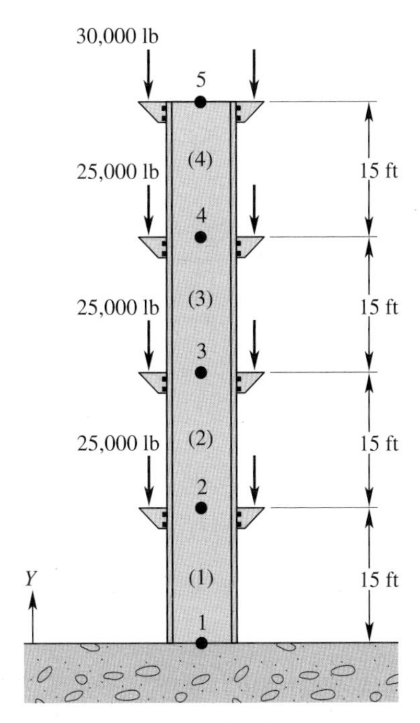

그림 3.5 예제 3.2의 기둥의 개략도

전체 하중행렬은 다음과 같다.

$$\{\mathbf{F}\}^{(G)} = \left\{\frac{\partial F_i u_i}{\partial u_i}\right\}_{i=1,5} = \begin{Bmatrix} F_1 \\ F_2 \\ F_3 \\ F_4 \\ F_5 \end{Bmatrix} = -\begin{Bmatrix} 0 \\ 50000 \\ 50000 \\ 50000 \\ 60000 \end{Bmatrix} \text{lb}$$

모든 하중은 Y의 음의 방향으로 가해진다. 경계조건 $u_1 = 0$과 하중을 부과하자.

$$6.396 \times 10^6 \begin{bmatrix} 1 & 0 & 0 & 0 & 0 \\ -1 & 2 & -1 & 0 & 0 \\ 0 & -1 & 2 & -1 & 0 \\ 0 & 0 & -1 & 2 & -1 \\ 0 & 0 & 0 & -1 & 1 \end{bmatrix} \begin{Bmatrix} u_1 \\ u_2 \\ u_3 \\ u_4 \\ u_5 \end{Bmatrix} = -\begin{Bmatrix} 0 \\ 50000 \\ 50000 \\ 50000 \\ 60000 \end{Bmatrix}$$

변위에 대하여 해를 구하면 다음과 같다.

$$\begin{Bmatrix} u_1 \\ u_2 \\ u_3 \\ u_4 \\ u_5 \end{Bmatrix} = -\begin{Bmatrix} 0 \\ 0.03283 \\ 0.05784 \\ 0.07504 \\ 0.08442 \end{Bmatrix} \text{in}$$

각 요소에서의 축방향 응력은 다음 식으로 계산된다.

$$\sigma^{(1)} = \frac{E(u_j - u_i)}{\ell} = \frac{29 \times 10^6(-0.03283 - 0)}{15 \times 12} = -5289 \text{ lb/in}^2$$

$$\sigma^{(2)} = \frac{29 \times 10^6(-0.05784 - (-0.03283))}{15 \times 12} = -4029 \text{ lb/in}^2$$

$$\sigma^{(3)} = \frac{29 \times 10^6(-0.07504 - (-0.05784))}{15 \times 12} = -2771 \text{ lb/in}^2$$

$$\sigma^{(4)} = \frac{29 \times 10^6(-0.08442 - (-0.07504))}{15 \times 12} = -1511 \text{ lb/in}^2$$

3.2 보

보(beam)는 빌딩, 교량, 자동차와 항공기 구조를 포함한 많은 공학응용 분야에서 중요한 역할을 한다. 보는 단면 치수가 길이에 비해서 상대적으로 작은 구조 부재라고 정의된다. 보통 횡방향 하중(transverse loading)을 받는데, 이런 하중은 보에 굽힘(bending)을 발생시킨다. 분포하중을 받는 보가 그림 3.6에 나타나 있다.

앞의 장에서 이력 부재로 구성된 구조인 트러스를 정의하였다. 실제 문제를 트러스 모델을 이용하여 해석할 때 모든 하중은 트러스의 조인트나 절점에 작용한다고 가정하였다. 그

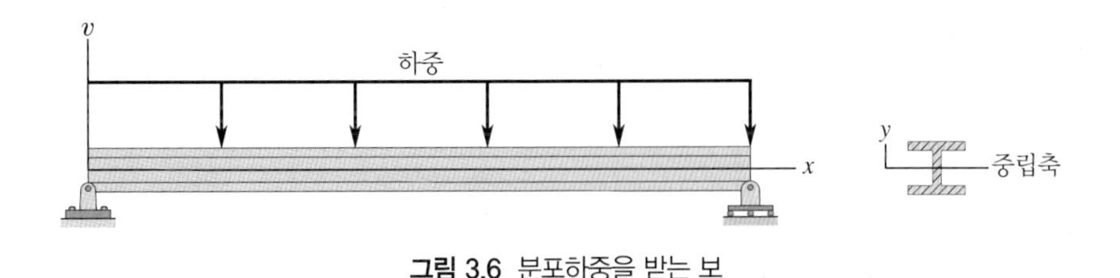

그림 3.6 분포하중을 받는 보

러므로 부재의 굽힘은 고려되지 않는다. 보에서는 보의 어느 지점에나 하중을 적용할 수 있고 하중은 보의 굽힘을 생기게 할 수 있다. 이 차이는 실제 문제를 모델링할 때 중요하다.

임의의 위치 x에서 중립축(neutral axis)의 처짐은 변수 v로 표시된다. 수직변위가 작을 때, 단면의 수직응력 σ와 굽힘 모멘트 M 및 단면 2차 모멘트 I의 관계는 다음과 같은 굽힘식(flexure formula)에 의하여 주어진다.

$$\sigma = -\frac{My}{I} \tag{3.23}$$

여기서 y는 중립축에서 보 단면 내의 임의의 점까지의 거리를 나타낸다. 중립축의 횡방향 변위 v는 내부 굽힘 모멘트 $M(x)$, 측면 전단력 $V(x)$, 그리고 하중 $w(x)$와 다음 식과 같이 연관되어 있다.

$$EI\frac{d^2v}{dx^2} = M(x) \tag{3.24}$$

$$EI\frac{d^3v}{dx^3} = \frac{dM(x)}{dx} = V(x) \tag{3.25}$$

$$EI\frac{d^4v}{dx^4} = \frac{dV(x)}{dx} = w(x) \tag{3.26}$$

앞의 식에서 보의 표준 부호 규칙이 가정되었음에 유념하라. 그림 3.7에서는 양과 음의 굽힘 모멘트와 곡률을 보여준다. 참고로 몇 종류의 전형적인 하중을 받는 단순지지 및 외팔지지된 보의 수직변위와 기울기가 표 3.1에 요약되어 있다. 다시 말하자면 식 (3.24)부터 (3.26)과 표 3.1로 해석 가능한 문제의 경우에는 굳이 유한요소해석을 하지 말고 굽힘식을 이용하여 해를 구하라.

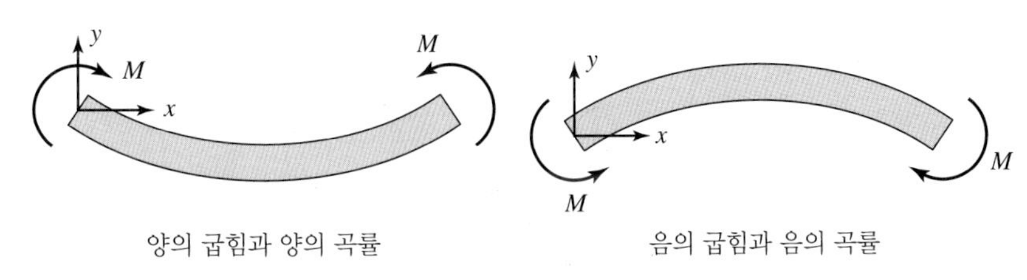

그림 3.7 굽힘 모멘트와 곡률의 양과 음의 부호 규칙

표 3.1 전형적인 하중과 지지점을 가지는 보의 처짐과 기울기

보의 지지와 하중	탄성 곡선의 식	최대 수직변위	기울기
v, w, x, L	$v = \dfrac{-wx^2}{24EI}(x^2 - 4Lx + 6L^2)$	$v_{\max} = \dfrac{-wL^4}{8EI}$	$\theta_{\max} = \dfrac{-wL^3}{6EI}$
v, w_0, x, L	$v = \dfrac{-w_0x^2}{120LEI}(-x^3 + 5Lx^2 - 10L^2x + 10L^3)$	$v_{\max} = \dfrac{-w_0 L^4}{30EI}$	$\theta_{\max} = \dfrac{-w_0 L^3}{24EI}$
v, P, x, L	$v = \dfrac{-Px^2}{6EI}(3L - x)$	$v_{\max} = \dfrac{-PL^3}{3EI}$	$\theta_{\max} = \dfrac{-PL^2}{2EI}$

표 3.1 전형적인 하중과 지지점을 가지는 보의 처짐과 기울기(계속)

보의 지지와 하중	탄성 곡선의 식	최대 수직변위	기울기
v, w, x, L	$v = \dfrac{-wx}{24EI}(x^3 - 2Lx^2 + L^3)$	$v_{\max} = \dfrac{-5wL^4}{384EI}$	$\theta_{\max} = \dfrac{-wL^3}{24EI}$
v, P, x, $\frac{L}{2}$, $\frac{L}{2}$	$v = \dfrac{-Px}{48EI}(3L^2 - 4x^2), \quad \left(x \le \dfrac{L}{2}\right)$	$v_{\max} = \dfrac{-PL^3}{48EI}$	$\theta_{\max} = \dfrac{-PL^2}{16EI}$

예제 3.3

그림과 같은 발코니 외팔보는 단면적이 10.3 in^{2}이고, 깊이가 17.7 in인 플랜지가 넓은 보 (W18×35)이다. 단면 2차 모멘트는 510 in^{4}이다. 보는 1000 lb/ft의 균일 분포하중을 받고 있다. 탄성계수는 $E = 29 \times 10^6$ lb/in^{2}이다. 이 절에서 살펴본 내용을 이용하여, 중점 B와 끝점 C에서 보의 수직변위를 구한다. 또 점 C에서 보의 기울기를 계산한다.

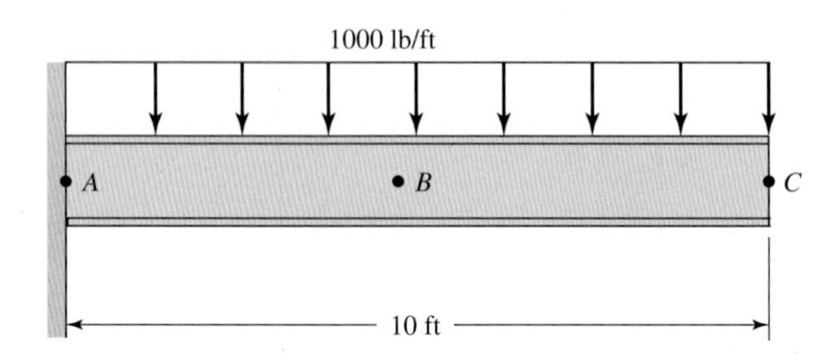

표 3.1에서 주어진 외팔보에 대한 처짐 방정식은 다음과 같다.

$$v = \frac{-wx^2}{24EI}(x^2 - 4Lx + 6L^2)$$

$x = \dfrac{L}{2}$인 중점에서 보의 처짐은 다음과 같다.

$$\begin{aligned} v_B &= \frac{-wx^2}{24EI}(x^2 - 4Lx + 6L^2) \\ &= \frac{-(1000 \text{ lb/ft})\,(5 \text{ ft})^2}{24(29 \times 10^6 \text{ lb/in}^2)\,(510 \text{ in}^4)}((5^2 - 4(10)(5) + 6(10)^2)\text{ft}^2)\left(\frac{12 \text{ in}}{1 \text{ ft}}\right)^3 \\ &= -0.052 \text{ in} \end{aligned}$$

점 C에서의 처짐은 다음과 같다.

$$v_c = \frac{-wL^4}{8EI} = \frac{-(1000 \text{ lb/ft})\,(10 \text{ ft})^4\left(\dfrac{12 \text{ in}}{1 \text{ ft}}\right)^3}{8(29 \times 10^6 \text{ lb/in}^2)\,(510 \text{ in}^4)} = -0.146 \text{ in}$$

최대 기울기는 점 C에서 발생한다.

$$\theta_{\max} = \frac{-wL^3}{6EI} = \frac{-(1000 \text{ lb/ft})\,(10 \text{ ft})^3}{6(29 \times 10^6 \text{ lb/in}^2)\,(510 \text{ in}^4)\left(\dfrac{1 \text{ ft}}{12 \text{ in}}\right)^2} = -0.00163 \text{ rad}$$

보에서 최대 굽힘 응력을 계산해 보자. 최대 굽힘 모멘트가 점 A에서 발생하기 때문에 보의 최대 굽힘 응력은 점 A에서 발생할 것이다. 점 A에서 보의 외부 섬유의 최대 굽힘 응력은 다음과 같다.

$$\sigma = \frac{My}{I} = -\frac{\overbrace{(1000\ \text{lb/ft})(10\ \text{ft})(5\ \text{ft})}^{M}\left(\dfrac{12\ \text{in}}{1\ \text{ft}}\right)\overbrace{\left(\dfrac{17.7}{2}\ \text{in}\right)}^{y}}{510\ \text{in}^4} = 10411\ \text{lb/in}^2$$

3.3 보의 유한요소 정식화

유한요소 정식화에 앞서 보 요소를 정의해 보기로 한다. 단순 보 요소는 2개의 절점으로 구성된다. 각 절점에는 그림 3.8에 나타낸 바와 같이 수직변위와 회전각(기울기)의 2개의 자유도가 있다.

하나의 보 요소에는 4개의 절점값이 있다. 따라서 변위장(displacement field)을 적절히 나타내기 위해서는 4개의 미지수를 가지는 3차 다항식이 필요하다. 또 형상함수의 1차 도함수는 연속이어야만 한다. 이러한 특징을 가지는 형상함수는 보통 Hermite 형상함수(shape function)라고 한다. 나중에 설명하겠지만 Hermite 형상함수는 앞에서 공부한 바 있는 선형 형상함수와는 몇 가지 상이한 점이 있다. 이의 유도를 위하여 다음과 같은 3차 다항식으로 시작한다.

$$v = c_1 + c_2x + c_3x^2 + c_4x^3 \tag{3.27}$$

요소의 끝점 조건은 다음의 절점값으로 주어진다.

(1) 절점 i에서: $x = 0$에서의 수직변위 $v = c_1 = U_{i1}$

(2) 절점 i에서: $x = 0$에서의 기울기 $\left.\dfrac{dv}{dx}\right|_{x=0} = c_2 = U_{i2}$

(3) 절점 j에서: $x = L$에서의 수직변위 $v = c_1 + c_2L + c_3L^2 + c_4L^3 = U_{j1}$

(4) 절점 j에서: $x = L$에서의 기울기 $\left.\dfrac{dv}{dx}\right|_{x=L} = c_2 + 2c_3L + 3c_4L^2 = U_{j2}$

위의 연립 방정식은 미지수가 4개이고 방정식이 4개이므로 쉽게 풀 수 있다. c_1, c_2, c_3, c_4를 구하여 식 (3.27)에 대입한 후 U_{i1}, U_{i2}, U_{j1}, U_{j2}항으로 재분류하면 다음 식을 얻는다.

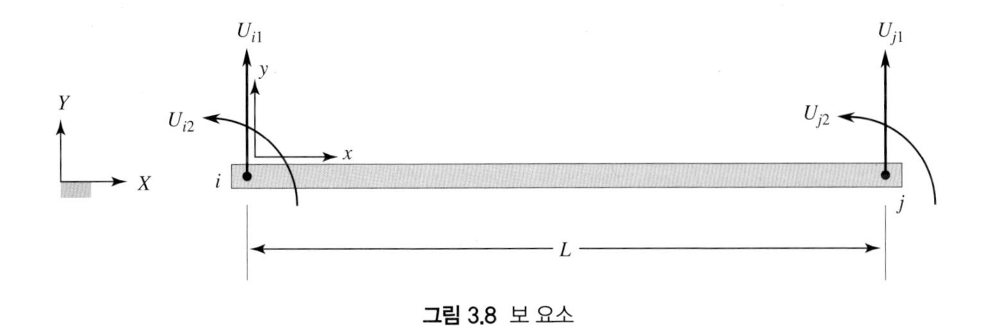

그림 3.8 보 요소

$$v = S_{i1}U_{i1} + S_{i2}U_{i2} + S_{j1}U_{j1} + S_{j2}U_{j2} \tag{3.28}$$

여기서 형상함수는 다음과 같다.

$$S_{i1} = 1 - \frac{3x^2}{L^2} + \frac{2x^3}{L^3} \tag{3.29}$$

$$S_{i2} = x - \frac{2x^2}{L} + \frac{x^3}{L^2} \tag{3.30}$$

$$S_{j1} = \frac{3x^2}{L^2} - \frac{2x^3}{L^3} \tag{3.31}$$

$$S_{j2} = -\frac{x^2}{L} + \frac{x^3}{L^2} \tag{3.32}$$

요소의 절점에서 식 (3.29)부터 (3.32)에 주어진 형상함수를 계산하면 다음과 같다.

(1) $x = 0$인 절점 i에서 형상함수: $S_{i1} = 1,\ S_{i2} = S_{j1} = S_{j2} = 0$

(2) $x = 0$인 절점 i에서 형상함수의 기울기: $\dfrac{dS_{i2}}{dx} = 1,\ \dfrac{dS_{i1}}{dx} = \dfrac{dS_{j1}}{dx} = \dfrac{dS_{j2}}{dx} = 0$

(3) $x = L$인 절점 j에서 형상함수: $S_{j1} = 1,\ S_{i1} = S_{i2} = S_{j2} = 0$

(4) $x = L$인 절점 j에서 형상함수의 기울기: $\dfrac{dS_{j2}}{dx} = 1,\ \dfrac{dS_{i1}}{dx} = \dfrac{dS_{i2}}{dx} = \dfrac{dS_{j1}}{dx} = 0$

위의 결과는 3차 Hermite 다항식이 가지고 있는 특징이다.

이제 보 요소의 특성을 배웠으므로 강성행렬을 유도한다. 다음의 유도과정에서는 변형 에너지에서 전단응력의 성분을 무시한다. 임의의 보 요소 (e)에 대한 변형 에너지는 다음과 같다.

$$\Lambda^{(e)} = \int_V \frac{\sigma\varepsilon}{2}\,dV = \int_V \frac{E\varepsilon^2}{2}\,dV = \frac{E}{2}\int_V \left(-y\,\frac{d^2v}{dx^2}\right)^2 dV \tag{3.33}$$

$$\Lambda^{(e)} = \frac{E}{2}\int_V \left(-y\,\frac{d^2v}{dx^2}\right)^2 dV = \frac{E}{2}\int_0^L \left(\frac{d^2v}{dx^2}\right)^2 dx \int_A y^2\,dA \tag{3.34}$$

적분 $\int_A y^2 dA$이 단면 2차 모멘트 I이므로

$$\Lambda^{(e)} = \frac{EI}{2}\int_0^L \left(\frac{d^2v}{dx^2}\right)^2 dx \tag{3.35}$$

를 구할 수 있다.

이제 변위장 v에 형상함수와 절점값을 대입한다. 먼저 다음 식을 고려하자.

$$\frac{d^2v}{dx^2} = \frac{d^2}{dx^2}[S_{i1} \quad S_{i2} \quad S_{j1} \quad S_{j2}] \begin{Bmatrix} U_{i1} \\ U_{i2} \\ U_{j1} \\ U_{j2} \end{Bmatrix} \tag{3.36}$$

유도과정을 간단히 하고 불필요한 연산을 피하기 위해 행렬 표기를 사용하자. 먼저 형상함수의 2차 도함수를 다음과 같이 정의한다.

$$\begin{aligned} D_{i1} &= \frac{d^2S_{i1}}{dx^2} = -\frac{6}{L^2} + \frac{12x}{L^3} \\ D_{i2} &= \frac{d^2S_{i2}}{dx^2} = -\frac{4}{L} + \frac{6x}{L^2} \\ D_{j1} &= \frac{d^2S_{j1}}{dx^2} = \frac{6}{L^2} - \frac{12x}{L^3} \\ D_{j2} &= \frac{d^2S_{j2}}{dx^2} = -\frac{2}{L} + \frac{6x}{L^2} \end{aligned} \tag{3.36a}$$

식 (3.36)은 다음과 같이 간단한 행렬 형태로 된다.

$$\frac{d^2v}{dx^2} = [\mathbf{D}]\{\mathbf{U}\} \tag{3.37}$$

여기서 $[\mathbf{D}] = [D_{i1} \quad D_{i2} \quad D_{j1} \quad D_{j2}]$이고 $\{\mathbf{U}\} = \begin{Bmatrix} U_{i1} \\ U_{i2} \\ U_{j1} \\ U_{j2} \end{Bmatrix}$이다.

$\left(\frac{d^2v}{dx^2}\right)^2$항은 $\{\mathbf{U}\}$와 $[\mathbf{D}]$ 행렬 항으로 다음과 같이 표시할 수 있다.

$$\left(\frac{d^2v}{dx^2}\right)^2 = ([\mathbf{D}]\{\mathbf{U}\})([\mathbf{D}]\{\mathbf{U}\}) = \{\mathbf{U}\}^T[\mathbf{D}]^T[\mathbf{D}]\{\mathbf{U}\} \tag{3.38}$$

식 (3.38)에서 $[\mathbf{D}]\{\mathbf{U}\} = \{\mathbf{U}\}^T[\mathbf{D}]^T$임을 기억하라. 이 등식은 직접 증명해 보기를 바란다. 이 장 끝의 연습문제 26을 참조하라. 식 (3.38)을 이용하여 임의의 보 요소에 대한 변형 에너지는 다음과 같다.

$$\Lambda^{(e)} = \frac{EI}{2}\int_0^L \{\mathbf{U}\}^T[\mathbf{D}]^T[\mathbf{D}]\{\mathbf{U}\}\,dx \tag{3.39}$$

물체의 총 퍼텐셜 에너지 Π는 총 변형 에너지와 외력에 의한 일의 차이임을 설명하였다.

$$\Pi = \Sigma\Lambda^{(e)} - \Sigma FU \tag{3.40}$$

안정한 시스템에서 평형 위치의 변위는 시스템의 총 퍼텐셜 에너지를 최소가 되게 한다는 최소 총 퍼텐셜 에너지의 원리를 적용한다. 그러면 보 요소에 대해서 다음을 얻는다.

$$\frac{\partial \Pi}{\partial U_k} = \frac{\partial}{\partial U_k}\Sigma \Lambda^{(e)} - \frac{\partial}{\partial U_k}\Sigma FU = 0, \quad k = 1, 2, 3, 4 \tag{3.41}$$

여기서 U_k는 절점 자유도의 값 U_{i1}, U_{i2}, U_{j1}, U_{j2}를 가진다. 식 (3.40)은 변형 에너지와 외력에 의해 한 일로 나눌 수 있다. 절점의 자유도에 대한 변형 에너지의 미분은 보의 강성행렬의 정식화를 가져오고, 외력에 의한 일에 대한 미분은 하중행렬을 유도한다. 강성행렬을 얻기 위하여 변형 에너지를 U_{i1}, U_{i2}, U_{j1}, U_{j2}에 대하여 최소화한다. 총 퍼텐셜 에너지의 변형 에너지로부터 다음을 얻을 수 있다.

$$\frac{\partial \Lambda^{(e)}}{\partial U_k} = EI\int_0^L [\mathbf{D}]^T[\mathbf{D}]dx\{\mathbf{U}\} \tag{3.42}$$

식 (3.42)는 다음과 같이 된다.

$$\frac{\partial \Lambda^{(e)}}{\partial U_k} = EI\int_0^L [\mathbf{D}]^T[\mathbf{D}]dx\{\mathbf{U}\} = \frac{EI}{L^3}\begin{bmatrix} 12 & 6L & -12 & 6L \\ 6L & 4L^2 & -6L & 2L^2 \\ -12 & -6L & 12 & -6L \\ 6L & 2L^2 & -6L & 4L^2 \end{bmatrix}\begin{Bmatrix} U_{i1} \\ U_{i2} \\ U_{j1} \\ U_{j2} \end{Bmatrix}$$

절점당 2개의 자유도(수직변위와 기울기)를 가지는 보 요소의 강성행렬은 다음과 같다.

$$[\mathbf{K}]^{(e)} = \frac{EI}{L^3}\begin{bmatrix} 12 & 6L & -12 & 6L \\ 6L & 4L^2 & -6L & 2L^2 \\ -12 & -6L & 12 & -6L \\ 6L & 2L^2 & -6L & 4L^2 \end{bmatrix} \tag{3.43}$$

식 (3.39)에서 (3.41)로부터 식 (3.42)와 (3.43)의 유도는 연습문제로 남겨둔다. 연습문제 27을 참조하라.

하중행렬

절점의 하중행렬을 정식화하는 데에는 두 가지 방법이 있는데, (1) 하중이 한 일을 최소화하는 방법과 (2) 보의 반력을 계산하는 방법이다. 그림 3.9에 나타나 있듯이 길이 L인 보

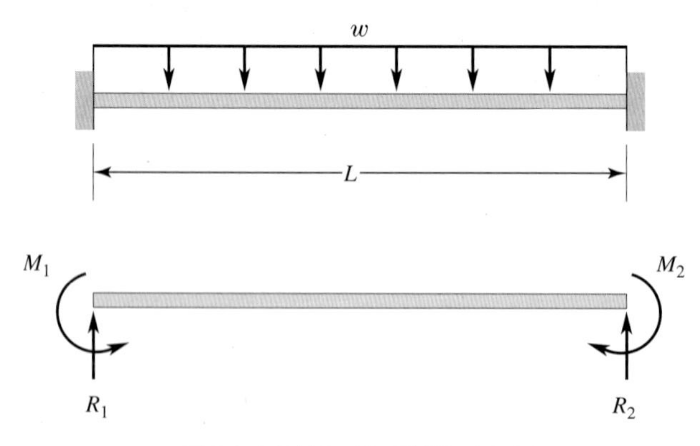

그림 3.9 균일 분포하중을 받는 보 요소

에 작용하는 분포하중을 고려해 보자. 끝점에서의 반력과 반모멘트도 그림에 나타나 있다.

첫 번째 방법을 사용하면, 분포하중에 의한 일은 $\int_L wv\,dx$에서 계산할 수 있다. 다음 단계는 변위함수에 형상함수와 절점값을 대입한 후 적분하고 일 항을 절점변위에 대하여 미분하면 된다. 이 접근법은 평면응력 상태에 대한 하중행렬의 정식화 때 자세히 설명할 것이다. 많은 유한요소 정식화를 가능하게 하기 위해서 두 번째 접근법을 사용하여 하중행렬을 유도한다. 식 (3.26)부터 시작한다.

$$EI\frac{d^4v}{dx^4} = \frac{dV(x)}{dx} = w(x)$$

균일 분포하중에서 $w(x)$는 일정하다. 이 식을 적분하면 다음과 같다.

$$EI\frac{d^3v}{dx^3} = -wx + c_1 \tag{3.44}$$

경계조건 $EI\left.\frac{d^3v}{dx^3}\right|_{x=0} = R_1$($x=0$일 때 $V(x)=R_1$과 식 (3.25)를 이용)을 적용하면 $c_1 = R_1$이 된다. c_1의 값을 대입하고 식 (3.44)를 적분하면 다음과 같이 된다.

$$EI\frac{d^2v}{dx^2} = -\frac{wx^2}{2} + R_1x + c_2 \tag{3.45}$$

경계조건 $EI\left.\frac{d^2v}{dx^2}\right|_{x=0} = -M_1$($x=0$일 때 $M(x)=-M_1$과 식 (3.24)를 이용)을 적용하면 $c_2 = -M_1$이 된다. c_2의 값을 대입하고 적분하면 다음과 같이 된다.

$$EI\frac{dv}{dx} = -\frac{wx^3}{6} + \frac{R_1x^2}{2} - M_1x + c_3 \tag{3.46}$$

경계조건 $\left.\frac{dv}{dx}\right|_{x=0} = 0$($x=0$일 때 기울기 $=0$)을 적용하면 $c_3 = 0$이 된다. 마지막으로 한 번 더 적분을 하면 다음과 같이 된다.

$$EIv = -\frac{wx^4}{24} + \frac{R_1x^3}{6} - \frac{M_1x^2}{2} + c_4 \tag{3.47}$$

경계조건 $v(0) = 0$($x=0$일 때 처짐 $=0$)을 적용하면 $c_4 = 0$이 된다. R_1과 M_1 값을 얻기 위해, 이 문제에 2개의 경계조건, $\left.\frac{dv}{dx}\right|_{x=L} = 0$과 $v(L) = 0$을 추가로 적용할 수 있다. 이 조건을 적용하면 다음과 같이 된다.

$$\left.\frac{dv}{dx}\right|_{x=L} = -\frac{wL^3}{6} + \frac{R_1L^2}{2} - M_1L = 0 \tag{3.48}$$

$$v(L) = -\frac{wL^4}{24} + \frac{R_1L^3}{6} - \frac{M_1L^2}{2} = 0 \tag{3.49}$$

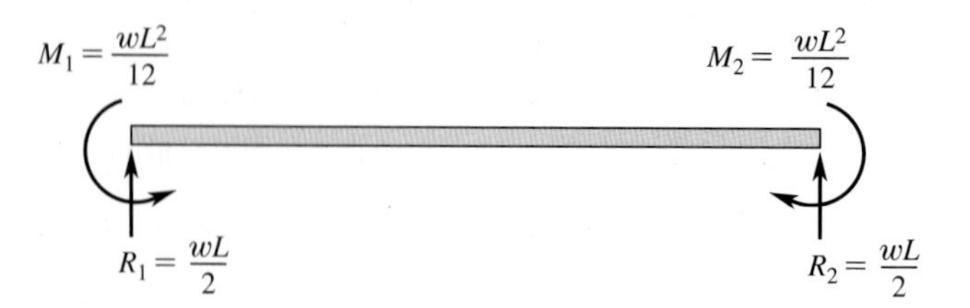

그림 3.10 균일 분포하중을 받는 보 요소의 반력

이 두 식을 동시에 풀면, $R_1 = \dfrac{wL}{2}$과 $M_1 = \dfrac{wL^2}{12}$을 얻는다. 평형조건에 따라 이 문제는 대칭이므로 다른 끝점에서의 반력은 $R_2 = \dfrac{wL}{2}$과 $M_2 = \dfrac{wL^2}{12}$이 됨을 알 수 있다. 각 끝점에서의 반력은 그림 3.10에 나타나 있다.

끝점에서 반력의 부호를 바꾸면 균일 분포하중을 그것과 등가인 절점하중으로 나타낼 수 있다. 마찬가지 방법으로 다른 하중 상태에 있어서의 절점 하중행렬을 얻을 수 있다. 몇 가지 전형적인 하중 상태에 있어서 실제 하중과 그것의 등가 절점하중(equivalent nodal load)의 관계가 표 3.2에 요약되어 있다.

표 3.2 보의 등가 절점하중

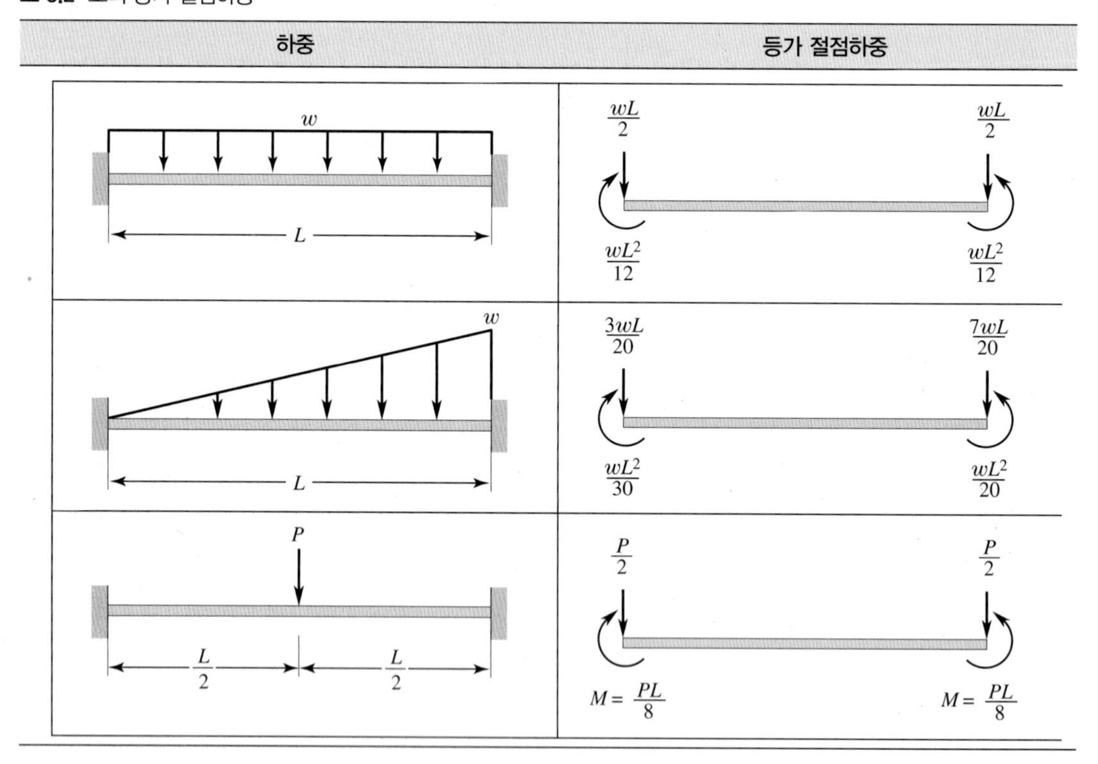

예제 3.3 다시보기

예제 3.3의 발코니 외팔보를 다시 보고 단순 보 요소를 이용하여 해를 구해보자. 보는 단면

적이 10.3 in^{2}이고, 깊이가 17.7 in인 플랜지가 넓은 보(W18×35)이다. 단면 2차 모멘트는 510 in^{4}이다. 보는 1000 lb/ft의 균일 분포하중을 받고 있다. 탄성계수는 $E = 29 \times 10^6$ lb/in^{2}이다. 중점 B와 끝점 C에서 보의 처짐을 구하라. 또 점 C에서 보의 최대 기울기를 계산하라.

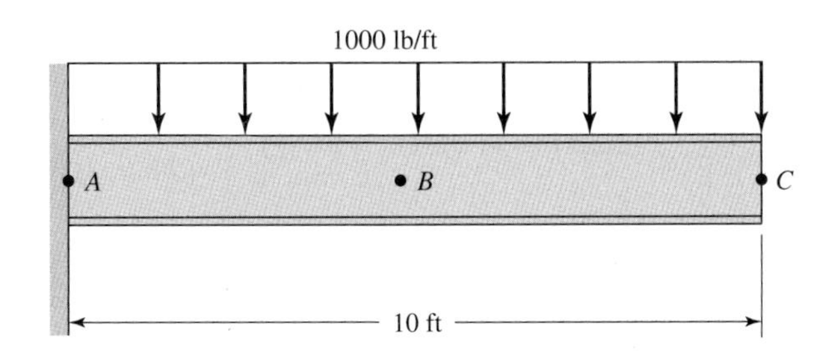

이 문제에서는 1개 요소를 사용하기 때문에 전체 행렬에서 요소의 강성행렬과 하중행렬은 다음과 같다.

$$[\boldsymbol{K}]^{(e)} = [\boldsymbol{K}]^{(G)} = \frac{EI}{L^3}\begin{bmatrix} 12 & 6L & -12 & 6L \\ 6L & 4L^2 & -6L & 2L^2 \\ -12 & -6L & 12 & -6L \\ 6L & 2L^2 & -6L & 4L^2 \end{bmatrix} \quad \{\boldsymbol{F}\}^{(e)} = \{\boldsymbol{F}\}^{(G)} = \begin{Bmatrix} -\dfrac{wL}{2} \\ -\dfrac{wL^2}{12} \\ -\dfrac{wL}{2} \\ \dfrac{wL^2}{12} \end{Bmatrix}$$

$$\frac{EI}{L^3}\begin{bmatrix} 12 & 6L & -12 & 6L \\ 6L & 4L^2 & -6L & 2L^2 \\ -12 & -6L & 12 & -6L \\ 6L & 2L^2 & -6L & 4L^2 \end{bmatrix}\begin{Bmatrix} U_{11} \\ U_{12} \\ U_{21} \\ U_{22} \end{Bmatrix} = \begin{Bmatrix} -\dfrac{wL}{2} \\ -\dfrac{wL^2}{12} \\ -\dfrac{wL}{2} \\ \dfrac{wL^2}{12} \end{Bmatrix}$$

절점 1에서의 경계조건 $U_{11} = 0$과 $U_{12} = 0$을 적용하면 다음을 얻는다.

$$\frac{EI}{L^3}\begin{bmatrix} 1 & 0 & 0 & 0 \\ 0 & 1 & 0 & 0 \\ -12 & -6L & 12 & -6L \\ 6L & 2L^2 & -6L & 4L^2 \end{bmatrix}\begin{Bmatrix} U_{11} \\ U_{12} \\ U_{21} \\ U_{22} \end{Bmatrix} = \begin{Bmatrix} 0 \\ 0 \\ -\dfrac{wL}{2} \\ \dfrac{wL^2}{12} \end{Bmatrix}$$

간단히 하면 다음과 같다.

$$\begin{bmatrix} 12 & -6L \\ -6L & 4L^2 \end{bmatrix} \begin{Bmatrix} U_{21} \\ U_{22} \end{Bmatrix} = \frac{L^3}{EI} \begin{Bmatrix} -\dfrac{wL}{2} \\ \dfrac{wL^2}{12} \end{Bmatrix}$$

$$\begin{bmatrix} 12 & -6(10\text{ ft}) \\ -6(10\text{ ft}) & 4(10\text{ ft})^2 \end{bmatrix} \begin{Bmatrix} U_{21} \\ U_{22} \end{Bmatrix} = \frac{(10\text{ ft})^3}{(29 \times 10^6\text{ lb/in}^2)(510\text{ in}^4)\left(\dfrac{1\text{ ft}}{12\text{ in}}\right)^2} \begin{Bmatrix} -\dfrac{1000(10)}{2} \\ \dfrac{(1000)(10)^2}{12} \end{Bmatrix}$$

끝점 C에서의 처짐과 기울기는 다음과 같다.

$$U_{21} = -0.01217\text{ ft} = -0.146\text{ in} \quad \text{그리고} \quad U_{22} = -0.00163\text{ rad}$$

점 B에서 처짐을 얻기 위해 보 요소의 처짐 방정식을 이용하고, $x = \dfrac{L}{2}$에서 형상함수를 구한다.

$$\begin{aligned} v &= S_{11}U_{11} + S_{12}U_{12} + S_{21}U_{21} + S_{22}U_{22} \\ &= S_{11}(0) + S_{12}(0) + S_{21}(-0.146) + S_{22}(-0.00163) \end{aligned}$$

점 B에서 형상함수의 값을 계산하면 다음과 같다.

$$S_{21} = \frac{3x^2}{L^2} - \frac{2x^3}{L^3} = \frac{3}{L^2}\left(\frac{L}{2}\right)^2 - \frac{2}{L^3}\left(\frac{L}{2}\right)^3 = \frac{1}{2}$$

$$S_{22} = -\frac{x^2}{L} + \frac{x^3}{L^2} = -\frac{\left(\dfrac{L}{2}\right)^2}{L} + \frac{\left(\dfrac{L}{2}\right)^3}{L^2} = -\frac{L}{8}$$

$$v_B = \left(\frac{1}{2}\right)(-0.146\text{ in}) + \left(-\frac{120\text{ in}}{8}\right)(-0.00163\text{ rad}) = -0.048\text{ in}$$

예제 3.3에서 주어진 정확한 해와 구한 유한요소 모델의 결과를 비교하면 매우 잘 일치하는 것을 알 수 있다. 요소 2개를 이용하면 중점의 처짐에 대한 결과를 더 정확하게 구할 수 있다. 이것은 연습문제로 남겨둔다.

예제 3.4

그림 3.11에 나타난 보는 단면적이 6650 mm^2이고 깊이가 317 mm인 플랜지가 넓은 보(W310×52)이다. 단면 2차 모멘트는 $118.6 \times 10^6\ \text{mm}^4$이다. 이 보는 균일 분포하중 25,000 N/m를 받고 있다. 보의 탄성계수 $E = 200$ GPa이다. 절점 3에서의 수직변위와 절점 2와 3의 회전각을 결정하라. 또 절점 1과 2에서의 반력과 반모멘트를 계산하라.

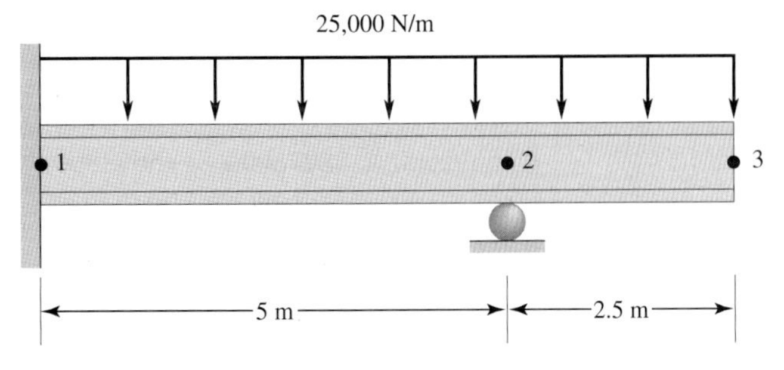

그림 3.11 예제 3.4의 보의 개략도

이 문제는 부정정(statically indeterminate)임을 유의하라. 이 문제를 해석하기 위하여 2개의 요소를 사용한다. 요소의 강성행렬은 식 (3.43)으로부터 계산된다.

$$[\mathbf{K}]^{(e)} = \frac{EI}{L^3}\begin{bmatrix} 12 & 6L & -12 & 6L \\ 6L & 4L^2 & -6L & 2L^2 \\ -12 & -6L & 12 & -6L \\ 6L & 2L^2 & -6L & 4L^2 \end{bmatrix}$$

요소 (1)에 대하여 적절한 값을 대입하면 강성행렬은 다음과 같다.

$$[\mathbf{K}]^{(1)} = \frac{200 \times 10^9 \times 1.186 \times 10^{-4}}{5^3}\begin{bmatrix} 12 & 6(5) & -12 & 6(5) \\ 6(5) & 4(5)^2 & -6(5) & 2(5)^2 \\ -12 & -6(5) & 12 & -6(5) \\ 6(5) & 2(5)^2 & -6(5) & 4(5)^2 \end{bmatrix}$$

편의상 절점 자유도를 강성행렬의 측면에 나타내기로 한다. 요소 (1)에 대하여 다음을 얻는다.

$$[\mathbf{K}]^{(1)} = \begin{bmatrix} 2277120 & 5692800 & -2277120 & 5692800 \\ 5692800 & 18976000 & -5692800 & 9488000 \\ -2277120 & -5692800 & 2277120 & -5692800 \\ 5692800 & 9488000 & -5692800 & 18976000 \end{bmatrix}\begin{matrix} U_{11} \\ U_{12} \\ U_{21} \\ U_{22} \end{matrix}$$

요소 (2)에 대한 강성행렬을 계산하면 다음과 같다.

$$[\mathbf{K}]^{(2)} = \frac{200 \times 10^9 \times 1.186 \times 10^{-4}}{(2.5)^3}\begin{bmatrix} 12 & 6(2.5) & -12 & 6(2.5) \\ 6(2.5) & 4(2.5)^2 & -6(2.5) & 2(2.5)^2 \\ -12 & -6(2.5) & 12 & -6(2.5) \\ 6(2.5) & 2(2.5)^2 & -6(2.5) & 4(2.5)^2 \end{bmatrix}$$

요소 (2)에 대해 절점 자유도를 강성행렬 측면에 나타내면 다음과 같다.

$$[\mathbf{K}]^{(2)} = \begin{bmatrix} 18216960 & 22771200 & -18216960 & 22771200 \\ 22771200 & 37952000 & -22771200 & 18976000 \\ -18216960 & -22771200 & 18216960 & -22771200 \\ 22771200 & 18976000 & -22771200 & 37952000 \end{bmatrix}\begin{matrix} U_{21} \\ U_{22} \\ U_{31} \\ U_{32} \end{matrix}$$

전체 강성행렬을 얻기 위해 $[\mathbf{K}]^{(1)}$과 $[\mathbf{K}]^{(2)}$를 조합하면 다음과 같이 된다.

$$[\mathbf{K}]^{(G)} = \begin{bmatrix} 2277120 & 5692800 & -2277120 & 5692800 & 0 & 0 \\ 5692800 & 18976000 & -5692800 & 9488000 & 0 & 0 \\ -2277120 & -5692800 & 20494080 & 17078400 & -18216960 & 22771200 \\ 5692800 & 9488000 & 17078400 & 56928000 & -22771200 & 18976000 \\ 0 & 0 & -18216960 & -22771200 & 18216960 & -22771200 \\ 0 & 0 & 22771200 & 18976000 & -22771200 & 37952000 \end{bmatrix}$$

표 3.2를 참조하면, 요소 (1)과 요소 (2)에 대한 하중행렬을 계산할 수 있다. 각각의 하중행렬은 다음과 같다.

$$\{\mathbf{F}\}^{(1)} = \begin{Bmatrix} -\dfrac{wL}{2} \\ -\dfrac{wL^2}{12} \\ -\dfrac{wL}{2} \\ \dfrac{wL^2}{12} \end{Bmatrix} = \begin{Bmatrix} -\dfrac{25 \times 10^3 \times 5}{2} \\ -\dfrac{25 \times 10^3 \times 5^2}{12} \\ -\dfrac{25 \times 10^3 \times 5}{2} \\ \dfrac{25 \times 10^3 \times 5^2}{12} \end{Bmatrix} = \begin{Bmatrix} -62500 \\ -52083 \\ -62500 \\ 52083 \end{Bmatrix}$$

$$\{\mathbf{F}\}^{(2)} = \begin{Bmatrix} -\dfrac{wL}{2} \\ -\dfrac{wL^2}{12} \\ -\dfrac{wL}{2} \\ \dfrac{wL^2}{12} \end{Bmatrix} = \begin{Bmatrix} -\dfrac{25 \times 10^3 \times 2.5}{2} \\ -\dfrac{25 \times 10^3 \times 2.5^2}{12} \\ -\dfrac{25 \times 10^3 \times 2.5}{2} \\ \dfrac{25 \times 10^3 \times 2.5^2}{12} \end{Bmatrix} = \begin{Bmatrix} -31250 \\ -13021 \\ -31250 \\ 13021 \end{Bmatrix}$$

전체 하중행렬을 얻기 위하여 두 하중행렬을 결합하면 다음과 같이 된다.

$$\{\mathbf{F}\}^{(G)} = \begin{Bmatrix} -62500 \\ -52083 \\ -62500 - 31250 \\ 52083 - 13021 \\ -31250 \\ 13021 \end{Bmatrix} = \begin{Bmatrix} -62500 \\ -52083 \\ -93750 \\ 39062 \\ -31250 \\ 13021 \end{Bmatrix}$$

절점 1에서의 경계조건 $U_{11} = U_{12} = 0$과 절점 2에서의 경계조건 $U_{21} = 0$을 적용하면 다음을 얻는다.

$$\begin{bmatrix} 1 & 0 & 0 & 0 & 0 & 0 \\ 0 & 1 & 0 & 0 & 0 & 0 \\ 0 & 0 & 1 & 0 & 0 & 0 \\ 5692800 & 9488000 & 17078400 & 56928000 & -22771200 & 18976000 \\ 0 & 0 & -18216960 & -22771200 & 18216960 & -22771200 \\ 0 & 0 & 22771200 & 18976000 & -22771200 & 37952000 \end{bmatrix} \begin{Bmatrix} U_{11} \\ U_{12} \\ U_{21} \\ U_{22} \\ U_{31} \\ U_{32} \end{Bmatrix} = \begin{Bmatrix} 0 \\ 0 \\ 0 \\ 39062 \\ -31250 \\ 13021 \end{Bmatrix}$$

적용된 경계조건을 고려하면 전체 강성행렬과 하중행렬은 다음과 같이 축소된다.

$$\begin{bmatrix} 56928000 & -22771200 & 18976000 \\ -22771200 & 18216960 & -22771200 \\ 18976000 & -22771200 & 37952000 \end{bmatrix} \begin{Bmatrix} U_{22} \\ U_{31} \\ U_{32} \end{Bmatrix} = \begin{Bmatrix} 39062 \\ -31250 \\ 13021 \end{Bmatrix}$$

위 식을 풀면 미지의 절점값이 산출된다. 변위 결과는 다음과 같다.

$$[\mathbf{U}]^T = [0 \quad 0 \quad 0 \quad -0.0013723(\text{rad}) \quad -0.0085772(\text{m}) \quad -0.004117(\text{rad})]$$

절점의 반력과 반모멘트는 다음 관계식으로부터 계산할 수 있다.

$$\{\mathbf{R}\} = [\mathbf{K}]\{\mathbf{U}\} - \{\mathbf{F}\} \tag{3.50}$$

여기서 $\{\mathbf{R}\}$은 반력행렬이다. 식 (3.50)에 적절한 값을 대입하면 다음과 같다.

$$\begin{Bmatrix} R_1 \\ M_1 \\ R_2 \\ M_2 \\ R_3 \\ M_3 \end{Bmatrix} = \begin{bmatrix} 2277120 & 5692800 & -2277120 & 5692800 & 0 & 0 \\ 5692800 & 18976000 & -5692800 & 9488000 & 0 & 0 \\ -2277120 & -5692800 & 20494080 & 17078400 & -18216960 & 22771200 \\ 5692800 & 9488000 & 17078400 & 56928000 & -22771200 & 18976000 \\ 0 & 0 & -18216960 & -22771200 & 18216960 & -22771200 \\ 0 & 0 & 22771200 & 18976000 & -22771200 & 37952000 \end{bmatrix} \times$$

$$\begin{Bmatrix} 0 \\ 0 \\ 0 \\ -0.0013723 \\ -0.0085772 \\ -0.0041170 \end{Bmatrix} - \begin{Bmatrix} -62500 \\ -52083 \\ -93750 \\ 39062 \\ -31250 \\ 13021 \end{Bmatrix}$$

위 식을 계산하면 다음과 같은 각 절점에서의 반력과 반모멘트가 산출된다.

$$\begin{Bmatrix} R_1 \\ M_1 \\ R_2 \\ M_2 \\ R_3 \\ M_3 \end{Bmatrix} = \begin{Bmatrix} 54687(\text{N}) \\ 39062(\text{N} \cdot \text{m}) \\ 132814(\text{N}) \\ 0 \\ 0 \\ 0 \end{Bmatrix}$$

절점변위행렬을 사용하여 반력행렬을 계산함으로써, 해석 결과의 타당성을 검증할 수 있음을 유념하라. 절점 1에서는 반력과 반모멘트가 있으며 절점 2에서도 반력이 있다. 절점 2에서는 예상대로 반모멘트가 없다. 그리고 절점 3에서는 예상대로 아무런 반력이나 반모멘트가 없다. 해석 결과의 정확성에 대한 검증은 3.7절에서 더 논의한다.

예제 3.4 다시보기

예제 3.4를 Excel을 이용하여 해결할 것이다.

1. 그림에서처럼 셀 A1에 **Example 3.4**, 그리고 셀 A3, A4, A5에 **E =** , **I =** , **w =** 를 입력한다. 셀 B3에 E값을 입력한 후 B3를 선택하여 'Name Box'에 **E**를 입력하고, **Return** 키를 누른다. 유사한 방법으로 셀 B4, B5에 I와 w 값을 입력한 후 B4, B5를 선택하여 대응되는 'Name Box'에 I와 w를 입력한다. 그림에서처럼 요소와 절점번호, 길이, I, E 등의 값을 갖고 있는 표를 생성한다.

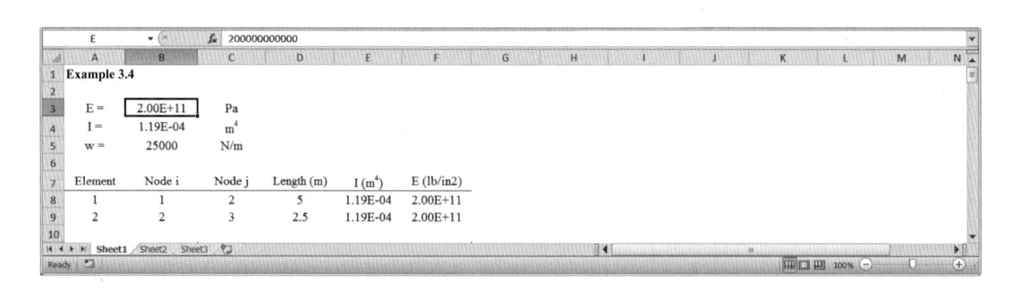

E | 200000000000

	A	B	C	D	E	F
1	Example 3.4					
2						
3	E =	2.00E+11	Pa			
4	I =	1.19E-04	m^4			
5	w =	25000	N/m			
6						
7	Element	Node i	Node j	Length (m)	I (m^4)	E (lb/in2)
8	1	1	2	5	1.19E-04	2.00E+11
9	2	2	3	2.5	1.19E-04	2.00E+11
10						

2. 그림과 같이 **[K1]**, **[K2]**를 계산하고 Kelement1, Kelement2로 명명한다. **[K1]**을 생성하기 위해 H16:K19 구간을 선택하고 다음과 같이 타이핑한다.

   = (E*I/Length1^3)*C16:F19

   그리고 **Ctrl**과 **Shift** 키를 동시에 누르면서 **Return** 키를 누른다. 유사한 방법으로 **[K2]**를 만든다.

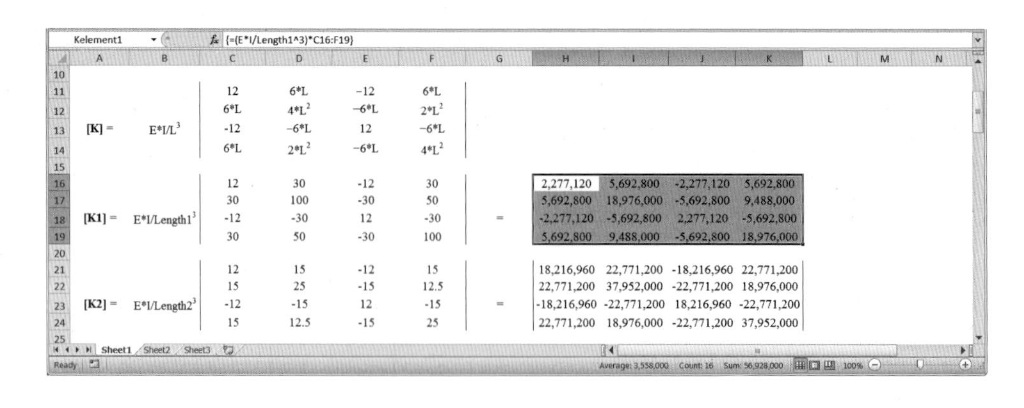

Kelement1 | {=(E*I/Length1^3)*C16:F19}

	A	B	C	D	E	F	G	H	I	J	K
10											
11			12	6*L	−12	6*L					
12			6*L	4*L^2	−6*L	2*L^2					
13	[K] =	E*I/L^3	-12	−6*L	12	−6*L					
14			6*L	2*L^2	−6*L	4*L^2					
15											
16			12	30	-12	30		2,277,120	5,692,800	-2,277,120	5,692,800
17			30	100	-30	50		5,692,800	18,976,000	-5,692,800	9,488,000
18	[K1] =	E*I/Length1^3	-12	-30	12	-30	=	-2,277,120	-5,692,800	2,277,120	-5,692,800
19			30	50	-30	100		5,692,800	9,488,000	-5,692,800	18,976,000
20											
21			12	15	-12	15		18,216,960	22,771,200	-18,216,960	22,771,200
22			15	25	-15	12.5		22,771,200	37,952,000	-22,771,200	18,976,000
23	[K2] =	E*I/Length2^3	-12	-15	12	-15	=	-18,216,960	-22,771,200	18,216,960	-22,771,200
24			15	12.5	-15	25		22,771,200	18,976,000	-22,771,200	37,952,000
25											

Average: 3,558,000 Count: 16 Sum: 56,928,000

3. 이제 **{F1}**, **{F2}**를 생성하고, Felement1, Felement2로 명명한다. **{F1}**을 생성하기 위해 셀 D26을 선택하고, **= − w*Length1/2**를 타이핑한다. 그리고 셀 D27에 **= − w*Length1^2/12**를 타이핑한다.

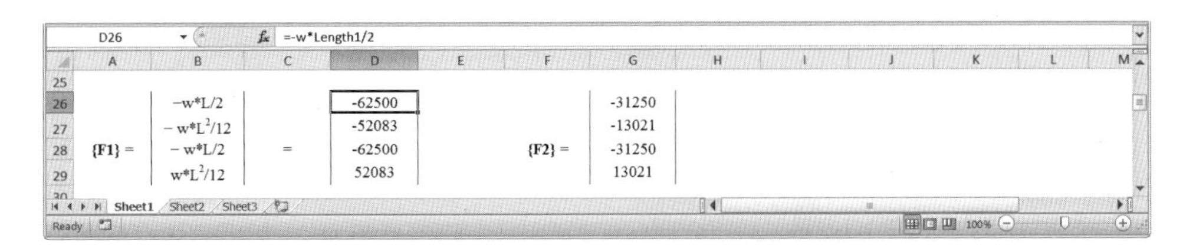

4. 그림에서와 같이 **[A1]**, **[A2]**를 생성하고, Aelement1, Aelement2로 명명한다.

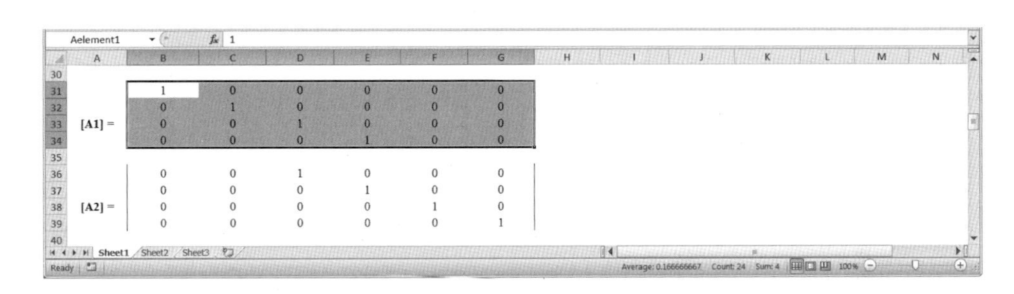

5. (전체 행렬에서 알맞은 위치를 고려함과 동시에) 각 요소에 대한 강성행렬을 생성하고 K1G, K2G로 명명한다. 예를 들어, $[\mathbf{K}]^{1G}$를 생성하기 위해 B41:G46을 선택하고 아래와 같이 타이핑한다.

= **MMULT{TRANSPOSE{Aelement1},MMULT{Kelement1,Aelement1}}**

그리고 **Ctrl**과 **Shift** 키를 동시에 누르면서 **Return** 키를 누른다. 유사한 방법으로 그림처럼 $[\mathbf{K}]^{2G}$를 생성한다.

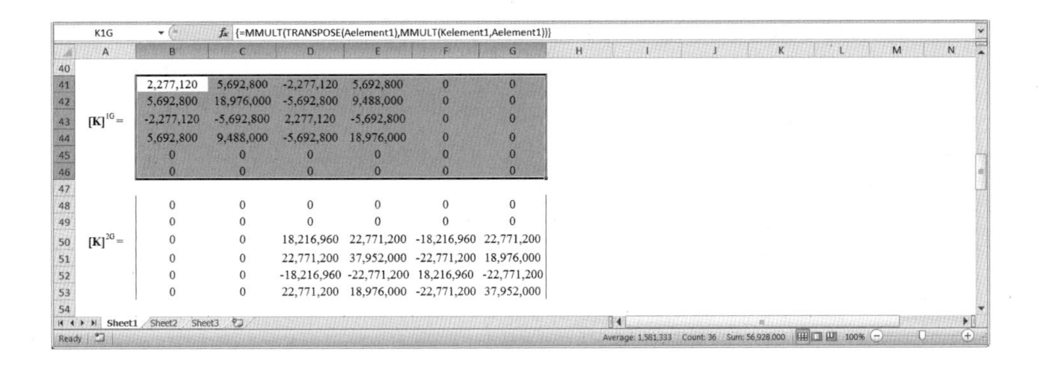

6. 다음으로 $\{\mathbf{F}\}^{1G}$와 $\{\mathbf{F}\}^{2G}$ 행렬을 계산한다. $\{\mathbf{F}\}^{1G}$를 생성하기 위해 B55:B60 구간을 선택하고, 다음과 같이 타이핑한다.

= **MMULT{TRANSPOSE{Aelement1},Felement1}**

그리고 **Ctrl**과 **Shift** 키를 동시에 누르면서 **Return** 키를 누른다. 이 구간을 F1G로 명명한다. 이와 유사한 방법으로 **{F}**^{2G}를 생성하고, F2G로 명명한다.

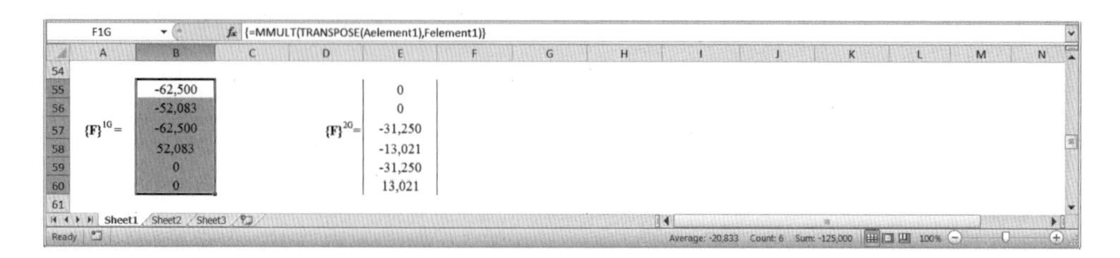

7. 최종적으로 전체 강성행렬과 하중행렬을 생성한다. B62:G67 구간을 선택하고, 아래와 같이 타이핑한다.

= **K1G+K2G**

그리고 **Ctrl**과 **Shift** 키를 동시에 누르면서 **Return** 키를 누른다. 이 구간을 KG로 명명한다. 이와 유사한 방법으로 전체 하중행렬을 만들고, FG로 명명한다.

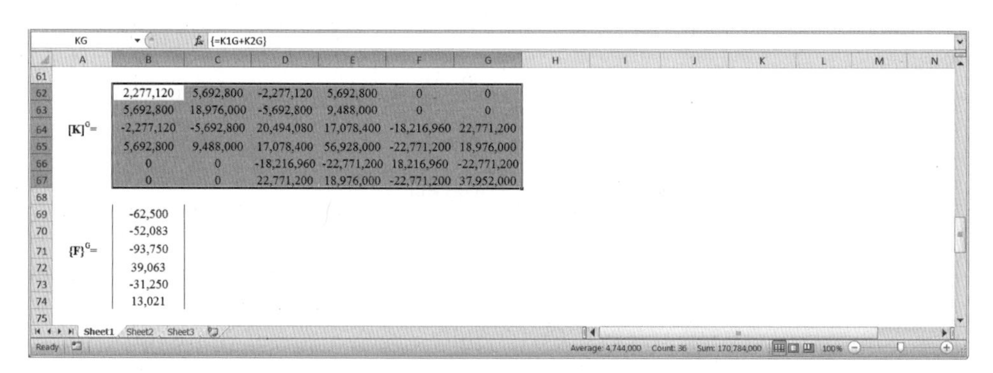

8. 경계조건을 지정하자. KG 행렬의 적절한 부분을 복사하여, C76:E78 구간의 값들만 붙여 넣는다. 이를 KwithappliedBC로 명명한다. 이와 유사한 방법으로 C80:C82 구간에 대응되는 하중행렬을 만들고, FwithappliedBC로 명명한다.

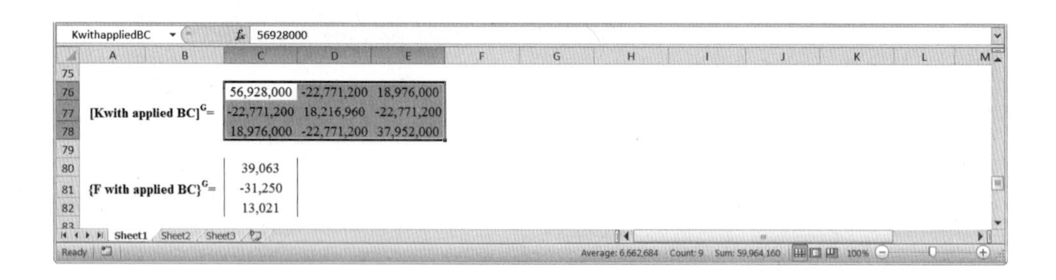

9. C84:C86 구간을 선택하고, 아래와 같이 타이핑한다.

= **MMULT{MINVERSE{KwithappliedBC},FwithappliedBC}**

그리고 **Ctrl**과 **Shift** 키를 동시에 누르면서 **Return** 키를 누른다. 또한 그림에서처럼 **{U partial}**의 값을 복사하고 셀 C88:C93에 U11 = 0, U12 = 0, U21 = 0을 붙여 넣어 경계조건을 만들고 UG 행렬로 명명한다.

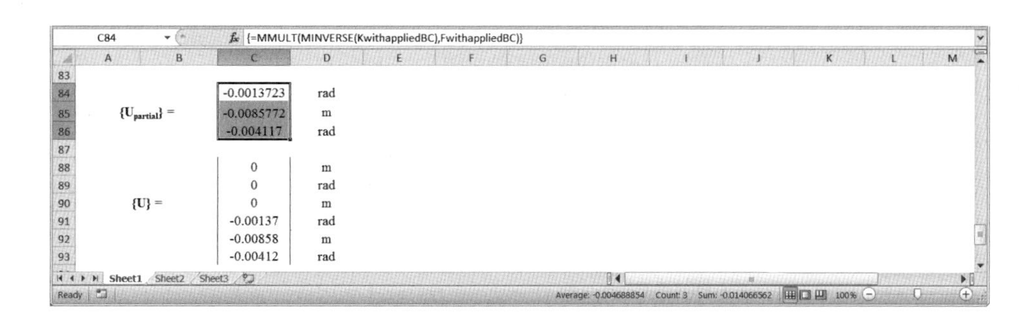

10. 반력과 모멘트를 계산하자. C95:C100 범위를 선택하고, 아래와 같이 타이핑한다.

= **{MMULT{KG,UG}-FG}**

그리고 **Ctrl**과 **Shift** 키를 동시에 누르면서 **Return** 키를 누른다.

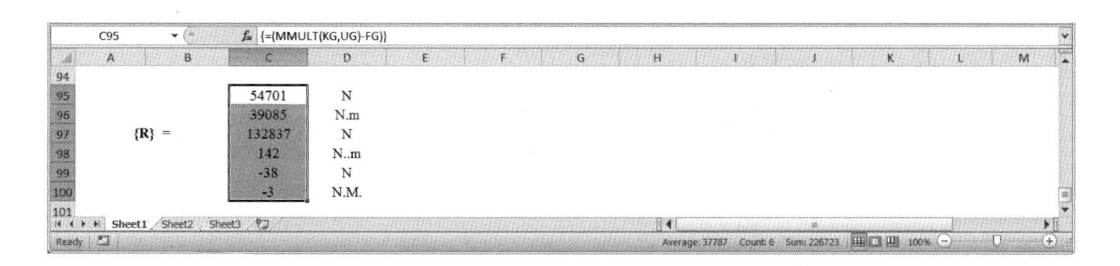

완성된 Excel sheet는 다음과 같다.

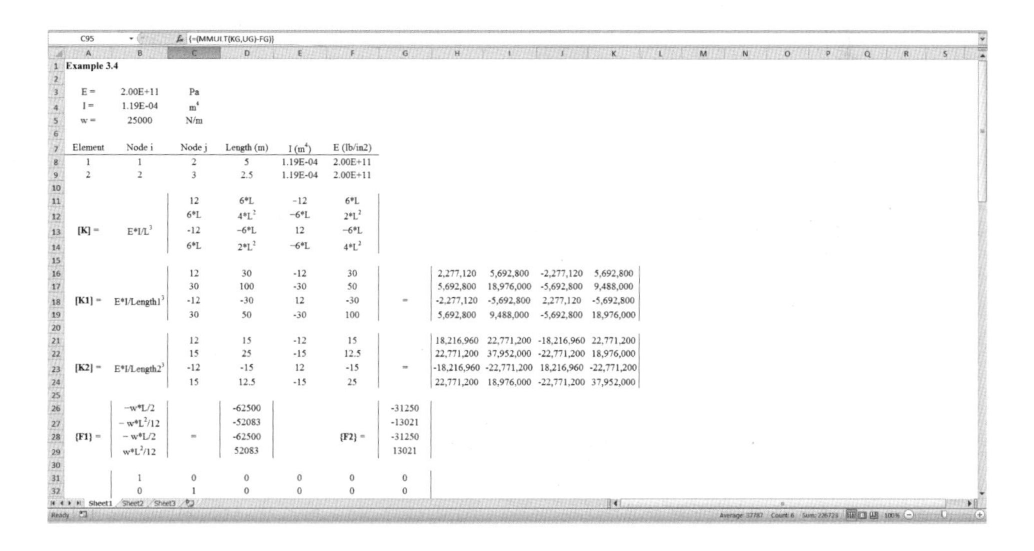

C95 | fx {=(MMULT(KG,UG)-FG)}

	A	B	C	D	E	F	G
31		1	0	0	0	0	0
32		0	1	0	0	0	0
33	[A1] =	0	0	1	0	0	0
34		0	0	0	1	0	0
35							
36		0	0	1	0	0	0
37		0	0	0	1	0	0
38	[A2] =	0	0	0	0	1	0
39		0	0	0	0	0	1
40							
41		2,277,120	5,692,800	-2,277,120	5,692,800	0	0
42		5,692,800	18,976,000	-5,692,800	9,488,000	0	0
43	$[K]^{1G}$ =	-2,277,120	-5,692,800	2,277,120	-5,692,800	0	0
44		5,692,800	9,488,000	-5,692,800	18,976,000	0	0
45		0	0	0	0	0	0
46		0	0	0	0	0	0
47							
48		0	0	0	0	0	0
49		0	0	0	0	0	0
50	$[K]^{2G}$ =	0	0	18,216,960	22,771,200	-18,216,960	22,771,200
51		0	0	22,771,200	37,952,000	-22,771,200	18,976,000
52		0	0	-18,216,960	-22,771,200	18,216,960	-22,771,200
53		0	0	22,771,200	18,976,000	-22,771,200	37,952,000
54							
55		-62,500			0		
56		-52,083			0		
57	$\{F\}^{1G}$ =	-62,500		$\{F\}^{2G}$ =	-31,250		
58		52,083			-13,021		
59		0			-31,250		
60		0			13,021		
61							

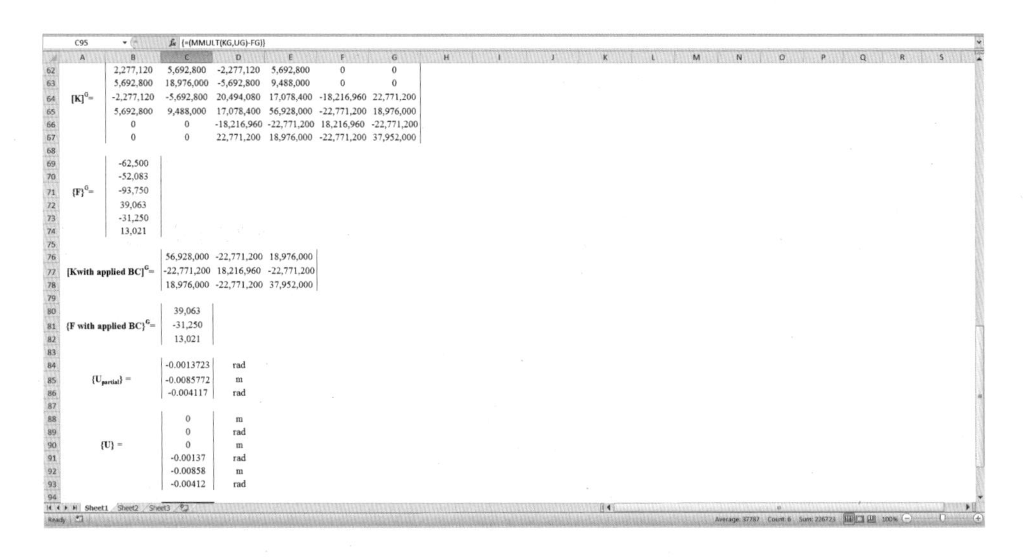

C95 | fx {=(MMULT(KG,UG)-FG)}

	A	B	C	D	E	F	G
62		2,277,120	5,692,800	-2,277,120	5,692,800	0	0
63		5,692,800	18,976,000	-5,692,800	9,488,000	0	0
64	$[K]^{G}$ =	-2,277,120	-5,692,800	20,494,080	17,078,400	-18,216,960	22,771,200
65		5,692,800	9,488,000	17,078,400	56,928,000	-22,771,200	18,976,000
66		0	0	-18,216,960	-22,771,200	18,216,960	-22,771,200
67		0	0	22,771,200	18,976,000	-22,771,200	37,952,000
68							
69		-62,500					
70		-52,083					
71	$\{F\}^{G}$ =	-93,750					
72		39,063					
73		-31,250					
74		13,021					
75							
76			56,928,000	-22,771,200	18,976,000		
77	$[\text{Kwith applied BC}]^{G}$ =		-22,771,200	18,216,960	-22,771,200		
78			18,976,000	-22,771,200	37,952,000		
79							
80			39,063				
81	$\{\text{F with applied BC}\}^{G}$ =		-31,250				
82			13,021				
83							
84			-0.0013723	rad			
85	$\{U_{partial}\}$ =		-0.0085772	m			
86			-0.004117	rad			
87							
88			0	m			
89			0	rad			
90	{U} =		0	m			
91			-0.00137	rad			
92			-0.00858	m			
93			-0.00412	rad			
94							

Sheet1 Sheet2 Sheet3

Ready

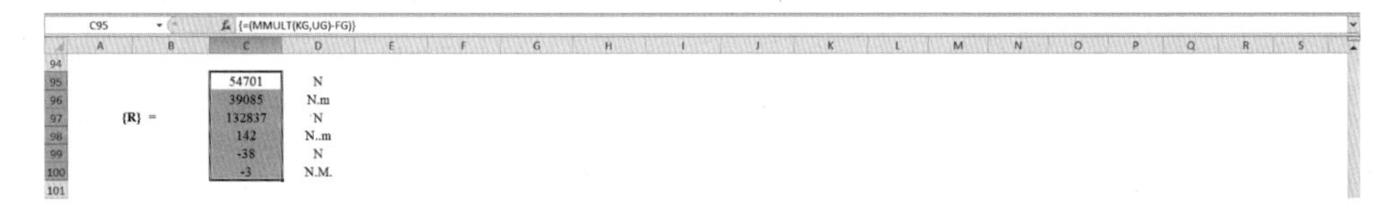

C95 | fx {=(MMULT(KG,UG)-FG)}

	A	B	C	D
94				
95			54701	N
96			39085	N.m
97	{R} =		132837	N
98			142	N..m
99			-38	N
100			-3	N.M.
101				

3.4 프레임의 유한요소 정식화

프레임(frame)은 용접결합이나 나사결합으로 움직일 수 없게 결합된 구조 부재를 의미한다. 이러한 구조물에 있어서, 회전과 횡방향 변위 이외에 축방향의 변형도 고려할 필요가 있다. 여기에서는 평면 프레임에 초점을 맞추어 설명한다. 그림 3.12에 나타낸 프레임 요소는 2개의 절점으로 구성된다. 각 절점에는 축방향 변위, 횡방향 변위 및 회전각인 3개의 자유도가 있다.

그림 3.12를 참조하면서, u_{i1}은 절점 i에서의 축방향 변위를 나타내고 u_{i2}와 u_{i3}는 각각 횡방향 변위와 회전각을 나타냄을 유의하라. 마찬가지로 u_{j1}, u_{j2}, u_{j3}는 각각 절점 j에서의 축방향 변위, 횡방향 변위 및 회전각을 나타낸다. 일반적으로 프레임 요소를 기술하는 데는 전

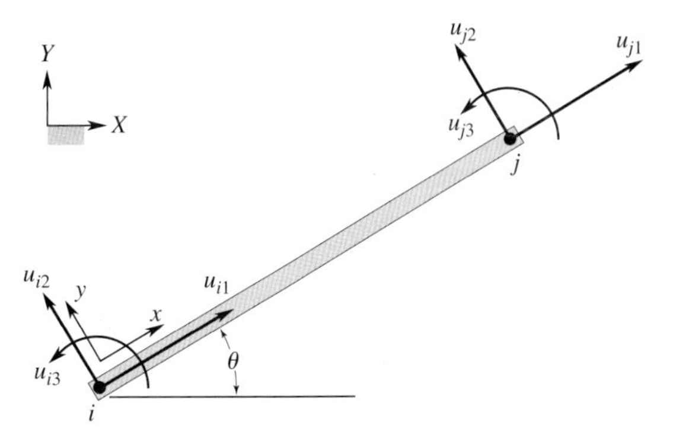

그림 3.12 프레임 요소

체 좌표계와 국부 좌표계 2개가 필요하다. 고정된 전체 좌표계(X, Y)는 다음과 같은 용도로 사용한다. (1) 각 결합부(절점)의 위치를 나타내고 θ와 같은 각도를 사용하여 각 요소의 방향을 저장하고, (2) 구속조건과 작용하중을 전체 좌표계 성분으로 적용하며, (3) 해를 나타내기 위하여 사용한다. 국부(또는 요소) 좌표계도 요소의 축하중에 대한 거동을 나타내기 위하여 필요하다. 국부 좌표계(x, y)와 전체 좌표계(X, Y) 사이의 관계는 그림 3.12에 나타나 있다. 각 절점에는 3개의 자유도가 있으므로 프레임 요소의 강성행렬은 6×6행렬이 된다. 국부 자유도는 전체 자유도와 다음과 같은 변환행렬을 통하여 연관되어 있다.

$$[\mathbf{u}] = [\mathbf{T}][\mathbf{U}] \tag{3.51}$$

여기서 변환행렬은 다음과 같다.

$$[\mathbf{T}] = \begin{bmatrix} \cos\theta & \sin\theta & 0 & 0 & 0 & 0 \\ -\sin\theta & \cos\theta & 0 & 0 & 0 & 0 \\ 0 & 0 & 1 & 0 & 0 & 0 \\ 0 & 0 & 0 & \cos\theta & \sin\theta & 0 \\ 0 & 0 & 0 & -\sin\theta & \cos\theta & 0 \\ 0 & 0 & 0 & 0 & 0 & 1 \end{bmatrix} \tag{3.52}$$

앞 절에서는 보 요소에 있어서 굽힘에 기인한 강성행렬을 구하였다. 이 행렬은 프레임 요소에 대하여 횡방향 변위와 회전각에 대한 강성행렬로 볼 수 있으며 다음과 같이 표현된다.

$$[\mathbf{K}]^{(e)}_{xy} = \frac{EI}{L^3}\begin{bmatrix} 0 & 0 & 0 & 0 & 0 & 0 \\ 0 & 12 & 6L & 0 & -12 & 6L \\ 0 & 6L & 4L^2 & 0 & -6L & 2L^2 \\ 0 & 0 & 0 & 0 & 0 & 0 \\ 0 & -12 & -6L & 0 & 12 & -6L \\ 0 & 6L & 2L^2 & 0 & -6L & 4L^2 \end{bmatrix} \begin{matrix} u_{i1} \\ u_{i2} \\ u_{i3} \\ u_{j1} \\ u_{j2} \\ u_{j3} \end{matrix} \tag{3.53}$$

(열 표시: u_{i1} u_{i2} u_{i3} u_{j1} u_{j2} u_{j3})

각 항에 해당되는 절점 자유도를 나타내기 위하여, 식 (3.53)에서 강성행렬의 위와 옆에 프레임 요소의 자유도를 나타내었다. 3.1절에서 축하중을 받는 부재의 강성행렬을 다음과 같이 유도하였다.

$$[\mathbf{K}]^{(e)}_{\text{axial}} = \begin{array}{c} \begin{matrix} u_{i1} & u_{i2} & u_{i3} & u_{j1} & u_{j2} & u_{j3} \end{matrix} \\ \left[\begin{matrix} \frac{AE}{L} & 0 & 0 & -\frac{AE}{L} & 0 & 0 \\ 0 & 0 & 0 & 0 & 0 & 0 \\ 0 & 0 & 0 & 0 & 0 & 0 \\ -\frac{AE}{L} & 0 & 0 & \frac{AE}{L} & 0 & 0 \\ 0 & 0 & 0 & 0 & 0 & 0 \\ 0 & 0 & 0 & 0 & 0 & 0 \end{matrix}\right] \begin{matrix} u_{i1} \\ u_{i2} \\ u_{i3} \\ u_{j1} \\ u_{j2} \\ u_{j3} \end{matrix} \end{array} \tag{3.54}$$

식 (3.53)과 (3.54)를 더하면 국부 좌표계(x, y)에 관한 프레임 요소의 강성행렬을 다음과 같이 구할 수 있다.

$$[\mathbf{K}]^{(e)}_{xy} = \begin{bmatrix} \frac{AE}{L} & 0 & 0 & -\frac{AE}{L} & 0 & 0 \\ 0 & \frac{12EI}{L^3} & \frac{6EI}{L^2} & 0 & -\frac{12EI}{L^3} & \frac{6EI}{L^2} \\ 0 & \frac{6EI}{L^2} & \frac{4EI}{L} & 0 & -\frac{6EI}{L^2} & \frac{2EI}{L} \\ -\frac{AE}{L} & 0 & 0 & \frac{AE}{L} & 0 & 0 \\ 0 & -\frac{12EI}{L^3} & -\frac{6EI}{L^2} & 0 & \frac{12EI}{L^3} & -\frac{6EI}{L^2} \\ 0 & \frac{6EI}{L^2} & \frac{2EI}{L} & 0 & -\frac{6EI}{L^2} & \frac{4EI}{L} \end{bmatrix} \tag{3.55}$$

식 (3.55)를 전체 좌표계에 대하여 나타낼 필요가 있음을 유의하라. 이를 수행하기 위해 변형 에너지 방정식에서 변환행렬을 이용하여 국부 변위를 전체 변위로 치환한 후 최소화를 수행하여야 한다(연습문제 13 참조). 이 과정을 통하여 다음과 같은 관계식을 얻는다.

$$[\mathbf{K}]^{(e)} = [\mathbf{T}]^T[\mathbf{K}]^{(e)}_{xy}[\mathbf{T}] \tag{3.56}$$

여기서 $[\mathbf{K}]^{(e)}$는 프레임 요소에 대한 강성행렬을 전체 좌표계(X, Y)로 나타낸 것이다. 다음은 프레임의 유한요소 모델링 과정의 예를 보여준다.

예제 3.5

그림 3.13에 나타나 있는 'ㄱ'자 프레임을 고려하자. 프레임은 철재($E = 30 \times 10^6$ lb/in^2)이며, 두 부재의 단면적과 단면 2차 모멘트는 그림 3.13에 나타나 있다. 프레임은 그림에 나타난 바와 같이 고정되어 있다. 주어진 분포하중에서 프레임의 변형을 계산한다.

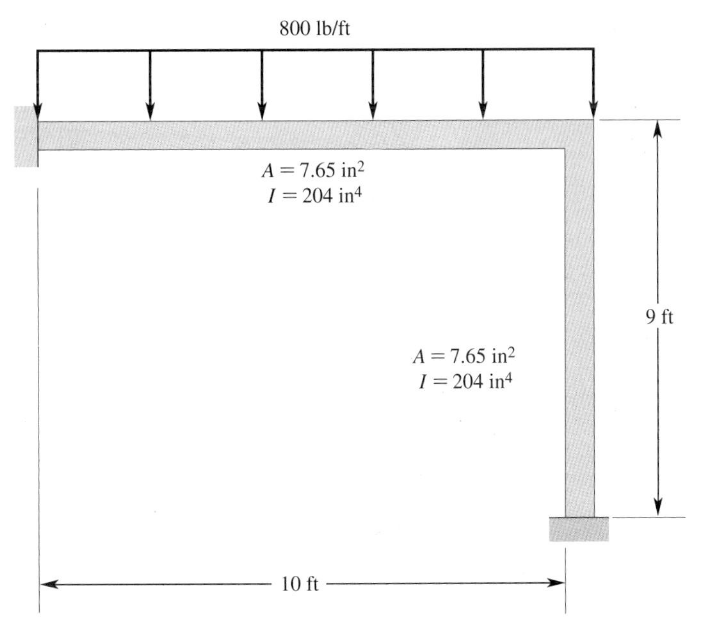

그림 3.13 분포하중이 작용하고 있는 'ㄱ'자 프레임

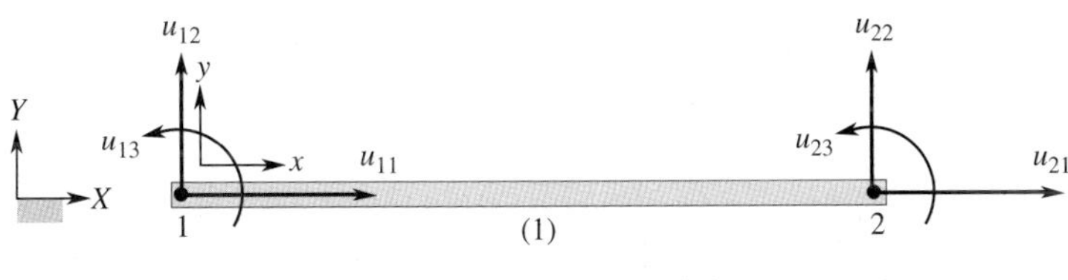

그림 3.14 요소 (1)의 형상

이 문제는 2개의 요소로 모델링할 것이다. 요소 (1)에서 국부 및 전체 좌표계 사이의 관계는 그림 3.14에 나타난 바와 같다.

마찬가지로 요소 (2)에서 전체 및 국부 좌표계 사이의 관계는 그림 3.15에 나타나 있다.

이 문제의 경계조건은 $U_{11} = U_{12} = U_{13} = U_{31} = U_{32} = U_{33} = 0$임을 유의하라. 요소 (1)에 있어서 국부 및 전체 좌표계는 같은 방향으로 정렬되어 있다. 그러므로 요소 (1)의 강성행렬은 식 (3.55)로부터 계산할 수 있으며 다음과 같다.

$$[\mathbf{K}]^{(1)} = 10^3 \begin{bmatrix} 1912.5 & 0 & 0 & -1912.5 & 0 & 0 \\ 0 & 42.5 & 2550 & 0 & -42.5 & 2550 \\ 0 & 2550 & 204000 & 0 & -2550 & 102000 \\ -1912.5 & 0 & 0 & 1912.5 & 0 & 0 \\ 0 & -42.5 & -2550 & 0 & 42.5 & -2550 \\ 0 & 2550 & 102000 & 0 & -2550 & 204000 \end{bmatrix}$$

요소 (2)에 있어서 국부 좌표계에 대해서 표시된 강성행렬은 다음과 같다.

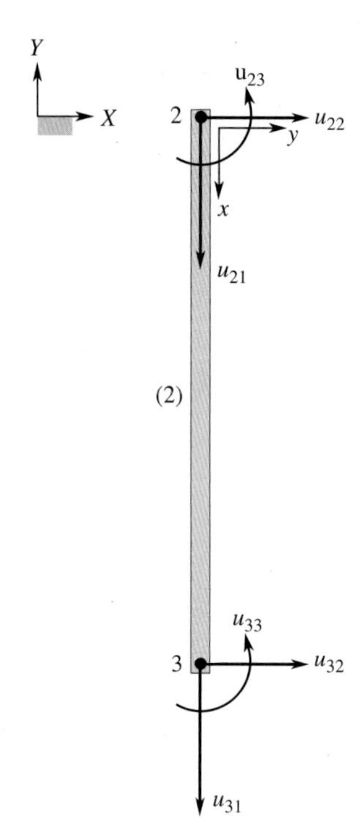

그림 3.15 요소 (2)의 형상

$$[\mathbf{K}]_{xy}^{(2)} = 10^3 \begin{bmatrix} 2125 & 0 & 0 & -2125 & 0 & 0 \\ 0 & 58.299 & 3148.148 & 0 & -58.299 & 3148.148 \\ 0 & 3148.148 & 226666 & 0 & -3148.148 & 113333 \\ -2125 & 0 & 0 & 2125 & 0 & 0 \\ 0 & -58.299 & -3148.148 & 0 & 58.299 & -3148.148 \\ 0 & 3148.148 & 113333 & 0 & -3148.148 & 226666 \end{bmatrix}$$

요소 (2)에 대한 변환행렬은 다음과 같다.

$$[\mathbf{T}] = \begin{bmatrix} \cos(270) & \sin(270) & 0 & 0 & 0 & 0 \\ -\sin(270) & \cos(270) & 0 & 0 & 0 & 0 \\ 0 & 0 & 1 & 0 & 0 & 0 \\ 0 & 0 & 0 & \cos(270) & \sin(270) & 0 \\ 0 & 0 & 0 & -\sin(270) & \cos(270) & 0 \\ 0 & 0 & 0 & 0 & 0 & 1 \end{bmatrix} = \begin{bmatrix} 0 & -1 & 0 & 0 & 0 & 0 \\ 1 & 0 & 0 & 0 & 0 & 0 \\ 0 & 0 & 1 & 0 & 0 & 0 \\ 0 & 0 & 0 & 0 & -1 & 0 \\ 0 & 0 & 0 & 1 & 0 & 0 \\ 0 & 0 & 0 & 0 & 0 & 1 \end{bmatrix}$$

변환행렬의 전치는 다음과 같다.

$$[\mathbf{T}]^T = \begin{bmatrix} 0 & 1 & 0 & 0 & 0 & 0 \\ -1 & 0 & 0 & 0 & 0 & 0 \\ 0 & 0 & 1 & 0 & 0 & 0 \\ 0 & 0 & 0 & 0 & 1 & 0 \\ 0 & 0 & 0 & -1 & 0 & 0 \\ 0 & 0 & 0 & 0 & 0 & 1 \end{bmatrix}$$

식 (3.56)에 $[\mathbf{T}]^T$, $[\mathbf{K}]_{xy}^{(2)}$, $[\mathbf{T}]$를 대입하면 다음을 얻는다.

$$[\mathbf{K}]^{(2)} = 10^3 \begin{bmatrix} 0 & 1 & 0 & 0 & 0 & 0 \\ -1 & 0 & 0 & 0 & 0 & 0 \\ 0 & 0 & 1 & 0 & 0 & 0 \\ 0 & 0 & 0 & 0 & 1 & 0 \\ 0 & 0 & 0 & -1 & 0 & 0 \\ 0 & 0 & 0 & 0 & 0 & 1 \end{bmatrix} \begin{bmatrix} 2125 & 0 & 0 & -2125 & 0 & 0 \\ 0 & 58.299 & 3148.148 & 0 & -58.299 & 3148.148 \\ 0 & 3148.148 & 226666 & 0 & -3148.148 & 113333 \\ -2125 & 0 & 0 & 2125 & 0 & 0 \\ 0 & -58.299 & -3148.148 & 0 & 58.299 & -3148.148 \\ 0 & 3148.148 & 113333 & 0 & -3148.148 & 226666 \end{bmatrix} \begin{bmatrix} 0 & -1 & 0 & 0 & 0 & 0 \\ 1 & 0 & 0 & 0 & 0 & 0 \\ 0 & 0 & 1 & 0 & 0 & 0 \\ 0 & 0 & 0 & 0 & -1 & 0 \\ 0 & 0 & 0 & 1 & 0 & 0 \\ 0 & 0 & 0 & 0 & 0 & 1 \end{bmatrix}$$

위 식을 계산하면 다음과 같다.

$$[\mathbf{K}]^{(2)} = 10^3 \begin{bmatrix} 58.299 & 0 & 3148.148 & -58.299 & 0 & 3148.148 \\ 0 & 2125 & 0 & 0 & -2125 & 0 \\ 3148.148 & 0 & 226666 & -3148.148 & 0 & 113333 \\ -58.299 & 0 & -3148.148 & 58.299 & 0 & -3148.148 \\ 0 & -2125 & 0 & 0 & 2125 & 0 \\ 3148.148 & 0 & 113333 & -3148.148 & 0 & 226666 \end{bmatrix}$$

$[\mathbf{K}]^{(1)}$과 $[\mathbf{K}]^{(2)}$를 조합함으로써 전체 강성행렬을 만들면 다음과 같다.

$$[\mathbf{K}]^{(G)} = 10^3 \begin{bmatrix} 1912.5 & 0 & 0 & -1912.5 & 0 & 0 & 0 & 0 & 0 \\ 0 & 42.5 & 2550 & 0 & -42.5 & 2550 & 0 & 0 & 0 \\ 0 & 2550 & 204000 & 0 & -2550 & 102000 & 0 & 0 & 0 \\ -1912.5 & 0 & 0 & 1912.5 + 58.299 & 0 & 0 + 3148.148 & -58.299 & 0 & 3148.148 \\ 0 & -42.5 & -2550 & 0 & 42.5 + 2125 & -2550 & 0 & -2125 & 0 \\ 0 & 2550 & 102000 & 0 + 3148.148 & -2550 & 204000 + 226666 & -3148.148 & 0 & 113333 \\ 0 & 0 & 0 & -58.299 & 0 & -3148.148 & 58.299 & 0 & -3148.148 \\ 0 & 0 & 0 & 0 & -2125 & 0 & 0 & 2125 & 0 \\ 0 & 0 & 0 & 3148.148 & 0 & 113333 & -3148.148 & 0 & 226666 \end{bmatrix}$$

하중행렬은 다음과 같이 된다.

$$\{\mathbf{F}\}^{(1)} = \begin{Bmatrix} 0 \\ -\dfrac{wL}{2} \\ -\dfrac{wL^2}{12} \\ 0 \\ -\dfrac{wL}{2} \\ \dfrac{wL^2}{12} \end{Bmatrix} = \begin{Bmatrix} 0 \\ -\dfrac{800 \times 10}{2} \\ -\dfrac{800 \times 10^2 \times 12}{12} \\ 0 \\ -\dfrac{800 \times 10}{2} \\ \dfrac{800 \times 10^2 \times 12}{12} \end{Bmatrix} = \begin{Bmatrix} 0 \\ -4000 \\ -80000 \\ 0 \\ -4000 \\ 80000 \end{Bmatrix}$$

하중행렬에서 하중 항은 lb 단위를 가지고 있는 반면에 모멘트 항은 lb·in 단위를 가진다. 경계조건($U_{11} = U_{12} = U_{13} = U_{31} = U_{32} = U_{33} = 0$)을 적용하면 9×9의 전체 강성행렬은 다음의 3×3행렬로 축소된다.

$$10^3 \begin{bmatrix} 1970.799 & 0 & 3148.148 \\ 0 & 2167.5 & -2550 \\ 3148.148 & -2550 & 430666 \end{bmatrix} \begin{Bmatrix} U_{21} \\ U_{22} \\ U_{23} \end{Bmatrix} = \begin{Bmatrix} 0 \\ -4000 \\ 80000 \end{Bmatrix}$$

이 식을 동시에 풀면 다음 변위행렬이 산출된다.

$$[\mathbf{U}]^T = [0 \quad 0 \quad 0 \quad -0.0002845(\text{in}) \quad -0.0016359(\text{in}) \quad 0.00017815(\text{rad}) \quad 0 \quad 0 \quad 0]$$

이 문제는 이 장의 후반에서 ANSYS를 사용하여 다시 다룰 것이다.

3.5 3차원 보 요소

ANSYS의 3차원 보 요소는 인장, 압축, 다른 축에 대한 굽힘, 비틀림을 발생시키는 하중을 받는 경우에 적합하다. 각 절점에서는 X, Y, Z방향의 변위와 X, Y, Z축의 회전의 6개의 자유도를 지니고 있다. 뒤틀림 크기(warping magnitude)를 추가하여 7번째 자유도를 지닐 수 있다. 따라서 3차원 보 요소에서 7번째 자유도를 제외하면 요소 행렬은 12×12행렬이 된다. 그림 3.16에 ANSYS의 3차원 탄성 보 요소가 나타나 있다.

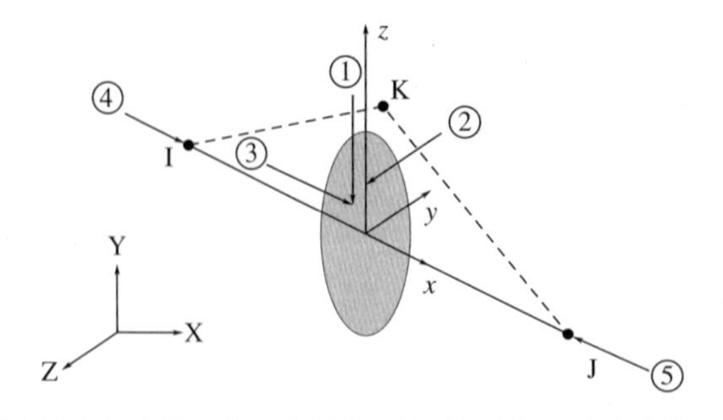

그림 3.16 BEAM188 요소, ANSYS에서 사용하는 3차원 탄성 보 요소

요소의 입력 데이터에는 절점의 위치, 단면의 물성, 재료의 물성치가 들어간다. BEAM188 요소는 2개 또는 3개의 절점으로 정의된다는 것을 유의하라. 사용자가 요소 x축에 대한 요소 방위를 제어하기 위해서는 3번째 절점조건을 사용한다. 3번째 절점(K)이 사용된다면 그림 3.16에서처럼 요소 x축과 z축을 포함하고 있는 평면(I와 J)으로 정의된다. BEAM188에 대한 입력 데이터는 다음과 같다.

절점

I, J, K(K 방위 절점은 선택사항)

자유도

UX, UY, UZ(X, Y, Z방향의 변위)

ROTX(X축의 회전), ROTY(Y축의 회전), ROTZ(Z축의 회전)

단면계수

단면계수는 직접 입력 또는 ANSYS로 계산하여 입력된다. 단면계수는 단면 면적, Y와 Z축에 대한 관성 모멘트, 관성 상승모멘트, 뒤틀림(warping) 상수, 비틀림 상수, 도심의 Y와 Z좌표, 전단 처짐 상수 등을 포함한다.

물성치

EX(탄성계수), ALPX(Poisson 비), DENS(밀도), GXY(전단계수), DAMP(댐핑)

표면하중

압력

면 1(I−J)(−Z 수직방향)

면 2(I−J)(−Y 수직방향)

면 3(I−J)(+X 접선방향)

면 4(I)(+X 축방향)

면 5(J)(−X 축방향)

(반대방향 하중에는 음수 값을 사용)

응력

예제 3.6에서의 보 응력에 대한 복습에서 먼저 이러한 결과들을 요소 표에 복사를 한 후에 결과를 출력하거나 도시할 수 있다. 이 항목은 **항목명**(item label)과 **절차 번호**(sequence number)를 사용하여 얻는다. BEAM188의 출력 정보는 응력값을 포함하고 있으며, 표 3.3에 응력 예시가 주어져 있다.

구하고자 하는 응력값을 결정하면 항목명과 절차 번호를 이용한 결과표에서 읽을 수 있

표 3.3 ANSYS에 의해 계산된 응력 예

SDIR	축방향 수직응력
SBYT	보의 +Y면 요소의 굽힘 응력
SBYB	보의 −Y면 요소의 굽힘 응력
SBZT	보의 +Z면 요소의 굽힘 응력
SBZB	보의 −Z면 요소의 굽힘 응력

표 3.4 BEAM188 요소에 대한 항목과 절차 번호

이름	항목	I	J
SDIR	SMIC	31	36
SBYT	SMIC	32	37
SBYB	SMIC	33	38
SBZT	SMIC	34	39
SBZB	SMIC	35	40

다. BEAM188에 대한 항목명과 절차 번호의 예는 표 3.4에 요약되어 있다. 표에서 보 요소에 대한 응력값을 읽는 방법은 예제 3.6에 자세히 나와 있다.

3.6 ANSYS를 이용한 예제

ANSYS는 구조 문제를 모델링하는 데 사용할 수 있는 많은 보 요소를 제공한다.

BEAM188은 인장, 압축, 굽힘 특성들을 갖고 있는 3차원 요소이다. 이 요소에는 절점당 6개의 자유도(x와 y방향의 변형, z축에 대한 회전, X, Y, Z축에 대한 회전)가 있다. 이 요소의 결과 데이터는 절점의 위치, 단면의 물성, 재료의 물성치를 포함한다. 이 요소의 결과 데이터는 절점변위와 요소에 대한 부가적인 결과 등이다. 표 3.3에 요소 결과의 예가 주어져 있다. **BEAM189**는 3차원에서 2차 3절점 요소이다. 가느다란(slender) 보로부터 짧고(stubby) 두꺼운(thick) 보 구조를 해석하기 위해 적합하다.

예제 3.6

주어진 그림에 있는 외팔보를 고려하자. 이 보는 알루미늄 합금($E = 10 \times 10^6$ lb/in^2)으로 만든 것이다. 그림에는 단면적과 하중이 표시되어 있다. 이 문제를 해결하기 위해 ANSYS의 Beam188을 사용할 것이며, 보 이론을 통해 구한 결과와 비교할 것이다.

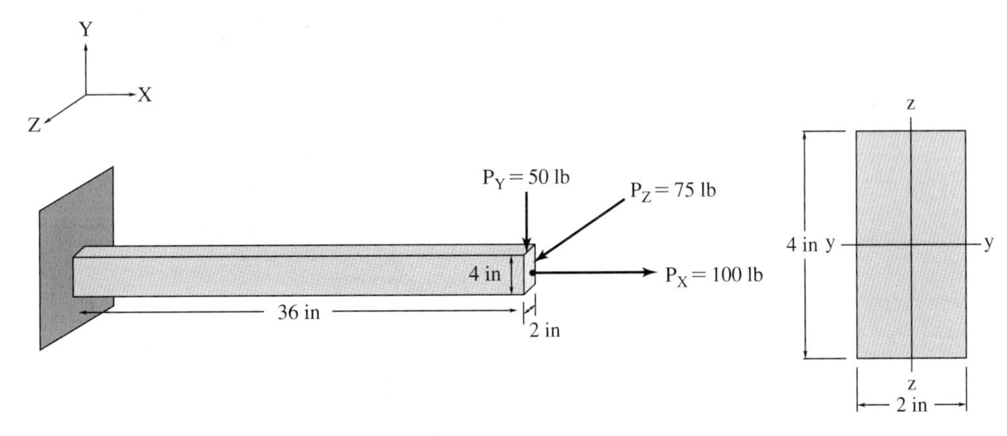

참고: Beam188은 선형 요소, Beam189는 2차 요소.

Workbench 19.2를 실행하고 Toolbox에서 **Static Structural** 시스템을 드래그하여 Project Schematic에 추가한다.

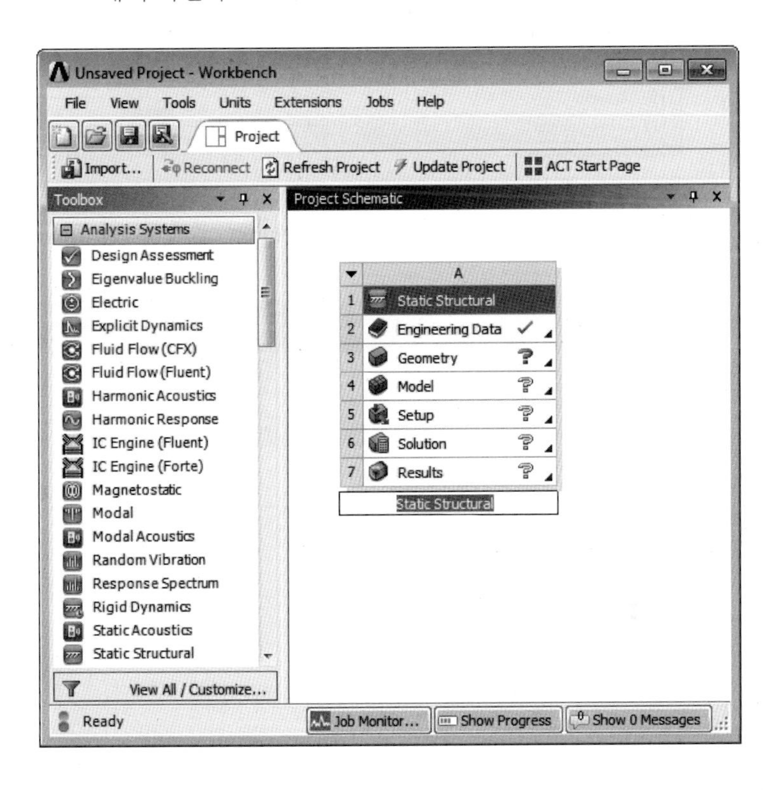

File → Save

Example 3.6으로 프로젝트의 폴더와 파일 이름을 선택한다.

Engineering Data 셀을 두 번 클릭한다. Click here to add a new material 항목에 **Aluminum**을 입력한다. Toolbox에서 Aluminum 위로 **Isotropic Elasticity**를 드래그하여 놓는다. 단위를 Pa에서 psi로 변경한 다음 Young's Modulus의 노란색 영역에 10e6을 입력하고 Enter를 친다. **흔한 실수인 단위 변경을 잊는 것을 주의해야 한다!** Poisson's Ratio에 0.3을 입력한다.

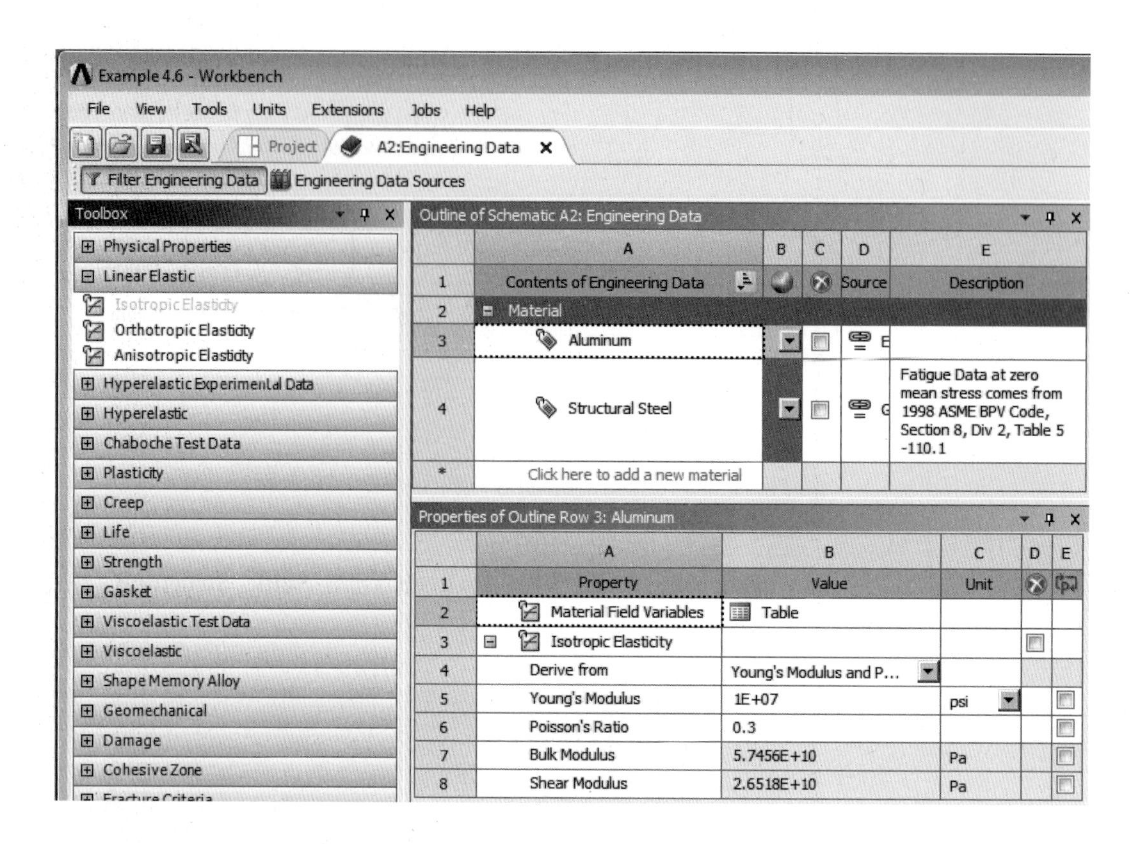

Project 탭을 클릭한다. **Geometry** 셀을 두 번 클릭한 후 SpaceClaim을 실행한다.

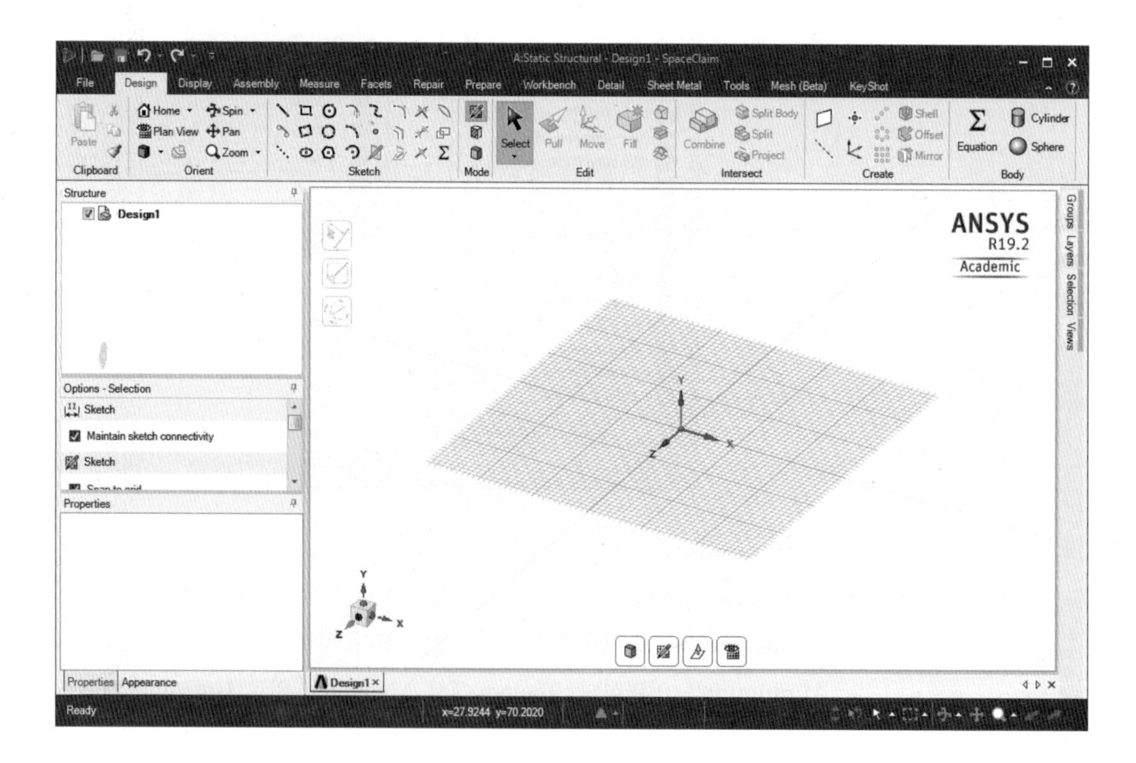

File → SpaceClaim Options

왼쪽 목록에서 **Units**을 선택하고, **Type:**을 **Imperial**로, **Length:**를 **Inches**로 설정한 후 OK를 클릭한다.

Line을 클릭하고, 원점을 클릭한 다음 X축 방향으로 드래그한다. **36**을 입력하고 **Enter**를 친다. **Esc** 키를 누르고, **3D Mode** 버튼을 클릭한다.

Prepare 탭을 클릭하고 **Profiles** 아이콘을 클릭한 후 Rectangle 프로파일을 선택한다.

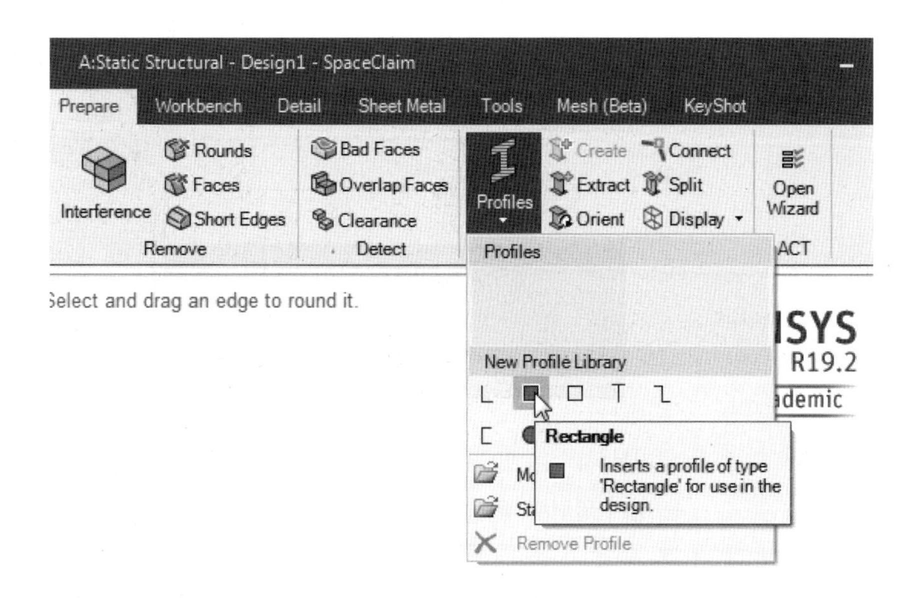

왼쪽의 Structure 창에 Beam Profiles 폴더가 생성된다. 이 폴더를 확장하면 Rectangle을 볼 수 있으며, **Rectangle**에 마우스 오른쪽 버튼을 클릭하고 **Edit Beam Profile**을 선택한다.

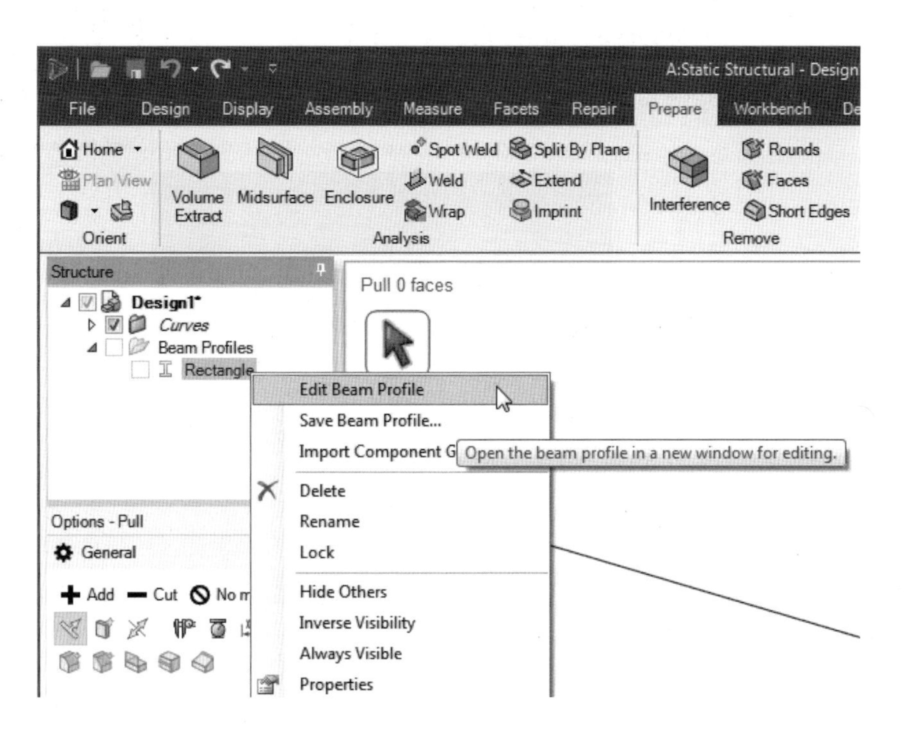

기본 그래픽 창의 하단 모서리에 SYS라는 새 탭이 생성된다. 그려진 선들은 첫 번째 탭인 Design1에 저장된다. 화면의 왼쪽 가장자리에는 탭 집합이 있으며, 맨 위의 탭을 Groups이라고 한다. Groups을 클릭한다. 2개의 Driving Dimensions이 B와 H로 표시되어 있으며, B를 클릭한다.

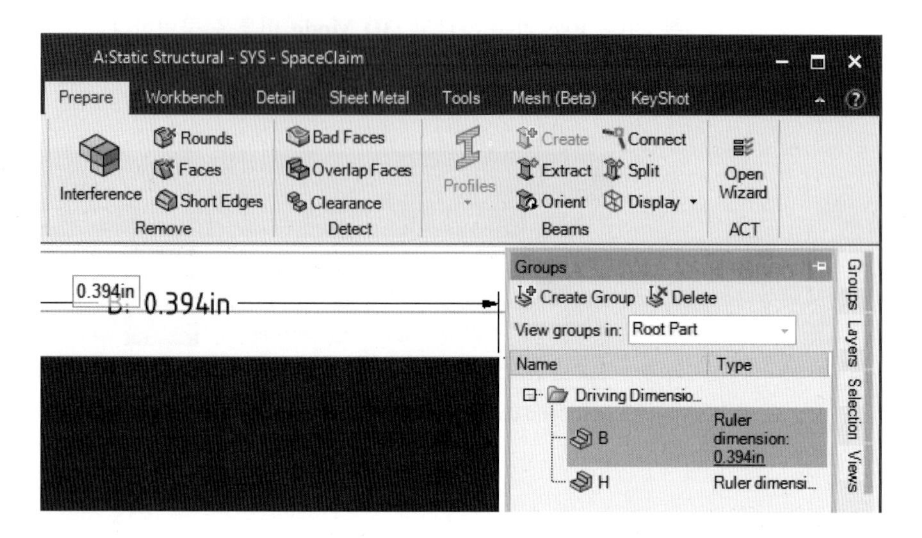

기본 치수는 밑줄이 있는 파란색으로 표시된 0.394이다. 클릭하면 새 값을 입력할 수 있는 창이 열린다. 해당 상자에 2를 입력한다.

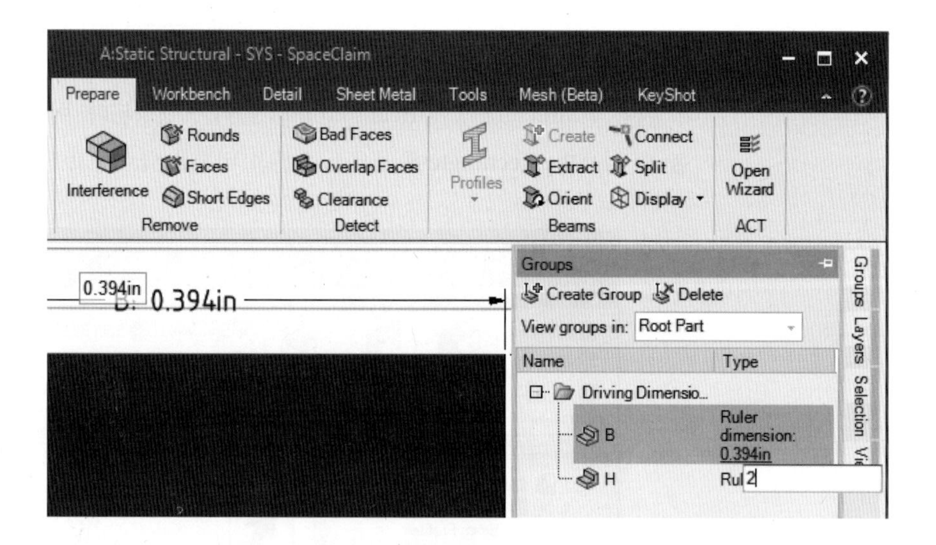

H의 Driving Dimension을 클릭하고 파란색 밑줄로 표시된 0.394인치 치수를 클릭한다. 4를 입력하고 Enter를 친다. 이 단면은 이제 2×4인치이다.

그래픽 기본 창의 맨 아래에 있는 Design1 탭을 클릭한다. Prepare 탭에서 Create+를 클릭하고 Line을 선택한다. 선은 보로 변환된다.

Prepare 탭에 Display 버튼이 있다. Solid Beams을 선택하면 단면이 선 위에 겹쳐진다. 보는 기본 방향을 기준으로 측면에 있다.

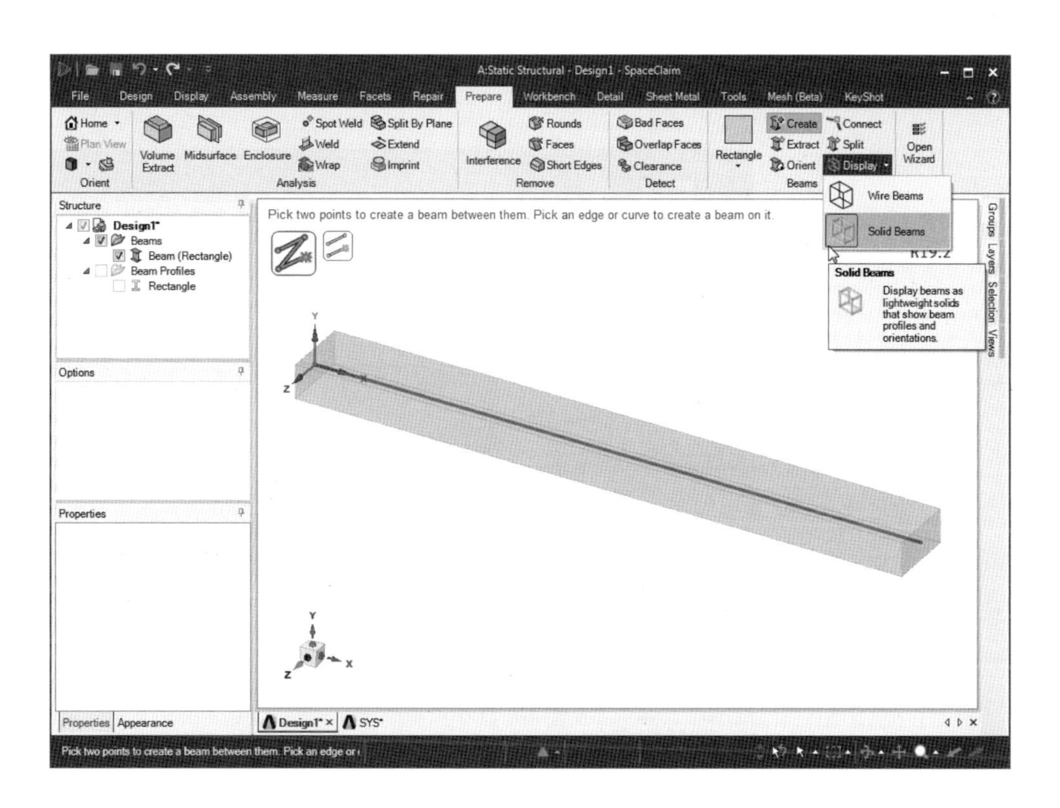

Design 탭을 클릭한 다음 Select를 클릭한다. Structure 창에서 Beam(Rectangle)을 클릭한다.

Properties 창에서 두 번째 범주는 Beam이고 두 번째 줄은 Orientation이다. 90을 입력하고 Enter를 치면, 보가 해당 방향으로 회전한다.

SpaceClaim을 종료하고, Static Structural 시스템에서 Model 셀을 두 번 클릭한다. Mechanical app이 시작되는 것을 기다리고 지오메트리가 연결되는 것을 기다린다.

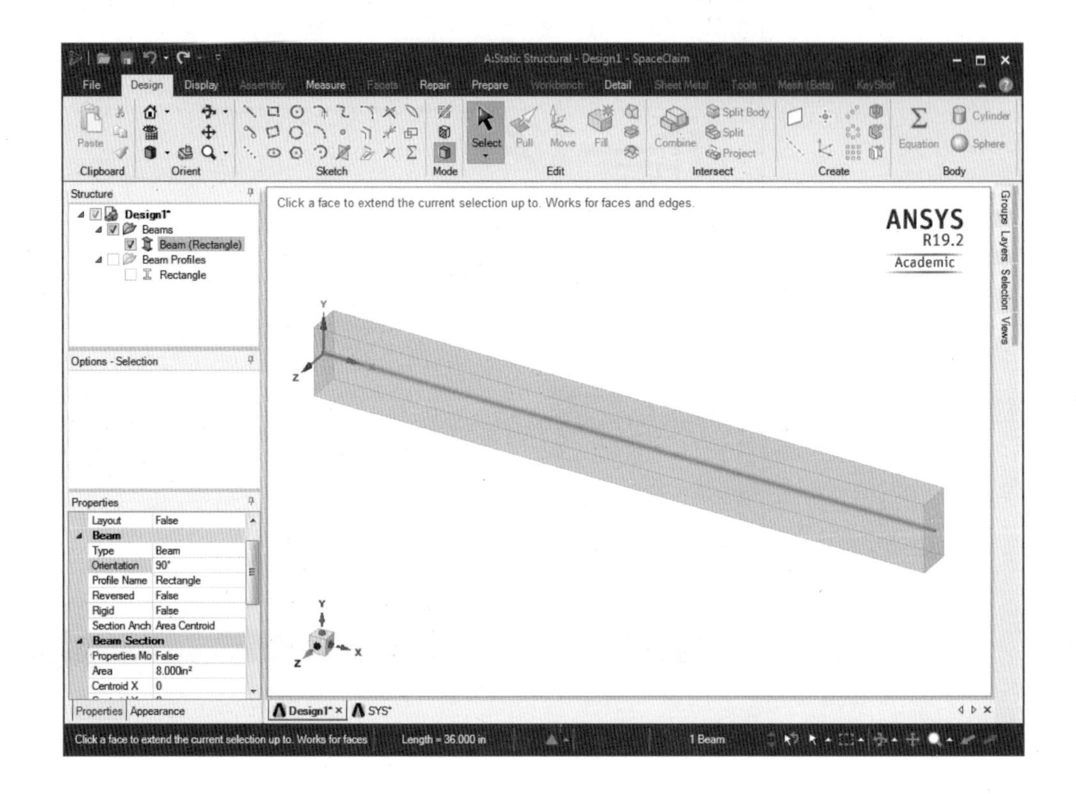

위에서 Geometry 분기를 확장하고 SYS\Beam(Rectangle) line body를 클릭한다. 세부 정보 창의 Material에서 Assignment를 Aluminum으로 변경한다.

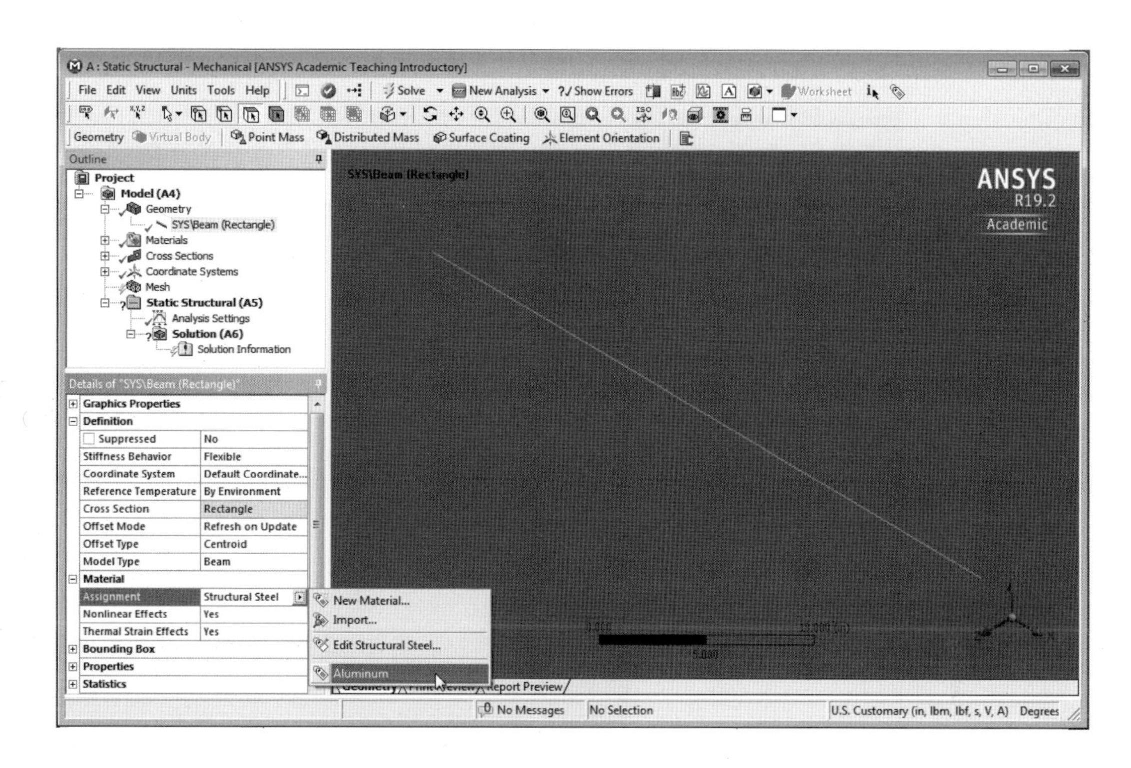

Mesh를 클릭하고 Element Size를 Default에서 40인치로 변경한다. Element Order는 Program Controlled에서 Linear로 변경한다. Mesh에 마우스 오른쪽 버튼을 클릭하고, Generate Mesh를 선택하면, 1개의 요소가 line body에 생성된다.

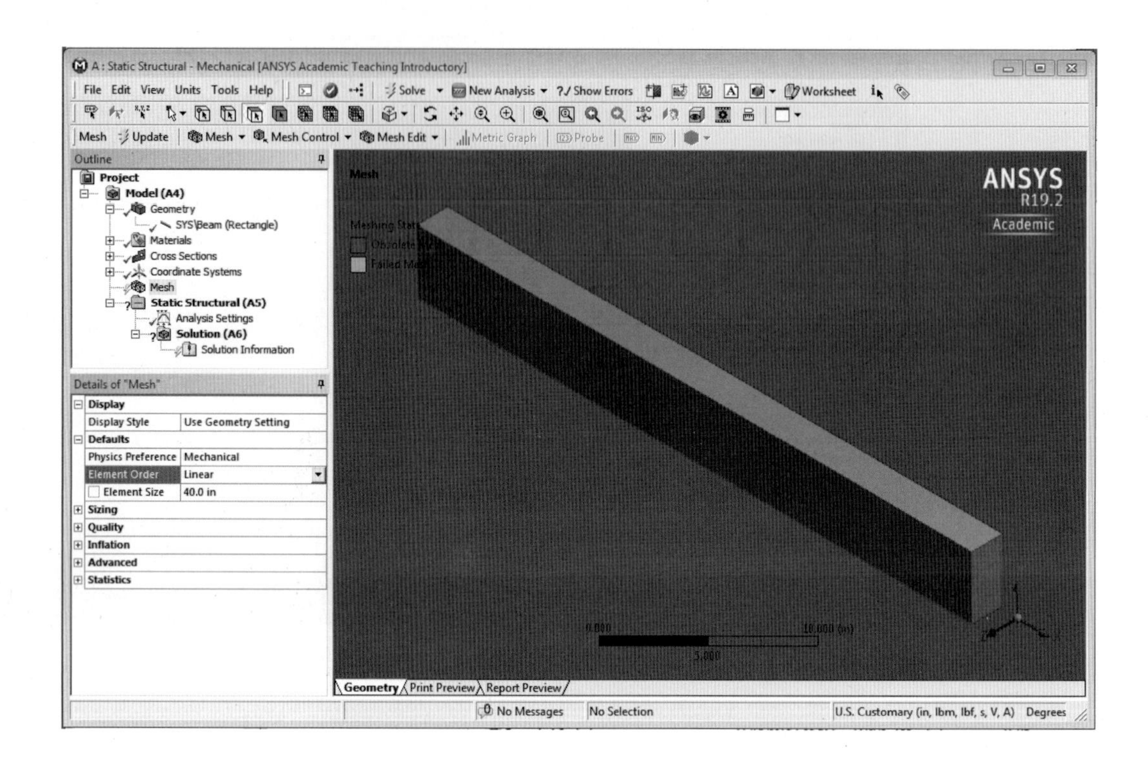

Static Structural를 클릭한다. Line body의 점을 쉽게 선택하기 위해 **View**를 클릭하고 **Thick Shells and Beams**를 비활성화시킨다. Vertex geometry filter를 활성화시킨 상태에서 line body의 왼쪽 점을 선택한다.

Support → Fixed Support

Line body의 오른쪽 끝점을 선택한다.

Loads → Force

Define By에서 Vector를 **Components**로 변경한다. X Component에는 100, Y Component에는 −50, 그리고 Z Component에는 75를 입력한다.

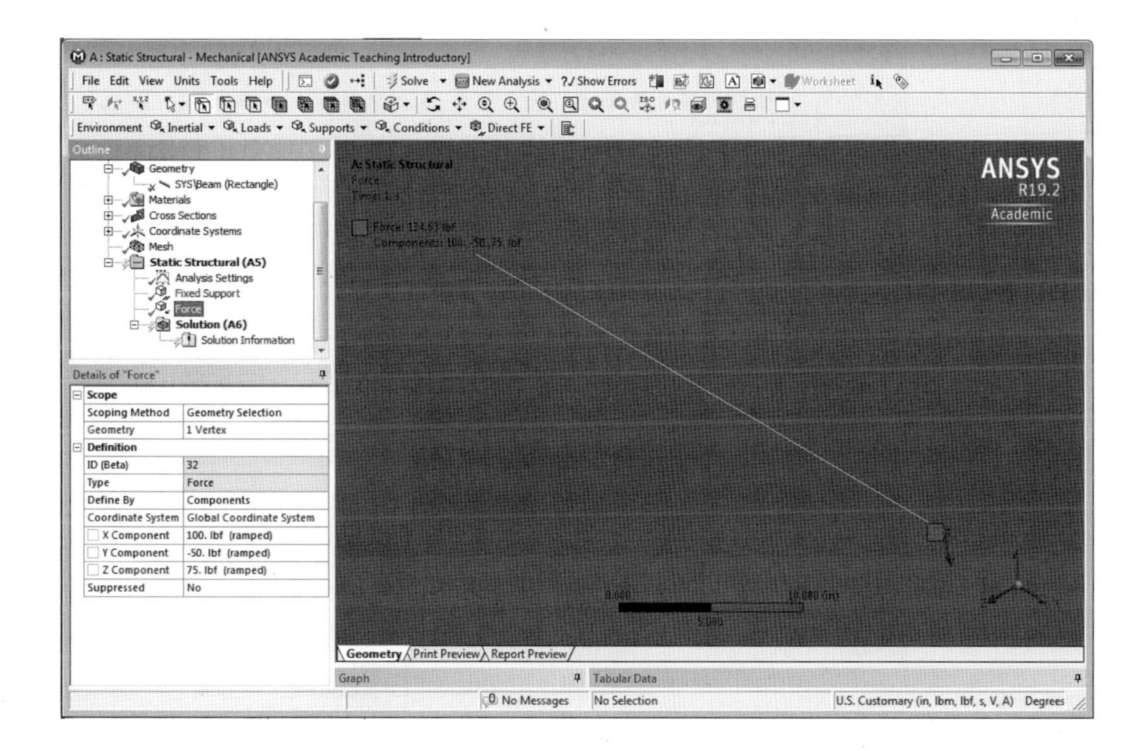

모델이 완성되었고 해석할 준비가 되었으므로, 출력할 해석 결과를 정의해야 한다. **Solution** 분기를 클릭한다. 오른쪽 점을 선택한다.

Deformation → Directional

X를 맨 끝에 붙여 결과의 이름을 변경하고, 그 결과를 복제한다. 복제된 결과의 이름의 끝을 Y로 변경하고, 방향을 **Y Axis**로 변경한다. 동일한 작업을 Z축에 대해서 반복한다.

Tools → Beam Tool

Beam Tool에서 결과에 마우스 오른쪽 버튼을 클릭한다.

Insert → Beam Tool → Stress → Maximum Bending Stress

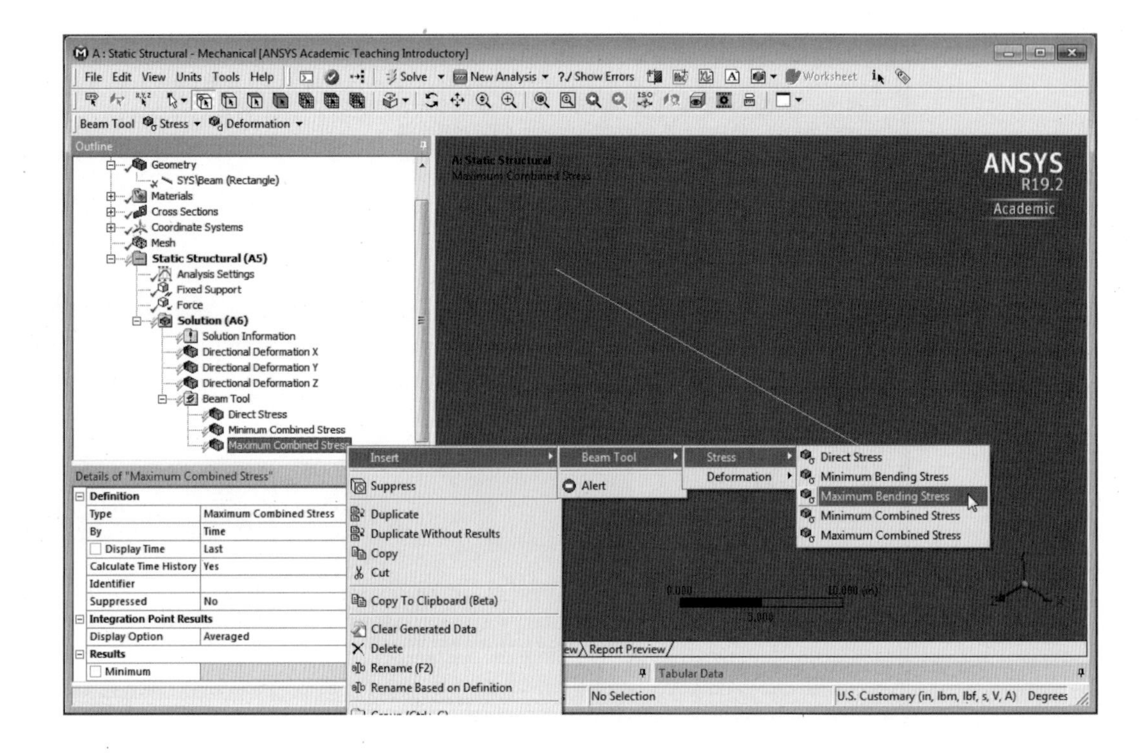

이제 메뉴 선택은 없지만 Solver에서 출력할 항목을 표시하는 User Defined Result 정의가 필요하다. Solution을 클릭한 다음 워크시트를 클릭하여 출력할 항목의 목록을 볼 수 있으며, 이는 표로 나타난다.

Type	Data Type	Data Style	Component	Expression	Output U
R	Nodal	Scalar	X	RX	Angle
R	Nodal	Scalar	Y	RY	Angle
R	Nodal	Scalar	Z	RZ	Angle
REULER	Nodal	Euler An...	VECTORS	REULERVECTORS	Angle
U	Nodal	Scalar	X	UX	Displacen
U	Nodal	Scalar	Y	UY	Displacen
U	Nodal	Scalar	Z	UZ	Displacen
U	Nodal	Scalar	SUM	USUM	Displacen
U	Nodal	Vector	VECTORS	UVECTORS	Displacen
S	Element Nodal	Scalar	X	SX	Stress
S	Element Nodal	Scalar	Y	SY	Stress
S	Element Nodal	Scalar	Z	SZ	Stress
S	Element Nodal	Scalar	XY	SXY	Stress
S	Element Nodal	Scalar	YZ	SYZ	Stress
S	Element Nodal	Scalar	XZ	SXZ	Stress
S	Element Nodal	Scalar	1	S1	Stress
S	Element Nodal	Scalar	2	S2	Stress
S	Element Nodal	Scalar	3	S3	Stress
S	Element Nodal	Scalar	INT	SINT	Stress
S	Element Nodal	Scalar	EQV	SEQV	Stress
S	Element Nodal	Tensor	VECTORS	SVECTORS	Stress
S	Element Nodal	Scalar	MAXSHEAR	SMAXSHEAR	Stress
EPEL	Element Nodal	Scalar	X	EPELX	Strain
EPEL	Element Nodal	Scalar	Y	EPELY	Strain
EPEL	Element Nodal	Scalar	Z	EPELZ	Strain
EPEL	Element Nodal	Scalar	XY	EPELXY	Strain
EPEL	Element Nodal	Scalar	YZ	EPELYZ	Strain
EPEL	Element Nodal	Scalar	XZ	EPELXZ	Strain
EPEL	Element Nodal	Scalar	1	EPEL1	Strain
EPEL	Element Nodal	Scalar	2	EPEL2	Strain
EPEL	Element Nodal	Scalar	3	EPEL3	Strain
EPEL	Element Nodal	Scalar	INT	EPELINT	Strain
EPEL	Element Nodal	Tensor St...	VECTORS	EPELVECTORS	Strain
EPEL	Element Nodal	Scalar	MAXSHEAR	EPELMAXSHEAR	Strain
EPPL	Element Nodal	Scalar	X	EPPLX	Strain
EPPL	Element Nodal	Scalar	Y	EPPLY	Strain
EPPL	Element Nodal	Scalar	Z	EPPLZ	Strain
EPPL	Element Nodal	Scalar	XY	EPPLXY	Strain
EPPL	Element Nodal	Scalar	YZ	EPPLYZ	Strain
EPPL	Element Nodal	Scalar	XZ	EPPLXZ	Strain
EPPL	Element Nodal	Scalar	1	EPPL1	Strain
EPPL	Element Nodal	Scalar	2	EPPL2	Strain
EPPL	Element Nodal	Scalar	3	EPPL3	Strain
EPPL	Element Nodal	Scalar	INT	EPPLINT	Strain
EPPL	Element Nodal	Tensor St...	VECTORS	EPPLVECTORS	Strain
EPTO	Element Nodal	Scalar	X	EPTOX	Strain
EPTO	Element Nodal	Scalar	Y	EPTOY	Strain
EPTO	Element Nodal	Scalar	Z	EPTOZ	Strain
EPTO	Element Nodal	Scalar	XY	EPTOXY	Strain

노드의 회전은 Z축 회전에 대한 RZ 표현식을 사용하여 출력할 수 있다. Vertex Geometry Filter를 클릭하고, Vertex를 클릭한다. User Defined Result를 클릭한다. 세부정보 창에서 식에 RZ를 입력하고, Theta Z를 입력하여 결과의 이름을 변경한다. 이 결과를 복제하고 Z의 이름을 Y로 변경하고, 식을 RY로 변경한다.

Probe 클릭하고 **Force Reaction**을 삽입한다. 세부정보 창에서 **Boundary Condition** 항목을 **Fixed Support**로 선택한다.

Probe 클릭하고 **Moment Reaction**을 삽입한다. 세부정보 창에서 **Boundary Condition** 항목을 **Fixed Support**로 선택한다.

Solve를 클릭한다. 다양한 결과 값을 검토하고 보 이론 값과 비교한다.

보 이론 결과(표 3.1 참조)	ANSYS 결과	Workbench Quantity
$v_X = \frac{P_X L}{AE} = \frac{(100)(36)}{(8)(10\times10^6)} = 0.0000045\text{ in}$	0.0000045 in	Directional Deformation X
$(v_Y)_{\max} = \frac{-P_Y L^3}{3EI} = \frac{-(50)(36)^3}{3(10\times10^6)(10.67)} = -0.00729\text{ in}$	-0.00735 in	Directional Deformation Y
$(v_Z)_{\max} = \frac{P_Z L^3}{3EI} = \frac{(75)(36)^3}{3(10\times10^6)(2.67)} = 0.0437\text{ in}$	0.0438 in	Directional Deformation Z
$\sigma_{xx-\text{axial}} = \frac{P_X}{A} = \frac{100}{8} = 12.5\frac{\text{lb}}{\text{in}^2}$	$12.5\frac{\text{lb}}{\text{in}^2}$	Beam Tool Direct Stress
$(\sigma_{zz-\text{bending}})_{\max} = \frac{M_z c}{I} = \frac{(50)(36)(2)}{10.67} = 337.4\frac{\text{lb}}{\text{in}^2}$	$337.5\frac{\text{lb}}{\text{in}^2}$	Not available in Workbench
$(\sigma_{yy-\text{bending}})_{\max} = \frac{M_y c}{I} = \frac{(75)(36)(1)}{2.67} = 1011\frac{\text{lb}}{\text{in}^2}$	$1012\frac{\text{lb}}{\text{in}^2}$	Beam Tool Maximum Bending Stress In this problem, the maximum is yy.
$(\theta_Z)_{\max} = \frac{-P_Y L^2}{2EI} = \frac{-(50)(36)^2}{2(10\times10^6)(10.67)} = -0.0003036\text{ rad}$	-0.0003037 rad	User Defined Result, RZ
$(\theta_Y)_{\max} = \frac{-P_Z L^2}{2EI} = \frac{(75)(36)^2}{2(10\times10^6)(2.67)} = -0.00182\text{ rad}$	-0.00182 rad	User Defined Result, RY
$\sum F_x = 0;\ 100 + R_x = 0;\ R_x = -100\text{ lb};\ M_x = 0$	$R_x = -100\text{ lb};\ M_x = 0$	Force Reaction
$\sum F_y = 0;\ -50 + R_y = 0;\ R_y = 50\text{ lb};\ M_y = (75\text{ lb})(36\text{ in}) = 2700\text{ lb}\cdot\text{in}$	$R_y = 50\text{ lb};\ M_y = 2700\text{ lb}\cdot\text{in}$	Moment Reaction
$\sum F_z = 0;\ 75 + R_z = 0;\ R_z = -75\text{ lb};\ M_z = (50\text{ lb})(36\text{ in}) = 1800\text{ lb}\cdot\text{in}$	$R_z = -75\text{ lb};$ $M_z = 1800\text{ lb}\cdot\text{in}$	

예제 3.5 다시보기

앞에서 풀었던 'ㄱ'자 프레임을 ANSYS를 이용하여 해석한다.

프레임은 철재($E = 30\times 10^6\ \text{lb/in}^2$)이며, 두 부재의 단면적과 단면 2차 모멘트는 그림 3.13에 나타나 있다(그림 3.17에 반복됨). 프레임의 깊이는 12.22 in이며 그림에 나타난 바와 같이 고정되어 있다. 주어진 분포하중에서 프레임의 처짐과 회전각을 계산한다. 이 예제에서는, 세 번째 절점(K) 옵션을 사용하지 않고, 사용자 정의 부분을 사용하여 보 및 프레임 문제를 설정하는 방법을 보여준다.

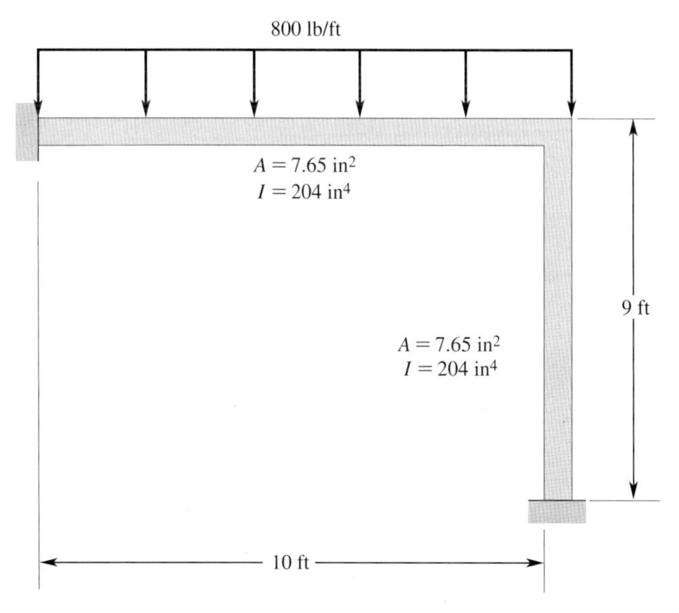

그림 3.17 분포하중이 작용하고 있는 'ㄱ'자 프레임

Workbench 19.2를 실행하고 Toolbox에서 **Static Structural** 시스템을 드래그하여 Project Schematic에 추가한다.

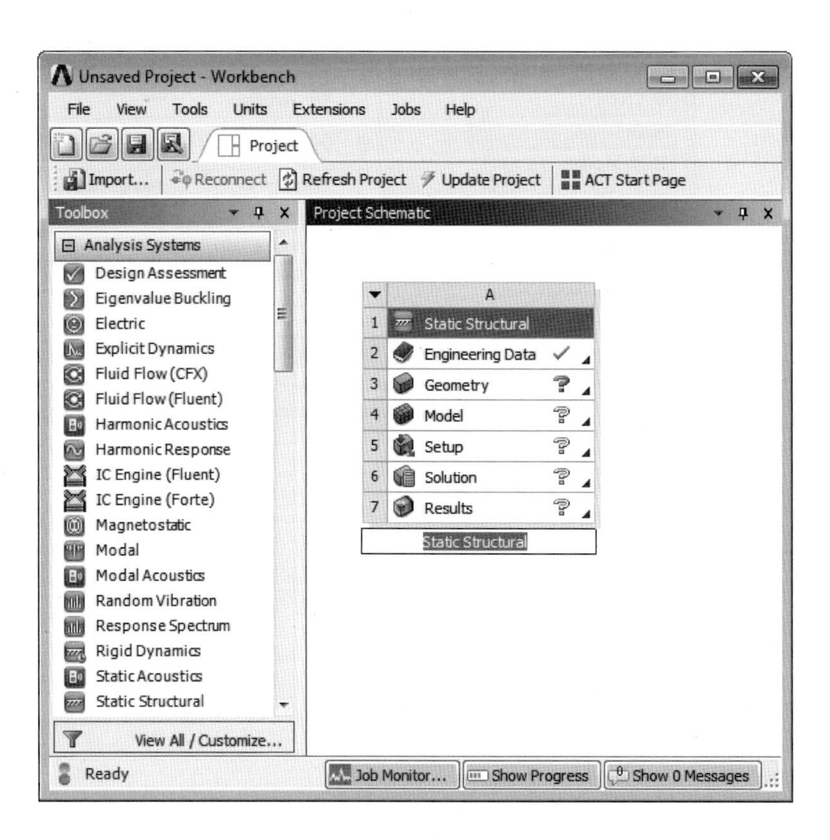

File → Save

Frame 2D로 프로젝트의 폴더와 파일 이름을 선택한다.

Engineering Data 셀을 두 번 클릭한다. Click here to add a new material 항목에 **Steel**을 입력한다. Toolbox에서 Steel 위로 **Isotropic Elasticity**를 드래그하여 놓는다. 단위를 Pa에서 psi로 변경한 다음 Young's Modulus의 노란색 영역에 30e6을 입력하고 Enter를 친다. **흔한 실수인 단위 변경을 잊는 것을 주의해야 한다!** Poisson's Ratio에 0.3을 입력한다.

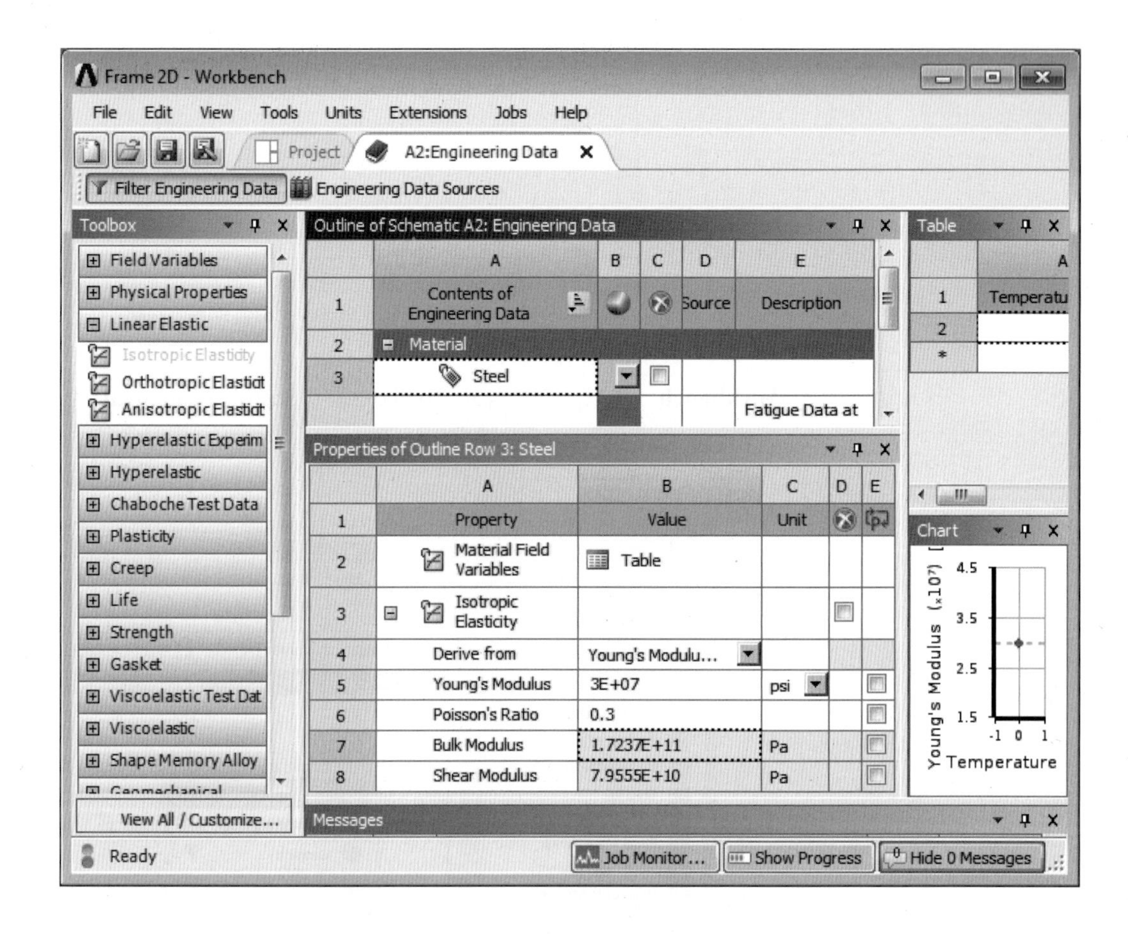

Project 탭을 클릭한다. **Geometry** 셀을 두 번 클릭한 후 SpaceClaim을 실행한다.

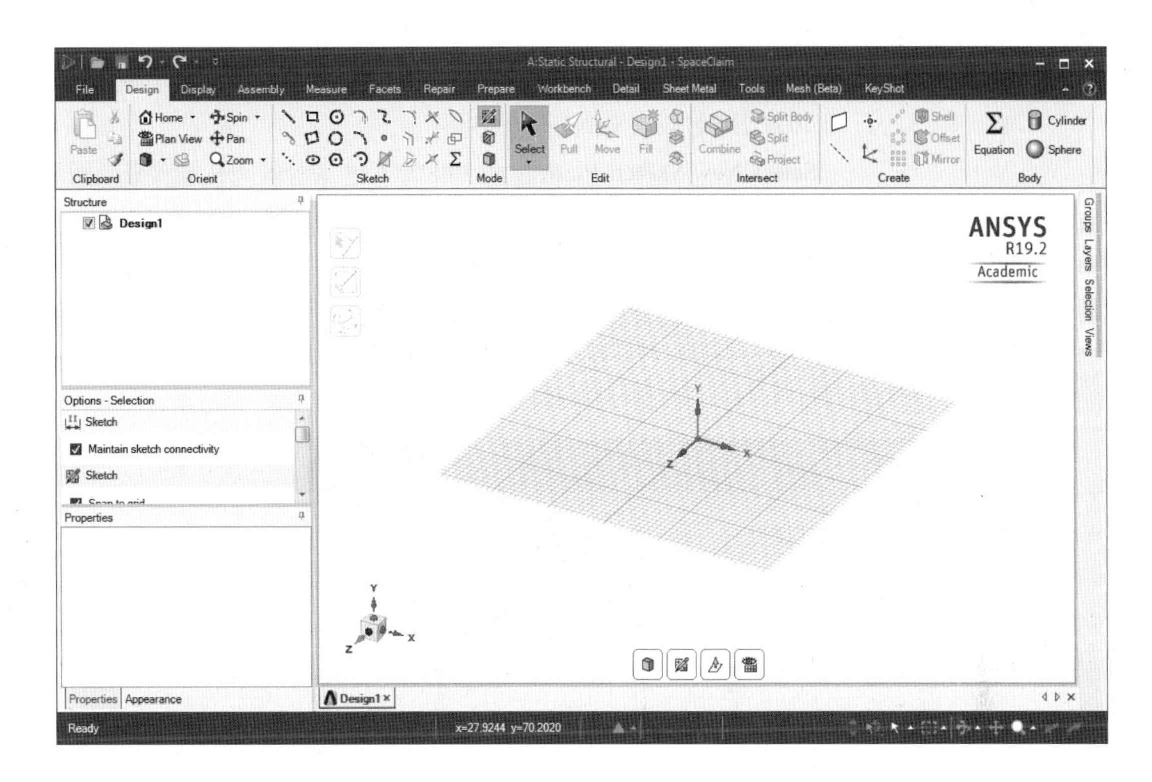

File → SpaceClaim Options

왼쪽 목록에서 **Units**을 선택하고, **Type:**을 **Imperial**로, **Length:**를 **Feet**로 설정한다. Grid로 스크롤하여 **Minor grid spacing**에 1을 입력하고 **Number of grid lines per major**에 10을 입력한 다음 OK를 클릭한다.

Select New Sketch Plane을 클릭하고, 화면 중앙의 좌표계 주위로 마우스를 이동한다. 다른 평면을 선택하고, XY 평면에 불이 들어올 때 클릭한다. 그 다음 **Plan View** 버튼을 클릭한다.

Line을 클릭한다. 좌표를 (0, 9)로 이동하고 클릭한 후 (10, 9)로 드래그하여 클릭한다. 그런 다음 좌표를 (10, 0)으로 드래그하여 클릭하고, **Esc** 키를 두 번 누른다.

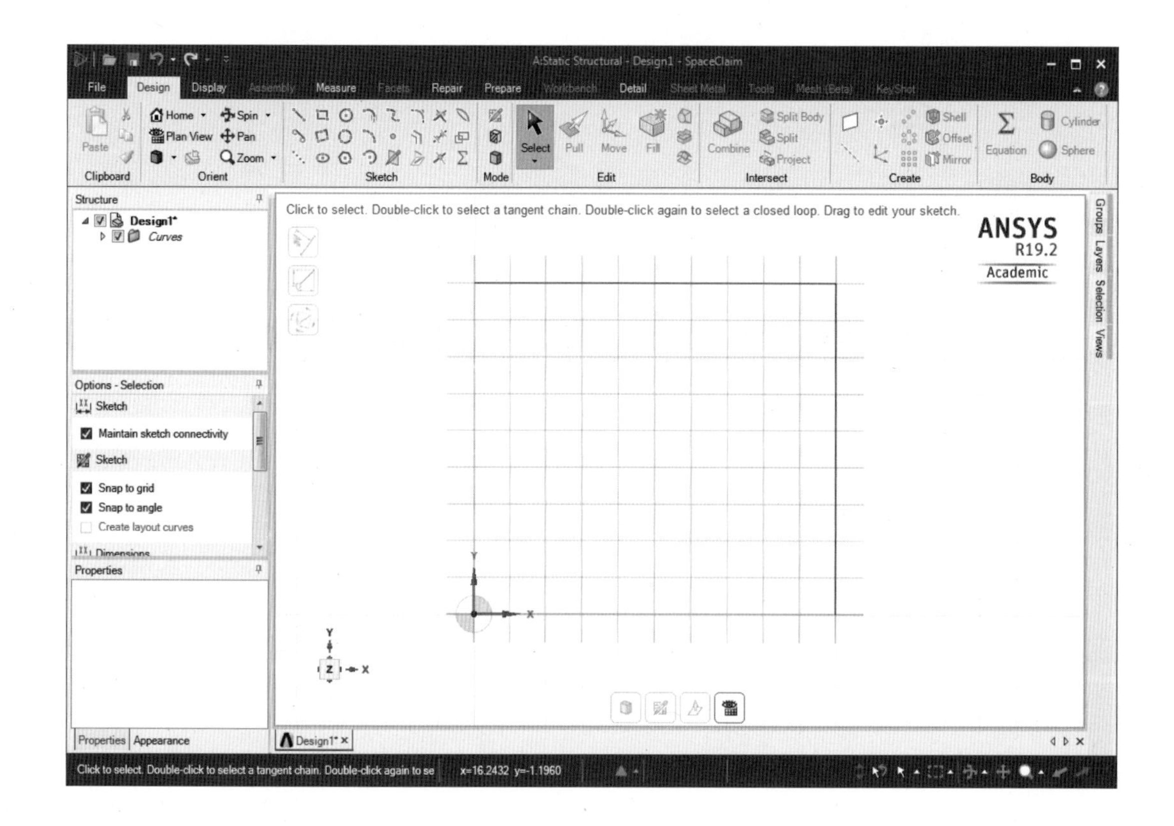

프레임 생성을 완료하면 보 부재에 대한 단면을 정의해야 한다. **Prepare** 탭을 클릭하고 **Profiles** 아이콘을 클릭한 후 **Rectangle** 프로파일을 선택한다.

File → SpaceClaim Options

Units를 선택한 다음 **Length** 단위를 **Inches**로 변경한다. 왼쪽의 Structure 창에서 Beam Profiles 폴더를 확장하고 **Rectangle**을 클릭한다. Properties 창의 Beam Section에서 **Area**를 확인할 수 있다. Area에 7.65를 입력한다. **Ixx**와 **Iyy** 항목에는 204를 입력한다.

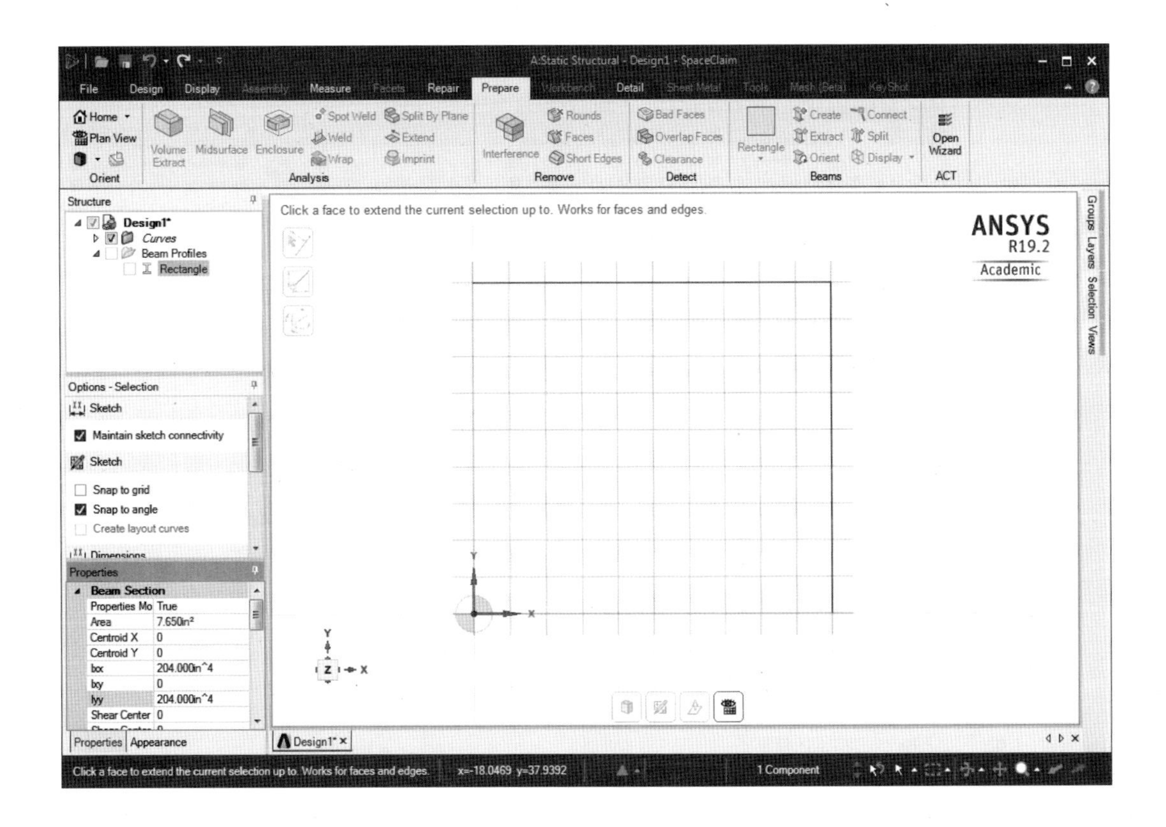

Curves 폴더에 나열된 Line은 Beam으로 변환해야 한다. **Curves** 폴더를 확장하고, 첫 번째 Line을 선택하고, shift를 누르고 두 번째 Line을 선택한 다음에 **Create** 버튼을 클릭하여 Beam을 생성한다.

이 지오메트리에서 각각의 보는 개별적인 끝점이 존재한다. 각각의 보를 연결하기 위해서는 보들의 공통되는 끝점을 공유해야 한다. 이러한 작업은 **Design** 탭을 클릭하고, Structure 창의 맨 위에 있는 이름을 선택하고, Properties 창의 **Share Topology** 행에서 None에서 **Share**로 변경하면 된다.

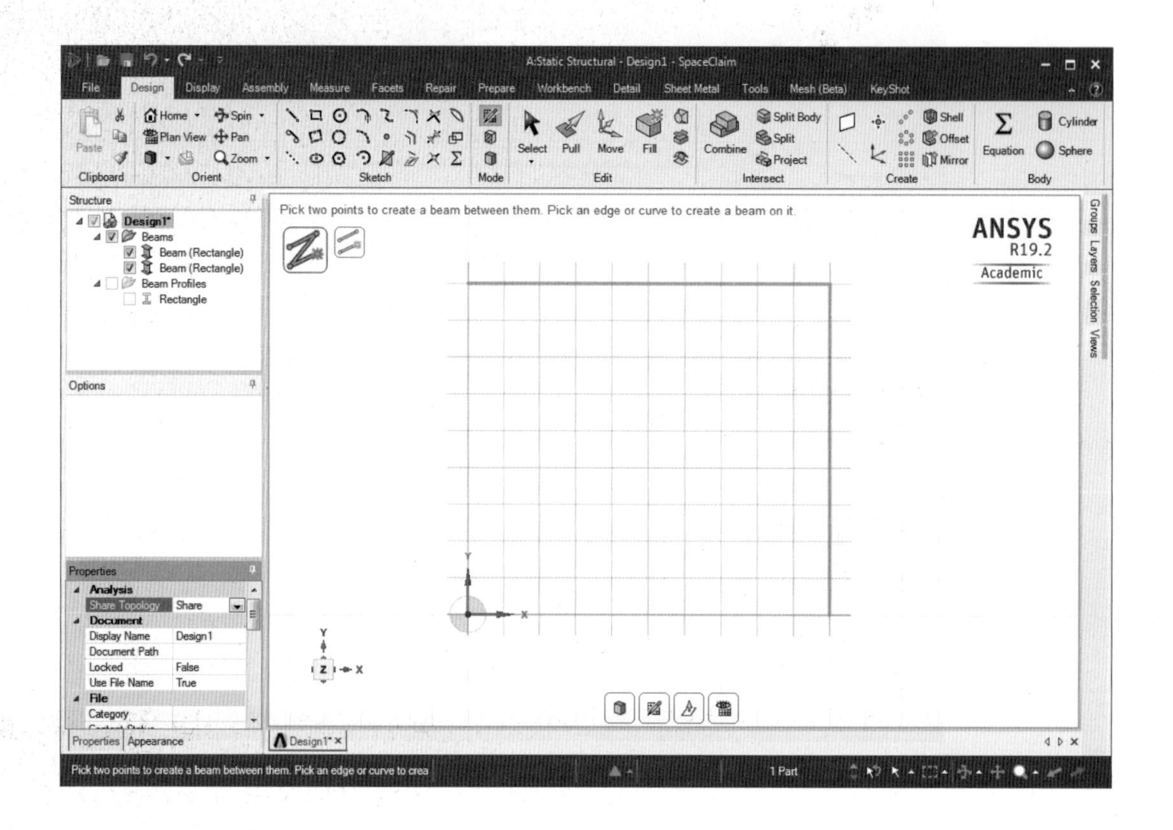

SpaceClaim을 종료하고 **Static Structural** 시스템에서 **Model** 셀을 두 번 클릭한다. Mechanical app이 시작되는 것을 기다리고 지오메트리가 연결되는 것을 기다린다.

View → Cross-Section Solids

Geometry 분기를 확장하고 **Beam(Rectangle)**을 클릭한다. 세부정보 창의 Material에서 **Assignment**를 Structural Steel에서 **Steel**로 변경한다.

Outline을 아래로 스크롤하고 **Mesh** 분기를 클릭한다. 세부정보 창의 Defaults에서 **Element Size**를 12인치로 변경한다.

Mesh에 마우스 오른쪽 버튼을 클릭하고, **Generate Mesh**를 선택한다. Outline에서 **Static Structural** 분기를 클릭한다.

Geometry filters에는 Vertex, Edge, Face and Body가 있다. Geometry filters에서 **Edge**를 클릭한다.

수평선을 선택하고, Environment Toolbar의 **Loads**에서 **Line Pressure**를 클릭한다.

Force 세부정보 창의 **Define By**에서 Vector를 **Components**로 변경한 다음 Y Component에 −800 lbf/ft를 입력한다.

Vertex Geometry filters를 클릭한다. 왼쪽 상단 점을 선택하고, Environment Toolbar의 **Supports**에서 **Simply Support**를 선택한다. 오른쪽 하단 점에 대해서도 동일한 작업을 반복한다.

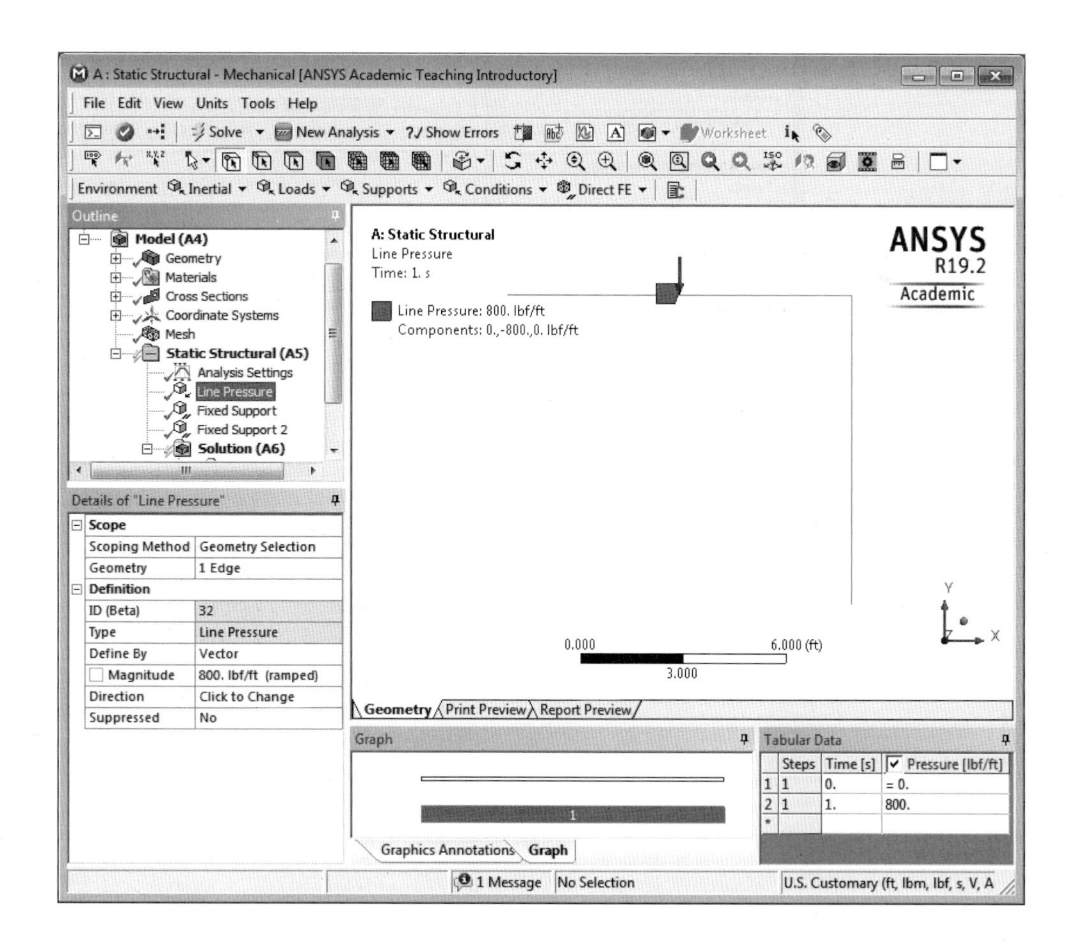

Outline에서 **Solution**을 클릭한다.

Deformation → Total

오른쪽 상단 점을 선택한다. **Probe**에서 **Deformation**을 선택한다. 상세정보 창의 Options에서 **Result Selection**을 **Total**로 변경한다.

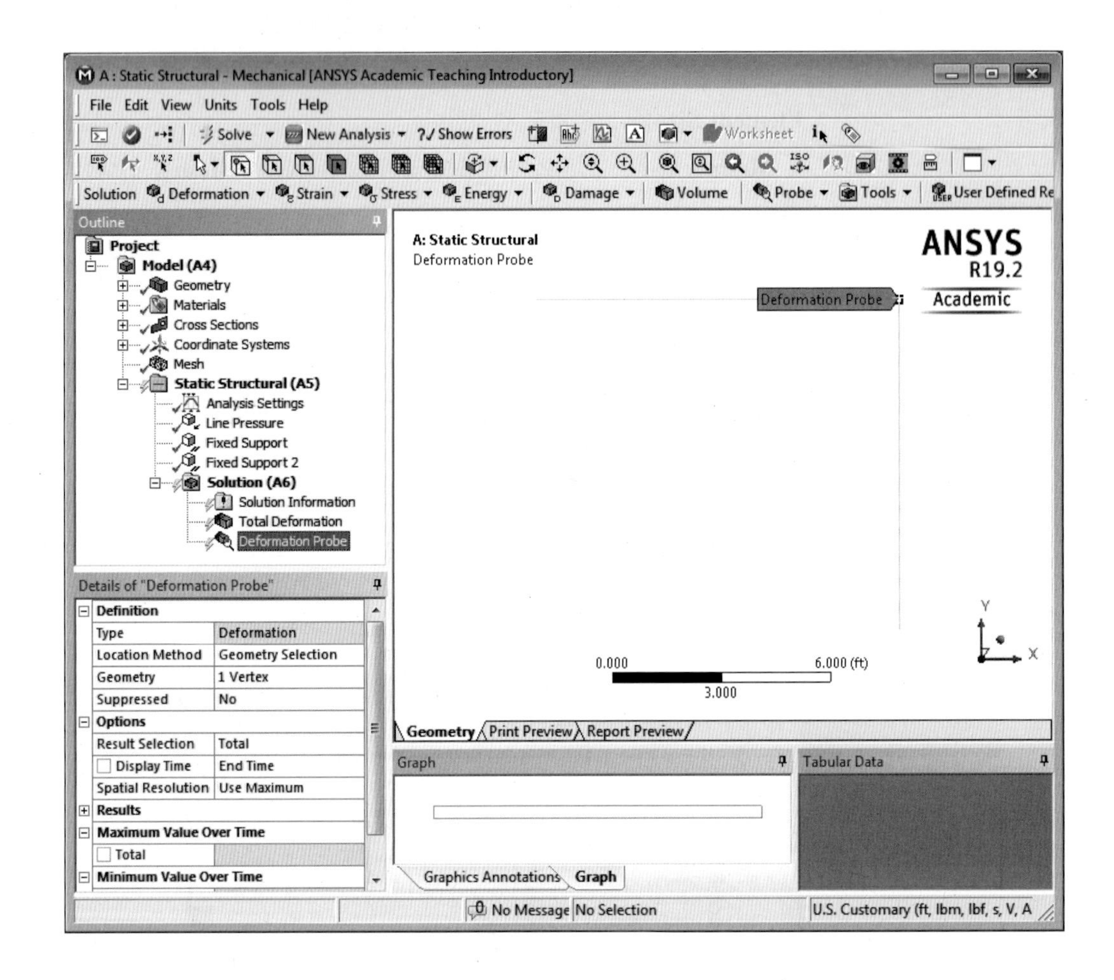

Solve을 클릭하면, 메시지가 생성된다.

Units → U.S. Customary (in, etc)

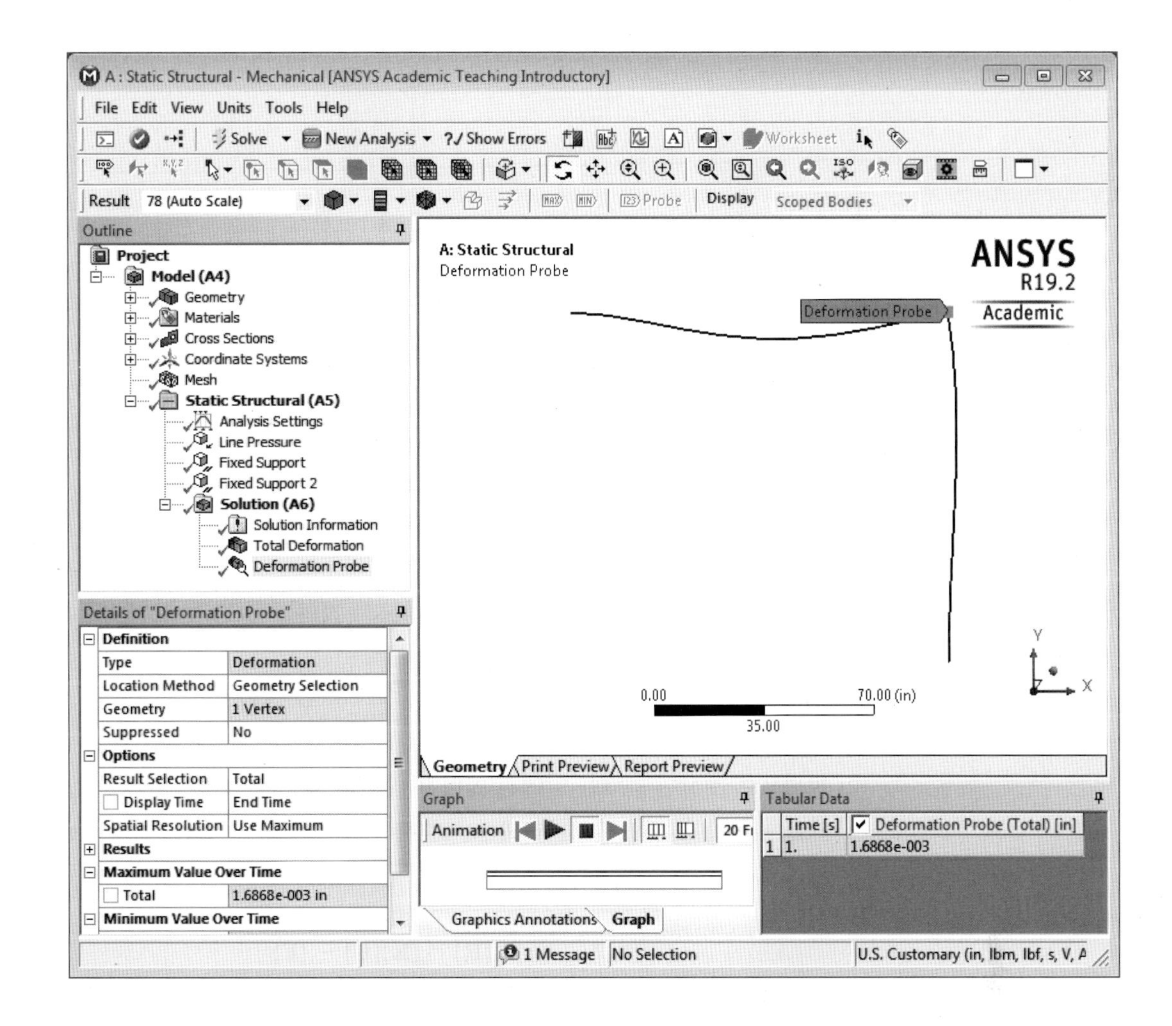

이것으로 예제 풀이가 완료된다.

3.7 결과 검증

예제 3.2를 참조한다. 예제 3.2의 유한요소해석 결과의 타당성 검증의 한 방법은 임의로 기둥의 한 부분을 자르고 정적 평형상태를 적용하는 것이다. 예를 들면, 다음 그림에 묘사된 것과 같이 요소 (2)가 포함된 기둥의 잘린 한 부분을 생각해 보자.

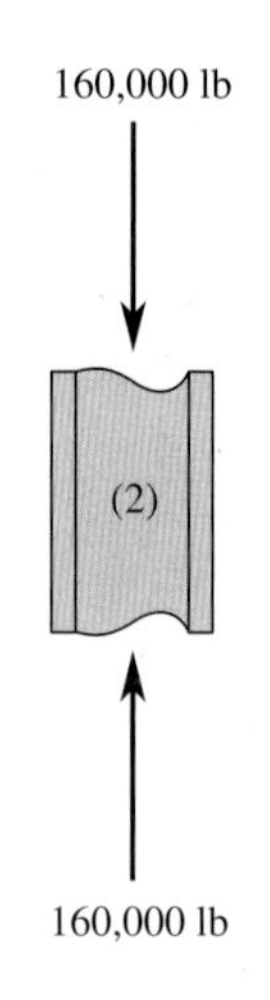

기둥의 이 부분에서의 평균 수직응력은 다음과 같다.

$$\sigma^{(2)} = \frac{f_{\text{internal}}}{A} = \frac{160{,}000}{39.7} = 4030 \text{ lb/in}^2$$

동일한 방법으로 요소 (4)의 평균 응력은 다음과 같다.

$$\sigma^{(4)} = \frac{f_{\text{internal}}}{A} = \frac{60{,}000}{39.7} = 1511 \text{ lb/in}^2$$

이 방법으로 계산된 응력은 앞에서 에너지 방법을 사용하여 얻은 결과와 같다.

보와 프레임 문제에서는 반력과 모멘트를 계산할 필요가 있다. 절점에서의 반력과 모멘트는 다음 식으로 계산된다.

$$\{\mathbf{R}\} = [\mathbf{K}]\{\mathbf{U}\} - \{\mathbf{F}\}$$

예제 3.4에 대한 반력행렬을 다시 나타내면 다음과 같다.

$$\begin{Bmatrix} R_1 \\ M_1 \\ R_2 \\ M_2 \\ R_3 \\ M_3 \end{Bmatrix} = \begin{Bmatrix} 54687(\text{N}) \\ 39062(\text{N} \cdot \text{m}) \\ 132814(\text{N}) \\ 0 \\ 0 \\ 0 \end{Bmatrix}$$

앞에서 해석 결과를 정성적으로 검증하는 방법을 언급하였다. 직관적으로 보면 절점 1에는 반력과 모멘트가 존재하고, 절점 2에는 반력은 존재하고 모멘트는 존재하지 않는다. 또 절점 3에는 반력과 모멘트가 모두 존재하지 않는다. 직관적인 결과와 해석 결과는 서로 일치하고 있다. 다음으로 해석 결과를 정량적으로 검증한다. 이는 계산된 반력과 모멘트가 외력(external loading)과 정적 평형(static equilibrium)이 이루어지는지를 확인하면 된다(그림 3.18 참조).

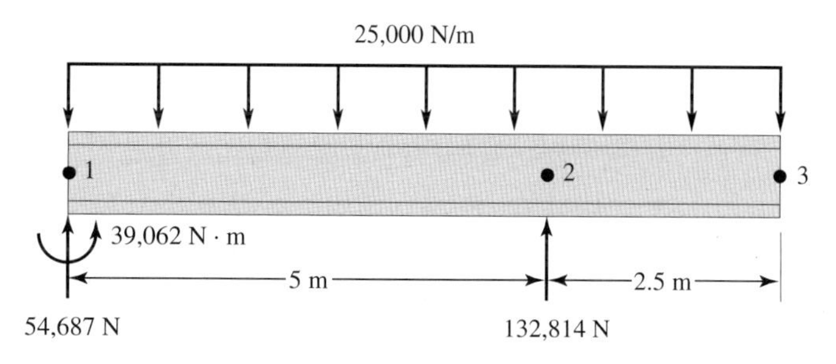

그림 3.18 예제 3.4의 자유물체도

$$+\uparrow \Sigma F_Y = 0 \quad 132{,}814 + 54{,}687 - (25{,}000)(7.5) \approx 0$$

그리고

$$\circlearrowleft\!+ \Sigma M_{\text{node 2}} = 0 \quad 39{,}062 - 54{,}687(5) + (25{,}000)(7.5)(1.25) = 2 \approx 0$$

예제 3.5와 유사하게 여기서도 마찬가지로 ANSYS의 반력 결과를 그림 3.19에 나타내었다. 정적 평형식을 점검하여 보면 다음을 알 수 있다.

$$\xrightarrow{+} \Sigma F_X = 0 \qquad 534.40 - 534.40 = 0$$

$$\uparrow \Sigma F_Y = 0 \qquad 4516.7 + 3483.3 - (800)(10) = 0$$

$$\circlearrowleft\!+ \Sigma M_{\text{node 1}} = 0 \qquad 101{,}470 + 18{,}259 + 3483.3(10)(12) - (534.40)(9)(12) - (800)(10)(5)(12) \approx 0$$

이러한 간단한 문제에서 알 수 있듯이 결과를 증명할 때에는 평형상태에 대한 확인이 중요하다.

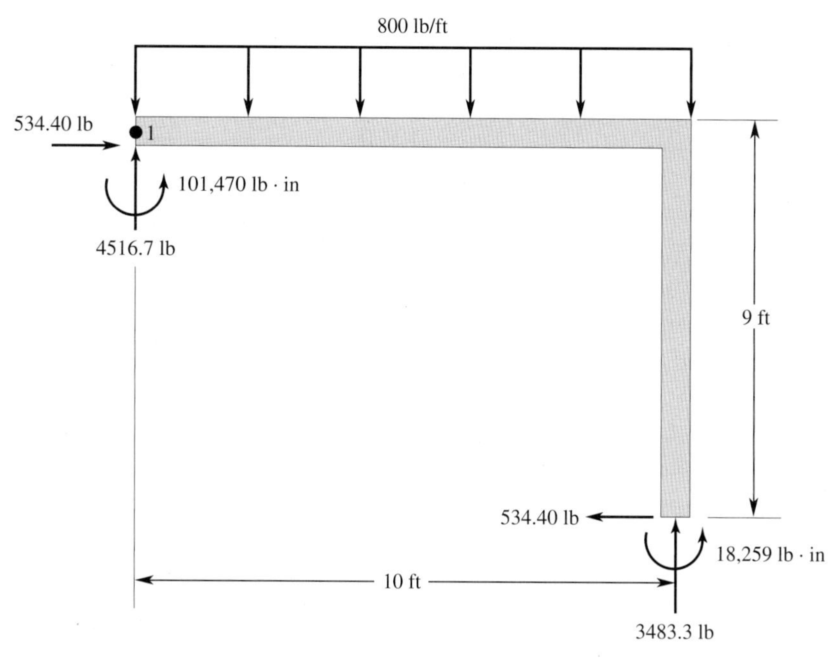

그림 3.19 예제 3.5의 자유물체도

요약

1. 축하중을 받는 부재에 대한 강성행렬 정식화 방법을 알아야 한다.
2. 간단한 문제에서는 유한요소 모델링보다 간단한 해석해를 사용하는 것이 현명하다. 유한요소 모델링은 꼭 필요할 때만 사용한다.
3. 각 절점에서 2개의 자유도(수직변위와 회전각)를 가지는 보 요소의 강성행렬은 다음과 같다.

$$[\mathbf{K}]^{(e)} = \frac{EI}{L^3}\begin{bmatrix} 12 & 6L & -12 & 6L \\ 6L & 4L^2 & -6L & 2L^2 \\ -12 & -6L & 12 & -6L \\ 6L & 2L^2 & -6L & 4L^2 \end{bmatrix}$$

4. 표 3.2에 정리된 등가 절점하중 공식을 참조하여 보 요소에 대한 하중행렬을 계산할 수 있어야 한다.
5. 각 절점에서 3개의 자유도(축방향 변위, 횡방향 변위, 회전각)를 가지는 2절점 프레임 요소에 대한 강성행렬은 다음과 같다(국부 좌표계와 전체 좌표계가 일치하는 경우).

$$[\mathbf{K}]^{(e)} = \begin{bmatrix} \frac{AE}{L} & 0 & 0 & -\frac{AE}{L} & 0 & 0 \\ 0 & \frac{12EI}{L^3} & \frac{6EI}{L^2} & 0 & -\frac{12EI}{L^3} & \frac{6EI}{L^2} \\ 0 & \frac{6EI}{L^2} & \frac{4EI}{L} & 0 & -\frac{6EI}{L^2} & \frac{2EI}{L} \\ -\frac{AE}{L} & 0 & 0 & \frac{AE}{L} & 0 & 0 \\ 0 & -\frac{12EI}{L^3} & -\frac{6EI}{L^2} & 0 & \frac{12EI}{L^3} & -\frac{6EI}{L^2} \\ 0 & \frac{6EI}{L^2} & \frac{2EI}{L} & 0 & -\frac{6EI}{L^2} & \frac{4EI}{L} \end{bmatrix}$$

프레임 요소가 수평이 아닌 경우, 국부 자유도는 전체 자유도와 변환행렬로 연관될 수 있으며 다음과 같이 표현된다.

$$\{\mathbf{u}\} = [\mathbf{T}]\{\mathbf{U}\}$$

여기서 변환행렬은 다음과 같다.

$$[\mathbf{T}] = \begin{bmatrix} \cos\theta & \sin\theta & 0 & 0 & 0 & 0 \\ -\sin\theta & \cos\theta & 0 & 0 & 0 & 0 \\ 0 & 0 & 1 & 0 & 0 & 0 \\ 0 & 0 & 0 & \cos\theta & \sin\theta & 0 \\ 0 & 0 & 0 & -\sin\theta & \cos\theta & 0 \\ 0 & 0 & 0 & 0 & 0 & 1 \end{bmatrix}$$

6. 임의의 방향을 가지는 프레임 요소의 전체 좌표계에 대한 강성행렬은 다음과 같다.

$$[\mathbf{K}]^{(e)} = [\mathbf{T}]^T[\mathbf{K}]^{(e)}_{xy}[\mathbf{T}]$$

7. 표 3.2에 정리된 등가 절점하중 공식을 참조하여 프레임 요소에 대한 하중행렬을 계산할 수 있어야 한다.

참고문헌

ANSYS User's Manual: *Procedures,* Vol. I, Swanson Analysis Systems, Inc.

ANSYS User's Manual: *Commands,* Vol. II, Swanson Analysis Systems, Inc.

ANSYS User's Manual: *Elements,* Vol. III, Swanson Analysis Systems, Inc.

Beer, P., and Johnston, E. R., *Mechanics of Materials*, 2nd ed., New York, McGraw-Hill, 1992.

Hibbeler, R. C., *Mechanics of Materials*, 2nd ed., New York, Macmillan, 1994.

Segrlind, L., *Applied Finite Element Analysis,* 2nd ed., New York, John Wiley and Sons, 1984.

연습문제

1. 다음 그림에서 점 D와 점 F에서의 처짐과 각 부재의 축응력을 구하라($E = 29 \times 10^6$ ksi).

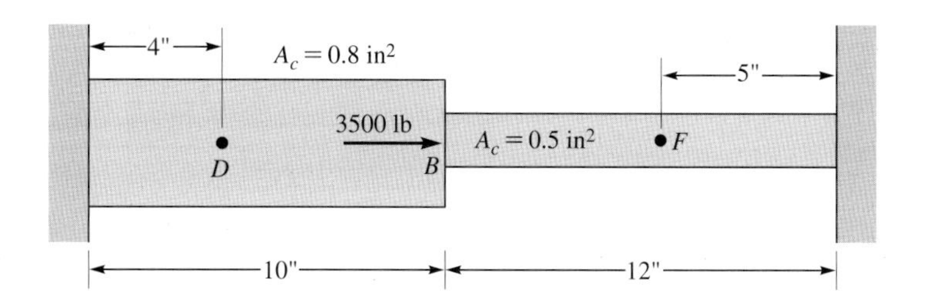

2. 예제 3.2와 유사한 강철 기둥으로 된 4층 빌딩을 고려하자. 기둥은 그림과 같은 하중의 지배를 받는다. 축하중을 가정하여 (a) 각 층의 연결점에서 기둥의 수직변위, (b) 기둥의 각 부분에서의 응력을 구하라($E = 29 \times 10^6$ lb/in^2, $A = 59.1$ in^2).

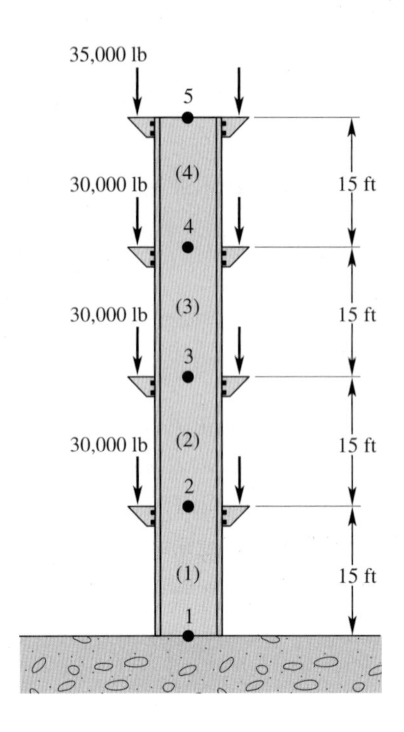

3. 다음 그림에서 점 D에서의 처짐과 각 부재에서의 축응력을 구하라($E = 10.6 \times 10^3$ ksi).

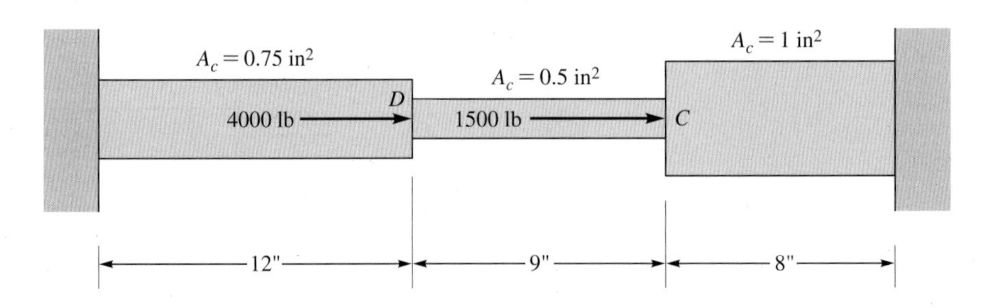

4. 그림과 같이 높이에 따라 여러 위치에서 광고판을 세울 수 있는 높이가 20 ft인 기둥이 있다. 이 기둥은 탄성계수가 $E = 29 \times 10^6$ lb/in^{2}인 구조강으로 만들어졌다. 광고판에 작용하는 풍력(wind loading)은 무시하고, (a) 하중이 작용하는 점에서의 변위와 (b) 각 기둥의 응력을 구하라.

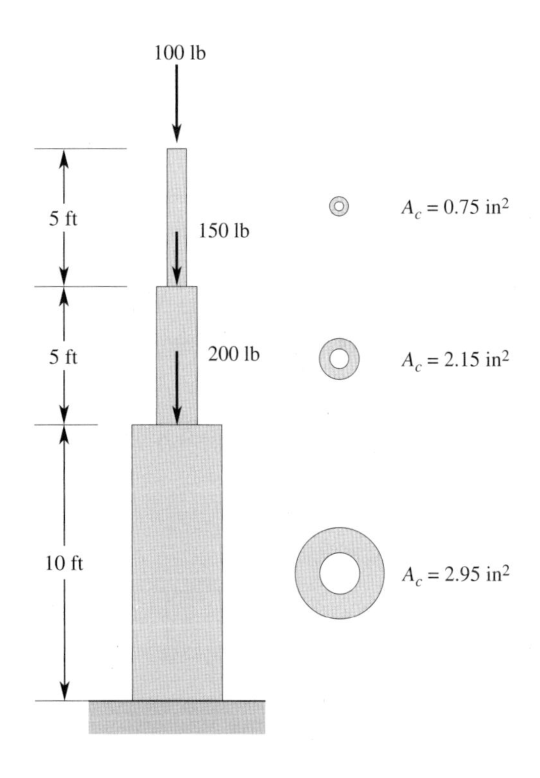

5. 다음 그림에서 점 D와 점 F에서의 처짐을 구하라. 또 각 부재별로 축하중과 응력을 계산하라($E = 29 \times 10^3$ ksi).

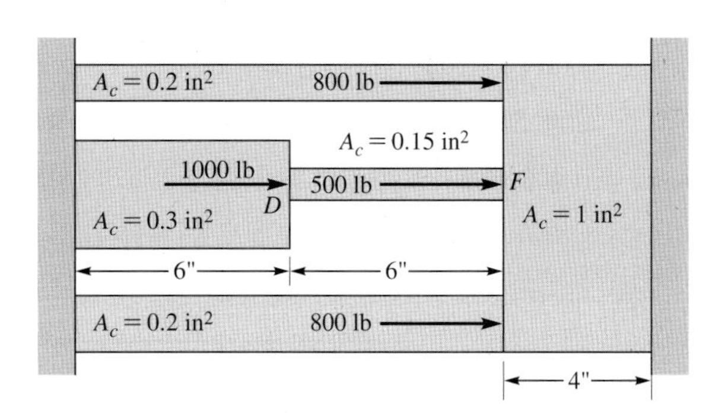

6. 다음 그림에서 점 D와 점 F에서의 처짐을 구하라. 또 각 부재별로 축하중과 응력을 계산하라.

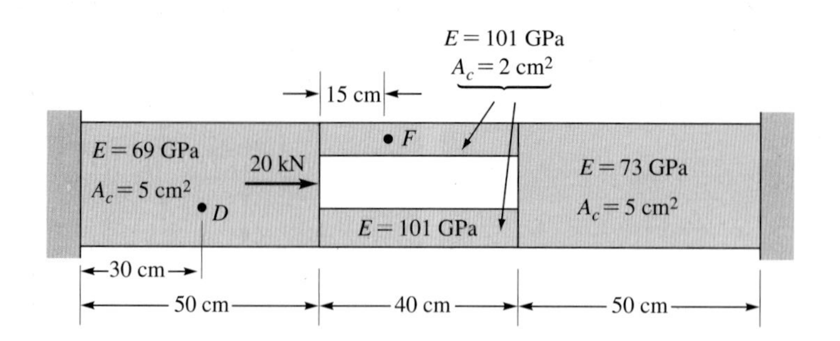

7. 다음 그림에 나타난 보는 단면적이 10.3 in^2이고 깊이는 17.7 in인 플랜지가 넓은 보 (W18 × 35)이다. 단면 2차 모멘트는 510 in^4이다. 이 보는 2000 lb/ft의 균일 분포하중을 받고 있고, 탄성계수는 $E = 29 \times 10^6\ \text{lb/in}^2$이다. 수계산으로 절점 3에서의 수직변위와 절점 2와 3에서의 회전각을 구하라. 또 절점 1과 2에서의 반력과 절점 1에서의 반모멘트를 계산하라.

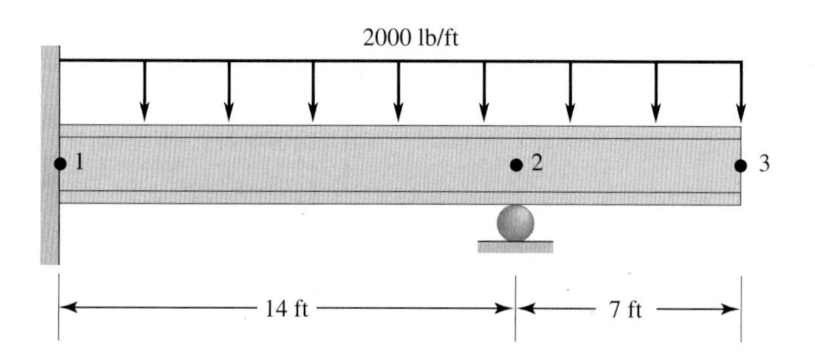

8. 다음 그림에 나타난 보는 단면적이 9.12 in^2이고 깊이는 15.88 in인 플랜지가 넓은 보 (W16 × 31)이다. 단면 2차 모멘트는 375 in^4이다. 이 보는 1000 lb/ft의 균일 분포하중과 500 lb의 집중하중을 받고 있고, 탄성계수는 $E = 29 \times 10^6\ \text{lb/in}^2$이다. 수계산으로 절점 3에서의 수직변위와 절점 2와 3에서의 회전각을 구하라. 또 절점 1과 2에서의 반력과 절점 1에서의 반모멘트를 계산하라.

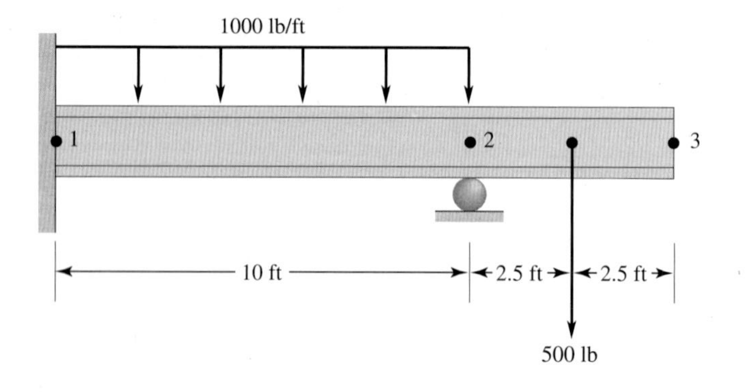

9. 다음 그림에 나타난 조명 프레임은 단면이 속 빈 사각형이고 $E = 29 \times 10^6$ lb/in^{2}의 강으로 되어 있다. 수계산을 통해서 조명등이 달린 수평 부재 끝의 처짐을 구하라.

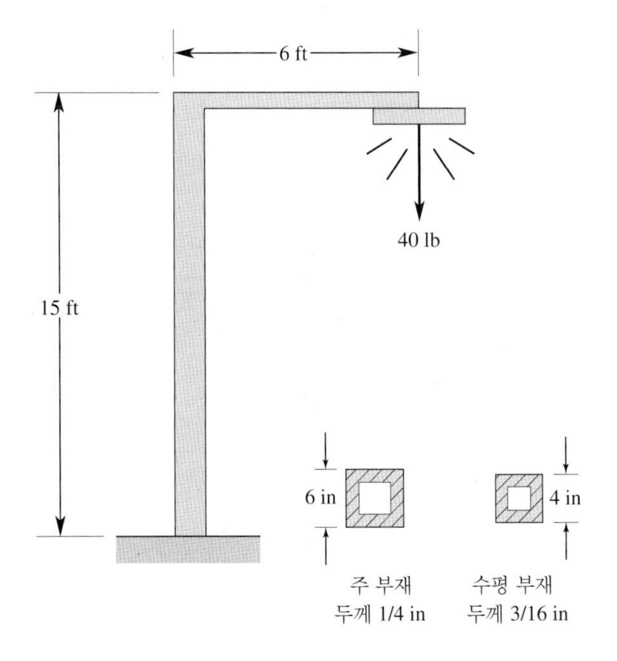

10. 공원에 있는 테이블 판은 2개의 동일한 강 프레임으로 지지된다. 이러한 프레임이 다음 그림에 나타나 있다. 이 프레임은 지반에 묻혀 있고 속이 빈 원형 단면을 가지고 있다. 테이블 판은 250 lb/ft^{2}의 분포하중을 지지할 수 있도록 설계되어 있다. ANSYS를 사용하여 부과될 하중을 안전하게 지지할 수 있는 프레임의 단면 크기를 구하라.

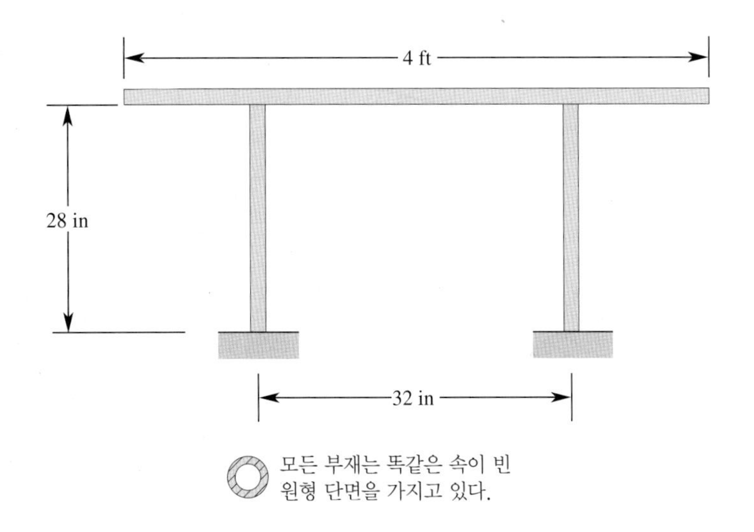

11. 다음 그림에 나타난 프레임은 2000 lb의 하중을 지지하는 데 사용된다. 프레임의 주 수직 단면은 관상형으로 면적이 8.63 in^2이고 극회전 반경(polar radius of gyration)이 2.75 in이다. 이 관상 단면의 외경은 6 in이다. 다른 모든 부재는 관상형 단면을 가지며, 각각의 면적은 2.24 in^2이고 극회전 반경은 1.91 in이며, 부재의 외경은 4 in이다. ANSYS를 사용하여 하중 작용점에서의 처짐을 구하라. 프레임은 강으로 되어 있으며 탄성계수는 $E = 29 \times 10^6$ lb/in^2이다.

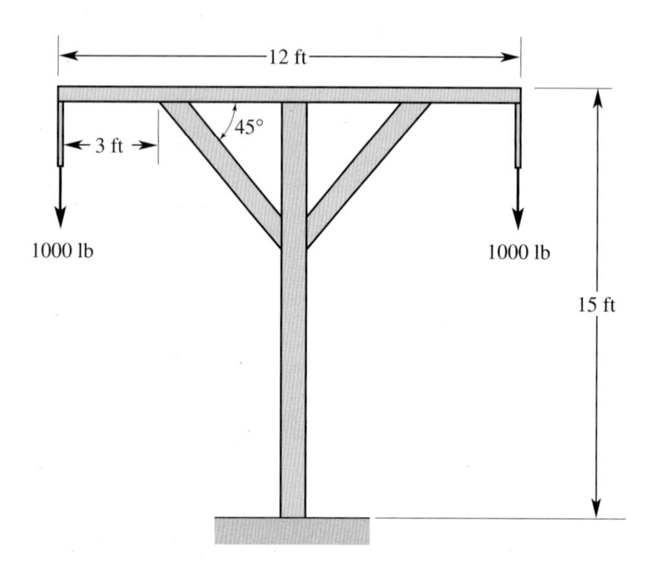

12. 다음에 보이는 바와 같이 삼각형의 하중을 받고 있는 보의 등가 절점하중이 그림과 같음을 보여라.

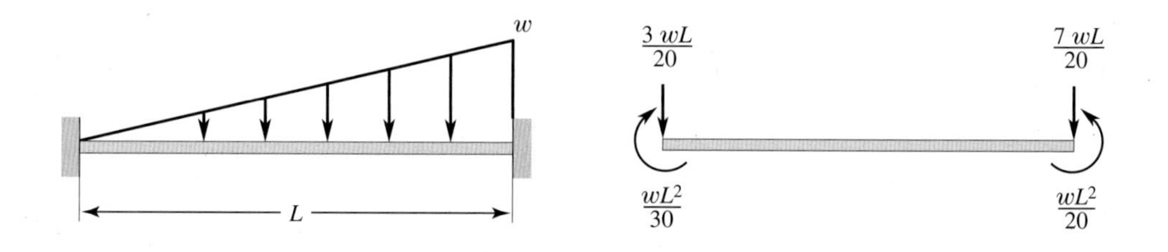

13. 이 장의 프레임 요소에 관한 사항을 참조하여, 전체 좌표계에 대해 나타낸 강성행렬이 프레임의 국부 좌표계에 대해 나타낸 강성행렬과 다음의 관계식과 같이 연관되어 있음을 보여라.

$$[\mathbf{K}]^{(e)} = [\mathbf{T}]^T[\mathbf{K}]_{xy}^{(e)}[\mathbf{T}]$$

14. 다음 그림에 나타난 프레임은 500 lb/ft의 하중을 지지하는 데 사용된다. ANSYS를 사용하여 표준 치수 사각 강 튜브를 쓸 때 각 부재의 단면 크기를 결정하라. 세 종류의 크기를 사용하라. 중심점의 처짐은 0.05 in 이하로 유지되어야 한다.

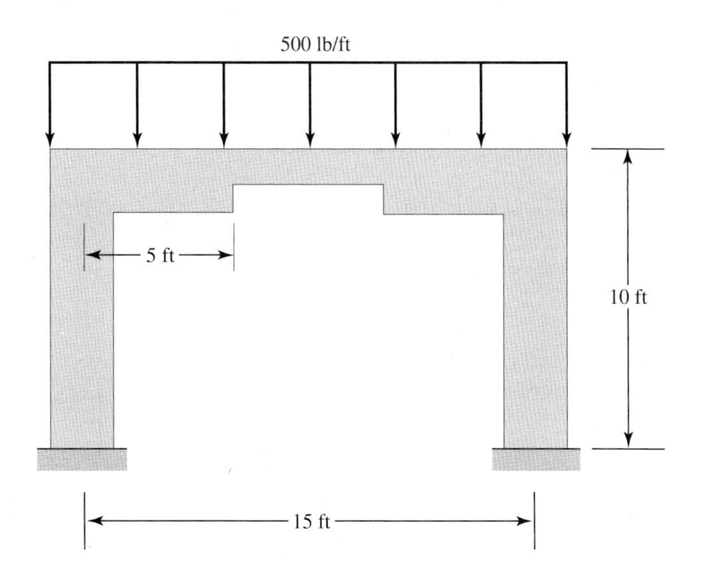

15. 다음 그림에 나타난 프레임은 그림에서와 같은 하중을 지지하는 데 사용된다. ANSYS를 사용하여 표준 치수의 I형 강의 보를 쓸 때 각 부재의 크기를 결정하라.

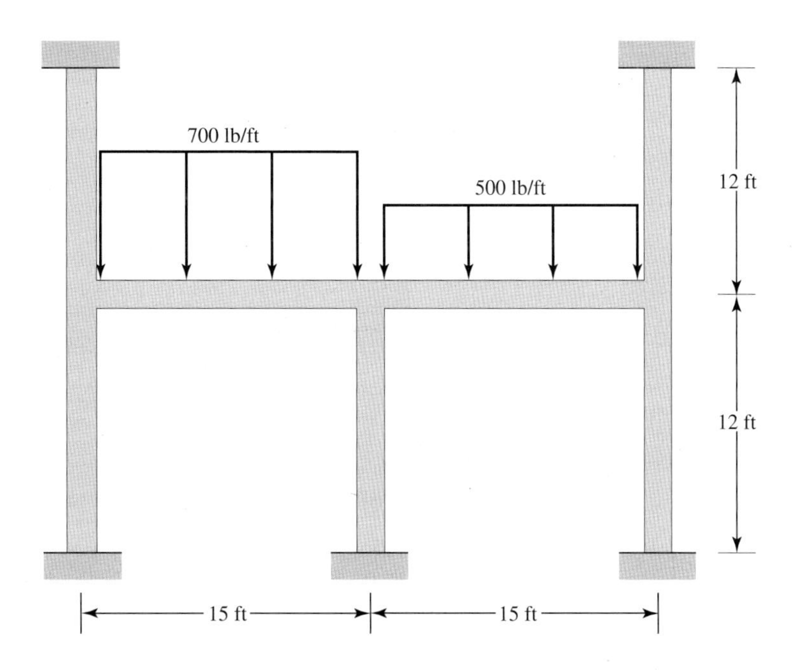

16. 왼쪽 그림과 같이 하중을 받고 있는 보의 등가 절점하중이 오른쪽 그림과 같음을 보여라.

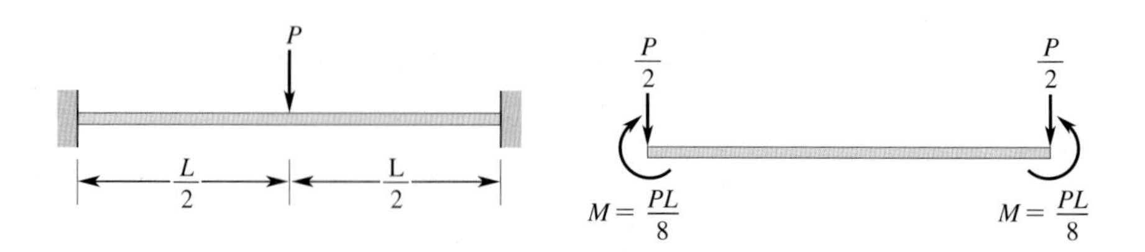

17. 그림과 같은 보를 하나의 요소만으로 모델링하여 끝점에서의 처짐과 기울기를 계산하라. 그리고 표 3.1과 결과를 비교하라.

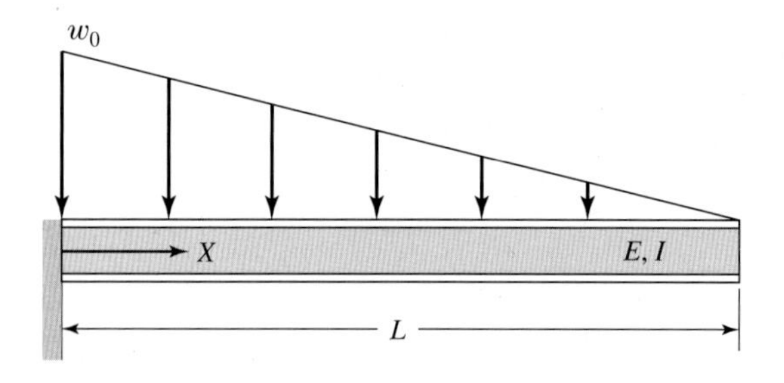

18. 예제 3.3을 2개 요소를 사용하여 풀어라. 그리고 1개 요소의 처짐과 기울기 결과와 비교하라.

19. 그림과 같은 보를 하나의 요소만으로 모델링하여 끝점에서의 처짐과 기울기를 계산하라. 그리고 표 3.1과 결과를 비교하라.

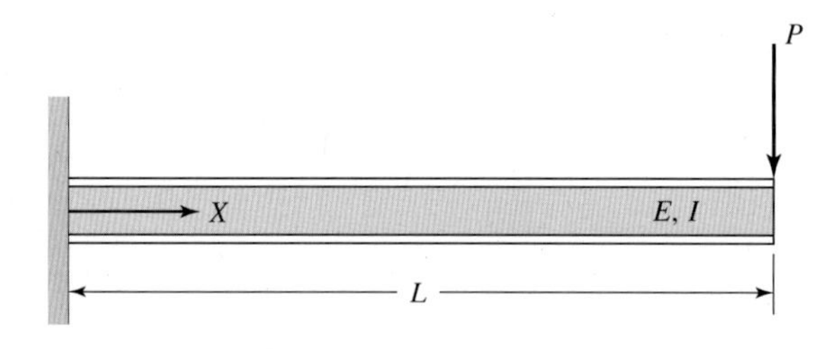

20. 그림과 같은 보를 하나의 요소만으로 모델링하여 중점에서의 처짐과 기울기를 계산하라. 그리고 표 3.1과 결과를 비교하라.

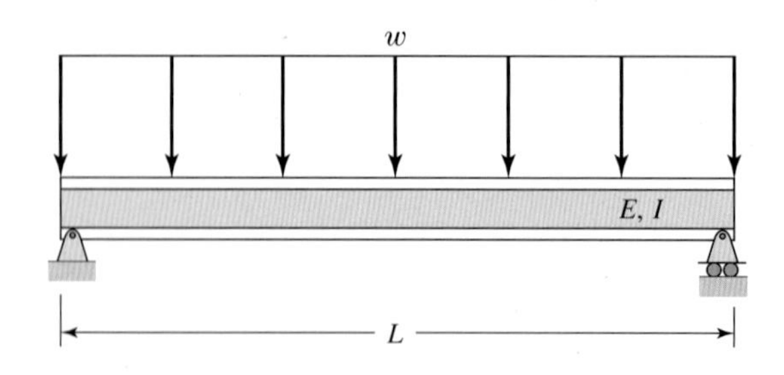

21. 다음 그림에 나타난 보는 단면적이 10.3 in^2이고 깊이는 17.7 in인 플랜지가 넓은 (W18 × 35) 보이다. 단면 2차 모멘트는 510 in^4이다. 이 보는 2500 lb의 집중하중을 받고 있고, 탄성계수는 $E = 29 \times 10^6$ lb/in^2이다. 2개 요소를 사용하여 중점에서의 처짐을 계산하라. 그리고 정확한 값과 비교하라.

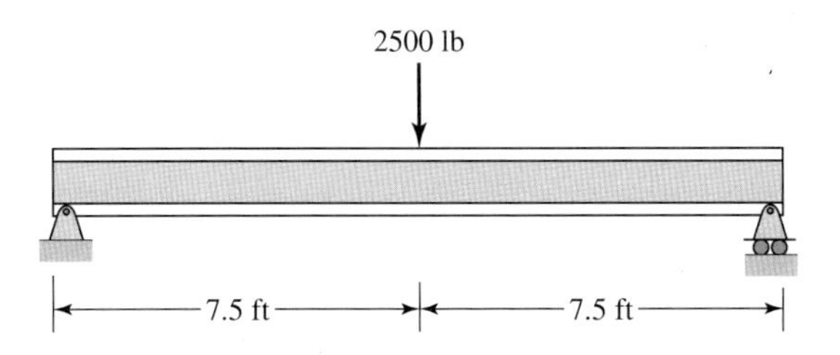

22. 다음 그림에 나타난 프레임은 1000 lb의 하중을 지지하는 데 사용된다. ANSYS를 사용하여 표준 치수의 I형 강의 보를 쓸 때 각 부재의 단면 크기를 결정하라.

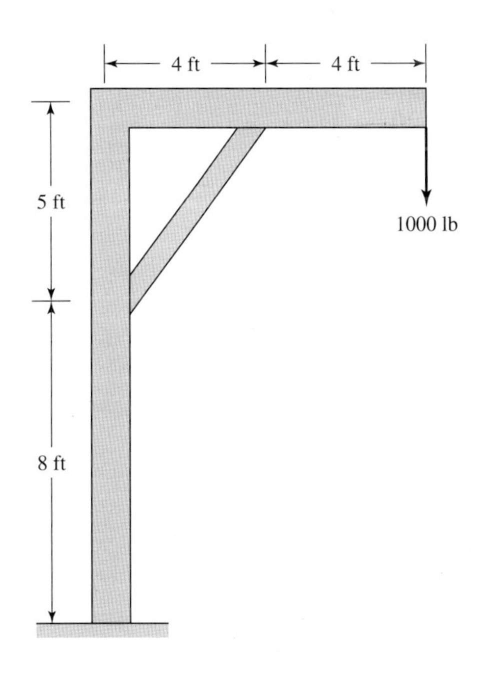

23. 다음 그림에 나타난 프레임은 그림에서와 같은 하중을 지지하는 데 사용된다. ANSYS를 사용하여 표준 치수의 I형 강의 보를 쓸 때 각 부재의 단면 크기를 결정하라.

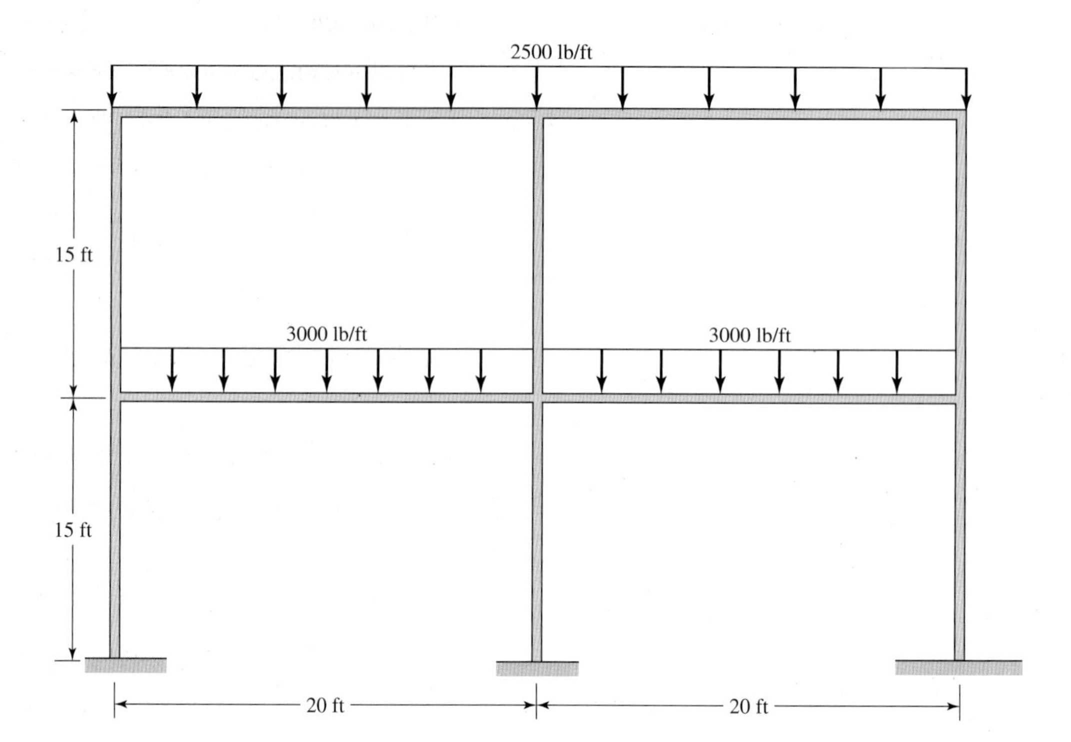

24. 다음 그림에 나타난 프레임은 그림에서와 같은 하중을 지지하는 데 사용된다. ANSYS를 사용하여 표준 치수의 I형 강의 보를 쓸 때 각 부재의 단면 크기를 결정하라.

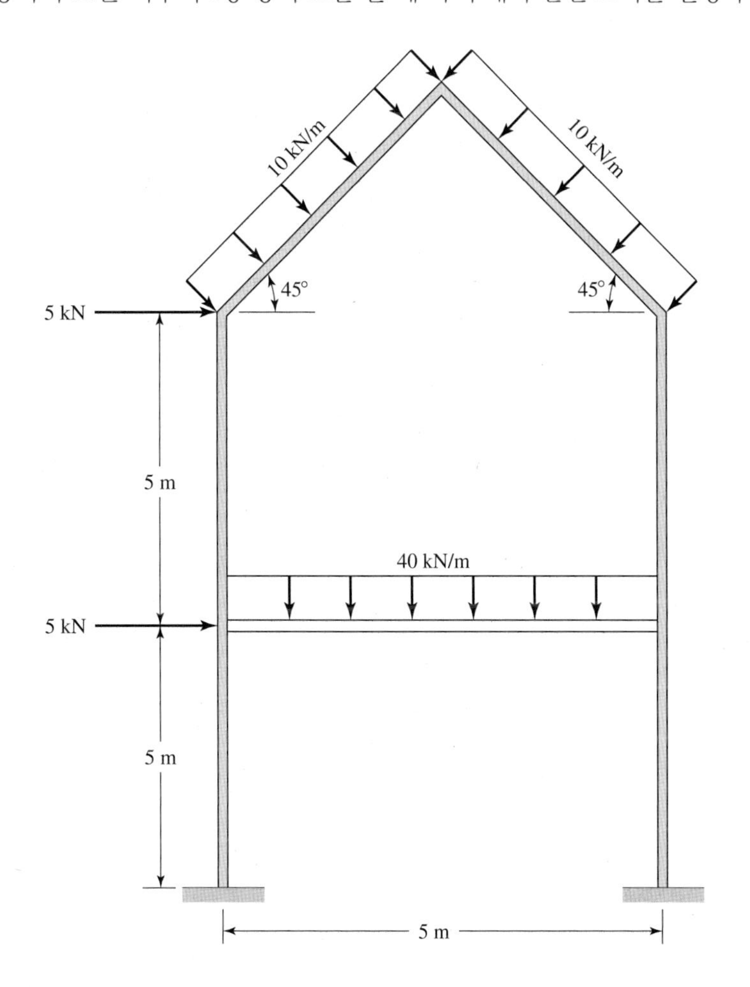

25. 다음 그림에 나타난 프레임은 그림에서와 같은 하중을 지지하는 데 사용된다. ANSYS를 사용하여 표준 치수의 I형 강의 보를 쓸 때 각 부재의 단면 크기를 결정하라.

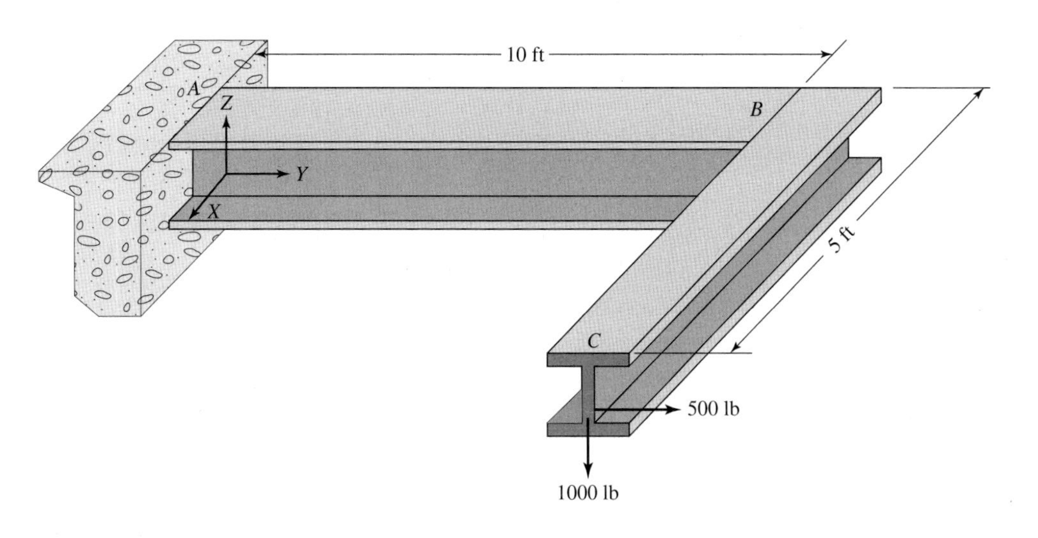

26. $[\mathbf{D}]\{\mathbf{U}\} = \{\mathbf{U}\}^T[\mathbf{D}]^T$임을 보여라.

27. 식 (3.39)와 (3.41)로부터 식 (3.42)에 주어진 관계가 성립함을 보여라.

28. 식 (3.42)로부터 식 (3.36a)에서 주어진 결과를 사용하여, 적분을 통하여 식 (3.43)에서 강성행렬의 첫째 열에서 주어진 결과를 구하라.

29. 식 (3.42)로부터 식 (3.36a)에서 주어진 결과를 사용하여, 적분을 통하여 식 (3.43)에서 강성행렬의 넷째 행에서 주어진 결과를 구하라.

30. **설계과제** 다음 그림에 나타난 다리 위에 4대의 트럭이 등간격으로 정지해 있을 때, 다리가 안전할 수 있도록 각 부재의 크기를 결정하라. 트럭 한 대의 적재하중은 64,000 lb이고 빈 차의 무게는 8000 lb이다. 처음에는 모든 보 요소를 동일한 단면으로 생각할 수 있다. 모든 트러스 부재도 동일한 단면을 가진다고 가정할 수 있다. 도로지반 하중은 1500 lb/ft이고 I형 보에 의해 지지된다. 표준 I형 보 치수를 사용하라. 각자의 트러스 형상을 설계하라. 해석에 있어서 콘크리트 기둥은 크게 변형되지 않는다고 가정할 수 있다. 어떻게 최종 설계에 도달했는지에 대하여 간단한 보고서로 작성하라.

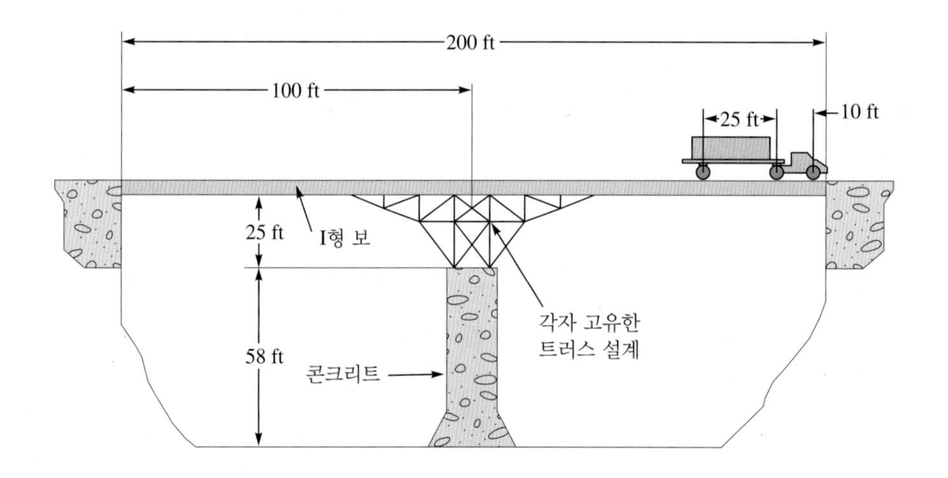

CHAPTER 4

1차원 요소

이 장의 목적은 1차원 요소의 개념, 형상함수와 그들의 특성을 소개하는 것이다. 또 국부 좌표계 및 자연 좌표계의 개념을 소개하고, 아울러 ANSYS에서 사용된 1차원 요소도 논의할 것이다. 다음은 4장에서 논의할 주요 내용이다.

4.1 선형 요소
4.2 2차 요소
4.3 3차 요소
4.4 전체, 국부, 자연 좌표
4.5 등매개변수 요소
4.6 수치 적분: Gauss-Legendre 구적법
4.7 ANSYS에서 1차원 요소의 예제

4.1 선형 요소

이 절에서의 1차원 요소와 형상함수의 기본 개념을 소개하기 위해 열전달 예제들을 사용하였다. 핀(fin)은 일반적으로 냉각을 촉진시키기 위해 다양하게 사용된다. 일반적인 예로는 오토바이 엔진 헤드, 잔디 깎는 기계의 엔진 헤드, 전기 장비에 사용되는 확장 표면(방열판)과 핀이 있는 관(tube)으로 된 열교환기들이 있다. 전형적인 온도 분포와 함께 균일 단면의 직선형 핀을 그림 4.1에 나타내었다. 먼저 핀을 3개의 요소와 4개의 절점으로 모델링한다. 실제 온도 분포는 그림 4.1에 나타낸 선형함수들을 조합하여 근사할 수 있다. 유한요소 모델에서 핀의 기저부(base) 부근의 실제 온도 구배를 더 정확하게 표현하기 위해 기저부 부근의 절점들을 가깝게 배열하였다. 요소들의 수가 증가할수록 근사해는 정확해진다. 그렇지만 여기서는 3개의 요소로 된 모델을 사용하기로 하고 그림 4.2에 나타낸 전형적인 선형 요소에 주목하자. 요소에 따른 온도 분포는 그림 4.2에 나타낸 것처럼 선형함수로 보간(interpolation)하여 근사할 수 있다.

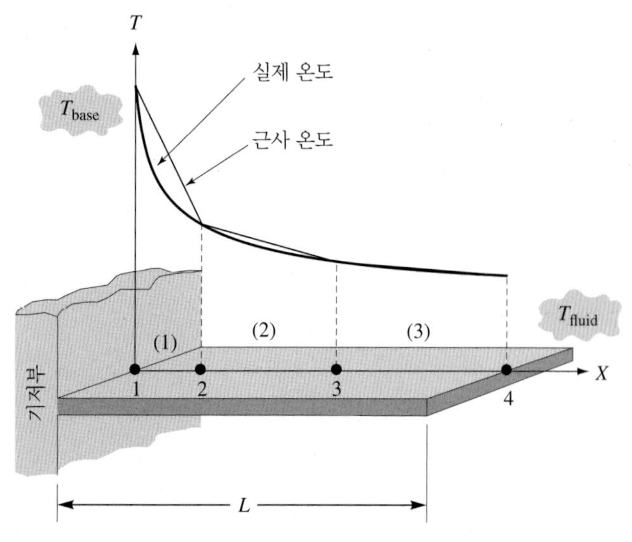

그림 4.1 단면이 일정한 핀의 온도 분포

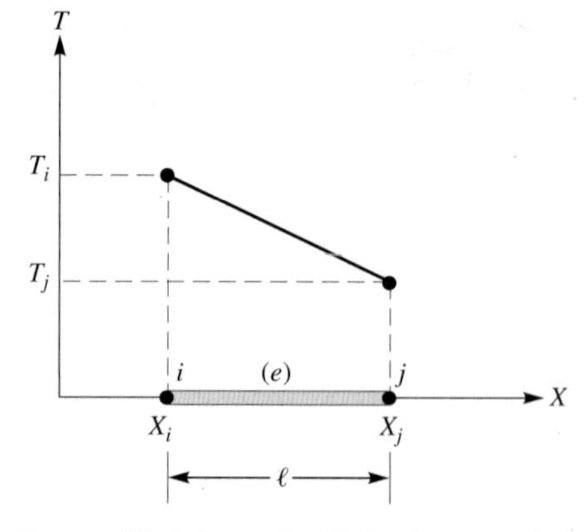

그림 4.2 전형적인 요소에 대한 온도 분포의 선형 근사

3.1절에서 언급한 바와 유사하게 형상함수의 유도과정을 이번 장에서 다시 설명하도록 한다.

전형적인 요소에서의 선형 온도 분포는 다음과 같이 표현할 수 있다.

$$T^{(e)} = c_1 + c_2 X \tag{4.1}$$

요소의 양단조건은 절점온도 T_i와 T_j에 의해 다음과 같이 주어진다.

$$\begin{aligned} X = X_i\text{에서 } T = T_i \\ X = X_j\text{에서 } T = T_j \end{aligned} \tag{4.2}$$

식 (4.1)에 절점값을 대입하면 2개의 미지수를 가지는 2개의 식이 된다.

$$\begin{aligned} T_i = c_1 + c_2 X_i \\ T_j = c_1 + c_2 X_j \end{aligned} \tag{4.3}$$

미지수 c_1과 c_2에 대해 풀면 다음과 같다.

$$c_1 = \frac{T_i X_j - T_j X_i}{X_j - X_i} \tag{4.4}$$

$$c_2 = \frac{T_j - T_i}{X_j - X_i} \tag{4.5}$$

절점값에 의한 요소의 온도 분포는 다음과 같다.

$$T^{(e)} = \frac{T_i X_j - T_j X_i}{X_j - X_i} + \frac{T_j - T_i}{X_j - X_i} X \tag{4.6}$$

T_i항과 T_j항으로 묶으면 다음 식을 얻을 수 있다.

$$T^{(e)} = \left(\frac{X_j - X}{X_j - X_i}\right)T_i + \left(\frac{X - X_i}{X_j - X_i}\right)T_j \tag{4.7}$$

여기서 **형상함수** S_i와 S_j를 다음과 같이 정의한다.

$$S_i = \frac{X_j - X}{X_j - X_i} = \frac{X_j - X}{\ell} \tag{4.8}$$

$$S_j = \frac{X - X_i}{X_j - X_i} = \frac{X - X_i}{\ell} \tag{4.9}$$

여기서 ℓ은 요소의 길이이다. 형상함수를 사용하여 요소의 온도 분포를 표현하면

$$T^{(e)} = S_iT_i + S_jT_j \tag{4.10}$$

이고, 식 (4.10)을 행렬 형태로 나타내면 다음과 같다.

$$T^{(e)} = [S_i \quad S_j]\begin{Bmatrix} T_i \\ T_j \end{Bmatrix} \tag{4.11}$$

3장에서 언급한 구조 예제의 전형적인 기둥 요소의 변위 $u^{(e)}$는 다음과 같이 표현된다.

$$u^{(e)} = [S_i \quad S_j]\begin{Bmatrix} u_i \\ u_j \end{Bmatrix} \tag{4.12}$$

여기서 u_i와 u_j는 임의의 요소 (e)의 절점 i와 j에서의 변위이다. 형상함수와 이에 상응하는 절점값을 사용하여, 주어진 요소에 대한 미지 변수의 공간적인 변화를 다시 나타낼 수 있다. 일반적으로 다음과 같이 쓸 수 있다.

$$\Psi^{(e)} = [S_i \quad S_j]\begin{Bmatrix} \Psi_i \\ \Psi_j \end{Bmatrix} \tag{4.13}$$

여기서 Ψ_i와 Ψ_j는 온도, 변위, 속도 같은 미지 변수의 절점값을 나타낸다.

형상함수의 성질

형상함수는 독특한 성질을 가지고 있으며, 이를 이용하면 전도행렬이나 강성행렬을 유도할 때 필요한 적분값을 간단히 계산할 수 있다. 형상함수의 고유한 특성 중 하나는 각 형상함수가 해당 절점에서는 1이고, 다른 절점에서는 0의 값을 가진다는 것이다. $X = X_i$와 $X = X_j$에서 형상함수를 구하여 이 특성을 설명하기로 한다. $X = X_i$와 $X = X_j$에서 S_i를 구하면

$$S_i\big|_{X=X_i} = \left.\frac{X_j - X}{\ell}\right|_{X=X_i} = \frac{X_j - X_i}{\ell} = 1$$

그리고

$$S_i\big|_{X=X_j} = \left.\frac{X_j - X}{\ell}\right|_{X=X_j} = \frac{X_j - X_j}{\ell} = 0 \tag{4.14}$$

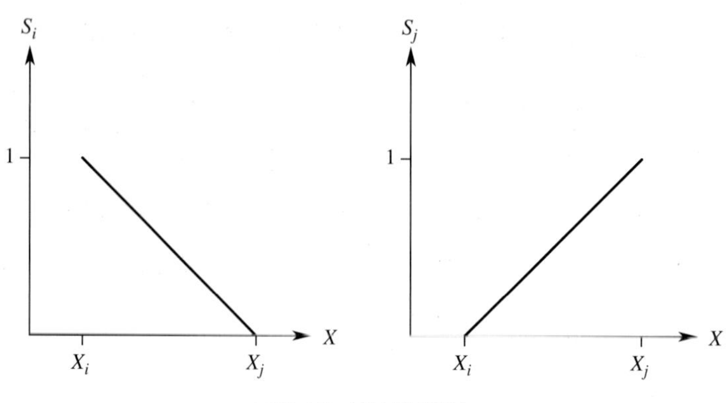

그림 4.3 선형 형상함수

이고, $X = X_i$와 $X = X_j$에서 S_j를 구하면

$$S_j|_{X=X_i} = \left.\frac{X - X_i}{\ell}\right|_{X=X_i} = \frac{X_i - X_i}{\ell} = 0$$

그리고
$$S_j|_{X=X_j} = \left.\frac{X - X_i}{\ell}\right|_{X=X_j} = \frac{X_j - X_i}{\ell} = 1 \tag{4.15}$$

이다. 이 특성들은 그림 4.3에 도시되어 있다.

형상함수와 관련된 다른 중요한 특성은 형상함수들의 합이 1이 된다는 것이다.

$$S_i + S_j = \frac{X_j - X}{X_j - X_i} + \frac{X - X_i}{X_j - X_i} = 1 \tag{4.16}$$

선형 형상함수에서 X에 대한 도함수의 합이 0이라는 것은 쉽게 증명할 수 있다.

$$\frac{d}{dX}\left(\frac{X_j - X}{X_j - X_i}\right) + \frac{d}{dX}\left(\frac{X - X_i}{X_j - X_i}\right) = -\frac{1}{X_j - X_i} + \frac{1}{X_j - X_i} = 0 \tag{4.17}$$

예제 4.1

여기서는 핀의 온도 분포를 근사하기 위해 선형 1차원 요소를 사용하였다. 절점온도와 절점의 위치는 그림 4.4에 나타나 있다. (a) $X = 4$ cm와 (b) $X = 8$ cm일 때 핀의 온도는 얼마

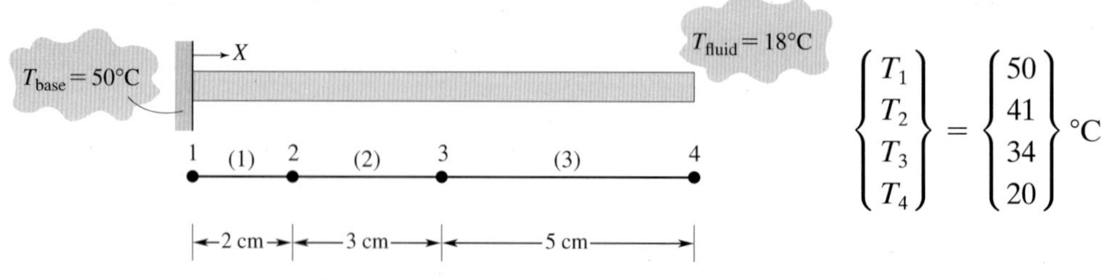

그림 4.4 예제 4.1에서 핀의 절점온도와 절점의 위치

인가?

주어진 절점온도를 사용하여 문제를 풀 수 있다.

a. $X = 4$ cm일 때 핀의 온도는 요소 (2)에 의해서 나타난다.

$$T^{(2)} = S_2^{(2)}T_2 + S_3^{(2)}T_3 = \frac{X_3 - X}{\ell}T_2 + \frac{X - X_2}{\ell}T_3$$

$$T = \frac{5-4}{3}(41) + \frac{4-2}{3}(34) = 36.3°\text{C}$$

b. $X = 8$ cm일 때 핀의 온도는 요소 (3)에 의해서 나타난다.

$$T^{(3)} = S_3^{(3)}T_3 + S_4^{(3)}T_4 = \frac{X_4 - X}{\ell}T_3 + \frac{X - X_3}{\ell}T_4$$

$$T = \frac{10-8}{5}(34) + \frac{8-5}{5}(20) = 25.6°\text{C}$$

이 예제에서 $S_3^{(2)}$와 $S_3^{(3)}$의 차이를 유의하라.

4.2 2차 요소

유한요소해석에서 사용된 선형 요소의 수를 증가시키거나 고차 보간함수(interpolation function)를 사용하여 유한요소해석 결과의 정확도를 증가시킬 수 있다. 일례로 미지 변수의 공간적인 변화를 표현하기 위해 2차(quadratic) 함수를 사용할 수 있다. 선형함수 대신 2차 함수를 사용하기 위해서는 한 요소를 정의하기 위해 3개의 절점이 필요하다. 일반적으로 2차 함수를 정의하기 위해서는 3개의 점, 즉 3개의 절점이 필요하기 때문이다. 세 번째 절점은 그림 4.5에 보인 절점 k처럼 요소의 중앙에 절점을 삽입하여 만들 수 있다. 2차 함수를 사용하여 앞의 핀 예제를 다시 생각해 보자. 전형적인 요소에서 온도 분포는 식 (4.18)에 의해 표현될 수 있다.

$$T^{(e)} = c_1 + c_2X + c_3X^2 \tag{4.18}$$

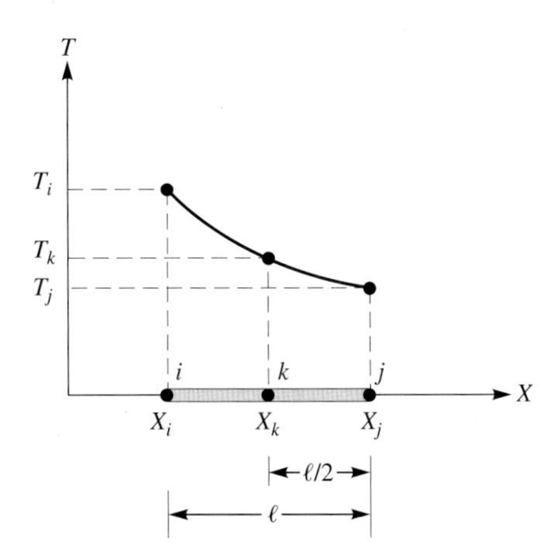

그림 4.5 대표 요소에 대한 온도 분포의 2차 함수 근사화

절점에서의 값은 다음과 같다.

$$\begin{aligned} X &= X_i \text{에서 } T = T_i \\ X &= X_k \text{에서 } T = T_k \\ X &= X_j \text{에서 } T = T_j \end{aligned} \tag{4.19}$$

식 (4.18)에 절점값을 대입하면 3개의 미지수를 가지는 3개의 식이 만들어진다.

$$\begin{aligned} T_i &= c_1 + c_2 X_i + c_3 X_i^2 \\ T_k &= c_1 + c_2 X_k + c_3 X_k^2 \\ T_j &= c_1 + c_2 X_j + c_3 X_j^2 \end{aligned} \tag{4.20}$$

c_1, c_2, c_3를 구하고, 요소의 온도 분포를 절점값과 형상함수로 나타내면

$$T^{(e)} = S_i T_i + S_j T_j + S_k T_k \tag{4.21}$$

이고, 행렬 형태로 나타내면 다음과 같다.

$$T^{(e)} = [S_i \quad S_j \quad S_k] \begin{Bmatrix} T_i \\ T_j \\ T_k \end{Bmatrix} \tag{4.22}$$

여기서 2차 형상함수는 다음과 같다.

$$\begin{aligned} S_i &= \frac{2}{\ell^2}(X - X_j)(X - X_k) \\ S_j &= \frac{2}{\ell^2}(X - X_i)(X - X_k) \\ S_k &= \frac{-4}{\ell^2}(X - X_i)(X - X_j) \end{aligned} \tag{4.23}$$

한 요소에서 임의의 변수 Ψ의 변화는 다음과 같이 요소의 절점값과 2차 형상함수로서 표현할 수 있다.

$$\Psi^{(e)} = [S_i \quad S_j \quad S_k] \begin{Bmatrix} \Psi_i \\ \Psi_j \\ \Psi_k \end{Bmatrix} \tag{4.24}$$

2차 형상함수도 선형 형상함수와 비슷한 특성을 가진다. 즉, (1) 형상함수는 해당 절점에서 1의 값을, 다른 인접한 절점에서는 0의 값을 가진다. (2) 형상함수를 모두 합하면 1이 된다. 선형 형상함수와 2차 형상함수의 차이는 도함수로, 선형 형상함수와 달리 2차 형상함수의 X에 대한 도함수의 합은 0이 아니다.

4.3 3차 요소

2차 보간함수를 유한요소 정식화에 사용하면 좋은 결과가 나온다. 그렇지만 더욱 정확한 값이 요구될 때 3차 다항식과 같은 고차 보간함수를 사용할 수 있다. 즉, 주어진 변수의 공간적인 변화를 나타내기 위해 3차(cubic) 함수를 사용할 수 있다. 2차 함수 대신 3차 함수를 사용할 때에는 4개의 절점으로 한 요소를 정의한다. 3차 다항식을 정의하려면 4개의 점이 필요하기 때문에 3차 요소는 4개의 절점을 가진다. 요소는 3개의 같은 길이로 나누어지며 4개의 절점은 그림 4.6과 같이 배열된다. 3차 함수를 사용하여 앞의 핀 예제를 고려해 보자. 전형적인 대표 요소에서 온도 분포는 다음과 같다.

$$T^{(e)} = c_1 + c_2X + c_3X^2 + c_4X^3 \tag{4.25}$$

절점에서의 값은 다음과 같다.

$$\begin{aligned} X = X_i\text{에서}\quad T = T_i \\ X = X_k\text{에서}\quad T = T_k \\ X = X_m\text{에서}\quad T = T_m \\ X = X_j\text{에서}\quad T = T_j \end{aligned} \tag{4.26}$$

식 (4.25)에 절점값을 대입하면 4개의 미지수를 가지는 4개의 방정식이 나온다. c_1, c_2, c_3, c_4에 대해 문제를 풀고, 요소의 온도 분포를 절점값과 형상함수로 나타내면 다음과 같다.

$$T^{(e)} = S_iT_i + S_jT_j + S_kT_k + S_mT_m \tag{4.27}$$

행렬 형태로 나타내면 다음과 같다.

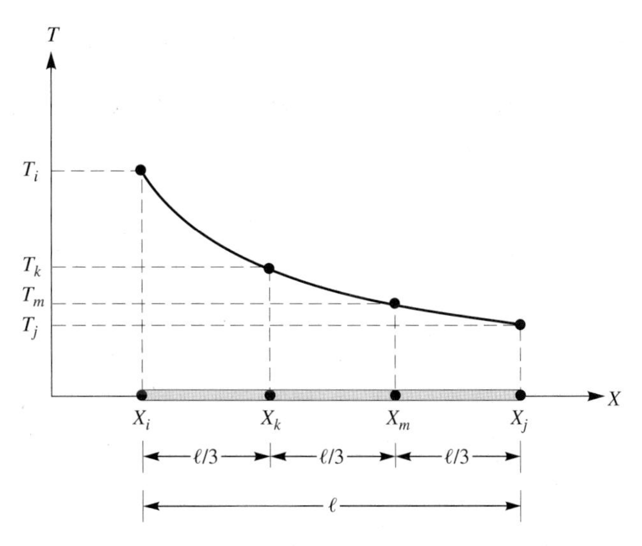

그림 4.6 대표 요소에 대한 온도 분포의 3차 함수 근사화

$$T^{(e)} = [S_i \quad S_j \quad S_k \quad S_m] \begin{Bmatrix} T_i \\ T_j \\ T_k \\ T_m \end{Bmatrix} \tag{4.28}$$

여기서 3차 형상함수는 다음과 같다.

$$\begin{aligned} S_i &= -\frac{9}{2\ell^3}(X - X_j)(X - X_k)(X - X_m) \\ S_j &= \frac{9}{2\ell^3}(X - X_i)(X - X_k)(X - X_m) \\ S_k &= \frac{27}{2\ell^3}(X - X_i)(X - X_j)(X - X_m) \\ S_m &= -\frac{27}{2\ell^3}(X - X_i)(X - X_j)(X - X_k) \end{aligned} \tag{4.29}$$

보간함수의 차수가 증가할 때, 형상함수를 구하기 위해서 위의 방법 대신에 **Lagrange 보간함수**(interpolation function)를 사용하는 것이 바람직하다. Lagrange 방법의 주요 장점은 보간함수의 미지수들을 얻기 위해 연립 방정식을 풀지 않아도 된다는 것이다. 대신에 선형 함수의 곱으로 형상함수를 나타낸다. 3차 보간함수의 경우 각 절점에 상응하는 형상함수는 3개의 선형함수의 곱으로 나타낼 수 있다. 예를 들면, i라는 절점에 대하여 세 함수의 곱이 j, k, m과 같은 다른 절점에서는 0의 값을 가지고, 자신의 절점 i에서는 1의 값을 가지도록 형상함수를 결정한다. 더욱이 함수들의 곱에는 일반적으로 3차 다항식 함수로 주어진 것과 비슷하게 선형, 비선형 항이 있어야 한다.

이 방법을 설명하기 위해 전체 좌표값이 X_i인 절점 i를 고려하자. 먼저 함수들은 절점 j, k, m에서 0의 값을 가지도록 선택되어야 한다. 이 조건을 만족하도록 선택하면 다음과 같다.

$$S_i = a_1(X - X_j)(X - X_k)(X - X_m) \tag{4.30}$$

여기서 $X = X_j$ 또는 $X = X_k$ 또는 $X = X_m$을 대입하면 S_i의 값은 0이다. a_1의 값은 절점 $i(X = X_i)$에서 형상함수 S_i가 1이 되도록 결정한다.

$$1 = a_1(X_i - X_j)(X_i - X_k)(X_i - X_m) = a_1(-\ell)\left(-\frac{\ell}{3}\right)\left(-\frac{2\ell}{3}\right)$$

a_1을 풀면 다음과 같다.

$$a_1 = -\frac{9}{2\ell^3}$$

식 (4.30)에 대입하면 다음과 같다.

$$S_i = -\frac{9}{2\ell^3}(X - X_j)(X - X_k)(X - X_m)$$

다른 형상함수들도 동일한 방법으로 유도할 수 있다. 위의 설명을 염두에 두고 다음과 같은 Lagrange 다항식 공식으로부터 직접적으로 $(N-1)$차 다항식의 형상함수를 만들 수 있다.

$$S_K = \prod_{M=1}^{N} \frac{X - X_M \text{에서 } (X - X_K)\text{를 생략}}{X_K - X_M \text{에서 } (X_K - X_K)\text{를 생략}} = \frac{(X - X_1)(X - X_2)\cdots(X - X_N)}{(X_K - X_1)(X_K - X_2)\cdots(X_K - X_N)} \tag{4.31}$$

식 (4.31)은 임의 차수의 다항식을 나타낼 수 있으며, N은 다항식의 차수, K는 절점번호이다.

일반적으로 3차 보간함수를 사용하여 임의의 변수 Ψ의 변화는 다음과 같이 요소의 절점값으로 표현할 수 있다.

$$\Psi^{(e)} = [S_i \quad S_j \quad S_k \quad S_m] \begin{Bmatrix} \Psi_i \\ \Psi_j \\ \Psi_k \\ \Psi_m \end{Bmatrix}$$

반복하면, 3차 형상함수는 선형 형상함수 및 2차 형상함수와 비슷한 특성을 가진다. 즉, (1) 각 형상함수는 해당 절점에서는 1의 값을, 다른 인접한 절점에서는 0의 값을 가진다. (2) 형상함수를 모두 합하면 1이 된다. 그러나 3차 형상함수들의 공간 도함수는 2차식이 된다.

예제 4.2

Lagrange 보간함수를 이용하여, 식 (4.31)과 같은 Lagrange 다항식 공식으로부터 2차 형상함수를 구하라.

$$S_K = \prod_{M=1}^{N} \frac{(X - X_M)\text{에서 } (X - X_K)\text{를 생략}}{(X_K - X_M)\text{에서 } (X_K - X_K)\text{를 생략}}$$

2차 형상함수에 대해서 $N - 1 = 2$이고 $K = 1, 2, 3$이다. 그림 4.5를 참조하여 아래 첨자 1, 2, 3은 절점 i, k, j에 해당한다는 것에 유의하자. 어느 특정 절점을 나타내는 소문자 k와 여러 절점을 의미하는 변수 아래 첨자로 대문자 K의 차이를 유의하라.

절점 i, 즉 $K = 1$에 대한 형상함수는 다음과 같다.

$$S_i = S_1 = \frac{(X - X_2)(X - X_3)}{(X_1 - X_2)(X_1 - X_3)} = \frac{(X - X_2)(X - X_3)}{\left(-\frac{\ell}{2}\right)(-\ell)} = \frac{2}{\ell^2}(X - X_2)(X - X_3)$$

절점 k, 즉 $K = 2$에 대한 형상함수는 다음과 같다.

$$S_k = S_2 = \frac{(X - X_1)(X - X_3)}{(X_2 - X_1)(X_2 - X_3)} = \frac{(X - X_1)(X - X_3)}{\left(\frac{\ell}{2}\right)\left(-\frac{\ell}{2}\right)} = \frac{-4}{\ell^2}(X - X_1)(X - X_3)$$

절점 j, 즉 $K = 3$에 대한 형상함수는 다음과 같다.

$$S_j = S_3 = \frac{(X - X_1)(X - X_2)}{(X_3 - X_1)(X_3 - X_2)} = \frac{(X - X_1)(X - X_2)}{(\ell)\left(\frac{\ell}{2}\right)} = \frac{2}{\ell^2}(X - X_1)(X - X_2)$$

위 결과는 식 (4.23)의 형상함수와 일치한다.

4.4 전체, 국부, 자연 좌표

2장과 3장에서 간단히 논의한 것처럼 유한요소 모델링에서는 여러 개의 기준 좌표계를 사용하는 것이 편리하다. 각 절점의 위치, 각 요소의 방향을 표현하고 경계조건과 하중을 전체 좌표 성분으로 적용시키기 위해서는 전체 좌표계가 필요하다. 더욱이 절점변위와 같은 해는 일반적으로 전체 좌표계에 대하여 표현된다. 반면에, 형상을 정의할 때나 수치 적분을 할 때 이점이 있는 국부 좌표계와 자연 좌표계를 이용할 필요가 있으며, 이점은 형상함수의 곱을 적분할 때 두드러지게 나타난다. 1차원 요소에서 전체 좌표 X와 국부 좌표 x 사이의 관계는 그림 4.7에서 도시한 것처럼 $X = X_i + x$로 주어진다.

식 (4.8)과 (4.9)에서 국부 좌표 x를 X에 대입하면 다음과 같다.

$$S_i = \frac{X_j - X}{\ell} = \frac{X_j - (X_i + x)}{\ell} = 1 - \frac{x}{\ell} \tag{4.32}$$

$$S_j = \frac{X - X_i}{\ell} = \frac{(X_i + x) - X_i}{\ell} = \frac{x}{\ell} \tag{4.33}$$

여기서 국부 좌표 x는 0에서부터 ℓ까지 변한다. 즉, $0 \leq x \leq \ell$이다.

1차원 선형 자연 좌표

자연 좌표는 근본적으로 무차원 형태의 국부 좌표이다. 종종 요소의 강성행렬 또는 전도행렬을 계산하기 위한 적분을 수치적 방법으로 수행하는 것이 필요하다. 자연 좌표는 적분

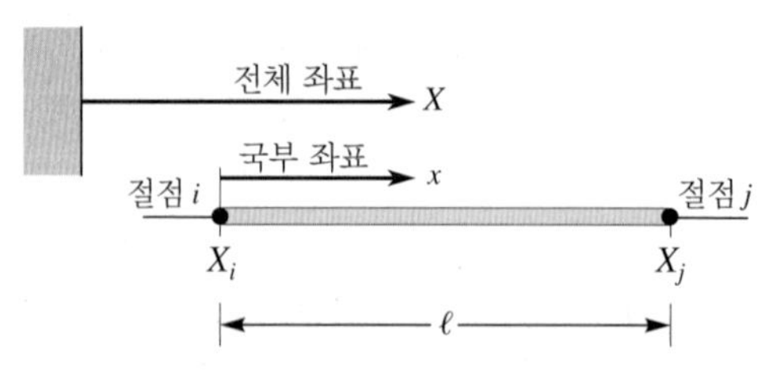

그림 4.7 전체 좌표 X와 국부 좌표 x의 관계

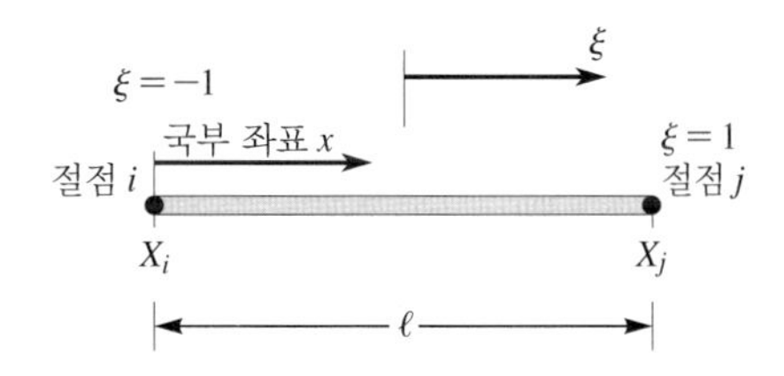

그림 4.8 국부 좌표 x와 자연 좌표 ξ의 관계

구간으로서 −1과 1을 가지는 편리성이 있다. 일례로 자연 좌표 ξ와 국부 좌표 x의 관계를

$$\xi = \frac{2x}{\ell} - 1$$

로 놓는다면 절점 i를 −1, 절점 j를 1로 좌표를 설정할 수 있다. 이 관계는 그림 4.8에 도시하였다.

x를 ξ에 대한 식으로 나타내어 식 (4.32)와 (4.33)에 대입하면 자연 좌표의 선형 형상함수를 다음과 같이 얻을 수 있다.

$$S_i = 1 - \frac{x}{\ell} = 1 - \frac{\ell/2(\xi + 1)}{\ell} = \frac{1}{2}(1 - \xi) \tag{4.34}$$

$$S_j = \frac{x}{\ell} = \frac{\ell/2(\xi + 1)}{\ell} = \frac{1}{2}(1 + \xi) \tag{4.35}$$

자연 좌표의 선형 형상함수는 앞에서 유도한 전체 좌표의 선형 형상함수와 같은 특성을 가진다. 그것은 주어진 요소에서 형상함수가 해당 절점에서는 1의 값을, 그리고 다른 인접한 절점에서는 0의 값을 가진다는 것이다. 일례로 1차원 핀 요소의 온도 분포는 다음과 같이 표현할 수 있다.

$$T^{(e)} = S_iT_i + S_jT_j = \frac{1}{2}(1 - \xi)T_i + \frac{1}{2}(1 + \xi)T_j \tag{4.36}$$

$\xi = -1$, $T = T_i$와 $\xi = 1$, $T = T_j$가 된다는 것은 명백하다.

4.5 등매개변수 요소

자연 좌표의 형상함수 S_i와 S_j를 사용하여 변위 u와 같은 다른 변수들도 표현할 수 있다.

$$u^{(e)} = S_iu_i + S_ju_j = \frac{1}{2}(1 - \xi)u_i + \frac{1}{2}(1 + \xi)u_j \tag{4.36a}$$

또한 전체 좌표 $X(X_i \le X \le X_j)$ 또는 국부 좌표 $x(0 \le x \le \ell)$로부터 ξ로의 변환도 같은 형상함수 S_i와 S_j를 사용하여 다음과 같이 표현할 수 있다.

$$X = S_iX_i + S_jX_j = \frac{1}{2}(1 - \xi)X_i + \frac{1}{2}(1 + \xi)X_j \tag{4.36b}$$

또는

$$x = S_ix_i + S_jx_j = \frac{1}{2}(1 - \xi)x_i + \frac{1}{2}(1 + \xi)x_j$$

식 (4.36), (4.36a), (4.36b)의 관계들을 비교해 보면, 미지 변수 u, T 등을 정의하기 위해서 S_i, S_j 형상함수를 사용하였고, 좌표를 표현하기 위해 같은 형상함수(S_i, S_j)를 사용하였다. 이런 개념이 사용된 유한요소 정식화를 **등매개변수**(isoparametric) 정식화라고 한다. 그리고 이와 같은 방법으로 표현된 요소를 등매개변수 요소라고 한다. 5장과 6장에서는 등매개변수 정식화에 대해서 논의할 것이다.

예제 4.3

예제 4.1에서 국부 좌표를 사용하여 전체 좌표 $X = 8$ cm일 때 핀의 온도를 구하라. 또한 전체 좌표 $X = 7.5$ cm일 때 자연 좌표를 사용하여 핀의 온도를 구하라.

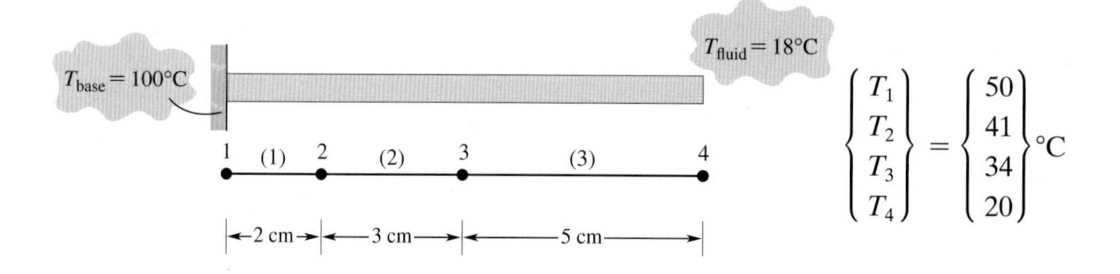

a. 국부 좌표계를 사용하여 요소 (3)에서 $X = 8$ cm일 때 핀의 온도를 구하는 식은 다음과 같다.

$$T^{(3)} = S_3^{(3)}T_3 + S_4^{(3)}T_4 = \left(1 - \frac{x}{\ell}\right)T_3 + \frac{x}{\ell}T_4$$

요소 (3)의 길이는 5 cm이고, $X = 8$ cm인 지점은 국부 좌표로 $x = 3$ cm이다. 따라서 다음과 같이 된다.

$$T = \left(1 - \frac{3}{5}\right)(34) + \frac{3}{5}(20) = 25.6°\text{C}$$

b. 자연 좌표를 사용하여 요소 (3)에서 $X = 7.5$ cm일 때 핀의 온도를 구하는 식은 다음과 같다.

$$T^{(3)} = S_3^{(3)}T_3 + S_4^{(3)}T_4 = \frac{1}{2}(1 - \xi)T_3 + \frac{1}{2}(1 + \xi)T_4$$

전체 좌표 $X = 7.5$ cm에서의 점은 요소 (3)의 중앙에 위치하기 때문에 이 점의 자연 좌표값 $\xi = 0$이 된다. 따라서 다음과 같이 표현할 수 있게 된다.

$$T^{(3)} = \frac{1}{2}(1 - 0)(34) + \frac{1}{2}(1 + 0)(20) = 27°\text{C}$$

1차원 2차 및 3차 자연 형상함수

1차원 2차 및 3차 자연 형상함수들은 앞에서 논의한 것과 비슷한 방법을 통해 얻을 수 있다. 1차원 2차 자연 형상함수는 다음과 같다.

$$S_i = -\frac{1}{2}\xi(1 - \xi) \quad (4.37)$$

$$S_j = \frac{1}{2}\xi(1 + \xi) \quad (4.38)$$

$$S_k = (1 + \xi)(1 - \xi) \quad (4.39)$$

1차원 3차 자연 형상함수는 다음과 같다.

$$S_i = \frac{1}{16}(1 - \xi)(3\xi + 1)(3\xi - 1) \quad (4.40)$$

$$S_j = \frac{1}{16}(1 + \xi)(3\xi + 1)(3\xi - 1) \quad (4.41)$$

$$S_k = \frac{9}{16}(1 + \xi)(\xi - 1)(3\xi - 1) \quad (4.42)$$

$$S_m = \frac{9}{16}(1 + \xi)(1 - \xi)(3\xi + 1) \quad (4.43)$$

4.1절에서 4.4절까지의 결과를 표 4.1에 요약하였다. 전체, 국부, 자연 좌표를 사용한 형상함수의 차이점들을 확실히 구별하라.

예제 4.4

(a) 전체 좌표, (b) 국부 좌표를 사용하여 $\int_{X_i}^{X_j} S_j^2 dX$를 구하라.

a. 전체 좌표를 사용하면 다음과 같다.

$$\int_{X_i}^{X_j} S_j^2 dX = \int_{X_i}^{X_j} \left(\frac{X - X_i}{\ell}\right)^2 dX = \frac{1}{3\ell^2}(X - X_i)^3 \Big|_{X_i}^{X_j} = \frac{\ell}{3}$$

b. 국부 좌표를 사용하면 다음을 얻을 수 있다.

$$\int_{X_i}^{X_j} S_j^2 dX = \int_0^{\ell} \left(\frac{x}{\ell}\right)^2 dx = \frac{x^3}{3\ell^2}\Big|_0^{\ell} = \frac{\ell}{3}$$

이 예제는 형상함수의 곱을 적분할 때 전체 좌표보다 국부 좌표가 더 편리함을 보여준다.

표 4.1 1차원 형상함수

보간함수	전체 좌표 X에 의한 $X_i \le X \le X_j$	국부 좌표 x에 의한 $0 \le x \le \ell$	자연 좌표 ξ에 의한 $-1 \le \xi \le 1$
선형	$S_i = \dfrac{X_j - X}{\ell}$	$S_i = 1 - \dfrac{x}{\ell}$	$S_i = \dfrac{1}{2}(1 - \xi)$
	$S_j = \dfrac{X - X_i}{\ell}$	$S_j = \dfrac{x}{\ell}$	$S_j = \dfrac{1}{2}(1 + \xi)$
2차	$S_i = \dfrac{2}{\ell^2}(X - X_j)(X - X_k)$	$S_i = \left(\dfrac{x}{\ell} - 1\right)\left(2\left(\dfrac{x}{\ell}\right) - 1\right)$	$S_i = -\dfrac{1}{2}\xi(1 - \xi)$
	$S_j = \dfrac{2}{\ell^2}(X - X_i)(X - X_k)$	$S_j = \left(\dfrac{x}{\ell}\right)\left(2\left(\dfrac{x}{\ell}\right) - 1\right)$	$S_j = \dfrac{1}{2}\xi(1 + \xi)$
	$S_k = \dfrac{-4}{\ell^2}(X - X_i)(X - X_j)$	$S_k = 4\left(\dfrac{x}{\ell}\right)\left(1 - \left(\dfrac{x}{\ell}\right)\right)$	$S_k = (1 - \xi)(1 + \xi)$
3차	$S_i = -\dfrac{9}{2\ell^3}(X - X_j)(X - X_k)(X - X_m)$	$S_i = \dfrac{1}{2}\left(1 - \dfrac{x}{\ell}\right)\left(2 - 3\left(\dfrac{x}{\ell}\right)\right)\left(1 - 3\left(\dfrac{x}{\ell}\right)\right)$	$S_i = \dfrac{1}{16}(1 - \xi)(3\xi + 1)(3\xi - 1)$
	$S_j = \dfrac{9}{2\ell^3}(X - X_i)(X - X_k)(X - X_m)$	$S_j = \dfrac{1}{2}\left(\dfrac{x}{\ell}\right)\left(2 - 3\left(\dfrac{x}{\ell}\right)\right)\left(1 - 3\left(\dfrac{x}{\ell}\right)\right)$	$S_j = \dfrac{1}{16}(1 + \xi)(3\xi + 1)(3\xi - 1)$
	$S_k = \dfrac{27}{2\ell^3}(X - X_i)(X - X_j)(X - X_m)$	$S_k = \dfrac{9}{2}\left(\dfrac{x}{\ell}\right)\left(2 - 3\left(\dfrac{x}{\ell}\right)\right)\left(1 - \left(\dfrac{x}{\ell}\right)\right)$	$S_k = \dfrac{9}{16}(1 + \xi)(\xi - 1)(3\xi - 1)$
	$S_m = -\dfrac{27}{2\ell^3}(X - X_i)(X - X_j)(X - X_k)$	$S_m = \dfrac{9}{2}\left(\dfrac{x}{\ell}\right)\left(3\left(\dfrac{x}{\ell}\right) - 1\right)\left(1 - \left(\dfrac{x}{\ell}\right)\right)$	$S_m = \dfrac{9}{16}(1 + \xi)(1 - \xi)(3\xi + 1)$

4.6 수치 적분: Gauss–Legendre 구적법

앞에서 논의한 것처럼 자연 좌표는 기본적으로 무차원 형식의 국부 좌표이다. 또한 대부분의 유한요소 프로그램이 Gauss 구적법으로 수치 적분을 수행하며, 적분구간으로 −1과 1을 사용한다. 적분해야 할 함수를 알고 있는 경우, Gauss–Legendre 공식이 사다리꼴 공식과 같은 다른 방법보다 더 효율적이기 때문에 채택되고 있다. 사다리꼴 공식이나 Simpson 방법이 연습문제 24와 같이 이산 데이터를 가지고 적분값을 구하는 반면, Gauss–Legendre 방법은 함수를 균등하게 나누지 않은 점들에서 계산한 값을 가지고 적분값을 구한다. 다음에서는 2점 Gauss–Legendre 공식을 유도한다. Gauss–Legendre 공식의 기본 개념은 적분을 가중계수와 적분점에서 계산된 함수값을 곱한 것의 합으로 나타낸다는 점이다. 즉, 이 개념은 다음과 같이 나타낼 수 있다.

$$I = \int_a^b f(x)dx = \sum_{i=1}^{n} w_i f(x_i) \tag{4.44}$$

이제 다음과 같은 두 가지 해결해야 할 문제들이 있다. (1) 가중계수 w_i의 값을 어떻게 결정할 것인가? (2) 함수를 어느 점에서 계산해야 하는가? 즉, 적분점(x_i)을 어떻게 선택할 것인가? 이 문제의 답을 찾기 위해 먼저 변수 λ를 도입하여 적분구간을 $[a, b]$에서 $[-1, 1]$로 변환하자.

$$x = c_0 + c_1\lambda$$

a를 -1에, b를 1에 대응시키면

$$a = c_0 + c_1(-1)$$
$$b = c_0 + c_1(1)$$

이고, c_0와 c_1에 대해 풀면 다음과 같다.

$$c_0 = \frac{(b + a)}{2}$$

그리고

$$c_1 = \frac{(b - a)}{2}$$

결과적으로 다음과 같다.

$$x = \frac{(b + a)}{2} + \frac{(b - a)}{2}\lambda \tag{4.45}$$

그리고

$$dx = \frac{(b - a)}{2}d\lambda \tag{4.46}$$

그러므로 식 (4.45)와 (4.46)을 사용하면 식 (4.44) 형식의 어떠한 적분이든 −1과 1 사이의 구간을 가진 적분에 의해 표현할 수 있다.

$$I = \int_{-1}^{1} f(\lambda)\, d\lambda = \sum_{i=1}^{n} w_i f(\lambda_i) \tag{4.47}$$

2점 Gauss-Legendre 공식을 유도하기 위해 2개의 가중계수 w_1, w_2와 2개의 적분점 λ_1, λ_2를 구해야 한다. 4개의 미지수가 있기 때문에 4개 방정식이 필요하며, 이것은 Legendre 디항식 $(1, \lambda, \lambda^2, \lambda^3)$를 적분함으로써 다음과 같이 구할 수 있다.

$$w_1 f(\lambda_1) + w_2 f(\lambda_2) = \int_{-1}^{1} 1\, d\lambda = 2$$

$$w_1 f(\lambda_1) + w_2 f(\lambda_2) = \int_{-1}^{1} \lambda\, d\lambda = 0$$

$$w_1 f(\lambda_1) + w_2 f(\lambda_2) = \int_{-1}^{1} \lambda^2\, d\lambda = \frac{2}{3}$$

$$w_1 f(\lambda_1) + w_2 f(\lambda_2) = \int_{-1}^{1} \lambda^3\, d\lambda = 0$$

위 식을 정리하면 다음과 같다.

$$\begin{aligned} w_1(1) + w_2(1) &= 2 \\ w_1(\lambda_1) + w_2(\lambda_2) &= 0 \\ w_1(\lambda_1)^2 + w_2(\lambda_2)^2 &= \frac{2}{3} \\ w_1(\lambda_1)^3 + w_2(\lambda_2)^3 &= 0 \end{aligned}$$

표 4.2 Gauss-Legendre 구적법의 가중계수와 적분점

점(n)	가중계수(w_i)	적분점(λ_i)
2	$w_1 = 1.00000000$	$\lambda_1 = -0.577350269$
	$w_2 = 1.00000000$	$\lambda_2 = 0.577350269$
3	$w_1 = 0.55555556$	$\lambda_1 = -0.774596669$
	$w_2 = 0.88888889$	$\lambda_2 = 0$
	$w_3 = 0.55555556$	$\lambda_3 = 0.774596669$
4	$w_1 = 0.3478548$	$\lambda_1 = -0.861136312$
	$w_2 = 0.6521452$	$\lambda_2 = -0.339981044$
	$w_3 = 0.6521452$	$\lambda_3 = 0.339981044$
	$w_4 = 0.3478548$	$\lambda_4 = 0.861136312$
5	$w_1 = 0.2369269$	$\lambda_1 = -0.906179846$
	$w_2 = 0.4786287$	$\lambda_2 = -0.538469310$
	$w^3 = 0.5688889$	$\lambda_3 = 0$
	$w^4 = 0.4786287$	$\lambda_4 = 0.538469310$
	$w_5 = 0.2369269$	$\lambda_5 = 0.906179846$

w_1, w_2, λ_1, λ_2를 풀면 $w_1 = w_2 = 1$, $\lambda_1 = -0.577350269$과 $\lambda_2 = 0.577350269$를 얻는다. 표 4.2에 2, 3, 4, 5점 Gauss-Legendre 공식에 대한 가중계수와 적분점을 나타내었다. 적분점의 수를 증가시킬수록 계산의 정확도가 높아짐을 알 수 있다. 5장에서 Gauss-Legendre 공식을 2차원과 3차원으로 확장하는 방법을 다룬다.

예제 4.5

2점 Gauss-Legendre 공식을 사용하여 $I = \int_2^6 (x^2 + 5x + 3)\, dx$를 구하라.

이 적분은 간단하므로 쉽게 $I = 161.333333333$을 구할 수 있다. 이 예제의 목적은 Gauss-Legendre 공식을 적용하는 과정을 설명하는 것이다. 식 (4.45)를 사용하여 다음과 같은 식을 얻는다.

$$x = \frac{(b + a)}{2} + \frac{(b - a)}{2}\lambda = \frac{(6 + 2)}{2} + \frac{(6 - 2)}{2}\lambda = 4 + 2\lambda$$

그리고

$$dx = \frac{(b - a)}{2}\, d\lambda = \frac{(6 - 2)}{2}\, d\lambda = 2\, d\lambda$$

이를 이용하여 적분 I를 λ로 표현할 수 있다.

$$I = \int_2^6 \overbrace{(x^2 + 5x + 3)}^{f(x)} dx = \int_{-1}^1 \overbrace{(2)[(4 + 2\lambda)^2 + 5(4 + 2\lambda) + 3)]}^{f(\lambda)} d\lambda$$

2점 Gauss-Legendre 공식과 표 4.2를 이용하여 적분 I의 값을 구할 수 있다. 즉,

$$I \cong w_1 f(\lambda_1) + w_2 f(\lambda_2)$$

이다. 표 4.2에서 $w_1 = w_2 = 1$이고 $\lambda_1 = -0.577350269$일 때와 $\lambda_2 = 0.577350269$일 때, $f(\lambda)$를 계산하면 다음과 같다.

$$f(\lambda_1) = (2)[[4 + 2(-0.577350269)]^2 + 5(4 + 2(-0.577350269) + 3)] = 50.6444526769$$

$$f(\lambda_2) = (2)[[4 + 2(0.577350269)]^2 + 5(4 + 2(0.577350269) + 3)] = 110.688880653$$

$$I = (1)(50.6444526769) + (1)110.688880653 = 161.33333333$$

예제 4.6

예제 4.4의 $\int_{X_i}^{X_j} S_j^2 dX$를 2점 Gauss-Legendre 공식을 사용하여 구하라.

식 (4.35)로부터 $S_j = \frac{1}{2}(1 + \xi)$와 국부 좌표 x와 자연 좌표 ξ의 관계식을 미분(즉 $\xi =$

$\dfrac{2x}{\ell} - 1 \Rightarrow d\xi = \dfrac{2}{\ell}dx$)하여 $dx = \frac{\ell}{2}d\xi$를 알 수 있다. 또한 이 문제에서 $\xi = \lambda$이다. 따라서 다음과 같이 쓸 수 있다.

$$I = \int_{X_i}^{X_j} S_j^2 dX = \int_{X_i}^{X_j}\left(\frac{X - X_i}{\ell}\right)^2 dX = \int_0^{\ell}\left(\frac{x}{\ell}\right)^2 dx = \frac{\ell}{2}\int_{-1}^{1}\left[\frac{1}{2}(1 + \xi)\right]^2 d\xi$$

2점 Gauss-Legendre 공식과 표 4.2를 이용하여 적분 I의 값을 구할 수 있으며, 다음과 같이 표현된다.

$$I \cong w_1 f(\lambda_1) + w_2 f(\lambda_2)$$

표 4.2에서 $w_1 = w_2 = 1$이고 $\lambda_1 = -0.577350269$일 때와 $\lambda_2 = 0.577350269$일 때, $f(\lambda)$를 계산하면 다음과 같다.

$$f(\xi_1) = \frac{\ell}{2}\left[\frac{1}{2}(1 + \xi_1)\right]^2 = \frac{\ell}{2}\left[\frac{1}{2}(1 - 0.577350269)\right]^2 = 0.022329099389\ell$$

$$f(\xi_2) = \frac{\ell}{2}\left[\frac{1}{2}(1 + \xi_2)\right]^2 = \frac{\ell}{2}\left[\frac{1}{2}(1 + 0.577350269)\right]^2 = 0.31100423389\ell$$

$$I = (1)(0.022329099389\ell) + (1)(0.31100423389\ell) = 0.333333333\ell$$

이 결과는 예제 4.4의 결과와 동일하다.

4.7 ANSYS에서 1차원 요소의 예제

ANSYS에는 1차원 문제를 모델링하기 위해 사용하는 단일축의 연결(link) 요소들이 있다. 이 연결 요소는 LINK31, LINK33, LINK34 등이다. LINK33 요소는 단일축의 열전도 요소이다. 이 요소는 열전도에 의하여 두 절점 사이의 열전달을 고려한다. 이 요소의 절점 자유도는 온도이다. 요소는 두 절점, 단면적, 그리고 열전도도와 같은 재료 물성에 의해 정의된다. LINK34 요소는 대류에 의한 절점들 사이의 열전달을 고려한 단일축의 대류 연결 요소이다. 이 요소는 두 절점, 대류 표면적과 대류 열전달계수에 의해 정의된다. LINK31 요소는 공간상의 두 점 사이에서 복사열전달을 나타내기 위해 사용할 수 있다. 이 요소는 두 절점, 복사 표면적, 기하학적인 형상인수, 복사능(emissivity), 그리고 Stefan-Boltzman 상수에 의해 정의된다.

요약

1. 1차원 선형 요소와 형상함수, 그 특성과 한계를 이해하여야 한다.
2. 1차원 2차 및 3차 요소와 형상함수, 그 특성과 선형 요소에 대한 장점을 알아야 한다.
3. 국부 좌표계 및 자연 좌표계를 사용하는 것이 왜 중요한지 알아야 한다.

4. 등매개변수 요소와 등매개변수 정식화의 의미를 알아야 한다.

5. Gauss–Legendre 구적법을 이해해야 한다.

6. ANSYS에서의 1차원 요소의 예제를 알아야 한다.

참고문헌

ANSYS User's Manual: Elements, Vol. III, Swanson Analysis Systems, Inc.

Chandrupatla, T., and Belegundu, A., *Introduction to Finite Elements in Engineering,* Prentice Hall, 1991.

Incropera, F. P., and DeWitt, D. P., *Fundamentals of Heat and Mass Transfer,* 2nd ed., New York, John Wiley and Sons, 1985.

Segrlind, L., *Applied Finite Element Analysis,* 2nd ed., New York John Wiley and Sons, 1984.

연습문제

1. 핀의 온도 분포를 근사적으로 표현하기 위해 1차원 선형 요소를 사용한다. 절점의 위치와 절점온도가 그림에 나타나 있다. (a) $X = 7$ cm일 때 핀의 온도는 얼마인가? (b) 다음 식을 사용하여 핀의 열손실을 구하라.

$$Q = -kA\frac{dT}{dX}\bigg|_{X=0}$$

여기서 $k = 180$ W/m·K, $A = 10$ mm^{2}이다.

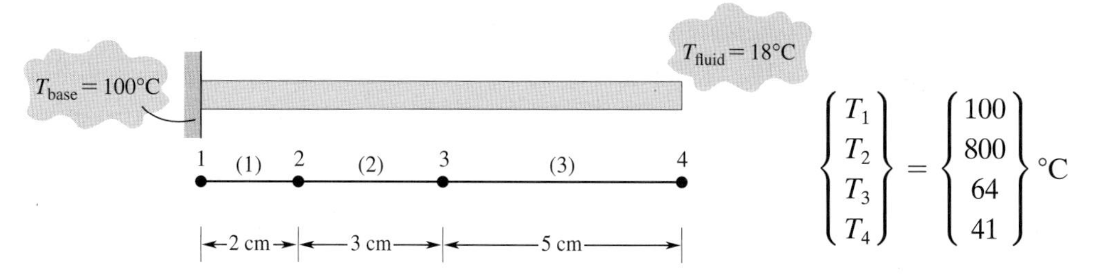

2. 선형 형상함수에 대해 (a) 전체 좌표, (b) 국부 좌표를 사용하여 $\int_{X_i}^{X_j} S_i^2\, dX$를 구하라.

3. 다음 식으로부터

$$T_i = c_1 + c_2X_i + c_3X_i^2$$
$$T_k = c_1 + c_2X_k + c_3X_k^2$$
$$T_j = c_1 + c_2X_j + c_3X_j^2$$

c_1, c_2, c_3를 구하고 항을 재배열하여 다음의 형상함수를 검증하라.

$$S_i = \frac{2}{\ell^2}(X - X_j)(X - X_k)$$

$$S_j = \frac{2}{\ell^2}(X - X_i)(X - X_k)$$

$$S = \frac{-4}{\ell^2}(X - X_i)(X - X_j)$$

4. 4.3절에서 논의된 방법으로 연습문제 **3**의 2차 형상함수를 유도하라.

5. 2차 형상함수를 국부 좌표로 표현하고 표 4.1에 주어진 결과와 비교하라.

6. (1) 형상함수의 경우 해당 절점에서는 1의 값을 가지고, 다른 절점에서는 0의 값을 갖는다. 그리고 (2) 형상함수를 모두 합하면 1의 값을 가진다는 것을 보임으로써, 표 4.1에 주어진 1차원 2차 자연 형상함수를 검증하라.

7. (1) 형상함수의 경우 해당 절점에서는 1의 값을 가지고, 다른 절점에서는 0의 값을 갖는다. 그리고 (2) 형상함수를 모두 합하면 1의 값을 가진다는 것을 보임으로써, 표 4.1에 주어진 3차 국부 형상함수를 검증하라.

8. (1) 형상함수의 경우 해당 절점에서는 1의 값을 가지고, 다른 절점에서는 0의 값을 갖는다. 그리고 (2) 형상함수를 모두 합하면 1의 값을 가진다는 것을 보임으로써, 표 4.1에 주어진 3차 자연 형상함수를 검증하라.

9. 2차 형상함수와 3차 형상함수의 공간 도함수를 유도하라.

10. 앞에서 설명한 것처럼 해석에 사용되는 요소의 수를 늘리거나 고차 보간함수를 사용하여 유한요소해석의 정확도를 높일 수 있다. 3차 국부 형상함수를 유도하라.

11. 2차 형상함수에 대해 (a) 전체 좌표, (b) 자연 좌표, (c) 국부 좌표를 사용하여 $\int_{X_i}^{X_j} S_i \, dX$ 를 구하라.

12. 다음 그림과 같이 외팔보의 처짐을 1차원 선형 요소로 근사적으로 표현하였다고 하자.

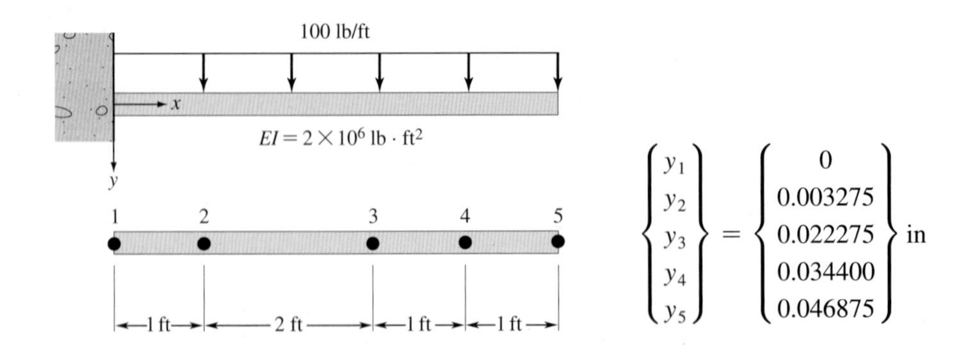

$$\begin{Bmatrix} y_1 \\ y_2 \\ y_3 \\ y_4 \\ y_5 \end{Bmatrix} = \begin{Bmatrix} 0 \\ 0.003275 \\ 0.022275 \\ 0.034400 \\ 0.046875 \end{Bmatrix} \text{in}$$

절점의 위치와 변위는 그림에 나타나 있다. (a) $X = 2$ ft일 때 보의 처짐은 얼마인가? (b) 보의 끝에서 기울기를 구하라.

13. 1차원 선형 요소를 사용하여 금속판 안쪽의 온도 분포를 근사적으로 표현하였다. 발열체는 판에 삽입되어 있다. 절점의 위치와 온도는 그림에 나타나 있다. $X = 25$ mm에서 판의 온도는 얼마인가? 절점의 온도를 구하는 데 있어서 (a) 선형 요소를 사용한 경우와 (b) 2차 요소를 사용한 경우에 대하여 각각 계산하라.

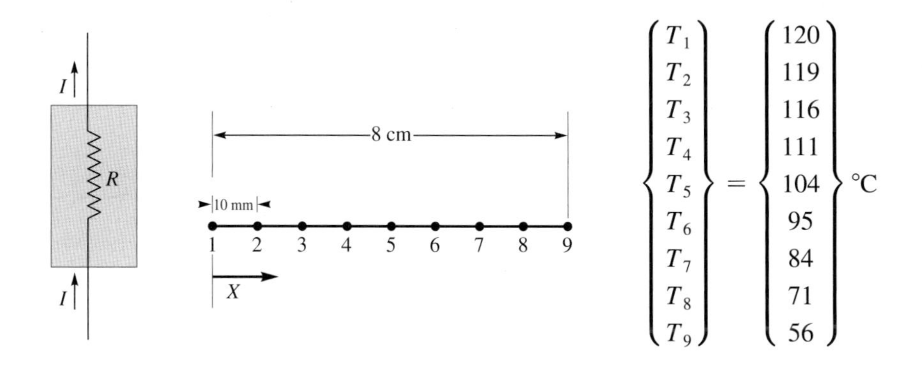

14. 다음 그림과 같은 직선형 핀의 온도 분포를 근사적으로 표현하는 데 2차 요소가 사용되었다. 절점의 위치와 온도는 다음과 같다. $X = 7$ cm일 때 핀의 온도를 구하라.

$T_{base} = 100°C$

1 2 3 4 5 6 7

2 cm 2 cm 2 cm 2 cm 2 cm 2 cm

$$\begin{Bmatrix} T_1 \\ T_2 \\ T_3 \\ T_4 \\ T_5 \\ T_6 \\ T_7 \end{Bmatrix} = \begin{Bmatrix} 100 \\ 74 \\ 56 \\ 44 \\ 36 \\ 31 \\ 28 \end{Bmatrix} °C$$

15. 그림에서와 같은 원점이 요소의 $\frac{1}{4}$ 지점에 위치한 국부 좌표 x를 사용하여 선형 요소의 형상함수를 유도하라.

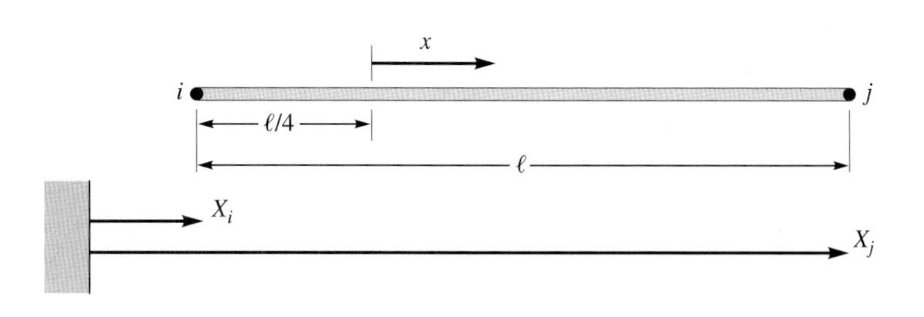

16. 그림에서와 같은 자연 좌표를 사용하여 선형 요소에 대한 자연 좌표의 형상함수를 유도하라.

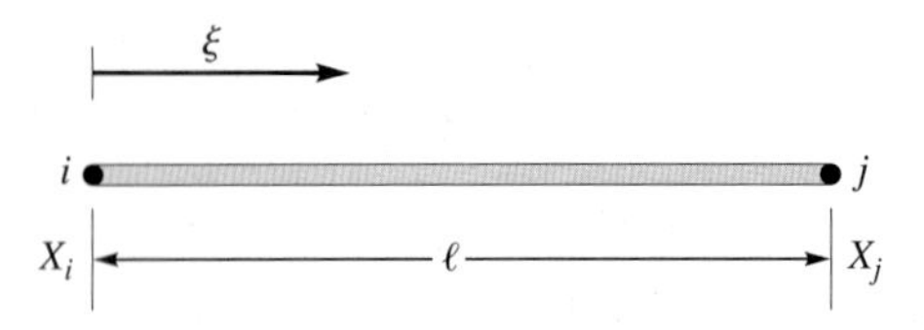

17. 다음 그림의 절점 2와 3에서의 변위는 각각 0.02 mm, 0.025 mm이다. 선형 요소를 사용하여 해석할 때 점 A와 B에서 변위는 얼마인가?

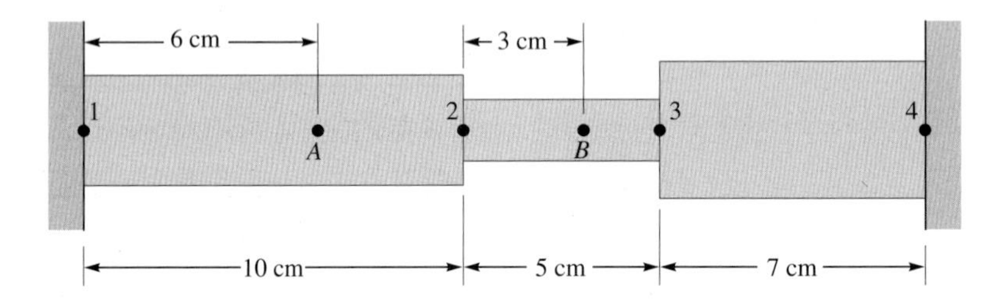

18. 다음 그림에서와 같은 강철 기둥을 고려해 보자. 축하중을 받는다고 가정하고, 선형 요소를 사용하여 각 층의 바닥과 기둥이 연결된 점에서의 수직변위를 다음과 같이 구하였다.

$$\begin{Bmatrix} u_1 \\ u_2 \\ u_3 \\ u_4 \\ u_5 \end{Bmatrix} = \begin{Bmatrix} 0 \\ 0.03283 \\ 0.05784 \\ 0.07504 \\ 0.08442 \end{Bmatrix} \text{in}$$

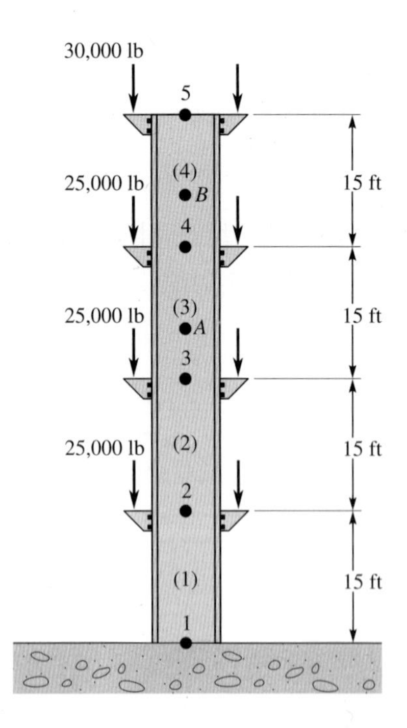

국부 좌표에 대한 형상함수를 사용하여 요소 (3)과 (4)의 중심점에 위치한 점 *A*와 *B*에서의 변위를 구하라.

19. 자연 좌표를 사용하여 연습문제 **18**의 기둥에서 점 *A*와 *B*의 변위를 구하라.

20. 다음 그림에서와 같이 높이에 따라 여러 위치에서 광고판을 세울 수 있는 높이가 20 ft인 기둥이 있다. 이 기둥은 탄성계수 $E = 29 \times 10^6$ lb/in^{2}인 구조강으로 만들어졌다. 단, 광고판에 작용하는 풍력은 무시하고 선형 요소를 사용하여, 하중이 작용하는 점에서의 기둥의 변위를 다음과 같이 구하였다.

$$\begin{Bmatrix} u_1 \\ u_2 \\ u_3 \\ u_4 \end{Bmatrix} = \begin{Bmatrix} 0 \\ 6.312 \times 10^{-4} \\ 8.718 \times 10^{-4} \\ 11.470 \times 10^{-4} \end{Bmatrix} \text{in}$$

(a) 전체 좌표에 대한 형상함수, (b) 국부 좌표에 대한 형상함수, (c) 자연 좌표에 대한 형상함수를 사용하여 중간 부재의 중심점에 위치한 점 *A*에서의 변위를 구하라.

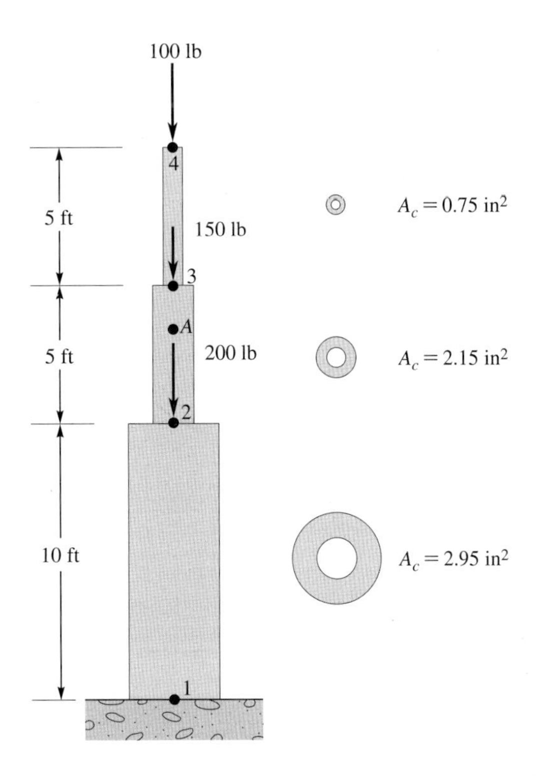

21. 2점 Gauss–Legendre 공식을 사용하여 연습문제 **11**을 적분하라.

22. Gauss–Legendre 공식을 사용하여 주어진 적분식을 계산하라.

$$\int_1^5 (x^3 + 5x^2 + 10)dx$$

23. 해석적 적분과 2점, 3점 Gauss–Legendre 공식을 사용하여 주어진 적분식을 계산하라.

$$\int_{-2}^8 (3x^4 + x^2 - 7x + 10)dx$$

24. 앞서 4.6절에서 설명한 대로, 적분해야 할 함수를 알고 있는 경우 Gauss–Legendre 공식은 사다리꼴 공식보다 효율적으로 적분식을 계산할 수 있다. 사다리꼴 적분법은 균등한 간격을 가진 데이터를 다루고 다음과 같은 방법으로 계산된다.

$$\int_a^b f(x)dx \approx h\left(\frac{1}{2}y_0 + y_1 + y_2 + \cdots + y_{n-2} + y_{n-1} + \frac{1}{2}y_n\right)$$

위의 식은 사다리꼴 법칙으로 알려져 있고, h는 데이터 점 $y_0, y_1, y_2, \ldots, y_n$의 간격을 나타낸다. 연습문제 **23**의 경우, $h = 1$이며 11개의 데이터 점을 생성한다. 즉, $x = -2$에서 y_0, $x = -1$에서 y_1, …, $x = 8$에서 y_{10}인 데이터 점을 이용한다. 생성된 데이터와 사다리꼴 법칙을 이용하여 적분식을 계산하고 이를 연습문제 **23**의 결과와 비교하라.

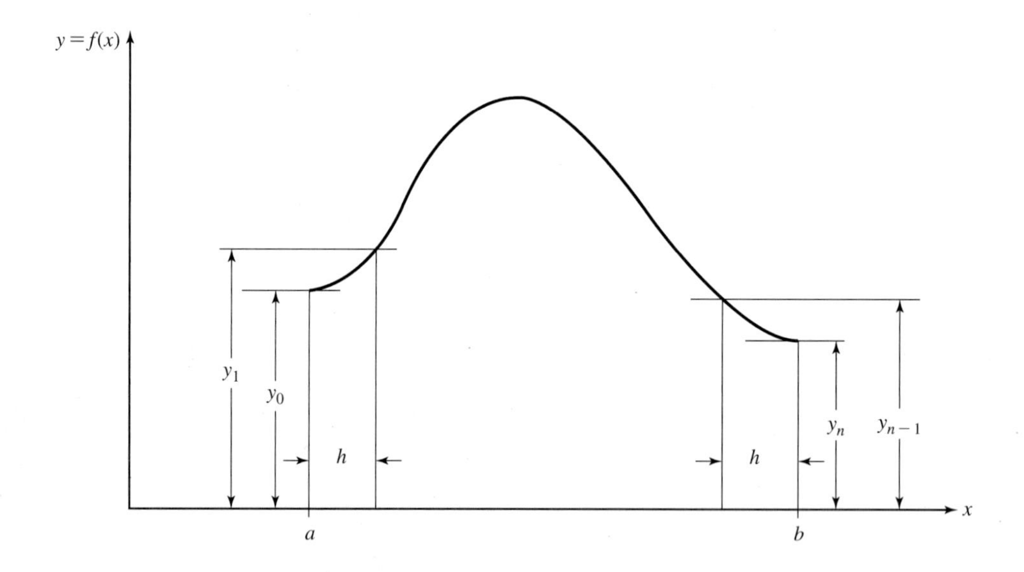

25. 선형 및 2차, 3차 요소의 공간 도함수를 유도하고 도시하라. 그리고 차이점에 대해서 논하라.

26. $X_0 = 0$, $X_1 = 2$ cm, $X_2 = 4$ cm, $X_3 = 6$ cm에서 어떠한 재료에서의 온도 분포는 각각 $T_0 = 80$°C, $T_1 = 70$°C, $T_2 = 62$°C, $T_3 = 55$°C이다. 한 개의 선형 및 2차, 3차 요소를

사용하여 온도 분포를 근사하라. 실제 데이터를 도시하고, 선형, 2차, 3차와 근사화하여 비교하라. 또 주어진 데이터의 공간 도함수를 구하고 이를 선형, 1차, 2차 도함수와 비교하라.

27. 전체 좌표 $X_1 = 2$ cm, $X_2 = 5$ cm에서의 온도 분포가 각각 $T_1 = 100°C$, $T_2 = 58°C$인 경우에 대해 등매개변수 정식화를 이용하여 나타내어라. 이때의 전체 좌표, 국부 좌표, 자연 좌표 사이의 변환 방정식을 제시하라.

28. 전체 좌표 $X_1 = 5$ cm, $X_2 = 12$ cm에서의 변위가 각각 $U_1 = 0.01$ cm, $U_2 = 0.025$ cm인 경우에 대해 등매개변수 정식화를 이용하여 나타내어라. 이때의 전체 좌표, 국부 좌표, 자연 좌표 사이의 변환 방정식을 제시하라.

CHAPTER 5

2차원 요소

이 장의 목적은 2차원 요소(two-dimensional element)와 2차원 요소의 특성, 그리고 2차원 형상함수의 개념을 소개하는 데 있다. 사변형 요소(quadrilateral element)나 삼각형 요소(triangular element)와 관련된 자연 좌표계의 개념을 소개하고, 직사각형 요소, 2차 사변형 요소, 그리고 삼각형 요소에 대한 형상함수를 유도한다. 아울러 ANSYS에서 사용되는 2차원의 열 요소와 구조 요소의 예도 선보인다. 5장에서 다루는 주요 내용은 다음과 같다.

5.1 직사각형 요소
5.2 2차 사변형 요소
5.3 선형 삼각형 요소
5.4 2차 삼각형 요소
5.5 축대칭 요소
5.6 등매개변수 요소
5.7 2차원 적분: Gauss-Legendre 구적법
5.8 ANSYS에서 사용되는 2차원 요소

5.1 직사각형 요소

이 장에서는 우선 2차원 형상함수와 요소들을 공부함으로써 2차원 문제의 해석에 대한 기틀을 잡고자 한다. 이를 위해 그림 5.1과 같은 직선형 핀을 생각해 보자. 여기서 핀의 치수나 온도 경계조건 등을 생각해 볼 때, 1차원 함수로는 핀을 따른 온도 분포를 정확히 근사화하기가 어려움을 알 수 있다. 이러한 상황에서는 온도가 X방향과 Y방향 둘 다 변하고 있기 때문이다.

여기서 1차원 해는 선 요소(line segment)에 의해 근사되지만 2차원 해는 평면 요소(plane segment)에 의해 표시된다는 점을 주목하는 것이 중요하다. 이러한 관점이 그림 5.1에 나타나 있고, 전형적인 직사각형 요소(rectangular element)와 이 요소의 절점값을 그림

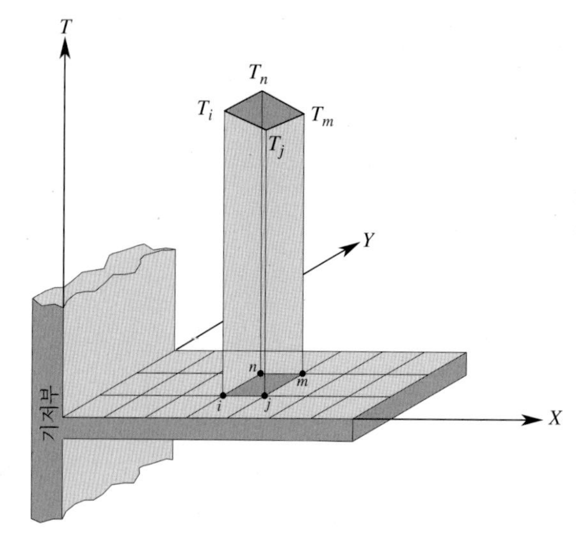

그림 5.1 2차원 온도 분포를 묘사하기 위한 직사각형 요소의 사용

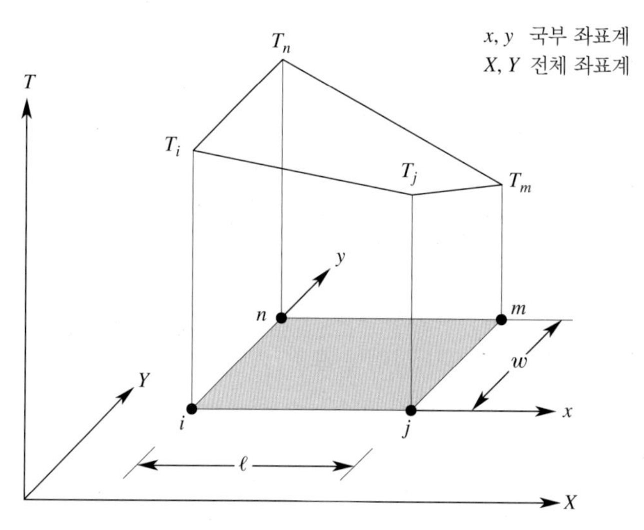

그림 5.2 전형적인 직사각형 요소의 예

5.2에 자세히 표시하였다.

그림 5.2를 살펴보면, 요소의 온도 분포가 X좌표와 Y좌표 두 가지의 함수임을 명확히 알 수 있다. 따라서 임의의 직사각형 요소에 대한 온도 분포는 다음과 같이 근사시킬 수 있다.

$$T^{(e)} = b_1 + b_2x + b_3y + b_4xy \tag{5.1}$$

위의 식 (5.1)에서 4개의 미지수(b_1, b_2, b_3, b_4)가 있음을 주목하자. 이는 직사각형 요소가 4개의 절점(i, j, m, n)으로 정의되어 있기 때문이다. 또 이 함수는 요소의 변을 따라서는 선형적으로 변하지만, 요소의 내부에서는 비선형이 됨을 주목하자(연습문제 31 참조). 이러한 특성을 지닌 요소를 쌍일차(bilinear) 요소라고 부른다. 2차원 형상함수를 유도하는 과정은 근본적으로 1차원 요소 때와 동일하다. 미지수 b_1, b_2, b_3, b_4를 구하기 위해서 국부 좌표계

x, y를 사용하자. 절점에서의 온도를 고려하면 다음 조건을 만족해야 한다.

$$
\begin{aligned}
x = 0 \text{ 그리고 } y = 0\text{에서 } T &= T_i \\
x = \ell \text{ 그리고 } y = 0\text{에서 } T &= T_j \\
x = \ell \text{ 그리고 } y = w\text{에서 } T &= T_m \\
x = 0 \text{ 그리고 } y = w\text{에서 } T &= T_n
\end{aligned}
\tag{5.2}
$$

식 (5.2)에 의해 주어진 절점에서의 조건을 식 (5.1)에 적용시키고, b_1, b_2, b_3, b_4에 대해 풀면 다음을 얻을 수 있다.

$$
\begin{aligned}
b_1 &= T_i & b_2 &= \frac{1}{\ell}(T_j - T_i) \\
b_3 &= \frac{1}{w}(T_n - T_i) & b_4 &= \frac{1}{\ell w}(T_i - T_j + T_m - T_n)
\end{aligned}
\tag{5.3}
$$

b_1, b_2, b_3, b_4에 대한 식들을 식 (5.1)에 대입하여 변수들을 재정렬하면, 전형적인 요소에 대한 온도 분포를 형상함수로 표현할 수 있다.

$$
T^{(e)} = [S_i \quad S_j \quad S_m \quad S_n]\begin{Bmatrix} T_i \\ T_j \\ T_m \\ T_n \end{Bmatrix}
\tag{5.4}
$$

여기서 형상함수는 다음과 같다.

$$
\begin{aligned}
S_i &= \left(1 - \frac{x}{\ell}\right)\left(1 - \frac{y}{w}\right) \\
S_j &= \frac{x}{\ell}\left(1 - \frac{y}{w}\right) \\
S_m &= \frac{xy}{\ell w} \\
S_n &= \frac{y}{w}\left(1 - \frac{x}{\ell}\right)
\end{aligned}
\tag{5.5}
$$

이 형상함수의 의미는 절점값 Ψ_i, Ψ_j, Ψ_m, Ψ_n들을 사용함으로써 사각형 영역 내의 어떠한 미지 변수 Ψ의 변화를 표시하는 데 이러한 형상함수가 사용될 수 있음을 나타낸다. 따라서 일반적으로 다음과 같이 쓸 수 있다.

$$
\Psi^{(e)} = [S_i \quad S_j \quad S_m \quad S_n]\begin{Bmatrix} \Psi_i \\ \Psi_j \\ \Psi_m \\ \Psi_n \end{Bmatrix}
\tag{5.6}
$$

예를 들어, Ψ는 그림 5.3에 나타낸 것과 같이 고체 요소의 변위장(displacement field)이 될 수 있다.

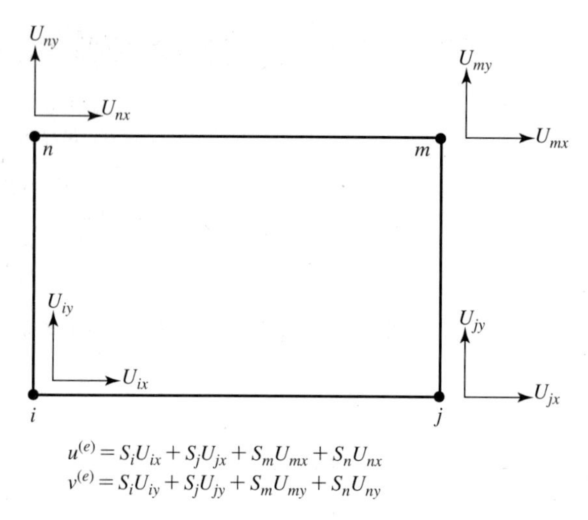

그림 5.3 평면응력 문제의 정식화에서 사용된 직사각형 요소

자연 좌표

4장에서 언급한 바와 같이 자연 좌표는 근본적으로 무차원으로 표시된 국부 좌표계이다. 더욱이 대부분의 유한요소 프로그램은 Gauss 구적법에 의해 요소별 수치 적분을 수행하게 되는데, 이때 적분 하한과 상한으로 −1과 1을 사용한다. 이미 사용된 국부 좌표계 x, y의 원점은 그림 5.4와 같이 자연 좌표 $\xi = -1$, $\eta = -1$과 일치한다.

여기에서 $\xi = \dfrac{2x}{\ell} - 1$, $\eta = \dfrac{2y}{w} - 1$이라 놓으면 자연 좌표 ξ, η로 표시되는 형상함수는 다음과 같다.

$$
\begin{aligned}
S_i &= \frac{1}{4}(1 - \xi)(1 - \eta) \\
S_j &= \frac{1}{4}(1 + \xi)(1 - \eta) \\
S_m &= \frac{1}{4}(1 + \xi)(1 + \eta) \\
S_n &= \frac{1}{4}(1 - \xi)(1 + \eta)
\end{aligned}
\tag{5.7}
$$

또 다른 방법으로 4.3절에서 Lagrange 함수와 유사한 선형함수의 곱을 사용하여 식 (5.7)을 얻을 수 있다. 예를 들면, 절점 i에 대해 선형함수의 곱이 다른 절점(즉 j, m, n)에서 0의 값을 갖고 절점 i에서 1의 값을 갖도록 선택한다. jm변($\xi = 1$)과 nm변($\eta = 1$)을 따라 함수의 곱 $(1 - \xi)(1 - \eta)$이 선택되면 그 곱은 jm변과 nm변을 따라 0의 값을 가지게 된다. 형상함수 S_i는 절점 $i(\xi = -1$과 $\eta = -1)$에서 값이 1이 되도록 미지 계수 a_1의 값을 구하게 된다. 즉, 다음과 같다.

$$1 = a_1(1 - \xi)(1 - \eta) = a_1(1-(-1))(1-(-1)) \Rightarrow a_1 = \frac{1}{4}$$

식 (5.5)와 (5.7)에서 주어진 형상함수는 1차원 형상함수와 기본적인 성질들이 동일하다. 예

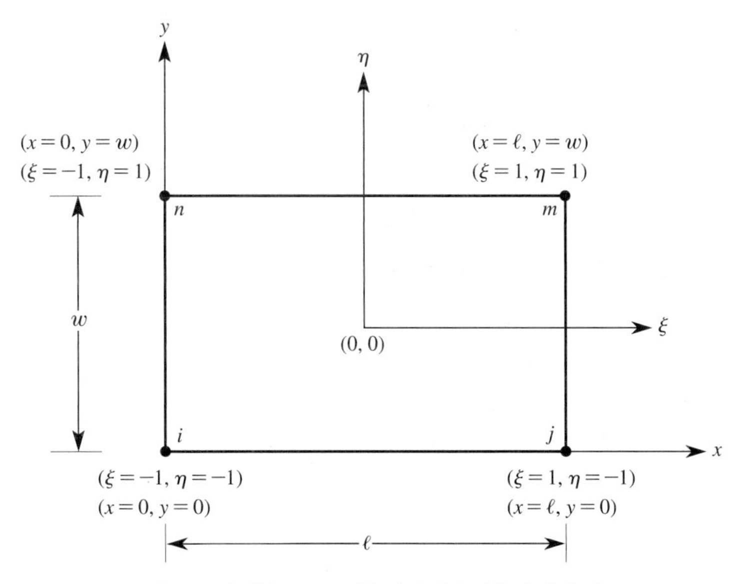

그림 5.4 사변형 요소를 기술하기 위해 사용된 자연 좌표

를 들어, S_i는 절점 i의 좌표에서 계산했을 때 값이 1이며 다른 모든 절점에서의 값은 0이다.

5.2 2차 사변형 요소

근본적으로 8절점 2차 사변형 요소는 2차원 4절점 사변형 요소의 차수를 높인 요소로서, 경계가 곡선인 문제를 모델링하는 데 훨씬 더 잘 응용될 수 있다. 전형적인 8절점 2차 사변형 요소가 그림 5.5에 나타나 있다. 선형 요소와 비교해 볼 때, 같은 개수의 요소가 사용될 경우 2차 요소를 사용했을 때가 더 정확한 해를 얻을 수 있다. 자연 좌표 ξ, η로 8절점 2차 사변형 요소를 일반적인 형태로 표시하면 다음 식과 같다.

$$\Psi^{(e)} = b_1 + b_2\xi + b_3\eta + b_4\xi\eta + b_5\xi^2 + b_6\eta^2 + b_7\xi^2\eta + b_8\xi\eta^2 \tag{5.8}$$

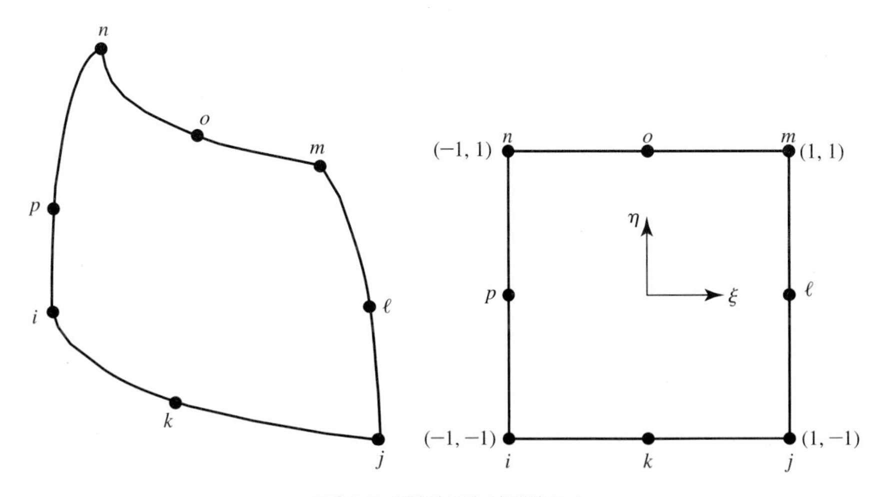

그림 5.5 8절점 2차 사변형 요소

$b_1, b_2, b_3, \ldots, b_8$을 구하기 위해 절점의 조건을 적용하고, 이 8개의 방정식으로부터 계수를 구한다. 이를 구하기 어렵기 때문에, 다음과 같은 다른 방법을 선택해 보자.

일반적으로 각 절점과 관련된 형상함수는 두 함수 F_1, F_2의 곱의 형태로 표현할 수 있다.

$$S = F_1(\xi, \eta)F_2(\xi, \eta) \tag{5.9}$$

주어진 절점에 대해서, 첫 번째 함수 F_1은 주어진 절점이 접하고 있지 않는 변을 따라 값을 계산했을 때 0의 값을 갖도록 선택하고, 두 번째 함수 F_2는 F_1과 곱해졌을 때 주어진 절점에서 1의 값을 갖고, 인접한 주변 절점에서는 0이 되도록 선택한다. 또한 함수 F_1과 F_2의 곱은 식 (5.8)과 유사한 선형 및 비선형 항으로 나타나야 한다. 이 방법을 소개하기 위해 자연 좌표 $\xi = 1$, $\eta = 1$인 절점 m을 생각해 보자. 우선 F_1은 ij변($\eta = -1$)과 in변($\xi = -1$)을 따라 0의 값을 갖도록 선택한다. 즉

$$F_1(\xi, \eta) = (1 + \xi)(1 + \eta)$$

이 식은 바로 위에서 언급한 조건을 만족한다. 다음으로 F_2를 결정한다.

$$F_2(\xi, \eta) = c_1 + c_2\xi + c_3\eta$$

여기서 F_2의 계수는 F_1과 곱해졌을 때 주어진 절점 m에서 1의 값을 갖고, 인접한 주변 절점 ℓ과 o에서 0의 값을 갖도록 결정해야 한다. 즉 절점 m에 대해 S_m값을 계산하면 $\xi = 1$, $\eta = 1$에서 $S_m = 1$이고, 인접한 주변 절점 ℓ, o에 대해 S_m값을 계산하면 $\xi = 1$, $\eta = 0$에서는 $S_m = 0$이 되며 $\xi = 0$, $\eta = 1$에서는 $S_m = 0$이 되어야 한다. 이러한 조건을 식 (5.9)에 적용하면 다음 결과를 얻는다.

$$\begin{aligned}
1 &= \overbrace{(1+1)(1+1)}^{F_1(\xi,\eta)}\overbrace{(c_1 + c_2(1) + c_3(1))}^{F_2(\xi,\eta)} = 4c_1 + 4c_2 + 4c_3 \\
0 &= (1+1)(1+0)(c_1 + c_2(1) + c_3(0)) = 2c_1 + 2c_2 \\
0 &= (1+0)(1+1)(c_1 + c_2(0) + c_3(1)) = 2c_1 + 2c_3
\end{aligned}$$

이로부터 $c_1 = -\frac{1}{4}$, $c_2 = \frac{1}{4}$, $c_3 = \frac{1}{4}$이고, $S_m = (1 + \xi)(1 + \eta)(-\frac{1}{4} + \frac{1}{4}\xi + \frac{1}{4}\eta)$이 된다. 다른 절점에 대한 형상함수도 동일한 방법으로 결정할 수 있으며, 다음과 같다.

$$\begin{aligned}
S_i &= -\frac{1}{4}(1 - \xi)(1 - \eta)(1 + \xi + \eta) \\
S_j &= \frac{1}{4}(1 + \xi)(1 - \eta)(-1 + \xi - \eta) \\
S_m &= \frac{1}{4}(1 + \xi)(1 + \eta)(-1 + \xi + \eta) \\
S_n &= -\frac{1}{4}(1 - \xi)(1 + \eta)(1 + \xi - \eta)
\end{aligned} \tag{5.10}$$

이제 변의 중간에 있는 절점에 대한 형상함수를 유도해 보기로 하자. 예를 들어, 절점 o

에 대한 형상함수를 생각하자. 우선 F_1은 ij변($\eta = -1$), in변($\xi = -1$), 그리고 jm변($\xi = 1$)을 따라 0의 값이 되도록 선택해야 하므로, 다음 식과 같이 된다.

$$F_1(\xi, \eta) = (1 - \xi)(1 + \eta)(1 + \xi)$$

F_1에 포함된 항들 속에는 식 (5.8)처럼 필요한 모든 선형과 비선형 항들이 나타남을 주목하자. 따라서 함수 F_2는 상수이어야 한다. 그렇지 않으면 F_1과 F_2를 곱했을 때 3차 다항식 항이 나타나게 되고, 이는 분명 원하지 않는 결과이다. 따라서 다음과 같이 표시할 수 있다.

$$F_2(\xi, \eta) = c_1$$

절점에서의 조건, 즉

$$\xi = 0\text{이고 } \eta = 1\text{인 경우 } \; S_o = 1$$

을 적용하면 다음과 같다.

$$1 = \overbrace{(1 - 0)(1 + 1)(1 + 0)}^{F_1(\xi, \eta)} \quad \overbrace{c_1}^{F_2(\xi, \eta)} = 2c_1$$

이로부터 $c_1 = \frac{1}{2}$이고, $S_o = \frac{1}{2}(1 - \xi)(1 + \eta)(1 + \xi) = S_o = \frac{1}{2}(1 + \eta)(1 - \xi^2)$이 된다. 동일한 방법으로 중간 절점 k, ℓ, p에 대한 형상함수를 구하면 다음과 같이 정리할 수 있다.

$$\begin{aligned} S_k &= \frac{1}{2}(1 - \eta)(1 - \xi^2) \\ S_\ell &= \frac{1}{2}(1 + \xi)(1 - \eta^2) \\ S_o &= \frac{1}{2}(1 + \eta)(1 - \xi^2) \\ S_p &= \frac{1}{2}(1 - \xi)(1 - \eta^2) \end{aligned} \tag{5.11}$$

예제 5.1

얇은 판의 응력 분포를 모델링하기 위해 2차원 직사각형 요소를 사용하자. 판에 속해 있는 요소의 절점응력이 그림 5.6에 나타나 있다. 요소 중앙에서의 응력값은 얼마인가?

요소의 응력 분포는 다음과 같다.

$$\sigma^{(e)} = [S_i \quad S_j \quad S_m \quad S_n] \begin{Bmatrix} \sigma_i \\ \sigma_j \\ \sigma_m \\ \sigma_n \end{Bmatrix}$$

여기서 σ_i, σ_j, σ_m, σ_n은 각각 절점 i, j, m, n에서의 응력이며, 식 (5.5)에 의해 형상함수는 다음과 같다.

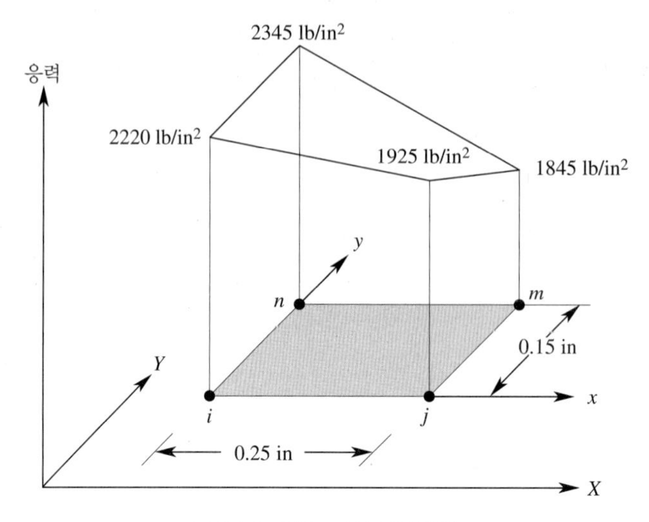

그림 5.6 예제 5.1의 절점응력

$$S_i = \left(1 - \frac{x}{\ell}\right)\left(1 - \frac{y}{w}\right) = \left(1 - \frac{x}{0.25}\right)\left(1 - \frac{y}{0.15}\right)$$

$$S_j = \frac{x}{\ell}\left(1 - \frac{y}{w}\right) = \frac{x}{0.25}\left(1 - \frac{y}{0.15}\right)$$

$$S_m = \frac{xy}{\ell w} = \frac{xy}{(0.25)(0.15)}$$

$$S_n = \frac{y}{w}\left(1 - \frac{x}{\ell}\right) = \frac{y}{0.15}\left(1 - \frac{x}{0.25}\right)$$

주어진 요소에 대해, 국부 좌표 x, y로 표시된 응력 분포는 다음과 같다.

$$\sigma^{(e)} = \overbrace{\left(1 - \frac{x}{0.25}\right)\left(1 - \frac{y}{0.15}\right)}^{S_i}\overbrace{(2220)}^{\sigma_i} + \overbrace{\frac{x}{0.25}\left(1 - \frac{y}{0.15}\right)}^{S_j}\overbrace{(1925)}^{\sigma_j}$$
$$+ \overbrace{\frac{xy}{(0.25)(0.15)}}^{S_m}\overbrace{(1845)}^{\sigma_m} + \overbrace{\frac{y}{0.15}\left(1 - \frac{x}{0.25}\right)}^{S_n}\overbrace{(2345)}^{\sigma_n}$$

위의 식으로부터 이 요소 내의 임의의 지점에 대한 응력을 계산할 수 있다. 여기서는 중점에 관심이 있으므로 중점의 좌표 $x = 0.125$, $y = 0.075$를 식에 대입하면 다음과 같다.

$$\sigma(0.125,\ 0.075) = 555 + 481 + 461 + 586 = 2083\ \text{lb/in}^2$$

여기서 자연 좌표를 사용하여 이 문제를 풀 수도 있음에 유의하자. 이 문제에서는 요소의 중심, 즉 $\xi = 0$, $\eta = 0$인 지점에 관심이 있으므로, 이 방법을 사용하는 것이 더 쉬울 수 있다. 사변형 자연 형상함수는 식 (5.7)과 같으므로 이를 이용하면 다음과 같다.

$$S_i = \frac{1}{4}(1 - \xi)(1 - \eta) = \frac{1}{4}(1 - 0)(1 - 0) = \frac{1}{4}$$

$$S_j = \frac{1}{4}(1 + \xi)(1 - \eta) = \frac{1}{4}(1 + 0)(1 - 0) = \frac{1}{4}$$

$$S_m = \frac{1}{4}(1 + \xi)(1 + \eta) = \frac{1}{4}(1 + 0)(1 + 0) = \frac{1}{4}$$

$$S_n = \frac{1}{4}(1 - \xi)(1 + \eta) = \frac{1}{4}(1 - 0)(1 + 0) = \frac{1}{4}$$

$$\sigma(0.125, 0.075) = \frac{1}{4}(2220) + \frac{1}{4}(1925) + \frac{1}{4}(1845) + \frac{1}{4}(2345) = 2083 \text{ lb/in}^2$$

따라서 직사각형 요소 중심에서의 응력은 절점응력들의 평균값이다.

예제 5.2

2차 사변형 형상함수 S_n을 증명하라. 앞의 5.2절에서 언급된 절차를 따라 가보면, S_n은 다음과 같이 표시할 수 있다.

$$S_n = F_1(\xi, \eta)F_2(\xi, \eta)$$

형상함수 S_n에 대해 F_1은 ij변($\eta = -1$)과 jm변($\xi = 1$)을 따라 0의 값을 가져야 하므로

$$F_1(\xi, \eta) = (1 - \xi)(1 + \eta)$$

이고, 또한 F_2는 다음과 같다.

$$F_2(\xi, \eta) = c_1 + c_2\xi + c_3\eta$$

여기서 계수 c_1, c_2, c_3는 다음 조건으로부터 구한다.

$$\xi = -1\text{이고 } \eta = 1\text{인 경우} \quad S_n = 1$$

$$\xi = 0\text{이고 } \eta = 1\text{인 경우} \quad S_n = 0$$

$$\xi = -1\text{이고 } \eta = 0\text{인 경우} \quad S_n = 0$$

이전 절에서의 내용을 상기해 보면, F_2가 F_1으로 곱해질 때 절점 n에서 1의 값을 갖고 인접한 절점 o와 p에서는 0의 값을 갖도록 F_2의 계수를 선택한다.

$$1 = 4c_1 - 4c_2 + 4c_3$$

$$0 = 2c_1 + 2c_3$$

$$0 = 2c_1 - 2c_2$$

이 식들을 연립하여 풀면 $c_1 = -\frac{1}{4}$, $c_2 = -\frac{1}{4}$, $c_3 = \frac{1}{4}$이 구해진다. 이는 앞에서 주어진 S_n 형태와 동일하다. 즉, 다음과 같다.

$$S_n = -\frac{1}{4}(1 - \xi)(1 + \eta)(1 + \xi - \eta)$$

5.3 선형 삼각형 요소

쌍일차 직사각형 요소를 사용할 경우, 단점은 곡선으로 된 경계에 잘 맞추기가 어렵다는 점이다. 반면에, 그림 5.7처럼 2차원 온도 분포를 근사할 때 삼각형 요소는 곡선으로 된 경계를 근사하는 데 훨씬 더 유리하다. 삼각형 요소는 그림 5.8과 같이 3개의 절점으로 정의된다. 따라서 온도와 같은 종속변수의 변화는 삼각형 영역에 대해 다음과 같이 표현할 수 있다.

$$T^{(e)} = a_1 + a_2X + a_3Y \tag{5.12}$$

그림 5.8과 같은 절점온도를 생각할 때, 다음과 같은 조건을 만족해야 한다.

$$\begin{aligned} X = X_i \quad &\text{그리고} \quad Y = Y_i\text{에서} \quad T = T_i \\ X = X_j \quad &\text{그리고} \quad Y = Y_j\text{에서} \quad T = T_j \\ X = X_k \quad &\text{그리고} \quad Y = Y_k\text{에서} \quad T = T_k \end{aligned} \tag{5.13}$$

절점값들을 식 (5.12)에 대입하면 다음과 같다.

$$\begin{aligned} T_i &= a_1 + a_2X_i + a_3Y_i \\ T_j &= a_1 + a_2X_j + a_3Y_j \\ T_k &= a_1 + a_2X_k + a_3Y_k \end{aligned} \tag{5.14}$$

이로부터 a_1, a_2, a_3를 구하면 다음과 같다.

$$\begin{aligned} a_1 &= \frac{1}{2A}[(X_jY_k - X_kY_j)T_i + (X_kY_i - X_iY_k)T_j + (X_iY_j - X_jY_i)T_k] \\ a_2 &= \frac{1}{2A}[(Y_j - Y_k)T_i + (Y_k - Y_i)T_j + (Y_i - Y_j)T_k] \\ a_3 &= \frac{1}{2A}[(X_k - X_j)T_i + (X_i - X_k)T_j + (X_j - X_i)T_k] \end{aligned} \tag{5.15}$$

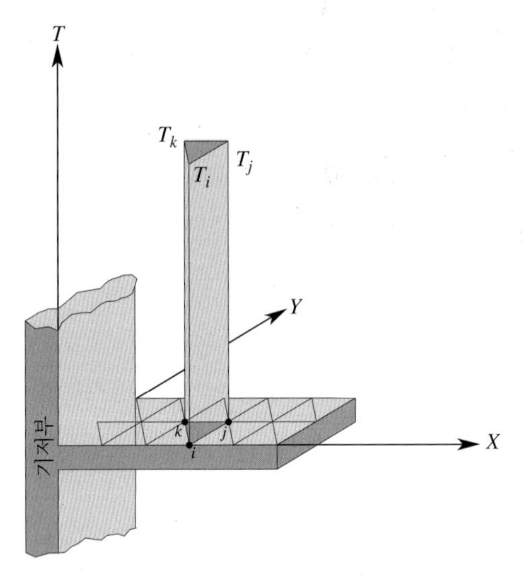

그림 5.7 2차원 온도 분포를 기술하기 위한 삼각형 요소의 사용

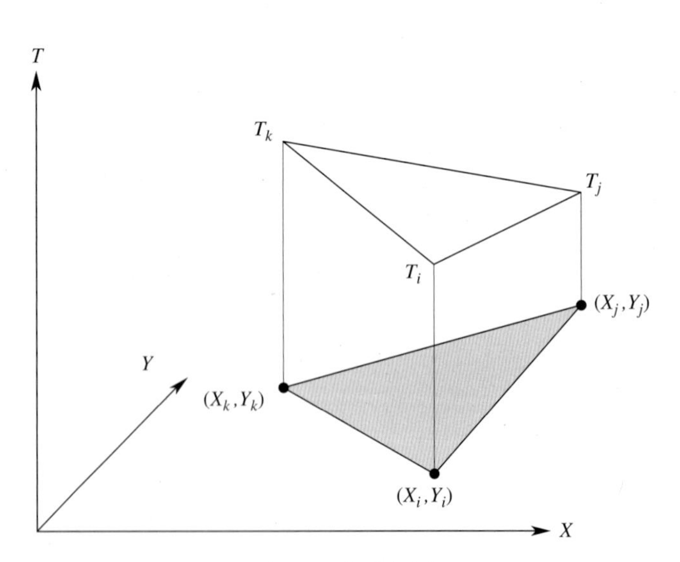

그림 5.8 삼각형 요소

여기서 A는 삼각형 요소의 면적으로, 다음 식으로부터 계산된다.

$$2A = X_i(Y_j - Y_k) + X_j(Y_k - Y_i) + X_k(Y_i - Y_j) \tag{5.16}$$

식 (5.16)의 유도과정은 예제 5.3에 나타내었으며, a_1, a_2, a_3를 식 (5.12)에 대입하고, T_i, T_j, T_k항에 대해 정리하면 다음과 같다.

$$T^{(e)} = [S_i \quad S_j \quad S_k] \begin{Bmatrix} T_i \\ T_j \\ T_k \end{Bmatrix} \tag{5.17}$$

여기서 형상함수 S_i, S_j, S_k는 다음과 같다.

$$\begin{aligned} S_i &= \frac{1}{2A}(\alpha_i + \beta_i X + \delta_i Y) \\ S_j &= \frac{1}{2A}(\alpha_j + \beta_j X + \delta_j Y) \\ S_k &= \frac{1}{2A}(\alpha_k + \beta_k X + \delta_k Y) \end{aligned} \tag{5.18}$$

그리고 α, β, δ항은 다음과 같다.

$$\begin{aligned} \alpha_i &= X_j Y_k - X_k Y_j, \quad \beta_i = Y_j - Y_k, \quad \delta_i = X_k - X_j \\ \alpha_j &= X_k Y_i - X_i Y_k, \quad \beta_j = Y_k - Y_i, \quad \delta_j = X_i - X_k \\ \alpha_k &= X_i Y_j - X_j Y_i, \quad \beta_k = Y_i - Y_j, \quad \delta_k = X_j - X_i \end{aligned}$$

삼각형 요소의 형상함수도 앞에서 정의된 다른 형상함수들처럼 몇 가지 기본적 성질을 갖고 있음을 주목하자. 예를 들어, 절점 i의 좌표에 대해 S_i값을 계산하면 1의 값을 갖고, 다른 모든 절점에서는 0의 값을 갖는다. 다시 말하면, 형상함수 값의 합은 1이다. 이러한 성질은 다음 식으로도 표시된다.

$$S_i + S_j + S_k = 1 \tag{5.19}$$

삼각형 요소의 자연(면적) 좌표

좌표가 (X, Y)인 삼각형 영역 내부의 점 P를 생각하자. 이 점과 절점 i, j, k를 연결하면 그림 5.9와 같이 삼각형의 면적은 3개의 작은 면적 A_1, A_2, A_3로 분할된다.

이에 대해 한 가지 실험을 해보도록 하자. 점 P를 요소의 kj변에 놓여 있는 점 Q와 일치하도록 옮기면 면적 A_1의 값은 0이 되고, 점 P를 절점 i와 일치하도록 옮기면 면적 A_1은 요소의 전체 면적 A로 확장된다. 이러한 실험 결과를 바탕으로 요소의 면적 A에 대한 A_1의 비로 표시되는 자연 좌표 또는 면적 좌표 ξ를 정의할 수 있고, ξ는 0과 1 사이의 값을 가지게 된다. 마찬가지 방법으로, 점 P를 ki변에 놓여 있는 점 M과 일치하도록 옮기면 $A_2 = 0$이 되고, 점 P를 절점 j로 옮기면 면적 A_2는 요소의 전체 면적 A와 같아져 $A_2 = A$가 된다. 따라서 A에 대한 A_2의 비로 표시되는 면적 좌표 η를 정의할 수 있고, 그 값은 0과 1 사이에서 변한

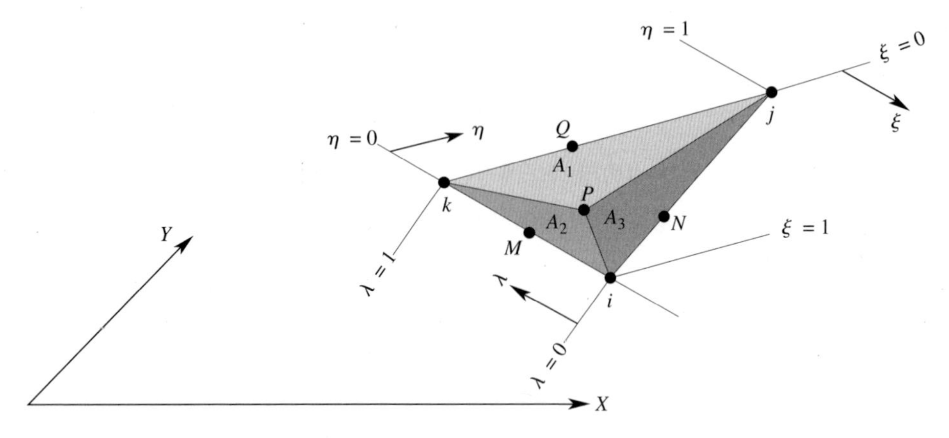

그림 5.9 삼각형 요소의 자연(면적) 좌표

다. 일반적으로 삼각형 요소에서 자연(면적) 좌표 ξ, η, λ는 다음과 같이 정의된다.

$$\xi = \frac{A_1}{A} \qquad \eta = \frac{A_2}{A} \qquad \lambda = \frac{A_3}{A} \tag{5.20}$$

여기서 중요한 점은 자연 좌표 중 2개만이 선형 독립이라는 사실이다. 그 이유는 다음 식으로부터 알 수 있다.

$$\frac{A_1}{A} + \frac{A_2}{A} + \frac{A_3}{A} = \frac{A}{A} = 1 = \xi + \eta + \lambda$$

예를 들어, λ좌표는 ξ와 η로 표시가능하다.

$$\lambda = 1 - \xi - \eta \tag{5.21}$$

또한 삼각형 자연(면적) 좌표가 형상함수 S_i, S_j, S_k와 같은 것임을 알 수 있다.

$$\xi = S_i \qquad \eta = S_j \qquad \lambda = S_k \tag{5.22}$$

예를 들어, A에 대한 A_1의 비로 정의되는 ξ를 생각해 보면 다음과 같다.

$$\xi = \frac{A_1}{A} = \frac{\frac{1}{2}[(X_jY_k - X_kY_j) + X(Y_j - Y_k) + Y(X_k - X_j)]}{\frac{1}{2}[X_i(Y_j - Y_k) + X_j(Y_k - Y_i) + X_k(Y_i - Y_j)]} \tag{5.23}$$

식 (5.23)과 식 (5.18)*을 비교해 보면 ξ와 S_i가 같다는 것을 알 수 있다. 식 (5.23)은 삼각형의 면적 A_1, A와 꼭짓점의 좌표, 식 (5.16)을 이용하여 유도하였다. 점 P의 좌표는 면적 A의 내부에 있기 때문에 X와 Y로 나타낼 수 있다.

예제 5.3

삼각형 요소의 면적을 계산하는 식 (5.16)을 검증하라.

그림에서 보는 바와 같이, 삼각형의 면적 ABD는 변 AB와 변 AD를 공유하는 평행사변형 $ABCD$ 면적의 반과 같다.

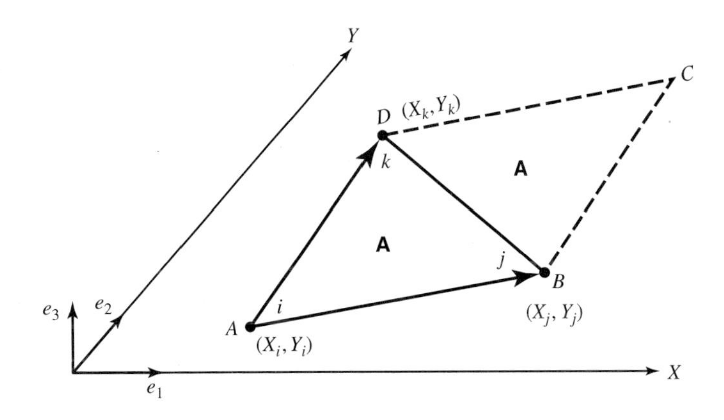

평행사변형 $ABCD$ 면적은 $\overrightarrow{AB} \times \overrightarrow{AD}$의 크기이며, 다음 식으로 나타낼 수 있다.

$$2A = |\overrightarrow{AB} \times \overrightarrow{AD}|$$

여기서 $\overrightarrow{AB}$와 $\overrightarrow{AD}$는 각각 다음 식과 같다.

$$\overrightarrow{AB} = (X_j - X_i)\vec{e}_1 + (Y_j - Y_i)\vec{e}_2$$
$$\overrightarrow{AD} = (X_k - X_i)\vec{e}_1 + (Y_k - Y_i)\vec{e}_2$$

여기서 $\vec{e}_1$, $\vec{e}_2$, $\vec{e}_3$는 단위벡터이다. 벡터 $\overrightarrow{AB}$와 $\overrightarrow{AD}$의 성분으로 연산을 수행하면

$$2A = |\overrightarrow{AB} \times \overrightarrow{AD}| = |[(X_j - X_i)\vec{e}_1 + (Y_j - Y_i)\vec{e}_2] \times [(X_k - X_i)\vec{e}_1 + (Y_k - Y_i)\vec{e}_2]|$$

와 같다. 여기서 $\vec{e}_1 \times \vec{e}_1 = 0$, $\vec{e}_1 \times \vec{e}_2 = \vec{e}_3$, $\vec{e}_2 \times \vec{e}_1 = -\vec{e}_3$이다.

$$2A = |(X_j - X_i)(Y_k - Y_i)\vec{e}_3 - (Y_j - Y_i)(X_k - X_i)\vec{e}_3|$$

위의 식을 단순화하여 정리하면, 식 (5.16)과 같이 된다.

$$2A = X_i(Y_j - Y_k) + X_j(Y_k - Y_i) + X_k(Y_i - Y_j)$$

---

* A, α_i, β_i, δ_i를 절점좌표로 대치한다.

5.4 2차 삼각형 요소

온도와 같은 변수의 변화 양상은 영역에 대해 2차 함수로 근사화시키면 훨씬 더 정확히 나타낼 수 있다.

$$T^{(e)} = a_1 + a_2X + a_3Y + a_4X^2 + a_5XY + a_6Y^2 \tag{5.24}$$

지금까지 형상함수를 만드는 법을 다루었기 때문에, 그림 5.10과 같은 2차 삼각형 요소의 형상함수를 증명 없이 자연 좌표로 나타내면 다음과 같다.

$$\begin{aligned} S_i &= \xi(2\xi - 1) \\ S_j &= \eta(2\eta - 1) \\ S_k &= \lambda(2\lambda - 1) = 1 - 3(\xi + \eta) + 2(\xi + \eta)^2 \\ S_\ell &= 4\xi\eta \\ S_m &= 4\eta\lambda = 4\eta(1 - \xi - \eta) \\ S_n &= 4\xi\lambda = 4\xi(1 - \xi - \eta) \end{aligned} \tag{5.25}$$

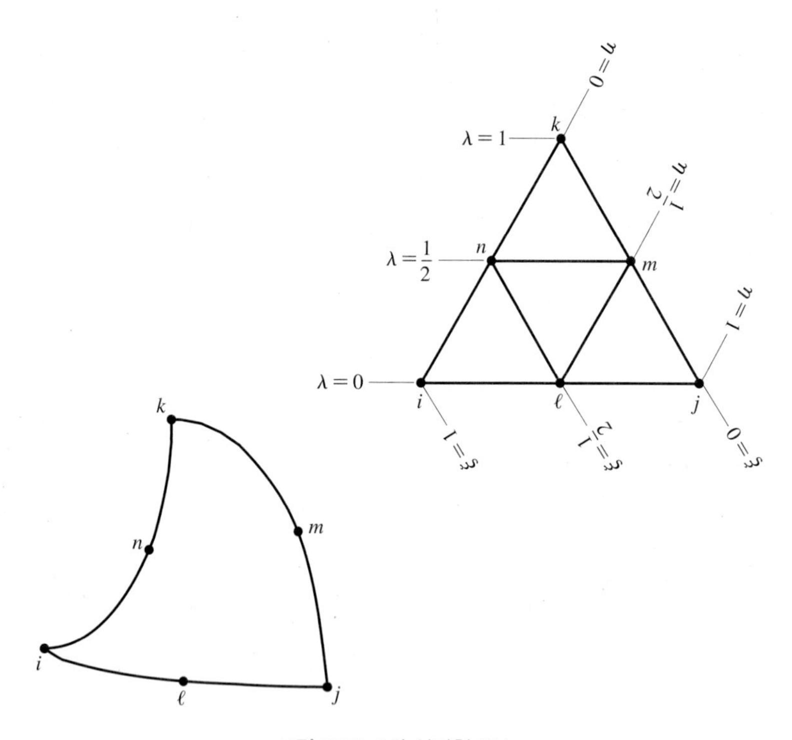

그림 5.10 2차 삼각형 요소

예제 5.4

핀의 온도 분포를 모델링하기 위하여 앞에서 2차원 삼각형 요소를 사용하였다. 요소의 절점온도와 위치 좌표가 그림 5.11에 나타나 있다. (a) $X = 2.15$ cm, $Y = 1.1$ cm에서의 온도는 얼마인가? (b) 이 요소에 대한 온도 구배의 성분을 구하라. (c) 70°C와 75°C에 대한 등온선의 위치를 구하라.

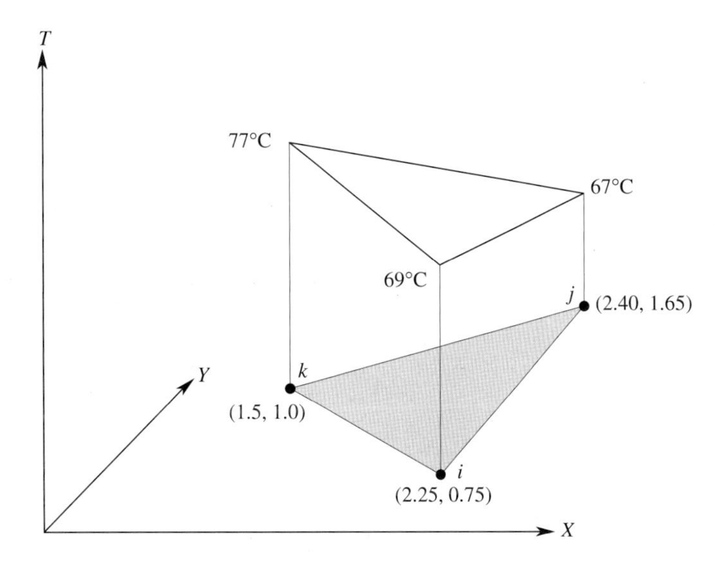

그림 5.11 예제 5.4의 절점온도와 위치 좌표

(a) 요소 내의 온도 분포를 나타내 보자.

$$T^{(e)} = [S_i \quad S_j \quad S_k]\begin{Bmatrix} T_i \\ T_j \\ T_k \end{Bmatrix}$$

여기서 형상함수 S_i, S_j, S_k는 다음과 같다.

$$S_i = \frac{1}{2A}(\alpha_i + \beta_i X + \delta_i Y)$$

$$S_j = \frac{1}{2A}(\alpha_j + \beta_j X + \delta_j Y)$$

$$S_k = \frac{1}{2A}(\alpha_k + \beta_k X + \delta_k Y)$$

이를 계산하면 다음과 같이 된다.

$$\alpha_i = X_j Y_k - X_k Y_j = (2.4)(1.0) - (1.5)(1.65) = -0.075$$

$$\alpha_j = X_k Y_i - X_i Y_k = (1.5)(0.75) - (2.25)(1.0) = -1.125$$

$$\alpha_k = X_i Y_j - X_j Y_i = (2.25)(1.65) - (2.40)(0.75) = 1.9125$$

$$\beta_i = Y_j - Y_k = 1.65 - 1.0 = 0.65$$
$$\beta_j = Y_k - Y_i = 1.0 - 0.75 = 0.25$$
$$\beta_k = Y_i - Y_j = 0.75 - 1.65 = -0.9$$
$$\delta_i = X_k - X_j = 1.50 - 2.40 = -0.9$$
$$\delta_j = X_i - X_k = 2.25 - 1.5 = 0.75$$
$$\delta_k = X_j - X_i = 2.40 - 2.25 = 0.15$$

그리고

$$2A = X_i(Y_j - Y_k) + X_j(Y_k - Y_i) + X_k(Y_i - Y_j)$$
$$2A = 2.25(1.65 - 1.0) + 2.40(1.0 - 0.75) + 1.5(0.75 - 1.65) = 0.7125$$
$$S_i = \frac{1}{2A}(\alpha_i + \beta_i X + \delta_i Y) = \frac{1}{0.7125}(-0.075 + 0.65X - 0.9Y)$$
$$S_j = \frac{1}{2A}(\alpha_j + \beta_j X + \delta_j Y) = \frac{1}{0.7125}(-1.125 + 0.25X + 0.75Y)$$
$$S_k = \frac{1}{2A}(\alpha_k + \beta_k X + \delta_k Y) = \frac{1}{0.7125}(1.9125 - 0.9X + 0.15Y)$$

따라서 이 요소에 대한 온도 분포는 다음과 같다.

$$T = \frac{69}{0.7125}(-0.075 + 0.65X - 0.9Y) + \frac{67}{0.7125}(-1.125 + 0.25X + 0.75Y) + \frac{77}{0.7125}(1.9125 - 0.9X + 0.15Y)$$

이를 정리해 보자.

$$T = 93.632 - 10.808X - 0.421Y$$

이고, 좌표 $X = 2.15$, $Y = 1.1$을 대입하면 $T = 69.93$°C이다.

(b) 일반적으로 종속변수 $\Psi^{(e)}$의 구배 성분은 다음 식으로부터 계산된다.

$$\frac{\partial \Psi^{(e)}}{\partial X} = \frac{\partial}{\partial X}[S_i\Psi_i + S_j\Psi_j + S_k\Psi_k]$$
$$\frac{\partial \Psi^{(e)}}{\partial Y} = \frac{\partial}{\partial Y}[S_i\Psi_i + S_j\Psi_j + S_k\Psi_k]$$
$$\begin{Bmatrix} \dfrac{\partial \Psi^{(e)}}{\partial X} \\ \dfrac{\partial \Psi^{(e)}}{\partial Y} \end{Bmatrix} = \frac{1}{2A}\begin{bmatrix} \beta_i & \beta_j & \beta_k \\ \delta_i & \delta_j & \delta_k \end{bmatrix}\begin{Bmatrix} \Psi_i \\ \Psi_j \\ \Psi_k \end{Bmatrix} \qquad (5.26)$$

식 (5.26)을 살펴보면 구배가 상수값을 가짐을 분명히 알 수 있는데, 이는 선형 삼각형 요소의 일반적인 성질이다. 온도 구배는 다음 식으로 계산된다.

$$\begin{Bmatrix} \dfrac{\partial T^{(e)}}{\partial X} \\ \dfrac{\partial T^{(e)}}{\partial Y} \end{Bmatrix} = \frac{1}{2A}\begin{bmatrix} \beta_i & \beta_j & \beta_k \\ \delta_i & \delta_j & \delta_k \end{bmatrix}\begin{Bmatrix} T_i \\ T_j \\ T_k \end{Bmatrix} = \frac{1}{0.7125}\begin{bmatrix} 0.65 & 0.25 & -0.9 \\ -0.9 & 0.75 & 0.15 \end{bmatrix}\begin{Bmatrix} 69 \\ 67 \\ 77 \end{Bmatrix}$$

$$= \begin{Bmatrix} -10.808 \\ -0.421 \end{Bmatrix}$$

온도 방정식($T = 93.632 - 10.808X - 0.421Y$)을 직접 미분해도 같은 값을 얻을 수 있다는 사실에 주목하자.

(c) 70°C와 75°C 등온선의 위치를 결정할 때 삼각형 요소에서 온도가 X, Y 두 방향으로 모두 선형적으로 변화한다는 사실을 이용하면, 등온선의 좌표를 결정할 때 선형 보간법을 사용하면 된다. 우선 70°C의 등온선에 초점을 맞추자. 이 등온선은 다음 관계식에 의해서 77°C−69°C 변을 지나게 된다.

$$\frac{77 - 70}{77 - 69} = \frac{1.5 - X}{1.5 - 2.25} = \frac{1.0 - Y}{1.0 - 0.75}$$

이를 풀어보면 $X = 2.16$ cm, $Y = 0.78$ cm가 얻어지고, 70°C 등온선은 77°C−67°C 변도 지나게 되므로 다음과 같이 된다.

$$\frac{77 - 70}{77 - 67} = \frac{1.5 - X}{1.5 - 2.4} = \frac{1.0 - Y}{1.0 - 1.65}$$

따라서 $X = 2.13$ cm, $Y = 1.45$ cm가 된다. 마찬가지 방법으로 75°C 등온선의 위치가 77°C−69°C 변을 지나므로 다음과 같이 쓸 수 있다.

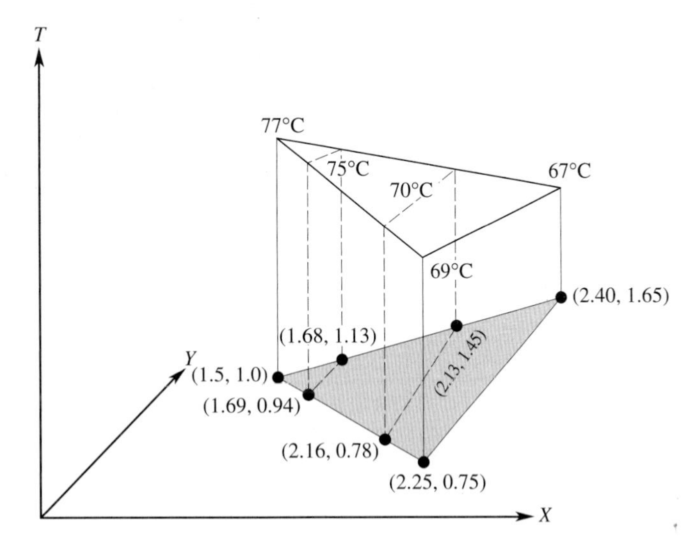

그림 5.12 예제 5.4의 요소 내 등온선도

$$\frac{77 - 75}{77 - 69} = \frac{1.5 - X}{1.5 - 2.25} = \frac{1.0 - Y}{1.0 - 0.75}$$

여기서 $X = 1.69$, $Y = 0.94$를 얻을 수 있다. 또한 77°C–67°C 변도 지나게 된다.

$$\frac{77 - 75}{77 - 67} = \frac{1.5 - X}{1.5 - 2.4} = \frac{1.0 - Y}{1.0 - 1.65}$$

따라서 좌표는 $X = 1.68$, $Y = 1.13$이 된다. 등온선과 그 위치가 그림 5.12에 표시되어 있다.

5.5 축대칭 요소

그림 5.13에 나타난 것과 같이, 3차원 문제의 특별한 경우로 기하학적 형상과 하중이 z축과 같은 어떤 한 축에 대하여 대칭인 경우가 있다. 이런 경우 3차원 문제를 2차원 축대칭 요소를 사용하여 해석할 수 있다. 이 절에서는 삼각형과 직사각형 축대칭 요소를 알아본다. 6장에서는 이 요소에 대하여 유한요소 정식화할 것이다.

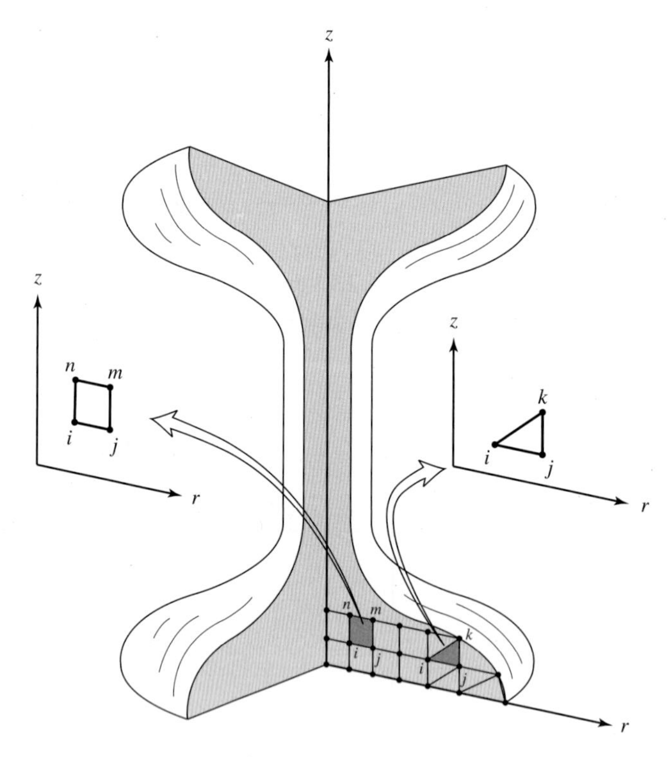

그림 5.13 축대칭 요소의 예

축대칭 삼각형 요소

5.3절에서 선형 삼각형 요소에 대한 형상함수를 유도하였다. 이를 상기하여, 절점값 Ψ_i, Ψ_j, Ψ_k와 형상함수에 의해 삼각형 영역 내의 임의의 미지 변수 Ψ의 변화를 다음과 같이 나타

낼 수 있다.

$$\Psi^{(e)} = [S_i \quad S_j \quad S_k]\begin{Bmatrix} \Psi_i \\ \Psi_j \\ \Psi_k \end{Bmatrix}$$

여기서

$$S_i = \frac{1}{2A}(\alpha_i + \beta_i X + \delta_i Y)$$
$$S_j = \frac{1}{2A}(\alpha_j + \beta_j X + \delta_j Y)$$
$$S_k = \frac{1}{2A}(\alpha_k + \beta_k X + \delta_k Y)$$

일반적으로 사용되는 축대칭 삼각형 요소의 형상함수는 r좌표와 z좌표로 나타낼 수 있으며, 그림 5.14에 나타내었다.

공간좌표 X, Y를 대신하여 r, z좌표를 사용하고, 절점좌표 X_i, Y_i, X_j, Y_j, X_k, Y_k를 R_i, Z_i, R_j, Z_j, R_k, Z_k로 바꾸면 형상함수는 다음과 같이 나타낼 수 있다.

$$S_i = \frac{1}{2A}(\alpha_i + \beta_i r + \delta_i z)$$
$$S_j = \frac{1}{2A}(\alpha_j + \beta_j r + \delta_j z) \tag{5.27}$$
$$S_k = \frac{1}{2A}(\alpha_k + \beta_k r + \delta_k z)$$

여기서

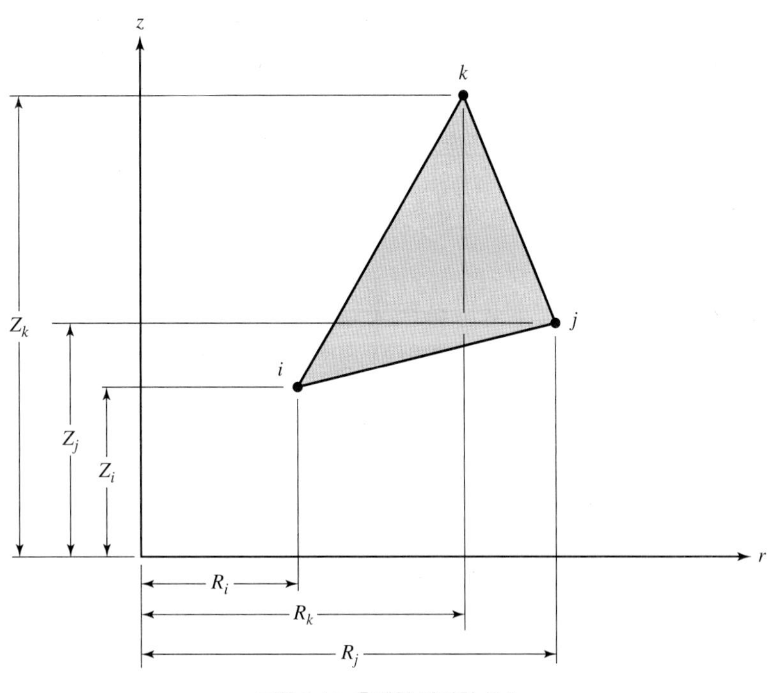

그림 5.14 축대칭 삼각형 요소

$$\alpha_i = R_j Z_k - R_k Z_j, \quad \beta_i = Z_j - Z_k, \quad \delta_i = R_k - R_j$$
$$\alpha_j = R_k Z_i - R_i Z_k, \quad \beta_j = Z_k - Z_i, \quad \delta_j = R_i - R_k$$
$$\alpha_k = R_i Z_j - R_j Z_i, \quad \beta_k = Z_i - Z_j, \quad \delta_k = R_j - R_i$$

축대칭 직사각형 요소

5.1절에서는 직사각형 요소의 형상함수 유도과정을 다루었다.

$$S_i = \left(1 - \frac{x}{\ell}\right)\left(1 - \frac{y}{w}\right), \quad S_j = \frac{x}{\ell}\left(1 - \frac{y}{w}\right)$$
$$S_m = \frac{xy}{\ell w}, \qquad S_n = \frac{y}{w}\left(1 - \frac{x}{\ell}\right)$$

이제 그림 5.15에 보인 축대칭 직사각형 요소를 고려해 보자. 축대칭 직사각형 요소의 국부좌표 x, y와 축대칭 좌표 r, z의 관계를 그림 5.15에 나타내었다.

여기서 x좌표와 r좌표, y좌표와 z좌표의 관계는 다음의 절점좌표를 통해서 나타낼 수 있다.

$$r = R_i + x \ \text{ 또는 } \ x = r - R_i$$
$$z = Z_i + y \ \text{ 또는 } \ y = z - Z_i$$

$$S_i = \left(1 - \frac{x}{\ell}\right)\left(1 - \frac{y}{w}\right) = \left(1 - \frac{\overbrace{r - R_i}^{x}}{\ell}\right)\left(1 - \frac{\overbrace{z - Z_i}^{y}}{w}\right) = \left(\frac{\ell - (r - R_i)}{\ell}\right)\left(\frac{w - (z - Z_i)}{w}\right) \tag{5.28}$$

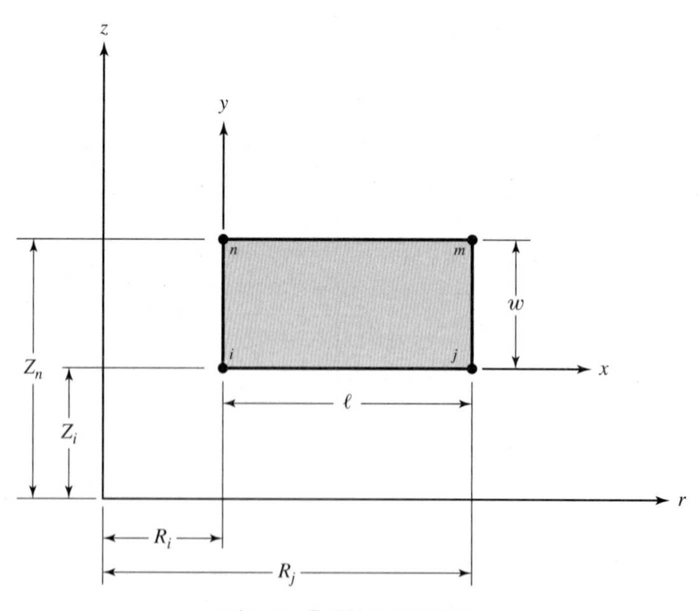

그림 5.15 축대칭 직사각형 요소

식 (5.28)에서 $\ell = R_j - R_i$, $w = Z_n - Z_i$를 적용하여 단순화시키면 형상함수 S_i를 r, z좌표로 나타낼 수 있다.

$$S_i = \left(\frac{\overbrace{R_j - R_i}^{\ell} - (r - R_i)}{\ell}\right)\left(\frac{\overbrace{Z_n - Z_i}^{w} - (z - Z_i)}{w}\right) = \left(\frac{R_j - r}{\ell}\right)\left(\frac{Z_n - z}{w}\right)$$

동일한 방법으로 다른 형상함수도 구할 수 있으며, 축대칭 직사각형 요소의 형상함수는 다음 식과 같다.

$$\begin{aligned} S_i &= \left(\frac{R_j - r}{\ell}\right)\left(\frac{Z_n - z}{w}\right) \\ S_j &= \left(\frac{r - R_i}{\ell}\right)\left(\frac{Z_n - z}{w}\right) \\ S_m &= \left(\frac{r - R_i}{\ell}\right)\left(\frac{z - Z_i}{w}\right) \\ S_n &= \left(\frac{R_j - r}{\ell}\right)\left(\frac{z - Z_i}{w}\right) \end{aligned} \tag{5.29}$$

6장에서는 축대칭 요소를 적용하여 열전달 문제와 고체역학 문제의 해법을 다룬다.

예제 5.5

중공 원통에서의 온도 분포를 축대칭 직사각형 요소를 사용하여 모델링하였다. 원통의 한 요소에서 절점온도는 그림 5.16에 나타나 있다. $r = 1.2$ cm, $z = 1.4$ cm에서의 온도를 계산하라.

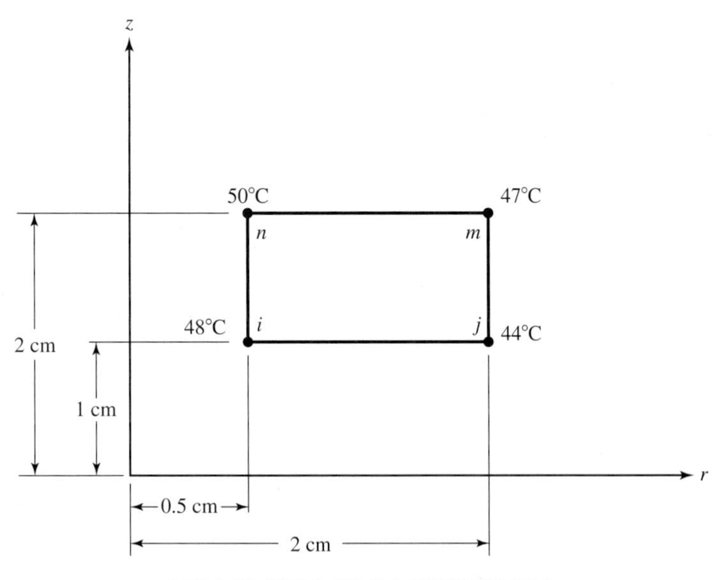

그림 5.16 예제 5.5의 요소 절점온도와 좌표

요소의 온도 분포는 다음 식과 같다.

$$T^{(e)} = [S_i \quad S_j \quad S_m \quad S_n]\begin{Bmatrix} T_i \\ T_j \\ T_m \\ T_n \end{Bmatrix}$$

여기서 T_i, T_j, T_m, T_n은 절점 i, j, m, n에서 온도값이다. 주어진 점에 대한 형상함수는 다음과 같다.

$$S_i = \left(\frac{R_j - r}{\ell}\right)\left(\frac{Z_n - z}{w}\right) = \left(\frac{2 - 1.2}{1.5}\right)\left(\frac{2 - 1.4}{1}\right) = 0.32$$

$$S_j = \left(\frac{r - R_i}{\ell}\right)\left(\frac{Z_n - z}{w}\right) = \left(\frac{1.2 - 0.5}{1.5}\right)\left(\frac{2 - 1.4}{1}\right) = 0.28$$

$$S_m = \left(\frac{r - R_i}{\ell}\right)\left(\frac{z - Z_i}{w}\right) = \left(\frac{1.2 - 0.5}{1.5}\right)\left(\frac{1.4 - 1}{1}\right) = 0.19$$

$$S_n = \left(\frac{R_j - r}{\ell}\right)\left(\frac{z - Z_i}{w}\right) = \left(\frac{2 - 1.2}{1.5}\right)\left(\frac{1.4 - 1}{1}\right) = 0.21$$

주어진 점의 온도는 다음과 같다.

$$T = (0.32)(48) + (0.28)(44) + (0.19)(47) + (0.21)(50) = 47.11°\text{C}$$

5.6 등매개변수 요소

4.5절에서 언급되었던 것처럼, 미지수 u, v, T 등을 정의하기 위해 형상함수를 사용하고, 기하학적 형상을 정의하기 위해 동일한 형상함수를 사용하면 **등매개변수** 정식화를 한다고 한다. 이러한 방식으로 표시되는 요소를 등매개변수 요소(isoparametric element)라 한다. 그림 5.17에 있는 사변형 요소로 관심을 돌려, 변형을 수반하는 고체역학 문제를 생각하자. 고

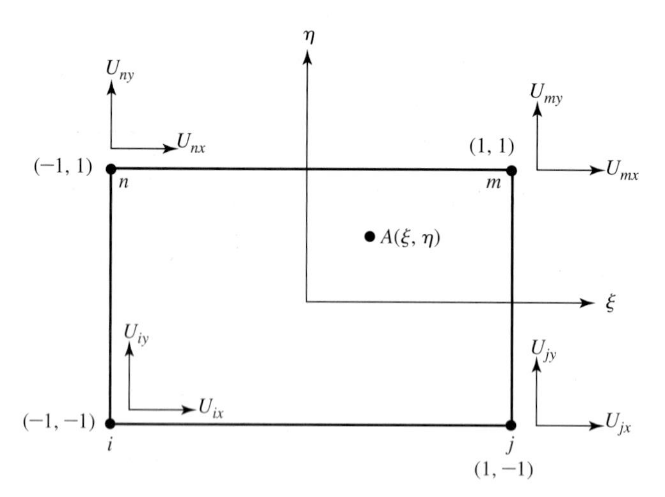

그림 5.17 평면응력 문제의 정식화에서 사용된 사변형 요소

체에 있어서 변위장을 사변형 요소를 사용하여 절점값으로 표시하면 다음과 같다.

$$\begin{aligned} u^{(e)} &= S_i U_{ix} + S_j U_{jx} + S_m U_{mx} + S_n U_{nx} \\ v^{(e)} &= S_i U_{iy} + S_j U_{jy} + S_m U_{my} + S_n U_{ny} \end{aligned} \tag{5.30}$$

위의 식 (5.30)을 행렬 형태로 다시 쓰면 다음과 같다.

$$\begin{Bmatrix} u \\ v \end{Bmatrix} = \begin{bmatrix} S_i & 0 & S_j & 0 & S_m & 0 & S_n & 0 \\ 0 & S_i & 0 & S_j & 0 & S_m & 0 & S_n \end{bmatrix} \begin{Bmatrix} U_{ix} \\ U_{iy} \\ U_{jx} \\ U_{jy} \\ U_{mx} \\ U_{my} \\ U_{nx} \\ U_{ny} \end{Bmatrix} \tag{5.31}$$

등매개변수 정식화 방법을 사용하면, 요소 내의 임의의 점에 대한 위치를 기술할 때에도 동일한 형상함수를 사용하게 되므로 다음과 같은 식을 쓸 수 있다.

$$\begin{aligned} x &= S_i x_i + S_j x_j + S_m x_m + S_n x_n \\ y &= S_i y_i + S_j y_j + S_m y_m + S_n y_n \end{aligned} \tag{5.32}$$

6장에서 설명하겠지만, 변형률 성분은 변위장과 연관되어 있고($\varepsilon_{xx} = \frac{\partial u}{\partial x}$, $\varepsilon_{yy} = \frac{\partial v}{\partial y}$, $\gamma_{xy} = \frac{\partial u}{\partial y} + \frac{\partial v}{\partial x}$), 결과적으로 형상함수를 통하여 절점변위와도 연관되어 있다. 변형 에너지로부터 요소 강성행렬을 유도할 때 x, y좌표에 대해 변위장 성분의 미분을 취해야 하는데, 이는 결국 x, y에 대해 형상함수의 미분을 취하는 것을 의미하게 된다. 여기서 형상함수가 ξ와 η로 표시된다는 점을 상기하자. 따라서 일반적으로 함수 $f(x, y)$의 x, y에 대한 미분이 가능하도록 하는 관계식이 필요하고, 결국 이들 미분은 함수 $f(x, y)$의 ξ, η에 대한 미분항으로 표시될 필요가 있다. 이를 명확히 하기 위해서 연쇄법칙(chain rule)을 사용하면 다음과 같이 쓸 수 있다.

$$\begin{aligned} \frac{\partial f(x, y)}{\partial \xi} &= \frac{\partial f(x, y)}{\partial x}\frac{\partial x}{\partial \xi} + \frac{\partial f(x, y)}{\partial y}\frac{\partial y}{\partial \xi} \\ \frac{\partial f(x, y)}{\partial \eta} &= \frac{\partial f(x, y)}{\partial x}\frac{\partial x}{\partial \eta} + \frac{\partial f(x, y)}{\partial y}\frac{\partial y}{\partial \eta} \end{aligned} \tag{5.33}$$

식 (5.33)을 행렬 형태로 표시하면 다음과 같다.

$$\begin{Bmatrix} \dfrac{\partial f(x, y)}{\partial \xi} \\ \dfrac{\partial f(x, y)}{\partial \eta} \end{Bmatrix} = \overbrace{\begin{bmatrix} \dfrac{\partial x}{\partial \xi} & \dfrac{\partial y}{\partial \xi} \\ \dfrac{\partial x}{\partial \eta} & \dfrac{\partial y}{\partial \eta} \end{bmatrix}}^{[\mathbf{J}]} \begin{Bmatrix} \dfrac{\partial f(x, y)}{\partial x} \\ \dfrac{\partial f(x, y)}{\partial y} \end{Bmatrix} \tag{5.34}$$

여기서 **J** 행렬을 좌표 변환(coordinate transformation)의 Jacobian이라 부른다. 식 (5.34)는 다른 표현으로 다음과 같이 쓰기도 한다.

$$\begin{Bmatrix} \dfrac{\partial f(x, y)}{\partial x} \\ \dfrac{\partial f(x, y)}{\partial y} \end{Bmatrix} = [\mathbf{J}]^{-1} \begin{Bmatrix} \dfrac{\partial f(x, y)}{\partial \xi} \\ \dfrac{\partial f(x, y)}{\partial \eta} \end{Bmatrix} \tag{5.35}$$

사변형 요소에 있어서 **J** 행렬은 식 (5.32)와 (5.7)을 사용하여 계산할 수 있다. 이 계산과정은 연습문제로 남겨둔다(연습문제 **24**). 등매개변수 정식화를 이용하여 요소 강성행렬을 유도하는 것은 6장에서 다룰 것이다. 편의를 위하여, 5.1절에서 5.6절까지의 결과를 표 5.1에 요약하였다.

표 5.1 2차원 형상

선형 직사각형

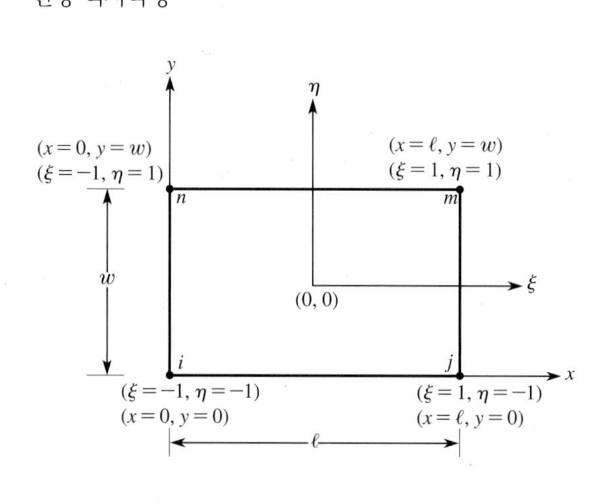

$$S_i = \left(1 - \frac{x}{\ell}\right)\left(1 - \frac{y}{w}\right)$$
$$S_j = \frac{x}{\ell}\left(1 - \frac{y}{w}\right)$$
$$S_m = \frac{xy}{\ell w}$$
$$S_n = \frac{y}{w}\left(1 - \frac{x}{\ell}\right)$$
$$S_i = \frac{1}{4}(1 - \xi)(1 - \eta)$$
$$S_j = \frac{1}{4}(1 + \xi)(1 - \eta)$$
$$S_m = \frac{1}{4}(1 + \xi)(1 + \eta)$$
$$S_n = \frac{1}{4}(1 - \xi)(1 + \eta)$$

2차 사변형

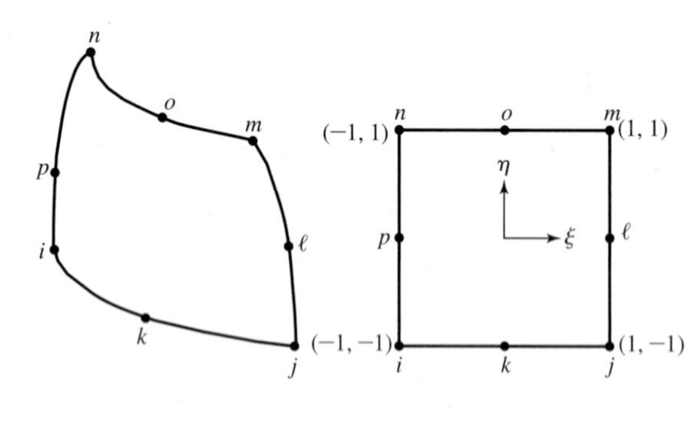

$$S_i = -\frac{1}{4}(1 - \xi)(1 - \eta)(1 + \xi + \eta)$$
$$S_j = \frac{1}{4}(1 + \xi)(1 - \eta)(-1 + \xi - \eta)$$
$$S_m = \frac{1}{4}(1 + \xi)(1 + \eta)(-1 + \xi + \eta)$$
$$S_n = -\frac{1}{4}(1 - \xi)(1 + \eta)(1 + \xi - \eta)$$
$$S_k = \frac{1}{2}(1 - \eta)(1 - \xi^2)$$
$$S_\ell = \frac{1}{2}(1 + \xi)(1 - \eta^2)$$
$$S_o = \frac{1}{2}(1 + \eta)(1 - \xi^2)$$
$$S_p = \frac{1}{2}(1 - \xi)(1 - \eta^2)$$

표 5.1 2차원 형상(계속)

선형 삼각형 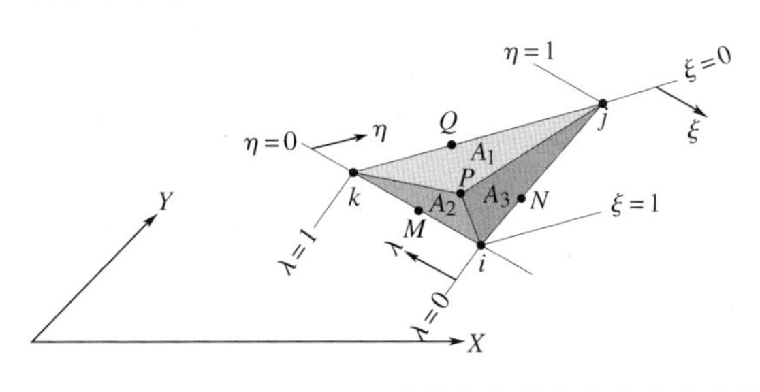	$S_i = \frac{1}{2A}(\alpha_i + \beta_i X + \delta_i Y)$ $S_j = \frac{1}{2A}(\alpha_j + \beta_j X + \delta_j Y)$ $S_k = \frac{1}{2A}(\alpha_k + \beta_k X + \delta_k Y)$ $\alpha_i = X_j Y_k - X_k Y_j,\quad \beta_i = Y_j - Y_k,\quad \delta_i = X_k - X_j$ $\alpha_j = X_k Y_i - X_i Y_k,\quad \beta_j = Y_k - Y_i,\quad \delta_j = X_i - X_k$ $\alpha_k = X_i Y_j - X_j Y_i,\quad \beta_k = Y_i - Y_j,\quad \delta_k = X_j - X_i$
2차 삼각형 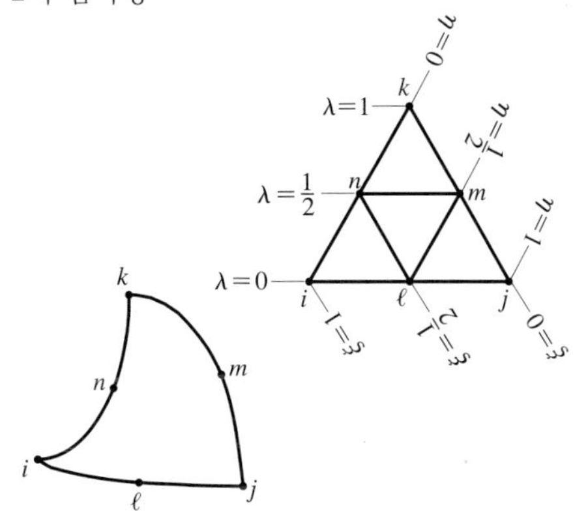	$S_i = \xi(2\xi - 1)$ $S_j = \eta(2\eta - 1)$ $S_k = \lambda(2\lambda - 1) = 1 - 3(\xi + \eta) + 2(\xi + \eta)^2$ $S_l = 4\xi\eta$ $S_m = 4\eta\lambda = 4\eta(1 - \xi - \eta)$ $S_n = 4\xi\lambda = 4\xi(1 - \xi - \eta)$

5.7 2차원 적분: Gauss-Legendre 구적법

4장에서 언급한 바와 같이, 대부분의 유한요소 프로그램들은 요소의 수치 적분을 수행하기 위하여 Gauss 구적법을 이용하고, 적분의 하한과 상한으로 −1과 1을 각각 사용한다. 이제 Gauss-Legendre 구적법을 2차원으로 확장해 보자. 이는 다음과 같다.

$$I = \int_{-1}^{1}\int_{-1}^{1} f(\xi, \eta)d\xi\, d\eta \cong \int_{-1}^{1}\left[\sum_{i=1}^{n} w_i f(\xi_i, \eta)\right]d\eta \cong \sum_{i=1}^{n}\sum_{j=1}^{n} w_i w_j f(\xi_i, \eta_j) \tag{5.36}$$

식 (5.36)의 관계는 자명하며, 가중계수와 적분점은 표 4.2에 주어져 있다.

예제 5.6

2차원 Gauss-Legendre 구적법을 이해하기 위해 다음 적분을 생각해 보자.

$$I = \int_{0}^{2}\int_{0}^{2}(3y^2 + 2x)dx\, dy$$

이 적분은 해석적으로 다음과 같이 계산할 수 있다.

$$I = \int_0^2 \int_0^2 (3y^2 + 2x)dx\,dy = \int_0^2 \left[\int_0^2 (3y^2 + 2x)\,dx \right] dy$$

$$= \int_0^2 [(3y^2x + x^2)]_0^2 dy = \int_0^2 (6y^2 + 4)\,dy = 24$$

이번에는 Gauss-Legendre 구적법을 이용하여 적분해 보자. 우선 변 x, y를 ξ, η로 바꾸고, 식 (4.45)를 이용한다.

$$x = 1 + \xi \quad \text{그리고} \quad dx = d\xi$$

$$y = 1 + \eta \quad \text{그리고} \quad dy = d\eta$$

따라서 적분 I는 다음과 같이 쓸 수 있다.

$$I = \int_0^2 \int_0^2 (3y^2 + 2x)dx\,dy = \int_{-1}^1 \int_{-1}^1 [3(1 + \eta)^2 + 2(1 + \xi)]d\xi\,d\eta$$

2점 적분 공식을 사용하면 다음과 같다.

$$I \cong \sum_{i=1}^{n} \sum_{j=1}^{n} w_i w_j f(\xi_i, \eta_j)$$

$$I \cong \sum_{i=1}^{2} \sum_{j=1}^{2} w_i w_j [3(1 + \eta_j)^2 + 2(1 + \xi_i)]$$

합을 구하기 위해 $i = 1$에 대해 $j = 1, 2$로 변화시키고, $i = 2$에 대해 $j = 1, 2$로 변화시키면서 계산한다.

$$\begin{aligned} I \cong\ & [(1)(1)[3(1 + (-0.577350269))^2 + 2(1 + (-0.577350269))] \\ & + (1)(1)[3(1 + (0.577350269))^2 + 2(1 + (-0.577350269))]] \\ & + [(1)(1)[3(1 + (-0.577350269))^2 + 2(1 + (0.577350269))] \\ & + (1)(1)[3(1 + (0.577350269))^2 + 2(1 + (0.577350269))]] = 24.000000000 \end{aligned}$$

5.8 ANSYS에서 사용되는 2차원 요소

ANSYS에서는 선형과 2차 사변형 및 삼각형 형상함수에 기초를 둔 다양한 종류의 2차원 요소들을 제공한다. 2차원 열 및 솔리드-구조 문제들의 정식화 과정은 6장에서 다루며, 지금까지 다룬 몇몇 2차원 구조-솔리드, 열-솔리드 요소의 예만을 생각한다.

Plane35 6절점 삼각형 열-솔리드 요소이다. 이 요소에는 절점당 1개의 자유도(온도)가 있다. 표면하중으로 대류와 열유속을 요소면에 입력할 수 있으며, 출력으로는 절점온도와 열구배, 열유속 등의 요소 데이터가 표시된다.

Plane77 2차원 열전도 문제를 해석하는 데 사용되는 8절점 사변형 열-솔리드 요소이다. 이 요소는 Plane55 요소의 고차 요소에 해당한다. 따라서 곡선 경계를 가진 문제에 대하여 더 정확한 결과를 낸다. 이 요소에는 절점당 1개의 자유도(온도)가 있다. 이 요소의 출력 데이터는 절점에서의 온도, 온도 구배, 열유속 등이다.

Plane182 2차원 솔리드-구조 해석에 사용되는 4절점 요소이다. 이 요소는 평면 요소(평면응력, 평면변형률 또는 일반화된 평면변형률) 또는 축대칭 요소로도 사용할 수 있다.

Plane183 6절점(삼각형) 또는 8절점(사변형) 솔리드-구조 요소로 사용될 수 있다. 이는 2차 변위 거동을 갖고, 불규칙적인 형상을 해석하는 데 적합하다. 요소는 6절점 또는 8절점으로 정의되며 절점당 2개의 자유도(x방향 및 y방향 직선운동)를 갖는다. 요소는 평면 요소(평면응력, 평면변형률 또는 일반화된 평면변형률) 또는 축대칭 요소로 사용할 수 있다. 삼각형 요소일 때, KEYOPT(1)을 1로 설정한다.

마지막으로, 고차 요소를 사용하게 되면 일반적으로 더 좋은 결과와 더 높은 정확도를 얻지만 계산시간이 많이 걸린다는 점을 언급하고자 한다. 이는 요소 행렬의 수치 적분에 많은 시간이 소요되기 때문이다.

요약

1. 2차원 선형 직사각형 및 삼각형 형상함수와 요소, 그리고 이들의 특성과 한계 등을 잘 이해해야 한다.
2. 2차원 2차 삼각형 및 사변형 형상함수와 요소, 그리고 이들의 특성 및 선형 요소보다 좋은 장점 등을 잘 이해해야 한다.
3. 자연 좌표계를 사용하는 것이 왜 중요한지 알아야 한다.
4. 축대칭 요소가 무엇을 의미하는지 알아야 한다.
5. 등매개변수 요소와 정식화 과정이 무엇을 의미하는지 알아야 한다.
6. 2차원 적분을 수행하기 위해 Gauss-Legendre 구적법을 사용하는 방법을 알아야 한다.
7. ANSYS에서 사용되는 2차원 요소의 종류에 대해 알아야 한다.

참고문헌

ANSYS User's Manual: Elements, Vol. III, Swanson Analysis Systems, Inc.

Chandrupatla, T., and Belegundu, A., *Introduction to Finite Elements in Engineering,* Englewood

Cliffs, NJ, Prentice Hall, 1991.
CRC Standard Mathematical Tables, 25th ed., Boca Raton, FL, CRC Press, 1979.
Segrlind, L., *Applied Finite Element Analysis,* 2nd ed., New York, John Wiley and Sons, 1984.

연습문제

1. 얇은 판의 온도 분포를 모델링하기 위하여 2차원 직사각형 요소를 사용한다. 이러한 판에 포함되어 있는 요소에 대한 절점온도가 다음 그림처럼 주어져 있다. 국부 형상함수를 사용하여 이 요소 중심의 온도를 구하라.

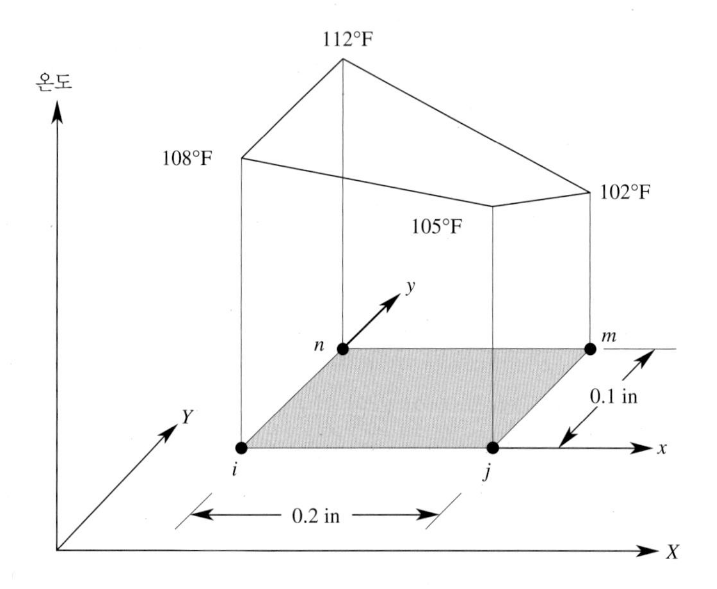

2. 연습문제 **1**에서 자연 형상함수를 사용하여 요소 중심의 온도를 구하라.

3. 직사각형 요소에 있어서 종속변수 Ψ의 구배에 대한 x, y성분을 유도하라.

4. 연습문제 **1**에서 요소 중점의 온도 구배에 대한 성분을 구하라. 요소의 열전도율이 $k = 92$ Btu/hr·ft·°F일 때 열유속의 x, y성분을 계산하라.

5. 연습문제 **1**에서 103°F와 107°F 등온선의 위치를 구하고, 이를 도시하라.

6. 기계 부품의 응력 분포를 결정하기 위해 2차원 삼각형 요소를 사용한다. 다음 그림에 절점응력과 그에 해당하는 좌표가 표시되어 있다. $x = 2.15$ cm, $y = 1.1$ cm 지점에서의 응력은 얼마인가?

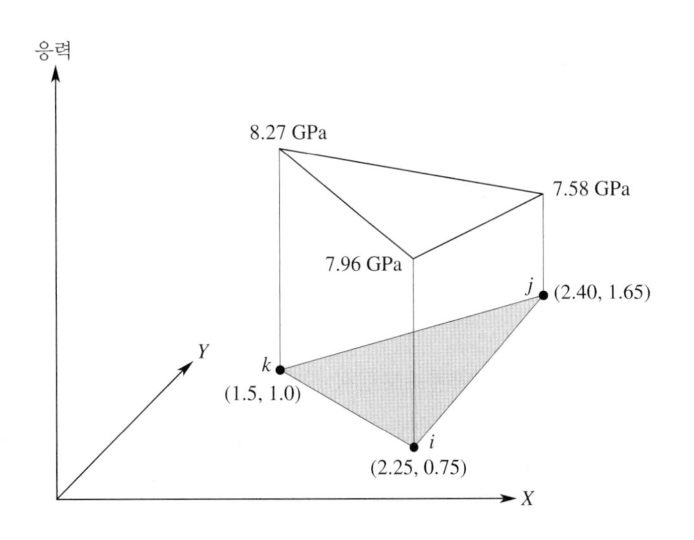

7. 연습문제 **6**에서 8.0 GPa과 7.86 GPa에 해당하는 응력 등고선을 그려라.

8. 2차 사변형 요소의 형상함수 S_i와 S_j을 유도하라.

9. 2차 사변형 요소의 형상함수 S_k와 S_ℓ을 유도하라.

10. 삼각형 요소에서 면적 좌표의 곱을 포함하는 적분은 다음의 순열 공식으로 계산된다.

$$\int_A \xi^a \eta^b \lambda^c \, dA = \frac{a!b!c!}{(a+b+c+2)!}2A$$

위의 관계식을 이용하여 적분 $\int_A (S_i^2 + S_j S_k)\, dA$를 계산하라.

11. 삼각형 요소 면적 A는 다음 행렬식으로 계산될 수 있음을 보여라.

$$\begin{vmatrix} 1 & X_i & Y_i \\ 1 & X_j & Y_j \\ 1 & X_k & Y_k \end{vmatrix} = 2A$$

12. 2차원 열전달 문제를 정식화할 때 적분 $\int_A [\mathbf{S}]^T hT\, dA$를 계산할 필요가 있다. 이때 h는 열전달계수이고 T는 온도이다. h는 상수이고 온도 변화가 다음 식으로 주어질 때, 선형 삼각형 요소를 사용하여 위의 적분값을 계산하라.

$$T^{(e)} = [S_i \quad S_j \quad S_k]\begin{Bmatrix} T_i \\ T_j \\ T_k \end{Bmatrix}$$

또 삼각형 요소에서 면적 좌표의 곱을 포함하는 적분은 다음의 순열 공식에 의해 계산될 수 있음에 주목하라.

$$\int_A \xi^a \eta^b \lambda^c \, dA = \frac{a!b!c!}{(a+b+c+2)!} 2A$$

13. 2차원 열전달 문제를 정식화할 때 다음 적분값을 계산할 필요가 있다.

$$\int_A k\left(\frac{\partial [\mathbf{S}]^T}{\partial X} \frac{\partial T}{\partial X}\right) dA$$

k는 열전도도로서 상수이며 온도가 다음 식으로 주어질 때 쌍일차 직사각형 요소에 대해 적분값을 계산하라.

$$T^{(e)} = [S_i \quad S_j \quad S_m \quad S_n]\begin{Bmatrix} T_i \\ T_j \\ T_m \\ T_n \end{Bmatrix}$$

14. 9절점 2차 사변형 요소(Lagrangian 요소)를 생각할 때, 이 요소의 특성에 대해 논하고, 8절점 2차 사변형 요소의 특성과 비교해 보라. Lagrangian 요소와 8절점 2차 사변형 요소의 근본적인 차이점은 무엇인가?

15. 삼각형 요소에 대해 면적 좌표 $\eta = S_j$이고, 면적 좌표 $\lambda = S_k$임을 보여라.

16. 다음 사항을 보임으로써 식 (5.7)의 자연 좌표로 표시된 사변형 형상함수 결과를 증명하라. (1) 형상함수의 값이 해당 절점에서 1의 값을 갖고, 다른 절점에서 0의 값을 갖는다. (2) 형상함수들을 모두 합했을 때 1이 된다.

17. 형상함수의 값이 해당 절점에서 1의 값을 갖고, 다른 절점에서 0의 값을 갖는다는 사실을 보임으로써 식 (5.25)의 자연 좌표 형상함수 결과를 증명하라.

18. 삼각형 요소를 사용하는 평면응력 문제를 생각하자. 다음 그림처럼 선형 삼각형 요소를

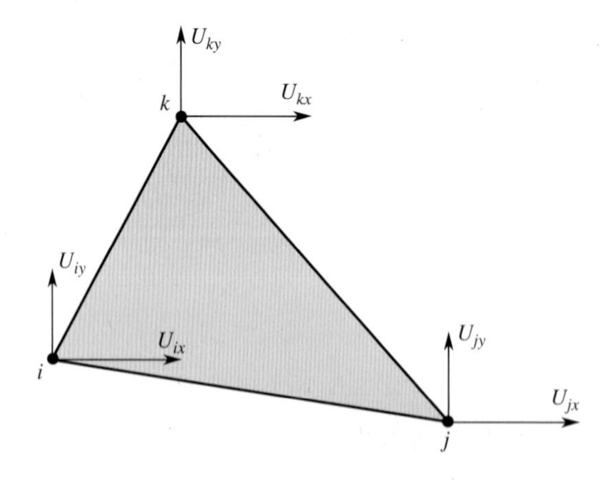

사용하여 변위 u, v를 나타낼 수 있다. 선형 삼각형 형상함수와 절점변위로 변위함수를 표시하면 다음과 같다.

$$u = S_i U_{ix} + S_j U_{jx} + S_k U_{kx}$$
$$v = S_i U_{iy} + S_j U_{jy} + S_k U_{ky}$$

또 평면응력 상태하에서 변형률과 변위의 관계는 다음과 같이 표시된다.

$$\varepsilon_{xx} = \frac{\partial u}{\partial x}, \quad \varepsilon_{yy} = \frac{\partial v}{\partial y}, \quad \gamma_{xy} = \frac{\partial u}{\partial y} + \frac{\partial v}{\partial x}$$

삼각형 요소에 있어서 변형률 성분들은 절점변위와 다음 관계가 성립함을 보여라.

$$\begin{Bmatrix} \varepsilon_{xx} \\ \varepsilon_{yy} \\ \gamma_{xy} \end{Bmatrix} = \frac{1}{2A} \begin{bmatrix} \beta_i & 0 & \beta_j & 0 & \beta_k & 0 \\ 0 & \delta_i & 0 & \delta_j & 0 & \delta_k \\ \delta_i & \beta_i & \delta_j & \beta_j & \delta_k & \beta_k \end{bmatrix} \begin{Bmatrix} U_{ix} \\ U_{iy} \\ U_{jx} \\ U_{iy} \\ U_{kx} \\ U_{ky} \end{Bmatrix}$$

19. 다음 그림과 같이 삼각형 요소의 kj 변에 있는 점 Q를 생각하자. 이 점을 절점 i와 연결하면, 그림처럼 삼각형의 면적이 2개의 작은 면적 A_2, A_3로 분할된다.

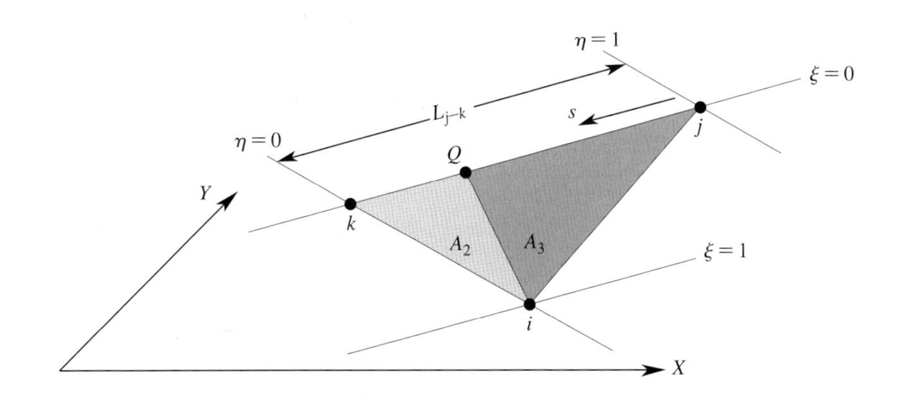

kj변을 따라 자연 또는 면적 좌표 ξ는 0의 값을 가진다. 이때 kj변을 따라, 다른 자연(면적) 좌표 η와 λ는 1차원 자연 좌표로 귀결되고, 이 좌표는 국부 좌표 s로서 다음과 같이 표시될 수 있음을 보여라.

$$\eta = \frac{A_2}{A} = 1 - \frac{s}{L_{j-k}}$$

$$\lambda = \frac{A_3}{A} = \frac{s}{L_{j-k}}$$

20. 연습문제 **19**의 요소에 대해, ij변과 ki변을 따른 간단화된 면적 좌표를 1차원 좌표 s로 표시하라.

21. 6장에서 다루겠지만, 표면에 작용하는 분포하중과 미분 형태의 경계조건으로부터 하중 행렬을 구하기 위해서는 삼각형 요소의 변을 따라 적분할 필요성이 대두된다. 연습문제 **19**를 상기하며 다음 식들을 이용하자.

$$\int_0^1 (x)^{m-1}(1-x)^{n-1}dx = \frac{\Gamma(m)\Gamma(n)}{\Gamma(m+n)}$$

$$\Gamma(n) = (n-1)! \quad \text{그리고} \quad \Gamma(m) = (m-1)!$$

이제 다음 관계를 증명하라.

$$L\int_0^1 \left(1-\frac{s}{L}\right)^a \left(\frac{s}{L}\right)^b d\left(\frac{s}{L}\right) = \frac{a!b!}{(a+b+1)!}L$$

$$\int_0^{L_{k-j}} (\eta)^a(\lambda)^b ds = L_{j-k}\int_0^1 \left(1-\frac{s}{L_{j-k}}\right)^a \left(\frac{s}{L_{j-k}}\right)^b d\left(\frac{s}{L_{j-k}}\right) = \frac{a!b!}{(a+b+1)!}L_{j-k}$$

22. 다음 그림과 같이 ki변을 따라 분포하중이 작용하는 삼각형 요소를 생각하자.

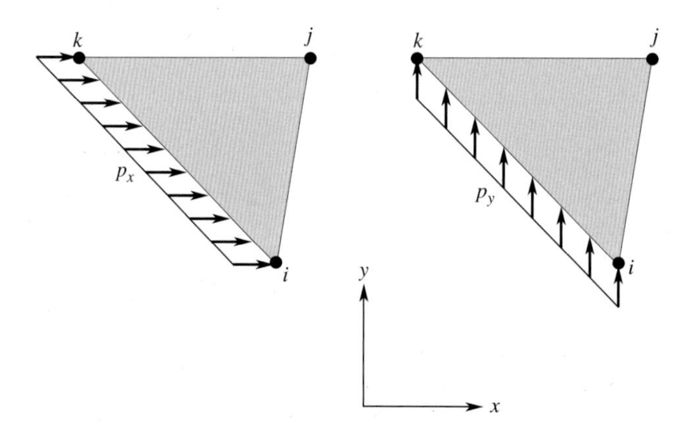

최소 총 퍼텐셜 에너지 방법을 이용하여, 분포하중에 의해 행해진 일을 절점변위로 미분하면 하중행렬을 얻게 되는데, 이는 다음 식으로부터 계산된다.

$$\{\mathbf{F}\}^{(e)} = \int_A [\mathbf{S}]^T\{\mathbf{p}\}\,dA$$

여기서

$$[\mathbf{S}]^T = \begin{bmatrix} S_i & 0 \\ 0 & S_i \\ S_j & 0 \\ 0 & S_j \\ S_k & 0 \\ 0 & S_k \end{bmatrix} \text{ 그리고 } \{\mathbf{p}\} = \begin{Bmatrix} p_x \\ p_y \end{Bmatrix}$$

ki변을 따라 $S_j = 0$임을 생각하고, ki변을 따라 하중이 작용하는 상황에 대해 하중행렬을 계산하라. 이때 연습문제 **21**의 결과를 이용하면 도움이 될 것이다. 이 문제에서 A는 요소 두께와 변 길이의 곱과 같다는 점에 주목하라.

23. 연습문제 **22**의 요소에 대해 ij변과 jk변에 분포하중이 작용할 때의 하중행렬을 구하라.

24. 식 (5.32)와 (5.7)을 이용하여 사변형 요소의 Jacobian 행렬 J와 그의 역행렬 $\mathbf{J}^{-1}$을 구하라.

25. 식 (5.29)에 주어진 축대칭 직사각형 요소의 형상함수 S_j, S_m, S_n을 증명하라.

26. 어떤 시스템의 온도 분포에 대해서 축대칭 삼각형 요소를 사용하여 모델링할 수 있다. 요소의 각 절점온도값은 다음 그림에 나타나 있다. $r = 1.8$ cm, $z = 1.9$ cm에서의 온도를 계산하라.

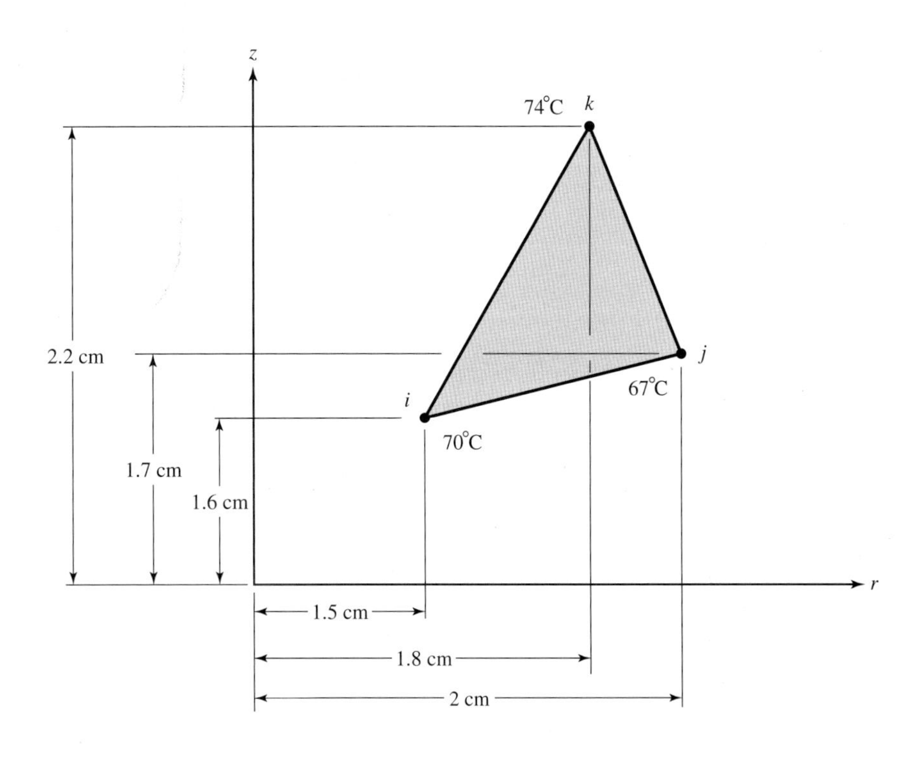

27. 어떤 시스템의 온도 분포를 축대칭 직사각형 요소를 사용하여 나타낼 수 있다. 요소의 각 절점온도값은 다음 그림에 나타나 있다. $r = 2.1$ cm, $z = 1.3$ cm에서의 온도를 계산하라.

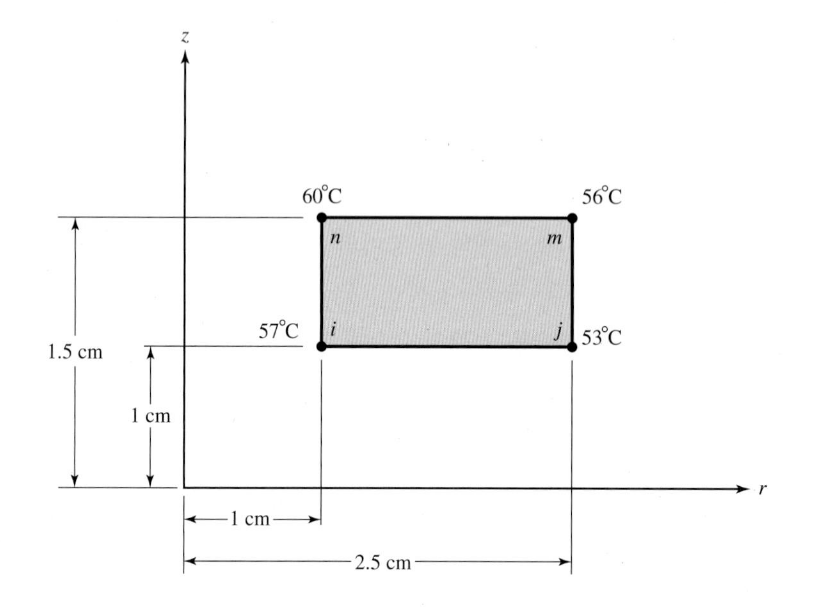

28. 축대칭 직사각형 요소에 있어서 종속변수 Ψ의 구배에 대한 r, z성분을 유도하라.

29. 주어진 식을 Gauss-Legendre 공식을 사용하여 적분하라.

$$\int_{1}^{5}\int_{0}^{6}(5y^3 + 2x^2 + 5)\,dx\,dy$$

30. 주어진 식을 Gauss-Legendre 공식을 사용하여 적분하라.

$$\int_{-2}^{8}\int_{2}^{10}(y^3 + 3y^2 + 5y + 2x^2 + x + 10)\,dx\,dy$$

31. 그림 5.2에 나타낸 직사각형 요소의 온도 분포는 식 (5.1)과 같이 나타낼 수 있다. 요소의 변을 따르는 온도 분포는 선형이지만, 요소 내부의 온도는 비선형임을 보여라. (힌트: ij변에서 $y = 0$이며, in변에서 $x = 0$이고, jm변에서 $x = \ell$이며, nm변에서 $y = w$이다.)

CHAPTER 6

2차원 고체역학 문제의 해석

이 장의 목적은 2차원 고체역학 문제의 해석을 소개하는 데 있다. 구조 부재와 기계 부품은 주로 인장-압축, 굽힘, 또는 비틀림 형태의 하중을 받는다. 일반적인 구조물과 기계의 부품에는 보(beam), 기둥(column), 판(plate) 등과 같이 2차원적 근사를 사용하여 모델링할 수 있는 부재가 다수 포함되어 있다. 축 부재는 보와 프레임으로 3장에서 이미 다루었다. 6장의 주된 내용은 다음과 같다.

6.1 임의의 단면형상을 가진 부재의 비틀림
6.2 평면응력 정식화
6.3 등매개변수 정식화: 사변형 요소의 사용
6.4 축대칭 정식화
6.5 기본 파손 이론
6.6 ANSYS를 이용한 예제
6.7 결과 검증

6.1 임의의 단면형상을 가진 부재의 비틀림

많은 실무 기술자들이 간단한 해석해가 있는 문제를 유한요소로 모델링하여 해석하는 경우를 종종 볼 수 있다. 단순한 비틀림 문제는 해석해가 존재하는 경우가 많기 때문에 너무 성급하게 유한요소법을 사용하지 않아야 한다. 이런 종류의 문제에는 원형이나 사각 단면을 가진 부재의 비틀림 문제가 있다. 비틀림 문제에 대한 해석적인 해를 간단히 살펴보자. 재료역학 수업에서, 원형 단면을 가진 길고 곧은 부재의 비틀림을 다루었을 것이다. 비틀림 문제란 그림 6.1에 나타난 바와 같이 부재를 길이 방향의 축을 중심으로 비트는 모멘트, 즉 토크(torque)가 작용하는 문제이다.

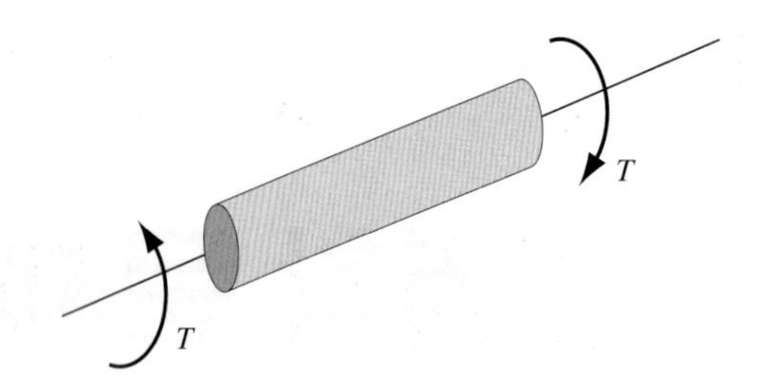

그림 6.1 축 부재의 비틀림

축(shaft)이나 튜브(tube)처럼 원형 단면을 가진 부재 내의 전단응력 분포는 다음 식으로 주어진다.

$$\tau = \frac{Tr}{J} \tag{6.1}$$

여기서 T는 부과된 토크이고, r은 축의 중심에서 단면 내의 임의의 점까지의 반경 방향 거리이며, J는 단면적의 극관성 모멘트이다. 식 (6.1)을 살펴보면 최대 전단응력은 r이 축의 반경과 같은 곳인 축의 외면에서 발생함이 명확하다. 또한 부과된 토크에 의한 비틀림각(θ)은 다음 식으로부터 결정된다.

$$\theta = \frac{TL}{JG} \tag{6.2}$$

여기서 L은 부재의 길이이고, G는 재료의 전단계수(shear modulus, modulus of rigidity)이다. 또한 직사각형 단면을 가진 부재의 비틀림 문제에 대해서도 해석해가 존재한다.* 직사각형 단면을 가진 곧은 봉에 토크가 가해질 때 생기는 최대 전단응력과 비틀림각은 다음과 같다.

$$\tau_{\max} = \frac{T}{c_1 wh^2} \tag{6.3}$$

$$\theta = \frac{TL}{c_2 Gwh^3} \tag{6.4}$$

여기서 L은 봉의 길이이고 w와 h는 각각 단면의 큰 변과 작은 변의 길이이다(그림 6.2 참조). 계수 c_1과 c_2(표 6.1)는 단면의 가로세로비(aspect ratio)에 의존한다. 가로세로비가 큰 수로 접근할 때($w/h \to \infty$), $c_1 = c_2 = 0.3333$이 된다. 이 관계는 표 6.1에 나타나 있다.

큰 가로세로비($w/h > 10$)를 가진 단면형상에 있어서, 최대 전단응력과 비틀림각은 다음과 같다.

$$\tau_{\max} = \frac{T}{0.333\, wh^2} \tag{6.5}$$

$$\theta = \frac{TL}{0.333\, Gwh^3} \tag{6.6}$$

* 세부 내용은 Timoshenko와 Goadier(1970) 참조.

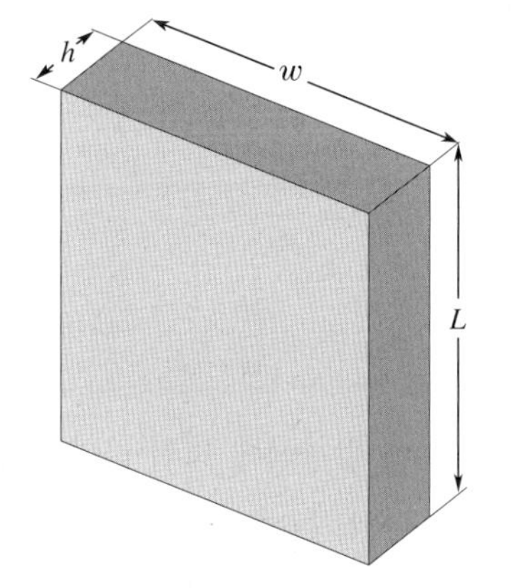

그림 6.2 비틀림을 받는 곧은 직사각형 봉

표 6.1 직사각형 단면을 가진 봉의 c_1, c_2 값

w/h	c_1	c_2
1.0	0.208	0.141
1.2	0.219	0.166
1.5	0.231	0.196
2.0	0.246	0.229
2.5	0.258	0.249
3.0	0.267	0.263
4.0	0.282	0.281
5.0	0.291	0.291
10.0	0.312	0.312
∞	0.333	0.333

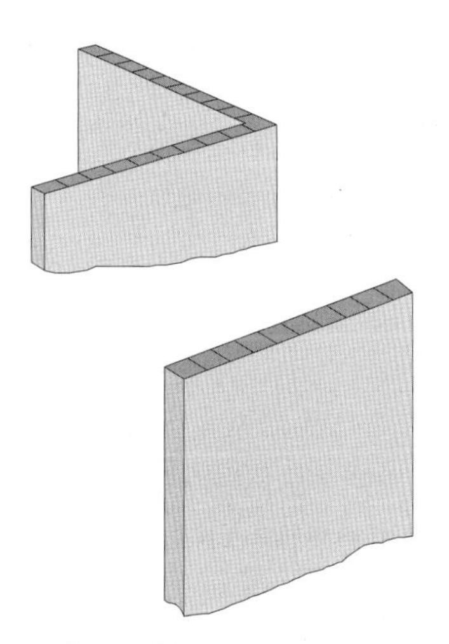

그림 6.3 얇은 벽으로 된 부재의 예

이렇게 큰 가로세로비를 가지는 부재는 일반적으로 얇은 벽으로 된 부재라고 알려져 있다. 얇은 벽으로 된 부재의 예가 그림 6.3에 나타나 있다.

따라서 이러한 범주에 속하는 문제를 만나면, 유한요소 모델을 만드는 데 시간을 허비하지 말고 비틀림식(torsional formulation)을 이용하여 해를 구하라.

비틀림 문제의 유한요소 정식화

Fung(1965)은 비원형 단면을 가진 축의 비틀림 거동을 자세히 논한 바 있다. 여기에는 두 가지 기본 이론이 있는데, (1) St. Venant 정식화와 (2) Prandtl 정식화가 그것이다. 여기에서는 Prandtl 정식화를 사용하려고 한다. 응력함수(stress function) ϕ로 나타낸 축의 탄성 비틀림에 대한 미분 지배 방정식은 다음과 같다.

$$\frac{\partial^2 \phi}{\partial x^2} + \frac{\partial^2 \phi}{\partial y^2} + 2G\theta = 0 \tag{6.7}$$

여기서 G는 봉의 전단계수이고, θ는 단위길이당 비틀림각을 나타낸다. 전단응력 성분은 다음 식과 같이 응력함수 ϕ와 연관되어 있다.

$$\tau_{zx} = \frac{\partial \phi}{\partial y} \tag{6.8}$$

$$\tau_{zy} = -\frac{\partial \phi}{\partial x} \tag{6.9}$$

Prandtl의 정식화에서 부과된 토크가 지배 방정식에 직접 나타나지 않음을 유의하라. 부과된 토크는 응력함수와 연관되며 다음과 같이 주어진다.

$$T = 2\int_A \phi \, dA \tag{6.10}$$

식 (6.10)에서 A는 축의 단면적을 나타낸다. 비틀림 문제에 대한 미분 방정식에 적용하면, $c_1 = 1$, $c_2 = 1$, $c_3 = 2G\theta$로 두어야 함을 알 수 있다. 그러면 직사각형 요소의 강성행렬은 다음과 같이 된다.

$$[\mathbf{K}]^{(e)} = \frac{w}{6\ell}\begin{bmatrix} 2 & -2 & -1 & 1 \\ -2 & 2 & 1 & -1 \\ -1 & 1 & 2 & -2 \\ 1 & -1 & -2 & 2 \end{bmatrix} + \frac{\ell}{6w}\begin{bmatrix} 2 & 1 & -1 & -2 \\ 1 & 2 & -2 & -1 \\ -1 & -2 & 2 & 1 \\ -2 & -1 & 1 & 2 \end{bmatrix} \tag{6.11}$$

여기서 w와 ℓ은 그림 6.4에 나타낸 바와 같이 직사각형 요소의 폭과 길이를 각각 나타낸다. 요소의 하중행렬은 다음과 같다.

$$\{\mathbf{F}\}^{(e)} = \frac{2G\theta A}{4}\begin{Bmatrix} 1 \\ 1 \\ 1 \\ 1 \end{Bmatrix} \tag{6.12}$$

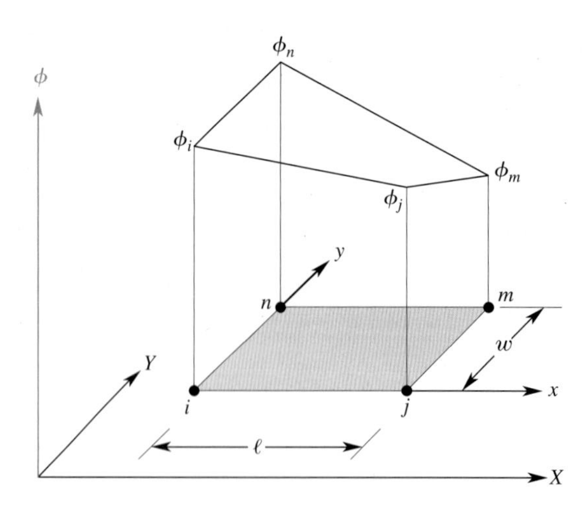

그림 6.4 직사각형 요소에 대한 응력함수의 절점값

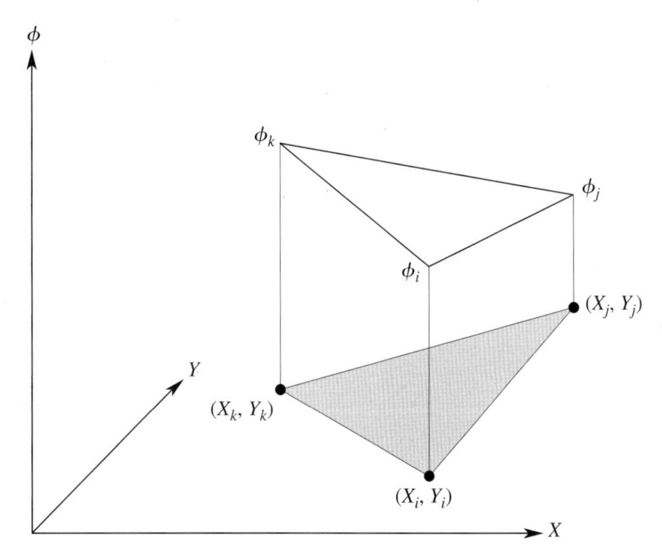

그림 6.5 삼각형 요소에 대한 응력함수의 절점값

그림 6.5에 나타난 삼각형 요소에서의 강성행렬과 하중행렬은 다음과 같다.

$$[\mathbf{K}]^{(e)} = \frac{1}{4A}\begin{bmatrix} \beta_i^2 & \beta_i\beta_j & \beta_i\beta_k \\ \beta_i\beta_j & \beta_j^2 & \beta_j\beta_k \\ \beta_i\beta_k & \beta_j\beta_k & \beta_k^2 \end{bmatrix} + \frac{1}{4A}\begin{bmatrix} \delta_i^2 & \delta_i\delta_j & \delta_i\delta_k \\ \delta_i\delta_j & \delta_j^2 & \delta_j\delta_k \\ \delta_i\delta_k & \delta_j\delta_k & \delta_k^2 \end{bmatrix} \tag{6.13}$$

$$\mathbf{F}^{(e)} = \frac{2G\theta A}{3}\begin{Bmatrix} 1 \\ 1 \\ 1 \end{Bmatrix} \tag{6.14}$$

여기서 A는 삼각형 요소의 면적이고 α, β와 δ 항은 다음과 같이 주어진다.

$$\begin{aligned} 2A &= X_i(Y_j - Y_k) + X_j(Y_k - Y_i) + X_k(Y_i - Y_j) \\ \alpha_i &= X_jY_k - X_kY_j, \ \ \beta_i = Y_j - Y_k, \ \ \delta_i = X_k - X_j \\ \alpha_j &= X_kY_i - X_iY_k, \ \ \beta_j = Y_k - Y_i, \ \ \delta_j = X_i - X_k \\ \alpha_k &= X_iY_j - X_jY_i, \ \ \beta_k = Y_i - Y_j, \ \ \delta_k = X_j - X_i \end{aligned}$$

다음으로 철재 막대의 비틀림 문제를 다루어 보자.

예제 6.1

다음 그림에서처럼 비틀림을 받고 있는 사각 단면의 강철봉($G = 11 \times 10^3$ ksi)을 생각하자. 이때 $\theta = 0.0005$ rad/in이다. 위에서 논한 유한요소법 절차를 이용하여 봉 안의 전단응력 분포를 살펴보고자 한다.

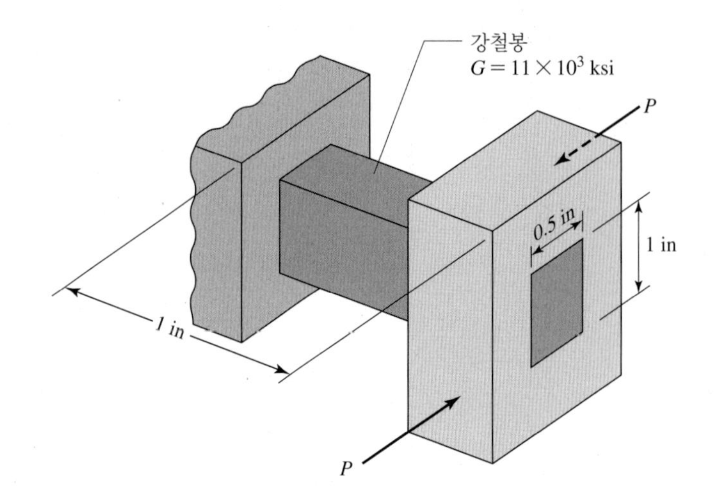

문제에 대한 해답을 구하기 전에, 이 예제의 목적은 비틀림 문제를 유한요소법으로 어떻게 나타내는지를 알기 위한 것임을 되새기자. 앞에서 언급하였듯이 이 문제는 다음 장에서 설명할 것이지만 간단한 해석해가 있다.

그림 6.6처럼 이 문제는 대칭조건을 이용하여 축의 면적의 1/8만을 해석하면 된다. 축의 선택된 면적을 6개의 절점과 3개의 요소(crude model)로 나눈다. 요소 (1), (3)은 삼각형이지만, 요소 (2)는 직사각형이다. 문제를 푸는 동안 표 6.2를 참고하라.

삼각형 요소인 (1), (3)의 강성행렬은 다음과 같다.

$$[\boldsymbol{K}]^{(1)} = [\boldsymbol{K}]^{(3)} = \frac{1}{4A}\begin{bmatrix} \beta_i^2 & \beta_i\beta_j & \beta_i\beta_k \\ \beta_i\beta_j & \beta_j^2 & \beta_j\beta_k \\ \beta_i\beta_k & \beta_j\beta_k & \beta_k^2 \end{bmatrix} + \frac{1}{4A}\begin{bmatrix} \delta_i^2 & \delta_i\delta_j & \delta_i\delta_k \\ \delta_i\delta_j & \delta_j^2 & \delta_j\delta_k \\ \delta_i\delta_k & \delta_j\delta_k & \delta_k^2 \end{bmatrix}$$

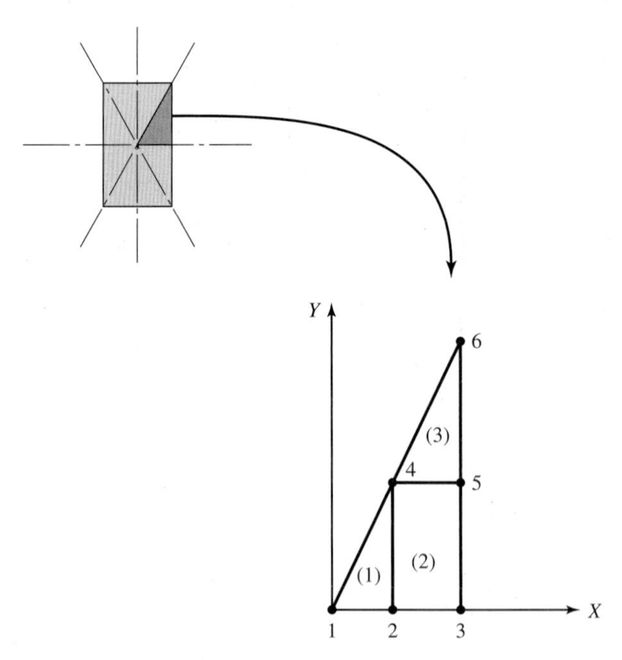

그림 6.6 예제 6.1의 봉의 개략도

표 6.2 요소와 관련된 절점과 그 [좌표] 관계

요소	i	j	m 또는 k	n
(1)	**1**[0, 0]	**2**[0.125, 0]	**4**[0.125, 0.25]	
(2)	**2**[0.125, 0]	**3**[0.25, 0]	**5**[0.25, 0.25]	**4**[0.125, 0.25]
(3)	**4**[0.125, 0.25]	**5**[0.25, 0.25]	**6**[0.25, 0.5]	

요소 (1)에 대하여 β와 δ 계수값을 구하면 다음과 같다.

$$\beta_i = Y_j - Y_k = 0 - 0.25 = -0.25, \quad \delta_i = X_k - X_j = 0.125 - 0.125 = 0$$
$$\beta_j = Y_k - Y_i = 0.25 - 0 = 0.25, \quad \delta_j = X_i - X_k = 0 - 0.125 = -0.125$$
$$\beta_k = Y_i - Y_j = 0 - 0 = 0, \quad \delta_k = X_j - X_i = 0.125 - 0 = 0.125$$

요소 (3)의 β와 δ 계수값은 요소 (1)의 값과 같은데, 이는 절점 간 좌표점의 차이가 완전히 요소 (1)과 같기 때문이다. 그러므로 요소 (1), (3)은 다음과 같은 강성행렬을 갖는다.

$$[\boldsymbol{K}]^{(1)} = [\boldsymbol{K}]^{(3)} = \frac{1}{4(0.015625)}\begin{bmatrix} 0.0625 & -0.0625 & 0 \\ -0.0625 & 0.0625 & 0 \\ 0 & 0 & 0 \end{bmatrix}$$
$$+ \frac{1}{4(0.015625)}\begin{bmatrix} 0 & 0 & 0 \\ 0 & 0.015625 & -0.015625 \\ 0 & -0.015625 & 0.015625 \end{bmatrix}$$

향후에 요소 조합의 편의를 위해, 강성행렬의 상면과 우측면에 해당되는 요소의 절점번호를 기입한다. 요소 (1), (3)에 대한 강성행렬은 아래와 같다.

$$[\boldsymbol{K}]^{(1)} = \begin{array}{c} \begin{matrix} 1(i) & 2(j) & 4(k) \end{matrix} \\ \begin{bmatrix} 1 & -1 & 0 \\ -1 & 1.25 & -0.25 \\ 0 & -0.25 & 0.25 \end{bmatrix} \end{array} \begin{matrix} 1 \\ 2 \\ 4 \end{matrix}$$

$$[\boldsymbol{K}]^{(3)} = \begin{array}{c} \begin{matrix} 4(i) & 5(j) & 6(k) \end{matrix} \\ \begin{bmatrix} 1 & -1 & 0 \\ -1 & 1.25 & -0.25 \\ 0 & -0.25 & 0.25 \end{bmatrix} \end{array} \begin{matrix} 4 \\ 5 \\ 6 \end{matrix}$$

요소 (2)에 대한 강성행렬은 다음과 같다.

$$[\boldsymbol{K}]^{(2)} = \frac{w}{6\ell}\begin{bmatrix} 2 & -2 & -1 & 1 \\ -2 & 2 & 1 & -1 \\ -1 & 1 & 2 & -2 \\ 1 & -1 & -2 & 2 \end{bmatrix} + \frac{\ell}{6w}\begin{bmatrix} 2 & 1 & -1 & -2 \\ 1 & 2 & -2 & -1 \\ -1 & -2 & 2 & 1 \\ -2 & -1 & 1 & 2 \end{bmatrix}$$

$$[\boldsymbol{K}]^{(2)} = \frac{0.25}{6(0.125)}\begin{bmatrix} 2 & -2 & -1 & 1 \\ -2 & 2 & 1 & -1 \\ -1 & 1 & 2 & -2 \\ 1 & -1 & -2 & 2 \end{bmatrix} + \frac{0.125}{6(0.25)}\begin{bmatrix} 2 & 1 & -1 & -2 \\ 1 & 2 & -2 & -1 \\ -1 & -2 & 2 & 1 \\ -2 & -1 & 1 & 2 \end{bmatrix}$$

요소 (2)의 강성행렬을 연관된 절점과 함께 나타내면 다음과 같다.

$$[\boldsymbol{K}]^{(2)} = \begin{array}{c} \begin{matrix} 2(i) & 3(j) & 5(m) & 4(n) \end{matrix} \\ \begin{bmatrix} 0.83333333 & -0.58333333 & -0.4166666 & 0.16666667 \\ -0.58333333 & 0.83333333 & 0.16666667 & -0.41666667 \\ -0.41666667 & 0.16666667 & 0.83333333 & -0.58333333 \\ 0.16666667 & -0.41666667 & -0.58333333 & 0.83333333 \end{bmatrix} \end{array} \begin{matrix} 2 \\ 3 \\ 5 \\ 4 \end{matrix}$$

삼각형 요소 (1), (3)의 하중행렬은 다음과 같이 계산된다.

$$\{\boldsymbol{F}\}^{(e)} = \frac{2G\theta A}{3}\begin{Bmatrix} 1 \\ 1 \\ 1 \end{Bmatrix} \text{는 } \{\boldsymbol{F}\}^{(1)} = \begin{Bmatrix} 57.29166667 \\ 57.29166667 \\ 57.29166667 \end{Bmatrix} \begin{matrix} 1 \\ 2 \\ 4 \end{matrix}$$

$$\text{그리고 } \{\boldsymbol{F}\}^{(3)} = \begin{Bmatrix} 57.29166667 \\ 57.29166667 \\ 57.29166667 \end{Bmatrix} \begin{matrix} 4 \\ 5 \\ 6 \end{matrix} \text{으로 된다.}$$

절점에 관한 정보를 포함한 직사각형 요소 (2)의 하중행렬은 다음과 같다.

$$\{\boldsymbol{F}\}^{(2)} = \frac{2G\theta A}{4}\begin{Bmatrix} 1 \\ 1 \\ 1 \\ 1 \end{Bmatrix} = \begin{Bmatrix} 85.9375 \\ 85.9375 \\ 85.9375 \\ 85.9375 \end{Bmatrix} \begin{matrix} 2 \\ 3 \\ 5 \\ 4 \end{matrix}$$

각 요소의 열에 절점의 정보를 나타내어, 전체 강성 행렬을 만들면 다음과 같다.

$$[\boldsymbol{K}]^{(G)} = \begin{array}{c} \begin{matrix} 1 & 2 & 3 & 4 & 5 & 6 \end{matrix} \\ \begin{bmatrix} 1 & -1 & 0 & 0 & 0 & 0 \\ -1 & 2.08333333 & -0.58333333 & -0.08333333 & -0.41666666 & 0 \\ 0 & -0.58333333 & 0.83333333 & -0.41666667 & 0.16666667 & 0 \\ 0 & -0.08333333 & -0.41666667 & 2.08333333 & -1.58333333 & 0 \\ 0 & -0.41666666 & 0.16666667 & -1.58333333 & 2.08333333 & -0.25 \\ 0 & 0 & 0 & 0 & -0.25 & 0.25 \end{bmatrix} \end{array} \begin{matrix} 1 \\ 2 \\ 3 \\ 4 \\ 5 \\ 6 \end{matrix}$$

하중행렬을 조합하면, 다음 값을 얻을 수 있다.

$$\{\boldsymbol{F}\}^{(G)} = \begin{Bmatrix} 57.3 \\ 57.3 + 85.9 \\ 85.9 \\ 57.3 + 57.3 + 85.9 \\ 57.3 + 85.9 \\ 57.3 \end{Bmatrix} = \begin{Bmatrix} 57.3 \\ 143.2 \\ 85.93 \\ 200.5 \\ 143.2 \\ 57.3 \end{Bmatrix}$$

절점 3, 5와 6번에 경계조건 $\phi = 0$을 적용하면, 다음과 같이 3×3행렬을 얻을 수 있다.

$$\begin{bmatrix} 1 & -1 & 0 \\ -1 & 2.083 & -0.083 \\ 0 & -0.083 & 2.083 \end{bmatrix} \begin{Bmatrix} \phi_1 \\ \phi_2 \\ \phi_3 \end{Bmatrix} = \begin{Bmatrix} 57.3 \\ 143.2 \\ 200.5 \end{Bmatrix}$$

위의 선형 연립 방정식의 절점해를 다음과 같이 얻을 수 있다.

$$[\phi]^T = [250 \quad 193 \quad 0 \quad 104 \quad 0 \quad 0]$$

식 (6.8)과 (6.9)로부터 전단응력 성분(그림 6.7 참조)을 계산할 수 있다. 요소 (1), (3)에 대하여 표현하면 다음과 같다.

$$\tau_{ZX} = \frac{\partial \phi}{\partial Y} = \frac{\partial}{\partial Y}[S_i\phi_i + S_j\phi_j + S_k\phi_k] = \frac{\partial}{\partial Y}[S_i \quad S_j \quad S_k] \begin{Bmatrix} \phi_i \\ \phi_j \\ \phi_k \end{Bmatrix} = \frac{1}{2A}[\delta_i \quad \delta_j \quad \delta_k] \begin{Bmatrix} \phi_i \\ \phi_j \\ \phi_k \end{Bmatrix}$$

$$\tau_{ZY} = -\frac{\partial \phi}{\partial X} = -\frac{\partial}{\partial X}[S_i\phi_i + S_j\phi_j + S_k\phi_k] = -\frac{\partial}{\partial X}[S_i \quad S_j \quad S_k] \begin{Bmatrix} \phi_i \\ \phi_j \\ \phi_k \end{Bmatrix}$$

$$= -\frac{1}{2A}[\beta_i \quad \beta_j \quad \beta_k] \begin{Bmatrix} \phi_i \\ \phi_j \\ \phi_k \end{Bmatrix}$$

요소 (1)에 대한 전단응력 성분은 다음과 같다.

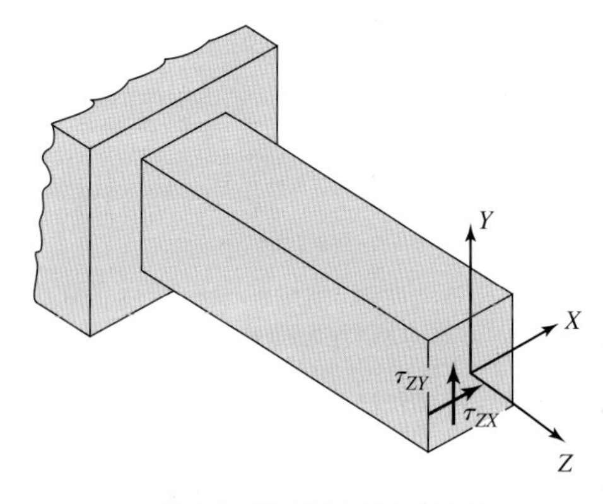

그림 6.7 전단응력 성분의 방향

$$\tau_{ZX}^{(1)} = [\delta_i \quad \delta_j \quad \delta_k]\begin{Bmatrix} \phi_i \\ \phi_j \\ \phi_k \end{Bmatrix} = \frac{1}{0.03125}[0 \quad -0.125 \quad 0.125]\begin{Bmatrix} 250 \\ 193 \\ 104 \end{Bmatrix} = -356 \text{ lb/in}^2$$

$$\tau_{ZY}^{(1)} = -[\beta_i \quad \beta_j \quad \beta_k]\begin{Bmatrix} \phi_i \\ \phi_j \\ \phi_k \end{Bmatrix} = -\frac{1}{0.03125}[-0.25 \quad 0.25 \quad 0]\begin{Bmatrix} 250 \\ 193 \\ 104 \end{Bmatrix} = 456 \text{ lb/in}^2$$

동일한 방법을 적용하여, 요소 (3)에 관한 전단응력 성분들을 구할 수 있다.

$$\tau_{ZX}^{(3)} = \frac{1}{0.03125}[0 \quad -0.125 \quad 0.125]\begin{Bmatrix} 104 \\ 0 \\ 0 \end{Bmatrix} = 0 \text{ lb/in}^2$$

$$\tau_{ZY}^{(3)} = -\frac{1}{0.03125}[-0.25 \quad 0.25 \quad 0]\begin{Bmatrix} 104 \\ 0 \\ 0 \end{Bmatrix} = 832 \text{ lb/in}^2$$

선형 삼각형 요소의 공간 도함수들은 상수이기 때문에, 삼각형 요소에 의해 표현된 영역에서 전단응력 분포는 일정하다. 이것은 선형 삼각형 요소를 사용할 때의 단점이다. 더 나은 결과를 얻기 위해서 5장에서 공부한 것처럼 봉의 선택된 구역을 더 많은 요소로 나누거나, 고차 요소를 사용하도록 한다. 직사각형 요소에 대한 전단응력 성분은 다음과 같은 방법으로 나타난다.

$$\tau_{ZX} = \frac{\partial \phi}{\partial Y} = \frac{\partial}{\partial Y}[S_i\phi_i + S_j\phi_j + S_m\phi_m + S_n\phi_n] = \frac{\partial}{\partial Y}[S_i \quad S_j \quad S_m \quad S_n]\begin{Bmatrix} \phi_i \\ \phi_j \\ \phi_m \\ \phi_n \end{Bmatrix}$$

$$\tau_{ZX} = \frac{1}{\ell w}[(-\ell + x) \quad -x \quad x \quad (\ell - x)]\begin{Bmatrix} \phi_i \\ \phi_j \\ \phi_m \\ \phi_n \end{Bmatrix}$$

위와 유사하게 다음과 같이 표현할 수 있다.

$$\tau_{ZY} = -\frac{\partial \phi}{\partial X} = -\frac{1}{\ell w}[(-w + y) \quad (w - y) \quad y \quad -y]\begin{Bmatrix} \phi_i \\ \phi_j \\ \phi_m \\ \phi_n \end{Bmatrix}$$

쌍일차 직사각형 요소에서 전단응력 요소는 위치에 따라 변하며 요소 내의 특정 지점에서 계산이 가능하다. 요소 (2)의 경계 내의 한 점의 국부 좌표값을 대입하여 전단응력 성분을 계산하는 것은 연습문제로 남긴다. 위에 대한 예제는 후에 ANSYS를 사용한 예에서 알아본다.

예제 6.1 다시보기

예제 6.1을 설정하고 해결하기 위해 Excel을 사용하는 방법을 보여줄 것이다.

1. 셀 A1에 **Example 6.1**을 입력하고, 셀 A3, A4에 보이는 바와 같이 각각 **G =**, **θ =**을 입력하라. 셀 B3에 G를 입력하고, B3를 선택하라. 그리고 'Name Box'에 **G**를 입력하고, **Return** 키를 누른다. 이와 비슷하게 θ값을 셀 B4에 입력하고, B4를 선택하여 해당 'Name Box'에 **Theta**를 입력하고 **Return** 키를 누른다.

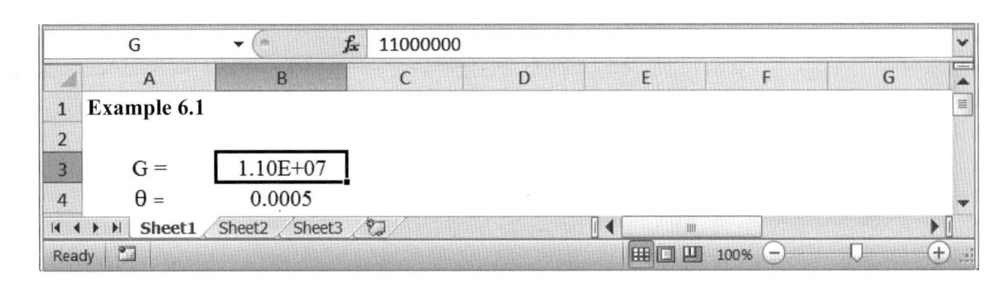

G | f_x 11000000

	A	B	C	D	E	F	G
1	Example 6.1						
2							
3	G =	1.10E+07					
4	θ =	0.0005					

2. 요소, 절점번호, 절점좌표로 표시된 표를 작성하라. 셀 F8에 **= C10−C9**, 셀 F9에 **= C8−C10**, 셀 F10에 **= C9−C8**, 그리고 이름을 deltai, deltaj, deltak로 각각 입력힌다. 유사하게 셀 G8에서 G10까지 생성하고 이름을 betai, betaj, betak로 입력하라. G8, G9, G10에서 각각의 내용을 = D9−D10, = D10−D8, = D8−D9로 입력하라.
셀 I9와 J9에 **Atriangle**과 그 값을 타이핑한다. J9의 내용을 Atriangle로 이름을 붙인다. 유사하게 W와 L을 생성하여 해당 값과 W 및 L로 이름을 붙인다(셀 J13과 J14를 W와 L로). 셀 J15에서 = W*L을 사용하여 직사각형 면적을 계산하고 Arectangle로 이름을 부여하라.

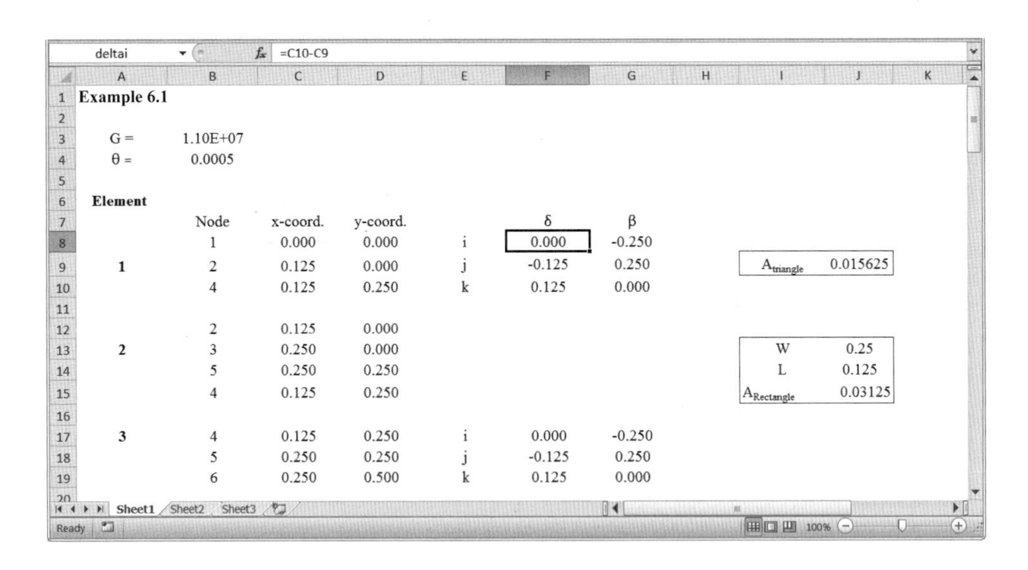

deltai | f_x =C10-C9

	A	B	C	D	E	F	G	H	I	J	K
1	Example 6.1										
2											
3	G =	1.10E+07									
4	θ =	0.0005									
5											
6	Element										
7		Node	x-coord.	y-coord.		δ	β				
8		1	0.000	0.000	i	0.000	-0.250				
9	1	2	0.125	0.000	j	-0.125	0.250		$A_{triangle}$	0.015625	
10		4	0.125	0.250	k	0.125	0.000				
11											
12		2	0.125	0.000							
13	2	3	0.250	0.000					W	0.25	
14		5	0.250	0.250					L	0.125	
15		4	0.125	0.250					$A_{Rectangle}$	0.03125	
16											
17	3	4	0.125	0.250	i	0.000	-0.250				
18		5	0.250	0.250	j	-0.125	0.250				
19		6	0.250	0.500	k	0.125	0.000				

3. Delta, beta 및 면적값을 사용하여 **[K1]**, **[K3]** 행렬을 계산하라. 구간 G22:I24의 이름을 Kelement1, Kelement3로 한다.

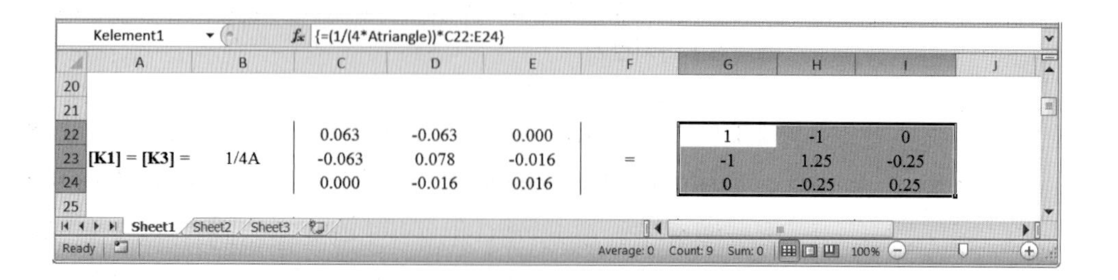

4. 비슷한 방법으로 Kelement2를 생성한다.

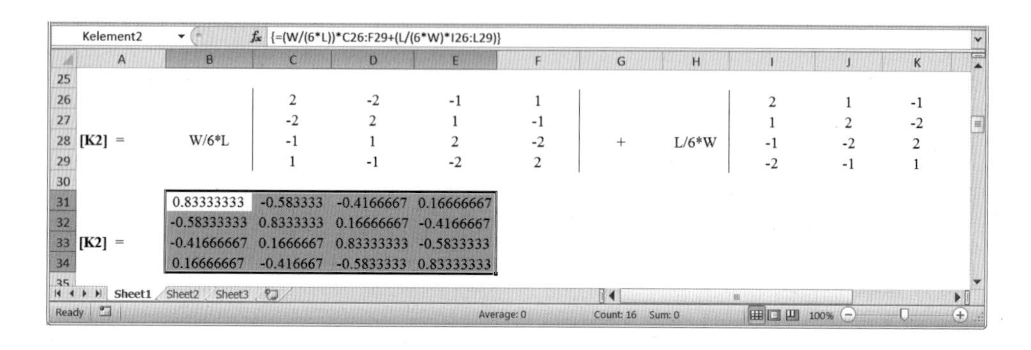

5. 그림과 같이 **{F1}**, **{F3}**, **{F2}** 행렬을 생성한다.

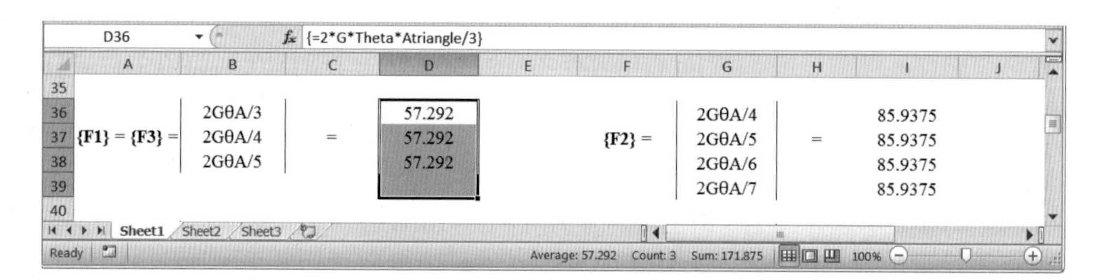

6. 다음으로 그림과 같이 **[A1]**, **[A3]**, **[A2]** 행렬을 만들고 이름을 Aelement1, Aelement3, Aelement2로 생성한다.

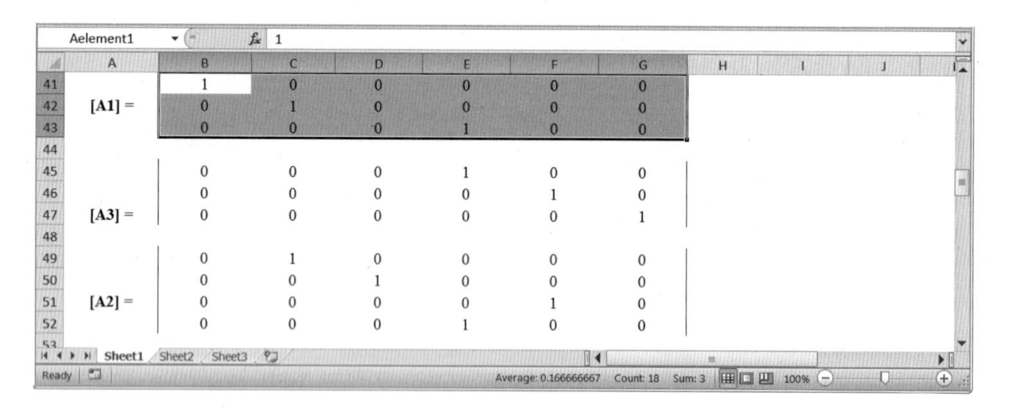

7. 각 요소에 대한 강성행렬을 만들고(전체 행렬에서 적절한 위치에) K1G, K3G, K2G로 이름을 부여하여 생성한다. 예를 들어, $\mathbf{[K]}^{1G}$를 생성하고, B54:G59를 선택하여

= MMULT(TRANSPOSE(Aelement1),MMULT(Kelement1,Aelement1))

를 타이핑하고 **Ctrl** 및 **Shift** 키를 누른 상태에서 **Return** 키를 누른다. 유사한 방법으로 그림과 같이 $[\mathbf{K}]^{3G}$와 $[\mathbf{K}]^{2G}$를 생성한다.

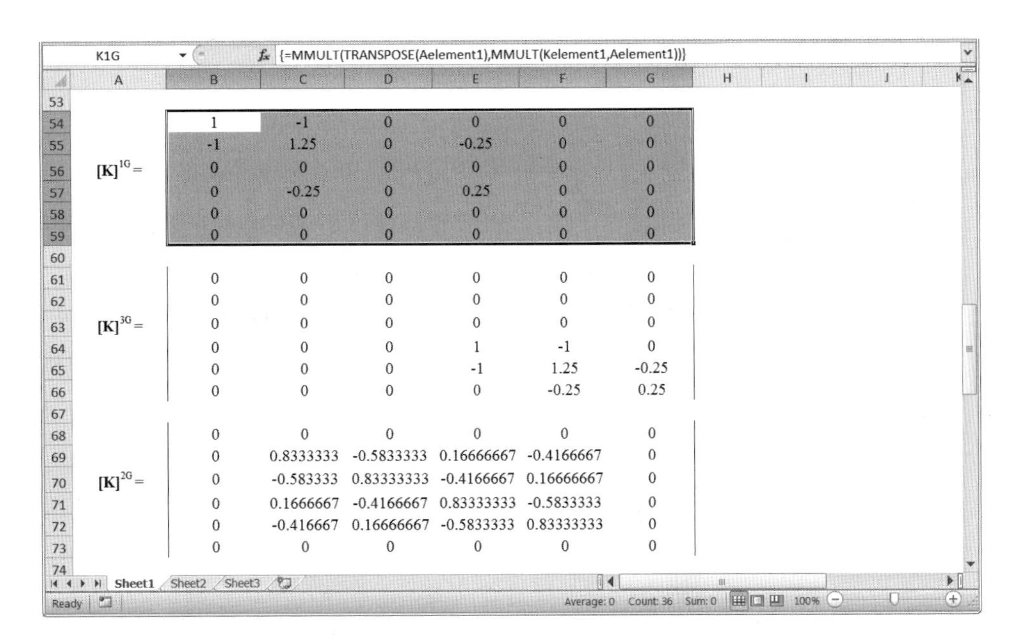

K1G | {=MMULT(TRANSPOSE(Aelement1),MMULT(Kelement1,Aelement1))}

	A	B	C	D	E	F	G
53							
54		1	-1	0	0	0	0
55		-1	1.25	0	-0.25	0	0
56	[K]^1G =	0	0	0	0	0	0
57		0	-0.25	0	0.25	0	0
58		0	0	0	0	0	0
59		0	0	0	0	0	0
60							
61		0	0	0	0	0	0
62		0	0	0	0	0	0
63	[K]^3G =	0	0	0	0	0	0
64		0	0	0	1	-1	0
65		0	0	0	-1	1.25	-0.25
66		0	0	0	0	-0.25	0.25
67							
68		0	0	0	0	0	0
69		0	0.8333333	-0.5833333	0.16666667	-0.4166667	0
70	[K]^2G =	0	-0.583333	0.83333333	-0.4166667	0.16666667	0
71		0	0.1666667	-0.4166667	0.83333333	-0.5833333	0
72		0	-0.416667	0.16666667	-0.5833333	0.83333333	0
73		0	0	0	0	0	0

Sheet1 Sheet2 Sheet3 | Ready | Average: 0 Count: 36 Sum: 0 | 100%

8. 그림과 같이 하중행렬을 생성한다.

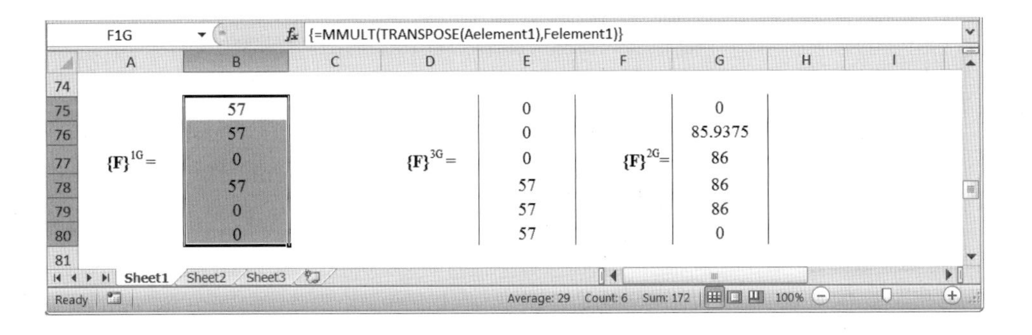

F1G | {=MMULT(TRANSPOSE(Aelement1),Felement1)}

	A	B	C	D	E	F	G
74							
75		57			0		0
76		57			0		85.9375
77	{F}^1G =	0		{F}^3G =	0	{F}^2G=	86
78		57			57		86
79		0			57		86
80		0			57		0

Sheet1 Sheet2 Sheet3 | Ready | Average: 29 Count: 6 Sum: 172 | 100%

9. 다음으로 마지막 전체 행렬을 생성한다. B82:G87 구간을 선택하고

= K1G + K2G + K3G

를 타이핑하고 **Ctrl** 및 **Shift** 키를 누른 상태에서 **Return** 키를 누른다. 구간 B82:G87을 KG로 이름을 부여하라.

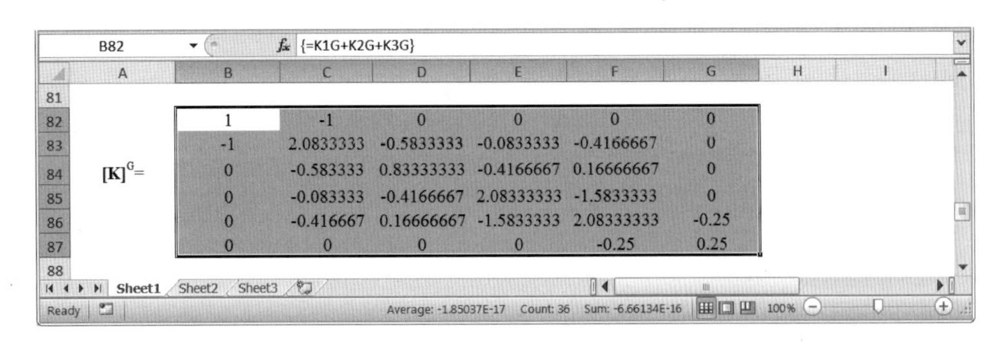

B82 | {=K1G+K2G+K3G}

	A	B	C	D	E	F	G
81							
82		1	-1	0	0	0	0
83		-1	2.0833333	-0.5833333	-0.0833333	-0.4166667	0
84	[K]^G=	0	-0.583333	0.83333333	-0.4166667	0.16666667	0
85		0	-0.083333	-0.4166667	2.08333333	-1.5833333	0
86		0	-0.416667	0.16666667	-1.5833333	2.08333333	-0.25
87		0	0	0	0	-0.25	0.25
88							

Sheet1 Sheet2 Sheet3 | Ready | Average: -1.85037E-17 Count: 36 Sum: -6.66134E-16 | 100%

10. 다음 그림과 같이 하중행렬을 만들고 이름을 FG로 지정하라.

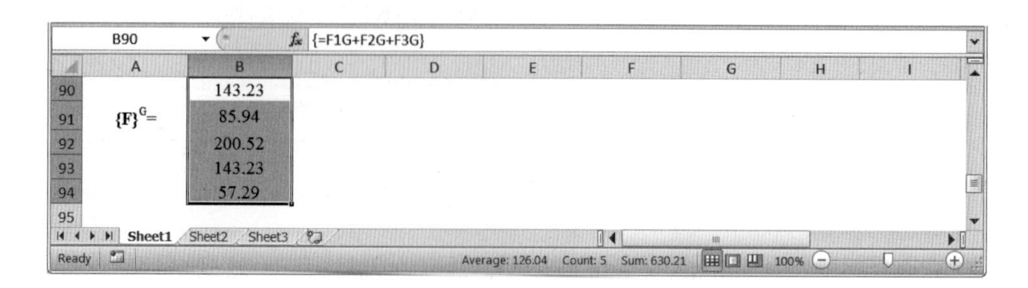

11. 경계조건을 적용하라. KG 행렬의 해당 부분을 복사하여 C96:E98 구간에 값을 붙여 넣어라. 그 구간의 이름을 KwithappliedBC로 한다. 유사하게, 구간 C100:C102에 대응하는 하중행렬을 생성하고 이름을 FwithappliedBC로 한다.

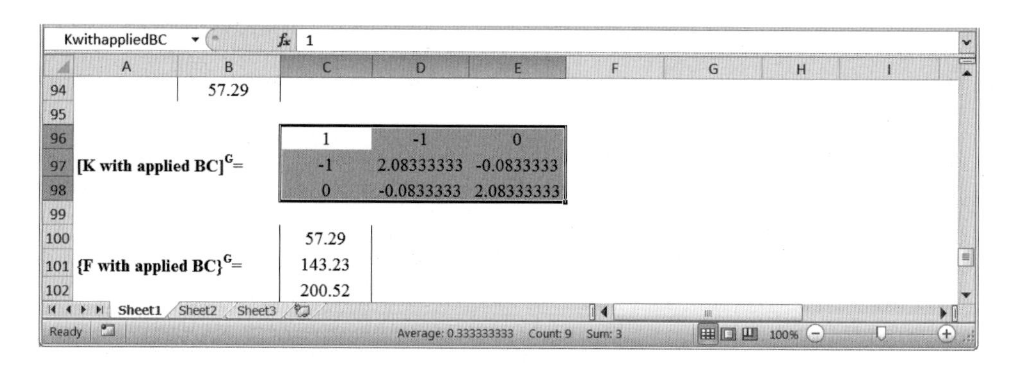

12. 구간 C104:C106을 선택하고

= MMULT(MINVERSE(KwithappliedBC),FwithappliedBC)

를 타이핑하고, **Ctrl** 및 **Shift** 키를 누른 상태에서 **Return** 키를 누른다.

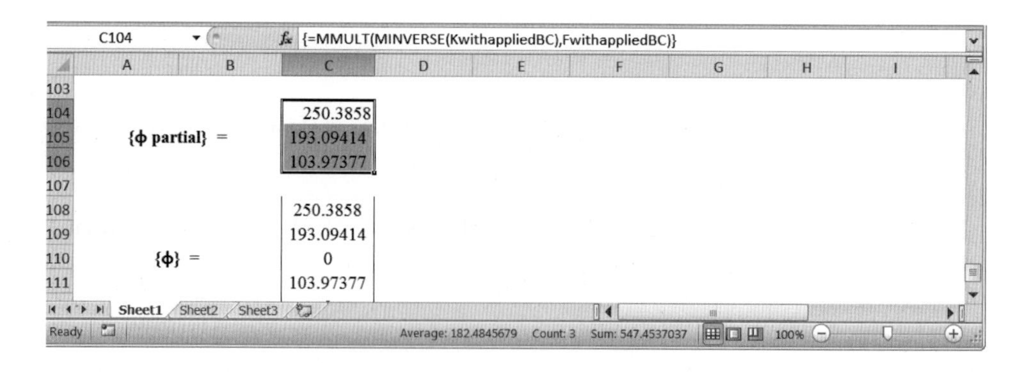

전체 Excel sheet가 다음에 표시된다.

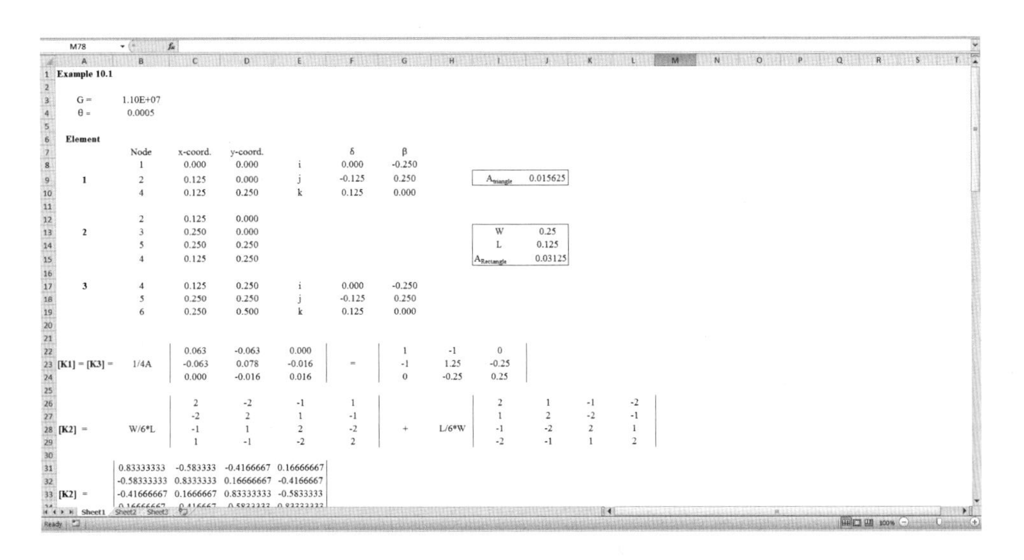

	A	B	C	D	E	F	G	H	I	J	K	L
1	**Example 10.1**											
3	G =	1.10E+07										
4	θ =	0.0005										
6	**Element**											
7		Node	x-coord.	y-coord.		δ	β					
8		1	0.000	0.000	i	0.000	-0.250					
9	**1**	2	0.125	0.000	j	-0.125	0.250		$A_{triangle}$	0.015625		
10		4	0.125	0.250	k	0.125	0.000					
12		2	0.125	0.000								
13	**2**	3	0.250	0.000					W	0.25		
14		5	0.250	0.250					L	0.125		
15		4	0.125	0.250					$A_{Rectangle}$	0.03125		
17	**3**	4	0.125	0.250	i	0.000	-0.250					
18		5	0.250	0.250	j	-0.125	0.250					
19		6	0.250	0.500	k	0.125	0.000					
22			0.063	-0.063	0.000		1	-1	0			
23	**[K1] = [K3] =**	1/4A	-0.063	0.078	-0.016	=	-1	1.25	-0.25			
24			0.000	-0.016	0.016		0	-0.25	0.25			
26			2	-2	-1	1			2	1	-1	-2
27			-2	2	1	-1			1	2	-2	-1
28	**[K2] =**	W/6*L	-1	1	2	-2	+	L/6*W	-1	-2	2	1
29			1	-1	-2	2			-2	-1	1	2
31		0.83333333	-0.583333	-0.4166667	0.16666667							
32		-0.58333333	0.8333333	0.16666667	-0.4166667							
33	**[K2] =**	-0.41666667	0.1666667	0.83333333	-0.5833333							

	A	B	C	D	E	F	G	H	I
34		0.16666667	-0.416667	-0.5833333	0.83333333				
36		2GθA/3		57.292			2GθA/4		85.9375
37	**{F1} = {F3} =**	2GθA/4	=	57.292		**{F2} =**	2GθA/5	=	85.9375
38		2GθA/5		57.292			2GθA/6		85.9375
39							2GθA/7		85.9375
41		1	0	0	0	0	0		
42	**[A1] =**	0	1	0	0	0	0		
43		0	0	0	1	0	0		
45		0	0	0	1	0	0		
46		0	0	0	0	1	0		
47	**[A3] =**	0	0	0	0	0	1		
49		0	1	0	0	0	0		
50		0	0	1	0	0	0		
51	**[A2] =**	0	0	0	0	1	0		
52		0	0	0	1	0	0		
54		1	-1	0	0	0	0		
55		-1	1.25	0	-0.25	0	0		
56	**$[K]^{1G}$ =**	0	0	0	0	0	0		
57		0	-0.25	0	0.25	0	0		
58		0	0	0	0	0	0		
59		0	0	0	0	0	0		
61		0	0	0	0	0	0		
62		0	0	0	0	0	0		
63	**$[K]^{3G}$ =**	0	0	0	0	0	0		
64		0	0	0	1	-1	0		
65		0	0	0	-1	1.25	-0.25		
66		0	0	0	0	-0.25	0.25		

	A	B	C	D	E	F	G
68		0	0	0	0	0	0
69		0	0.8333333	-0.5833333	0.16666667	-0.4166667	0
70	**$[K]^{2G}$ =**	0	-0.583333	0.83333333	-0.4166667	0.16666667	0
71		0	0.1666667	-0.4166667	0.83333333	-0.5833333	0
72		0	-0.416667	0.16666667	-0.5833333	0.83333333	0
73		0	0	0	0	0	0
75		57			0		0
76		57			0		85.9375
77	**$\{F\}^{1G}$ =**	0		**$\{F\}^{3G}$ =**	0	**$\{F\}^{2G}$ =**	86
78		57			57		86
79		0			57		86
80		0			57		0
82		1	-1	0	0	0	0
83		-1	2.0833333	-0.5833333	-0.0833333	-0.4166667	0
84	**$[K]^{G}$ =**	0	-0.583333	0.83333333	-0.4166667	0.16666667	0
85		0	-0.083333	-0.4166667	2.08333333	-1.5833333	0
86		0	-0.416667	0.16666667	-1.5833333	2.08333333	-0.25
87		0	0	0	0	-0.25	0.25
89		57.29					
90		143.23					
91	**$\{F\}^{G}$ =**	85.94					
92		200.52					
93		143.23					
94		57.29					
96			1	-1	0		
97	**[K with applied BC]^{G} =**		-1	2.08333333	-0.0833333		
98			0	-0.0833333	2.08333333		

6.2 평면응력 정식화

재료의 탄성거동과 연관된 몇 가지 기본 개념을 고찰하자. 재료 내의 한 점을 둘러싸는 미소 육면체를 생각하라. 이 체적의 확대된 모습이 그림 6.8에 나타나 있다. 이 육면체의 면은 (X, Y, Z) 좌표계의 방향으로 향해 있다.* 외력(external force)의 부과는 재료 내에 내력(internal force)을 생성하고, 그 결과 응력을 생성한다. 한 점의 응력 상태는 그림에 나타나 있듯이, 양의 면과 음의 면 위에 작용되는 9개 성분으로 정의할 수 있다. 그러나 평형조건에 의해, 6개의 독립적인 응력 성분만이 한 점의 일반적인 응력 상태를 위해 필요하다는 것을 상기하라. 즉, 한 점에서의 일반적인 응력은 다음과 같이 정의된다.

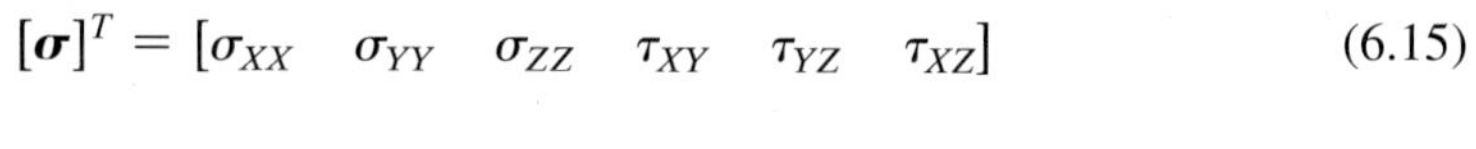

$$[\boldsymbol{\sigma}]^T = [\sigma_{XX} \quad \sigma_{YY} \quad \sigma_{ZZ} \quad \tau_{XY} \quad \tau_{YZ} \quad \tau_{XZ}] \tag{6.15}$$

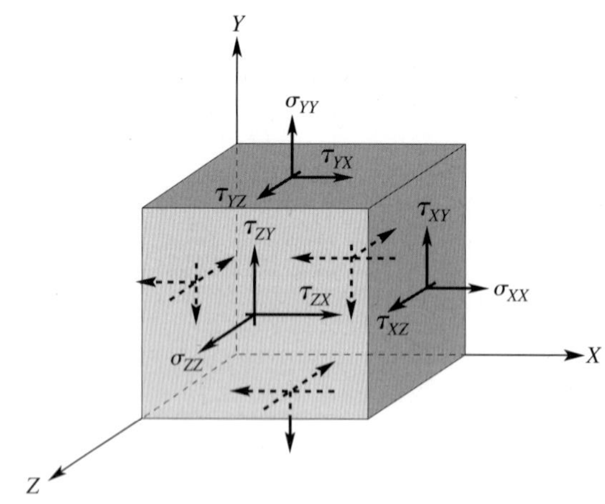

그림 6.8 한 점에서의 응력 성분

* 이 절에서는 X, Y, Z 좌표계와 x, y, z 좌표계는 서로 일치한다.

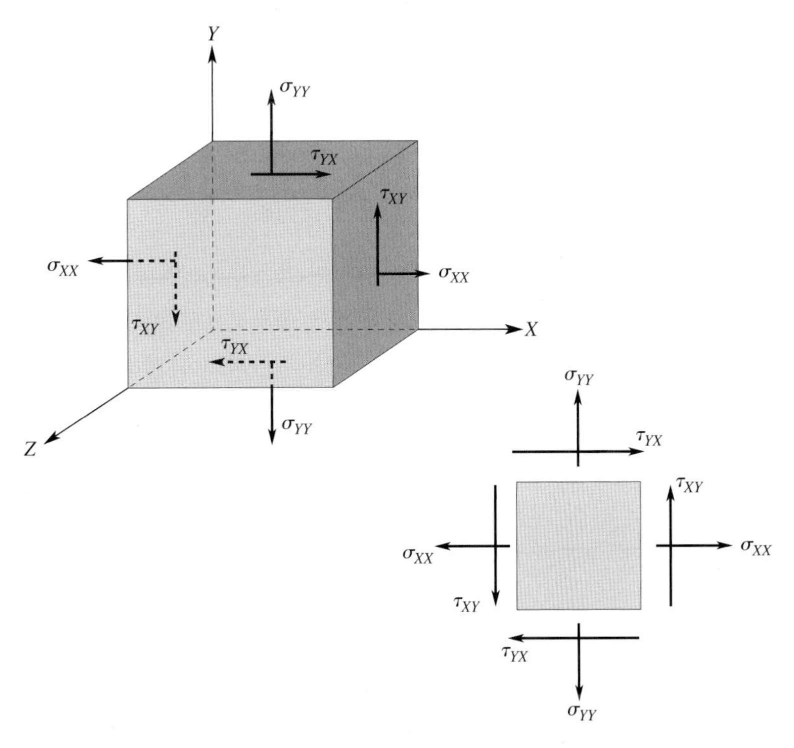

그림 6.9 응력의 평면 상태

여기서 σ_{XX}, σ_{YY}와 σ_{ZZ}는 수직응력(normal stress)이고, τ_{XY}, τ_{YZ} 그리고 τ_{XZ}는 전단응력 성분이다. 그리고 이들은 육면체 표면에 작용하는 내력의 세기에 대한 척도이다. 실제적인 문제에서 Z방향으로 작용하는 힘이 없는 경우가 많이 있으며, 그 결과 Z방향 면에 작용하는 내력이 없다. 이 상태를 보통 **평면응력**(plane stress) 상태라고 부르며 그림 6.9에 나타나 있다.

평면응력 상태에서 응력은 세 성분으로 축소된다.

$$[\boldsymbol{\sigma}]^T = [\sigma_{XX} \quad \sigma_{YY} \quad \tau_{XY}] \tag{6.16}$$

지금까지 부과된 하중이 물체 내에서 어떻게 응력을 유발시키는지를 방금 고찰하였다. 하중이 부과되면 물체는 변형하게 되어 형상이 변하게 된다. 변위벡터를 사용하여 물체 내의 한 점에서 일어나는 위치의 변화를 나타낼 수 있다. 변위벡터 $\vec{\delta}$는 직교 좌표 성분으로 다음과 같이 나타낼 수 있다.

$$\vec{\delta} = u(x, y, z)\,\vec{i} + v(x, y, z)\,\vec{j} + w(x, y, z)\,\vec{k}$$

여기서 변위벡터의 i, j, k 성분은 원래의 위치 (x, y, z)에서 하중에 의하여 야기된 새로운 위치 (x', y', z')까지의 좌표 차이로 나타나며 다음 식과 같이 주어진다.

$$u(x, y, z) = x' - x$$
$$v(x, y, z) = y' - y$$
$$w(x, y, z) = z' - z$$

재료 내에서 국부적으로 발생하는 길이와 형상의 변화를 더욱 잘 나타내기 위하여, 수직변형률(normal strain)과 전단변형률(shear strain)을 정의한다. 한 점에서의 변형률 상태는 응력 상태와 마찬가지로 6개의 독립된 성분으로 나누어진다.

$$[\boldsymbol{\varepsilon}]^T = [\varepsilon_{xx} \quad \varepsilon_{yy} \quad \varepsilon_{zz} \quad \gamma_{xy} \quad \gamma_{yz} \quad \gamma_{xz}] \tag{6.17}$$

ε_{xx}, ε_{yy}와 ε_{zz}는 수직변형률이고, γ_{xy}, γ_{yz}와 γ_{xz}는 전단변형률 성분이다. 이 성분들로부터 하중에 의하여 재료 내부에서 국부적으로 발생한 길이와 형상의 변화를 알 수 있다. 평면응력 상태와 유사하게, z방향으로 변위가 일어나지 않는 상황을 **평면변형률**(plane strain) 상태라고 한다. 재료역학에서 학습하였듯이, 변형률과 변위 사이에는 다음 관계식이 존재한다.

$$\begin{aligned} &\varepsilon_{xx} = \frac{\partial u}{\partial x}, \quad \varepsilon_{yy} = \frac{\partial v}{\partial y}, \quad \varepsilon_{zz} = \frac{\partial w}{\partial z} \\ &\gamma_{xy} = \frac{\partial u}{\partial y} + \frac{\partial v}{\partial x}, \quad \gamma_{yz} = \frac{\partial v}{\partial z} + \frac{\partial w}{\partial y}, \quad \gamma_{xz} = \frac{\partial u}{\partial z} + \frac{\partial w}{\partial x} \end{aligned} \tag{6.18}$$

재료의 탄성 영역 내에서 응력과 변형률 사이에는 다음의 일반화된 Hooke의 법칙(generalized Hooke's law)이라는 관계식이 존재한다.

$$\begin{aligned} \varepsilon_{xx} &= \frac{1}{E}[\sigma_{xx} - \nu(\sigma_{yy} + \sigma_{zz})] \\ \varepsilon_{yy} &= \frac{1}{E}[\sigma_{yy} - \nu(\sigma_{xx} + \sigma_{zz})] \\ \varepsilon_{zz} &= \frac{1}{E}[\sigma_{zz} - \nu(\sigma_{xx} + \sigma_{yy})] \\ \gamma_{xy} &= \frac{1}{G}\tau_{xy}, \quad \gamma_{yz} = \frac{1}{G}\tau_{yz}, \quad \gamma_{zx} = \frac{1}{G}\tau_{zx} \end{aligned} \tag{6.19}$$

여기서 E는 탄성계수(Young's modulus)이고, ν는 Poisson 비, G는 전단계수(횡탄성계수)이다. 평면응력 상태에 있어서, 일반화된 Hooke의 법칙은 다음과 같이 축소된다.

$$\begin{Bmatrix} \sigma_{xx} \\ \sigma_{yy} \\ \tau_{xy} \end{Bmatrix} = \frac{E}{1-\nu^2} \begin{bmatrix} 1 & \nu & 0 \\ \nu & 1 & 0 \\ 0 & 0 & \dfrac{1-\nu}{2} \end{bmatrix} \begin{Bmatrix} \varepsilon_{xx} \\ \varepsilon_{yy} \\ \gamma_{xy} \end{Bmatrix} \tag{6.20}$$

이를 행렬 형태로 간결하게 나타내면 다음과 같다.

$$\{\boldsymbol{\sigma}\} = [\boldsymbol{\nu}]\{\boldsymbol{\varepsilon}\} \tag{6.21}$$

여기서

$$[\boldsymbol{\sigma}]^T = [\sigma_{xx} \quad \sigma_{yy} \quad \tau_{xy}]$$

$$[\boldsymbol{\nu}] = \frac{E}{1-\nu^2}\begin{bmatrix} 1 & \nu & 0 \\ \nu & 1 & 0 \\ 0 & 0 & \dfrac{1-\nu}{2} \end{bmatrix}$$

$$\{\boldsymbol{\varepsilon}\} = \begin{Bmatrix} \varepsilon_{xx} \\ \varepsilon_{yy} \\ \gamma_{xy} \end{Bmatrix}$$

평면변형률 상태에 있어서, 일반화된 Hooke의 법칙은 다음과 같이 된다.

$$\begin{Bmatrix} \sigma_{xx} \\ \sigma_{yy} \\ \tau_{xy} \end{Bmatrix} = \frac{E}{(1+\nu)(1-2\nu)}\begin{bmatrix} 1-\nu & \nu & 0 \\ \nu & 1-\nu & 0 \\ 0 & 0 & \dfrac{1}{2}-\nu \end{bmatrix}\begin{Bmatrix} \varepsilon_{xx} \\ \varepsilon_{yy} \\ \gamma_{xy} \end{Bmatrix} \tag{6.22}$$

또한 평면응력 및 평면변형률 상태에서의 변형률−변위 관계식은 다음과 같이 된다.

$$\varepsilon_{xx} = \frac{\partial u}{\partial x}, \quad \varepsilon_{yy} = \frac{\partial v}{\partial y}, \quad \gamma_{xy} = \frac{\partial u}{\partial y} + \frac{\partial v}{\partial x} \tag{6.23}$$

이 책 전반에 걸쳐서 최소 총 퍼텐셜 에너지 원리가 고체역학에 있어서의 유한요소 모델을 생성하는 데 보편적으로 사용되고 있음을 말한 바 있다. 물체에 부과된 외력은 물체를 변형시킨다. 변형이 일어나면, 외력이 한 일은 재료 내에 탄성 에너지 형태로 저장되는데, 이를 변형 에너지라고 한다. 2축하중을 받는 고체 재료에 있어서 변형 에너지 Λ는 다음과 같다.

$$\Lambda^{(e)} = \frac{1}{2}\int_V (\sigma_{xx}\varepsilon_{xx} + \sigma_{yy}\varepsilon_{yy} + \tau_{xy}\gamma_{xy})\, dV \tag{6.24}$$

이를 행렬 형태로 간결하게 나타내면 다음과 같다.

$$\Lambda^{(e)} = \frac{1}{2}\int_V [\boldsymbol{\sigma}]^T\{\boldsymbol{\varepsilon}\}\, dV \tag{6.25}$$

Hooke의 법칙을 사용하여 응력에 변형률을 대입하면, 식 (6.25)는 다음과 같이 표현된다.

$$\Lambda^{(e)} = \frac{1}{2}\int_V ([\boldsymbol{\nu}]\{\boldsymbol{\varepsilon}\})^T\{\boldsymbol{\varepsilon}\} = \frac{1}{2}\int_V \{\boldsymbol{\varepsilon}\}^T[\boldsymbol{\nu}]^T\{\boldsymbol{\varepsilon}\} = \frac{1}{2}\int_V \{\boldsymbol{\varepsilon}\}^T[\boldsymbol{\nu}]\{\boldsymbol{\varepsilon}\}\, dV \tag{6.26}$$

마지막 적분 식을 정리하면서 $([\boldsymbol{A}][\boldsymbol{B}]\cdots[\boldsymbol{N}])^T = [\boldsymbol{N}]^T\cdots[\boldsymbol{B}]^T[\boldsymbol{A}]^T$와 $[v]^T = [v]$를 사용하였다. 이제 삼각형 요소를 사용하여 2차원 평면 문제의 유한요소 정식화를 수행하자. 선형 삼각형 요소를 사용하면 변위 u와 v를 그림 6.10에 나타낸 것과 같이 표현할 수 있다.

변위변수를 선형 삼각형 형상함수와 절점변위 항으로 나타내면 다음과 같다.

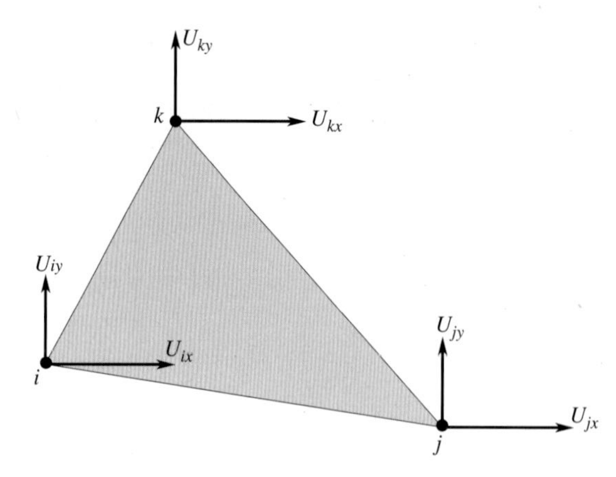

그림 6.10 2차원 평면 문제의 정식화에 사용된 삼각형 요소

$$
\begin{aligned}
u &= S_i U_{ix} + S_j U_{jx} + S_k U_{kx} \\
v &= S_i U_{iy} + S_j U_{jy} + S_k U_{ky}
\end{aligned}
\tag{6.27}
$$

식 (6.27)에 주어진 관계를 행렬 형태로 표기하면 다음과 같다.

$$
\begin{Bmatrix} u \\ v \end{Bmatrix} = \begin{bmatrix} S_i & 0 & S_j & 0 & S_k & 0 \\ 0 & S_i & 0 & S_j & 0 & S_k \end{bmatrix} \begin{Bmatrix} U_{ix} \\ U_{iy} \\ U_{jx} \\ U_{jy} \\ U_{kx} \\ U_{ky} \end{Bmatrix}
\tag{6.28}
$$

다음 단계로 변형률을 변위장과 연관시킨 후, 형상함수를 이용하여 변형률을 절점변위와 연관지어 관계식을 유도한다. 식 (6.23)에 주어진 것과 같은 변형률–변위 관계를 참조하면, 변위장 성분을 x와 y좌표에 대해 미분할 필요가 있으며, 이는 형상함수를 x와 y에 대하여 미분함을 의미한다. 미분을 수행하면 다음과 같은 변형률–변위 관계가 유도된다.

$$
\begin{aligned}
\varepsilon_{xx} &= \frac{\partial u}{\partial x} = \frac{\partial}{\partial x}(S_i U_{ix} + S_j U_{jx} + S_k U_{kx}) = \frac{1}{2A}[\beta_i U_{ix} + \beta_j U_{jx} + \beta_k U_{kx}] \\
\varepsilon_{yy} &= \frac{\partial v}{\partial y} = \frac{\partial}{\partial y}(S_i U_{iy} + S_j U_{jy} + S_k U_{ky}) = \frac{1}{2A}[\delta_i U_{iy} + \delta_j U_{jy} + \delta_k U_{ky}] \\
\gamma_{xy} &= \frac{\partial u}{\partial y} + \frac{\partial v}{\partial x} = \frac{1}{2A}[\delta_i U_{ix} + \beta_i U_{iy} + \delta_j U_{jx} + \beta_j U_{jy} + \delta_k U_{kx} + \beta_k U_{ky}]
\end{aligned}
\tag{6.29}
$$

식 (6.29)의 관계를 행렬 형태로 나타내면 다음과 같다.

$$
\begin{Bmatrix} \varepsilon_{xx} \\ \varepsilon_{yy} \\ \gamma_{xy} \end{Bmatrix} = \frac{1}{2A} \begin{bmatrix} \beta_i & 0 & \beta_j & 0 & \beta_k & 0 \\ 0 & \delta_i & 0 & \delta_j & 0 & \delta_k \\ \delta_i & \beta_i & \delta_j & \beta_j & \delta_k & \beta_k \end{bmatrix} \begin{Bmatrix} U_{ix} \\ U_{iy} \\ U_{jx} \\ U_{jy} \\ U_{kx} \\ U_{ky} \end{Bmatrix}
\tag{6.30}
$$

식 (6.30)을 더 간단히 하면 다음과 같이 된다.

$$\{\boldsymbol{\varepsilon}\} = [\mathbf{B}]\{\mathbf{U}\} \tag{6.31}$$

여기에서

$$\{\boldsymbol{\varepsilon}\} = \begin{Bmatrix} \varepsilon_{xx} \\ \varepsilon_{yy} \\ \gamma_{xy} \end{Bmatrix}, \quad [\mathbf{B}] = \frac{1}{2A}\begin{bmatrix} \beta_i & 0 & \beta_j & 0 & \beta_k & 0 \\ 0 & \delta_i & 0 & \delta_j & 0 & \delta_k \\ \delta_i & \beta_i & \delta_j & \beta_j & \delta_k & \beta_k \end{bmatrix}, \quad \{\mathbf{U}\} = \begin{Bmatrix} U_{ix} \\ U_{iy} \\ U_{jx} \\ U_{jy} \\ U_{kx} \\ U_{ky} \end{Bmatrix}$$

변형 에너지 방정식의 변형률 성분에 변위 항을 대입하면 다음을 얻는다.

$$\Lambda^{(e)} = \frac{1}{2}\int_V \{\boldsymbol{\varepsilon}\}^T[\boldsymbol{\nu}]\{\boldsymbol{\varepsilon}\}\, dV = \frac{1}{2}\int_V [\mathbf{U}]^T[\mathbf{B}]^T[\boldsymbol{\nu}][\mathbf{B}][\mathbf{U}]\, dV \tag{6.32}$$

위의 식을 절점변위에 대하여 미분하면 다음과 같다.

$$\frac{\partial \Lambda^{(e)}}{\partial U_k} = \frac{\partial}{\partial U_k}\left(\frac{1}{2}\int_V [\mathbf{U}]^T[\mathbf{B}]^T[\boldsymbol{\nu}][\mathbf{B}][\mathbf{U}]\, dV\right), \qquad k = 1, 2, \ldots, 6 \tag{6.33}$$

식 (6.33)을 계산하면 그 결과로 $[\mathbf{K}]^{(e)}\{\mathbf{U}\}$ 항이 유도된다. 따라서 강성행렬에 대한 식은 다음과 같다.

$$[\mathbf{K}]^{(e)} = \int_V [\mathbf{B}]^T[\boldsymbol{\nu}][\mathbf{B}]\, dV = V[\mathbf{B}]^T[\boldsymbol{\nu}][\mathbf{B}] \tag{6.34}$$

여기서 V는 요소의 체적으로 요소의 면적과 그 두께의 곱이다. 예제 6.2에서 2차원 삼각형 평면응력 요소의 강성행렬을 구하는 식 (6.34)가 어떻게 이용되는지를 살펴보자.

하중행렬

2차원 평면 요소에 대한 하중행렬을 얻기 위하여, 분포하중이나 집중하중 같은 외력이 한 일을 먼저 계산하여야 한다. 집중하중 Q에 의한 일은 하중 성분과 이에 상응하는 변위 성분의 곱이다. 집중하중이 한 일을 간단한 행렬 형태로 다음과 같이 나타낼 수 있다.

$$W^{(e)} = \{\mathbf{U}\}^T\{\mathbf{Q}\} \tag{6.35}$$

p_x와 p_y의 성분을 가진 분포하중에 의한 일은 다음과 같다.

$$W^{(e)} = \int_A (up_x + vp_y)\, dA \tag{6.36}$$

여기서 u와 v는 각각 x와 y방향의 변위이고, A는 분포하중이 작용하는 면을 나타낸다. 면 A의 크기는 분포하중이 작용하는 변의 요소 두께 t와 길이의 곱이다. 삼각형 요소를 사용하여 변위를 나타내면, 분포하중에 의한 일은 다음과 같음을 알 수 있다.

$$W^{(e)} = \int_A \{\mathbf{U}\}^T[\mathbf{S}]^T\{\mathbf{p}\}\, dA \tag{6.37}$$

여기에서

$$\{\mathbf{p}\} = \begin{Bmatrix} p_x \\ p_y \end{Bmatrix}$$

하중행렬을 계산하는 다음 단계는 최소화 과정과 연관된다. 집중하중의 경우 식 (6.35)를 절점변위에 대하여 미분하면 다음과 같은 하중행렬을 얻는다.

$$\{\mathbf{F}\}^{(e)} = \begin{Bmatrix} Q_{ix} \\ Q_{iy} \\ Q_{jx} \\ Q_{jy} \\ Q_{kx} \\ Q_{ky} \end{Bmatrix} \tag{6.38}$$

분포하중에 의한 일을 절점변위에 대하여 미분하면 다음과 같은 하중행렬을 얻는다.

$$\{\mathbf{F}\}^{(e)} = \int_A [\mathbf{S}]^T\{\mathbf{p}\}\, dA \tag{6.39}$$

여기에서

$$[\mathbf{S}]^T = \begin{bmatrix} S_i & 0 \\ 0 & S_i \\ S_j & 0 \\ 0 & S_j \\ S_k & 0 \\ 0 & S_k \end{bmatrix}$$

그림 6.11에 나타나 있듯이, ki변을 따라 분포하중을 받는 요소를 생각하자. ki변을 따라 $S_j = 0$임을 고려하여 식 (6.39)를 계산하면 다음을 얻는다.

$$\{\mathbf{F}\}^{(e)} = \int_A \begin{bmatrix} S_i & 0 \\ 0 & S_i \\ S_j & 0 \\ 0 & S_j \\ S_k & 0 \\ 0 & S_k \end{bmatrix} \begin{Bmatrix} p_x \\ p_y \end{Bmatrix} dA = t\int_{\ell_{ki}} \begin{bmatrix} S_i & 0 \\ 0 & S_i \\ 0 & 0 \\ 0 & 0 \\ S_k & 0 \\ 0 & S_k \end{bmatrix} \begin{Bmatrix} p_x \\ p_y \end{Bmatrix} d\ell = \frac{tL_{ik}}{2} \begin{Bmatrix} p_x \\ p_y \\ 0 \\ 0 \\ p_x \\ p_y \end{Bmatrix} \tag{6.40}$$

그림 6.11에 있어서 ki변을 따른 분포하중은 절점 k와 절점 i에 균등하게 분배되어 작용하는 것으로 나타나며, 각 힘은 x와 y의 성분을 가지고 있음을 유의하라. 마찬가지 방법으로 삼각형 요소의 다른 변에 작용하는 분포하중에 대한 하중행렬을 유도할 수 있다. 식 (6.39)

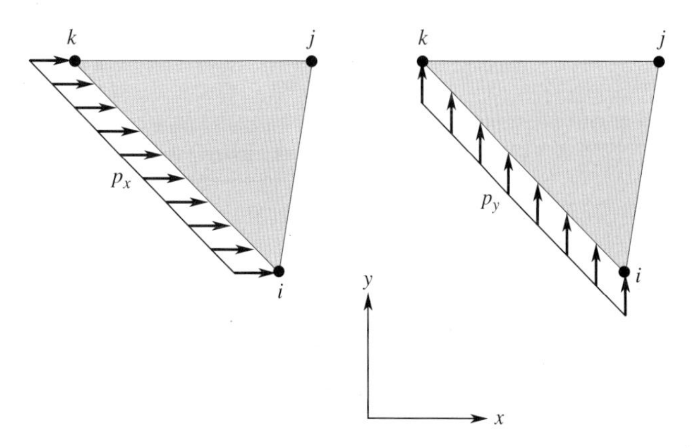

그림 6.11 삼각형 요소의 ki변에 가해지는 분포하중

에 있는 적분을 ij변과 jk변을 따라 계산하면 다음과 같은 하중행렬을 얻는다.

$$\{\boldsymbol{F}\}^{(e)} = \frac{tL_{ij}}{2}\begin{Bmatrix} p_x \\ p_y \\ p_x \\ p_y \\ 0 \\ 0 \end{Bmatrix}, \qquad \{\boldsymbol{F}\}^{(e)} = \frac{tL_{jk}}{2}\begin{Bmatrix} 0 \\ 0 \\ p_x \\ p_y \\ p_x \\ p_y \end{Bmatrix} \tag{6.41}$$

일반적으로, 선형 삼각형 요소를 사용하면 고차 요소로 해석한 정도의 정밀한 결과를 주지 않음을 유의하라. 위에서 수행한 정식화의 목적은 요소 강성행렬과 요소 하중행렬을 유도하는 일반적인 방법을 보여주는 것이다. 다음으로 등매개변수 정식화를 사용하여 사변형 요소에 대한 강성행렬을 유도할 것이다.

6.3 등매개변수 정식화: 사변형 요소의 사용

4장과 5장에서 논의하였듯이, 요소 내 어떤 점의 위치(즉, 좌표)와 u, v, T 등과 같은 미지의 변수를 같은 형상함수를 사용하여 보간하는 것을 등매개변수 정식화(isoparametric formulation)라 한다. 이 방식으로 유도된 요소는 등매개변수 요소로 칭해진다. 이제 그림 5.17(편의상 반복제시)에 나타낸 바 있는 사변형 요소에 대한 등매개변수 정식화를 수행하자. 사변형 요소를 사용하면 요소 내의 변위장은 식 (5.30)과 같이 나타낼 수 있다.

$$\begin{aligned} u &= S_iU_{ix} + S_jU_{jx} + S_mU_{mx} + S_nU_{nx} \\ v &= S_iU_{iy} + S_jU_{jy} + S_mU_{my} + S_nU_{ny} \end{aligned} \tag{5.30}$$

식 (5.30)의 관계는 식 (5.31)과 같이 행렬 형태로 나타낼 수 있다.

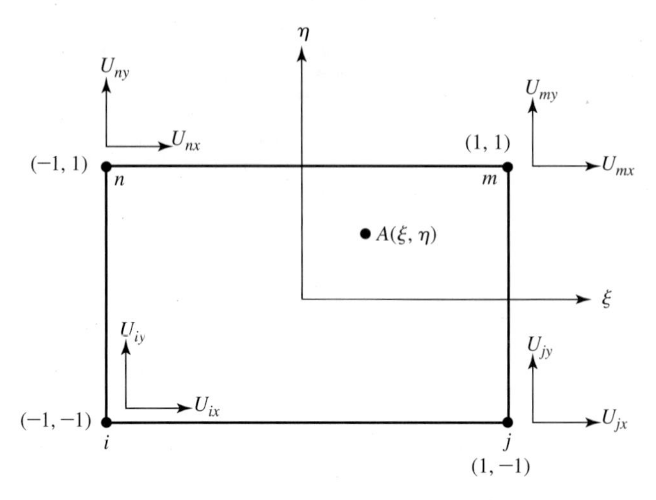

그림 5.17 평면응력 문제의 정식화에서 사용된 사변형 요소

$$\begin{Bmatrix} u \\ v \end{Bmatrix} = \begin{bmatrix} S_i & 0 & S_j & 0 & S_m & 0 & S_n & 0 \\ 0 & S_i & 0 & S_j & 0 & S_m & 0 & S_n \end{bmatrix} \begin{Bmatrix} U_{ix} \\ U_{iy} \\ U_{jx} \\ U_{jy} \\ U_{mx} \\ U_{my} \\ U_{nx} \\ U_{ny} \end{Bmatrix} \tag{5.31}$$

등매개변수 정식화에서는 요소 내의 임의의 점의 위치를 나타내기 위하여 식 (5.32)에서와 같이 변위를 보간한 것과 동일한 형상함수를 사용한다.

$$\begin{aligned} x &= S_i x_i + S_j x_j + S_m x_m + S_n x_n \\ y &= S_i y_i + S_j y_j + S_m y_m + S_n y_n \end{aligned} \tag{5.32}$$

변위장은 변형률의 성분($\varepsilon_{xx} = \frac{\partial u}{\partial x}$, $\varepsilon_{yy} = \frac{\partial v}{\partial y}$, $\gamma_{xy} = \frac{\partial u}{\partial y} + \frac{\partial v}{\partial x}$)과 연관되며 형상함수를 통하여 절점변위와 연관된다.

5장에서 Jacobian을 이용하면 좌표 변환에서의 미분을 다음 식과 같이 표기할 수 있음을 보여준 바 있다. 식 (5.34)의 관계식은 다음 식과 같이 제시된 바 있다.

$$\begin{Bmatrix} \dfrac{\partial f(x, y)}{\partial \xi} \\ \dfrac{\partial f(x, y)}{\partial \eta} \end{Bmatrix} = \overbrace{\begin{bmatrix} \dfrac{\partial x}{\partial \xi} & \dfrac{\partial y}{\partial \xi} \\ \dfrac{\partial x}{\partial \eta} & \dfrac{\partial y}{\partial \eta} \end{bmatrix}}^{[\mathbf{J}]} \begin{Bmatrix} \dfrac{\partial f(x, y)}{\partial x} \\ \dfrac{\partial f(x, y)}{\partial y} \end{Bmatrix} \tag{5.34}$$

또한 식 (5.34)는 다음과 같이 식 (5.35)와 같은 관계식으로 정리되었다.

$$\begin{Bmatrix} \dfrac{\partial f(x,\ y)}{\partial x} \\ \dfrac{\partial f(x,\ y)}{\partial y} \end{Bmatrix} = [\mathbf{J}]^{-1} \begin{Bmatrix} \dfrac{\partial f(x,\ y)}{\partial \xi} \\ \dfrac{\partial f(x,\ y)}{\partial \eta} \end{Bmatrix} \tag{5.35}$$

사변형 요소에 있어서, **J** 행렬은 식 (5.32)와 (5.7)을 사용하여 계산된다.

$$[\mathbf{J}] = \begin{bmatrix} \dfrac{\partial x}{\partial \xi} & \dfrac{\partial y}{\partial \xi} \\ \dfrac{\partial x}{\partial \eta} & \dfrac{\partial y}{\partial \eta} \end{bmatrix} = \begin{bmatrix} \dfrac{\partial}{\partial \xi}[S_i x_i + S_j x_j + S_m x_m + S_n x_n] & \dfrac{\partial}{\partial \xi}[S_i y_i + S_j y_j + S_m y_m + S_n y_n] \\ \dfrac{\partial}{\partial \eta}[S_i x_i + S_j x_j + S_m x_m + S_n x_n] & \dfrac{\partial}{\partial \eta}[S_i y_i + S_j y_j + S_m y_m + S_n y_n] \end{bmatrix} \tag{6.42}$$

$$[\mathbf{J}] = \frac{1}{4}\begin{bmatrix} [-(1-\eta)x_i + (1-\eta)x_j + (1+\eta)x_m - (1+\eta)x_n] & [-(1-\eta)y_i + (1-\eta)y_j + (1+\eta)y_m - (1+\eta)y_n] \\ [-(1-\xi)x_i - (1+\xi)x_j + (1+\xi)x_m + (1-\xi)x_n] & [-(1-\xi)y_i - (1+\xi)y_j + (1+\xi)y_m + (1-\xi)y_n] \end{bmatrix} = \begin{bmatrix} J_{11} & J_{12} \\ J_{21} & J_{22} \end{bmatrix} \tag{6.43}$$

2×2행렬의 역행렬은 다음과 같이 주어진다.

$$[\mathbf{J}]^{-1} = \frac{1}{J_{11}J_{22} - J_{12}J_{21}}\begin{bmatrix} J_{22} & -J_{12} \\ -J_{21} & J_{11} \end{bmatrix} = \frac{1}{\det \mathbf{J}}\begin{bmatrix} J_{22} & -J_{12} \\ -J_{21} & J_{11} \end{bmatrix} \tag{6.44}$$

이제 강성행렬을 정식화하자. 요소의 변형 에너지는 다음과 같다.

$$\Lambda^{(e)} = \frac{1}{2}\int_V \{\boldsymbol{\varepsilon}\}^T[\mathbf{v}]\{\boldsymbol{\varepsilon}\}\,dV = \frac{1}{2}(t_e)\int_A \{\boldsymbol{\varepsilon}\}^T[\mathbf{v}]\{\boldsymbol{\varepsilon}\}\,dA \tag{6.45}$$

여기서 t_e는 요소의 두께이다. 변형률－변위 관계식을 행렬 형태로 나타내면 다음과 같다.

$$\{\boldsymbol{\varepsilon}\} = \begin{Bmatrix} \varepsilon_{xx} \\ \varepsilon_{yy} \\ \gamma_{xy} \end{Bmatrix} = \begin{Bmatrix} \dfrac{\partial u}{\partial x} \\ \dfrac{\partial v}{\partial y} \\ \dfrac{\partial u}{\partial y} + \dfrac{\partial v}{\partial x} \end{Bmatrix} \tag{6.46}$$

도함수를 계산하면 다음을 얻는다.

$$\begin{Bmatrix} \dfrac{\partial u}{\partial x} \\ \dfrac{\partial u}{\partial y} \end{Bmatrix} = \frac{1}{\det \mathbf{J}}\begin{bmatrix} J_{22} & -J_{12} \\ -J_{21} & J_{11} \end{bmatrix}\begin{Bmatrix} \dfrac{\partial u}{\partial \xi} \\ \dfrac{\partial u}{\partial \eta} \end{Bmatrix} \tag{6.47}$$

그리고

$$\begin{Bmatrix} \dfrac{\partial v}{\partial x} \\ \dfrac{\partial v}{\partial y} \end{Bmatrix} = \frac{1}{\det \mathbf{J}} \begin{bmatrix} J_{22} & -J_{12} \\ -J_{21} & J_{11} \end{bmatrix} \begin{Bmatrix} \dfrac{\partial v}{\partial \xi} \\ \dfrac{\partial v}{\partial \eta} \end{Bmatrix} \tag{6.48}$$

식 (6.46), (6.47), (6.48)을 하나의 관계식으로 결합하면 다음과 같이 된다.

$$\{\boldsymbol{\varepsilon}\} = \begin{Bmatrix} \dfrac{\partial u}{\partial x} \\ \dfrac{\partial v}{\partial y} \\ \dfrac{\partial u}{\partial y} + \dfrac{\partial v}{\partial x} \end{Bmatrix} = \overbrace{\frac{1}{\det \mathbf{J}} \begin{bmatrix} J_{22} & -J_{12} & 0 & 0 \\ 0 & 0 & -J_{21} & J_{11} \\ -J_{21} & J_{11} & J_{22} & -J_{12} \end{bmatrix}}^{[\mathbf{A}]} \begin{Bmatrix} \dfrac{\partial u}{\partial \xi} \\ \dfrac{\partial u}{\partial \eta} \\ \dfrac{\partial v}{\partial \xi} \\ \dfrac{\partial v}{\partial \eta} \end{Bmatrix} \tag{6.49}$$

특히 [**A**] 행렬을 어떻게 정의하였는지 유념하라. 식 (5.30)을 사용하면 다음과 같은 관계식을 얻는다.

$$\begin{Bmatrix} \dfrac{\partial u}{\partial \xi} \\ \dfrac{\partial u}{\partial \eta} \\ \dfrac{\partial v}{\partial \xi} \\ \dfrac{\partial v}{\partial \eta} \end{Bmatrix} = \overbrace{\frac{1}{4} \begin{bmatrix} -(1-\eta) & 0 & (1-\eta) & 0 & (1+\eta) & 0 & -(1+\eta) & 0 \\ -(1-\xi) & 0 & -(1+\xi) & 0 & (1+\xi) & 0 & (1-\xi) & 0 \\ 0 & -(1-\eta) & 0 & (1-\eta) & 0 & (1+\eta) & 0 & -(1+\eta) \\ 0 & -(1-\xi) & 0 & -(1+\xi) & 0 & (1+\xi) & 0 & (1-\xi) \end{bmatrix}}^{[\mathbf{D}]} \overbrace{\begin{Bmatrix} U_{ix} \\ U_{iy} \\ U_{jx} \\ U_{jy} \\ U_{mx} \\ U_{my} \\ U_{nx} \\ U_{ny} \end{Bmatrix}}^{\{\mathbf{U}\}} \tag{6.50}$$

식 (6.50)을 간결한 행렬 형태로 표현하면 다음과 같다.

$$\{\boldsymbol{\varepsilon}\} = [\mathbf{A}][\mathbf{D}]\{\mathbf{U}\} \tag{6.51}$$

다음은 변형 에너지 적분 안에 있는 dA 항($dA = dxdy$)을 자연 좌표의 곱으로 변환하여야 한다. 이 변환은 다음과 같이 이루어진다.

$$\Lambda^{(e)} = \frac{1}{2}(t_e)\int_A \{\boldsymbol{\varepsilon}\}^T[\boldsymbol{\nu}]\{\boldsymbol{\varepsilon}\}\,dA = \frac{1}{2}(t_e)\int_{-1}^{1}\int_{-1}^{1} \{\boldsymbol{\varepsilon}\}^T[\boldsymbol{\nu}]\{\boldsymbol{\varepsilon}\}\overbrace{\det \mathbf{J}\, d\xi d\eta}^{dA} \tag{6.52}$$

식 (6.52)에 변형률 행렬 $\{\boldsymbol{\varepsilon}\}$과 재료의 특성 행렬 $[\boldsymbol{\nu}]$을 대입하고 요소의 변형 에너지를 절점변위에 대하여 미분하면, 요소의 강성행렬에 대한 식은 다음과 같이 된다.

$$[\mathbf{K}]^{(e)} = t_e \int_{-1}^{1} \int_{-1}^{1} [[\mathbf{A}][\mathbf{D}]]^T [\boldsymbol{\nu}][\mathbf{A}][\mathbf{D}] \det \mathbf{J} d\xi\, d\eta \tag{6.53}$$

2차원 평면 문제에 대한 요소 강성행렬은 8×8행렬임을 유의하라. 또한 5장에서 논한 바처럼 식 (6.53)의 적분은 Gauss-Legendre 공식을 이용하여 수치적으로 계산하여야 한다.

예제 6.2

탄성계수 $E = 200$ GPa과 Poisson 비 $\nu = 0.32$를 가진 강으로 된 2차원 삼각형 평면 요소가 그림 6.12에 나타나 있다. 요소의 두께는 3 mm이고, 절점 i, j, k의 좌표는 그림 6.12에 cm 단위로 주어져 있다. 주어진 조건하에서 강성행렬과 하중행렬을 결정하라.

요소의 강성행렬은 다음과 같다.

$$[\mathbf{K}]^{(e)} = V[\mathbf{B}]^T[\boldsymbol{\nu}][\mathbf{B}]$$

여기에서

$$V = tA$$

$$[\mathbf{B}] = \frac{1}{2A}\begin{bmatrix} \beta_i & 0 & \beta_j & 0 & \beta_k & 0 \\ 0 & \delta_i & 0 & \delta_j & 0 & \delta_k \\ \delta_i & \beta_i & \delta_j & \beta_j & \delta_k & \beta_k \end{bmatrix}$$

$$[\boldsymbol{\nu}] = \frac{E}{1-\nu^2}\begin{bmatrix} 1 & \nu & 0 \\ \nu & 1 & 0 \\ 0 & 0 & \dfrac{1-\nu}{2} \end{bmatrix}$$

위 행렬의 인수는 다음과 같이 계산된다.

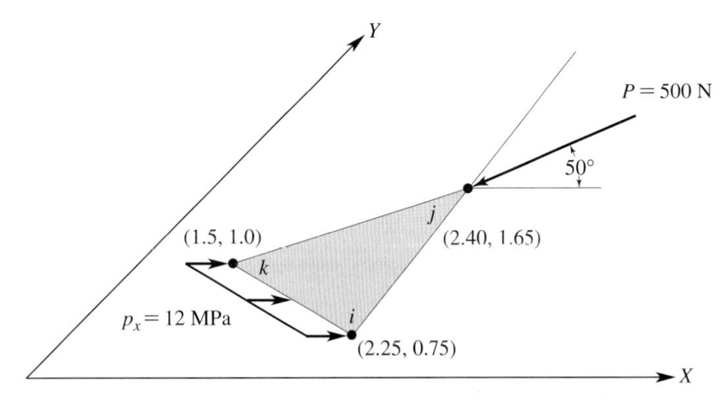

그림 6.12 예제 6.2에 사용된 요소의 하중과 절점의 좌표

$$\beta_i = Y_j - Y_k = 1.65 - 1.0 = 0.65, \quad \delta_i = X_k - X_j = 1.50 - 2.40 = -0.9$$

$$\beta_j = Y_k - Y_i = 1.0 - 0.75 = 0.25, \quad \delta_j = X_i - X_k = 2.25 - 1.5 = 0.75$$

$$\beta_k = Y_i - Y_j = 0.75 - 1.65 = -0.9, \quad \delta_k = X_j - X_i = 2.40 - 2.25 = 0.15$$

그리고

$$2A = X_i(Y_j - Y_k) + X_j(Y_k - Y_i) + X_k(Y_i - Y_j)$$

$$2A = 2.25(1.65 - 1.0) + 2.40(1.0 - 0.75) + 1.5(0.75 - 1.65) = 0.7125$$

위의 행렬에 적절한 값을 대입하면 다음을 얻는다.

$$[\mathbf{B}] = \frac{1}{0.7125}\begin{bmatrix} 0.65 & 0 & 0.25 & 0 & -0.9 & 0 \\ 0 & -0.9 & 0 & 0.75 & 0 & 0.15 \\ -0.9 & 0.65 & 0.75 & 0.25 & 0.15 & -0.9 \end{bmatrix}$$

$$[\mathbf{B}]^T = \frac{1}{0.7125}\begin{bmatrix} 0.65 & 0 & -0.9 \\ 0 & -0.9 & 0.65 \\ 0.25 & 0 & 0.75 \\ 0 & 0.75 & 0.25 \\ -0.9 & 0 & 0.15 \\ 0 & 0.15 & -0.9 \end{bmatrix}$$

$$[\boldsymbol{v}] = \frac{200 \times 10^5 \dfrac{\mathrm{N}}{\mathrm{cm}^2}}{1 - (0.32)^2}\begin{bmatrix} 1 & 0.32 & 0 \\ 0.32 & 1 & 0 \\ 0 & 0 & \dfrac{1 - 0.32}{2} \end{bmatrix} = \begin{bmatrix} 22281640 & 7130125 & 0 \\ 7130125 & 22281640 & 0 \\ 0 & 0 & 7575758 \end{bmatrix}$$

요소 강성행렬은 다음과 같이 나타낼 수 있다.

$$[\mathbf{K}]^{(e)} = \frac{(0.3)\left(\dfrac{0.7125}{2}\right)}{(0.7125)^2}\begin{bmatrix} 0.65 & 0 & -0.9 \\ 0 & -0.9 & 0.65 \\ 0.25 & 0 & 0.75 \\ 0 & 0.75 & 0.25 \\ -0.9 & 0 & 0.15 \\ 0 & 0.15 & -0.9 \end{bmatrix}\begin{bmatrix} 22281640 & 7130125 & 0 \\ 7130125 & 22281640 & 0 \\ 0 & 0 & 7575758 \end{bmatrix}$$

$$\begin{bmatrix} 0.65 & 0 & 0.25 & 0 & -0.9 & 0 \\ 0 & -0.9 & 0 & 0.75 & 0 & 0.15 \\ -0.9 & 0.65 & 0.75 & 0.25 & 0.15 & -0.9 \end{bmatrix}$$

행렬을 간단히 하면 다음을 얻는다.

$$[\mathbf{K}]^{(e)} = \begin{bmatrix} 3273759 & -1811146 & -314288 & 372924 & -2959471 & 1438221 \\ -1811146 & 4473449 & 439769 & -2907167 & 1371376 & -1566282 \\ -314288 & 439769 & 1190309 & 580495 & -876020 & -1020265 \\ 372924 & -2907167 & 580495 & 2738296 & -953420 & 168871 \\ -2959471 & 1371376 & -876020 & -953420 & 3835491 & -417957 \\ 1438221 & -1566282 & -1020265 & 168871 & -417957 & 1397411 \end{bmatrix} (\text{N/cm})$$

분포하중에 의한 하중행렬은 다음과 같다.

$$\{\boldsymbol{F}\}^{(e)} = \frac{tL_{ik}}{2}\begin{Bmatrix} p_x \\ p_y \\ 0 \\ 0 \\ p_x \\ p_y \end{Bmatrix} = \frac{(0.3)\sqrt{(2.25 - 1.5)^2 + (0.75 - 1.0)^2}}{2}\begin{Bmatrix} 1200 \\ 0 \\ 0 \\ 0 \\ 1200 \\ 0 \end{Bmatrix} = \begin{Bmatrix} 142 \\ 0 \\ 0 \\ 0 \\ 142 \\ 0 \end{Bmatrix}$$

집중하중에 의한 하중행렬은 다음과 같다.

$$\{\boldsymbol{F}\}^{(e)} = \begin{Bmatrix} 0 \\ 0 \\ Q_{jx} \\ Q_{jy} \\ 0 \\ 0 \end{Bmatrix} = \begin{Bmatrix} 0 \\ 0 \\ -500\cos(50) \\ -500\sin(50) \\ 0 \\ 0 \end{Bmatrix} = \begin{Bmatrix} 0 \\ 0 \\ -321 \\ -383 \\ 0 \\ 0 \end{Bmatrix}$$

요소의 전체 하중행렬은 다음과 같다.

$$\{\boldsymbol{F}\}^{(e)} = \begin{Bmatrix} 142 \\ 0 \\ -321 \\ -383 \\ 142 \\ 0 \end{Bmatrix} (\text{N})$$

6.4 축대칭 정식화

이번 절에서는 축대칭 삼각형 요소의 강성행렬 유도 방법을 간단히 알아본다. 이번 절차는 6.2절에서 직교 좌표를 이용하여 한 점에서의 응력 상태를 표현했을 때와 유사한 방식으로 진행할 것이다. 하지만 축대칭 정식화(axisymmetric formulation)를 위해서는 원통 좌표계가 필요하다. 또한 형상과 하중이 z축에 대하여 대칭이기 때문에, 한 점에서의 응력과 변형률은 다음과 같은 성분에 의해 정의된다.

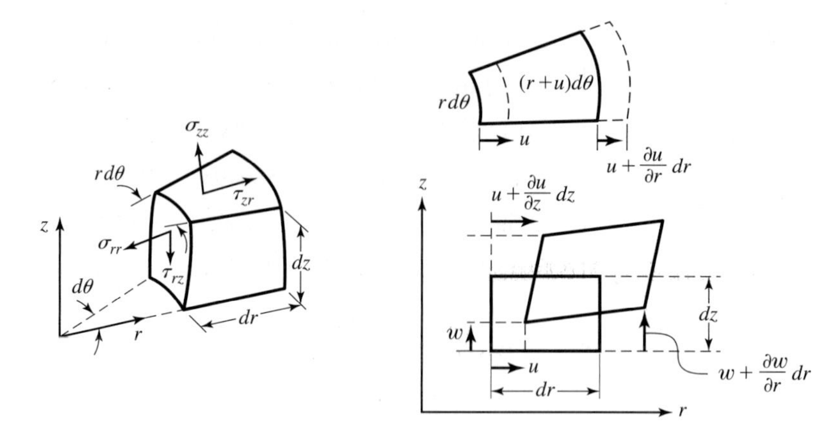

그림 6.13 원통 좌표계에서 응력과 변위 성분

$$[\sigma]^T = [\sigma_{rr} \quad \sigma_{zz} \quad \tau_{rz} \quad \sigma_{\theta\theta}] \tag{6.54}$$

$$[\boldsymbol{\varepsilon}]^T = [\varepsilon_{rr} \quad \varepsilon_{zz} \quad \gamma_{rz} \quad \varepsilon_{\theta\theta}] \tag{6.55}$$

변형률과 변위에 관한 식은 다음과 같이 주어진다.

$$\varepsilon_{rr} = \frac{\partial u}{\partial r}, \quad \varepsilon_{zz} = \frac{\partial w}{\partial z}, \quad \gamma_{rz} = \frac{\partial u}{\partial z} + \frac{\partial w}{\partial r}, \quad \varepsilon_{\theta\theta} = \frac{u}{r} \tag{6.56}$$

그림 6.13은 변형을 시각화하는 데 도움이 될 것이다. 일반화된 Hooke의 법칙에 의해 응력과 변형률의 관계는 다음과 같이 주어진다.

$$\begin{Bmatrix} \sigma_{rr} \\ \sigma_{zz} \\ \tau_{rz} \\ \sigma_{\theta\theta} \end{Bmatrix} = \frac{E(1-\nu)}{(1+\nu)(1-2\nu)} \begin{bmatrix} 1 & \dfrac{\nu}{1-\nu} & 0 & \dfrac{\nu}{1-\nu} \\ \dfrac{\nu}{1-\nu} & 1 & 0 & \dfrac{\nu}{1-\nu} \\ 0 & 0 & \dfrac{1-2\nu}{2(1-\nu)} & 0 \\ \dfrac{\nu}{1-\nu} & \dfrac{\nu}{1-\nu} & 0 & 1 \end{bmatrix} \begin{Bmatrix} \varepsilon_{rr} \\ \varepsilon_{zz} \\ \gamma_{rz} \\ \varepsilon_{\theta\theta} \end{Bmatrix} \tag{6.57}$$

식 (6.57)은 다음과 같이 간단한 형태로 표현된다.

$$\{\boldsymbol{\sigma}\} = [\boldsymbol{\nu}]\{\boldsymbol{\varepsilon}\} \tag{6.58}$$

다음 과정은 변수 u, w를 축대칭 삼각형 형상함수로 표현하는 것이다. 축대칭 삼각형 요소의 절점변위는 그림 6.14에 나타나 있다.

$$\begin{Bmatrix} u \\ w \end{Bmatrix} = \begin{bmatrix} S_i & 0 & S_j & 0 & S_k & 0 \\ 0 & S_i & 0 & S_j & 0 & S_k \end{bmatrix} \begin{Bmatrix} U_{ir} \\ U_{iz} \\ U_{jr} \\ U_{jz} \\ U_{kr} \\ U_{kz} \end{Bmatrix} \tag{6.59}$$

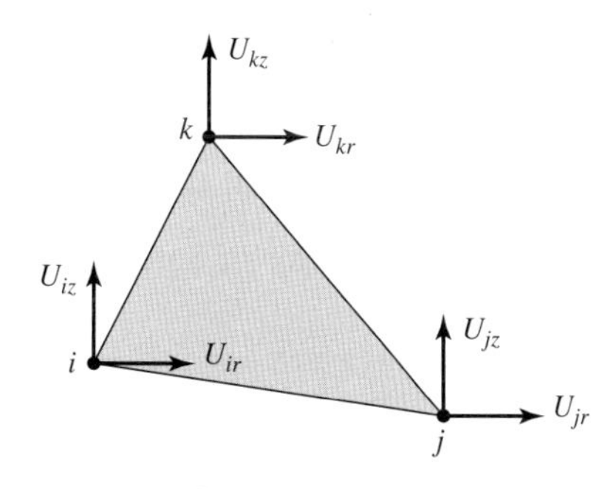

그림 6.14 축대칭 삼각형 요소의 절점변위

형상함수에 관한 표현은 식 (5.27)에 주어져 있다. 다음 과정으로 변형률-변위 관계에서 변형률을 계산한다.

$$\varepsilon_{rr} = \frac{\partial u}{\partial r} = \frac{\partial}{\partial r}[S_i U_{ir} + S_j U_{jr} + S_k U_{kr}] \tag{6.60}$$

$$\varepsilon_{zz} = \frac{\partial w}{\partial z} = \frac{\partial}{\partial z}[S_i U_{iz} + S_j U_{jz} + S_k U_{kz}] \tag{6.61}$$

$$\gamma_{rz} = \frac{\partial u}{\partial z} + \frac{\partial w}{\partial r} = \frac{\partial}{\partial z}[S_i U_{ir} + S_j U_{jr} + S_k U_{kr}] + \frac{\partial}{\partial r}[S_i U_{iz} + S_j U_{jz} + S_k U_{kz}] \tag{6.62}$$

$$\varepsilon_{\theta\theta} = \frac{u}{r} = \frac{S_i U_{ir} + S_j U_{jr} + S_k U_{kr}}{r} \tag{6.63}$$

식 (6.2)에서처럼 변위장 성분의 도함수를 구한 후, 변형률 성분과 절점변위의 관계를 아래와 같이 간단한 행렬식으로 나타낼 수 있다.

$$\{\boldsymbol{\varepsilon}\} = [\boldsymbol{B}]\{\boldsymbol{U}\} \tag{6.64}$$

이제 변형률 행렬(변위의 성분)을 축대칭 삼각형 요소의 변형률-에너지 식에 대입하면 결과적으로 다음과 같은 강성행렬을 계산할 수 있다.

$$[\boldsymbol{K}]^{(e)} = 2\pi \int [\boldsymbol{B}]^T[\nu][\boldsymbol{B}] r dA \tag{6.65}$$

결과적으로 위의 강성행렬은 6×6행렬이다.

6.5 기본 파손 이론

대부분의 고체 구조해석의 목적 중 하나는 구조물의 파손(failure)을 검사하는 것이다. 파손을 예측하는 것은 아주 복잡하며 많은 연구자들이 이 주제를 연구해 왔다. 이 절에서는 몇 가지 파손 이론에 대한 간단한 개요를 제시한다. 파손 이론에 대한 깊이 있는 고찰을 위해서는 재료역학이나 기계설계에 대한 좋은 교재를 학습하도록 권장한다(좋은 교재의 예로 Shigley와 Mischke(1989)의 책을 보라).

ANSYS를 사용하여 재료 내의 주응력 σ_1과 σ_2는 물론 응력 성분 σ_x, σ_y 및 τ_{xy}의 분포

를 계산할 수 있다. 그렇지만 고체 부품이 주어진 하중하에서 영구변형이나 파손이 일어날 것인가 아닐 것인가를 어떻게 결정할 것인가? 재료역학 수업에서 재료의 거동에 대한 불확실성을 보완하거나 고려하지 못한 미지의 하중이 가해졌을 때를 대비하여 다음과 같이 정의된 **안전율**(F.S., Factor of Safety)을 도입한다고 배운 바 있다.

$$\text{F.S.} = \frac{P_{\text{max}}}{P_{\text{allowable}}} \tag{6.66}$$

여기서 P_{max}는 파손을 일으키는 하중이다. 이와는 달리, 하중과 응력이 선형적인 관계에 있는 경우에는 안전율을 파손을 일으키는 최대 응력(maximum stress)과 허용응력(allowable stress)의 비로 정의하는 것이 관례적이다. 그런데 재료 내의 응력 분포에 대한 계산 결과를 파손을 예측하는 데 어떻게 적용할 것인가? 먼저 **주응력**(principal stress)과 **최대 전단응력**(maximum shear stress)이 어떻게 계산되는지 고찰하자. 한 점의 면 내 주응력은 그 점에서의 σ_{xx}, σ_{yy}, τ_{xy}로부터 다음 식을 이용하여 계산된다.

$$\sigma_{1,2} = \frac{\sigma_x + \sigma_y}{2} \pm \sqrt{\left(\frac{\sigma_x - \sigma_y}{2}\right)^2 + \tau_{xy}^2} \tag{6.67}$$

그 점에서의 면 내 최대 전단응력은 다음 관계식으로부터 계산된다.

$$\tau_{\text{max}} = \sqrt{\left(\frac{\sigma_x - \sigma_y}{2}\right)^2 + \tau_{xy}^2} \tag{6.68}$$

최대 수직응력설, 최대 전단응력설과 전단변형 에너지 이론을 포함하는 많은 파손 이론이 있다. 종종 von Mises-Hencky 이론이라고도 불리는 전단변형 에너지 이론은 연성재료(ductile material)의 파손을 예측하는 데 가장 보편적으로 사용되는 판정식 중 하나이다. 이 이론은 항복의 시작을 정의하는 데 사용된다. 2차원 평면 문제에서 von Mises 응력 σ_v는 다음 식으로 계산된다.

$$\sigma_v = \sqrt{\sigma_1^2 - \sigma_1\sigma_2 + \sigma_2^2} \tag{6.69}$$

안전한 설계란 재료 내의 von Mises 응력을 재료의 항복응력 이하로 유지시키는 것이다. von Mises 응력, 항복응력 및 안전율 사이에는 다음과 같은 관계가 있다.

$$\sigma_v = \frac{S_Y}{\text{F.S.}} \tag{6.70}$$

여기서 S_Y는 재료의 항복응력으로 인장시험에서 얻어진다. 취성재료(brittle material)는 대부분 항복이 일어나지 않고 갑자기 파손하는 경향이 있다. 평면응력 상태에 있는 취성재료에서는 최대 수직응력설이 사용되는데, 이는 재료 내부의 어떤 점에서 주응력이 그것의 극한수직강도를 초과하는 경우에 파손이 일어난다는 이론이다. 이 이론은 다음 식과 같이 표시된다.

$$|\sigma_1| = S_{\text{ultimate}}, \qquad |\sigma_2| = S_{\text{ultimate}} \tag{6.71}$$

여기서 S_{ultimate}는 재료의 극한강도(ultimate strength)로 인장시험에서 얻어진다. 최대 수직 응력설은 인장특성과 압축특성이 다른 재료에 대해서는 파손을 적절히 예측할 수 없는 경우도 있다. 이러한 구조물에서는 **Mohr의 파손 조건**(failure criteria)을 사용한다.

6.6 ANSYS를 이용한 예제

ANSYS에는 2차원 솔리드-구조 문제의 해석에 사용하는 많은 요소가 있다. 이 중 일부는 5장에서 소개하였다. 여기에서는 다음과 같은 2차원 솔리드-구조 요소를 소개한다. ANSYS 내의 2차원 솔리드-구조 요소는 PLANE182와 PLANE183을 포함한다.

PLANE182 솔리드 구조의 2D 모델링에 사용되는 4절점 요소이다. 이 요소는 평면 요소(평면응력, 평면변형률 또는 일반화된 평면변형률) 또는 축대칭 요소 중 하나로 사용될 수 있다.

PLANE183 6절점(삼각형) 또는 8절점(사각형) 솔리드 고체 요소로 사용할 수 있다. 이차 변위 거동을 가지며 불규칙한 모양을 모델링하는 데 적합하다. 이 요소는 6절점 또는 8절점으로 정의되며, 각 절점에서 2차 자유도를 갖는다. 절점의 x 및 y방향으로의 직선 운동, 요소는 평면 요소(평면응력, 평면변형률 및 일반화된 평면변형률)로 사용되거나 축대칭 요소로 사용될 수 있다. KEYOPT(1)은 삼각형 모양의 요소에 대해 1로 설정된다.

6.1절에서의 이론 같이, 비틀림 문제와 열전달 문제 사이에 지배 방정식의 유사성으로 인해, 위 목록에 있는 요소들 외에도 열-솔리드 요소(PLANE35: 6절점 삼각형 요소, PLANE55: 4절점 사변형 요소, PLANE 77: 8절점 사변형 요소)를 비틀림 문제를 모델링하기 위해서 사용할 수 있다. 그러나 열-솔리드 요소를 사용할 때는, 적절한 값이 특성장(property field)과 경계조건으로 보충되어야 한다. 예제 6.1 다시보기는 이러한 점을 보여준다.

예제 6.3

그림 6.15에 나타낸 철재 자전거 렌치(bicycle wrench, $E = 200$ GPa, $\nu = 0.3$)를 고려한다. 렌치의 두께는 3 mm이다. 주어진 분포하중과 경계조건 하에서 렌치 내의 von Mises 응력을 계산하라.

이 문제를 다음과 같은 4단계로 해석한다.

(1) 문제에 대한 기하 생성 (2) 적절한 요소의 선택

(3) 경계조건의 부과 (4) 해석

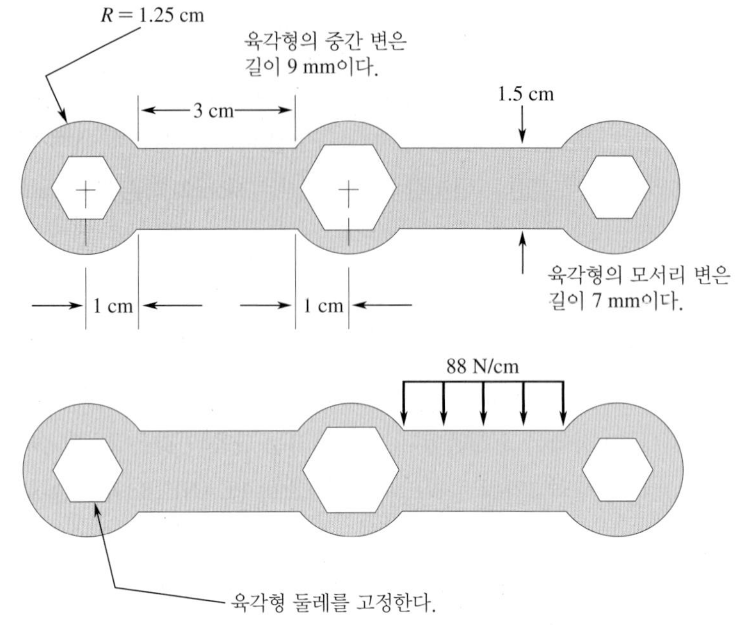

그림 6.15 예제 6.3의 자전거 렌치의 개략도

이 모델은 부품이 125 mm 길이와 25 mm 높이와 같은 다른 치수에 비해 두께가 3 mm로 상대적으로 얇기 때문에 2D 평면응력 모델을 사용하여 풀이할 것이다.

Workbench 19.2를 실행하고, **Static Structural** 시스템을 추가하고, Example 6.3으로 파일을 저장한다. 파일을 저장을 위해 선택한 폴더는 네트워크상의 저장소가 아니라, ANSYS를 실행하는 컴퓨터의 로컬 저장소이다.

Geometry를 Mechanical Model에 부착하기 전에 2D 모델의 Analysis Type을 2D로 설정하는 것이 중요하다. Geometry에 마우스 오른쪽 버튼을 클릭하고, Properties를 선택한다. Advanced Geometry Options에서 Analysis Type을 2D로 변경한다.

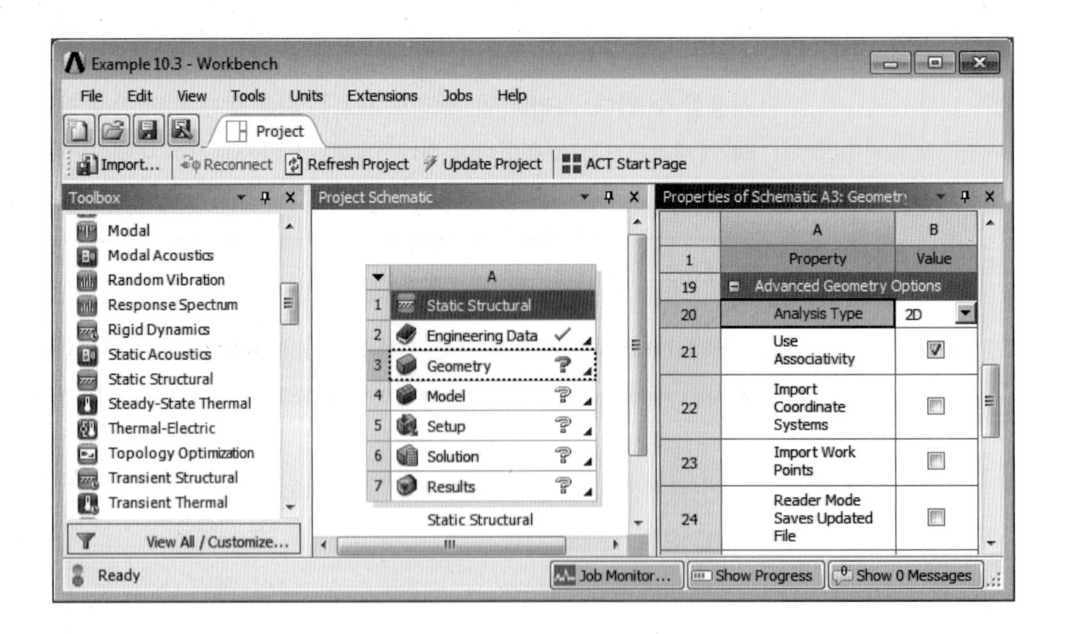

Engineering Data(예제 2.2 참조)를 열어 기본값인 Structural Steel이 이 문제에서 요구하는 정확한 Young's Modulus와 Poisson 비를 가지고 있는지 확인한다. Geometry 셀을 두 번 클릭한 후 SpaceClaim을 실행한다. File의 SpaceClaim Options에서 Units을 선택하고, Length를 Centimeters로 변경한다. Grid로 스크롤하여 Minor grid spacing를 0.05 cm로 설정한 다음 OK를 클릭한다.

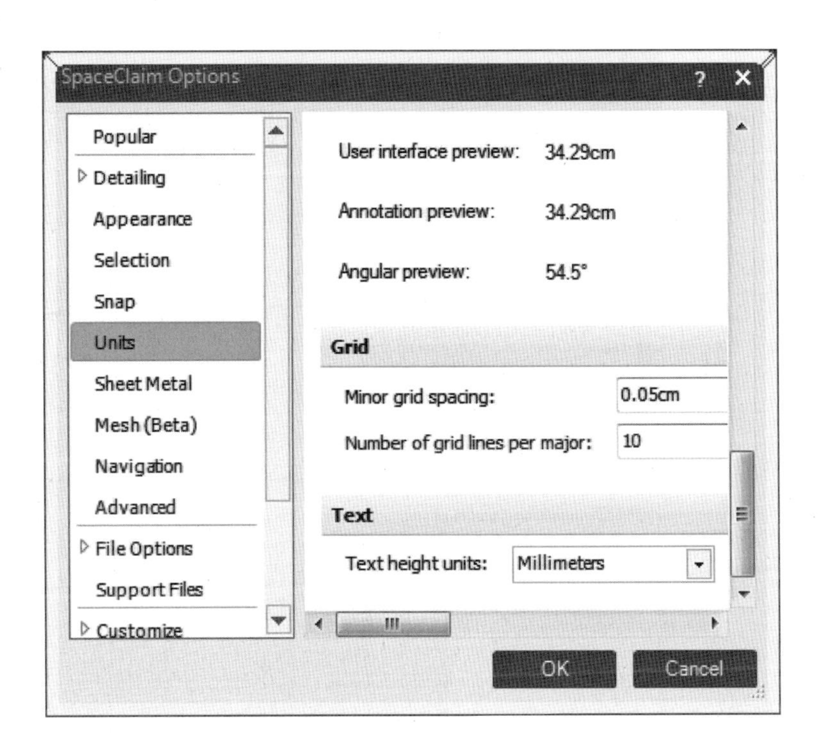

2D 모델에서는 X-Y 평면에 지오메트리를 그리는 것이 중요하다. Select New Sketch Plane을 클릭하고, 화면 중앙의 좌표계 주위로 마우스를 이동한 다음 X-Y 평면에 불이 들어올 때 클릭한다. 화면을 변경하기 위해 **Plan View** 버튼을 클릭하거나 V를 입력한다. Circle을 클릭한 다음 원점을 클릭하면 직경 태그가 나타난다. 2.5를 입력하고 Enter를 치거나 grid를 드래그하여 2.5를 찾아서 클릭한다.

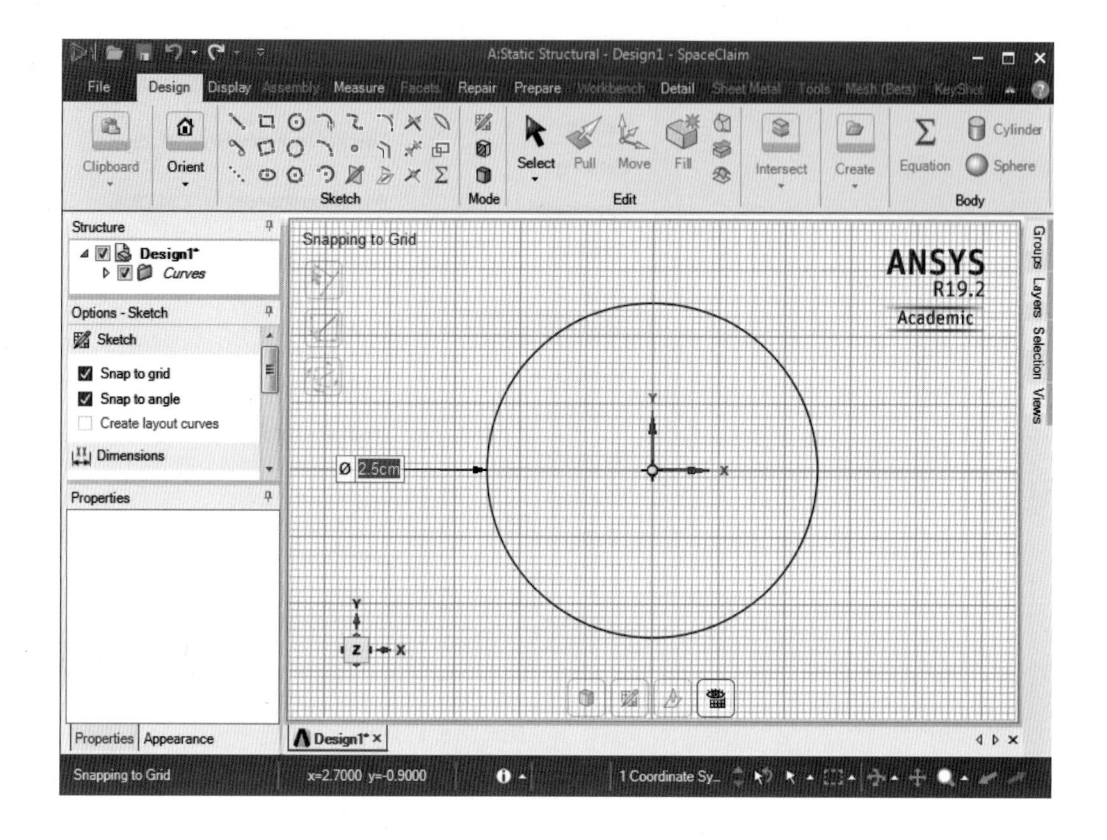

Move를 클릭하고, 원을 클릭한 다음 Ctrl 키를 누른 상태에서 녹색 화살표를 오른쪽으로 드래그한다. 입력 칸에 5를 입력하고 Enter를 친다.

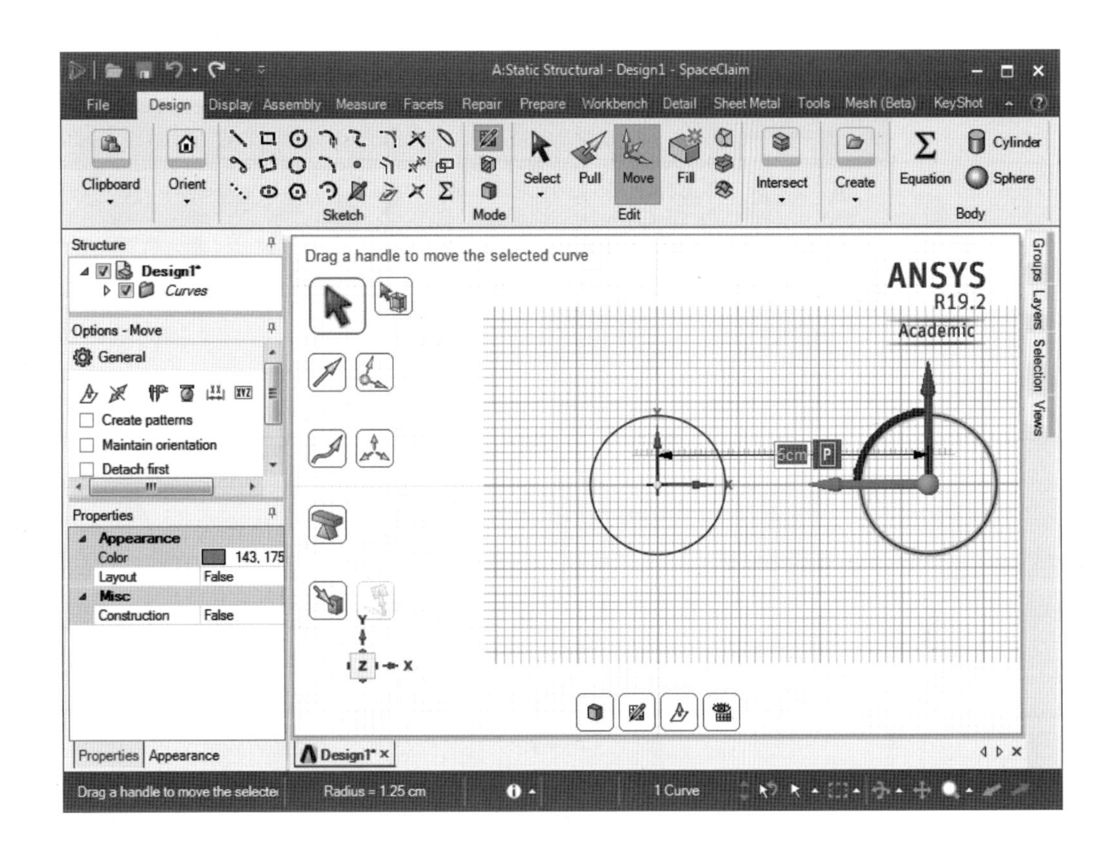

Z 키를 눌러 화면을 확대/축소한다. Rectangle을 클릭한다. 커서 위치의 xy 좌표값을 사용하여 직사각형의 첫 번째 모서리를 x = 0.000 y = 0.7500에 클릭하고, 드래그하여 두 번째 모서리를 x = 5.0000 y = −0.7500에 클릭한다.

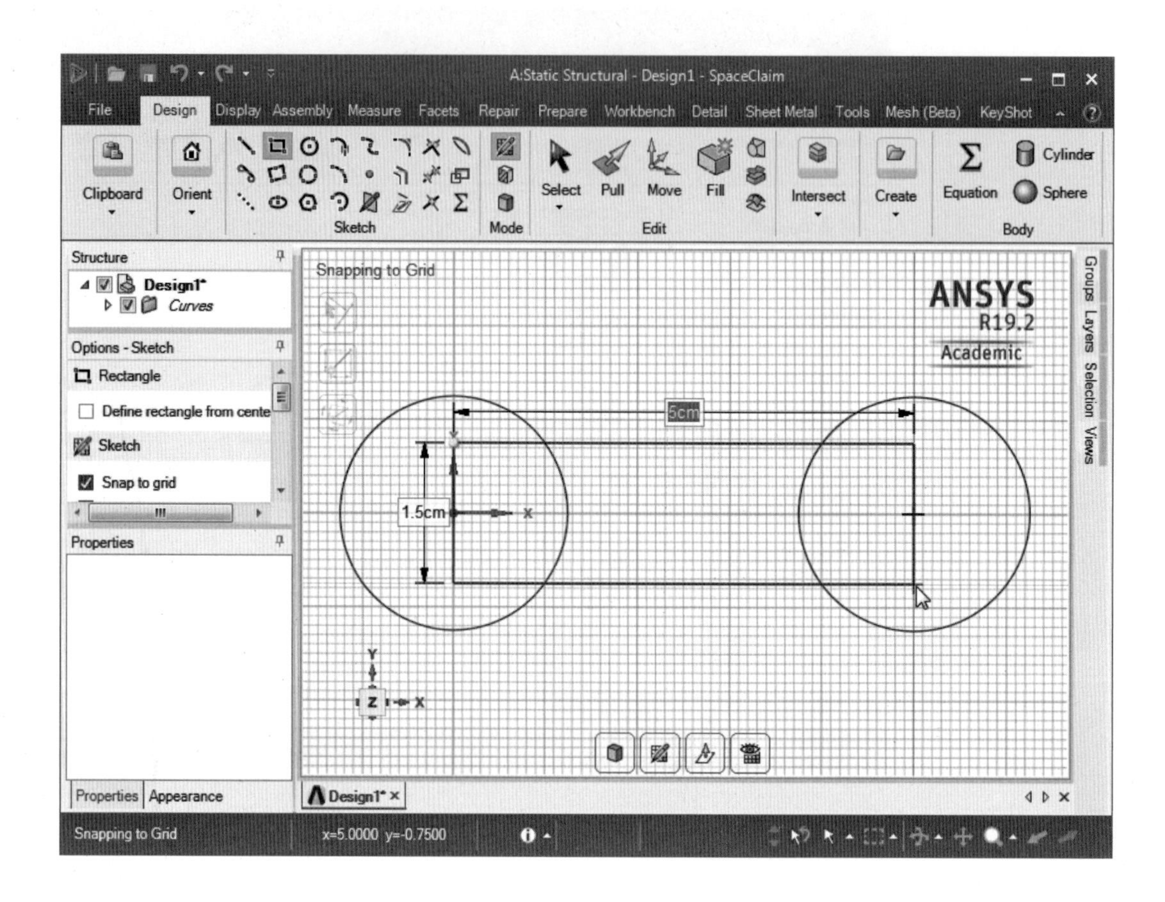

T를 입력하거나 Trim Away를 클릭하고, 렌치의 중심과 오른쪽 끝단에 있는 4개의 선이나 호를 클릭한다.

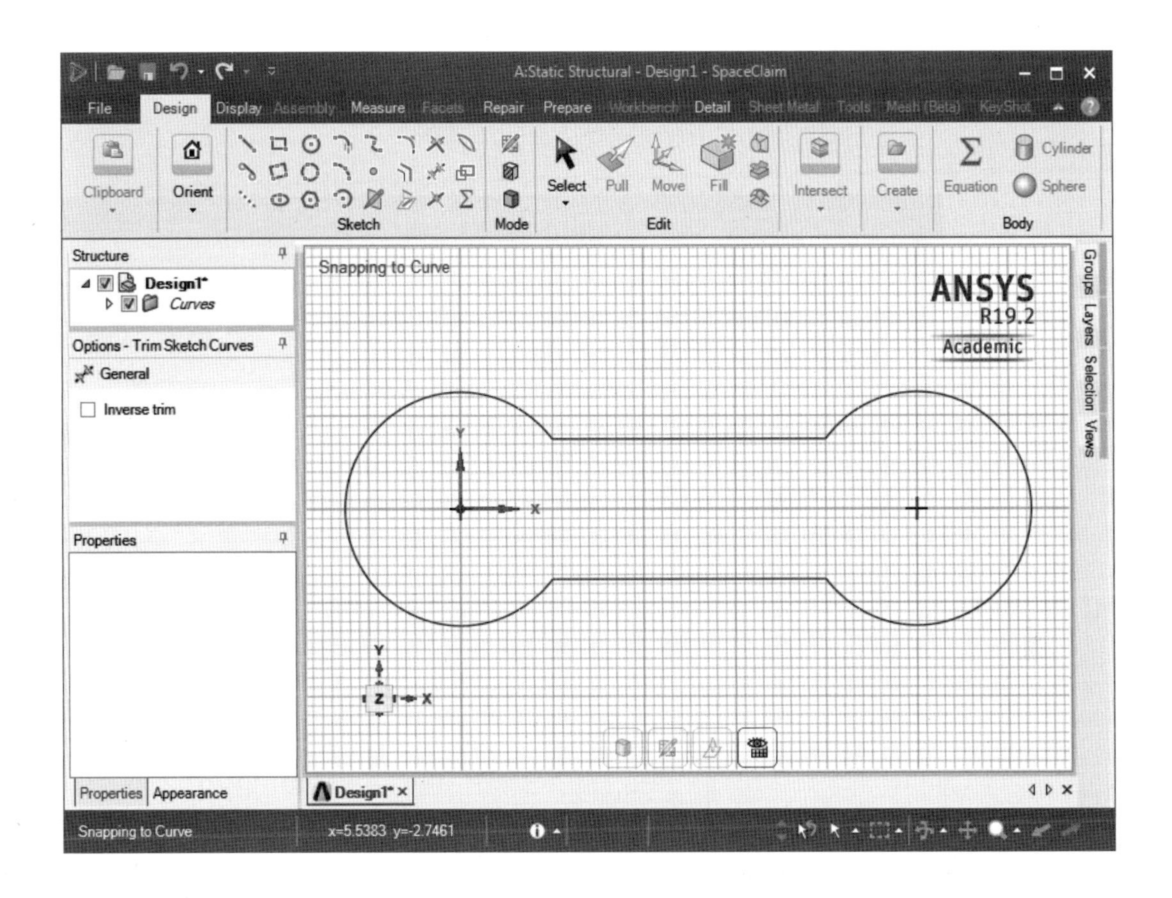

Polygon을 클릭하고, Options-Sketch Polygon에서 Use internal radius를 선택 취소한다. 육각형의 중심을 원점에 설정하여 클릭한다. 그 다음 마우스를 이동하여 육각형이 30도 방향으로 회전하도록 하고, 1.8을 입력하고 Enter를 눌러 직경을 고정한다(반경은 9 mm이고, 이는 육각형의 각 변의 길이이다). 오른쪽 원의 중심점을 클릭하고, 육각형을 30도 방향으로 회전시킨 다음 1.4를 입력하고 Enter를 친다.

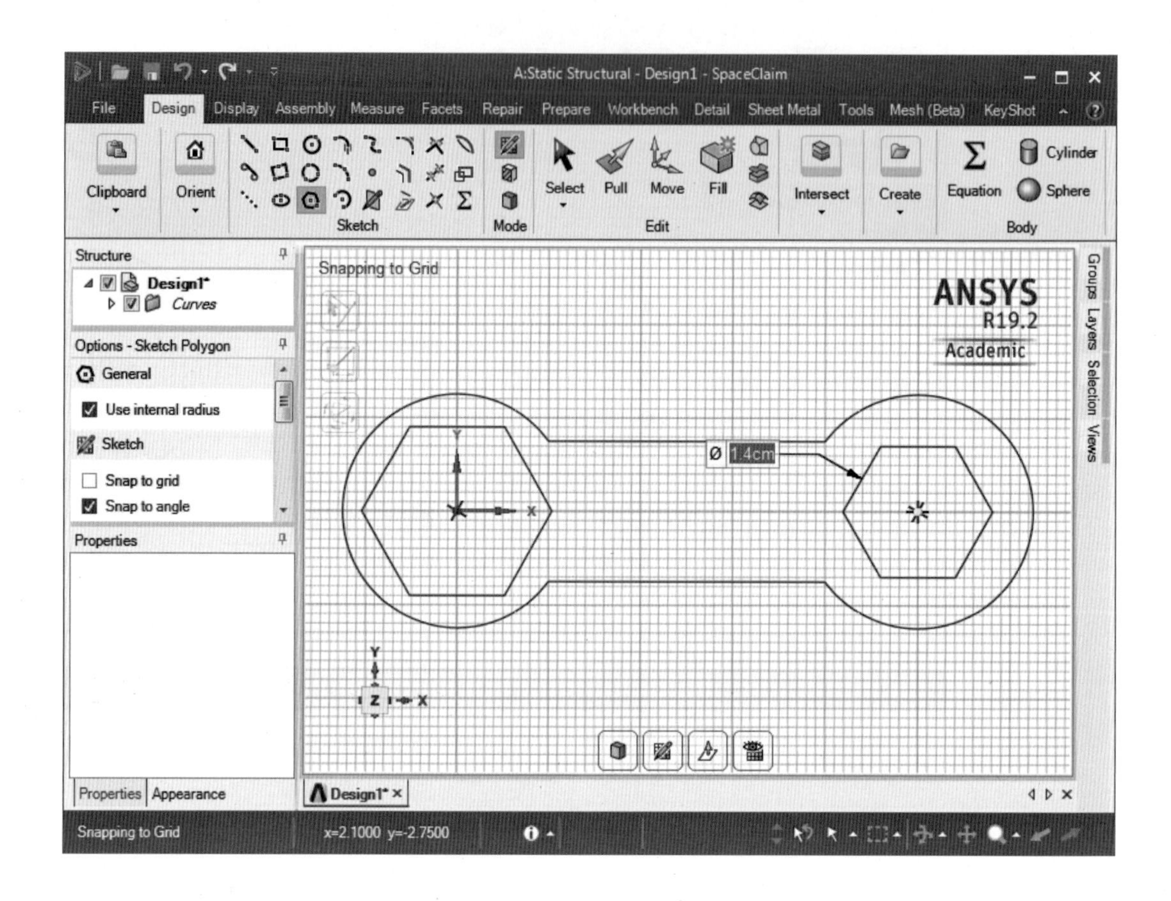

Create 그룹에 Mirror가 있으며, 이 항목을 클릭한 다음 Y축을 클릭하고 두 수평선, 호, 그리고 육각형을 클릭한다. 적합한 화면 설정을 위해 Z를 누른다. T를 누르고 최종 윤곽선으로 Trim Away를 해야 하는 호를 클릭한다.

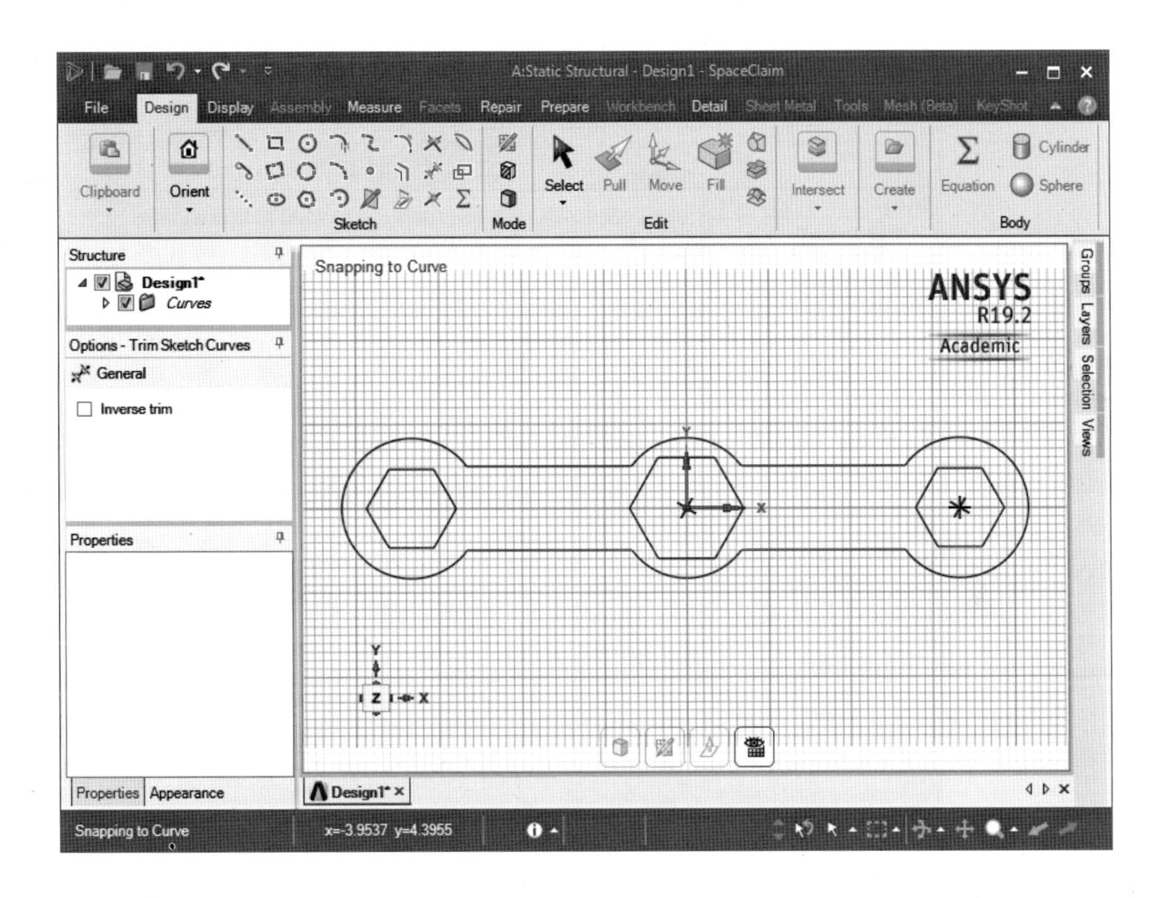

3D Mode 버튼을 클릭하면 surface가 생성된다. Select를 클릭하고 Ctrl 키를 누른 상태에서 부품의 홀을 나타내는 3개의 surface를 클릭한다.

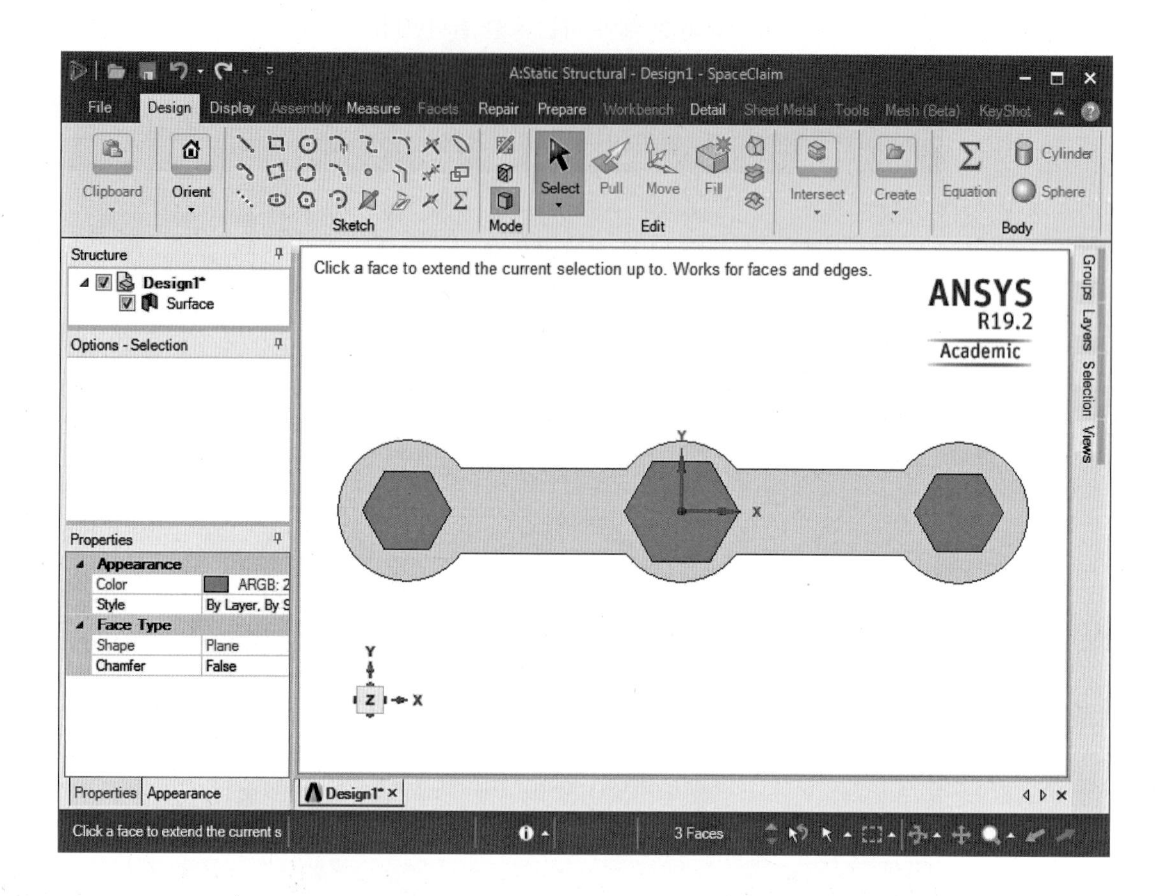

Delete 키를 누른 다음 SpaceClaim을 종료한다. Workbench의 Static Structural 시스템에서 Model 셀을 두 번 클릭하여 Mechanical app을 실행한다.

Geometry를 클릭하고 세부정보 창에서 2D Behavior를 이 문제에 적합한 Plane Stress로 설정한다. 이 부품이 매우 길게 돌출된 부품일 경우, 모델을 무한한 깊이를 가정하는 Plane Stress로 설정할 수 있다.

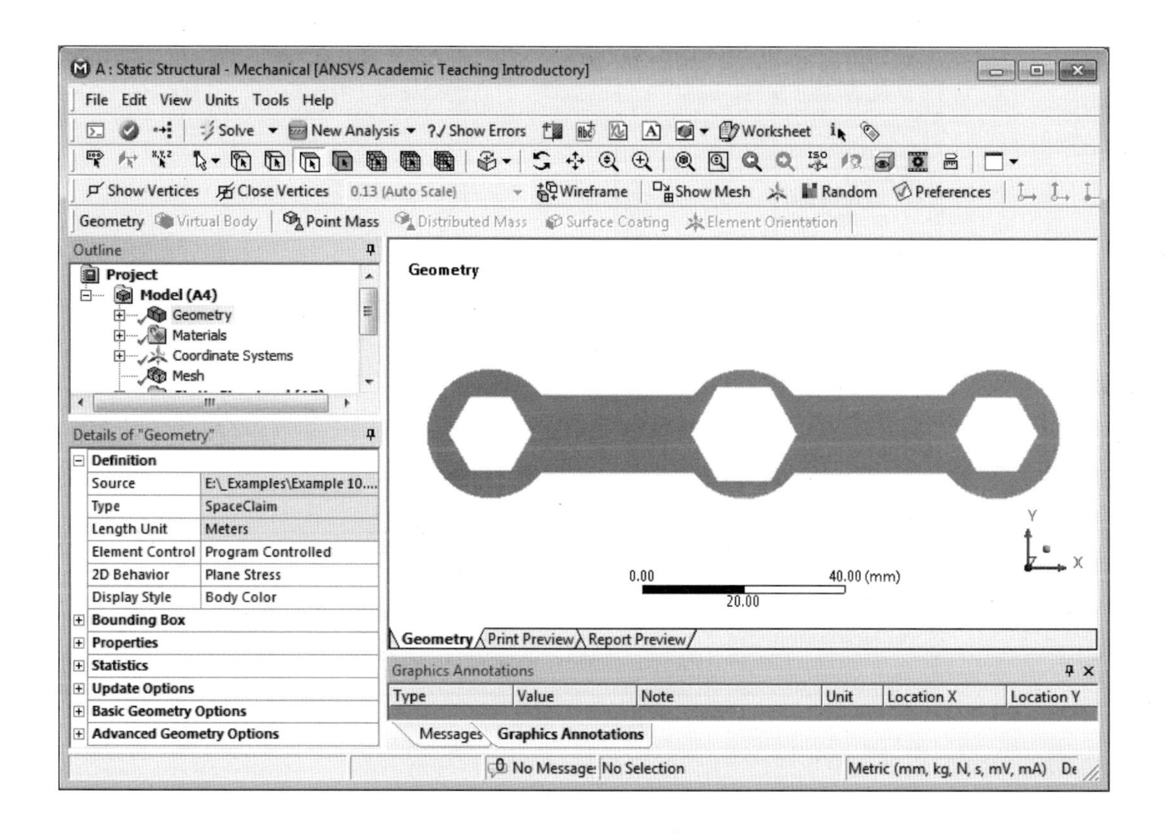

Geometry 분기를 확장하고 SYS\Surface body를 선택한다. Thickness 값을 3 mm로 변경한다. Material Assignment는 Structural Steel로 표시되며, 문제에서 요구하는 물성을 가지는 것을 확인하였다.

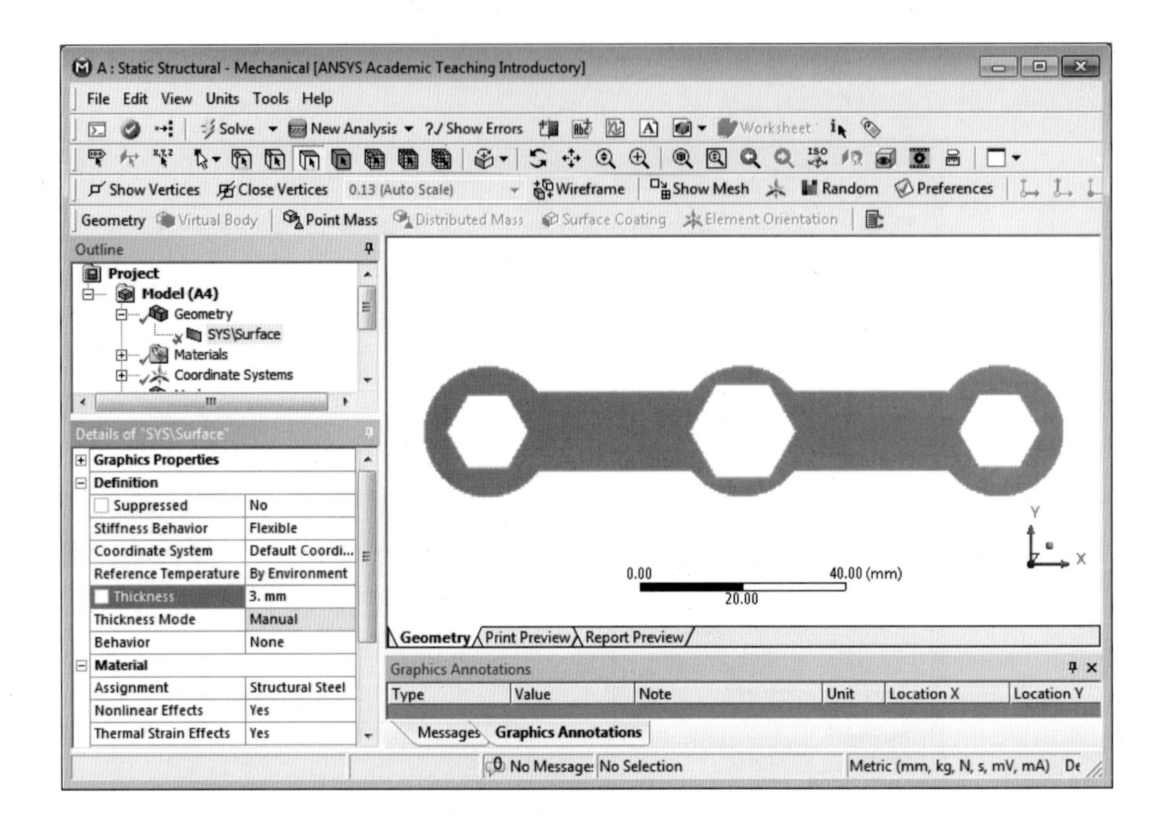

Mesh를 클릭하고 Element Size를 Defaults에서 1 mm로 변경한다. Mesh에 마우스 오른쪽 버튼을 클릭하고, Generate Mesh를 선택한다.

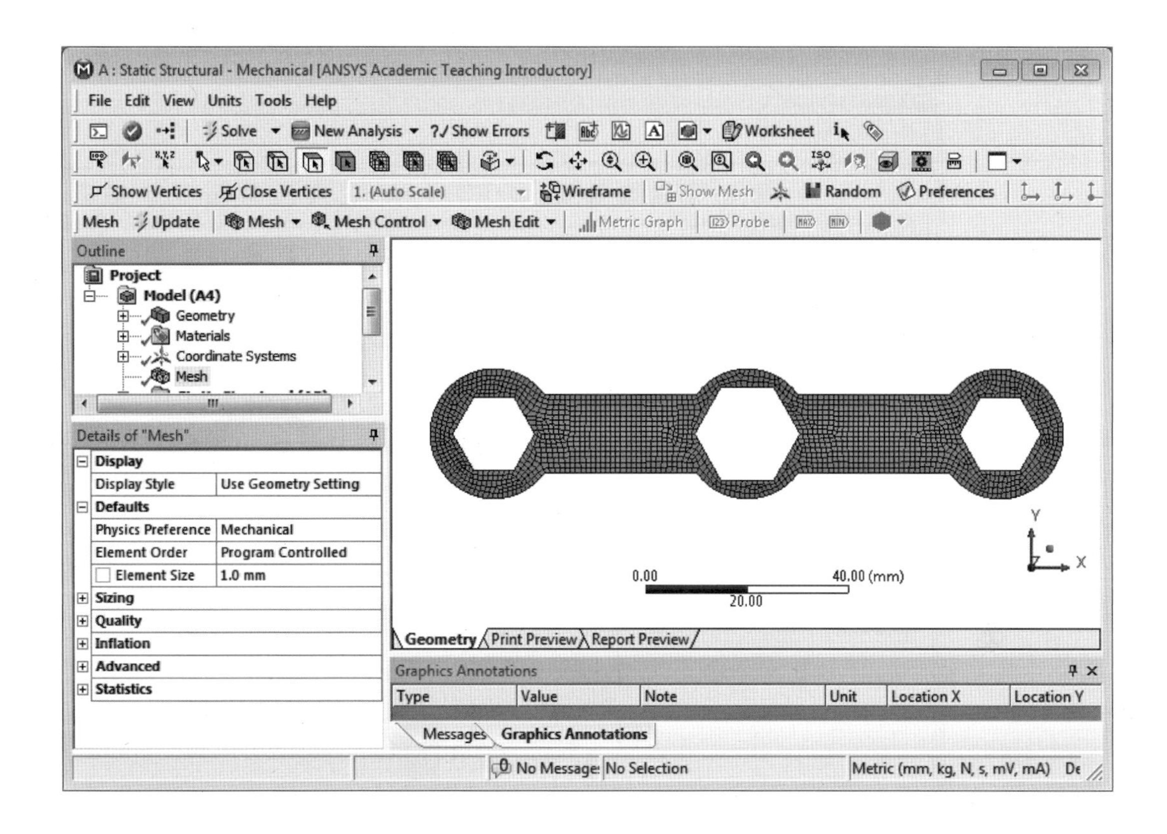

Outline에서 Static Structural을 클릭하고, Supports를 아래로 당긴 다음 Fixed Support를 선택한다. Edge geometry filter를 선택한 다음 Ctrl 키를 누른 상태에서 왼쪽 육각형 주변의 6개 선을 클릭하고, Apply를 누른다.

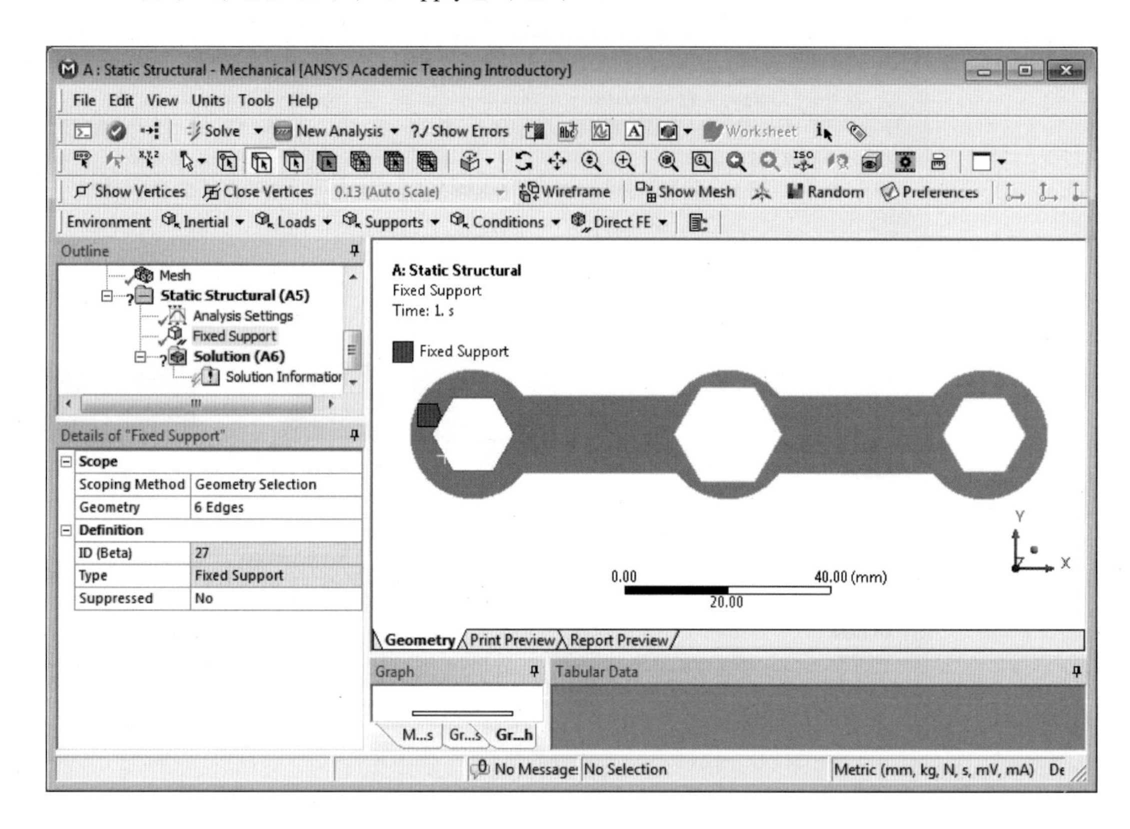

문제에서는 길이가 3 cm인 가장자리에 88 N/cm의 하중이 작용한다고 언급하였다. ANSYS Classic은 3 cm 가장자리에 88 N/cm^{2}의 압력을 가해야 하지만, Mechanical app에서는 cm를 선택할 수 없기 때문에 100으로 나누어서 mm^{2}로 변환시켜야 한다. Loads에서 Pressure를 클릭하고, 가장자리를 선택한 다음 Apply를 누른다. 노란색 영역에는 0.88을 입력한다.

Solution 분기를 클릭하고, Deformation에서 Total을 선택한다. Stress에서는 Equivalent (von-Mises)를 선택한다. Solve를 클릭하고, 해석이 완료되면 Total Deformation을 클릭한 다음 Max flag를 클릭한다. 고품질의 플롯을 저장하려면 New Figure이나 Image에서 **Image to File** 버튼을 클릭한다.

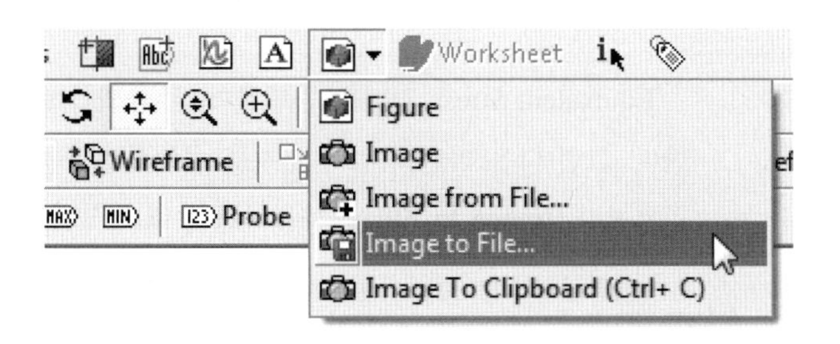

High Resolution을 선택하고 흰색 배경을 원할 경우 여기에서 설정한다. 또 플롯의 고해상도에 맞추어 글꼴을 확대하는 것도 유용하다.

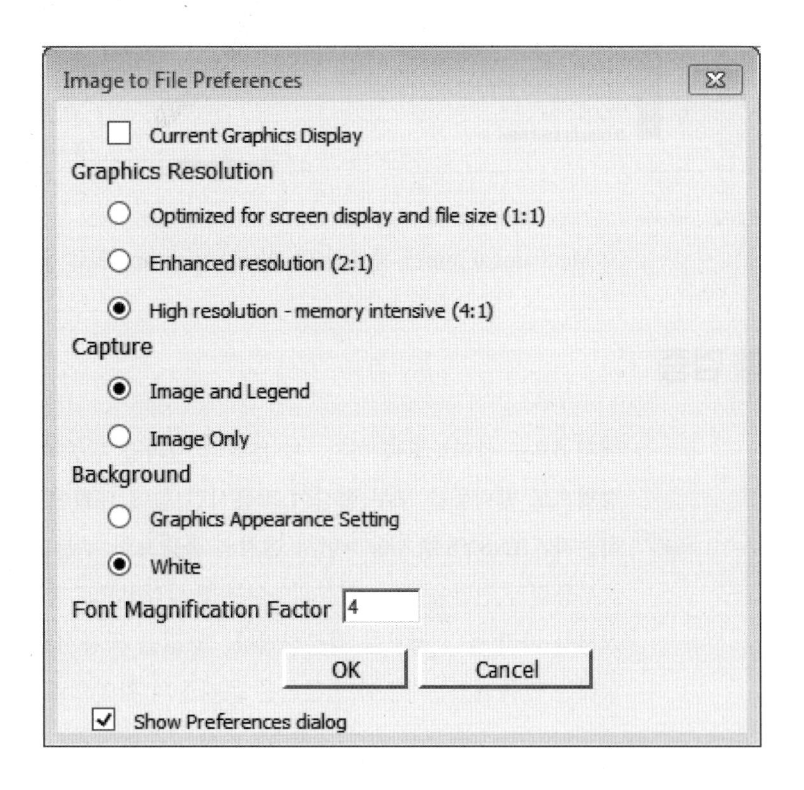

다음 플롯은 High Resolution 버전이며, Result factor가 10으로 표시된다.

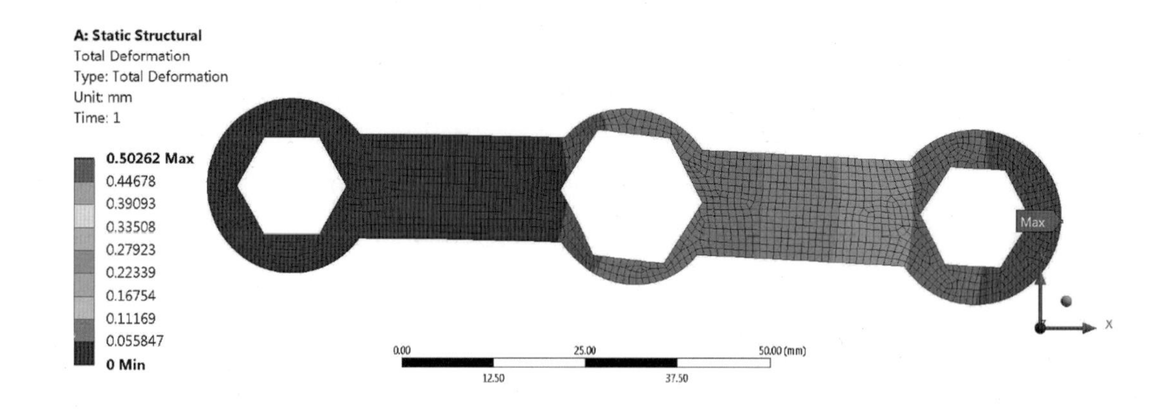

Equivalent Stress 결과를 클릭한다. 주황색과 빨간색 사이의 숫자를 클릭하고 45를 입력한다. 그런 다음 파란색 위의 숫자를 클릭하고 5를 입력하면 색 배율이 플롯 전체에 고르게 펼쳐진다. **Image to File**을 사용하면 응력의 고해상도 플롯 결과가 생성된다.

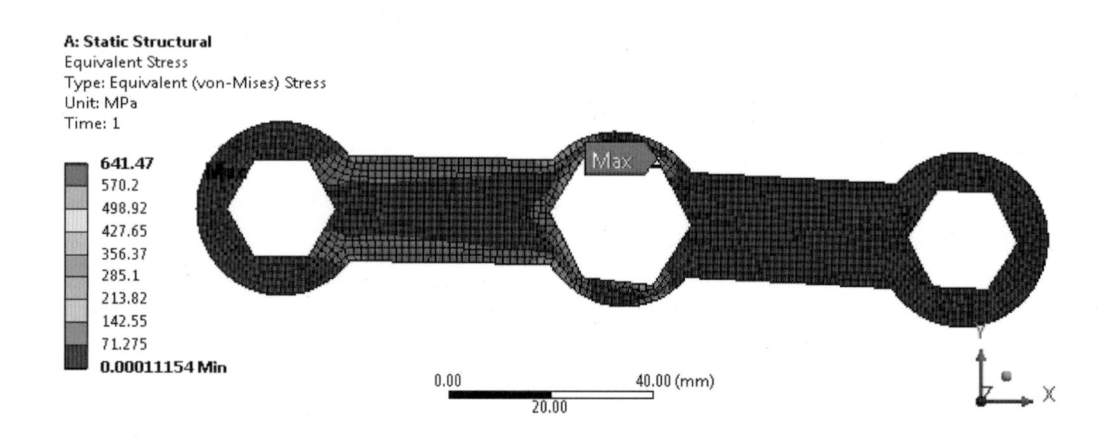

Mechanical app을 종료하고, Workbench app으로 돌아와 File → Save를 클릭한다.

6.7 결과 검증

예제 6.3을 살펴보도록 하자. 이 문제의 결과를 검증하는 데는 여러 방법이 있다. 한 가지 방법으로 반력들을 모두 합하여 작용시킨 힘에 대하여 비교해 본다. 정적 안정상태는 만족하는가? ANSYS를 사용하면서 렌치의 불필요한 부분을 제거할 수도 있고, 각 구역에 따른 국부응력과 전단응력의 x성분과 y성분을 시각적으로 평가할 수도 있다. 내력을 구하기 위해 절차를 따라 응력 정보를 적분하거나, 그 값을 작용시킨 힘과 비교할 수도 있다. 정적 안정상태는 만족되었는가? 이 질문들은 독자들의 확인으로 남겨 둔다.

요약

1. 해석해가 존재하는 간단한 문제의 경우 무조건 유한요소 모델을 만들어 해석하는 것보다 해석해를 이용하는 것이 바람직하다. 꼭 필요할 때에만 유한요소해석을 수행하라. 기초적인 비틀림 문제의 경우 해석해를 사용하는 것이 적절하다.

2. 비틀림 문제에 대한 강성행렬은 2차원 열전도 문제에서 구한 열전도행렬과 유사하다. 직사각형 요소에 대한 강성행렬과 하중행렬은 다음과 같다.

$$[\mathbf{K}]^{(e)} = \frac{w}{6\ell}\begin{bmatrix} 2 & -2 & -1 & 1 \\ -2 & 2 & 1 & -1 \\ -1 & 1 & 2 & -2 \\ 1 & -1 & -2 & 2 \end{bmatrix} + \frac{\ell}{6w}\begin{bmatrix} 2 & 1 & -1 & -2 \\ 1 & 2 & -2 & -1 \\ -1 & -2 & 2 & 1 \\ -2 & -1 & 1 & 2 \end{bmatrix}$$

$$\{\mathbf{F}\}^{(e)} = \frac{2G\theta A}{4}\begin{Bmatrix} 1 \\ 1 \\ 1 \\ 1 \end{Bmatrix}$$

삼각형 요소에 대한 강성행렬과 하중행렬은 다음과 같다.

$$[\mathbf{K}]^{(e)} = \frac{1}{4A}\begin{bmatrix} \beta_i^2 & \beta_i\beta_j & \beta_i\beta_k \\ \beta_i\beta_j & \beta_j^2 & \beta_j\beta_k \\ \beta_i\beta_k & \beta_j\beta_k & \beta_k^2 \end{bmatrix} + \frac{1}{4A}\begin{bmatrix} \delta_i^2 & \delta_i\delta_j & \delta_i\delta_k \\ \delta_i\delta_j & \delta_j^2 & \delta_j\delta_k \\ \delta_i\delta_k & \delta_j\delta_k & \delta_k^2 \end{bmatrix}$$

$$\{\mathbf{F}\}^{(e)} = \frac{2G\theta A}{3}\begin{Bmatrix} 1 \\ 1 \\ 1 \end{Bmatrix}$$

3. 평면응력 삼각형 요소의 강성행렬은 다음과 같다.

$$[\mathbf{K}]^{(e)} = V[\mathbf{B}]^T[\boldsymbol{\nu}][\mathbf{B}]$$

여기서

$$V = tA$$

$$[\mathbf{B}] = \frac{1}{2A}\begin{bmatrix} \beta_i & 0 & \beta_j & 0 & \beta_k & 0 \\ 0 & \delta_i & 0 & \delta_j & 0 & \delta_k \\ \delta_i & \beta_i & \delta_j & \beta_j & \delta_k & \beta_k \end{bmatrix}, \quad [\boldsymbol{\nu}] = \frac{E}{1-\nu^2}\begin{bmatrix} 1 & \nu & 0 \\ \nu & 1 & 0 \\ 0 & 0 & \dfrac{1-\nu}{2} \end{bmatrix}$$

그리고

$$\begin{aligned} \beta_i &= Y_j - Y_k, \quad \delta_i = X_k - X_j \\ \beta_j &= Y_k - Y_i, \quad \delta_j = X_i - X_k \\ \beta_k &= Y_i - Y_j, \quad \delta_k = X_j - X_i \\ 2A &= X_i(Y_j - Y_k) + X_j(Y_k - Y_i) + X_k(Y_i - Y_j) \end{aligned}$$

4. 분포하중에 의한 요소의 변에서의 하중행렬은 다음과 같다.

$$\{\mathbf{F}\}^{(e)} = \frac{tL_{ij}}{2}\begin{Bmatrix} p_x \\ p_y \\ p_x \\ p_y \\ 0 \\ 0 \end{Bmatrix}, \quad \{\mathbf{F}\}^{(e)} = \frac{tL_{jk}}{2}\begin{Bmatrix} 0 \\ 0 \\ p_x \\ p_y \\ p_x \\ p_y \end{Bmatrix}, \quad \{\mathbf{F}\}^{(e)} = \frac{tL_{ik}}{2}\begin{Bmatrix} p_x \\ p_y \\ 0 \\ 0 \\ p_x \\ p_y \end{Bmatrix}$$

5. 등매개변수 정식화를 통해 요소의 강성행렬이 어떻게 구해졌는지를 충분히 이해해야 한다.

6. 축대칭 정식화를 통해 요소의 강성행렬이 어떻게 구해졌는지를 충분히 이해해야 한다.

참고문헌

ANSYS User's Manual: Procedures, Vol. I, Swanson Analysis Systems, Inc.

ANSYS User's Manual: Commands, Vol. II, Swanson Analysis Systems, Inc.

ANSYS User's Manual: Elements, Vol. III, Swanson Analysis Systems, Inc.

Beer, P., and Johnston, E. R., *Mechanics of Materials,* 2nd ed., New York, McGraw-Hill, 1992.

Fung, Y. C., *Foundations of Solid Mechanics,* Englewood Cliffs, NJ, Prentice-Hall, 1965.

Hibbeler, R. C., *Mechanics of Materials,* 2nd ed., New York, Macmillan, 1994.

Segrlind, L., *Applied Finite Element Analysis,* 2nd ed., New York, John Wiley and Sons, 1984.

Shigley, J. E., and Mischke, C. R., *Mechanical Engineering Design,* 5th ed., New York, McGraw-Hill, 1989.

Timoshenko, S. P., and Goodier J. N., *Theory of Elasticity,* 3rd ed., New York, McGraw-Hill, 1970.

연습문제

1. ANSYS를 사용하여 축하중을 받는, 원형 구멍이 있는 평판의 응력 집중 표를 검증하라. 재료역학 교재나 기계설계 교재에서 적절한 표를 참고하라. 응력 집중계수 k는

$$k = \frac{\sigma_{\max}}{\sigma_{\text{avg}}}$$

와 같이 정의됨을 기억하라. 이 경우, 값은 구멍의 크기에 따라 약 2.0~3.0 사이에서 변한다. 점 A나 B에서 $\sigma_{\max}$값을 리스트하는 데 ANSYS 선택 옵션을 사용하라.

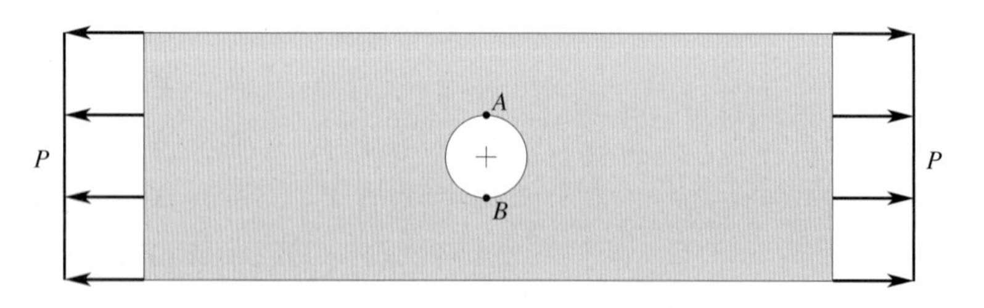

2. 책꽂이를 지지하는 데 사용되는 여러 종류의 브래킷($E = 29 \times 10^6$ lb/in^2, $\nu = 0.3$) 중 하나를 생각하라. 브래킷의 두께는 1/8 in이다. 브래킷의 치수는 다음 그림과 같다. 브래킷은 상면에 하중이 균일하게 작용하며, 좌변을 따라 고정되어 있다. 주어진 하중과 경계조건하에서 변형 형상을 그려라. 또 브래킷 내의 von Mises 응력을 구하라.

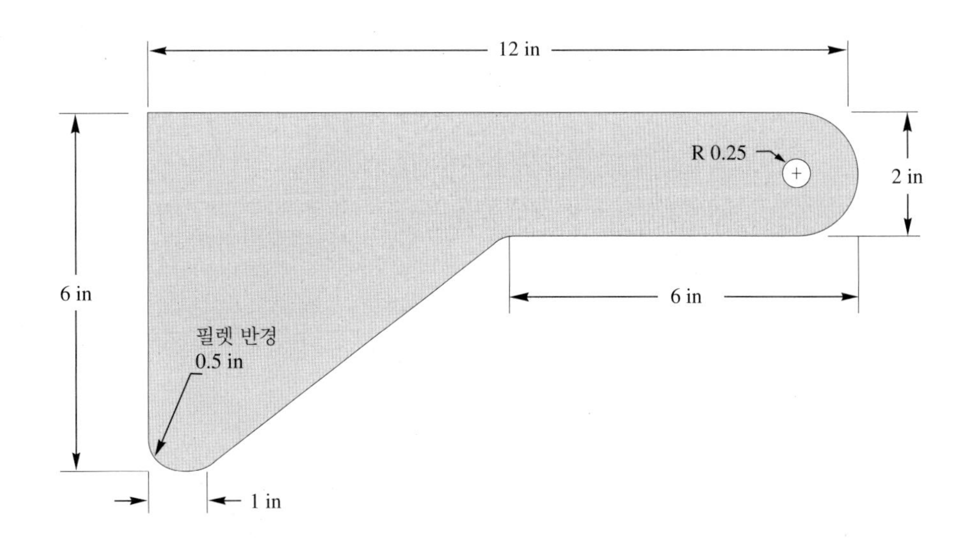

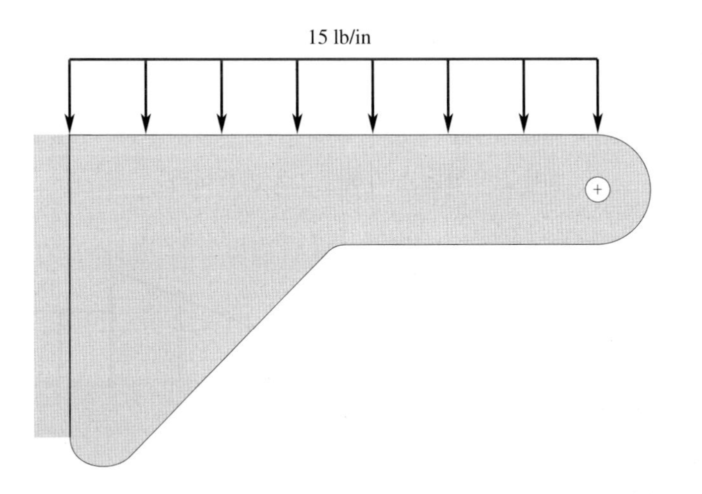

3. 1/8 in 두께의 판에 100 lb의 하중이 다음 그림과 같이 작용하고 있다. 판은 강으로 되어 있고, $E = 29 \times 10^6$ lb/in^2, $\nu = 0.3$이다. ANSYS를 사용하여 판 내의 주응력을 구하라. 모델링 시 하중은 구멍의 하부에 분포시켜 작용시켜라.

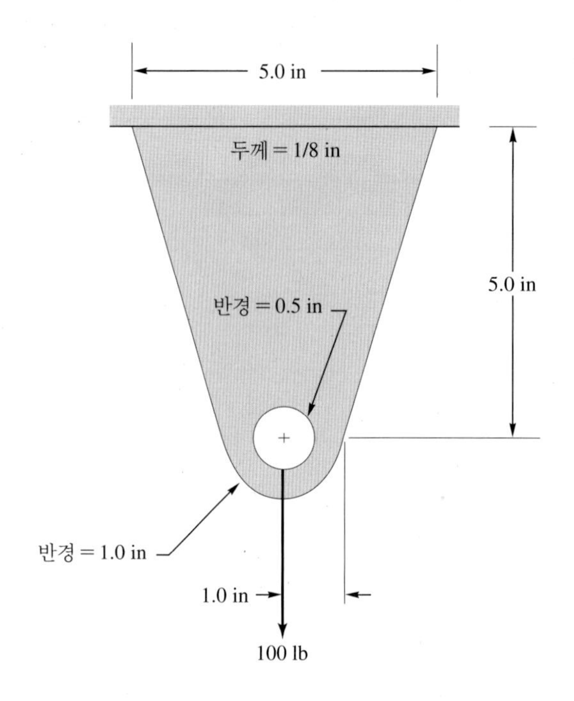

4. 요소 (1)과 (2)는 다음 그림에서와 같이 분포하중을 받고 있다. 분포하중을 절점 3, 4와 5에 작용하는 등가하중으로 치환하라.

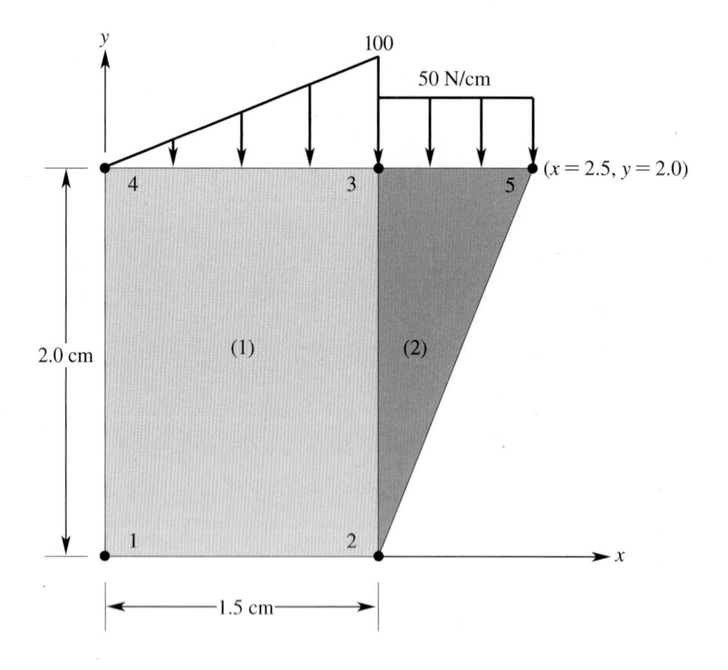

5. 다음 그림에서와 같은 강 시편으로 재료의 탄성 영역을 넘는 수치적 인장시험을 수행하라. 탄성 영역을 넘는 응력–변형률 선도를 작성하라. ANSYS의 선택사항을 이용하여 강 시편의 중간 지점에서의 응력과 변형률을 구하라.

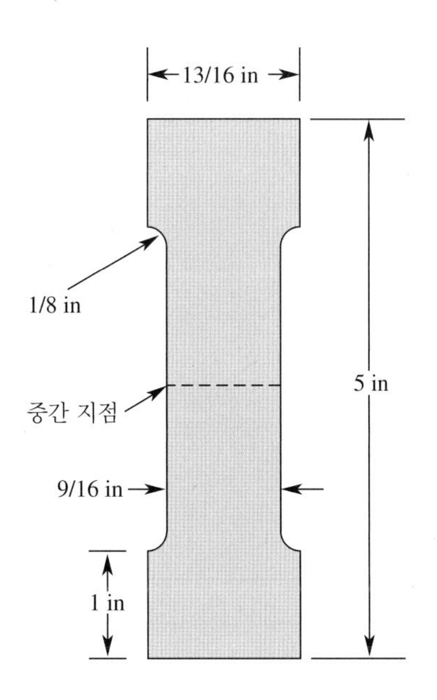

6. 예제 1.3(다시보기) 강판이 다음 그림에서와 같이 축하중을 받고 있다. 강판의 두께는 1/16 in이고, 탄성계수 $E = 29 \times 10^6$ lb/in^{2}이다. 판을 따른 변형량과 평균 응력을 1차원 직접 정식화 개념을 이용하여 근사적으로 구한 바 있음을 기억하라. ANSYS를 사용하여 판 내의 변형량과 응력의 x와 y성분을 구하라. 또 최대 응력 집중부의 위치를 결정하라. 단면 $A-A$, $B-B$ 및 $C-C$에서의 x성분 응력의 변화를 그림으로 나타내라. 직접 정식화 모델의 결과를 ANSYS의 결과와 비교하라. 주어진 문제에서 외력을 유한요소 모델에 부과하는 방법이 응력 분포에 영향을 줄 것이라고 언급되었음을 기억하라. 하중을 점차 넓은 접촉면에 부과하면서 실험하고 결과를 토의하라.

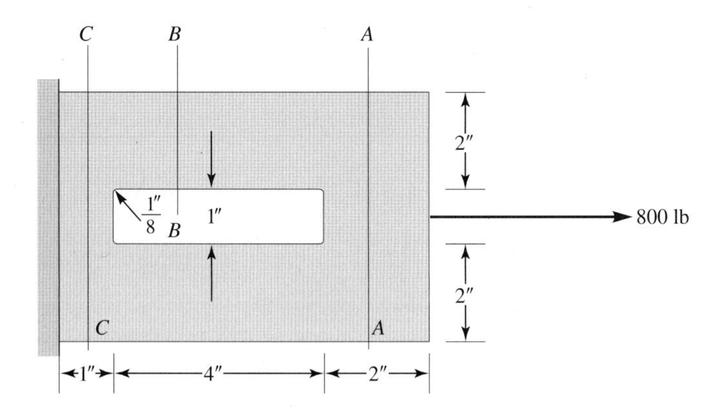

7. 단면이 변하는 판에 1500 lb의 하중이 다음 그림에서와 같이 가해지고 있다. ANSYS를 사용하여 판의 변형량과 응력의 x와 y성분을 구하라. 판은 탄성계수 $E = 10.6 \times 10^3$ ksi인 재료로 만들어졌다. 1장의 연습문제 **15**에서 이 문제를 단순한 직접 정식화법으로 해석한 바 있다. 직접 정식화 모델의 결과와 ANSYS로부터 얻은 결과를 비교하라. 하중을 점차 넓은 접촉면에 부과하면서 실험하고 결과를 토의하라.

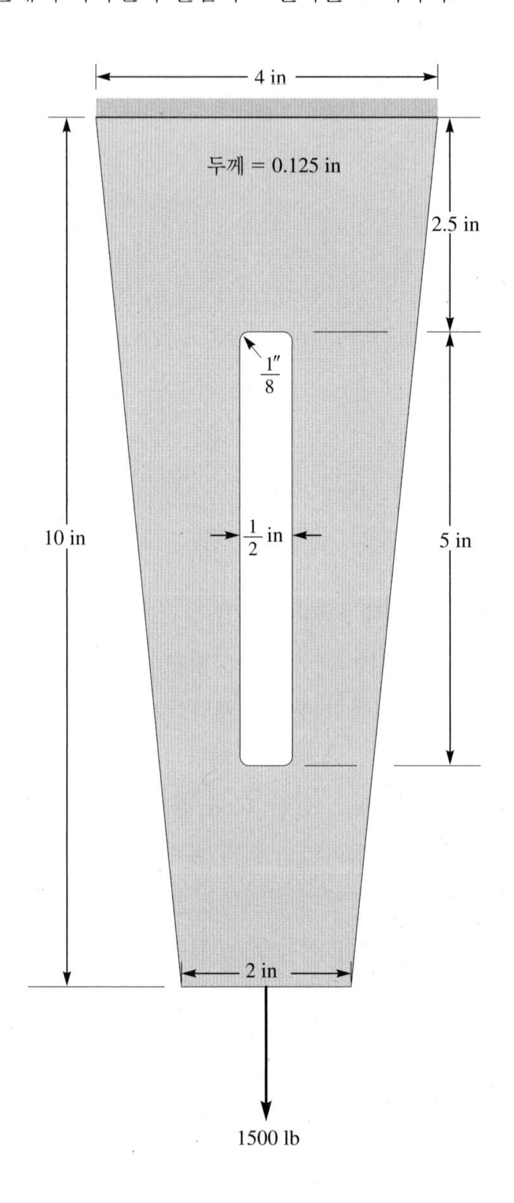

8. 다음 그림에 나타난 얇은 강판이 축방향의 하중을 받고 있다. ANSYS를 사용하여 판의 변형량과 응력의 x와 y성분을 구하라. 판의 두께는 0.125 in이고 탄성계수 $E = 28 \times 10^3$ ksi이다. 1장의 연습문제 **4**에서 이 문제를 단순한 직접 정식화법으로 해석한 바 있다. 직접 정식화법 모델의 결과와 ANSYS로부터 얻은 결과를 비교하라. 하중을 점차 넓은 접촉면에 부과하면서 실험하고 결과를 토의하라.

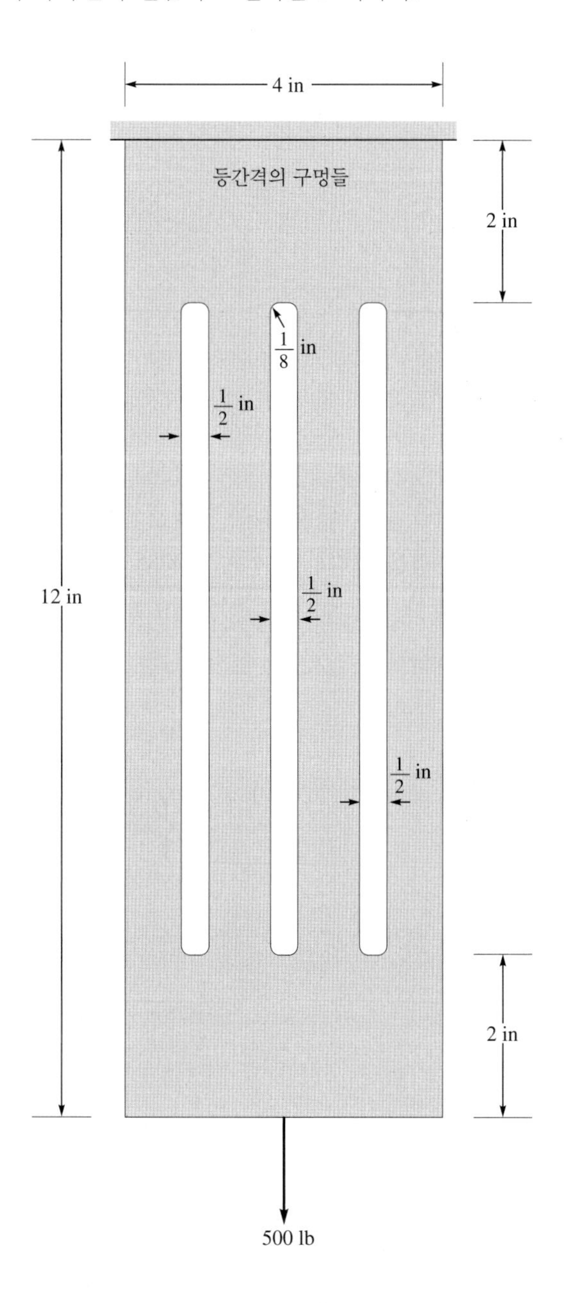

9. 다음 그림에 나타난 정삼각형 단면을 가진 강철봉($G = 11 \times 10^3$ ksi)의 비틀림을 고려하라. $\theta = 0.0005$ rad/in로 가정하고, ANSYS를 사용하여 최대 전단응력의 크기와 위치를 결정하라. ANSYS에 의해 얻은 해를 다음 식으로부터 구한 엄밀해와 비교하라.

$$\tau_{\max} = \frac{GL\theta}{2 \cdot 31}$$

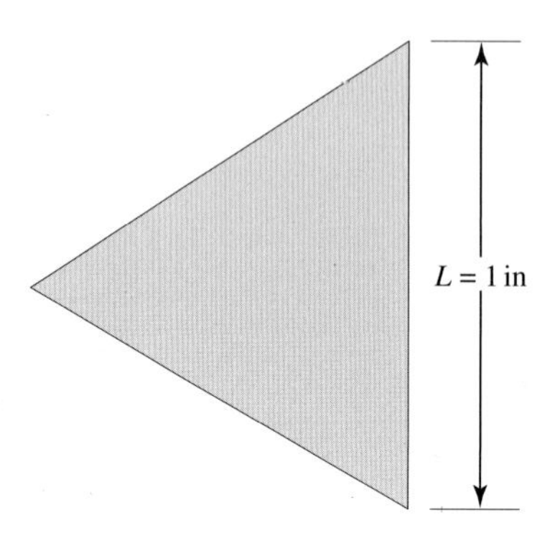

10. 다음 그림에서와 같은 치수를 가진 광폭 I형 강의 보(W4 × 13, $G = 11 \times 10^3$ ksi)의 비틀림을 고려하라. $\theta = 0.00035$ rad/in로 가정하고 ANSYS를 사용하여 전단응력 분포를 그려라. 이 문제를 유한요소 모델링이 아닌 얇은 벽으로 된 부재로 가정하여 풀 수 있는가?

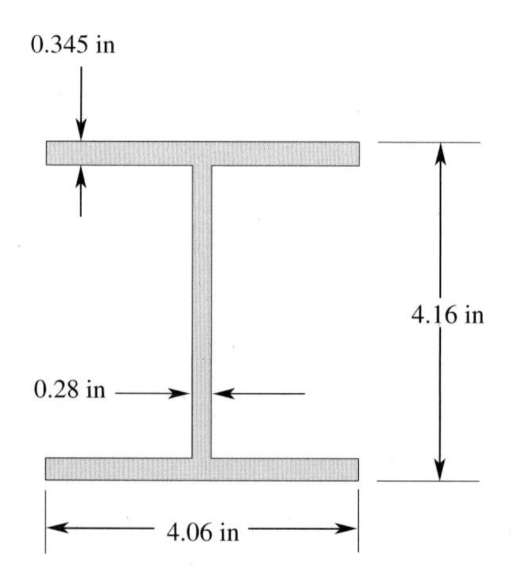

11. 다음 그림에 나타난 정사각형 단면을 가진 강철봉($G = 11 \times 10^3$ ksi)의 비틀림을 고려하라. $\theta = 0.0005$ rad/in로 가정하고, ANSYS를 사용하여 최대 전단응력의 크기와 위치를 결정하라. ANSYS에 의해 얻은 해를 다음 식으로부터 구한 엄밀해와 비교하라.

$$\tau_{\max} = \frac{Gh\theta}{1.6}$$

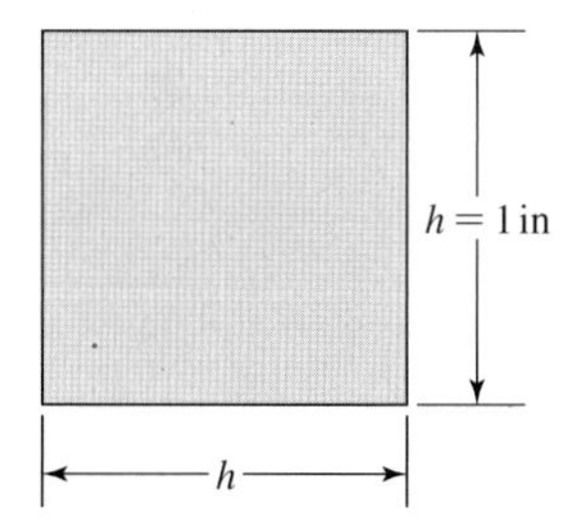

12. 다음 그림에 나타난 다각형 단면을 가진 강철봉($G = 11 \times 10^3$ ksi)의 비틀림을 고려하라. $\theta = 0.0005$ rad/in로 가정하고, ANSYS를 사용하여 최대 전단응력의 크기와 위치를 결정하라. ANSYS에 의해 얻은 해를 다음 식으로부터 구한 엄밀해와 비교하라.

$$\tau_{\max} = \frac{GL\theta}{0.9}$$

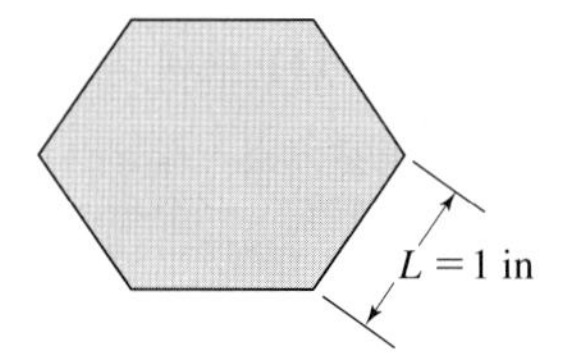

13. 다음 그림에 나타난 타원형 단면을 가진 강철봉($G = 11 \times 10^3$ ksi)의 비틀림을 고려하라. $\theta = 0.0005$ rad/in로 가정하고, ANSYS를 사용하여 최대 전단응력의 크기와 위치를 결정하라. ANSYS에 의해 얻은 해를 다음 식으로부터 구한 엄밀해와 비교하라.

$$\tau_{\max} = \frac{Gbh^2\theta}{b^2 + h^2}$$

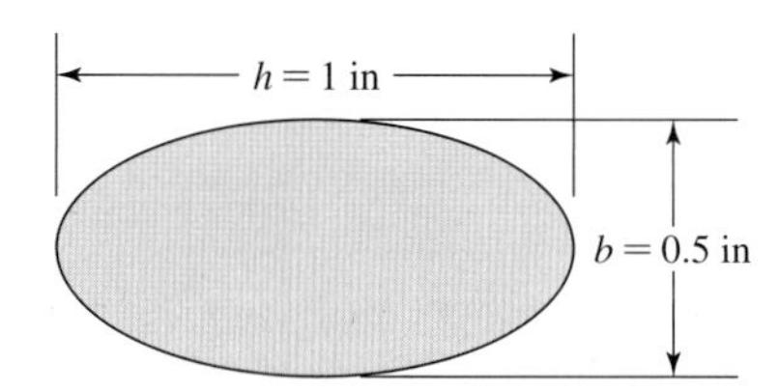

14. 다음 그림에 나타난 가운데가 빈 원형 단면을 가진 강철봉($G = 11 \times 10^3$ ksi)의 비틀림을 고려하라. $\theta = 0.0005$ rad/in로 가정하고, ANSYS를 사용하여 최대 전단응력의 크기와 위치를 결정하라. ANSYS에 의해 얻은 해를 다음 식으로부터 구한 엄밀해와 비교하라.

$$\tau_{\max} = \frac{GD\theta}{2}$$

15. 설계과제 이 과제의 목적은 다음 두 가지로서, (1) 유한요소법을 사용한 기계설계 원리의 기초를 제공하는 것과 (2) 학생들 간의 경쟁을 촉진하기 위한 것이다. 각 학생은 $3/8 \times 6 \times 6$ in 플렉시글라스(plexiglas) 판으로 이 문제의 후반에 주어지는 명세와 규격에 적합한 구조 모델을 설계하고 제작하여야 한다. 학생들은 다음의 세 분야에서 경쟁할 수 있다. (1) 모델 무게당 최대 파손 하중, (2) ANSYS를 사용한 파손 하중의 예측 및 (3) 제작기술. 가능한 모델의 개략도가 다음 그림에 나타나 있다. 모델의 양끝에

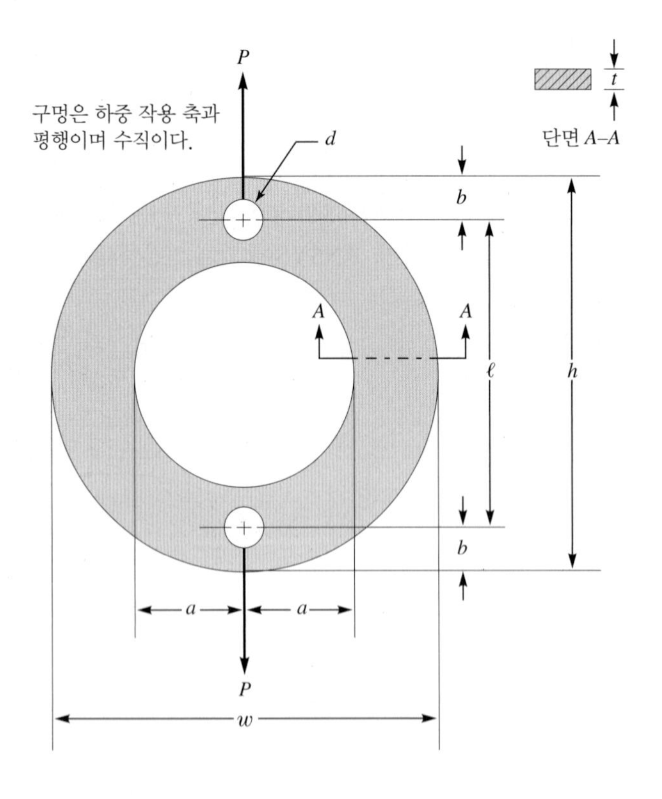

는 직경 $d > 1/2''$인 구멍(눈)이 하중 작용 축에 수직한 방향으로 관통해서 나왔고, 여기에 핀이 삽입되어 모델에 인장력을 가한다. 치수 a는 1″보다 커야 한다($a > 1''$). 구멍 사이의 거리 $\ell > 2''$가 되어야 한다. 구멍이 있는 부분의 최대 두께 $t < 3/8''$이다. 이 요구사항들은 모델이 하중 작용 기구에 맞도록 하기 위함이다. 구멍 중심으로부터 하중 작용 방향을 따라 외면까지의 치수 $b < 1''$은 유지되어야 하중 작용 기구가 사용 가능하다. 최대폭 $w < 6''$로 제한되며, 최대 높이 $h < 6''$로 제한된다. 어떤 형태로도 제작이 가능하다. 두 장의 $3/8 \times 6 \times 6$ in 플렉시글라스 판이 제공될 것이다. 한 판은 시험 제작에 사용하고 다른 판은 최종 설계에 사용할 것이다. 최종 설계에 이르기까지의 설계 진전 과정을 논하는 간단한 보고서를 작성하라.

CHAPTER 7

동적 문제

이 장의 주목적은 동적 시스템의 해석을 소개하는 것이다. 동적 시스템은 서로 연동하여 움직이는 질량과 구성품 또는 부품을 갖고 있는 시스템으로써 정의된다. 동적 시스템의 예는 빌딩, 다리, 냉각탑, 발전소, 그리고 기계 부품과 같은 구조들을 들 수 있다. 대부분의 공학적 적용에 있어서 기계적 진동은 바람직하지 못한 현상이다. 그러나 분쇄기, 믹서, 바이브레이터와 같은 시스템들은 의도적으로 진동하도록 설계된다. 동적 문제에 대한 유한요소 정식화를 알아보기 이전에 질점과 강체의 동적 움직임을 복습하고, 기계 및 구조적인 시스템의 진동을 다루는 기본 개념을 살펴보도록 한다. 동역학과 진동의 기본적 개념의 올바른 이해는 실제 물리적 상황에서 유한요소 모델링의 정확도를 높이기 위해 꼭 필요하다. 기본 개념에 대해 논의한 후에는 빔, 프레임 요소, 축방향 부재의 유한요소 정식화를 고려해 보도록 하자. 7장에서 논의할 주제는 다음과 같다.

7.1 동역학 복습

동적 움직임의 문제는 일반적으로 크게 **운동학**(kinematics)과 **동역학**(kinetics)으로 나눌 수 있다. 운동학은 공간과 시간의 관계를 다루며, 운동의 기하학적 형상을 나타낸다. 운동학은 물체가 움직인 거리와 속도, 가속도에 관련된 변수에 관해서 연구한다. 또한 이 변수와 연관된 기본 차원은 길이와 시간이다. 운동학을 공부할 때는, 운동의 원인보다는 운동 자체에 초점을 맞추어 주의를 기울여야 한다. 한편으로 동역학의 연구는 힘, 모멘트, 그리고 운동의 결과 사이의 관계를 다룬다.

질점의 운동학

먼저 질점에 대해 정의하고 질점을 사용한 문제를 통해 설명한다. **질점**(particle)으로써 고려될 수 있는 물체의 경우에, 물체에 작용하는 모든 힘들이 반드시 같은 위치에서 작용하여 회전이 발생되지 않아야만 한다. 더욱이 물체가 거동함에 있어서 물체의 크기가 유의한 역할을 하지 않을 때 물체는 질점으로 설계할 수 있다. 일반적으로 질점의 움직임은 질점의 위치, 순간 속도, 그리고 순간 가속도에 의해 표현된다.

직선을 따라 거동하는 물체의 운동을 **직선운동**(rectilinear motion)이라 부르며 운동의 가장 간단한 형태이다. 그것은 움직임을 표현하는 가장 간단한 형태 중 하나이다. 직선을 따라 움직이는 한 물체에 대한 운동학적 관계는 식 (7.1)부터 (7.3)까지 주어져 있다. 이 방정식들 중에서, x는 물체의 위치, t는 질점의 시간, v는 질점의 속도, a는 질점의 가속도를 나타낸다.

$$v = \lim_{\Delta t \to 0} \frac{\Delta x}{\Delta t} = \frac{dx}{dt} \tag{7.1}$$

$$a = \frac{dv}{dt} \tag{7.2}$$

$$vdv = adx \tag{7.3}$$

직선을 따라 움직이는 물체의 위치와 변위는 그림 7.1에서 보여준다.

평면상의 곡선운동 질점이 휘어진 경로를 따라 움직일 때, 질점의 거동은 1개의 좌표계를 도입함으로써 표현할 수 있다. 그림 7.2에서 보는 것처럼 (x, y) 직교 좌표계를 이용하여 질점의 위치 $\vec{r}$, 속도 $\vec{v}$, 그리고 가속도 $\vec{a}$를 나타낼 수 있다.

$$\vec{r} = x\vec{i} + y\vec{j} \tag{7.4}$$

$$\vec{v} = v_x\vec{i} + v_y\vec{j} \quad \text{여기서} \quad v_x = \frac{dx}{dt} \quad \text{그리고} \quad v_y = \frac{dy}{dt} \tag{7.5}$$

$$\vec{a} = a_x\vec{i} + a_y\vec{j} \quad \text{여기서} \quad a_x = \frac{dv_x}{dt} \quad \text{그리고} \quad a_y = \frac{dv_y}{dt} \tag{7.6}$$

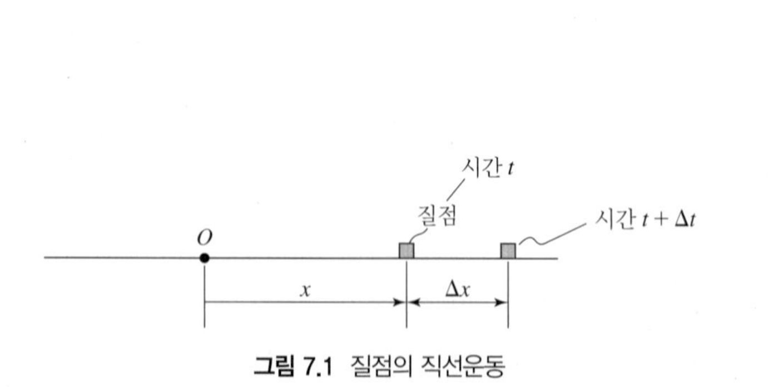

그림 7.1 질점의 직선운동

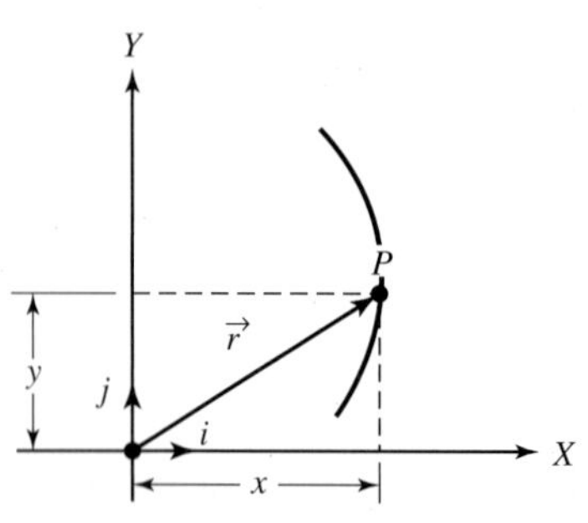

그림 7.2 질점운동의 직교 성분

식 (7.4)부터 (7.6)까지에서 x와 y는 위치벡터의 직교 성분이다. v_x, v_y, a_x, a_y는 속도와 가속도 벡터의 직교 좌표 성분(Cartesian component)이다.

법선과 접선 좌표계 질점의 평면운동은 법선과 접선 방향의 단위벡터를 이용하여 그림 7.3과 같이 표현할 수 있다. 공간에서 방향이 고정되어 있는 직교 좌표계의 단위벡터 $\vec{i}$, $\vec{j}$와 다르게, 단위벡터 $\vec{e}_t$, $\vec{e}_n$의 방향이 질점의 운동에 따라 변한다는 점에 주의해야 한다. 질점이 위치 1부터 위치 2까지 이동함에 따라 $\vec{e}_t$, $\vec{e}_n$의 방향 변화를 그림 7.3에 나타내었다. 단위벡터 $\vec{e}_t$, $\vec{e}_n$에 의해 질점의 속도와 가속도를 나타내면 다음과 같다.

$$\vec{v} = v\vec{e}_t \tag{7.7}$$

$$\vec{a} = a_n\vec{e}_n + a_t\vec{e}_t \quad \text{여기서} \quad a_n = \frac{v^2}{r} \quad \text{그리고} \quad a_t = \frac{dv}{dt} \tag{7.8}$$

극 좌표계 극 좌표계(또는 반경과 가로축) 시스템은 휘어진 경로를 따라 이동하는 물체의 움직임을 표현하는 또 다른 방법이다. 물체의 위치를 나타내기 위해서는 2개의 정보가 이용된다. 그림 7.4에 나타낸 것처럼 단위벡터 $\vec{e}_r$에 의한 반경거리 r, 그리고 $\vec{e}_\theta$ 방향에서의 각 좌표 θ가 바로 그것이다. 물체의 위치, 속도, 가속도는 다음과 같이 주어진다.

$$\vec{r} = r\vec{e}_r \tag{7.9}$$

$$\vec{v} = v_r\vec{e}_r + v_\theta\vec{e}_\theta \quad \text{여기서} \quad v_r = \frac{dr}{dt} \quad \text{그리고} \quad v_\theta = r\frac{d\theta}{dt} \tag{7.10}$$

$$\vec{a} = a_r\vec{e}_r + a_t\vec{e}_t \quad \text{여기서} \quad a_r = \frac{d^2r}{dt^2} - r\left(\frac{d\theta}{dt}\right)^2 \quad \text{그리고} \quad a_\theta = r\frac{d^2\theta}{dt^2} + 2\left(\frac{dr}{dt}\right)\left(\frac{d\theta}{dt}\right) \tag{7.11}$$

앞서 언급한 접선과 법선 단위벡터와 유사하게 $\vec{e}_\theta$와 $\vec{e}_r$의 방향도 질점의 움직임을 따라 변한다.

상대운동 서로 다른 경로를 따라 움직이는 두 질점 사이의 관계를 그림 7.5에 나타내었다. 그림 7.5를 살펴볼 때 X, Y좌표계는 고정되어 있고 관찰자는 원 위치(O점)에서 질점 A, B의 절대위치를 측정함을 알아두자. 그러므로 벡터 $\vec{r}_A$와 $\vec{r}_B$는 관찰자의 관점에서 질점 A와 B의 절대위치로 나타낸다. 다시 말해 벡터 $\vec{r}_{B/A}$는 질점 A에 대한 질점 B의 상대위치로 나타낸다. 이러한 벡터들 간의 관계는 다음과 같다.

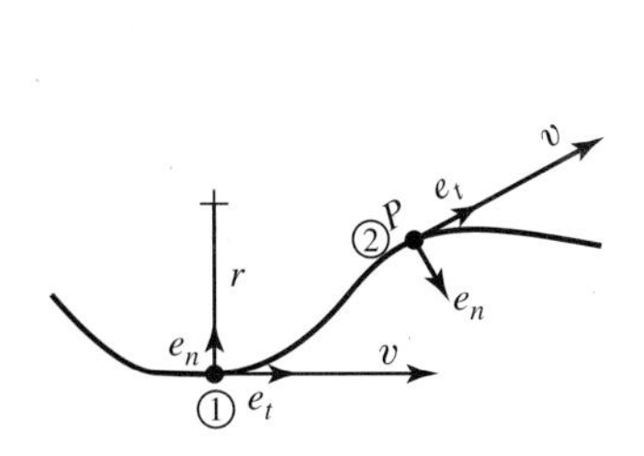

그림 7.3 질점운동의 법선과 접선 성분

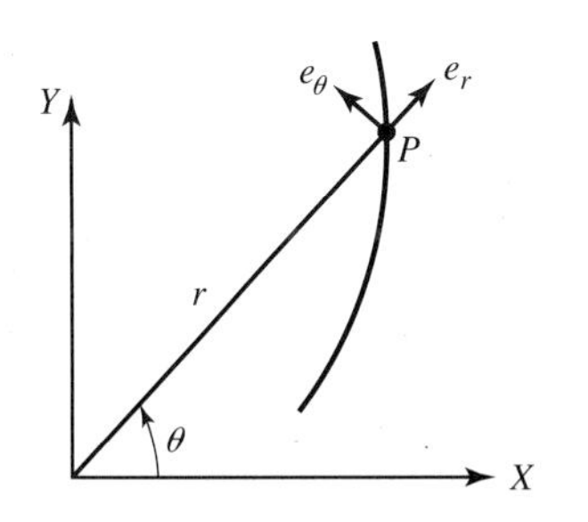

그림 7.4 곡선운동의 극 좌표 성분

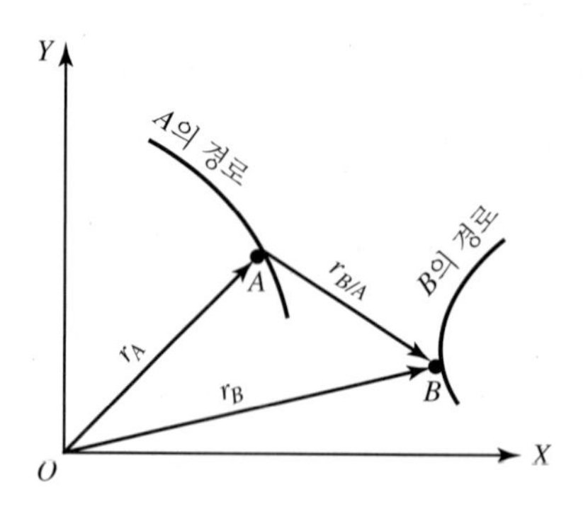

그림 7.5 서로 다른 경로를 따라 움직이는 두 질점 사이의 관계

$$\vec{r}_B = \vec{r}_A + \vec{r}_{B/A} \tag{7.12}$$

식 (7.12)를 시간에 대해 미분하면 다음 식을 얻는다.

$$\vec{v}_B = \vec{v}_A + \vec{v}_{B/A} \tag{7.13}$$

여기서 $\vec{v}_A$와 $\vec{v}_B$는 O의 관점에서 측정된 질점 A와 B의 절대 속도이고 $\vec{v}_{B/A}$는 질점 A에 상대적인(A를 따라 움직이는 관찰자에 의해 측정된) 질점 B의 속도이다. 식 (7.13)을 시간에 대해 미분하면, 질점 A와 B에 대한 절대 가속도와 질점 A에 상대적인 질점 B의 가속도 사이의 관계식을 얻을 수 있다.

질점의 동역학

$F_1, F_2, F_3, \ldots, F_n$의 힘을 받고 있는, 일정한 질량 m을 갖는 질점 거동에 대한 식은 다음과 같은 Newton의 제2법칙에 의해 지배된다.

$$\sum_{i=1}^{n} \vec{F}_i = m\vec{a} \tag{7.14}$$

운동 방정식은 직교 좌표계, 접선과 법선 좌표계 또는 극 좌표계를 사용하여 나타낼 수 있다. 직교 좌표계를 이용하여 식 (7.14)는 다음과 같이 표현된다.

$$\sum F_x = ma_x \tag{7.15}$$

$$\sum F_y = ma_y \tag{7.16}$$

접선과 법선 좌표계에서 식 (7.14)는 다음과 같이 표현된다.

$$\sum F_n = ma_n \tag{7.17}$$

$$\sum F_t = ma_t \tag{7.18}$$

극 좌표계에서는 다음과 같이 표현된다.

$$\sum F_r = ma_r \tag{7.19}$$

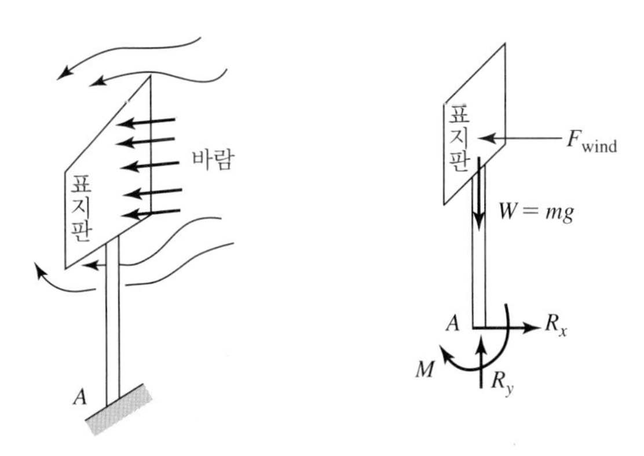

그림 7.6 보여진 물체의 자유물체도. 보여진 물체가 질점으로써 고려될 수 없다는 것에 주의하라. 표지판은 단지 자유물체도의 개념을 보여주기 위해 사용되었다.

$$\sum F_\theta = ma_\theta \tag{7.20}$$

여기서 각각의 가속도 성분은 앞에서 설명하였다.

질점에 작용하는 모든 힘들에 대해 정확하게 파악할 수 있는 유일한 방법은 자유물체도를 그리는 것이며 이것은 매우 중요하다. 자유물체도는 질점과 그 주변과의 상호작용을 나타낸다. 자유물체도를 그리기 위해서는 그 이름이 의미하는 것처럼 주변으로부터 물체를 자유롭게 나타내고 적절한 크기와 방향을 갖는 힘으로 물체가 갖는 주변과의 상호작용 관계를 보여주어야 한다(그림 7.6 참조).

Newton의 제2법칙은 물체에 작용하는 힘과 물체의 질량과 가속도 사이의 관계를 보여주는 벡터식이다. 어떤 문제를 해결하기 위해 위치와 속도의 정보가 필요하다면, 물체의 가속도로부터 위치와 속도를 구하기 위해 운동학적 관계를 이용한다.

일과 에너지 법칙 Newton의 제2법칙이 벡터식인데 반하여, 일－에너지 법칙은 스칼라 관계이다. 일－에너지 법칙은 물체의 질량과 속도에 작용하는 힘에 의해 수행된 일과 관계가 있다. 일－에너지 법칙은 적용된 힘으로 인해 변화된 물체의 속도를 결정해야 하는 상황에서 매우 유용하게 사용된다. 그림 7.7에서 보는 것처럼, 힘에 의해 위치 1부터 2까지 물체가 움직이면서 일을 수행하였을 때, 그것은 다음과 같이 정의할 수 있다.

$$W_{1-2} = \int \vec{F}.d\vec{r} \tag{7.21}$$

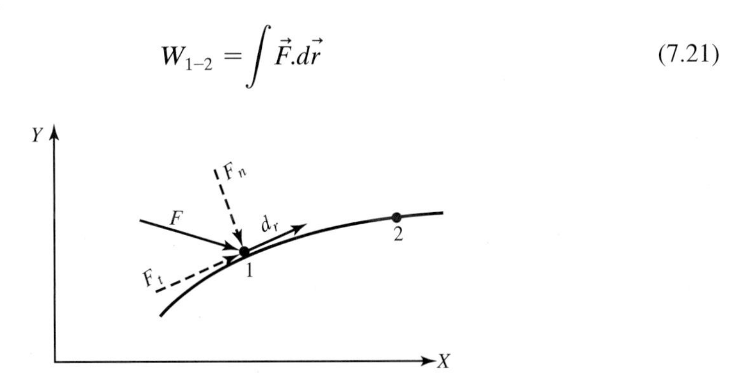

그림 7.7 물체를 움직이는 힘에 의해 수행된 일

일-에너지 법칙은, 즉 물체에 작용하는 모든 힘에 의해 행해진 일은 다음과 같은 운동 에너지로의 변화를 가져온다.

$$\int \vec{F}.d\vec{r} = \frac{1}{2}mv_2^2 - \frac{1}{2}mv_1^2 \tag{7.22}$$

$\frac{1}{2}mv_2^2$과 $\frac{1}{2}mv_1^2$ 항은 물체의 운동 에너지를 나타내었고 위치 1과 2에 해당된다. 일-에너지 법칙을 사용할 때, 다음의 두 가지를 중요시 여겨야 한다. (1) 힘에 의해 변위가 생겼을 때 일을 했다고 할 수 있다. (2) 만일 힘의 접선 성분(물체를 움직이게 하는 성분)과 변위가 같은 방향이라면 수행된 일은 양의 값이고, 다른 방향이라면 수행된 일은 음의 값이다.

선형 충격량과 선형 운동량 힘의 시간 이력이 알려진 바 있는 문제의 경우에(예를 들면 시간 간격마다 힘이 어떻게 물체에 작용하고 있는지), 충격량과 운동량 접근법은 물체의 속도에 변화를 결정하기 위하여 이용될 수 있다. Newton의 제2법칙은 다음과 같은 방법으로 시간에 대하여 재배열하고 적분할 수 있다.

$$\sum \vec{F} = \frac{dm\vec{v}}{dt} \Rightarrow \sum \vec{F}dt = dm\vec{v} \tag{7.23}$$

$$\int_{t_1}^{t_2} \sum \vec{F}dt = m\vec{v}_2 - m\vec{v}_1 \tag{7.24}$$

식 (7.24)는 앞서 언급된 어떤 좌표계로도 표현할 수 있을 것이다. 예를 들어 직교 좌표계를 사용한다면 식 (7.24)는 다음과 같다.

$$\int_{t_1}^{t_2} \sum F_x dt = m(v_x)_2 - m(v_x)_1 \tag{7.25}$$

$$\int_{t_1}^{t_2} \sum F_y dt = m(v_y)_2 - m(v_y)_1 \tag{7.26}$$

지금까지 논의한 내용들에 대해서 예제 7.1을 이용하여 설명한다.

예제 7.1

그림 7.8에서 보는 것처럼 질량 m을 갖는 작은 구가 위치 1로부터 놓아졌다. θ의 함수인 구의 속도를 구해보자. 이러한 문제를 풀기 위해서는 Newton의 제2법칙과 일-에너지 법칙을 사용한다.

Newton의 제2법칙과 자유물체도를 이용하여 식 (7.18)을 적용하면 다음과 같이 나타낼 수 있다.

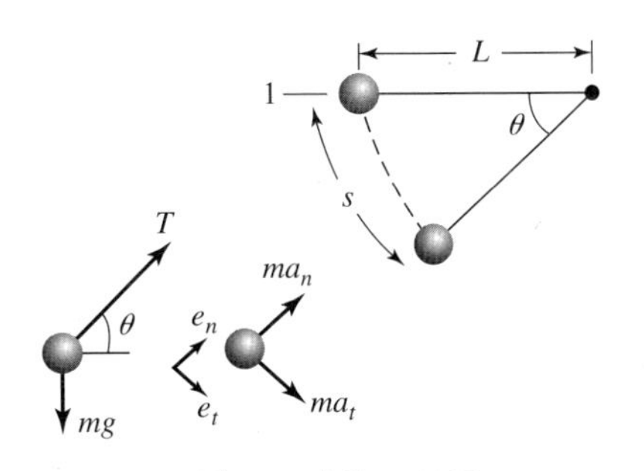

그림 7.8 예제 7.1의 구

$$\sum F_t = ma_t$$

$$mg\cos\theta = ma_t \;\Rightarrow\; a_t = g\cos\theta$$

이제 식 (7.3)의 속도와 가속도 사이의 운동학적 관계와 $ds = Ld\theta$ 식을 이용하면 다음과 같다.

$$vdv = a_t ds$$

$$\int_0^v vdv = \int_0^\theta g\cos\theta L d\theta \quad\Rightarrow\quad v = \sqrt{2Lg\sin\theta}$$

이제 일-에너지 법칙을 이용하여 문제를 풀어보도록 하자. 줄(string)의 장력에 의해 생긴 힘은 어떠한 일도 수행하지 않는다. 왜냐하면 그것은 구의 운동 경로에 대해 수직으로 작용하기 때문이다. 구의 무게 $W_{1-2} = mgL\sin\theta$에 의해 수행된 일이 운동 에너지로의 전환을 통하여 다음 식을 얻는다.

$$mgL\sin\theta = \frac{1}{2}mv^2 - 0 \quad\Rightarrow\quad v = \sqrt{2Lg\sin\theta}$$

이 문제는 구의 가속도가 아닌 속도를 결정하는 것에 관심을 두고 있기 때문에 이 문제를 풀기 위해 일-에너지 법칙을 이용하는 것이 좀 더 쉬운 방법임을 알 수 있을 것이다.

강체의 운동학

여기서는 강체의 운동학에 관해 논의한다. 질점과는 달리, 강체는 물체의 크기가 동적 거동에 영향을 주고 힘이 강체의 어느 부위에든지 가해질 수 있는 물체이다. 더욱이 강체라는 이름이 말해주는 것처럼 강체는 딱딱한 것, 즉 힘의 작용에 의한 변형이 발생하지 않는다. 강체는 힘과 모멘트에 의해 발생되는 운동의 크기가 내부 변위보다 매우 큰 실제 상황을 이상화한 것이다. 강체의 운동은 일반적으로 평면운동이라 불리는 순수 병진(translation), 순수 회전(rotation) 또는 병진과 회전이 혼합된 운동으로 분류할 수 있다.

강체의 병진 순수 병진운동으로 강체가 움직일 때 모든 구성 성분의 질점은 같은 속도와 가속도를 가지고 움직인다. 그림 7.9에서 보는 것처럼 점 A와 B의 속도는 같다.

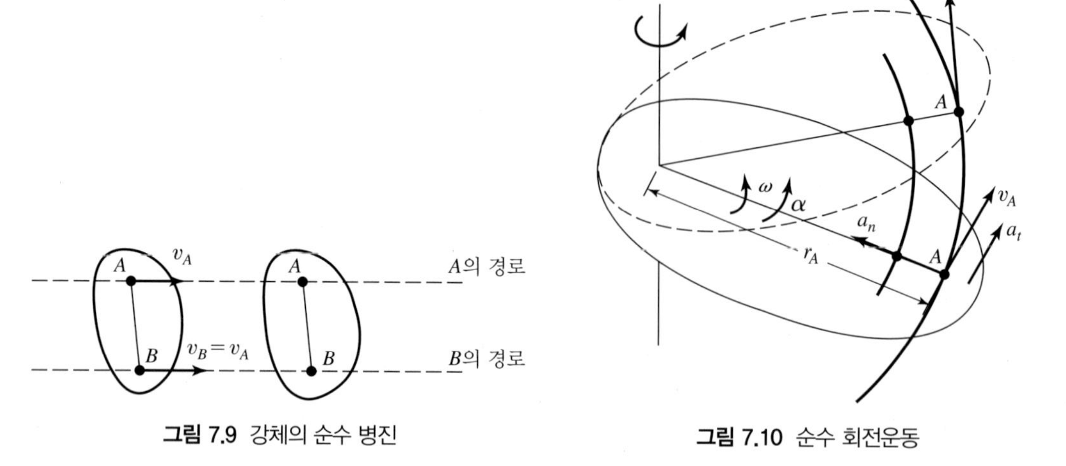

그림 7.9 강체의 순수 병진

그림 7.10 순수 회전운동

고정된 축에 대한 강체의 회전 강체가 한 고정된 축에 대해 회전할 때 강체의 질점은 그림 7.10에서 보는 것처럼 원형 경로를 따라 움직인다. v_A로 표현되는 점 A에서의 속도와 그것의 가속도, 그리고 각속도 ω와 강체의 가속도 α 사이의 관계는 다음과 같이 주어진다.

$$v_A = r_A\omega \tag{7.27}$$

$$a_n = r_A\omega^2 = \frac{v_A^2}{r_A} = v_A\omega \tag{7.28}$$

$$a_t = r_A\alpha \tag{7.29}$$

일반적으로, 위치벡터 $\vec{r}_A$의 항으로 강체에 위치한 어느 한 점(A와 같은)에서의 속도와 가속도 성분, 각속도 $\vec{\omega}$, 그리고 각가속도 $\vec{\alpha}$를 나타내면 다음과 같다.

$$\vec{v}_A = \vec{\omega} \times \vec{r}_A \tag{7.30}$$

$$a_n = \vec{\omega} \times (\vec{\omega} \times \vec{r}_A) \tag{7.31}$$

$$a_t = \vec{\alpha} \times \vec{r}_A \tag{7.32}$$

일반적인 평면운동 회전과 병진이 동시에 발생하는 강체의 운동은 보통 일반적인 평면운동으로 취급된다. 두 점 A와 B에서 순간 속도의 관계는 다음과 같이 주어진다.

$$\vec{v}_A = \vec{v}_B + \vec{v}_{A/B} \tag{7.33}$$

여기서 $\vec{v}_A$와 $\vec{v}_B$는 점 A와 B에서의 절대 속도이고 $v_{A/B}$는 점 B에 상대적인 점 A의 속도를 나타낸다. 그림 7.11에서 보는 것처럼, $v_{A/B}$의 크기는 $v_{A/B} = r_{A/B}\omega$로 나타낼 수 있고 그것의 방향은 위치벡터 $r_{B/A}$에 수직이다.

점 A와 B의 가속도는 다음과 같은 관계를 갖는다.

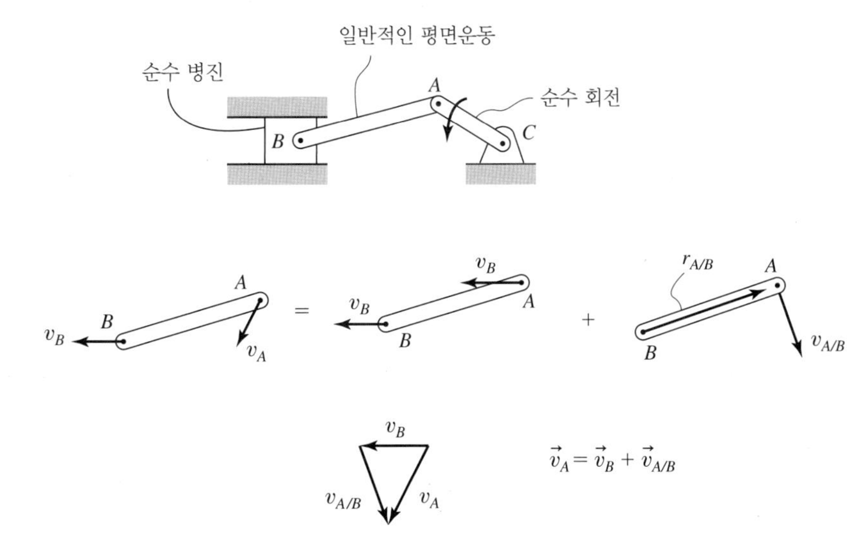

그림 7.11 일반적인 평면운동에서의 강체에 속한 두 점 사이의 속도 관계

$$\vec{a}_A = \vec{a}_B + \vec{a}_{A/B} = \vec{a}_B + (\vec{a}_{A/B})_n + (\vec{a}_{A/B})_t \tag{7.34}$$

여기서

$$(\vec{a}_{A/B})_n = \vec{\omega} \times (\vec{\omega} \times \vec{r}_{A/B}) \tag{7.35}$$

$$(\vec{a}_{A/B})_t = \vec{\alpha} \times \vec{r}_{A/B} \tag{7.36}$$

그리고 점 B에 상대적인 점 A의 법선과 접선 가속도 성분의 크기는 다음과 같다.

$$(a_{A/B})_n = \frac{v_{A/B}^2}{r_{A/B}} = r_{A/B}\,\omega^2 \tag{7.37}$$

$$(a_{A/B})_t = r_{A/B}\,\alpha \tag{7.38}$$

이러한 성분의 방향은 그림 7.12에서 보여준다.

강체의 동역학

강체의 동역학에 관한 공부는 강체의 움직임이 만드는 힘과 모멘트를 포함한다.

직선 병진 힘 $F_1, F_2, F_3, \ldots, F_n$을 받고 있는 강체의 직선 병진은 Newton의 제2법칙에 의해 지배된다.

$$\sum F_x = m(a_G)_x \tag{7.39}$$

$$\sum F_y = m(a_G)_y \tag{7.40}$$

비록 질량 중심에서의 가속도 $\vec{a}_G$가 힘들의 합과 관련이 있다 할지라도, 병진하는 강체의 경우에 모든 구성 성분의 질점은 같은 속도와 가속도를 갖는다는 것이 중요하다. 더욱이 물체

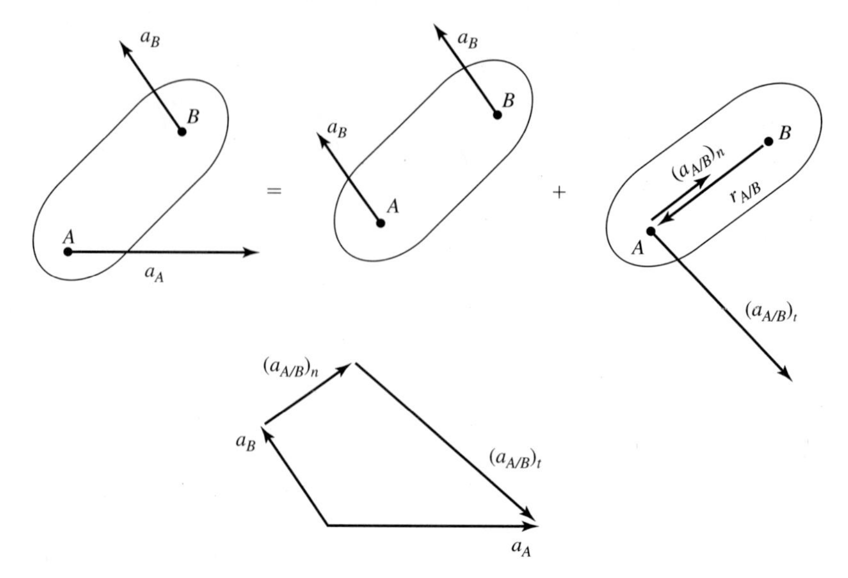

그림 7.12 $\vec{a}_{A/B}$의 법선과 접선 성분의 방향

가 회전하지 않으면 질량 중심 G에서 힘에 의한 모멘트 합은 반드시 0일 것이다.

$$\circlearrowleft^{+} \sum M_G = 0 \tag{7.41}$$

그러나 다른 점(O와 같은)에서 모멘트의 합을 구한다면 그 점에서 모멘트의 합은 0이 아니다. 왜냐하면 그 점에 대한 내력 $m(a_G)_x$와 $m(a_G)_y$가 모멘트를 만들기 때문이다. 점 O에서 모멘트의 합은 다음과 같다.

$$\circlearrowleft^{+} \sum M_O = m(a_G)_x d_1 - m(a_G)_y d_2 \tag{7.42}$$

순수 병진운동을 하고 있는 강체의 자유물체도와 내부도를 그림 7.13에 나타내었다.

고정된 축에 대한 회전 강체의 회전은 다음 식에 의해 지배된다.

$$\sum F_n = m r_{G/O} \omega^2 \tag{7.43}$$

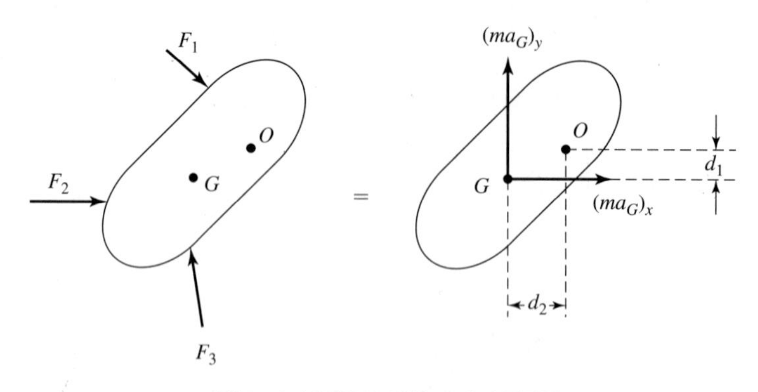

그림 7.13 병진운동 하에 강체의 동역학

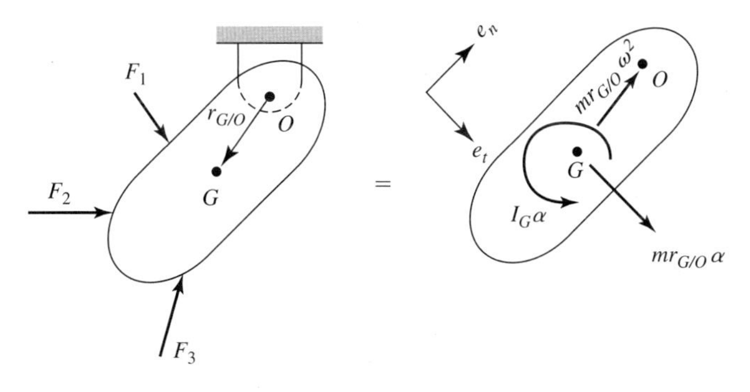

그림 7.14 회전운동 하의 강체의 운동

$$\sum F_t = mr_{G/O}\alpha \tag{7.44}$$

$$\circlearrowleft\!+ \sum M_O = I_O\alpha \tag{7.45}$$

식 (7.45)에서 I_O는 그림 7.14에서처럼 점 O에 대한 물체의 질량 관성 모멘트이다. 질량이 병진운동에 대한 저항을 제공하는 반면에, 질량 관성 모멘트는 회전운동에 대한 물체의 고유 저항 크기를 나타낸다. 강체가 질량 중심 G에 대해 회전하는 경우의 운동 방정식은 다음과 같다.

$$\sum F_x = 0 \tag{7.46}$$

$$\sum F_y = 0 \tag{7.47}$$

$$\circlearrowleft\!+ \sum M_G = I_G\alpha \tag{7.48}$$

일반적인 평면운동 동시에 병진과 회전을 하는 강체의 경우에 운동 방정식은 다음과 같이 된다.

$$\sum F_x = m(a_G)_x \tag{7.49}$$

$$\sum F_y = m(a_G)_y \tag{7.50}$$

$$\circlearrowleft\!+ \sum M_G = I_G\alpha \tag{7.51}$$

또는 그림 7.15에서처럼 점 O와 같이 다른 점에 관한 모멘트의 합은 반드시 관성력에 의해 생기는 모멘트를 포함하여야 한다.

$$\circlearrowleft\!+ \sum M_O = I_G\alpha + m(a_G)_x d_1 - m(a_G)_y d_2 \tag{7.52}$$

일-에너지 관계 일-에너지 관계는 그림 7.16에서 보여주는 것처럼 힘과 모멘트에 의한 일과 강체의 운동 에너지 변화를 연관짓는다. 강체에 가해진 힘과 모멘트는 다음과 같이 일을 하게 된다.

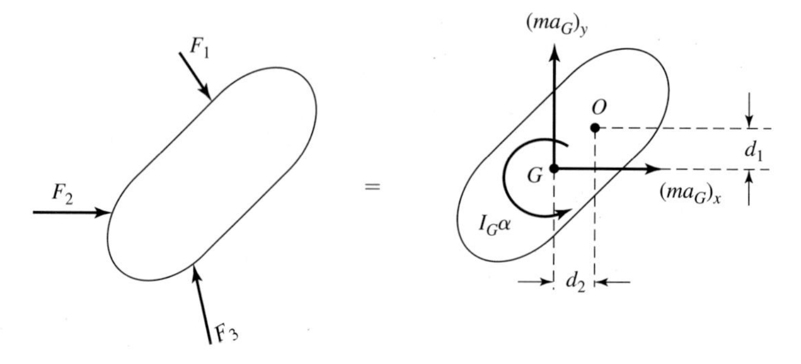

그림 7.15 강체의 일반적인 평면운동

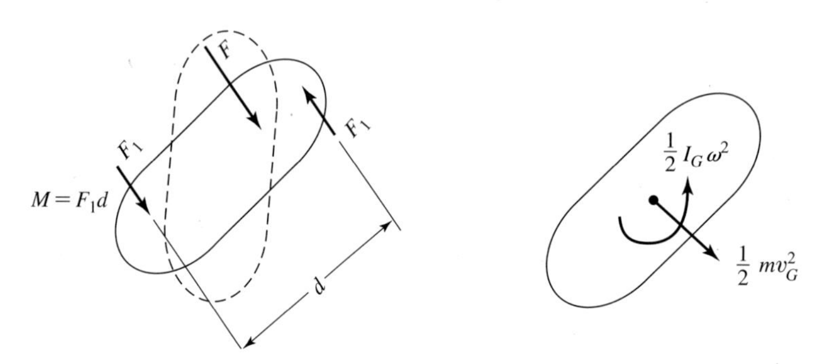

그림 7.16 강체의 일-에너지 법칙

$$W_{1-2} = \int \vec{F}.d\vec{r} \tag{7.53}$$

$$W_{1-2} = \int M d\theta \tag{7.54}$$

여기서 dr과 $d\theta$는 극소 병진과 회전 변위이다. 강체는 병진과 회전을 할 수 있기 때문에, 운동 에너지는 두 가지, 병진과 회전 부분을 갖게 된다. 강체의 운동 에너지에서 병진 부분은 다음과 같이 주어진다.

$$T = \frac{1}{2} m v_G^2 \tag{7.55}$$

질량 중심 G에 대한 강체의 회전 운동 에너지는 다음과 같이 주어진다.

$$T = \frac{1}{2} I_G \omega^2 \tag{7.56}$$

일반적인 평면운동 하에서 강체의 총 운동 에너지는 다음과 같다.

$$T = \frac{1}{2} m v_G^2 + \frac{1}{2} I_G \omega^2 \tag{7.57}$$

임의의 점 O에 대한 강체의 회전 운동 에너지는 다음과 같다.

$$T = \frac{1}{2} I_O \omega^2$$

충격량과 운동량 힘과 모멘트의 시간 이력을 알고 있는 문제의 경우에 충격량과 운동량은 강체의 속도에 변화를 결정하기 위해 사용된다. 강체에 대한 선형 충격량과 운동량 식은 다음과 같다.

$$\int_{t_1}^{t_2} \sum \vec{F} dt = m(\vec{v}_G)_2 - m(\vec{v}_G)_1 \tag{7.58a}$$

$$\int_{t_1}^{t_2} \sum M_G \, dt = I_G(\omega)_2 - I_G(\omega)_1 \tag{7.58b}$$

식 (7.58b)에서 $\sum M_G$는 질량 중심 G에 대한 모든 모멘트의 합을 나타내고 I_G는 질량 중심 G에 대한 강체의 질량 관성 모멘트이다.

예제 7.2로부터 앞서 논의되었던 개념들이 어떻게 강체의 운동 방정식에 적용되는지 보인다.

예제 7.2

이번 예제에서는 다음 그림에서 보여주는 시스템에 대한 운동 방정식을 유도해 보자. 이 예제를 살펴볼 때 막대가 회전과 병진할 수 있다는 것을 염두에 두기 바란다.

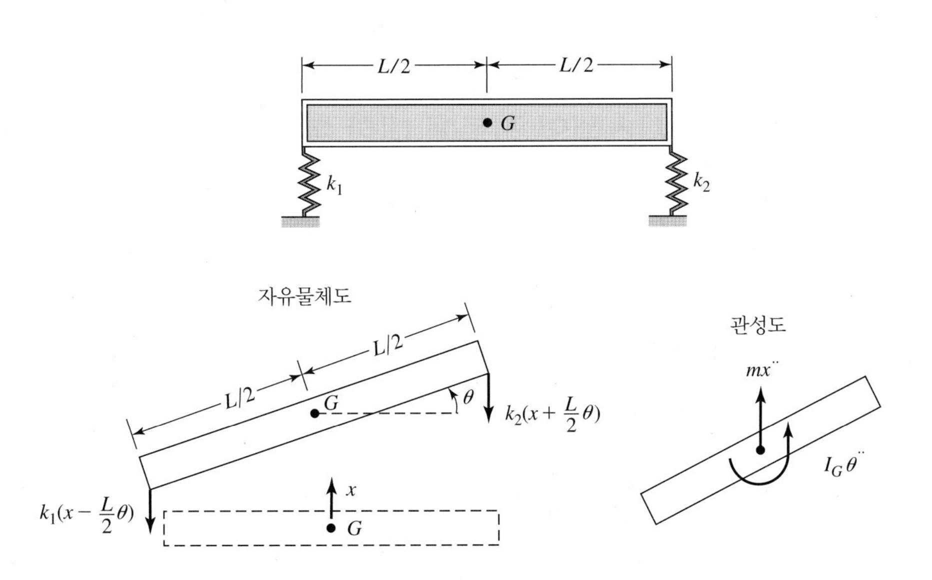

막대의 자유물체도를 그림에 나타내었다. 이것은 왕복운동하고 있을 때 한 점에서의 막대 모습이다. 막대를 들어 올려서 시계 반대 방향으로 돌렸을 경우를 생각해 보면 자유물체도의 모습을 알 수 있을 것이다. 막대의 움직임을 따라가기 위해, 질량 중심의 병진에 대해서는 x와 $\ddot{x}$를, 그리고 회전운동을 측정하기 위해서는 θ와 $\ddot{\theta}$를 사용할 것이다. x는 정적 평형 상태로부터 구할 수 있고 결과적으로 정적 상태에서 막대의 질량과 스프링 힘이 서로 상쇄된다. 식 (7.50)과 (7.51)을 적용하면 다음 식을 얻을 수 있다.

$$\sum F_x = m(a_G)_x = m\ddot{x}$$

$$-k_1\left(x - \frac{L}{2}\theta\right) - k_2\left(x + \frac{L}{2}\theta\right) = m\ddot{x}$$

정리하면 병진 운동 방정식을 얻을 수 있다.

$$m\ddot{x} + (k_1 + k_2)x - (k_1 - k_2)\frac{L}{2}\theta = 0$$

회전 성분에 대한 식은 다음으로부터 얻어진다.

$$\circlearrowleft^{+}\sum M_G = I_G\alpha = I_G\ddot{\theta}$$

$$k_1\left(x - \frac{L}{2}\theta\right)\frac{L}{2} - k_2\left(x + \frac{L}{2}\theta\right)\frac{L}{2} = I_G\ddot{\theta}$$

정리하면 다음과 같은 회전 운동 방정식을 얻을 수 있다.

$$I_G\ddot{\theta} - (k_1 - k_2)\frac{L}{2}x + (k_1 + k_2)\left(\frac{L}{2}\right)^2\theta = 0$$

지금까지 질점과 강체의 동적 움직임을 알아보았다. 이제 진동에 대한 기본 정의 및 기초적인 평형식, 그리고 지배 방정식을 알아보도록 하자.

7.2 기계와 구조 시스템의 진동에 대한 복습

동적 시스템은 상대운동을 질량과 분력을 이용해 나타내는 시스템을 말한다. 동적 시스템은 다음과 같은 특성을 가진다.

- 시스템의 질량과 속도 변화로 인해 시스템의 운동 에너지는 시간에 따라 증가하거나 감소한다.
- 시스템의 탄성 부재는 탄성 에너지를 저장할 수 있다.
- 시스템을 구성하는 재료는 일이나 에너지의 일부를 변환시키는 감쇠 특성을 가진다.
- 지지대의 가진이나 힘의 직접적인 작용을 통해 일이나 에너지가 시스템에 전달된다.

동적 시스템의 예를 표 7.1에 나타내었다.

자유도

자유도는 시스템의 운동을 표현하기 위해 필요한 공간좌표의 수로 정의된다. 다시 말해, 좌표의 수는 시스템을 구성하는 모든 분력이나 집중 질량을 나타내기 위해 필요하다. 예를 들어, 표 7.1의 4층 빌딩은 각 층의 질량의 임의의 위치를 나타내기 위해 4개의 공간좌표를 필

표 7.1 동적 시스템의 예

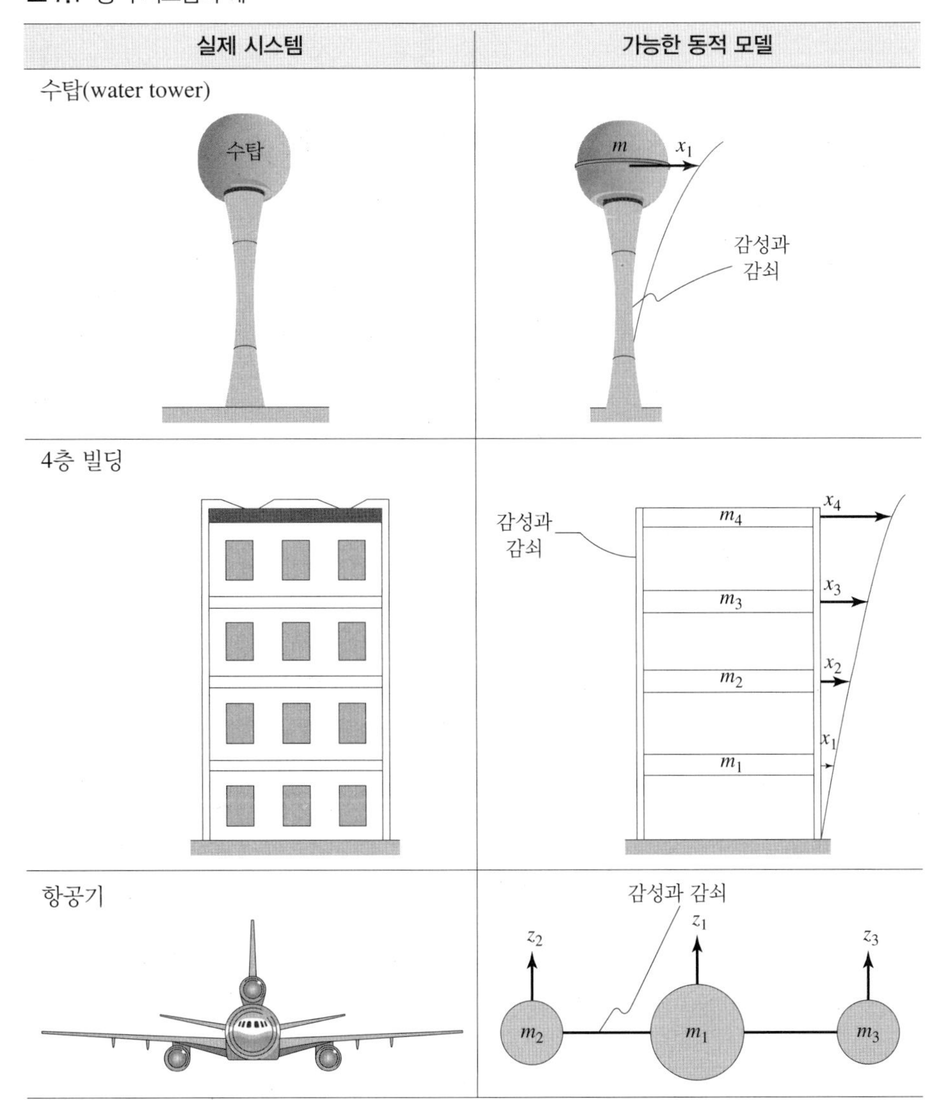

요로 한다. 또 표 7.1처럼 비행기의 동적 거동을 연구하기 위해서 3자유도 모델을 이용한다.

단순 조화운동

그림 7.17과 같이 선형 스프링과 질량으로 구성된 1자유도 시스템을 고려해 보자.

그림 7.17(b)에 정적 평형에 대한 자유물체도를 나타내었다. 그림에 나타낸 바와 같이, 질량의 중량은 스프링 힘 $k\delta_{\text{static}} = W$에 의해 지지된다. 앞으로의 설명에서 k는 스프링 강성을 나타내며 단위는 N/mm(또는 lb/in)이고, δ_{static}는 정적 변위를 나타내며 단위는 mm(또는 in)이다. 지배 운동 방정식을 구하기 위해 그림 7.17(c)처럼 질량에 변위를 준 후 놓아주었다. Newton의 제2법칙을 적용하면 다음과 같다.

$$\sum F_y = m\ddot{y} \tag{7.59}$$

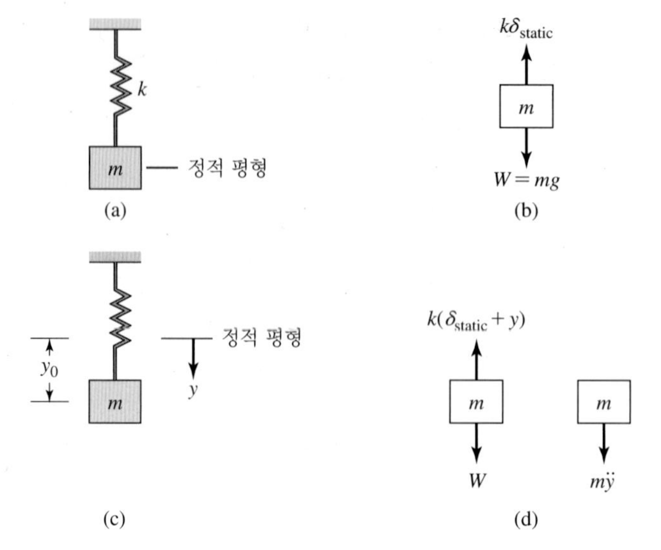

그림 7.17 단순 1자유도 시스템: (a) 시스템, (b) 시스템의 정적 평형 자유물체도, (c) 초기 변위 y_0를 가지는 질량, (d) 진동 질량의 자유물체도

$$-k\delta_{static} - ky + W = m\ddot{y} \tag{7.60}$$

앞서 보인 바와 같이 $W = k\delta_{static}$을 이용하면 식 (7.60)을 다음과 같이 정리할 수 있다.

$$m\ddot{y} + ky = 0 \tag{7.61}$$

그림 7.17(c)에 나타낸 것처럼, y는 시스템에서의 정적 평형 위치로부터 측정한 것임을 명심하라. 일반적으로 식 (7.61)은 다음 형태로 나타낸다.

$$\ddot{y} + \omega_n^2 y = 0 \tag{7.62}$$

여기서

$$\omega_n^2 = \frac{k}{m} = \text{시스템의 비감쇠 고유 원 진동수(rad/s)} \tag{7.63}$$

식 (7.62)의 지배 미분 운동 방정식을 풀기 위해서는 초기조건을 정의해야 한다. 식 (7.62)는 2차 미분 방정식이므로 2개의 초기조건을 필요로 한다. 시간 $t = 0$일 때, 질량은 y_0에 위치하며, 질량의 초기 속도는 0이다. 따라서 시간 $t = 0$일 때, 다음과 같은 초기조건을 갖는다.

$$y = y_0 \text{ (다르게 쓰면 } y(0) = y_0) \tag{7.64}$$

그리고

$$\dot{y} = 0 \text{ (또는 } \dot{y}(0) = 0) \tag{7.65}$$

이와 같이 단순한 자유도 시스템에서, 지배 미분 방정식의 일반해는 다음과 같다.

$$y(t) = c_1 \sin \omega_n t + c_2 \cos \omega_n t \tag{7.66}$$

식 (7.66)이 어떻게 정의되었는지는 미분 방정식 수업에서 학습했을 것이다. 그리고 해는 미분 방정식을 만족해야 함을 상기할 수 있을 것이다. 다시 말해, 식 (7.66)에서 보인 해를 식 (7.62)의 지배 미분 운동 방정식에 대입하면 그 결과가 반드시 0이어야 한다. 이를 검증하기 위해 해를 지배 미분 방정식에 대입하였다.

$$\overbrace{(-c_1\omega_n^2 \sin \omega_n t - c_2\omega_n^2 \cos \omega_n t)}^{\ddot{y}} + \omega_n^2 \overbrace{(c_1 \sin \omega_n t + c_2 \cos \omega_n t)}^{y} = 0$$

$$0 = 0 \qquad \text{Q.E.D.}$$

초기조건 $y(0) = y_0$를 적용하면,

$$y_0 = c_1 \sin (0) + c_2 \cos (0)$$

$c_2 = y_0$이고 $\dot{y}(0) = 0$이므로,

$$\dot{y} = c_1\omega_n \cos \omega_n t - c_2\omega_n \sin \omega_n t$$

$$0 = c_1\omega_n \cos(0) - c_2\omega_n \sin(0)$$

$$c_1 = 0$$

이 된다. 식 (7.66)에 c_1과 c_2를 대입하면, 해는 다음 식과 같이 시간의 함수로 질량의 위치를 나타내게 된다.

$$y(t) = y_0 \cos \omega_n t \tag{7.67}$$

그리고 질량의 속도와 가속도는 다음과 같다.

$$\dot{y}(t) = \frac{dy}{dt} = -y_0\omega_n \sin \omega_n t \tag{7.68}$$

$$\ddot{y}(t) = \frac{d^2y}{dt^2} = -y_0\omega_n^2 \cos \omega_n t \tag{7.69}$$

시스템의 조화거동을 살펴보기 위하여, 질량의 위치를 그림 7.18에 나타내었다.

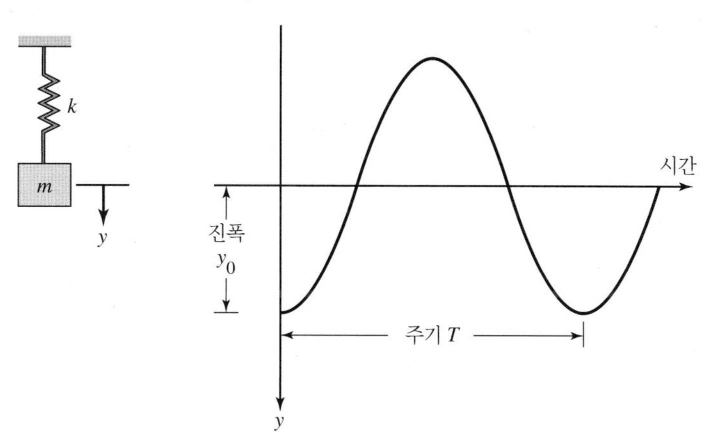

그림 7.18 단순 1자유도에서의 거동

그림 7.18을 이용하여, 동적 시스템의 주기와 진폭을 정의하도록 한다. 그림 7.18에 나타낸 것처럼, 주기 T는 질량 m이 완전히 한 사이클이 도는 데 걸리는 시간으로 정의되며, 일반적으로 주기는 초로 측정한다. 반면, 주파수 f는 1초 동안의 사이클 수로 정의하며 헤르츠(Hz)로 나타낸다. 주파수와 주기의 관계식은 다음과 같다.

$$f = \frac{1}{T} \tag{7.70}$$

이것은 rad/s로 표현되는 원 진동수 ω와 cycle/s(Hz)로 표현되는 주파수 f의 차이를 잘 나타낸다. ω와 f의 관계는 다음과 같다.

$$\omega = 2\pi f \tag{7.71}$$

$$\omega\left(\frac{\text{radians}}{\text{second}}\right) = \left(\frac{2\pi\ \text{radians}}{\text{cycle}}\right) f\left(\frac{\text{cycles}}{\text{second}}\right)$$

예제 7.3

다음 그림과 같은 1자유도 시스템을 고려해 보자. 4 kg 질량의 위치와 속도를 시간의 함수로 정의하고자 한다. 스프링의 강성은 39.5 N/cm이다. 진동을 시작하기 위해 질량을 2 cm 끌어내렸다가 초기 속도 0으로 놓아주었다.

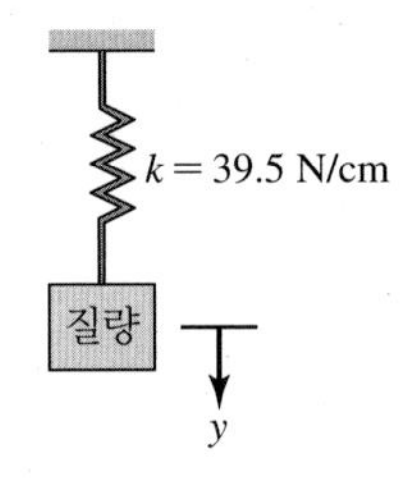

고유 원 진동수를 식 (7.63)을 이용하여 계산하면

$$\omega_n = \sqrt{\frac{k}{m}} = \sqrt{\frac{(39.5\ \text{N/cm})(100\ \text{cm/1m})}{4\ \text{kg}}} = 31.42\ \text{rad/s}$$

이고, 진동수와 주기는 다음과 같다.

$$f = \frac{\omega_n}{2\pi} = \frac{31.42}{2\pi} = 5\ \text{Hz}$$

$$T = \frac{1}{f} = \frac{1}{5} = 0.2\ \text{s}$$

이것은 질량이 완전히 한 사이클 움직이는 데 0.2초가 소요된다는 것을 말한다. 동적 시스템을 설계할 때, 지지대나 바닥에 전달된 힘을 파악하는 것은 지지대의 보존을 확신하는 데 중요한 역할을 한다. 예제 7.3의 경우, 반력을 다음과 같이 구할 수 있다.

$$R(t) = ky + W = ky_0 \cos \omega_n t + W$$

$W = mg = (4\ \text{kg})(9.81\ \text{m/s}^2) = 39.2\ \text{N}$을 대입하면, 다음 식을 얻을 수 있다.

$$R(t) = (39.5)(2)\cos(31.42t) + 39.2$$

최대 반력은 스프링이 최대로 늘어나고 $\cos(31.42t)$의 값은 1일 때이므로 다음과 같다.

$$R_{\max} = (39.5)(2) + 39.2 = 118.2\ \text{N}$$

주어진 시스템에서, $R_{\max}$의 값은 초기 변위에 따라 달라진다는 것을 유의하라. 또 지지 반력은 $y = 0$일 때, 시스템의 무게와 같다.

1자유도 시스템의 강제 진동

구조 시스템의 진동은 바람, 지진이나 빌딩의 바닥에 설치된 비균형 회전 기계와 같은 원인들에 의해 검증된다. 가진의 원인들은 사인 형태의 힘, 랜덤 힘, 갑작스럽게 또는 시간에 따라 변화하는 형태의 힘들을 만들어 낸다. 사인함수, 계단함수, 또는 경사함수와 같은 기본적인 가진 함수들이 고려된 시스템의 거동에 대해서 알아보도록 한다. 그리고 대부분의 구조 감쇠는 상대적으로 매우 작으므로 표현의 간략화를 위해서 앞으로 논의될 내용에서는 구조 감쇠에 대해서는 고려하지 않는다. 이제 그림 7.19에 나타낸 사인 형태의 외력을 받는 스프링–질량 시스템에 대해 고려해 보자. 시스템의 운동은 다음 식으로 나타낼 수 있다.

$$m\ddot{y} + ky = F_0 \sin \omega t \tag{7.72}$$

식 (7.72)의 양변을 질량 m으로 나누면

$$\ddot{y} + \frac{k}{m}y = \frac{F_0}{m}\sin \omega t \tag{7.73}$$

이고, $\omega_n^2 = \dfrac{k}{m}$를 이용하여 식을 나타내면 다음과 같다.

$$\ddot{y} + \omega_n^2 y = \frac{F_0}{m}\sin \omega t \tag{7.74}$$

식 (7.74)의 일반해는 동차해와 특수해 두 부분을 가진다. 앞서 보인 것처럼, 동차해 y_h는 다음과 같이 주어진다.

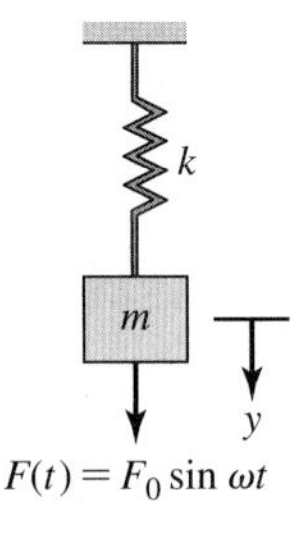

그림 7.19 조화력 함수에 대한 스프링–질량 시스템

$$y_h(t) = A \sin \omega_n t + B \cos \omega_n t \tag{7.75}$$

특수해 y_p는 다음과 같은 형태의 함수로 가정한다.

$$y_p(t) = Y_0 \sin \omega t \tag{7.76}$$

그리고 특수해를 $\ddot{y}_p$까지 미분하면 다음을 얻을 수 있다.

$$\dot{y}_p(t) = Y_0 \omega \cos \omega t \tag{7.77}$$

$$\ddot{y}_p(t) = -Y_0 \omega^2 \sin \omega t$$

식 (7.74)를 앞서 구한 y_p, $\ddot{y}_p$로 치환하면 다음과 같다.

$$-Y_0 \omega^2 \sin \omega t + \omega_n^2 Y_0 \sin \omega t = \frac{F_0}{m} \sin \omega t$$

그리고 Y_0를 풀면 다음 식을 얻을 수 있다.

$$Y_0 = \frac{\frac{F_0}{m}}{-\omega^2 + \omega_n^2} = \frac{\frac{\frac{F_0}{m}}{\omega_n^2}}{\frac{-\omega^2 + \omega_n^2}{\omega_n^2}} = \frac{\frac{F_0}{k}}{1 - \left(\frac{\omega}{\omega_n}\right)^2} \tag{7.78}$$

Y_0를 최종적으로 표현하기 위해 ${\omega_n}^2$으로 분자와 분모를 나누고 $\omega_n^2 = \frac{k}{m}$를 대입한다. 조화력 함수에 대한 스프링–질량 시스템의 거동은 다음과 같다.

$$y(t) = \overbrace{A \cos \omega_n t + B \sin \omega_n t}^{\text{고유 응답}} + \overbrace{\frac{\frac{F_0}{k}}{1 - \left(\frac{\omega}{\omega_n}\right)^2} \sin \omega t}^{\text{강제 응답}} \tag{7.79}$$

시스템의 고유 응답은 모든 시스템의 고유 감쇠로 인해 결국 소멸된다. 따라서 앞으로는 강제 응답에 대해서만 논의하도록 한다. 사인 형태의 힘을 받는 1자유도 시스템의 응답을 좀 더 명확히 하기 위해 식 (7.78)을 이용하여 진동수 비 $\frac{\omega}{\omega_n}$에 대한 강제 응답의 진폭 Y_0 대 정적 변위 $\frac{F_0}{k}$의 비를 도시한다(즉 힘이 정적으로 작용할 경우 발생). 그 결과를 그림 7.20에 나타내었다.

그림 7.20으로부터 진동수 비가 1에 근접하며, 강제 진동의 진폭이 점점 커짐을 알 수 있다. 공진이라 알려진 이런 상태는 매우 바람직하지 않다.

편심 질량에 의한 강제 진동

앞서 언급한 바와 같이, 시스템의 진동은 기계의 편심 질량에 의해 설명된다. 회전 기계의 질량 중심이 회전 중심과 일치하지 않을 때 진동이 발생한다. 불균형 기계의 진동은 사인 형태의 가진 함수의 1자유도 시스템으로 모델링된다. 그림 7.21과 같이, 편심 질량의 법선

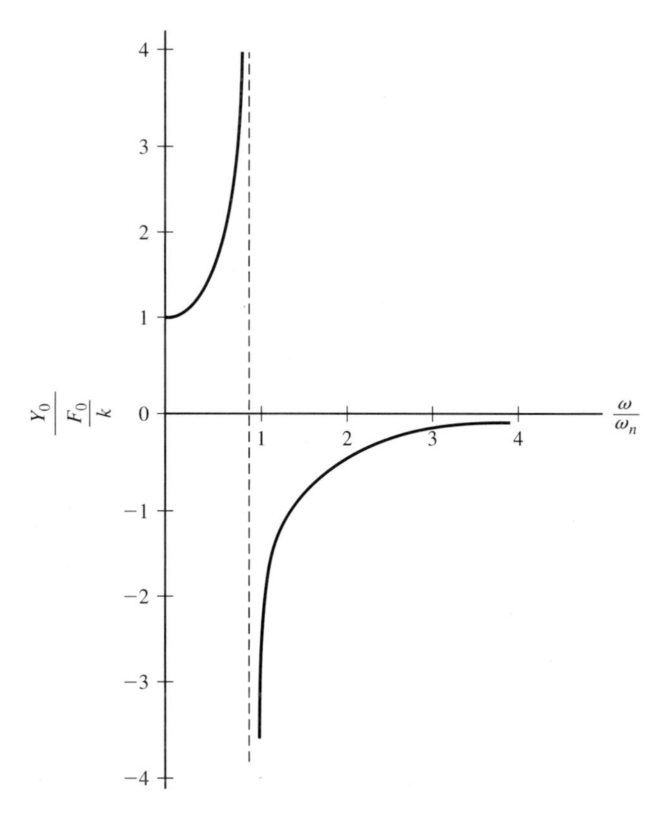

그림 7.20 진동수 비에 대한 강제 거동의 진폭

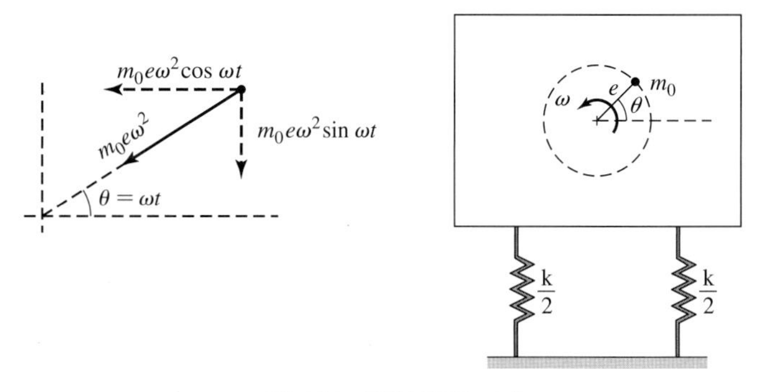

그림 7.21 회전 불균형 기계

가속도의 수직 성분으로부터 사인 가진 함수를 구할 수 있다.

여기서 가진 함수는 다음과 같이 나타낸다.

$$F(t) = m_0 e \omega^2 \sin \omega t \tag{7.80}$$

m_0는 편심 질량이며, e는 이심률, ω는 회전 성분의 각속도를 나타낸다. 식 (7.80)과 (7.72)를 비교해 보면 $F_0 = m_0 e\omega^2$임을 알 수 있고, 식 (7.79)의 F_0에 이를 대입하여 강제 응답만을 고려하면 다음 식을 얻을 수 있다.

$$y(t) = \frac{\overbrace{\frac{m_0 e\omega^2}{k}}^{Y_0}}{1 - \left(\frac{\omega}{\omega_n}\right)^2} \sin \omega t \tag{7.81}$$

그리고 진동 진폭 Y_0를 $k = m\omega_n^2$을 사용하여 나타내면 다음 식이 된다.

$$Y_0 = \frac{\frac{m_0 e\omega^2}{k}}{1 - \left(\frac{\omega}{\omega_n}\right)^2} = \frac{\frac{m_0 e\omega^2}{m\omega_n^2}}{1 - \left(\frac{\omega}{\omega_n}\right)^2} \Rightarrow \frac{Y_0 m}{m_0 e} = \frac{\frac{\omega^2}{\omega_n^2}}{1 - \left(\frac{\omega}{\omega_n}\right)^2} \tag{7.82}$$

식 (7.82)의 분자 $\frac{m_0 e\omega^2}{m}$에 의해, 시스템의 질량 m이 증가하면, 진동의 진폭을 줄일 수 있음을 알 수 있다. 예상되지 않은 진동 진폭을 줄이기 위해 터빈이나 큰 펌프를 설치한 콘크리트 블록을 본 적이 있을 것이다. 또 식 (7.82)를 통해 다음과 같은 관계를 알 수 있다.

$$\frac{\omega}{\omega_n} \ll 1 \quad \Rightarrow \quad \frac{Y_0 m}{m_0 e} = 0 \tag{7.83}$$

그리고

$$\frac{\omega}{\omega_n} \gg 1 \quad \Rightarrow \quad \frac{Y_0 m}{m_0 e} = -1 \tag{7.84}$$

식 (7.82)를 이용하여 진동수 비 $\frac{\omega}{\omega_n}$에 대한 $\frac{Y_0 m}{m_0 e}$의 값을 도시하면 그림 7.22와 같다. 진동수 비에 대한 시스템의 거동은 그림 7.22를 검토함으로써 알 수 있다.

갑작스럽게 작용하는 힘, 경사함수, 또는 갑작스럽게 적용되나 시간에 따라 감소하는 힘에 대한 1자유도 스프링-질량 시스템의 응답의 유도는 연습문제로 남겨둔다. 연습문제 **4**와 **5**를 풀어보아라.

바닥에 전달되는 힘

앞서 언급한 바와 같이, 동적 시스템을 설계함에 있어서 지지대나 바닥에 전달되는 힘에 대해 아는 것은 바닥의 유지를 위해 중요하다. 질량의 진동과 바닥에 전달되는 힘의 관계를 그림 7.23에 나타내었다.

그림 7.23과 같이, 힘은 스프링을 통해 바닥에 전달된다. 시간에 따른 힘의 크기는 다음과 같다.

$$F(t) = ky(t) = \frac{k\frac{F_0}{k}}{1 - \left(\frac{\omega}{\omega_n}\right)^2} \sin \omega t = \frac{F_0}{1 - \left(\frac{\omega}{\omega_n}\right)^2} \sin \omega t \tag{7.85}$$

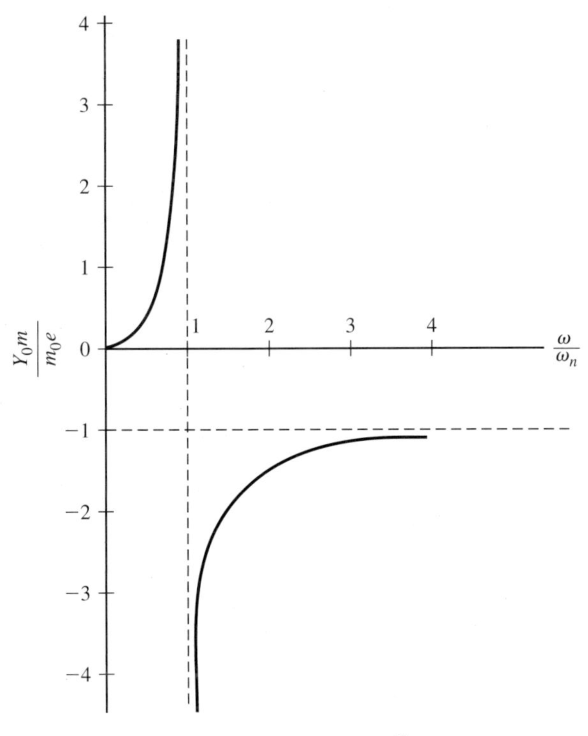

그림 7.22 진동수 비 $\frac{\omega}{\omega_n}$에 대한 $\frac{Y_0 m}{m_0 e}$의 도시

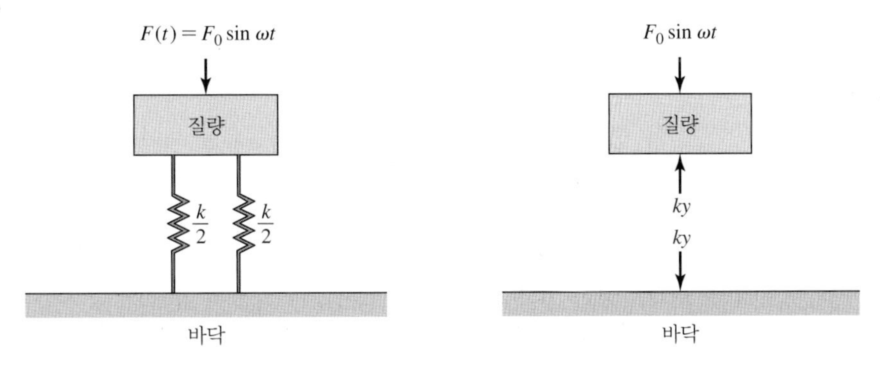

그림 7.23 바닥에 전달되는 힘

그러나 대부분의 공학적 응용문제에 있어서는 식 (7.85)의 $\sin \omega t$의 값이 1일 때 발생되는 바닥으로의 최대 전달력에 관심을 두며, 이를 식으로 표현하면 다음과 같다.

$$F_{max} = \frac{F_0}{1 - \left(\frac{\omega}{\omega_n}\right)^2} \tag{7.86}$$

진동 시스템에서는 일반적으로 F_{max} 대 정적 힘의 크기 F_0로 전달비나 전달률 TR을 정의한다.

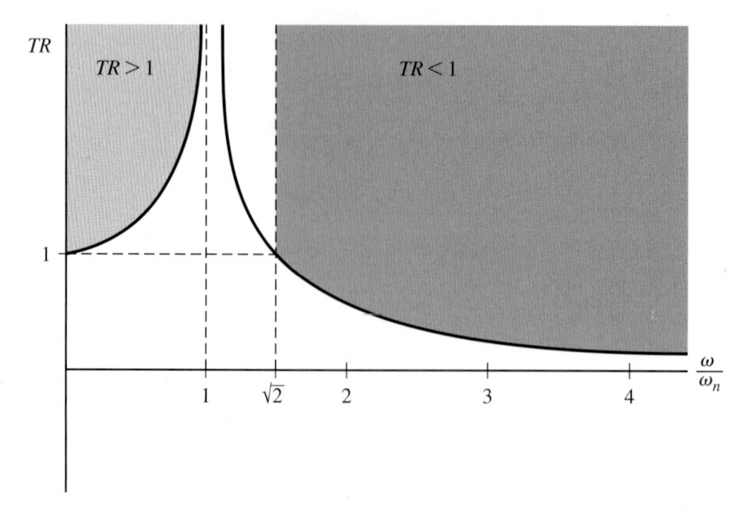

그림 7.24 진동수 비에 대한 전달률

$$TR = \left|\frac{F_{max}}{F_0}\right| = \left|\frac{\dfrac{F_0}{1-\left(\dfrac{\omega}{\omega_n}\right)^2}}{F_0}\right| = \left|\frac{1}{1-\left(\dfrac{\omega}{\omega_n}\right)^2}\right| \tag{7.87}$$

식 (7.87)을 이용하여 전달률과 진동수 비 사이의 관계를 그림 7.24에 도시하였다.

그림 7.24에 따르면, 진동수 비가 1에 근접할수록 전달률이 재앙에 가까울 정도로 점점 큰 값을 가지는 것을 볼 수 있다. 또 그림 7.24는 낮은 전달률을 유지하기 위해서 기계가 고유 진동수보다 훨씬 큰 주파수에서 작동함을 보여준다.

지지대 가진

여기서는 지지대 가진에 대해 검토한다. 지지대에 의해 가진되는 스프링–질량 시스템을 그림 7.25에 나타내었다. Newton의 제2법칙을 사용하여, 진동 질량의 운동 방정식을 다음과 같이 구할 수 있다.

$$-k(y_1 - y_2) = m\ddot{y}_1 \tag{7.88}$$

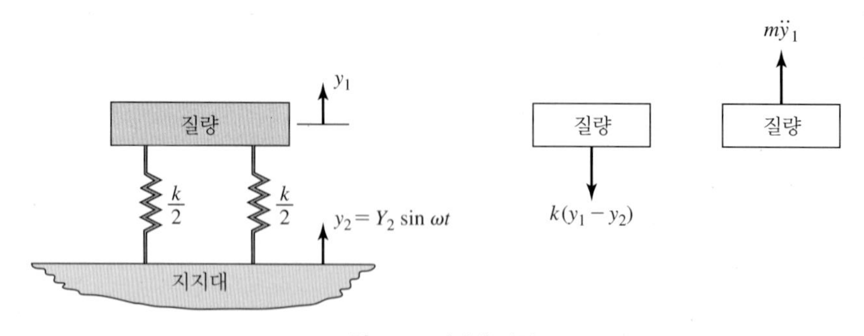

그림 7.25 지지대 가진

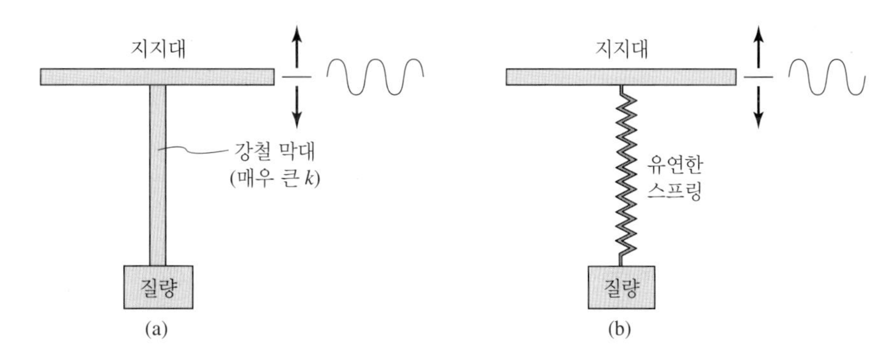

그림 7.26 지지대 가진의 진폭과 질량 진폭의 관계를 검증하기 위한 실험

스프링 힘의 크기는 지지대에 대한 질량의 상대 위치에 따라 달라진다. 응답으로부터 가진 항을 분리하면 다음 식을 얻을 수 있다.

$$m\ddot{y_1} + ky_1 = ky_2 \tag{7.89}$$

식 (7.89)의 양변을 m으로 나누면 다음과 같다.

$$\ddot{y_1} + \omega_n^2 y_1 = \omega_n^2 y_2 = \omega_n^2 Y_2 \sin \omega t \tag{7.90}$$

여기서 해는 앞서 식 (7.74)에 의해 구한 미분 방정식을 이용하여 구한다. 식 (7.90)과 (7.74)를 비교하면 $\omega_n^2 Y_2 = \dfrac{F_0}{m}$임을 알 수 있고, 이를 이용하여 식 (7.90)의 해를 구하면 다음과 같다.

$$y_1(t) = \frac{\dfrac{\omega_n^2 Y_2}{\omega_n^2}}{1 - \left(\dfrac{\omega}{\omega_n}\right)^2} \sin \omega t = \overbrace{\frac{Y_2}{1 - \left(\dfrac{\omega}{\omega_n}\right)^2}}^{\text{질량의 진폭}} \sin \omega t \tag{7.91}$$

해가 나타내고 있는 물리적인 의미를 알아보기 위해 식 (7.91)에 주어진 질량의 진폭에 주목하자. 만약 스프링을 그림 7.26(a)와 같이 강성 막대로 대체하면, 막대의 큰 k값과 큰 ω로 인해, 진동수 비는 $\frac{\omega}{\omega_n} \ll 1$로 매우 작아질 것이고, 결국 질량 진동의 진폭은 Y_2와 같아진다. 예상한 대로, 질량은 지지대와 같은 진폭으로 움직일 것이다. 이제, 막대를 작은 k값(결국 작은 ω_n값)을 가진 유연한 스프링(soft spring)으로 대체하면, 진동수 비는 $\frac{\omega}{\omega_n} \gg 1$이 될 것이다. 식 (7.91)의 진동수 비를 큰 값으로 대체하면 질량은 매우 작은 진폭으로 진동하고 거의 움직이지 않을 것이다.

다자유도

앞에서 1자유도 시스템의 고유 거동 및 강제 거동을 살펴보았다. 이제는 2자유도 시스템을 사용하여 다자유도 시스템의 중요한 특성들을 설명한다. 그림 7.27의 2자유도 시스템을 고려해 보자. 시스템의 고유 진동수를 구해보자. 각각의 질량의 지배 운동 방정식을 세워 보자. 운동 방정식을 세우기 위해서 $x_2 > x_1$인 질량들에 변위를 주어 자유 진동을 시작하게 하자.

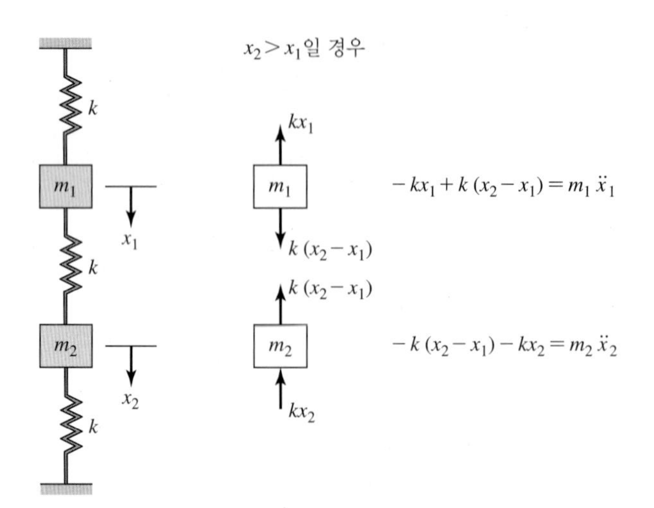

그림 7.27 2자유도 탄성 시스템의 개략도

그림에 나타난 자유물체도를 이용하여 다음과 같은 운동 방정식을 구할 수 있다.

$$m_1\ddot{x}_1 + 2kx_1 - kx_2 = 0 \tag{7.92}$$

$$m_2\ddot{x}_2 - kx_1 + 2kx_2 = 0 \tag{7.93}$$

또는 이를 행렬 형태로 나타내면 다음과 같다.

$$\begin{bmatrix} m_1 & 0 \\ 0 & m_2 \end{bmatrix} \begin{Bmatrix} \ddot{x}_1 \\ \ddot{x}_2 \end{Bmatrix} + \begin{bmatrix} 2k & -k \\ -k & 2k \end{bmatrix} \begin{Bmatrix} x_1 \\ x_2 \end{Bmatrix} = \begin{Bmatrix} 0 \\ 0 \end{Bmatrix}$$

식 (7.92)와 (7.93)은 2차 동차 미분 방정식임을 명심하라. 또한 각 식에서 x_1과 x_2가 쌍으로 사용되고 있으므로, 위의 식들은 서로 연관되어 있음을 명심하라. 이런 시스템 형식을 탄성적 연관(elastically coupled)이라 하며 일반적인 행렬 형태로 다음과 같이 나타낸다.

$$[\boldsymbol{M}]\{\ddot{\boldsymbol{x}}\} + [\boldsymbol{K}]\{\boldsymbol{x}\} = 0 \tag{7.94}$$

여기서 $[\boldsymbol{M}]$과 $[\boldsymbol{K}]$는 각각 질량과 강성행렬을 나타낸다. 식 (7.92)와 (7.93)을 간단히 하기 위해 각 방정식의 양변을 각각의 질량으로 나누면 다음과 같다.

$$\ddot{x}_1 + \frac{2k}{m_1}x_1 - \frac{k}{m_1}x_2 = 0 \tag{7.95}$$

$$\ddot{x}_2 - \frac{k}{m_2}x_1 + \frac{2k}{m_2}x_2 = 0 \tag{7.96}$$

행렬을 사용하여, 질량행렬의 역행렬 $[\boldsymbol{M}]^{-1}$을 행렬 형태의 운동 방정식의 양변에 곱해 주면 다음 식을 얻을 수 있다.

$$\{\ddot{\boldsymbol{x}}\} + [\boldsymbol{M}]^{-1}[\boldsymbol{K}]\{\boldsymbol{x}\} = 0 \tag{7.97}$$

다음 단계는, $x_1(t) = X_1 \sin(\omega t + \phi)$와 $x_2(t) = X_2 \sin(\omega t + \phi)$ 형태[또는 행렬 형태로, $\{\boldsymbol{x}\} = \{\boldsymbol{X}\} \sin(\omega t + \phi)$]의 조화해를 가정하고 식 (7.95)와 (7.96)의 미분 운동 방정식에 대입하면 다음과 같은 한 쌍의 선형 대수 방정식을 구할 수 있다.

$$-\omega^2 X_1 \sin(\omega t + \phi) + \frac{2k}{m_1} X_1 \sin(\omega t + \phi) - \frac{k}{m_1} X_2 \sin(\omega t + \phi) = 0$$
$$-\omega^2 X_2 \sin(\omega t + \phi) - \frac{k}{m_2} X_1 \sin(\omega t + \phi) + \frac{2k}{m_2} X_2 \sin(\omega t + \phi) = 0$$

$\sin(\omega t + \phi)$ 항을 소거하면 다음 식을 얻을 수 있다.

$$-\omega^2 \begin{Bmatrix} X_1 \\ X_2 \end{Bmatrix} + \begin{bmatrix} \frac{2k}{m_1} & -\frac{k}{m_1} \\ -\frac{k}{m_2} & \frac{2k}{m_2} \end{bmatrix} \begin{Bmatrix} X_1 \\ X_2 \end{Bmatrix} = \begin{Bmatrix} 0 \\ 0 \end{Bmatrix} \tag{7.98}$$

또는 행렬 형태로 다음과 같다.

$$-\omega^2 \{\boldsymbol{X}\} + [\boldsymbol{M}]^{-1}[\boldsymbol{K}]\{\boldsymbol{X}\} = 0 \tag{7.99}$$

$\{\boldsymbol{x}\} = \begin{Bmatrix} x_1(t) \\ x_2(t) \end{Bmatrix}$는 각 질량의 위치를 시간의 함수로 나타낸 것이고, $\{\boldsymbol{X}\} = \begin{Bmatrix} X_1 \\ X_2 \end{Bmatrix}$는 각 진동 질량의 진폭을 행렬 표기법으로 나타낸 것이며, ϕ는 위상각을 나타낸다. 식 (7.98)은 다음과 같이 나타낼 수 있다.

$$-\omega^2 \begin{bmatrix} 1 & 0 \\ 0 & 1 \end{bmatrix} \begin{Bmatrix} X_1 \\ X_2 \end{Bmatrix} + \begin{bmatrix} \frac{1}{m_1} & 0 \\ 0 & \frac{1}{m_2} \end{bmatrix} \begin{bmatrix} 2k & -k \\ -k & 2k \end{bmatrix} \begin{Bmatrix} X_1 \\ X_2 \end{Bmatrix} = 0 \tag{7.100}$$

또는 다음 형태로도 나타낼 수 있다.

$$\left[\begin{bmatrix} \frac{2k}{m_1} & -\frac{k}{m_1} \\ -\frac{k}{m_2} & \frac{2k}{m_2} \end{bmatrix} - \omega^2 \begin{bmatrix} 1 & 0 \\ 0 & 1 \end{bmatrix} \right] \begin{Bmatrix} X_1 \\ X_2 \end{Bmatrix} = \begin{Bmatrix} 0 \\ 0 \end{Bmatrix} \tag{7.101}$$

식 (7.101)을 간략하게 정리하면 다음 식이 된다.

$$\begin{bmatrix} -\omega^2 + \frac{2k}{m_1} & -\frac{k}{m_1} \\ -\frac{k}{m_2} & -\omega^2 + \frac{2k}{m_2} \end{bmatrix} \begin{Bmatrix} X_1 \\ X_2 \end{Bmatrix} = 0 \tag{7.102}$$

식 (7.99)와 (7.102) 형식의 지배 방정식을 가진 문제는 계수행렬의 행렬식이 0일 때만 유의해(nontrivial solution)를 가진다. 다음 예를 수치값을 이용하여 풀이해 보자. $m_1 = m_2 = 0.1$ kg이고 $k = 100$ N/m이다. 계수행렬의 행렬식을 0으로 두면 다음과 같은 식을 세울 수 있다.

$$\begin{vmatrix} -\omega^2 + 2000 & -1000 \\ -1000 & -\omega^2 + 2000 \end{vmatrix} = 0 \tag{7.103}$$

$$(-\omega^2 + 2000)(-\omega^2 + 2000) - (-1000)(-1000) = 0 \tag{7.104}$$

식 (7.104)를 정리하면, 다음 식이 된다.

$$\omega^4 - 4000\omega^2 + 3{,}000{,}000 = 0 \tag{7.105}$$

식 (7.105)를 특성 방정식이라 부르며, 근은 시스템의 고유 진동수가 된다.

$$\omega_1^2 = \lambda_1 = 1000\ (\text{rad/s})^2 \quad \text{그리고} \quad \omega_1 = 31.62\ \text{rad/s}$$

$$\omega_2^2 = \lambda_2 = 3000\ (\text{rad/s})^2 \quad \text{그리고} \quad \omega_2 = 54.77\ \text{rad/s}$$

ω^2의 값을 안다면, 식 (7.102)에 대입하여 X_1과 X_2의 관계를 구할 수 있다. 고유 진동수에서의 질량 진동의 진폭 간의 관계를 고유 모드라고 한다. 앞의 예를 식 (7.102)의 첫 번째 식에 대입하면 다음을 얻을 수 있다.

$$(-\omega^2 + 2000)\boldsymbol{X}_1 - 1000\boldsymbol{X}_2 = 0 \quad \text{여기서} \quad \omega_1^2 = 1000$$

$$(-1000 + 2000)\boldsymbol{X}_1 - 1000\boldsymbol{X}_2 = 0 \ \rightarrow \ \frac{\boldsymbol{X}_2}{\boldsymbol{X}_1} = 1$$

또는 두 번째 식에 대입하면 다음을 얻을 수 있다.

$$-1000\boldsymbol{X}_1 + (-\omega^2 + 2000)\boldsymbol{X}_2 = 0 \quad \text{여기서} \quad \omega_1^2 = 1000$$

$$-1000\boldsymbol{X}_1 + (-1000 + 2000)\boldsymbol{X}_2 = 0 \ \rightarrow \ \frac{\boldsymbol{X}_2}{\boldsymbol{X}_1} = 1$$

예상대로, 두 식의 결과는 같다. 두 번째 모드는 앞의 과정과 같은 방법으로 식 (7.102)에 $\omega_2^2 = 3000$을 대입하면 된다.

$$(-\omega^2 + 2000)\boldsymbol{X}_1 - 1000\boldsymbol{X}_2 = 0 \quad \text{여기서} \quad \omega_2^2 = 3000$$

$$(-3000 + 2000)\boldsymbol{X}_1 - 1000\boldsymbol{X}_2 = 0 \ \rightarrow \ \frac{\boldsymbol{X}_2}{\boldsymbol{X}_1} = -1$$

고유치 문제의 해는 미지수들 사이의 관계를 정리함에 따라 풀 수 있다는 것을 명심하라. 고유 진동수와 모드가 무엇을 나타내는지 더욱 명확히 하기 위해 다음을 고려해 보자. 질량 1과 2를 1인치 끌어내린 후(즉, $X_1 = X_2 = 1$) 시스템을 놓는다. 이런 초기조건하에서, 시스템은 첫 번째 고유 진동수($\omega_1 = 31.62$ rad/s)로 진동한다. 그러나 만약 시스템의 질량 1은 1인치 끌어올리고 질량 2는 1인치 끌어내리는(즉, $X_2 = -X_1 = 1$) 초기조건을 사용하였다면, 시스템은 두 번째 고유 진동수($\omega_2 = 54.77$ rad/s)로 진동할 것이다. 다른 초기조건을 적용하면 두 고유 진동수가 영향을 미치는 시스템 진동이 발생하게 된다.

다자유도의 강제 진동 운동 방정식

앞에서는 다자유도의 자유 진동에 관한 일반적인 운동 방정식을 다음과 같은 형태로 나타내었다.

$$[\boldsymbol{M}]\{\ddot{\boldsymbol{x}}\} + [\boldsymbol{K}]\{\boldsymbol{x}\} = 0 \tag{7.106}$$

감쇠 $[\boldsymbol{C}]$를 포함하는 다자유도의 자유 진동 운동 방정식(equations of motion for free vibration)은 다음과 같은 형태로 나타낼 수 있다.

$$[\boldsymbol{M}]\{\ddot{\boldsymbol{x}}\} + [\boldsymbol{C}]\{\dot{\boldsymbol{x}}\} + [\boldsymbol{K}]\{\boldsymbol{x}\} = 0 \tag{7.107}$$

다자유도 시스템의 고유 응답 또한 모드 해석을 이용하여 정의할 수 있다. 모드 해석은 **주좌표**(principal coordinate)를 이용해서 미분 운동 방정식을 비연관화(uncoupling)한다. 모드 해석의 기본 개념은 다른 어떤 좌표도 사용하지 않고 하나의 좌표만을 사용해서 질량의 운동을 나타낸다는 것이다. 운동 방정식이 비연관화되면, 각각의 독립적인 방정식은 1자유도 시스템으로 생각하면 된다. 주 좌표의 개념을 더 이해하기 위해, 그림 7.27의 2자유도 시스템을 고려해 보자. 그리고 $m_1 = m_2 = m$이라고 가정하면 운동 방정식을 다음과 같이 나타낼 수 있다.

$$\ddot{x}_1 + \frac{2k}{m}x_1 - \frac{k}{m}x_2 = 0 \tag{7.95b}$$

$$\ddot{x}_2 - \frac{k}{m}x_1 + \frac{2k}{m}x_2 = 0 \tag{7.96b}$$

식 (7.95)와 (7.96)에 $m_1 = m_2 = m$을 대입하면 식 (7.95b)와 (7.96b)를 구할 수 있다. 이제 식 (7.95b)와 (7.96b)를 더하고 빼면 아래 식을 얻을 수 있다.

$$\ddot{x}_1 + \ddot{x}_2 + \frac{k}{m}(x_1 + x_2) = 0 \quad \Rightarrow \quad \ddot{p}_1 + \frac{k}{m}p_1 = 0$$

$$\ddot{x}_1 - \ddot{x}_2 + \frac{3k}{m}(x_1 - x_2) = 0 \quad \Rightarrow \quad \ddot{p}_2 + \frac{3k}{m}p_2 = 0$$

$p_1 = x_1 + x_2$를 나타내며 $p_2 = x_1 - x_2$를 나타낸다. 이와 같이 주 좌표 p_1, p_2를 이용하면 비연관화된 운동 방정식을 구할 수 있다. 시스템의 고유 진동수는 $\omega_1 = \sqrt{\frac{k}{m}}$과 $\omega_2 = \sqrt{\frac{3k}{m}}$이다. 특성 방정식의 제곱근을 이용하여 위의 결과를 검증해 보아라. 운동 방정식의 비연관화가 여기서 보인 것보다 더 많은 것들을 포함한다 하더라도, 위의 예는 주 좌표와 비연관화의 기본 개념을 충분히 설명하고 있다. 또한 모드 해석은 감쇠를 포함한 다자유도 시스템의 고유 응답 및 강제 응답을 결정하기 위해서도 사용된다.

힘을 받는 다자유도 시스템에서의 운동 방정식을 행렬 형태로 나타내면 다음과 같다.

$$[M]\{\ddot{x}\} + [K]\{x\} = \{F\} \tag{7.108}$$

여기서 $\{F\}$는 힘 행렬을 나타낸다. 그리고 감쇠를 포함하면 다음과 같이 나타낼 수 있다.

$$[M]\{\ddot{x}\} + [C]\{\dot{x}\} + [K]\{x\} = \{F\} \tag{7.109}$$

여기까지 탄성 물성과 분포 질량을 가진 시스템의 거동을 집중 질량(lumped mass)과 등가 강성, 유한 자유도로 된 이산화 모델에 의한 근사방법을 설명하였다. 또 이런 모델들은 시스템의 고유 응답이나 강제 응답 해를 구하기 때문에 초기조건을 가진 상미분 방정식을 사용하여 나타내었다.

많은 공학적 적용에서 보(beam)나 막대(봉)는 유의한 역할을 하므로, 그것들에 대한 유한요소 정식화는 7.4절과 7.5절에서 자세히 다루도록 한다. 막대와 보는 이론적으로 무한한 자유도와 고유 진동수를 갖는 연속체이다. 그러나 대부분의 실제 문제에서는 처음의 몇 가지 고유 진동수만을 중요하게 다룬다. 일반적으로 연속체의 지배 운동 방정식은 경계조건과 초기조건을 요구하는 엄밀해(exact solution)를 가진 편미분 방정식이다. 몇 가지 간단한 문제를 제외하고는 해는 매우 복잡하며 찾기 힘들다. 그러므로 많은 문제들을 해결하기 위해 이산화 모델의 수치적 근사화를 이용한다. 다음 절에서는 Lagrange 방정식을 이용하여 막대(봉), 보, 그리고 프레임에 대한 유한요소 정식화를 논의하도록 한다.

7.3 Lagrange 방정식

앞에서는 Newton의 제2법칙을 사용하여 진동 시스템의 운동 방정식을 유도하였다. 이 절에서는 Lagrange 방정식을 이용하여 운동 방정식을 정식화하는 방법을 소개한다. Lagrange 방정식은 다음과 같다.

$$\frac{d}{dt}\left(\frac{\partial T}{\partial \dot{q}_i}\right) - \frac{\partial T}{\partial q_i} + \frac{\partial \Lambda}{\partial q_i} = Q_i, \quad i = 1, 2, 3, \ldots, n \tag{7.110}$$

여기서 $t =$ 시간

$T =$ 시스템의 운동 에너지

$q_i =$ 좌표계

$\dot{q}_i =$ 속도를 나타내는 좌표계의 시간에 대한 도함수

$\Lambda =$ 시스템의 퍼텐셜 에너지

$Q_i =$ 비보존 힘 또는 비보존 모멘트

동역학 시스템의 운동 방정식을 정식화하기 위하여 Lagrange 방정식을 사용하는 방법을 예제 7.4를 통하여 설명한다.

예제 7.4

그림 7.28에 보인 시스템의 지배 운동 방정식을 정식화하기 위하여 Lagrange 방정식을 사용한다.

그림 7.28(a)와 같은 스프링-질량 시스템은 1자유도 시스템으로 단 하나의 좌표를 이용하여 그 운동을 표현할 수 있다. 식 (7.110)을 적용하기 위해서 시스템의 운동 에너지와 퍼텐셜 에너지를 좌표 q와 그 미분 형태인 $\dot{q}$로 나타내어야 한다. 이 문제에서는 $q = x$로 두고, 운동 에너지와 퍼텐셜 에너지를 다음 식으로 나타내었다.

$$T = \frac{1}{2}m\dot{x}^2$$

$$\Lambda = \frac{1}{2}kx^2$$

다음은 Lagrange 방정식에서 요구되는 계산으로, 운동 에너지를 $\dot{q}$(이 문제에서는 $\dot{x}$)에 대하여 미분한다.

$$\frac{\partial T}{\partial \dot{q}} = \frac{\partial T}{\partial \dot{x}} = \frac{\partial}{\partial \dot{x}}\left(\frac{1}{2}m\dot{x}^2\right) = (2)\left(\frac{1}{2}\right)m\dot{x} = m\dot{x}$$

위 식에서 얻은 $\dfrac{\partial T}{\partial \dot{x}}$를 시간에 대하여 미분하자.

$$\frac{d}{dt}\left(\frac{\partial T}{\partial \dot{x}}\right) = \frac{d}{dt}(m\dot{x}) = m\ddot{x}$$

T는 x의 함수가 아니라 $\dot{x}$의 함수이므로, $\dfrac{\partial T}{\partial x} = 0$이다. 식 (7.110)에서 퍼텐셜 에너지 항 $\left(\dfrac{\partial \Lambda}{\partial q}\right)$은 다음과 같이 계산된다.

$$\frac{\partial \Lambda}{\partial q} = \frac{\partial \Lambda}{\partial x} = \frac{\partial}{\partial x}\left(\frac{1}{2}kx^2\right) = kx$$

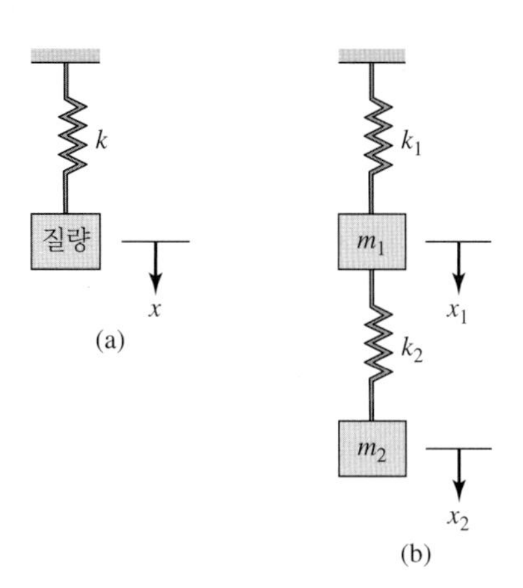

그림 7.28 예제 7.4의 스프링-질량 시스템

마지막으로 앞에서 계산한 각 항을 식 (7.110)에 대입하자.

$$\overbrace{\frac{d}{dt}\left(\frac{\partial T}{\partial \dot{q_i}}\right)}^{m\ddot{x}} - \overbrace{\frac{\partial T}{\partial q_i}}^{0} + \overbrace{\frac{\partial \Lambda}{\partial q_i}}^{kx} = \overbrace{Q_i}^{0}$$

따라서 다음과 같이 지배 미분 운동 방정식을 얻을 수 있다.

$$m\ddot{x} + kx = 0$$

그림 7.28(b)에 나타낸 것과 같이, 시스템은 2자유도를 가지므로 운동 에너지와 퍼텐셜 에너지를 정식화하기 위해서 2개의 좌표 x_1, x_2가 필요하며, 다음과 같이 나타낼 수 있다.

$$T = \frac{1}{2}m_1\dot{x}_1^2 + \frac{1}{2}m_2\dot{x}_2^2$$

$$\Lambda = \frac{1}{2}k_1x_1^2 + \frac{1}{2}k_2(x_2 - x_1)^2$$

Lagrange 방정식[식 (7.110)]에서 주어진 대로 각 항들을 미분하면 다음과 같다.

$$\frac{\partial T}{\partial \dot{x}_1} = m_1\dot{x}_1 \quad \text{그리고} \quad \frac{d}{dt}\left(\frac{\partial T}{\partial \dot{x}_1}\right) = m_1\ddot{x}_1$$

$$\frac{\partial T}{\partial \dot{x}_2} = m_2\dot{x}_2 \quad \text{그리고} \quad \frac{d}{dt}\left(\frac{\partial T}{\partial \dot{x}_2}\right) = m_2\ddot{x}_2$$

$$\frac{\partial T}{\partial x_1} = \frac{\partial T}{\partial x_2} = 0$$

$$\frac{\partial \Lambda}{\partial x_1} = k_1x_1 + k_2(x_1 - x_2)$$

$$\frac{\partial \Lambda}{\partial x_2} = k_2(x_2 - x_1)$$

위에서 계산한 각 항을 Lagrange 방정식에 대입하면, 다음 운동 방정식을 얻을 수 있다.

$$m_1\ddot{x}_1 + (k_1 + k_2)x_1 - k_2x_2 = 0$$

$$m_2\ddot{x}_2 - k_2x_1 + k_2x_2 = 0$$

운동 방정식을 행렬 형태로 나타내면 다음과 같다.

$$\begin{bmatrix} m_1 & 0 \\ 0 & m_2 \end{bmatrix}\begin{Bmatrix} \ddot{x}_1 \\ \ddot{x}_2 \end{Bmatrix} + \begin{bmatrix} k_1 + k_2 & -k_2 \\ -k_2 & k_2 \end{bmatrix}\begin{Bmatrix} x_1 \\ x_2 \end{Bmatrix} = \begin{Bmatrix} 0 \\ 0 \end{Bmatrix}$$

7.4 축 부재의 유한요소 정식화

이 절에서는 Lagrange 방정식을 사용하여 축 부재의 질량행렬을 정식화하고, 이를 이용하여 축 부재의 고유 진동수를 계산한다. 축 부재의 변위를 나타내기 위하여 1차원 형상함수 (S_i, S_j)를 사용할 수 있다.

$$u = S_i U_i + S_j U_j \tag{7.111}$$

그림 7.29와 같은 요소의 형상함수는 국부 좌표 x를 이용하여 다음 식과 같이 나타낼 수 있다.

$$S_i = 1 - \frac{x}{L} \tag{7.112}$$

$$S_j = \frac{x}{L} \tag{7.113}$$

정적 문제의 변위함수는 x좌표만의 함수인 반면에, 동적 문제에서 변위함수는 x와 t의 함수, 즉 $u = u(x, t)$임에 유의해야 한다. 부재의 총 운동 에너지는 부재를 구성하는 입자의 운동 에너지 합이며, 다음 식으로 나타낼 수 있다.

$$T = \int_0^L \frac{\gamma}{2} \dot{u}^2 dx \tag{7.114}$$

식 (7.114)에서 $\dot{u}$는 부재 내 입자의 속도를 나타내며, γ는 단위길이당 질량이다. 부재의 속도는 절점 속도 $\dot{U}_i$와 $\dot{U}_j$로 나타낼 수 있으며, 다음과 같다.

$$\dot{u} = S_i \dot{U}_i + S_j \dot{U}_j \tag{7.115}$$

식 (7.115)를 식 (7.114)에 대입하면 다음 식을 얻을 수 있다.

$$T = \frac{\gamma}{2} \int_0^L (S_i \dot{U}_i + S_j \dot{U}_j)^2 dx \tag{7.116}$$

또한 Lagrange 방정식에서 요구되는 미분을 수행하면 다음과 같다.

$$\frac{\partial T}{\partial \dot{U}_i} = \frac{\gamma}{2} \int_0^L 2S_i (S_i \dot{U}_i + S_j \dot{U}_j) dx \tag{7.117}$$

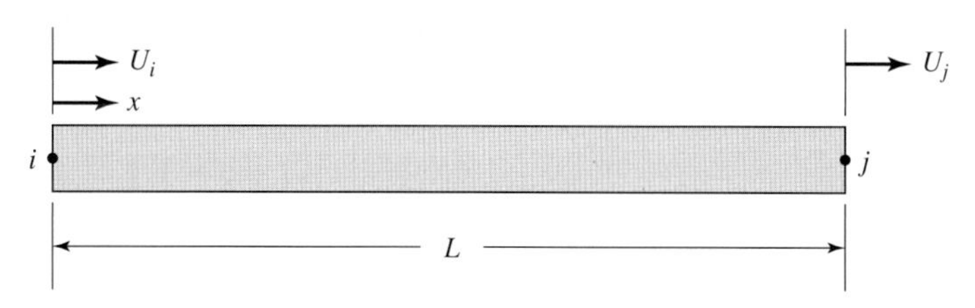

그림 7.29 축 부재

$$\frac{\partial T}{\partial \dot{U}_j} = \frac{\gamma}{2}\int_0^L 2S_j(S_i\dot{U}_i + S_j\dot{U}_j)dx \tag{7.118}$$

$$\frac{d}{dt}\left(\frac{\partial T}{\partial \dot{U}_i}\right) = \gamma\left[\int_0^L S_i^2\ddot{U}_i dx + \int_0^L S_iS_j\ddot{U}_j dx\right] \tag{7.119}$$

$$\frac{d}{dt}\left(\frac{\partial T}{\partial \dot{U}_j}\right) = \gamma\left[\int_0^L S_iS_j\ddot{U}_i dx + \int_0^L S_j^2\ddot{U}_j dx\right] \tag{7.120}$$

S_i와 S_j는 x의 함수이고 반면에 절점 i와 j에 대한 가속도인 $\ddot{U}_i$와 $\ddot{U}_j$는 시간의 함수임에 유의하여, 식 (7.119)와 (7.120)에서의 적분을 수행하면 다음과 같다.

$$\gamma\int_0^L S_i^2 dx = \gamma\int_0^L \left(1 - \frac{x}{L}\right)^2 dx = \frac{\gamma L}{3} \tag{7.121}$$

$$\gamma\int_0^L S_iS_j dx = \gamma\int_0^L \left(1 - \frac{x}{L}\right)\left(\frac{x}{L}\right)dx = \frac{\gamma L}{6} \tag{7.122}$$

$$\gamma\int_0^L S_j^2 dx = \gamma\int_0^L \left(\frac{x}{L}\right)^2 dx = \frac{\gamma L}{3} \tag{7.123}$$

식 (7.121)~(7.123)까지의 적분 결과를 식 (7.119)와 (7.120)에 대입하여 정리하면 $[\boldsymbol{M}]\{\ddot{\boldsymbol{u}}\}$를 얻을 수 있다. 따라서 축 부재의 질량행렬은 다음과 같다.

$$[\boldsymbol{M}]^{(e)} = \frac{\gamma L}{6}\begin{bmatrix} 2 & 1 \\ 1 & 2 \end{bmatrix} \tag{7.124}$$

3.1절에서 축 요소에 대한 강성행렬을 유도하였으며, 다음과 같이 표현할 수 있다.

$$[\boldsymbol{K}]^{(e)} = \frac{AE}{L}\begin{bmatrix} 1 & -1 \\ -1 & 1 \end{bmatrix}$$

예제 7.5를 통해 이 절의 내용을 설명한다.

예제 7.5

그림 7.30에서와 같이 30 cm의 알루미늄 막대를 고려하자. 막대의 탄성계수 $E = 70$ GPa이며, 밀도 $\rho = 2700\ \text{kg/m}^3(\gamma = 5.4\ \text{kg/m})$이다. 그림에서와 같이 막대의 한쪽 끝은 고정되어 있으며, 막대를 3개의 요소로 나누었을 때 고유 진동수를 알아보고자 한다.

식 (7.124)로부터 각 요소의 질량행렬을 계산할 수 있다.

$$[\boldsymbol{M}]^{(1)} = [\boldsymbol{M}]^{(2)} = [\boldsymbol{M}]^{(3)} = \frac{\gamma L}{6}\begin{bmatrix} 2 & 1 \\ 1 & 2 \end{bmatrix} = \frac{(5.4)(0.1)}{6}\begin{bmatrix} 2 & 1 \\ 1 & 2 \end{bmatrix} = \begin{bmatrix} 0.18 & 0.09 \\ 0.09 & 0.18 \end{bmatrix}$$

또한 요소의 강성행렬은 다음과 같다.

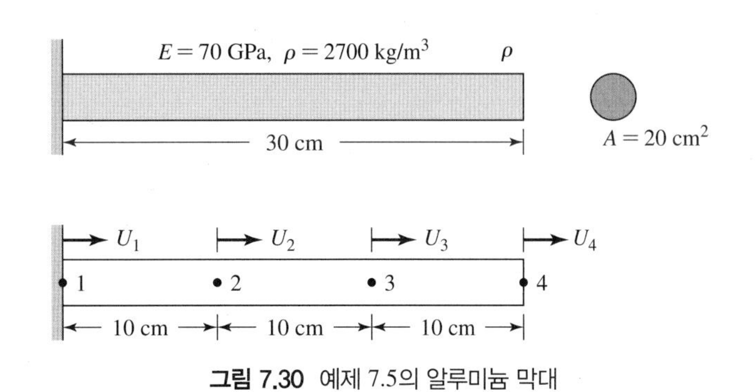

그림 7.30 예제 7.5의 알루미늄 막대

$$[\boldsymbol{K}]^{(1)} = [\boldsymbol{K}]^{(2)} = [\boldsymbol{K}]^{(3)} = \frac{AE}{L}\begin{bmatrix} 1 & -1 \\ -1 & 1 \end{bmatrix}$$

$$= \frac{(20 \times 10^{-4})(70 \times 10^{9})}{0.1}\begin{bmatrix} 1 & -1 \\ -1 & 1 \end{bmatrix} = 1.4 \times 10^{9}\begin{bmatrix} 1 & -1 \\ -1 & 1 \end{bmatrix}$$

각각의 질량행렬과 강성행렬의 합은 다음 식과 같다.

$$[\boldsymbol{M}]^{(G)} = \begin{bmatrix} 0.18 & 0.09 & 0 & 0 \\ 0.09 & 0.36 & 0.09 & 0 \\ 0 & 0.09 & 0.36 & 0.09 \\ 0 & 0 & 0.09 & 0.18 \end{bmatrix}$$

$$[\boldsymbol{K}]^{(G)} = 10^{9}\begin{bmatrix} 1.4 & -1.4 & 0 & 0 \\ -1.4 & 2.8 & -1.4 & 0 \\ 0 & -1.4 & 2.8 & -1.4 \\ 0 & 0 & -1.4 & 1.4 \end{bmatrix}$$

경계조건을 적용하면, 절점 1은 고정되어 있으므로, 질량행렬과 강성행렬의 첫째 행과 열은 소거된다. 절점 1의 경계조건을 적용하면 질량행렬과 강성행렬은 다음과 같다.

$$[\boldsymbol{M}]^{(G)} = \begin{bmatrix} 0.36 & 0.09 & 0 \\ 0.09 & 0.36 & 0.09 \\ 0 & 0.09 & 0.18 \end{bmatrix}$$

$$[\boldsymbol{K}]^{(G)} = 10^{9}\begin{bmatrix} 2.8 & -1.4 & 0 \\ -1.4 & 2.8 & -1.4 \\ 0 & -1.4 & 1.4 \end{bmatrix}$$

앞에서 다자유도 자유 진동 시스템의 고유 진동수를 계산하기 위하여 $[\boldsymbol{M}]^{-1}[\boldsymbol{K}]\{\boldsymbol{X}\} = \omega^2\{\boldsymbol{X}\}$를 계산할 필요가 있으며, 막대의 경우 $[\boldsymbol{M}]^{-1}[\boldsymbol{K}]\{\boldsymbol{U}\} = \omega^2\{\boldsymbol{U}\}$를 계산하면 된다. 질량행렬의 역행렬을 구하면 다음과 같다.

$$[\boldsymbol{M}]^{-1} = \begin{bmatrix} 2.9915 & -0.8547 & 0.4274 \\ -0.8547 & 3.4188 & -1.7094 \\ 0.4274 & -1.7094 & 6.4103 \end{bmatrix}$$

여기에 강성행렬을 곱하면 다음 식과 같다.

$$[\boldsymbol{M}]^{-1}[\boldsymbol{K}] = 10^{10}\begin{bmatrix} 0.9573 & -0.7179 & 0.1795 \\ -0.7179 & 1\ 3162 & -0.7179 \\ 0.3590 & -1.4359 & 1.1368 \end{bmatrix}$$

고유치를 계산하면 다음의 고유 진동수 $\omega_1 = 1.5999 \times 10^5$ rad/s, $\omega_2 = 0.8819 \times 10^5$ rad/s, $\omega_3 = 0.2697 \times 10^5$ rad/s를 얻을 수 있다.

예제 7.5 다시보기

예제 7.5로부터, Excel을 사용하여 동적 문제를 해결하는 방법을 보여줄 것이다.

1. 셀 A1에 **Example 7.5**를 입력하고, 셀 A3, A4, A5와 A6에 그림과 같이 각각 **A =**, **E =**, **L =**, **γ =**을 입력하라. 셀 B3에 A의 값을 입력하고, B3을 선택하라. 그리고 'Name Box'에 **A**를 입력하고, **Return** 키를 눌러라. 이와 비슷하게 E, L, γ의 값을 셀 B4, B5, B6에 각각 입력하고, 해당 'Name Box'에 **E**, **L** 그리고 **Gamma**를 각각 입력한다. 각 변수들을 입력하고, 반드시 **Return** 키를 누르도록 한다. 또한 표시된 표를 생성한다.

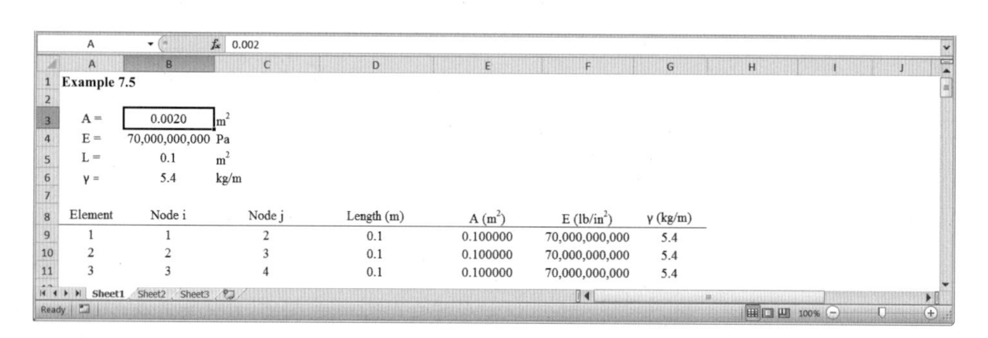

2. 다음 그림과 같이 **[M]**과 **[K]** 행렬을 만들어라. 예를 들어 셀 C16을 선택하고, = **(Gamma*L/6)*2**를 타이핑하라. 또 다른 예로, 셀 C22를 선택하고 = **(A*E/L)*1**을 타이핑한다. 또한 구간 C16:D17을 선택하고 Melement1로 이름을 부여한다. 유사하게, 구간 C22:D23를 선택하고 Kelement1로 이름을 부여한다.

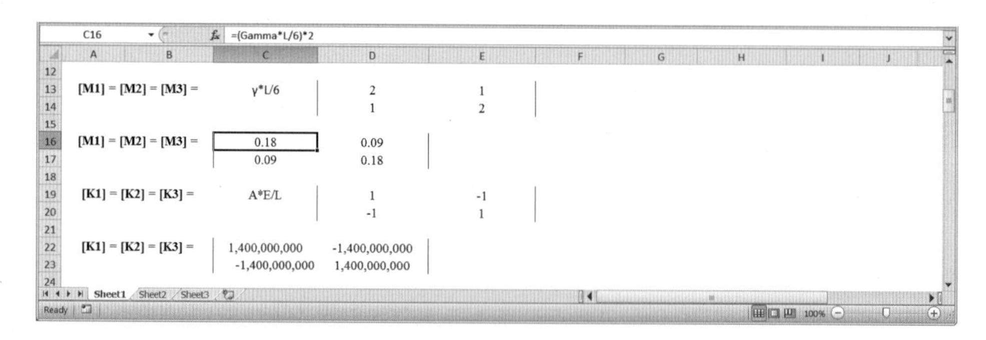

3. 다음으로 **[A1]**, **[A2]**, **[A3]** 행렬을 생성하고, 이름을 Aelement1, Aelement2, Aelement3으로 부여한다. 먼저 **[A1]**을 만들고, **[A2]**와 **[A3]**를 생성하기 위해, **[A1]**을 열 25부터 27까지 복사해서 열 29부터 31까지 넣고, 열 33부터 35까지 붙여 넣고 수정한다. 이웃한 요소에 대한 절점의 기여도를 관찰할 수 있도록 절점온도 U1, U2, U3, U4와 Ui, Uj를 **[A1]**, **[A2]** 및 **[A3]** 행렬과 나란히 표시한다.

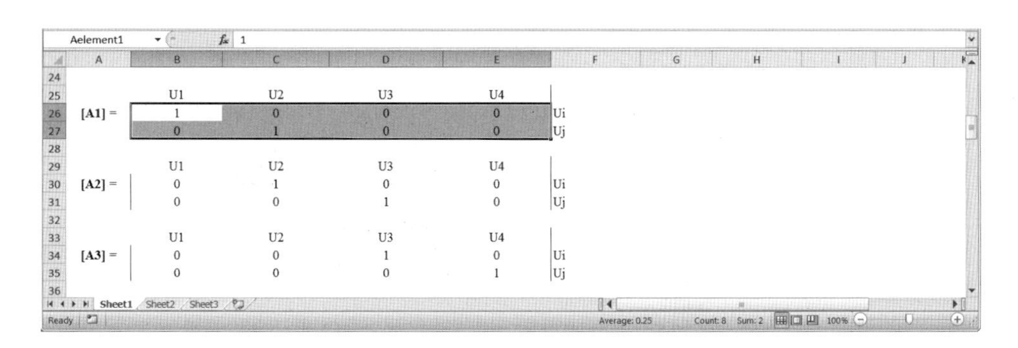

Aelement1 | f_x 1

	A	B	C	D	E	F
24						
25		U1	U2	U3	U4	
26	[A1] =	1	0	0	0	Ui
27		0	1	0	0	Uj
28						
29		U1	U2	U3	U4	
30	[A2] =	0	1	0	0	Ui
31		0	0	1	0	Uj
32						
33		U1	U2	U3	U4	
34	[A3] =	0	0	1	0	Ui
35		0	0	0	1	Uj
36						

Sheet1 Sheet2 Sheet3 | Ready | Average: 0.25 Count: 8 Sum: 2 100%

4. 다음으로 각 요소에 대해 질량행렬을 생성하고(전체 행렬에서 적절한 위치에) M1G, M2G, 그리고 M3G로 이름을 부여한다. 예를 들어, **[M]**^{1G}를 생성하기 위해 B37:E40을 선택하여

= MMULT(TRANSPOSE(Aelement1),MMULT(Melement1,Aelement1))

를 타이핑하고 **Ctrl** 및 **Shift** 키를 누른 상태에서 **Return** 키를 누른다. 유사한 방법으로, 그림과 같이 **[M]**^{2G}, **[M]**^{3G}를 생성한다. 최종 전체 질량행렬은 다음을 따라하면 생성된다. 구간 B52:E55를 선택하고 **= M1G + M2G + M3G**를 타이핑하고 **Ctrl** 및 **Shift** 키를 누른 상태에서 **Return** 키를 누른다.

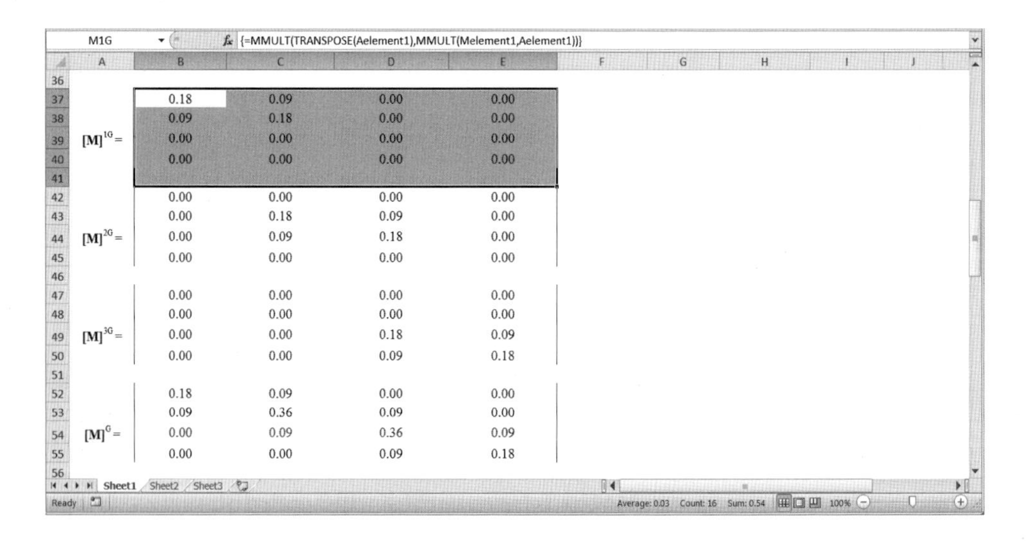

M1G | f_x {=MMULT(TRANSPOSE(Aelement1),MMULT(Melement1,Aelement1))}

	A	B	C	D	E
36					
37		0.18	0.09	0.00	0.00
38		0.09	0.18	0.00	0.00
39	[M]^{1G} =	0.00	0.00	0.00	0.00
40		0.00	0.00	0.00	0.00
41					
42		0.00	0.00	0.00	0.00
43		0.00	0.18	0.09	0.00
44	[M]^{2G} =	0.00	0.09	0.18	0.00
45		0.00	0.00	0.00	0.00
46					
47		0.00	0.00	0.00	0.00
48		0.00	0.00	0.00	0.00
49	[M]^{3G} =	0.00	0.00	0.18	0.09
50		0.00	0.00	0.09	0.18
51					
52		0.18	0.09	0.00	0.00
53		0.09	0.36	0.09	0.00
54	[M]^{G} =	0.00	0.09	0.36	0.09
55		0.00	0.00	0.09	0.18
56					

Sheet1 Sheet2 Sheet3 | Ready | Average: 0.03 Count: 16 Sum: 0.54 100%

5. 각 요소에 대한 강성행렬을 만들고(전체 행렬에서 적절한 위치에) K1G, K2G, 그리고 K3G로 이름을 부여한다. 예를 들어, **[K]**^{1G}를 만들고, 구간 B57:E60을 선택하여

= MMULT(TRANSPOSE(Aelement1),MMULT(Kelement1,Aelement1))

를 타이핑하고 **Ctrl** 및 **Shift** 키를 누른 상태에서 **Return** 키를 누른다. 유사한 방법으로, 그림과 같이 $[\mathbf{K}]^{2G}$, $[\mathbf{K}]^{3G}$를 만든다. 최종 전체 강성행렬은 다음을 따라하면 생성된다. 구간 B72:E75를 선택하고 **= K1G + K2G + K3G**를 타이핑하고 **Ctrl** 및 **Shift** 키를 누른 상태에서 **Return** 키를 누른다.

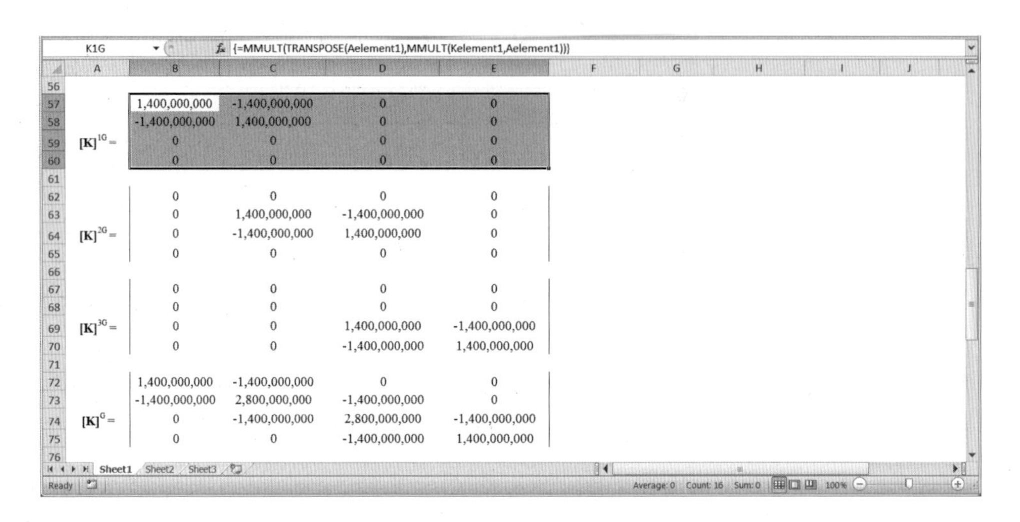

6. 경계조건을 적용하라. MG 행렬의 해당 부분을 복사하여 C77:E79의 구간에 붙여 넣고 그림과 같이 수정한 후 MwithappliedBC로 이름을 부여한다. 유사하게 해당 강성 행렬을 구간 C81:E83에 생성하고 KwithappliedBC로 이름을 부여한다.

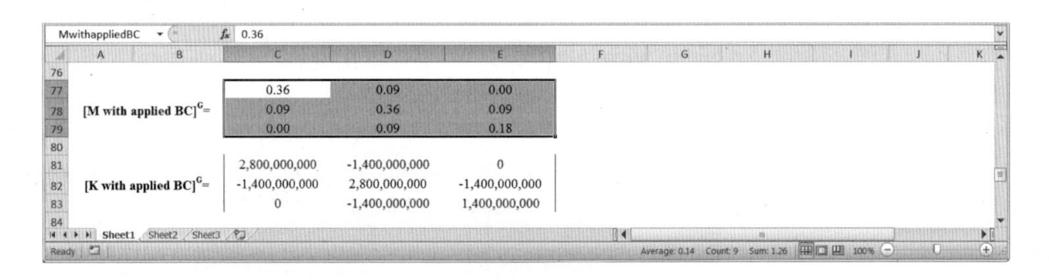

7. 다음으로 $[\mathbf{M}]^{-1}$과 $[\mathbf{M}]^{-1}[\mathbf{K}]$ 행렬을 만들 것이다. 구간 C85:E87을 선택하고

= MINVERSE(MwithappliedBC)

를 타이핑하고 **Ctrl** 및 **Shift** 키를 누른 상태에서 **Return** 키를 누른다. 이 구간의 이름을 InverseofM으로 한다. 구간 C89:E91을 선택하고

= MMULT(InverseofM,KwithappliedBC)

를 타이핑하고 **Ctrl** 및 **Shift** 키를 누른 상태에서 **Return** 키를 누른다. 이 구간의 이름은 Mminus1K라 한다.

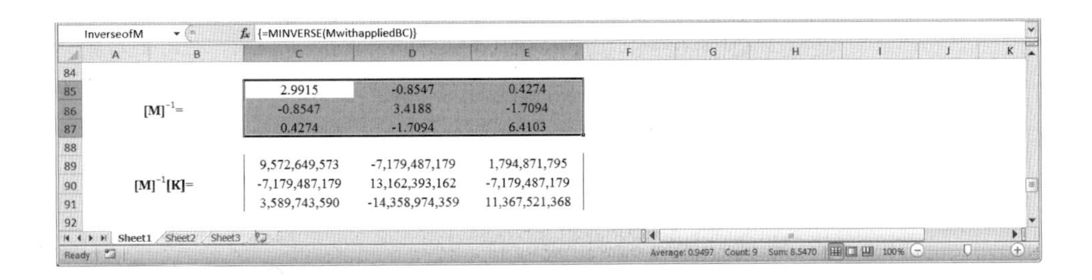

8. 다음으로 단위행렬을 만들고 이름을 I로 생성한다.

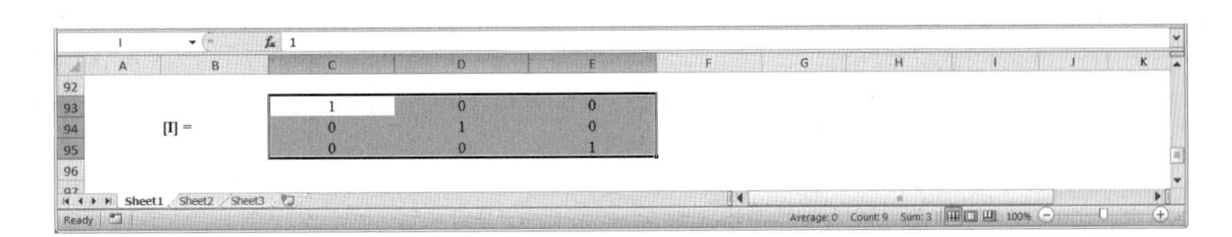

9. 셀 D98에 초기 추정값(예를 들면 2e10)을 입력하고 이름을 Omegasquared로 한다. 셀 C100에

= MDETERM(Mminus1K-Omegasquared*I)

을 타이핑한다. 또한 셀 B102에 = SQRT(Omegasquared)을 타이핑한다.

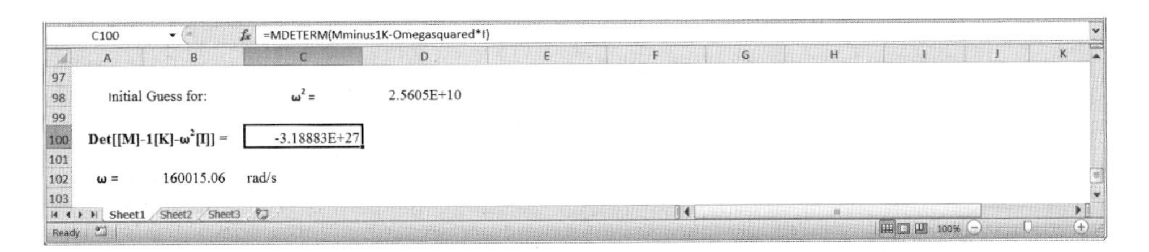

이제 Goal Seek의 엑셀 기능을 사용하여 고유치를 계산한다. Data Tab, What-If Analysis와 Goal Seek를 선택하라.

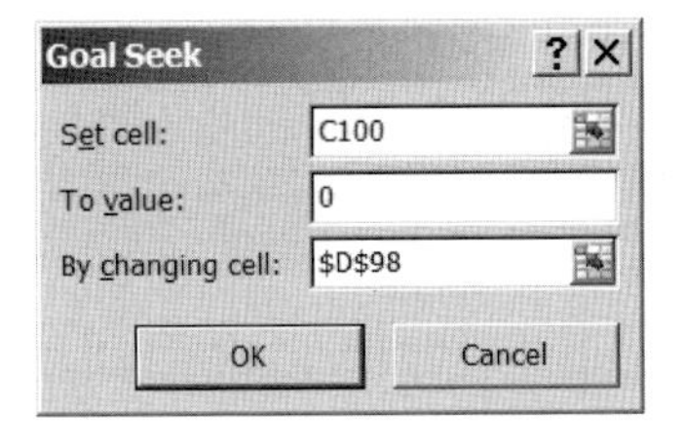

초기 추정값은 새로운 값으로 바뀔 것이다.
전체 Excel sheet가 다음에 표시된다.

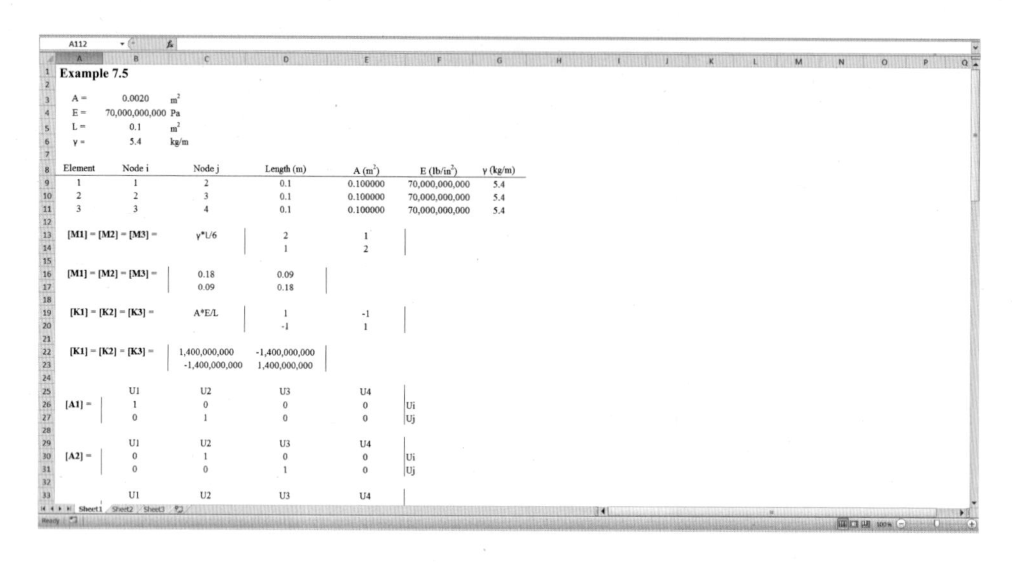

Example 7.5

A =	0.0020	m^2
E =	70,000,000,000	Pa
L =	0.1	m^2
γ =	5.4	kg/m

Element	Node i	Node j	Length (m)	A (m^2)	E (lb/in^2)	γ (kg/m)
1	1	2	0.1	0.100000	70,000,000,000	5.4
2	2	3	0.1	0.100000	70,000,000,000	5.4
3	3	4	0.1	0.100000	70,000,000,000	5.4

[M1] = [M2] = [M3] =	γ*L/6	2	1
		1	2
[M1] = [M2] = [M3] =	0.18	0.09	
	0.09	0.18	
[K1] = [K2] = [K3] =	A*E/L	1	-1
		-1	1
[K1] = [K2] = [K3] =	1,400,000,000	-1,400,000,000	
	-1,400,000,000	1,400,000,000	

	U1	U2	U3	U4	
[A1] =	1	0	0	0	Ui
	0	1	0	0	Uj

	U1	U2	U3	U4	
[A2] =	0	1	0	0	Ui
	0	0	1	0	Uj

	U1	U2	U3	U4	
[A3] =	0	0	1	0	Ui
	0	0	0	1	Uj

	0.18	0.09	0.00	0.00
	0.09	0.18	0.00	0.00
$[M]^{1G}$ =	0.00	0.00	0.00	0.00
	0.00	0.00	0.00	0.00
	0.00	0.00	0.00	0.00
	0.00	0.18	0.09	0.00
$[M]^{2G}$ =	0.00	0.09	0.18	0.00
	0.00	0.00	0.00	0.00
	0.00	0.00	0.00	0.00
	0.00	0.00	0.00	0.00
$[M]^{3G}$ =	0.00	0.00	0.18	0.09
	0.00	0.00	0.09	0.18
	0.18	0.09	0.00	0.00
	0.09	0.36	0.09	0.00
$[M]^{G}$ =	0.00	0.09	0.36	0.09
	0.00	0.00	0.09	0.18
	1,400,000,000	-1,400,000,000	0	0
	-1,400,000,000	1,400,000,000	0	0
$[K]^{1G}$ =	0	0	0	0
	0	0	0	0

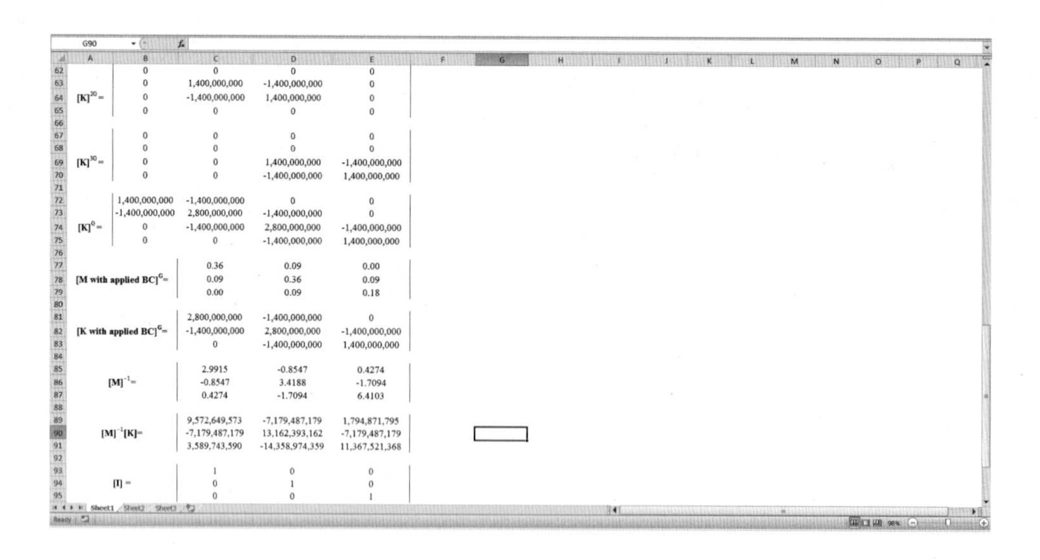

	0	0	0	0
	0	1,400,000,000	-1,400,000,000	0
$[K]^{2G}$ =	0	-1,400,000,000	1,400,000,000	0
	0	0	0	0
	0	0	0	0
	0	0	0	0
$[K]^{3G}$ =	0	0	1,400,000,000	-1,400,000,000
	0	0	-1,400,000,000	1,400,000,000
	1,400,000,000	-1,400,000,000	0	0
	-1,400,000,000	2,800,000,000	-1,400,000,000	0
$[K]^{G}$ =	0	-1,400,000,000	2,800,000,000	-1,400,000,000
	0	0	-1,400,000,000	1,400,000,000

	0.36	0.09	0.00
$[M\ with\ applied\ BC]^{G}$ =	0.09	0.36	0.09
	0.00	0.09	0.18
	2,800,000,000	-1,400,000,000	0
$[K\ with\ applied\ BC]^{G}$ =	-1,400,000,000	2,800,000,000	-1,400,000,000
	0	-1,400,000,000	1,400,000,000
	2.9915	-0.8547	0.4274
$[M]^{-1}$ =	-0.8547	3.4188	-1.7094
	0.4274	-1.7094	6.4103
	9,572,649,573	-7,179,487,179	1,794,871,795
$[M]^{-1}[K]$ =	-7,179,487,179	13,162,393,162	-7,179,487,179
	3,589,743,590	-14,358,974,359	11,367,521,368
	1	0	0
[I] =	0	1	0
	0	0	1

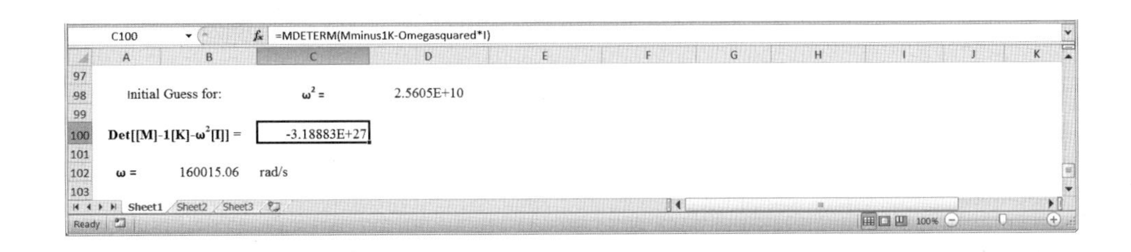

7.5 보와 프레임의 유한요소 정식화

이 절에서는 Lagrange 방정식을 사용하여 보 요소와 프레임 요소의 진동을 정식화한다. 3.2절에서 보 요소의 처짐을 형상함수 S_{i1}, S_{i2}, S_{j1}, S_{j2}와 절점변위 U_{i1}, U_{i2}, U_{j1}, U_{j2}로 표현하였으며, 다음 식과 같다.

$$v = S_{i1}U_{i1} + S_{i2}U_{i2} + S_{j1}U_{j1} + S_{j2}U_{j2}$$

여기서 형상함수는 다음과 같다.

$$S_{i1} = 1 - \frac{3x^2}{L^2} + \frac{2x^3}{L^3}$$

$$S_{i2} = x - \frac{2x^2}{L} + \frac{x^3}{L^2}$$

$$S_{j1} = \frac{3x^2}{L^2} - \frac{2x^3}{L^3}$$

$$S_{j2} = -\frac{x^2}{L} + \frac{x^3}{L^2}$$

앞에서 다루었던 보 요소에 대한 그림 3.8을 다시 나타내었다.

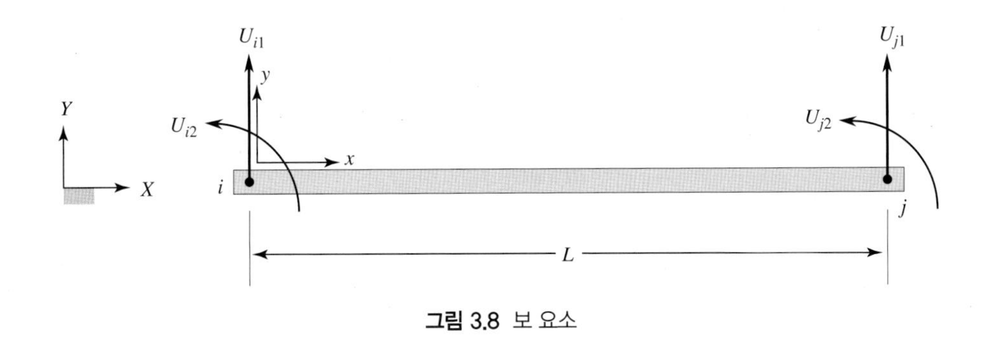

그림 3.8 보 요소

보 요소의 운동 에너지는 보 요소를 구성하는 질점의 운동 에너지의 합이며, 다음과 같다.

$$T = \int_0^L \frac{\gamma}{2} \dot{v}^2 \, dx \tag{7.125}$$

식 (7.125)에서 $\dot{v}$는 보 내부의 속도를 나타내며, 시간과 위치의 함수이다. 보의 속도는 절점 i, j에 대한 가로방향 속도(lateral velocity)와 회전 속도, 그리고 형상함수에 의해서 나타낼 수 있으며, 다음 식과 같다.

$$v^{\cdot} = S_{i1}U_{i1}^{\cdot} + S_{i2}U_{i2}^{\cdot} + S_{j1}U_{j1}^{\cdot} + S_{j2}U_{j2}^{\cdot} \tag{7.126}$$

식 (7.126)의 속도 분포를 식 (7.125)의 운동 에너지 방정식에 대입하면 다음 식을 얻는다.

$$T = \int_0^L \frac{\gamma}{2} v^{\cdot 2} dx = \frac{\gamma}{2}\int_0^L (S_{i1}U_{i1}^{\cdot} + S_{i2}U_{i2}^{\cdot} + S_{j1}U_{j1}^{\cdot} + S_{j2}U_{j2}^{\cdot})^2 dx \tag{7.127}$$

속도 $v^{\cdot}$가 시간과 위치의 함수일지라도, 절점의 속도는 오로지 시간의 함수이다. 식 (7.126)과 (7.127)에서 형상함수는 공간변화율을 나타낸다. Lagrange 방정식에서 필요한 미분항을 계산하면 다음과 같다.

$$\frac{\partial T}{\partial U_{i1}^{\cdot}} = \frac{\gamma}{2}\int_0^L 2S_{i1}(S_{i1}U_{i1}^{\cdot} + S_{i2}U_{i2}^{\cdot} + S_{j1}U_{j1}^{\cdot} + S_{j2}U_{j2}^{\cdot})dx \tag{7.128}$$

$$\frac{\partial T}{\partial U_{i2}^{\cdot}} = \frac{\gamma}{2}\int_0^L 2S_{i2}(S_{i1}U_{i1}^{\cdot} + S_{i2}U_{i2}^{\cdot} + S_{j1}U_{j1}^{\cdot} + S_{j2}U_{j2}^{\cdot})dx \tag{7.129}$$

$$\frac{\partial T}{\partial U_{j1}^{\cdot}} = \frac{\gamma}{2}\int_0^L 2S_{j1}(S_{i1}U_{i1}^{\cdot} + S_{i2}U_{i2}^{\cdot} + S_{j1}U_{j1}^{\cdot} + S_{j2}U_{j2}^{\cdot})dx \tag{7.130}$$

$$\frac{\partial T}{\partial U_{j2}^{\cdot}} = \frac{\gamma}{2}\int_0^L 2S_{j2}(S_{i1}U_{i1}^{\cdot} + S_{i2}U_{i2}^{\cdot} + S_{j1}U_{j1}^{\cdot} + S_{j2}U_{j2}^{\cdot})dx \tag{7.131}$$

Lagrange 방정식에서 $\dfrac{d}{dt}\left(\dfrac{\partial T}{\partial q_i}\right)$ 항을 계산하면 다음과 같다.

$$\frac{d}{dt}\left(\frac{\partial T}{\partial U_{i1}^{\cdot}}\right) = \gamma\left[\int_0^L S_{i1}(S_{i1}U_{i1}^{\cdot\cdot} + S_{i2}U_{i2}^{\cdot\cdot} + S_{j1}U_{j1}^{\cdot\cdot} + S_{j2}U_{j2}^{\cdot\cdot})\,dx\right] \tag{7.132}$$

$$\frac{d}{dt}\left(\frac{\partial T}{\partial U_{i2}^{\cdot}}\right) = \gamma\left[\int_0^L S_{i2}(S_{i1}U_{i1}^{\cdot\cdot} + S_{i2}U_{i2}^{\cdot\cdot} + S_{j1}U_{j1}^{\cdot\cdot} + S_{j2}U_{j2}^{\cdot\cdot})\,dx\right] \tag{7.133}$$

$$\frac{d}{dt}\left(\frac{\partial T}{\partial U_{j1}^{\cdot}}\right) = \gamma\left[\int_0^L S_{j1}(S_{i1}U_{i1}^{\cdot\cdot} + S_{i2}U_{i2}^{\cdot\cdot} + S_{j1}U_{j1}^{\cdot\cdot} + S_{j2}U_{j2}^{\cdot\cdot})\,dx\right] \tag{7.134}$$

$$\frac{d}{dt}\left(\frac{\partial T}{\partial U_{j2}^{\cdot}}\right) = \gamma\left[\int_0^L S_{j2}(S_{i1}U_{i1}^{\cdot\cdot} + S_{i2}U_{i2}^{\cdot\cdot} + S_{j1}U_{j1}^{\cdot\cdot} + S_{j2}U_{j2}^{\cdot\cdot})\,dx\right] \tag{7.135}$$

절점의 속도와 같이, $U_{i1}^{\cdot\cdot}$, $U_{i2}^{\cdot\cdot}$, $U_{j1}^{\cdot\cdot}$, $U_{j2}^{\cdot\cdot}$는 절점 i, j의 가로방향 가속도(lateral acceleration)와 회전 가속도를 의미하며, x좌표에 대하여 독립적이며 오직 시간의 함수임에 유의해야 한다. 따라서 식 (7.132)에서 (7.135)의 절점 가속도는 적분 밖으로 빼낼 수 있으며, 형상함수

의 곱에 대한 적분만 수행하면 된다. 이것은 식 (7.132)에서 (7.135)까지 적분할 때 16개의 모든 적분을 수행하지 않아도 된다는 점을 지적하고자 한다. 적분 계산 중 일부는 동일하므로, 그 부분을 제외한 반드시 수행해야 할 적분을 계산하면 다음과 같다.

$$\gamma\int_0^L S_{i1}^2\,dx = \gamma\int_0^L\left(1-\frac{3x^2}{L^2}+\frac{2x^3}{L^3}\right)^2 dx = \frac{13\gamma L}{35} = \frac{13}{35}m \tag{7.136}$$

$$\gamma\int_0^L S_{i1}S_{i2}\,dx = \gamma\int_0^L\left(1-\frac{3x^2}{L^2}+\frac{2x^3}{L^3}\right)\left(x-\frac{2x^2}{L}+\frac{x^3}{L^2}\right)dx$$
$$= \frac{11\gamma L^2}{210} = \frac{11}{210}mL \tag{7.137}$$

$$\gamma\int_0^L S_{i1}S_{j1}\,dx = \gamma\int_0^L\left(1-\frac{3x^2}{L^2}+\frac{2x^3}{L^3}\right)\left(\frac{3x^2}{L^2}-\frac{2x^3}{L^3}\right)dx = \frac{9\gamma L}{70} \tag{7.138}$$

$$\gamma\int_0^L S_{i1}S_{j2}\,dx = \gamma\int_0^L\left(1-\frac{3x^2}{L^2}+\frac{2x^3}{L^3}\right)\left(-\frac{x^2}{L}+\frac{x^3}{L^2}\right)dx = -\frac{13\gamma L^2}{420} \tag{7.139}$$

$$\gamma\int_0^L S_{j2}^2\,dx = \gamma\int_0^L\left(-\frac{x^2}{L}+\frac{x^3}{L^2}\right)^2 dx = \frac{\gamma L^3}{105} \tag{7.140}$$

$$\gamma\int_0^L S_{j2}S_{j1}\,dx = \gamma\int_0^L\left(-\frac{x^2}{L}+\frac{x^3}{L^2}\right)\left(\frac{3x^2}{L^2}-\frac{2x^3}{L^3}\right)dx = -\frac{11\gamma L^2}{210} \tag{7.141}$$

적분 결과를 통합하여 $[\boldsymbol{M}]\{\ddot{\boldsymbol{v}}\}$을 얻을 수 있으며, 여기서 보 요소의 질량은 다음과 같다.

$$[\boldsymbol{M}]^{(e)} = \frac{\gamma L}{420}\begin{bmatrix} 156 & 22L & 54 & -13L \\ 22L & 4L^2 & 13L & -3L^2 \\ 54 & 13L & 156 & -22L \\ -13L & -3L^2 & -22L & 4L^2 \end{bmatrix} \tag{7.142}$$

이제 강성행렬에 관심을 돌려, 3.2절에서 유도한 보 요소의 강성행렬을 다시 쓰면 다음과 같다.

$$[\boldsymbol{K}]^{(e)} = \frac{EI}{L^3}\begin{bmatrix} 12 & 6L & -12 & 6L \\ 6L & 4L^2 & -6L & 2L^2 \\ -12 & -6L & 12 & -6L \\ 6L & 2L^2 & -6L & 4L^2 \end{bmatrix} \tag{7.143}$$

지금부터는 프레임 요소에서 질량행렬의 유한요소 정식화를 다룰 것이며, 그 다음으로 예제 7.7을 통하여 진동하는 프레임의 유한요소 모델을 설명할 것이다.

프레임 요소

3장에서 고려한 것처럼 용접이나 볼트 체결로 단단히(rigidly) 연결된 구조의 부재를 나타내는 프레임을 다시 고려하자. 이와 같은 구조에서는 회전과 횡방향 변위와 함께 축 변형도 고려해야 한다. 앞에서 다루었던 그림 3.12의 프레임 요소를 다시 반복하여 살펴본다.

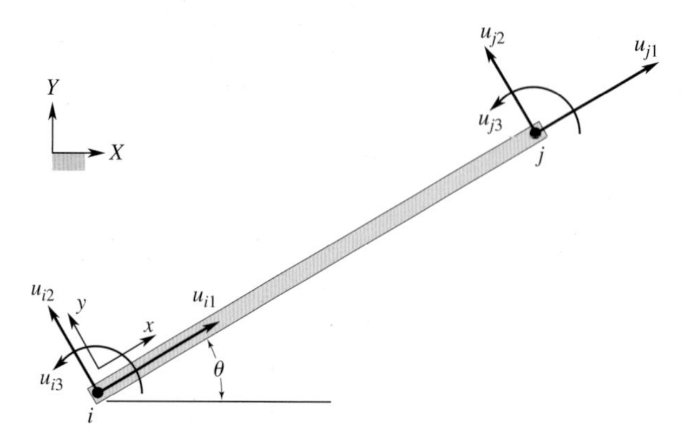

그림 3.12 프레임 요소

앞에서 보 요소의 질량행렬을 유도하였으며, 이 행렬에서 각 절점의 회전과 횡방향 변위는 다음과 같다.

$$[\boldsymbol{M}]^{(e)} = \frac{\gamma L}{420}\begin{bmatrix} 0 & 0 & 0 & 0 & 0 & 0 \\ 0 & 156 & 22L & 0 & 54 & -13L \\ 0 & 22L & 4L^2 & 0 & 13L & -3L^2 \\ 0 & 0 & 0 & 0 & 0 & 0 \\ 0 & 54 & 13L & 0 & 156 & -22L \\ 0 & -13L & -3L^2 & 0 & -22L & 4L^2 \end{bmatrix} \tag{7.144}$$

7.4절에서 유도한 부재의 축방향 운동에 대한 질량행렬은 다음과 같다.

$$[\boldsymbol{M}]^{(e)} = \frac{\gamma L}{6}\begin{bmatrix} 2 & 0 & 0 & 1 & 0 & 0 \\ 0 & 0 & 0 & 0 & 0 & 0 \\ 0 & 0 & 0 & 0 & 0 & 0 \\ 1 & 0 & 0 & 2 & 0 & 0 \\ 0 & 0 & 0 & 0 & 0 & 0 \\ 0 & 0 & 0 & 0 & 0 & 0 \end{bmatrix} = \frac{\gamma L}{420}\begin{bmatrix} 140 & 0 & 0 & 70 & 0 & 0 \\ 0 & 0 & 0 & 0 & 0 & 0 \\ 0 & 0 & 0 & 0 & 0 & 0 \\ 70 & 0 & 0 & 140 & 0 & 0 \\ 0 & 0 & 0 & 0 & 0 & 0 \\ 0 & 0 & 0 & 0 & 0 & 0 \end{bmatrix} \tag{7.145}$$

프레임 요소의 질량행렬은 식 (7.144)와 (7.145)를 합하여 얻을 수 있으며, 다음과 같다.

$$[\boldsymbol{M}]^{(e)} = \frac{\gamma L}{420}\begin{bmatrix} 140 & 0 & 0 & 70 & 0 & 0 \\ 0 & 156 & 22L & 0 & 54 & -13L \\ 0 & 22L & 4L^2 & 0 & 13L & -3L^2 \\ 70 & 0 & 0 & 140 & 0 & 0 \\ 0 & 54 & 13L & 0 & 156 & -22L \\ 0 & -13L & -3L^2 & 0 & -22L & 4L^2 \end{bmatrix} \tag{7.146}$$

3.2절에서 유도한 프레임 요소의 강성행렬은 다음과 같다.

$$[\boldsymbol{K}]_{xy}^{(e)} = \begin{bmatrix} \frac{AE}{L} & 0 & 0 & -\frac{AE}{L} & 0 & 0 \\ 0 & \frac{12EI}{L^3} & \frac{6EI}{L^2} & 0 & -\frac{12EI}{L^3} & \frac{6EI}{L^2} \\ 0 & \frac{6EI}{L^2} & \frac{4EI}{L} & 0 & -\frac{6EI}{L^2} & \frac{2EI}{L} \\ -\frac{AE}{L} & 0 & 0 & \frac{AE}{L} & 0 & 0 \\ 0 & -\frac{12EI}{L^3} & -\frac{6EI}{L^2} & 0 & \frac{12EI}{L^3} & -\frac{6EI}{L^2} \\ 0 & \frac{6EI}{L^2} & \frac{2EI}{L} & 0 & -\frac{6EI}{L^2} & \frac{4EI}{L} \end{bmatrix} \tag{7.147}$$

3장에서 유한요소 모델의 정식화와 해석을 위해 국부 좌표계와 전체 좌표계의 역할과 중요성에 대해 논의하였다. 국부 자유도는 변환행렬을 통하여 전체 자유도와 다음과 같은 관계를 갖는다.

$$\{\boldsymbol{u}\} = [\boldsymbol{T}]\{\boldsymbol{U}\} \tag{7.148}$$

여기서 변환행렬은 다음과 같다.

$$[\boldsymbol{T}] = \begin{bmatrix} \cos\theta & \sin\theta & 0 & 0 & 0 & 0 \\ -\sin\theta & \cos\theta & 0 & 0 & 0 & 0 \\ 0 & 0 & 1 & 0 & 0 & 0 \\ 0 & 0 & 0 & \cos\theta & \sin\theta & 0 \\ 0 & 0 & 0 & -\sin\theta & \cos\theta & 0 \\ 0 & 0 & 0 & 0 & 0 & 1 \end{bmatrix} \tag{7.149}$$

요소의 국부 좌표계에서의 운동 방정식은 다음과 같다.

$$[\boldsymbol{M}]_{xy}^{(e)}\{\ddot{\boldsymbol{u}}\} + [\boldsymbol{K}]_{xy}^{(e)}\{\boldsymbol{u}\} = \{\boldsymbol{f}\}^{(e)} \tag{7.150}$$

국부 변위와 전체 변위의 관계식은 $\{\boldsymbol{u}\} = [\boldsymbol{T}]\{\boldsymbol{U}\}$이며, 국부 가속도와 전체 가속도의 관계식은 $\{\ddot{\boldsymbol{u}}\} = [\boldsymbol{T}]\{\ddot{\boldsymbol{U}}\}$이다. 또한 국부 좌표와 전체 좌표의 힘에 대한 식은 $\{\boldsymbol{f}\} = [\boldsymbol{T}]\{\boldsymbol{F}\}$이다. 식 (7.150)에 $\{\boldsymbol{u}\}$, $\{\ddot{\boldsymbol{u}}\}$, $\{\boldsymbol{f}\}$를 각각 대입하면, 다음 식을 얻을 수 있다.

$$[\boldsymbol{M}]_{xy}^{(e)}\overbrace{[\boldsymbol{T}]\{\ddot{\boldsymbol{U}}\}}^{\{\ddot{\boldsymbol{u}}\}} + [\boldsymbol{K}]_{xy}^{(e)}\overbrace{[\boldsymbol{T}]\{\boldsymbol{U}\}}^{\{\boldsymbol{u}\}} = \overbrace{[\boldsymbol{T}]\{\boldsymbol{F}\}}^{\{\boldsymbol{f}\}}{}^{(e)} \tag{7.151}$$

식 (7.151)에서 각 항의 좌측에 $[\boldsymbol{T}]^{-1}$을 곱하면 다음 식을 얻을 수 있다.

$$[\boldsymbol{T}]^{-1}[\boldsymbol{M}]_{xy}^{(e)}[\boldsymbol{T}]\{\ddot{\boldsymbol{U}}\} + [\boldsymbol{T}]^{-1}[\boldsymbol{K}]_{xy}^{(e)}[\boldsymbol{T}]\{\boldsymbol{U}\} = [\boldsymbol{T}]^{-1}[\boldsymbol{T}]\{\boldsymbol{F}\}^{(e)} \tag{7.152}$$

변환행렬에서 $[\boldsymbol{T}]^{-1} = [\boldsymbol{T}]^T$임을 증명하는 것은 간단하며, 예제 7.6에 나타내었다. 이 관계식을 사용하여 식 (7.152)를 간략화하면 다음과 같다.

$$\overbrace{[\boldsymbol{T}]^T[\boldsymbol{M}]_{xy}{}^{(e)}[\boldsymbol{T}]}^{[\boldsymbol{M}]^{(e)}}\{\boldsymbol{U}^{\cdot\cdot}\} + \overbrace{[\boldsymbol{T}]^T[\boldsymbol{K}]_{xy}{}^{(e)}[\boldsymbol{T}]}^{[\boldsymbol{K}]^{(e)}}\{\boldsymbol{U}\} = \{\boldsymbol{F}\}^{(e)} \tag{7.153}$$

따라서 전체 좌표의 운동 방정식을 얻을 수 있다.

$$[\boldsymbol{M}]^{(e)}\{\boldsymbol{U}^{\cdot\cdot}\} + [\boldsymbol{K}]^{(e)}\{\boldsymbol{U}\} = \{\boldsymbol{F}\}^{(e)} \tag{7.154}$$

여기서

$$[\boldsymbol{M}]^{(e)} = [\boldsymbol{T}]^T[\boldsymbol{M}]_{xy}^{(e)}[\boldsymbol{T}] \tag{7.155}$$

그리고

$$[\boldsymbol{K}]^{(e)} = [\boldsymbol{T}]^T[\boldsymbol{K}]_{xy}^{(e)}[\boldsymbol{T}] \tag{7.156}$$

예제 7.7에서는 위의 식을 사용하여 보와 프레임의 고유 진동수를 구한다.

예제 7.6

$[\boldsymbol{T}]^{-1} = [\boldsymbol{T}]^T$임을 보여라. 다음 식으로 증명을 시작한다.

$$[\boldsymbol{T}]^T[\boldsymbol{T}] = [\boldsymbol{I}]$$

$$\begin{bmatrix} \cos\theta & -\sin\theta & 0 & 0 & 0 & 0 \\ \sin\theta & \cos\theta & 0 & 0 & 0 & 0 \\ 0 & 0 & 1 & 0 & 0 & 0 \\ 0 & 0 & 0 & \cos\theta & -\sin\theta & 0 \\ 0 & 0 & 0 & \sin\theta & \cos\theta & 0 \\ 0 & 0 & 0 & 0 & 0 & 1 \end{bmatrix} \begin{bmatrix} \cos\theta & \sin\theta & 0 & 0 & 0 & 0 \\ -\sin\theta & \cos\theta & 0 & 0 & 0 & 0 \\ 0 & 0 & 1 & 0 & 0 & 0 \\ 0 & 0 & 0 & \cos\theta & \sin\theta & 0 \\ 0 & 0 & 0 & -\sin\theta & \cos\theta & 0 \\ 0 & 0 & 0 & 0 & 0 & 1 \end{bmatrix}$$

$$= \begin{bmatrix} 1 & 0 & 0 & 0 & 0 & 0 \\ 0 & 1 & 0 & 0 & 0 & 0 \\ 0 & 0 & 1 & 0 & 0 & 0 \\ 0 & 0 & 0 & 1 & 0 & 0 \\ 0 & 0 & 0 & 0 & 1 & 0 \\ 0 & 0 & 0 & 0 & 0 & 1 \end{bmatrix}$$

결과를 단순화하기 위하여 $\cos^2\theta + \sin^2\theta = 1$의 관계식이 사용되었다. $[\boldsymbol{T}]^{-1}[\boldsymbol{T}] = [\boldsymbol{I}]$이며 $[\boldsymbol{T}]^{-1}[\boldsymbol{T}] = [\boldsymbol{I}]$는 앞에서 증명되었다. 그러므로 $[\boldsymbol{T}]^{-1} = [\boldsymbol{T}]^T$는 반드시 성립한다.

예제 7.7

그림 7.31의 프레임을 고려하자. 이 프레임은 강철로 만들어졌으며, 탄성계수 $E = 30 \times 10^6$ lb/in^{2}이다. 부재의 단면적과 면적의 2차 모멘트를 그림에 나타내었다. 프레임은 그림에서와 같이 고정되어 있으며, 3개의 요소를 사용한 모델의 고유 진동수를 구하고자 한다. 부재 (1)과 (3)은 W12×26 강철 보이며, 부재 (2)는 W16×26 강철 보이다.

단위길이의 질량은 다음과 같다.

$$\gamma = \frac{26\ \text{lb}}{(12\ \text{in})(32.2\ \text{ft/s}^2)(12\ \text{in/ft})} = 0.0056\ \text{lb.s}^2/\text{in}^2$$

각 요소의 국부 좌표계와 전체 좌표계는 그림 7.32에 나타내었다.

요소 (1)과 (3)의 강성행렬의 강성값(stiffness value)을 계산하면 다음과 같다.

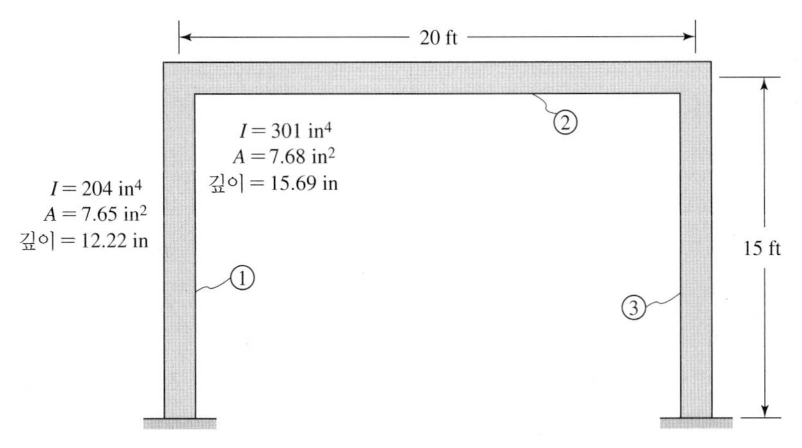

그림 7.31 예제 7.7의 프레임

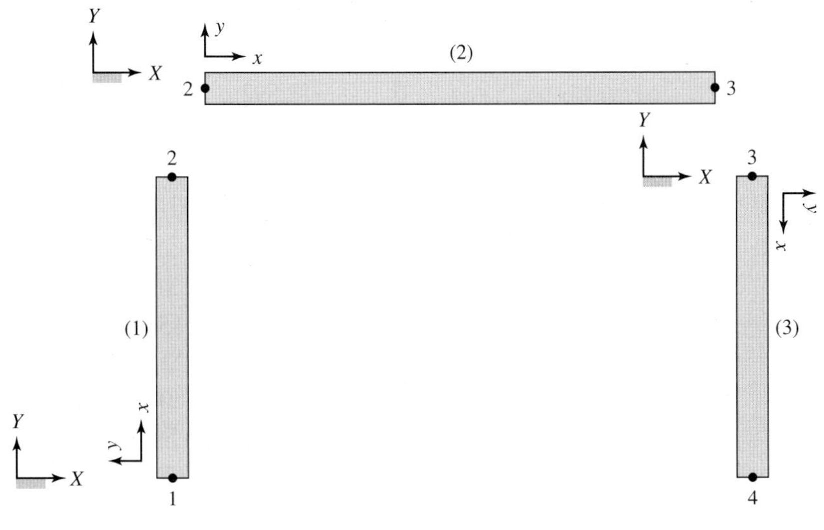

그림 7.32 요소 (1), (2), (3)의 상대적 배치

$$\frac{AE}{L} = \frac{(7.65 \text{ in}^2)(30 \times 10^6 \text{ lb/in}^2)}{(15 \text{ ft})(12 \text{ in/ft})} = 1{,}275{,}000 \text{ lb/in}$$

$$\frac{12EI}{L^3} = \frac{(12)(30 \times 10^6 \text{ lb/in}^2)(204 \text{ in}^4)}{((15 \text{ ft})(12 \text{ in/ft}))^3} = 12{,}592 \text{ lb/in}$$

$$\frac{6EI}{L^2} = \frac{(6)(30 \times 10^6 \text{ lb/in}^2)(204 \text{ in}^4)}{((15 \text{ ft})(12 \text{ in/ft}))^2} = 1{,}133{,}333 \text{ lb}$$

$$\frac{2EI}{L} = \frac{(2)(30 \times 10^6 \text{ lb/in}^2)(204 \text{ in}^4)}{(15 \text{ ft})(12 \text{ in/ft})} = 68{,}000{,}000 \text{ lb.in}$$

$$\frac{4EI}{L} = \frac{(4)(30 \times 10^6 \text{ lb/in}^2)(204 \text{ in}^4)}{(15 \text{ ft})(12 \text{ in/ft})} = 136{,}000{,}000 \text{ lb.in}$$

요소 (1)과 (3)의 국부 강성행렬은 다음과 같다.

$$[K]_{xy}^{(1)} = [K]_{xy}^{(3)} = \begin{bmatrix} \frac{AE}{L} & 0 & 0 & -\frac{AE}{L} & 0 & 0 \\ 0 & \frac{12EI}{L^3} & \frac{6EI}{L^2} & 0 & -\frac{12EI}{L^3} & \frac{6EI}{L^2} \\ 0 & \frac{6EI}{L^2} & \frac{4EI}{L} & 0 & -\frac{6EI}{L^2} & \frac{2EI}{L} \\ -\frac{AE}{L} & 0 & 0 & \frac{AE}{L} & 0 & 0 \\ 0 & -\frac{12EI}{L^3} & -\frac{6EI}{L^2} & 0 & \frac{12EI}{L^3} & -\frac{6EI}{L^2} \\ 0 & \frac{6EI}{L^2} & \frac{2EI}{L} & 0 & -\frac{6EI}{L^2} & \frac{4EI}{L} \end{bmatrix}$$

$$= 10^3 \begin{bmatrix} 1275 & 0 & 0 & -1275 & 0 & 0 \\ 0 & 12.592 & 1133.333 & 0 & -12.592 & 1133.333 \\ 0 & 1133.333 & 136000 & 0 & -1133.333 & 68000 \\ -1275 & 0 & 0 & 1275 & 0 & 0 \\ 0 & -12.592 & -1133.333 & 0 & 12.592 & -1133.333 \\ 0 & 1133.333 & 68000 & 0 & -1133.333 & 136000 \end{bmatrix}$$

요소 (1)과 (3)의 국부 질량행렬은 다음과 같다.

$$[\boldsymbol{M}]_{xy}^{(1)} = [\boldsymbol{M}]_{xy}^{(3)} = \frac{\gamma L}{420} \begin{bmatrix} 140 & 0 & 0 & 70 & 0 & 0 \\ 0 & 156 & 22L & 0 & 54 & -13L \\ 0 & 22L & 4L^2 & 0 & 13L & -3L^2 \\ 70 & 0 & 0 & 140 & 0 & 0 \\ 0 & 54 & 13L & 0 & 156 & -22L \\ 0 & -13L & -3L^2 & 0 & -22L & 4L^2 \end{bmatrix}$$

$$= \frac{(0.0056 \text{ lb.s}^2/\text{in}^2)(15 \text{ ft})(12 \text{ in/ft})}{420} \times$$

$$\begin{bmatrix} 140 & 0 & 0 & 70 & 0 & 0 \\ 0 & 156 & (22)(15)(12) & 0 & 54 & -(13)(15)(12) \\ 0 & (22)(15)(12) & (4)((15)(12))^2 & 0 & (13)(15)(12) & -(3)((15)(12))^2 \\ 70 & 0 & 0 & 140 & 0 & 0 \\ 0 & 54 & (13)(15)(12) & 0 & 156 & -(22)(15)(12) \\ 0 & -(13)(15)(12) & -(3)((15)(12))^2 & 0 & -(22)(15)(12) & (4)((15)(12))^2 \end{bmatrix}$$

$$[\boldsymbol{M}]_{xy}^{(1)} = [\boldsymbol{M}]_{xy}^{(3)} = 0.0024 \begin{bmatrix} 140 & 0 & 0 & 70 & 0 & 0 \\ 0 & 156 & 3960 & 0 & 54 & -2340 \\ 0 & 3960 & 129600 & 0 & 2340 & -97200 \\ 70 & 0 & 0 & 140 & 0 & 0 \\ 0 & 54 & 2340 & 0 & 156 & -3960 \\ 0 & -2340 & -97200 & 0 & -3960 & 129600 \end{bmatrix}$$

요소 (1)의 변환행렬과 변환행렬의 전치행렬은 다음과 같다.

$$[\boldsymbol{T}] = \begin{bmatrix} \cos(90) & \sin(90) & 0 & 0 & 0 & 0 \\ -\sin(90) & \cos(90) & 0 & 0 & 0 & 0 \\ 0 & 0 & 1 & 0 & 0 & 0 \\ 0 & 0 & 0 & \cos(90) & \sin(90) & 0 \\ 0 & 0 & 0 & -\sin(90) & \cos(90) & 0 \\ 0 & 0 & 0 & 0 & 0 & 1 \end{bmatrix} = \begin{bmatrix} 0 & 1 & 0 & 0 & 0 & 0 \\ -1 & 0 & 0 & 0 & 0 & 0 \\ 0 & 0 & 1 & 0 & 0 & 0 \\ 0 & 0 & 0 & 0 & 1 & 0 \\ 0 & 0 & 0 & -1 & 0 & 0 \\ 0 & 0 & 0 & 0 & 0 & 1 \end{bmatrix}$$

$$[\boldsymbol{T}]^T = \begin{bmatrix} 0 & -1 & 0 & 0 & 0 & 0 \\ 1 & 0 & 0 & 0 & 0 & 0 \\ 0 & 0 & 1 & 0 & 0 & 0 \\ 0 & 0 & 0 & 0 & -1 & 0 \\ 0 & 0 & 0 & 1 & 0 & 0 \\ 0 & 0 & 0 & 0 & 0 & 1 \end{bmatrix}$$

요소 (3)의 변환행렬과 변환행렬의 전치행렬은 다음과 같다.

$$[\boldsymbol{T}] = \begin{bmatrix} \cos(270) & \sin(270) & 0 & 0 & 0 & 0 \\ -\sin(270) & \cos(270) & 0 & 0 & 0 & 0 \\ 0 & 0 & 1 & 0 & 0 & 0 \\ 0 & 0 & 0 & \cos(270) & \sin(270) & 0 \\ 0 & 0 & 0 & -\sin(270) & \cos(270) & 0 \\ 0 & 0 & 0 & 0 & 0 & 1 \end{bmatrix} = \begin{bmatrix} 0 & -1 & 0 & 0 & 0 & 0 \\ 1 & 0 & 0 & 0 & 0 & 0 \\ 0 & 0 & 1 & 0 & 0 & 0 \\ 0 & 0 & 0 & 0 & -1 & 0 \\ 0 & 0 & 0 & 1 & 0 & 0 \\ 0 & 0 & 0 & 0 & 0 & 1 \end{bmatrix}$$

$$[\boldsymbol{T}]^T = \begin{bmatrix} 0 & 1 & 0 & 0 & 0 & 0 \\ -1 & 0 & 0 & 0 & 0 & 0 \\ 0 & 0 & 1 & 0 & 0 & 0 \\ 0 & 0 & 0 & 0 & 1 & 0 \\ 0 & 0 & 0 & -1 & 0 & 0 \\ 0 & 0 & 0 & 0 & 0 & 1 \end{bmatrix}$$

식 (7.156)에 $[\boldsymbol{T}]^T$, $[\boldsymbol{K}]_{xy}^{(1)}$, $[\boldsymbol{T}]$를 각각 대입하면 다음과 같다.

$$[\boldsymbol{K}]^{(1)} = 10^3 \begin{bmatrix} 0 & -1 & 0 & 0 & 0 & 0 \\ 1 & 0 & 0 & 0 & 0 & 0 \\ 0 & 0 & 1 & 0 & 0 & 0 \\ 0 & 0 & 0 & 0 & -1 & 0 \\ 0 & 0 & 0 & 1 & 0 & 0 \\ 0 & 0 & 0 & 0 & 0 & 1 \end{bmatrix} \begin{bmatrix} 1275 & 0 & 0 & -1275 & 0 & 0 \\ 0 & 12.592 & 1133.333 & 0 & -12.592 & 1133.333 \\ 0 & 1133.333 & 136000 & 0 & -1133.333 & 68000 \\ -1275 & 0 & 0 & 1275 & 0 & 0 \\ 0 & -12.592 & -1133.333 & 0 & 12.592 & -1133.333 \\ 0 & 1133.333 & 68000 & 0 & -1133.333 & 136000 \end{bmatrix}$$

$$\begin{bmatrix} 0 & 1 & 0 & 0 & 0 & 0 \\ -1 & 0 & 0 & 0 & 0 & 0 \\ 0 & 0 & 1 & 0 & 0 & 0 \\ 0 & 0 & 0 & 0 & 1 & 0 \\ 0 & 0 & 0 & -1 & 0 & 0 \\ 0 & 0 & 0 & 0 & 0 & 1 \end{bmatrix}$$

$$[\boldsymbol{K}]^{(1)} = 10^3 \begin{bmatrix} 12.592 & 0 & -1133.33 & -12.592 & 0 & -1133.333 \\ 0 & 1275 & 0 & 0 & -1275 & 0 \\ -1133.33 & 0 & 136000 & 1133.333 & 0 & 68000 \\ -12.592 & 0 & 133.333 & 12.59 & 0 & 1133.333 \\ 0 & -1275 & 0 & 0 & 1275 & 0 \\ -1133.333 & 0 & 68000 & 1133.33 & 0 & 136000 \end{bmatrix}$$

식 (7.155)에 $[\boldsymbol{T}]^T$, $[\boldsymbol{M}]_{xy}^{(1)}$, $[\boldsymbol{T}]$를 각각 대입하면 다음과 같다.

$$[\boldsymbol{M}]^{(1)} = 0.0024 \begin{bmatrix} 0 & -1 & 0 & 0 & 0 & 0 \\ 1 & 0 & 0 & 0 & 0 & 0 \\ 0 & 0 & 1 & 0 & 0 & 0 \\ 0 & 0 & 0 & 0 & -1 & 0 \\ 0 & 0 & 0 & 1 & 0 & 0 \\ 0 & 0 & 0 & 0 & 0 & 1 \end{bmatrix} \begin{bmatrix} 140 & 0 & 0 & 70 & 0 & 0 \\ 0 & 156 & 3960 & 0 & 54 & -2340 \\ 0 & 3960 & 129600 & 0 & 2340 & -97200 \\ 70 & 0 & 0 & 140 & 0 & 0 \\ 0 & 54 & 2340 & 0 & 156 & -3960 \\ 0 & -2340 & -97200 & 0 & -3960 & 129600 \end{bmatrix}$$

$$\begin{bmatrix} 0 & 1 & 0 & 0 & 0 & 0 \\ -1 & 0 & 0 & 0 & 0 & 0 \\ 0 & 0 & 1 & 0 & 0 & 0 \\ 0 & 0 & 0 & 0 & 1 & 0 \\ 0 & 0 & 0 & -1 & 0 & 0 \\ 0 & 0 & 0 & 0 & 0 & 1 \end{bmatrix}$$

$$
[\boldsymbol{M}]^{(1)} = 0.0024\begin{bmatrix} 156 & 0 & -3960 & 54 & 0 & 2340 \\ 0 & 140 & 0 & 0 & 70 & 0 \\ -3960 & 0 & 129600 & -2340 & 0 & -97200 \\ 54 & 0 & -2340 & 156 & 0 & 3960 \\ 0 & 70 & 0 & 0 & 140 & 0 \\ 2340 & 0 & -97200 & 3960 & 0 & 129600 \end{bmatrix}
$$

유사한 방법으로 요소 (3)의 강성행렬과 질량행렬을 계산하면 다음과 같다.

$$
[\boldsymbol{K}]^{(3)} = 10^3\begin{bmatrix} 0 & 1 & 0 & 0 & 0 & 0 \\ -1 & 0 & 0 & 0 & 0 & 0 \\ 0 & 0 & 1 & 0 & 0 & 0 \\ 0 & 0 & 0 & 0 & 1 & 0 \\ 0 & 0 & 0 & -1 & 0 & 0 \\ 0 & 0 & 0 & 0 & 0 & 1 \end{bmatrix}\begin{bmatrix} 1275 & 0 & 0 & -1275 & 0 & 0 \\ 0 & 12.592 & 1133.333 & 0 & -12.592 & 1133.333 \\ 0 & 1133.333 & 136000 & 0 & -1133.333 & 68000 \\ -1275 & 0 & 0 & 1275 & 0 & 0 \\ 0 & -12.592 & -1133.333 & 0 & 12.592 & -1133.333 \\ 0 & 1133.333 & 68000 & 0 & -1133.333 & 136000 \end{bmatrix}
$$

$$
\begin{bmatrix} 0 & -1 & 0 & 0 & 0 & 0 \\ 1 & 0 & 0 & 0 & 0 & 0 \\ 0 & 0 & 1 & 0 & 0 & 0 \\ 0 & 0 & 0 & 0 & -1 & 0 \\ 0 & 0 & 0 & 1 & 0 & 0 \\ 0 & 0 & 0 & 0 & 0 & 1 \end{bmatrix}
$$

$$
[\boldsymbol{K}]^{(3)} = 10^3\begin{bmatrix} 12.592 & 0 & 1133.33 & -12.592 & 0 & 1133.333 \\ 0 & 1275 & 0 & 0 & -1275 & 0 \\ 1133.33 & 0 & 136000 & -1133.333 & 0 & 68000 \\ -12.592 & 0 & -133.333 & 12.59 & 0 & -1133.333 \\ 0 & -1275 & 0 & 0 & 1275 & 0 \\ 1133.333 & 0 & 68000 & -1133.33 & 0 & 136000 \end{bmatrix}
$$

$$
[\boldsymbol{M}]^{(3)} = 0.0024\begin{bmatrix} 0 & 1 & 0 & 0 & 0 & 0 \\ -1 & 0 & 0 & 0 & 0 & 0 \\ 0 & 0 & 1 & 0 & 0 & 0 \\ 0 & 0 & 0 & 0 & 1 & 0 \\ 0 & 0 & 0 & -1 & 0 & 0 \\ 0 & 0 & 0 & 0 & 0 & 1 \end{bmatrix}\begin{bmatrix} 140 & 0 & 0 & 70 & 0 & 0 \\ 0 & 156 & 3960 & 0 & 54 & -2340 \\ 0 & 3960 & 129600 & 0 & 2340 & -97200 \\ 70 & 0 & 0 & 140 & 0 & 0 \\ 0 & 54 & 2340 & 0 & 156 & -3960 \\ 0 & -2340 & -97200 & 0 & -3960 & 129600 \end{bmatrix}
$$

$$
\begin{bmatrix} 0 & -1 & 0 & 0 & 0 & 0 \\ 1 & 0 & 0 & 0 & 0 & 0 \\ 0 & 0 & 1 & 0 & 0 & 0 \\ 0 & 0 & 0 & 0 & -1 & 0 \\ 0 & 0 & 0 & 1 & 0 & 0 \\ 0 & 0 & 0 & 0 & 0 & 1 \end{bmatrix}
$$

$$
[\boldsymbol{M}]^{(3)} = 0.0024\begin{bmatrix} 156 & 0 & 3960 & 54 & 0 & -2340 \\ 0 & 140 & 0 & 0 & 70 & 0 \\ 3960 & 0 & 129600 & 2340 & 0 & -97200 \\ 54 & 0 & 2340 & 156 & 0 & -39600 \\ 0 & 70 & 0 & 0 & 140 & 0 \\ -2340 & 0 & -97200 & -3960 & 0 & 129600 \end{bmatrix}
$$

요소 (2)의 강성값을 계산하면 다음과 같다.

$$
\frac{AE}{L} = \frac{(7.68\ \text{in}^2)(30 \times 10^6\ \text{lb/in}^2)}{(20\ \text{ft})(12\ \text{in/ft})} = 960{,}000\ \text{lb/in}
$$

$$
\frac{12EI}{L^3} = \frac{(12)(30 \times 10^6\ \text{lb/in}^2)(301\ \text{in}^4)}{((20\ \text{ft})(12\ \text{in/ft}))^3} = 7838\ \text{lb/in}
$$

$$
\frac{6EI}{L^2} = \frac{(6)(30 \times 10^6\ \text{lb/in}^2)(301\ \text{in}^4)}{((20\ \text{ft})(12\ \text{in/ft}))^2} = 940{,}625\ \text{lb}
$$

$$
\frac{2EI}{L} = \frac{(2)(30 \times 10^6\ \text{lb/in}^2)(301\ \text{in}^4)}{(20\ \text{ft})(12\ \text{in/ft})} = 75{,}250{,}000\ \text{lb.in}
$$

$$
\frac{4EI}{L} = \frac{(4)(30 \times 10^6\ \text{lb/in}^2)(301\ \text{in}^4)}{(20\ \text{ft})(12\ \text{in/ft})} = 150{,}500{,}000\ \text{lb.in}
$$

요소 (2)의 국부 좌표계와 전체 좌표계는 같으므로, 강성행렬은 다음과 같다.

$$
[\boldsymbol{K}]^{(2)} = \begin{bmatrix} \frac{AE}{L} & 0 & 0 & -\frac{AE}{L} & 0 & 0 \\ 0 & \frac{12EI}{L^3} & \frac{6EI}{L^2} & 0 & -\frac{12EI}{L^3} & \frac{6EI}{L^2} \\ 0 & \frac{6EI}{L^2} & \frac{4EI}{L} & 0 & -\frac{6EI}{L^2} & \frac{2EI}{L} \\ -\frac{AE}{L} & 0 & 0 & \frac{AE}{L} & 0 & 0 \\ 0 & -\frac{12EI}{L^3} & -\frac{6EI}{L^2} & 0 & \frac{12EI}{L^3} & -\frac{6EI}{L^2} \\ 0 & \frac{6EI}{L^2} & \frac{2EI}{L} & 0 & -\frac{6EI}{L^2} & \frac{4EI}{L} \end{bmatrix}
$$

$$
= 10^3\begin{bmatrix} 960 & 0 & 0 & -960 & 0 & 0 \\ 0 & 7.838 & 940.625 & 0 & -7.838 & 940.625 \\ 0 & 940.625 & 150500 & 0 & -940.625 & 75250 \\ -960 & 0 & 0 & 960 & 0 & 0 \\ 0 & -7.838 & -940.625 & 0 & 7.838 & -940.625 \\ 0 & 940.625 & 75250 & 0 & -940.625 & 150500 \end{bmatrix}
$$

요소 (2)의 질량행렬은 다음과 같다.

$$[\boldsymbol{M}]^{(2)} = \frac{\gamma L}{420}\begin{bmatrix} 140 & 0 & 0 & 70 & 0 & 0 \\ 0 & 156 & 22L & 0 & 54 & -13L \\ 0 & 22L & 4L^2 & 0 & 13L & -3L^2 \\ 70 & 0 & 0 & 140 & 0 & 0 \\ 0 & 54 & 13L & 0 & 156 & -22L \\ 0 & -13L & -3L^2 & 0 & -22L & 4L^2 \end{bmatrix} = \frac{(0.0056 \text{ lb.s}^2/\text{in}^2)(20 \text{ ft})(12 \text{ in/ft})}{420}$$

$$\begin{bmatrix} 140 & 0 & 0 & 70 & 0 & 0 \\ 0 & 156 & (22)(20)(12) & 0 & 54 & -(13)(20)(12) \\ 0 & (22)(20)(12) & (4)((20)(12))^2 & 0 & (13)(20)(12) & -(3)((20)(12))^2 \\ 70 & 0 & 0 & 140 & 0 & 0 \\ 0 & 54 & (13)(20)(12) & 0 & 156 & -(22)(20)(12) \\ 0 & -(13)(20)(12) & -(3)((20)(12))^2 & 0 & -(22)(20)(12) & (4)((20)(12))^2 \end{bmatrix}$$

$$[\boldsymbol{M}]^{(2)} = 0.0032\begin{bmatrix} 140 & 0 & 0 & 70 & 0 & 0 \\ 0 & 156 & 5280 & 0 & 54 & -3120 \\ 0 & 5280 & 230400 & 0 & 3120 & -172800 \\ 70 & 0 & 0 & 140 & 0 & 0 \\ 0 & 54 & 3120 & 0 & 156 & -5280 \\ 0 & -3120 & -172800 & 0 & -5280 & 230400 \end{bmatrix}$$

다음으로, 전체 강성행렬과 질량행렬을 조합하면 다음과 같다.

$$[K]^{(G)} = 10^3\begin{bmatrix} 12.59 & 0 & -1133.333 & -12.59 & 0 & -1133.333 & 0 & 0 & 0 & 0 & 0 & 0 \\ 0 & 1275 & 0 & 0 & -1275 & 0 & 0 & 0 & 0 & 0 & 0 & 0 \\ -1133.333 & 0 & 136000 & 1133.333 & 0 & 68000 & 0 & 0 & 0 & 0 & 0 & 0 \\ -12.59 & 0 & 113.333 & 972.59 & 0 & 1133.33 & -960 & 0 & 0 & 0 & 0 & 0 \\ 0 & -1275 & 0 & 0 & 1282.84 & 940.63 & 0 & -7.84 & 940.63 & 0 & 0 & 0 \\ -1133.333 & 0 & 68000 & 1133.333 & 940.63 & 286500 & 0 & -940.63 & 75250 & 0 & 0 & 0 \\ 0 & 0 & 0 & -960 & 0 & 0 & 972.59 & 0 & 1133.33 & -12.59 & 0 & 1133.333 \\ 0 & 0 & 0 & 0 & -7.84 & -940.63 & 0 & 1282.84 & -940.63 & 0 & -1275 & 0 \\ 0 & 0 & 0 & 0 & 940.63 & 75250 & 1133.33 & -940.63 & 286500 & -1133.33 & 0 & 68000 \\ 0 & 0 & 0 & 0 & 0 & 0 & -12.59 & 0 & -1133.33 & 12.59 & 0 & -1133.333 \\ 0 & 0 & 0 & 0 & 0 & 0 & 0 & -1275 & 0 & 0 & 1275 & 0 \\ 0 & 0 & 0 & 0 & 0 & 0 & 1133.33 & 0 & 68000 & -1133.33 & 0 & 136000 \end{bmatrix}$$

$$[M]^{(G)} = \begin{bmatrix} 0.37 & 0 & -9.50 & 0.13 & 0 & 5.62 & 0 & 0 & 0 & 0 & 0 & 0 \\ 0 & 0.34 & 0 & 0 & 0.17 & 0 & 0 & 0 & 0 & 0 & 0 & 0 \\ -9.50 & 0 & 311.04 & -5.62 & 0 & -233.28 & 0 & 0 & 0 & 0 & 0 & 0 \\ 0.13 & 0 & -5.62 & 0.82 & 0 & 9.50 & 0.22 & 0 & 0 & 0 & 0 & 0 \\ 0 & 0.17 & 0 & 0 & 0.84 & 16.90 & 0 & 0.17 & -9.98 & 0 & 0 & 0 \\ 5.62 & 0 & -233.28 & 9.50 & 16.90 & 1048.32 & 0 & 9.98 & -552.96 & 0 & 0 & 0 \\ 0 & 0 & 0 & 0.22 & 0 & 0 & 0.82 & 0 & 9.50 & 0.13 & 0 & -5.62 \\ 0 & 0 & 0 & 0 & 0.17 & 9.98 & 0 & 0.84 & -16.90 & 0 & 0.17 & 0 \\ 0 & 0 & 0 & 0 & -9.98 & -552.96 & 9.50 & -16.90 & 1048.32 & 5.62 & 0 & -233.28 \\ 0 & 0 & 0 & 0 & 0 & 0 & 0.13 & 0 & 5.62 & 0.37 & 0 & -9.50 \\ 0 & 0 & 0 & 0 & 0 & 0 & 0 & 0.17 & 0 & 0 & 0.34 & 0 \\ 0 & 0 & 0 & 0 & 0 & 0 & -5.62 & 0 & -233.28 & -9.50 & 0 & 311.04 \end{bmatrix}$$

경계조건을 적용하면 전체 강성행렬과 질량행렬은 다음과 같이 줄일 수 있다.

$$[K]^{(G)} = 10^3 \begin{bmatrix} 972.59 & 0 & 1133.33 & -960 & 0 & 0 \\ 0 & 1282.84 & 940.63 & 0 & -7.84 & 940.63 \\ 1133.33 & 940.63 & 286500 & 0 & -940.63 & 75250 \\ -960 & 0 & 0 & 972.59 & 0 & 1133.33 \\ 0 & -7.84 & -940.63 & 0 & 1282.84 & -940.63 \\ 0 & 940.63 & 75250 & 1133.33 & -940.63 & 286500 \end{bmatrix}$$

$$[\mathbf{M}]^{(G)} = \begin{bmatrix} 0.82 & 0 & 9.50 & 0.22 & 0 & 0 \\ 0 & 0.84 & 16.90 & 0 & 0.17 & -9.98 \\ 9.50 & 16.90 & 1048.32 & 0 & 9.98 & -552.96 \\ 0.22 & 0 & 0 & 0.82 & 0 & 9.50 \\ 0 & 0.17 & 9.98 & 0 & 0.84 & -16.90 \\ 0 & -9.98 & -552.96 & 9.50 & -16.90 & 1048.32 \end{bmatrix}$$

$[\boldsymbol{M}]^{-1}[\boldsymbol{K}]\{\boldsymbol{U}\} = \omega^2\{\boldsymbol{U}\}$를 계산하여 얻은 고유치는 다음과 같다.

$$\omega_1 = 95 \text{ rad/s}, \quad \omega_2 = 355 \text{ rad/s}, \quad \omega_3 = 893 \text{ rad/s}$$
$$\omega_4 = 1460 \text{ rad/s}, \quad \omega_5 = 1570 \text{ rad/s}, \quad \omega_6 = 2100 \text{ rad/s}$$

7.6 ANSYS를 이용한 예제

이번 절에서는 ANSYS를 이용하여 두 가지 문제를 풀어보자. 먼저 예제 7.7을 다시 보면서 사각형 단면을 갖는 직선 부재의 고유 진동에 대하여 고려하겠다. 앞 절에서 본 식들과 같이 진동하는 봉, 보, 그리고 프레임 요소들의 강성행렬은 정적 문제와 같다. 그러나 진동 문제에서 질량행렬을 계산하기 위해서는 재료 모델의 밀도값을 반드시 추가하여야 한다. 그러므로 동적 문제를 모델링할 때 요소의 선택을 포함한 각 절차의 순서는 정적 문제와 다르다. 문제의 해를 구하는 동안 동적 해석의 종류를 반드시 선택해야 한다.

예제 7.7 다시보기

예제 7.7의 그림 7.31과 같은 프레임을 고려하자. 프레임은 $E = 30 \times 10^6$ lb/in²인 강철로 만들어졌다. 부재의 단면적과 2차 면적 모멘트는 그림에 주어져 있다. 프레임은 그림과 같이 고정되어 있으며, 이것의 3차원 모델을 이용하여 물체의 고유 진동수를 알고자 한다. 부재 (1), (3)은 W12×26 강철 보이고, 부재 (2)는 W16×26 강철 보이다.

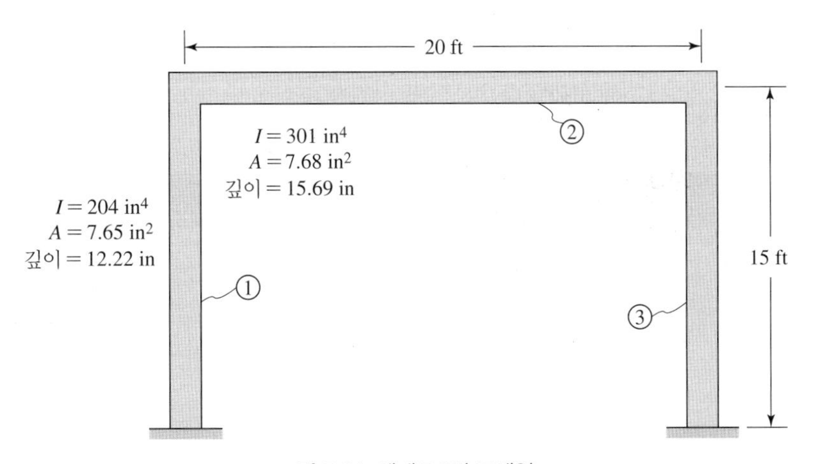

그림 7.31 예제 7.7의 프레임

Workbench 19.2를 실행하고 Toolbox에서 **Modal** analysis block을 드래그하여 Project Schematic에 추가한다. **Engineering Data** 셀을 두 번 클릭한다. Structural Steel을 클릭하고, Young's Modulus 단위를 **psi**로 변경하고 30e6을 입력한다.

Project 탭을 클릭한 다음 Geometry 셀을 두 번 클릭하고 SpaceClaim을 실행한다.

File → SpaceClaim Options → Units → Feet

Select New Sketch Plane을 클릭하고, 화면 중앙의 좌표계 주위로 마우스를 이동한다.

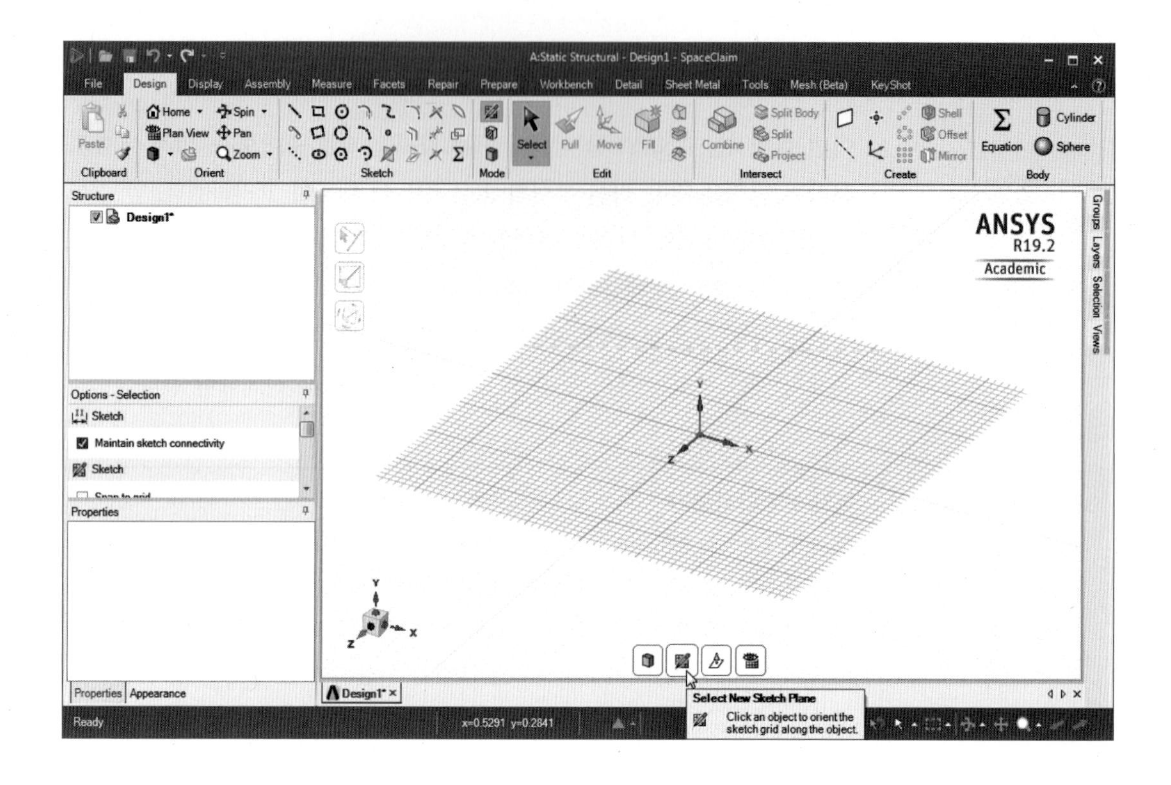

다른 평면을 선택하고, X-Y 평면에 불이 들어올 때 클릭한다. 그 다음 **Plan View** 버튼을 클릭한다.

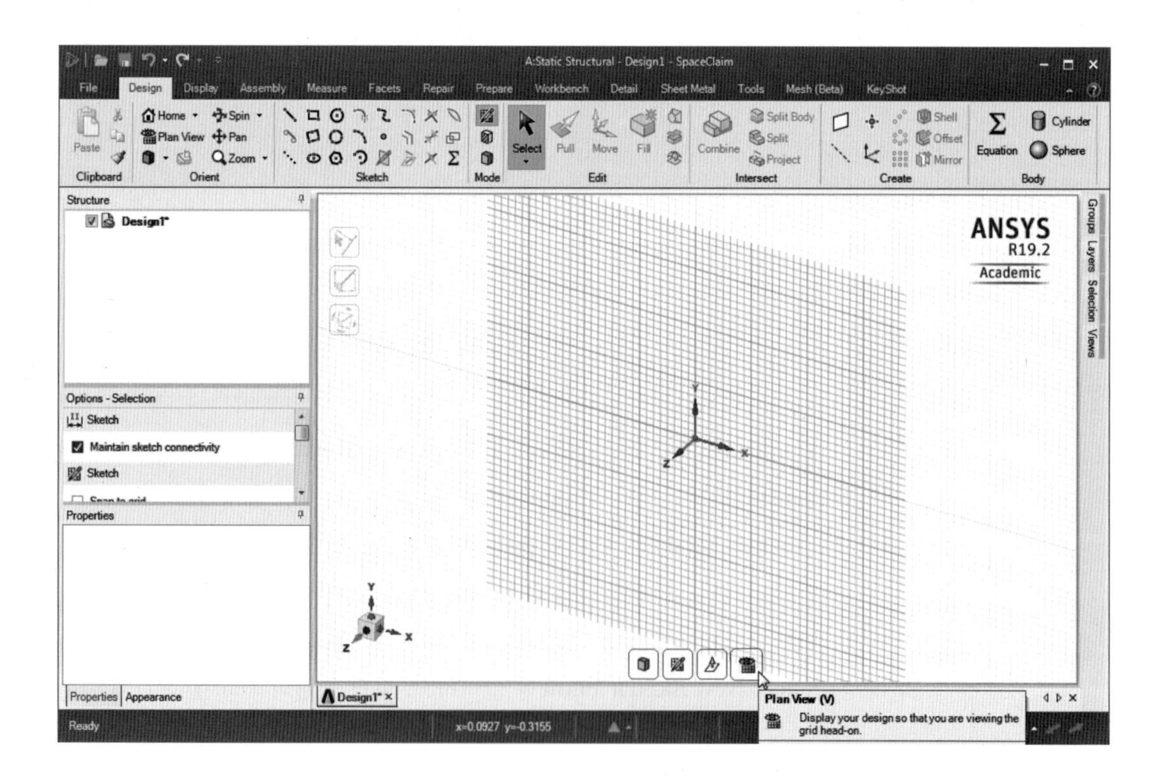

Line을 클릭한다. x-y 좌표계의 원점을 클릭하고 오른쪽으로 드래그한다. 입력 창과 함께 선이 나타난다. 15를 입력하고 Enter를 친다. 선을 오른쪽으로 드래그하면 고무줄처럼 늘어나며, 입력 창에 20을 입력하고 Enter를 친다. 선이 15 ft 길이로 X축에 도달할 때까지 아래로 드래그한다. **Esc** 키를 두 번 클릭한다. **3D Mode** 버튼을 누른다.

이 지오메트리에서 각각의 보는 개별적인 끝점이 존재한다. 각각의 보를 연결하기 위해서는 보들의 공통되는 끝점을 공유해야 한다. 이러한 작업은 **Design** 탭을 클릭하고, Structure 창의 맨 위에 있는 이름을 선택하고, Properties 창의 **Share Topology** 행에서 None에서 **Share**로 변경하면 된다.

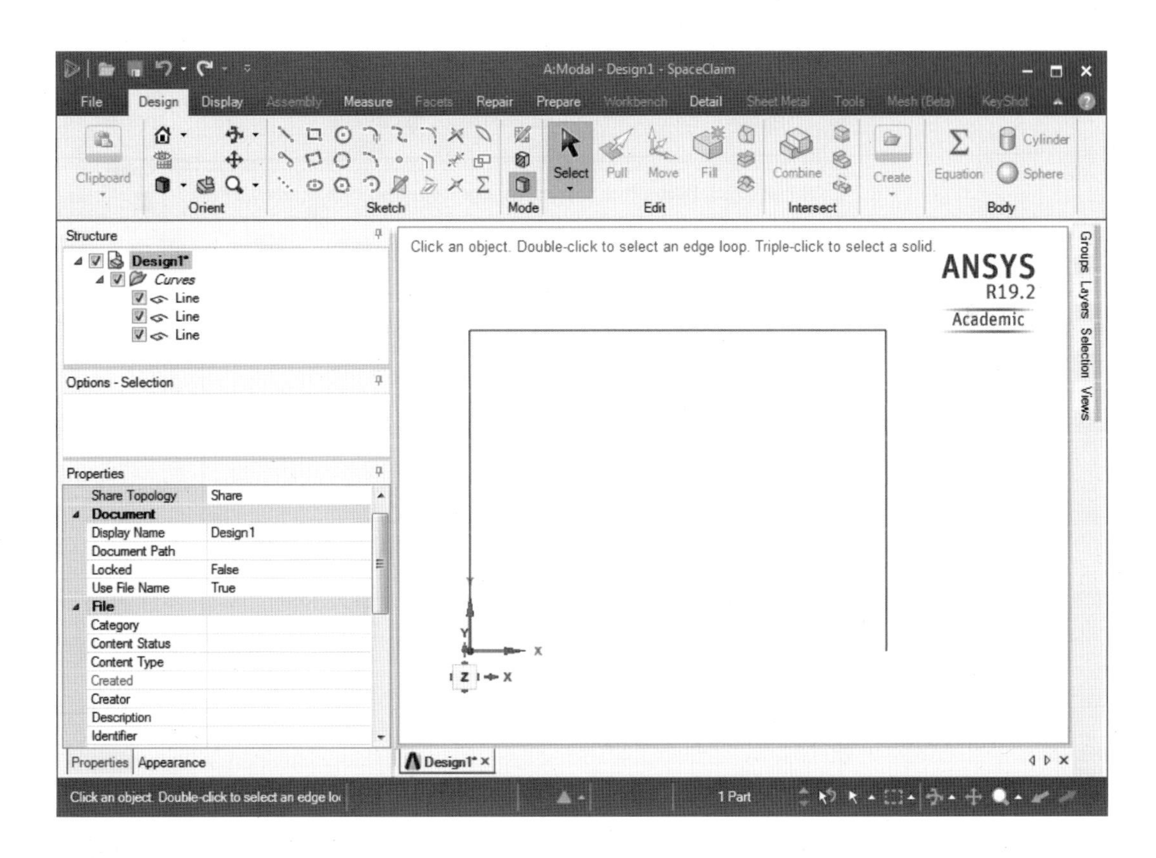

다음으로 단면 정보를 입력해야 한다. Prepare 탭을 클릭한다.

Profiles → Standard Library → AISC

목록을 아래로 스크롤하여 W16x26을 찾고 -> 버튼을 클릭한 다음, W12x26로 스크롤하고 -> 버튼을 클릭한 다음 **Import**를 클릭한다.

Profiles 버튼을 클릭하고 **AISC_W16x26** 프로파일을 선택하고, 맨 위에 있는 선을 클릭한 다음 **Create** 버튼을 누른다.

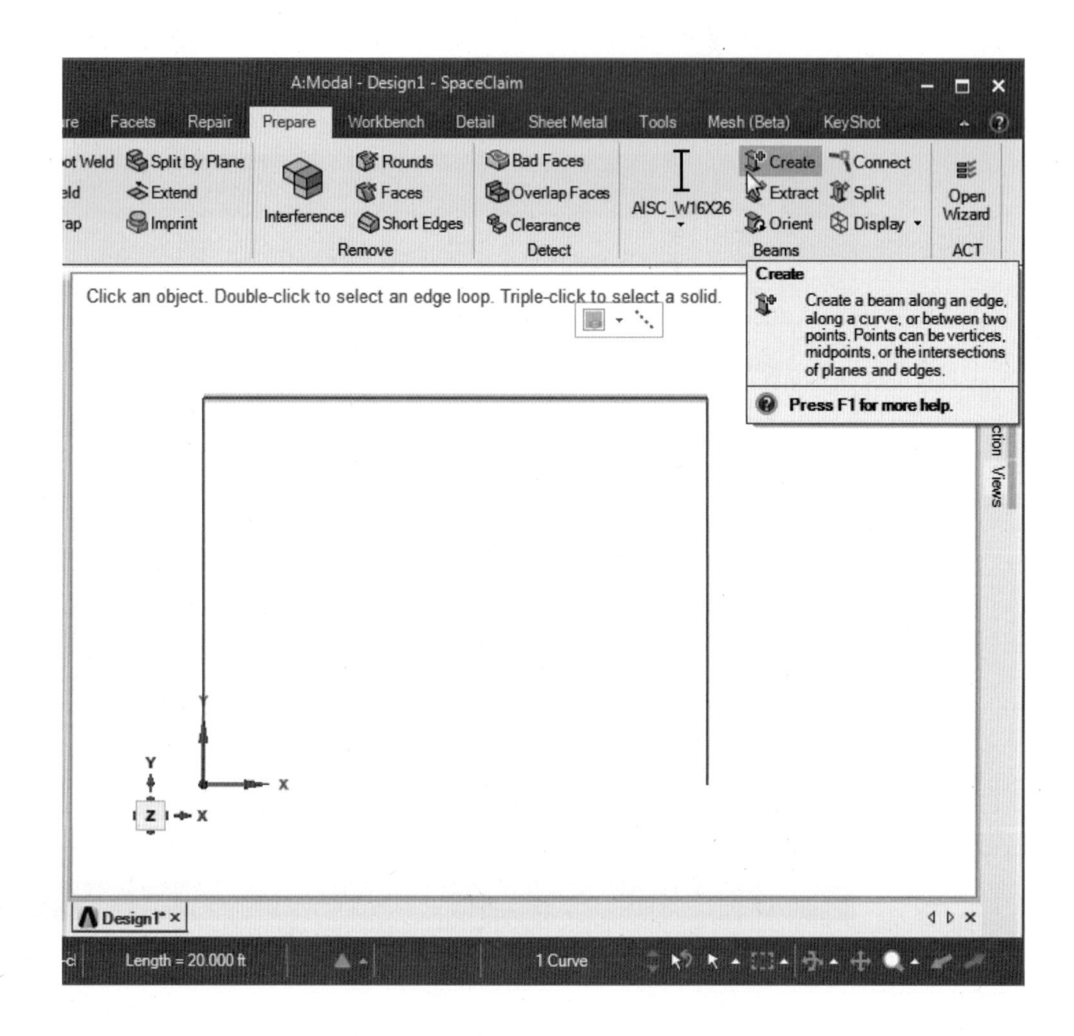

Profiles를 클릭하고 **AISC_W12x26** 프로파일을 선택하고, 왼쪽 선을 클릭한 다음 **Create** 버튼을 누른다. 오른쪽 선에 대해서도 동일한 작업을 반복한다.

Prepare 탭에 Display 버튼이 있다. Solid Beams을 선택하면, 단면의 높이 방향이 깊이 방향으로 잘못 설정된 것을 확인할 수 있다.

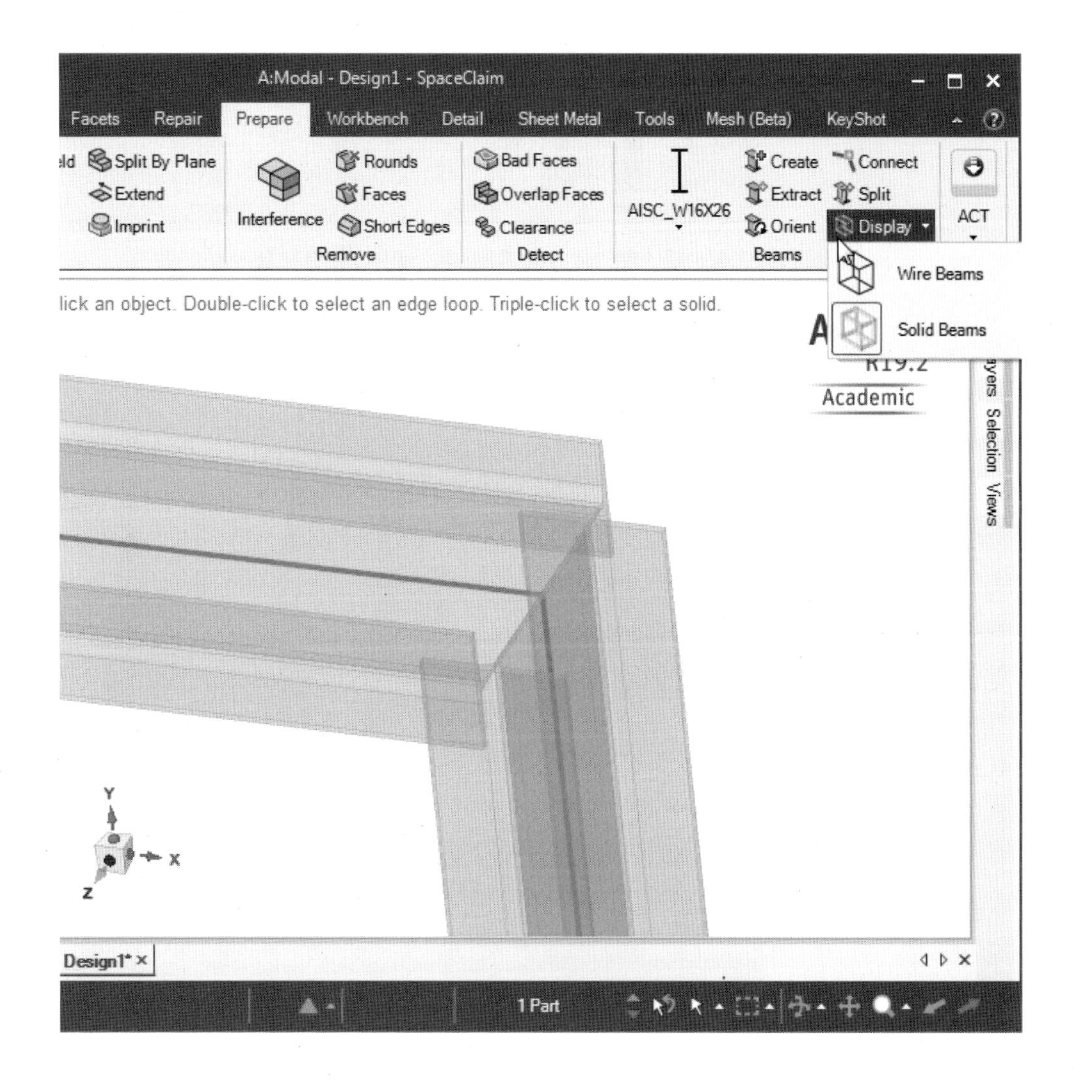

Design 탭을 클릭한 다음 Select를 클릭한다. Structure 창에서 첫 번째 beam을 클릭하고 shift를 누르고 마지막 beam을 클릭한다. Properties 창에서 Beam 범주에 Orientation이 0도인 것을 확인할 수 있다. 90을 입력하고 Enter를 친다.

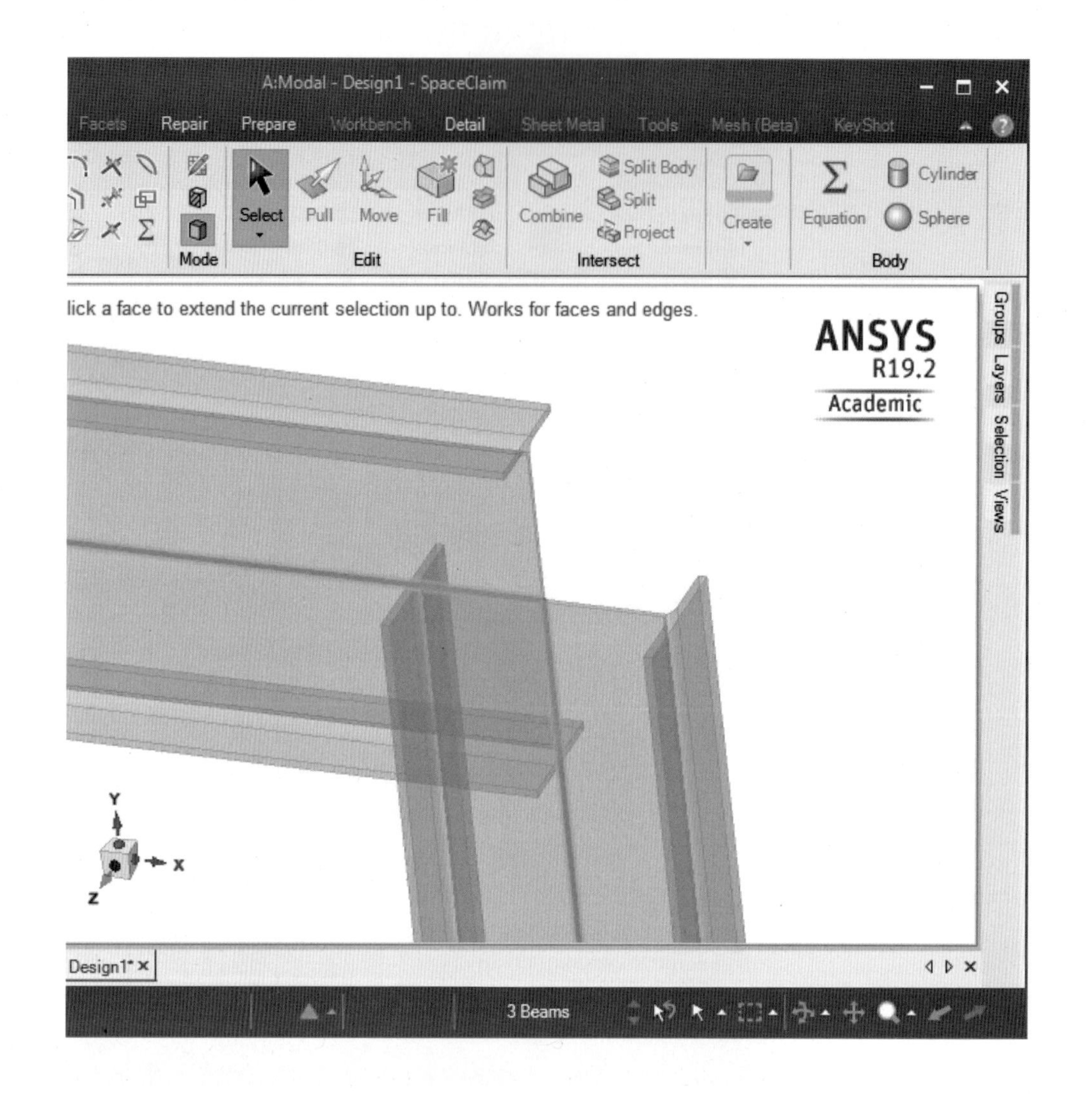

이제 보의 단면 방향이 올바르게 변경된 것을 확인할 수 있다. SpaceClaim을 종료한다. Model 셀을 두 번 클릭한다. Mechanical app이 시작되는 것을 기다린다.

Units → U.S. Customary (**in**, etc)

Mesh를 클릭하고, **Element Size**에 12를 입력한다.

Mesh에 마우스 오른쪽 버튼을 클릭하고, **Generate Mesh**를 선택한다.

Modal을 클릭하고, Geometry filter를 **Vertex**로 설정한다. 한 선의 아래 점을 선택하고, Ctrl 키를 누른 다음 다른 아래 점을 선택한다.

Supports → Fixed Support

Solve를 클릭한다.

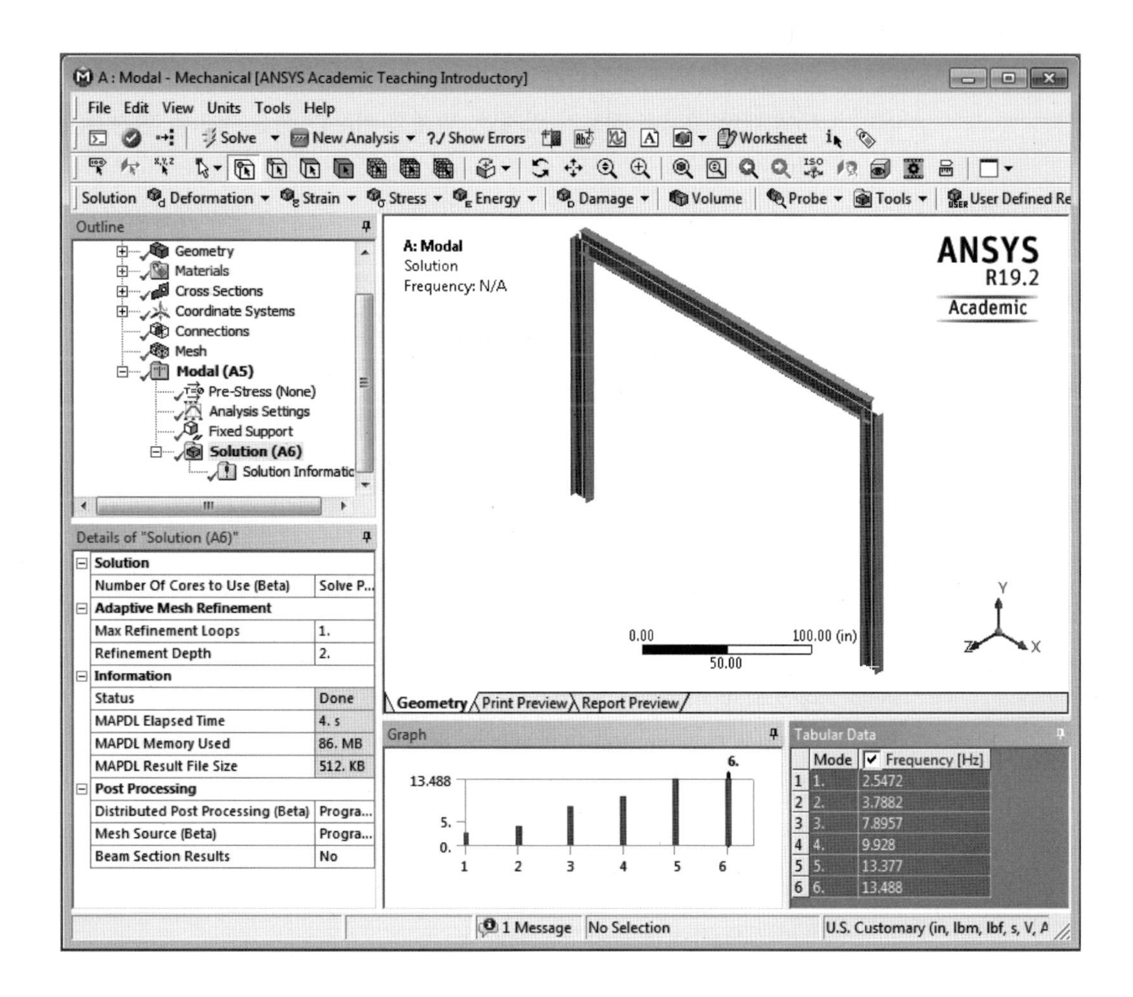

Tabular Data 창에서 표의 왼쪽 상단 모서리를 클릭하면 모든 행이 강조 표시된다.

그 다음 같은 위치에 마우스 오른쪽 버튼을 클릭하고, **Create Mode Shape Results**를 선택한다.

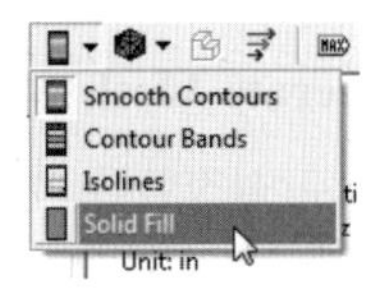

Six Total Deformation 결과가 생성된다. **Solution**에 마우스 오른쪽 버튼을 클릭하고 **Evaluate All Results**를 선택한다.

변형 크기는 중요하지 않지만 변형 형상은 중요하므로 Contour picker에서 Solid Fill을 선택한다. 사용자가 원할 경우, **View**에서 **Legend**를 사용하여 범례를 끈다. 범례에는 모드에 대한 주파수 정보가 있지만, 범례를 켜두면 색상 척도와 변경값(인치)은 그대로 유지된다.

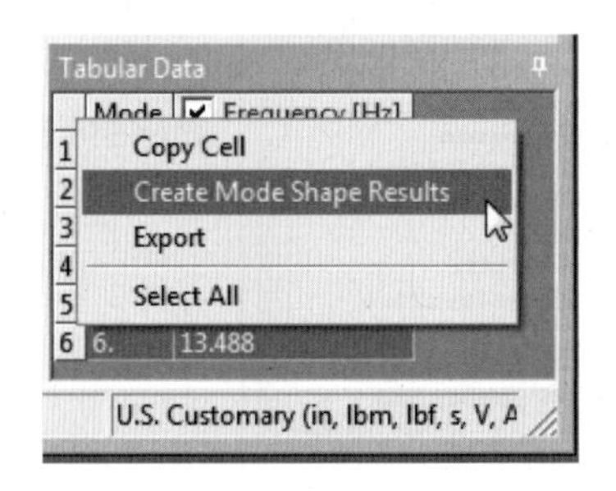

Total Deformation을 클릭한다. 동영상 Play 버튼을 클릭한다. 동영상 재생을 중지하려면 Stop 버튼을 클릭한다.

Total Deformation 2를 클릭한다. 동영상 Play 버튼을 클릭한다. 동영상 재생을 중지하려면 Stop 버튼을 클릭한다.

Total Deformation 3을 클릭한다. 동영상 Play 버튼을 클릭한다. 동영상 재생을 중지하려면 Stop 버튼을 클릭한다.

이러한 동영상은 Save 버튼을 통해 프레젠테이션에서 사용할 수 있는 동영상 파일로 생성할 수 있다.

이것으로 예제 풀이가 완료된다.

예제 7.8

이번 예제에서는 ANSYS를 이용하여 직사각형 단면을 가지는 알루미늄 스트립의 고유 진동을 알아본다. 스트립은 폭 3 cm, 두께 0.5 mm, 길이 10 cm이다. 밀도는 2800 kg/m^{3}이고, 탄성계수 $E = 73$ GPa이며 Poisson 비는 0.33이다. 스트립의 한쪽 끝단이 고정되어 있다고 가정한다.

Workbench 19.2를 실행하고 Toolbox에서 **Modal** analysis block을 드래그하여 Project Schematic에 추가한다. **Engineering Data** 셀을 두 번 클릭한다. Click here to define a new material 항목에 Aluminum를 입력한다. Toolbox의 Physical Properties 분기를 확장하여 Aluminum 위로 **Density**를 드래그하여 놓는다. 2800을 입력하고 Enter를 치고, 단위는 kg/m^{3}이다. Aluminum 위로 **Isotropic Elasticity**를 드래그하여 놓는다. Young's Modulus의 단위는 **Pa**로 설정한 다음 73e9를 입력하고 Enter를 친다. Poisson's Ratio에는 0.33을 입력하고 Enter를 친다.

Properties of Outline Row 4: Aluminum

	A	B	C	D	E
1	Property	Value	Unit		
2	Material Field Variables	Table			
3	Density	2800	kg m^-3		
4	Isotropic Elasticity				
5	Derive from	Young's ...			
6	Young's Modulus	7.3E+10	Pa		
7	Poisson's Ratio	0.33			
8	Bulk Modulus	7.1569E+10	Pa		
9	Shear Modulus	2.7444E+10	Pa		

Project 탭을 클릭한 다음 Geometry 셀을 두 번 클릭한다.

File → SpaceClaim Options → Units → Centimeter

Grid로 스크롤하여 **Minor grid spacing**에 1 cm로 설정한다.

Rectangle를 클릭하고 Z축을 따라 가로 3 cm, 세로 10 cm의 직사각형을 그린다. **3D Mode** 버튼을 클릭한다. Surface를 한 번 클릭한 다음 노란색 화살표를 당긴다. 0.05를 입력하면 solid가 나타난다.

SpaceClaim을 종료하고 Model 셀을 두 번 클릭한다.

Mechanical app에서 **Geometry** 분기를 확장하고, SYS\Solid를 선택한다. 세부정보 창에서 **Assignment**를 Aluminum으로 변경한다.

Mesh에 마우스 오른쪽 버튼을 클릭하고 **Generate Mesh**를 선택한다.

Modal을 클릭하고 Geometry filter를 Face로 설정한 다음 스트립의 Z축 방향 면을 클릭한다.

Supports → Fixed Support

Analysis Settings을 클릭하고 **Max Modes to Find**에 3을 입력한 다음 **Solve**를 클릭한다.

Tabular Data 창에서 표의 왼쪽 상단 모서리를 클릭하면 모든 행이 강조 표시된다.

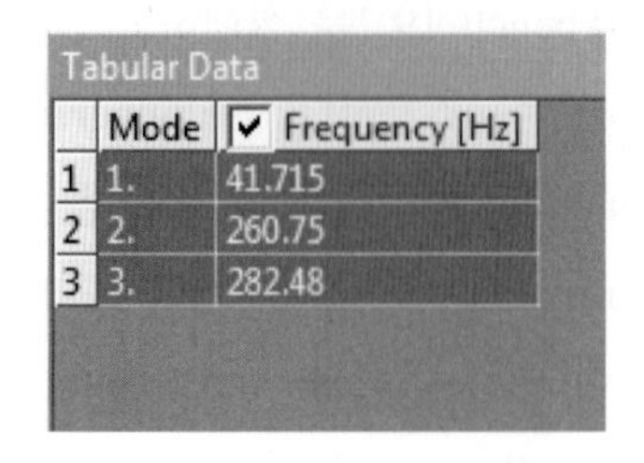

그 다음 같은 위치에 마우스 오른쪽 버튼을 클릭하고, **Create Mode Shape Results**를 선택한다.

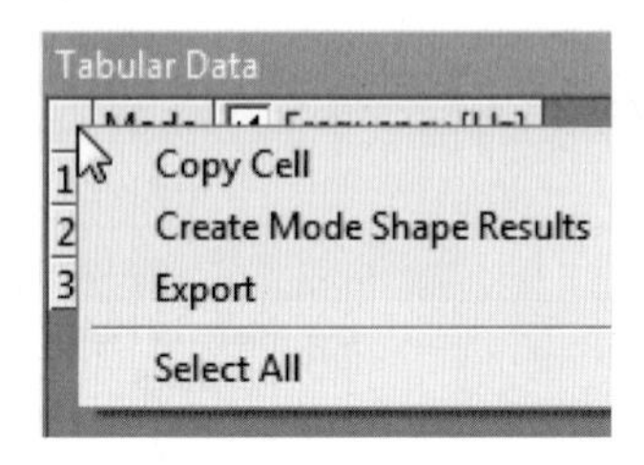

Three Total Deformation 결과가 생성된다. **Solution**에 마우스 오른쪽 버튼을 클릭하고, **Evaluate All Results**를 선택한다.

Total Deformation 1을 클릭한다. 동영상 Play 버튼을 클릭한다. 동영상 재생을 중지하려면 Stop 버튼을 클릭한다.

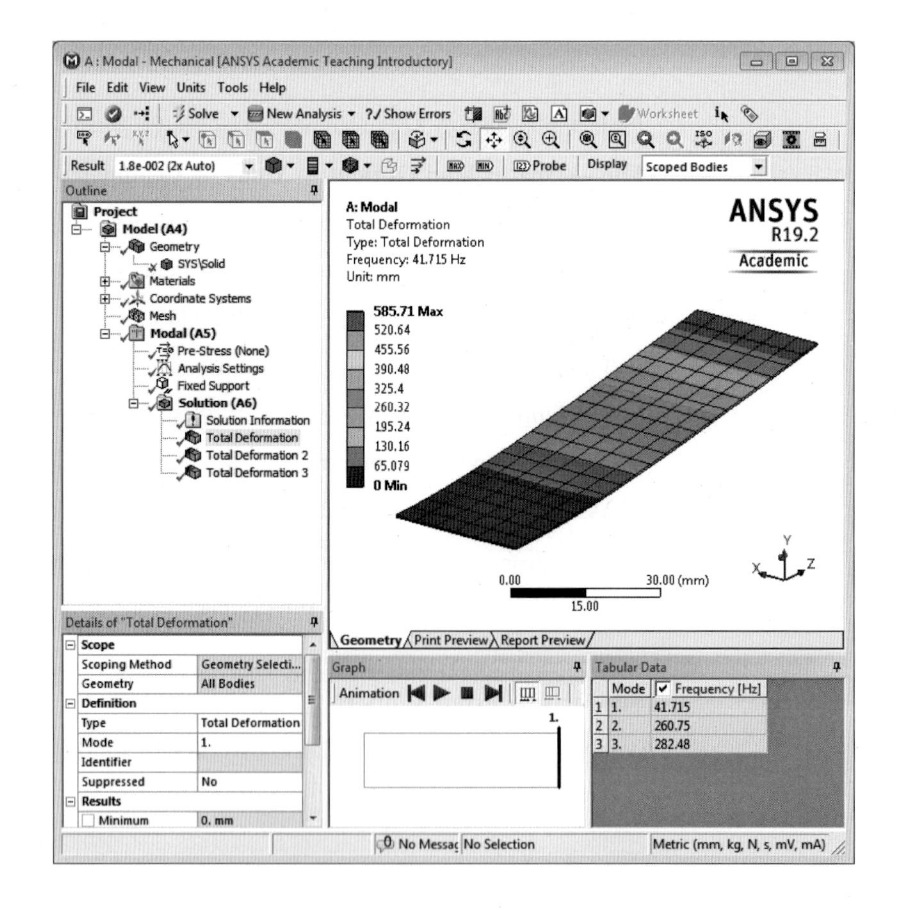

Total Deformation 2을 클릭한다. 동영상 Play 버튼을 클릭한다. 동영상 재생을 중지하려면 Stop 버튼을 클릭한다.

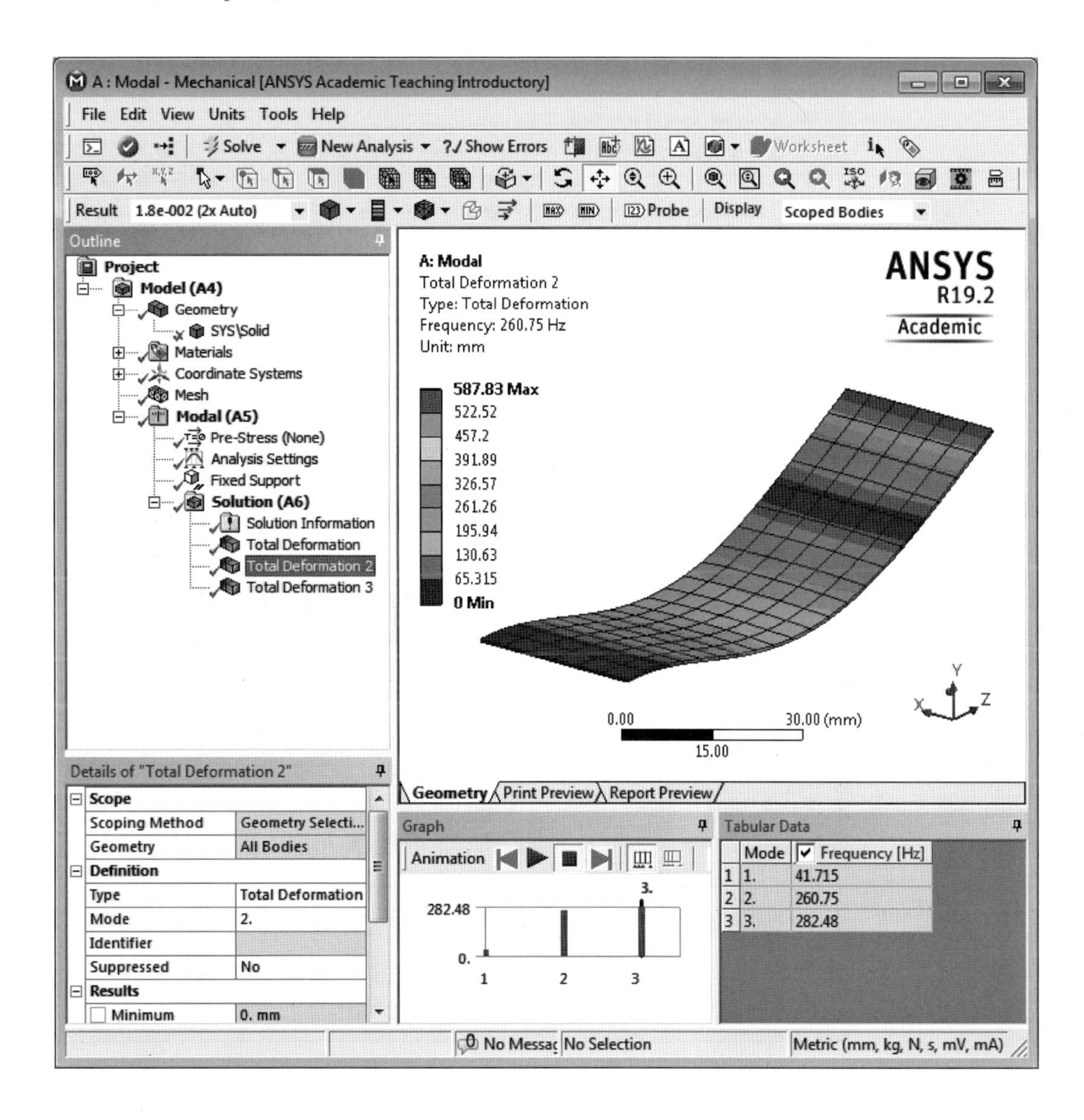

Total Deformation 3을 클릭한다. 동영상 Play 버튼을 클릭한다. 동영상 재생을 중지하려면 Stop 버튼을 클릭한다.

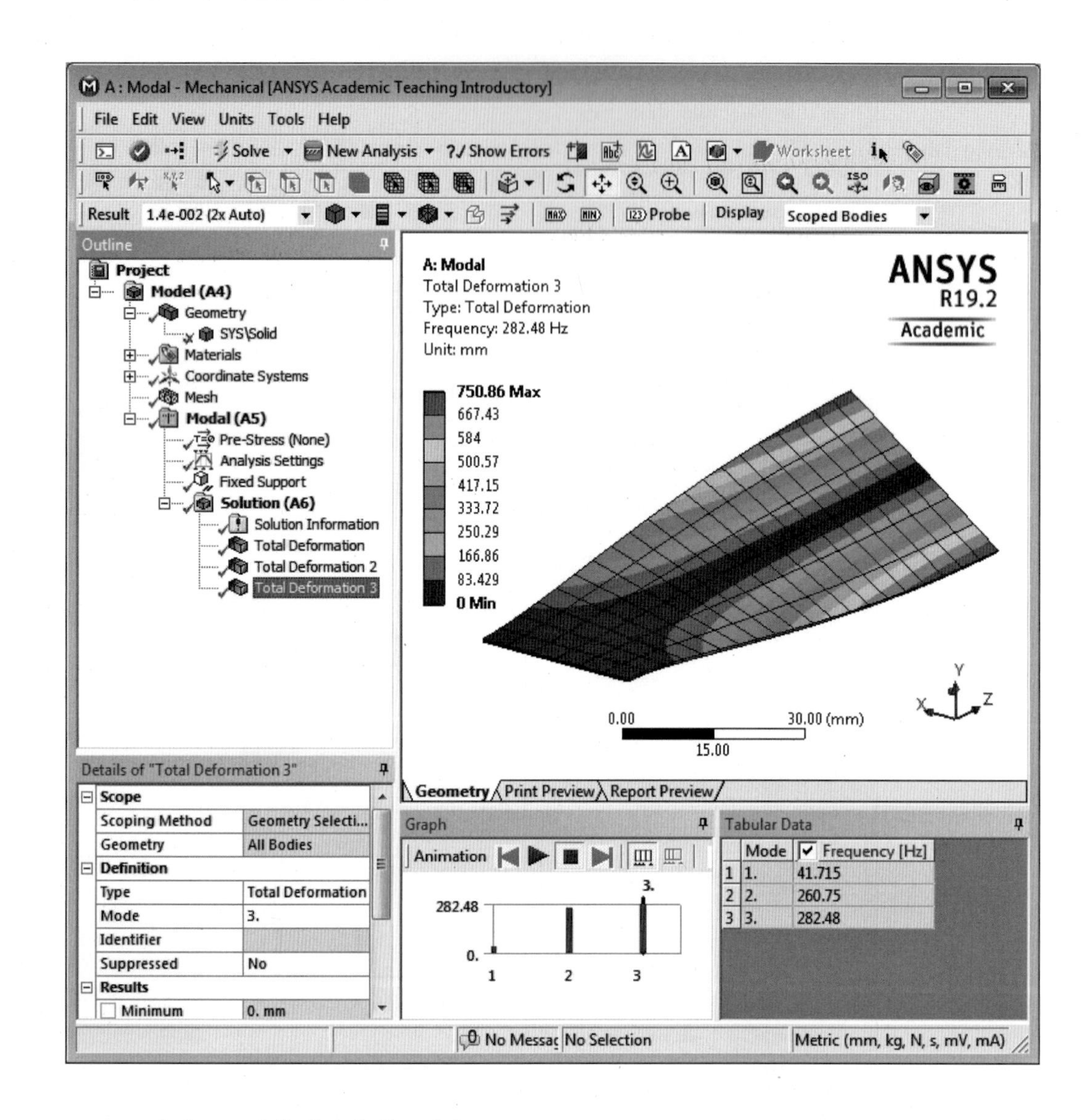

이것으로 예제 풀이가 완료된다.

요약

1. 질점, 강체, 동적 시스템의 기본 개념과 지배 운동 방정식을 확실하게 파악한다.
2. 기계, 구조 시스템의 진동에 대한 정의와 개념을 확실하게 이해한다.
3. 1자유도 시스템과 다자유도 시스템의 정식화와 고유 진동에서의 거동을 이해한다.
4. 1자유도 시스템과 다자유도 시스템의 정식화와 강제 진동에서의 거동을 이해한다.
5. 축 부재, 보, 그리고 프레임의 유한요소 정식화를 이해한다.
6. 동적 문제를 풀기 위한 ANSYS의 기능을 숙지한다.

참고문헌

Beer, F. P., and Johnston, E. R., *Vector Mechanics for Engineers,* 5th ed., New York, McGraw-Hill, 1988.

Steidel, R., *An Introduction to Mechanical Vibrations,* 3rd ed., New York, John Wiley and Sons, 1971.

Timoshenko, S., Young, D. H., and Weaver, W., *Vibration Problems in Engineering,* 4th ed., New York, John Wiley and Sons, 1974.

연습문제

1. 간단한 동역학 시스템이 $m = 10$ kg, $k_{\text{equivalent}} = 100$ N/cm인 1자유도로 모델링되었다. 진동수와 주기를 계산하라. 또 시스템의 최대 속도와 가속도를 결정하라($y(0) = 5$ mm).

2. 연습문제 **1**에서 $F(t) = 30\sin(20t)$(N)인 사인 가진 함수(sinusoidal forcing function)가 작용되고 있다. 시스템의 진폭, 최대 속도, 가속도를 계산하라.

3. 다음 그림에 있는 시스템의 운동 방정식을 유도하라. 시스템의 고유 진동수는 얼마인가?

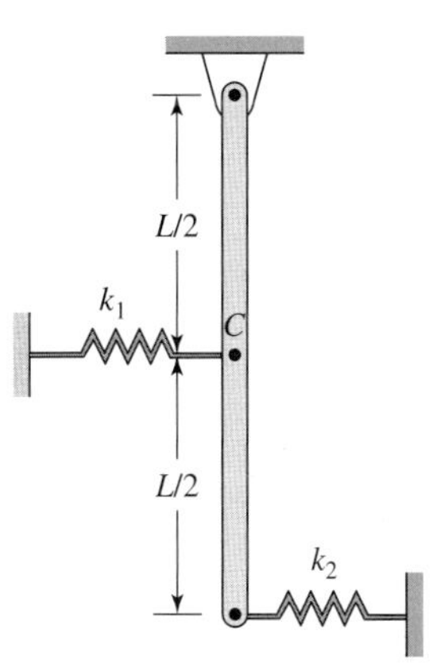

4. 다음 그림과 같이 1자유도 질량-스프링 시스템에 힘(F_0)이 갑자기 작용할 때의 응답을 도시하라. 시스템의 응답을 힘이 경사함수로 작용할 때와 비교하라. 또한 갑자기 작용하는 힘에 의한 시스템의 응답을 정적으로 작용하는 힘에 의한 응답과 비교하라.

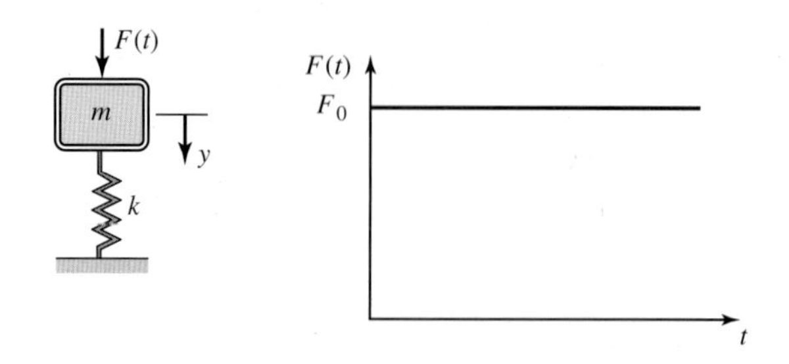

5. 다음 그림과 같이 1자유도 질량-스프링 시스템에 시간에 따라 $F(t) = F_0e^{-c_1t}$로 감쇠하는 힘(F_0)이 갑자기 작용할 때의 응답을 구하라. c_1값은 감쇠율을 정의한다. c_1값의 변화에 따른 시스템의 응답을 도시하라. 응답을 정적으로 작용하는 힘에 의한 응답과 비교하라.

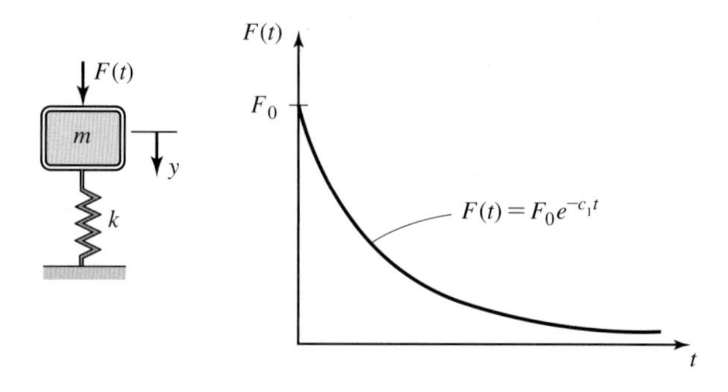

6. 다음 그림과 같이 가진되고 있는 시스템의 응답을 구하라.

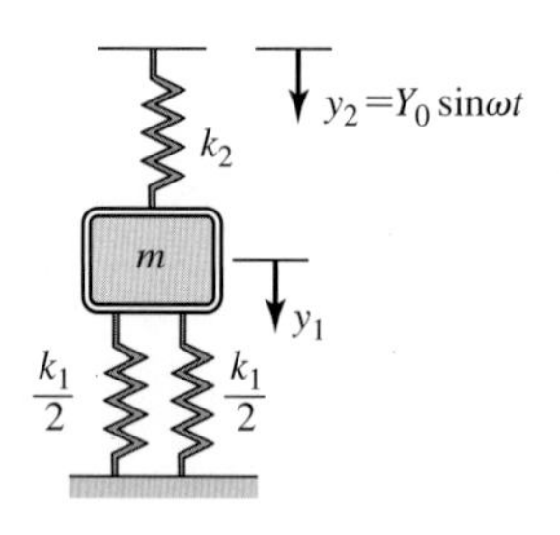

7. Newton의 제2법칙과 Lagrange 방정식을 이용하여 다음 그림에 나타나 있는 시스템의 운동 방정식을 정식화하라.

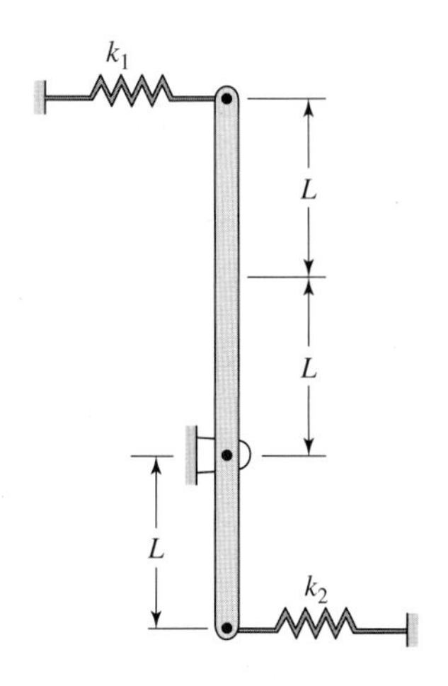

8. Newton의 제2법칙과 Lagrange 방정식을 이용하여 다음 그림에 나타나 있는 시스템의 운동 방정식을 정식화하라.

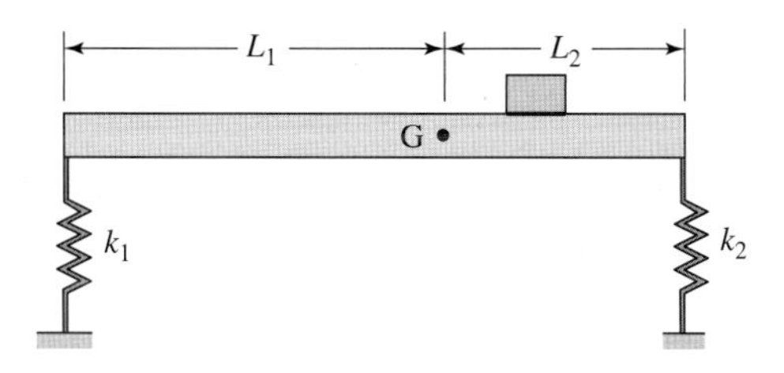

9. Newton의 제2법칙과 Lagrange 방정식을 이용하여 다음 그림에 나타나 있는 시스템의 운동 방정식을 정식화하라.

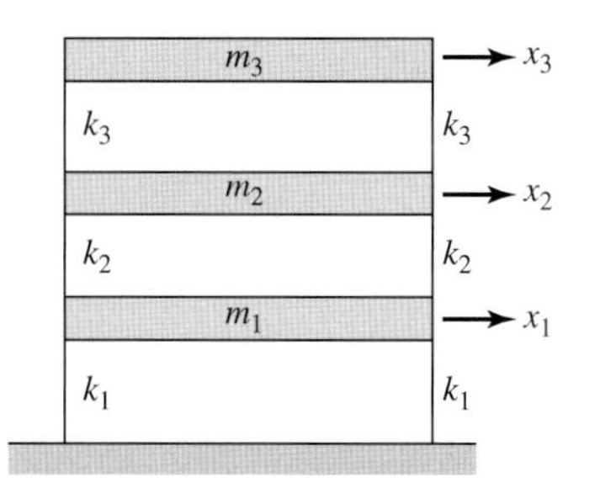

10. 다음 그림에 나타나 있는 축 부재의 처음 2개 고유 진동수를 구하라. 부재는 탄성계수 $E = 29 \times 10^6$ lb/in^2, 질량 밀도 15.2 slugs/ft^{3}인 철로 만들어졌다.

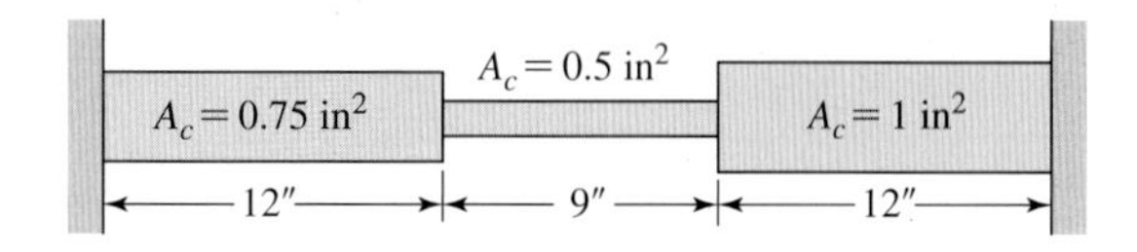

11. 다음 그림에 나타나 있는 축 부재의 처음 2개 고유 진동수를 구하라. 부재는 탄성계수 $E = 10 \times 10^6$ lb/in^2, 질량 밀도 5.4 slugs/ft^{3}인 알루미늄 합금으로 만들어졌다.

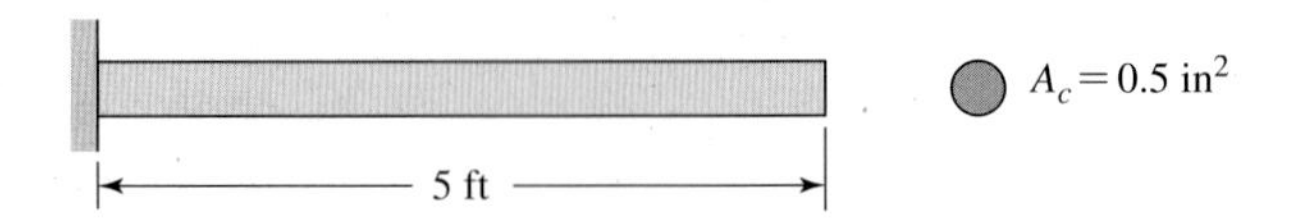

12. 다음 그림에 나타나 있는 기둥의 처음 3개 고유 진동수를 구하라. 기둥은 탄성계수 $E = 29 \times 10^6$ lb/in^2, 질량 밀도 15.2 slugs/ft^{3}인 철로 만들어졌다. 축방향에 대한 진동만을 고려하라.

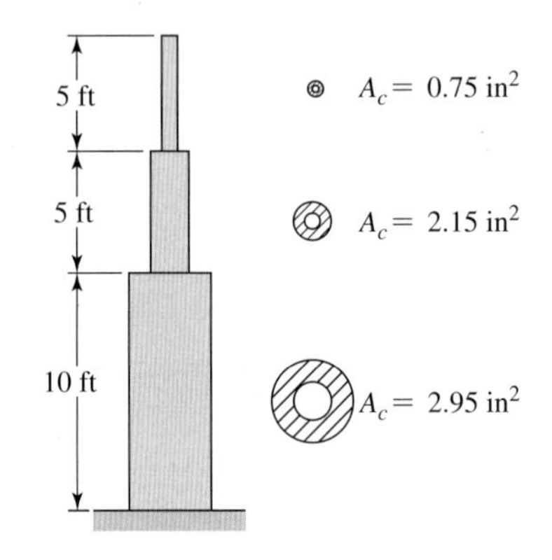

13. 다음 그림과 같은 W18×35인 외팔보가 있다. 시스템의 처음 2개 고유 진동수를 구하라.

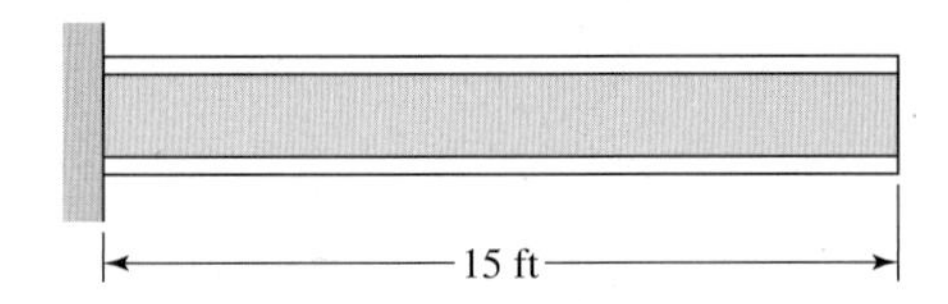

14. 다음 그림과 같은 W16×31인 외팔보가 있다. 시스템의 처음 3개 고유 진동수를 구하라.

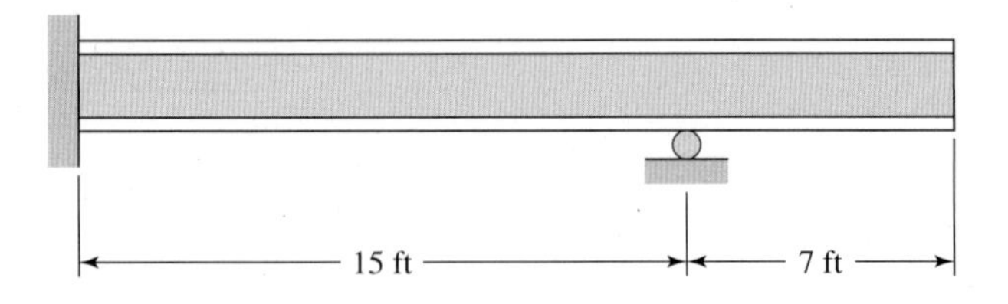

15. 다음 그림과 같이 단순지지되어 있는 W4×13인 보가 있다. 시스템의 처음 2개 고유 진동수를 구하라.

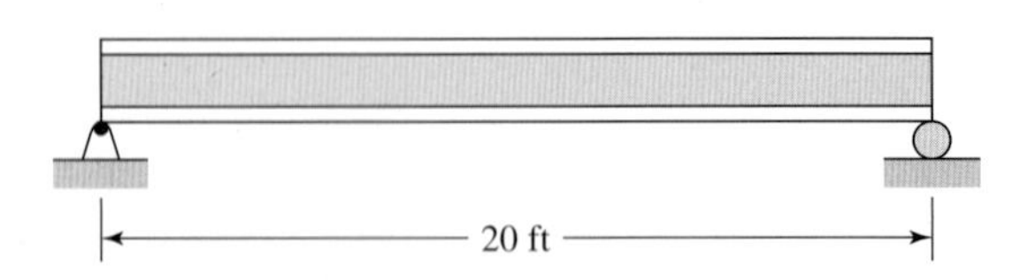

16. 다음 그림과 같이 단순지지되어 있는 직사각형 단면의 보가 있다. 시스템의 처음 2개 고유 진동수를 구하라.

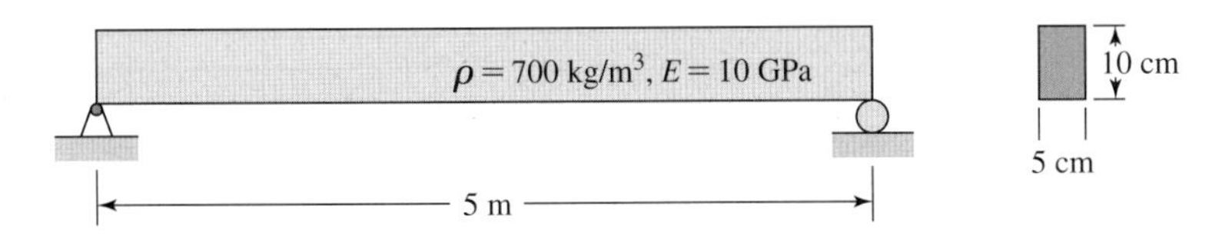

17. 다음 그림과 같이 돌출되어 있는 프레임을 고려하자. W12×26인 부재의 단면적과 2차 관성 모멘트는 그림에 나타나 있다. 시스템의 처음 3개 고유 진동수를 구하라.

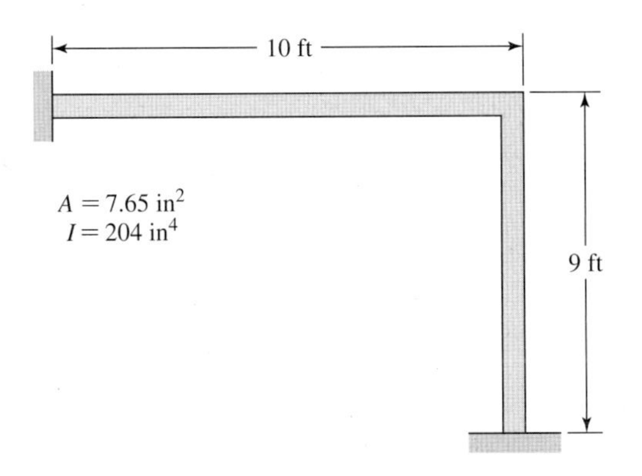

18. 다음 그림과 같이 돌출되어 있는 프레임을 고려하자. 부재는 W5×16이다. 시스템의 처음 3개 고유 진동수를 구하라.

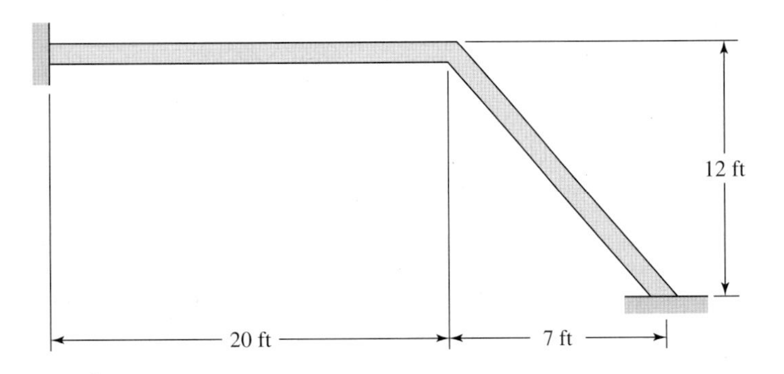

19. 예제 7.7을 프레임의 모든 부재가 W12×26인 경우에 대하여 다시 풀어라.

20. ANSYS를 이용하여 다음 그림에 나타나 있는 프레임의 처음 3개 고유 진동수를 구하라.

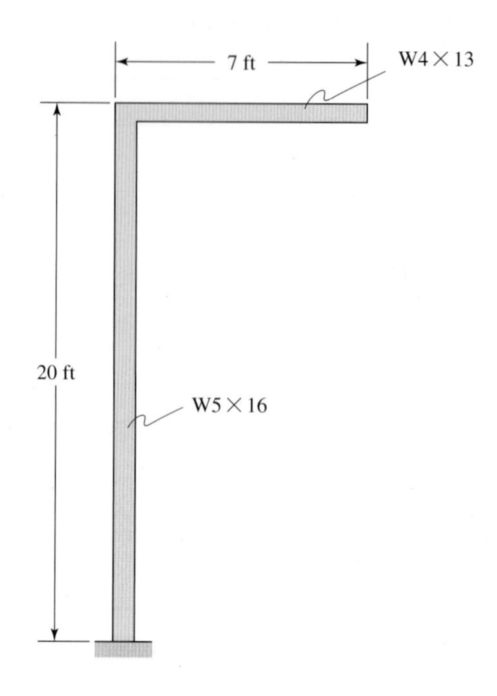

21. ANSYS를 이용하여 다음 그림에 나타나 있는 프레임의 처음 3개 고유 진동수를 구하라.

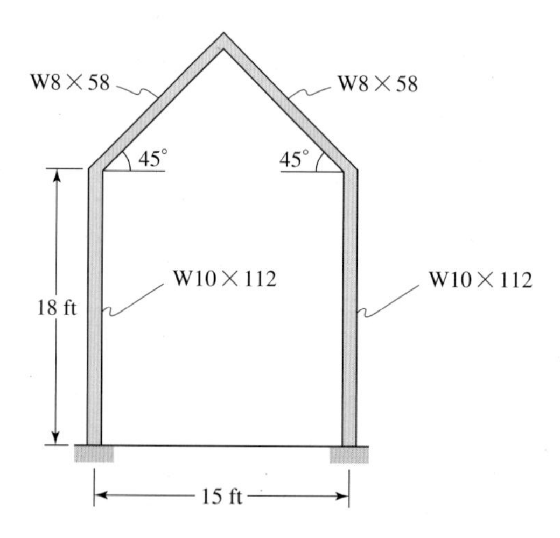

22. 예제 7.8을 스트립의 두께가 1 mm, 2 mm인 경우에 대하여 다시 풀어라. 결과를 비교하고 발견한 점을 토의하라.

CHAPTER 8

3차원 요소

이 장의 주된 목적은 3차원 유한요소(three-dimensional finite element)를 소개하는 것이다. 우선 4절점 사면체 요소와 이 요소에서 사용되는 형상함수에 대해서 논의한 후, 이 사면체 요소의 강성행렬 정식화 및 이 요소를 이용한 구조해석 문제를 다루기로 한다. 그 다음에는 8절점 육면체 요소와 고차 사면체 요소 및 육면체 요소에 대해 살펴보고, ANSYS를 이용한 구조해석 및 열해석 요소에 대해 설명한다. 또한 이 장에서는 3차원 입체모형 생성 방법에 있어서 하향식(top-down) 방식과 상향식(bottom-up) 방식에 대한 기본 개념을 제시하며, 마지막으로는 주어진 고체 모델의 격자생성(mesh) 작업을 하는 방법을 설명한다. 이 장에서 다루는 주요 내용은 다음과 같다.

8.1 4절점 사면체 요소
8.2 4절점 사면체 요소를 이용한 3차원 고체 문제의 해석
8.3 8절점 육면체 요소
8.4 10절점 사면체 요소
8.5 20절점 육면체 요소
8.6 ANSYS에서 3차원 요소의 예제
8.7 기본적인 입체모형 생성 방법
8.8 ANSYS를 이용한 구조해석 예제

8.1 4절점 사면체 요소

4절점 사면체(four-node tetrahedral) 요소는 고체역학 문제의 해석에 사용되는 3차원 요소 중에서 가장 간단한 요소이다. 이 요소는 4개의 절점을 가지며, 각 절점에서는 X, Y, Z방향의 3개 직선변위(translation)를 갖는다. 그림 8.1에 전형적인 4절점 요소를 도시하였다.

4절점 사면체 요소의 형상함수는 2차원 문제를 위한 삼각형 요소의 형상함수를 구하였던 5장의 방법과 유사한 방법을 사용하여 얻을 수 있다. 우선 변위장을 다음 방정식으로 표

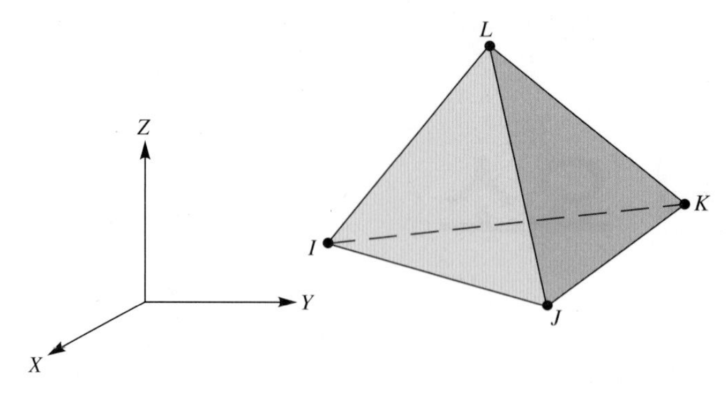

그림 8.1 4절점 사면체 요소

현한다.

$$\begin{aligned} u &= C_{11} + C_{12}X + C_{13}Y + C_{14}Z \\ v &= C_{21} + C_{22}X + C_{23}Y + C_{24}Z \\ w &= C_{31} + C_{32}X + C_{33}Y + C_{34}Z \end{aligned} \tag{8.1}$$

절점변위 u는 다음 조건을 만족하여야 한다.

$$\begin{aligned} &X = X_I, \quad Y = Y_I \quad \text{그리고} \quad Z = Z_I \text{에서} \quad u = u_I \\ &X = X_J, \quad Y = Y_J \quad \text{그리고} \quad Z = Z_J \text{에서} \quad u = u_J \\ &X = X_K, \quad Y = Y_K \quad \text{그리고} \quad Z = Z_K \text{에서} \quad u = u_K \\ &X = X_L, \quad Y = Y_L \quad \text{그리고} \quad Z = Z_L \text{에서} \quad u = u_L \end{aligned}$$

이와 유사하게 절점변위 v와 w도 다음 조건을 만족하여야 한다.

$$\begin{aligned} &X = X_I, \quad Y = Y_I \quad \text{그리고} \quad Z = Z_I \text{에서} \quad v = v_I \\ &\qquad\qquad\vdots \\ &X = X_L, \quad Y = Y_L \quad \text{그리고} \quad Z = Z_L \text{에서} \quad w = w_L \end{aligned}$$

각 절점값들을 식 (8.1)에 대입하면 다음과 같이 12개의 미지수를 갖는 12개의 방정식을 얻는다.

$$\begin{aligned} u_I &= C_{11} + C_{12}X_I + C_{13}Y_I + C_{14}Z_I \\ u_J &= C_{11} + C_{12}X_J + C_{13}Y_J + C_{14}Z_J \\ &\vdots \\ w_L &= C_{31} + C_{32}X_L + C_{33}Y_L + C_{34}Z_L \end{aligned} \tag{8.2}$$

C계수들에 대해 이 방정식을 풀고, 식 (8.1)에 대입한 후 정리하면 다음 수식을 얻는다.

$$\begin{aligned} u &= S_1u_I + S_2u_J + S_3u_K + S_4u_L \\ v &= S_1v_I + S_2v_J + S_3v_K + S_4v_L \\ w &= S_1w_I + S_2w_J + S_3w_K + S_4w_L \end{aligned} \tag{8.3}$$

위의 식에서 형상함수는 다음과 같이 주어진다.

$$\begin{aligned} S_1 &= \frac{1}{6V}(a_I + b_I X + c_I Y + d_I Z) \\ S_2 &= \frac{1}{6V}(a_J + b_J X + c_J Y + d_J Z) \\ S_3 &= \frac{1}{6V}(a_K + b_K X + c_K Y + d_K Z) \\ S_4 &= \frac{1}{6V}(a_L + b_L X + c_L Y + d_L Z) \end{aligned} \tag{8.4}$$

여기서 V는 사면체 요소의 체적이고 다음과 같이 계산된다.

$$6V = \det \begin{vmatrix} 1 & X_I & Y_I & Z_I \\ 1 & X_J & Y_J & Z_J \\ 1 & X_K & Y_K & Z_K \\ 1 & X_L & Y_L & Z_L \end{vmatrix} \tag{8.5}$$

식 (8.4)에서 계수 a_I, b_I, c_I, d_I, ..., d_L은 다음 행렬식으로 계산된다.

$$\begin{aligned} a_I &= \det \begin{vmatrix} X_J & Y_J & Z_J \\ X_K & Y_K & Z_K \\ X_L & Y_L & Z_L \end{vmatrix}, \quad b_I = -\det \begin{vmatrix} 1 & Y_J & Z_J \\ 1 & Y_K & Z_K \\ 1 & Y_L & Z_L \end{vmatrix} \\ c_I &= \det \begin{vmatrix} X_J & 1 & Z_J \\ X_K & 1 & Z_K \\ X_L & 1 & Z_L \end{vmatrix}, \quad d_I = -\det \begin{vmatrix} X_J & Y_J & 1 \\ X_K & Y_K & 1 \\ X_L & Y_L & 1 \end{vmatrix} \end{aligned} \tag{8.6}$$

나머지 다른 계수 a_J, b_J, c_J, d_J, ..., d_L은 아래 첨자를 오른손 법칙에 따라 바꾸어 행렬식을 계산하면 된다. 예를 들면 a_J는 다음과 같이 계산된다.

$$a_J = \det \begin{vmatrix} X_K & Y_K & Z_K \\ X_L & Y_L & Z_L \\ X_I & Y_I & Z_I \end{vmatrix}$$

4절점 사면체 요소를 열해석 문제에 적용할 때에는 각 절점에서 온도만이 자유도로 필요하기 때문에 절점당 1개의 자유도를 갖는다. 따라서 4절점 사면체 요소 내부에서의 온도는 다음 식으로 근사할 수 있다.

$$T = T_I S_1 + T_J S_2 + T_K S_3 + T_L S_4 \tag{8.7}$$

8.2 4절점 사면체 요소를 이용한 3차원 고체 문제의 해석

물체의 한 점에서 일반적인 응력 상태를 결정하기 위해서는 6개의 응력이 필요하다는 것을 6장에서 배웠다. 이 응력 성분은 다음과 같다.

$$[\boldsymbol{\sigma}]^T = \begin{bmatrix} \sigma_{xx} & \sigma_{yy} & \sigma_{zz} & \tau_{xy} & \tau_{yz} & \tau_{xz} \end{bmatrix} \tag{8.8}$$

여기서 σ_{xx}, σ_{yy}, σ_{zz}는 수직응력(normal stress)이고, τ_{xy}, τ_{yz}, τ_{xz}는 전단응력(shear stress) 성분이다. 물체가 하중을 받을 때 그 물체 내의 한 점에서 발생하는 위치 변화의 척도인 변위벡터에 대해서도 논의하였다. 변위벡터 $\vec{\delta}$는 직교 좌표계로 다음과 같이 표현할 수 있다는 것을 기억할 것이다.

$$\vec{\delta} = u(x, y, z)\vec{i} + v(x, y, z)\vec{j} + w(x, y, z)\vec{k} \tag{8.9}$$

한 점에서의 변형률 상태에 대해서도 논의를 했었는데, 일반적으로 변형률은 다음과 같은 6개의 성분으로 결정된다.

$$[\boldsymbol{\varepsilon}]^T = \begin{bmatrix} \varepsilon_{xx} & \varepsilon_{yy} & \varepsilon_{zz} & \gamma_{xy} & \gamma_{yz} & \gamma_{xz} \end{bmatrix} \tag{8.10}$$

여기서 ε_{xx}, ε_{yy}, ε_{zz}는 수직변형률(normal strain)이고, γ_{xy}, γ_{yz}, γ_{xz}는 전단변형률(shear strain) 성분이다. 이전에 논의했던 바와 같이, 변형률과 변위 사이에는 다음 관계가 성립한다.

$$\begin{aligned} &\varepsilon_{xx} = \frac{\partial u}{\partial x}, \quad \varepsilon_{yy} = \frac{\partial v}{\partial y}, \quad \varepsilon_{zz} = \frac{\partial w}{\partial z} \\ &\gamma_{xy} = \frac{\partial u}{\partial y} + \frac{\partial v}{\partial x}, \quad \gamma_{yz} = \frac{\partial v}{\partial z} + \frac{\partial w}{\partial y}, \quad \gamma_{xz} = \frac{\partial u}{\partial z} + \frac{\partial w}{\partial x} \end{aligned} \tag{8.11}$$

식 (8.11)은 다음과 같이 행렬 형태로 표현할 수 있다.

$$\{\boldsymbol{\varepsilon}\} = LU \tag{8.12}$$

여기서

$$\{\boldsymbol{\varepsilon}\} = \begin{Bmatrix} \varepsilon_{xx} \\ \varepsilon_{yy} \\ \varepsilon_{zz} \\ \gamma_{xy} \\ \gamma_{yz} \\ \gamma_{xz} \end{Bmatrix}$$

그리고

$$LU = \begin{Bmatrix} \dfrac{\partial u}{\partial x} \\ \dfrac{\partial v}{\partial y} \\ \dfrac{\partial w}{\partial z} \\ \dfrac{\partial u}{\partial y} + \dfrac{\partial v}{\partial x} \\ \dfrac{\partial v}{\partial z} + \dfrac{\partial w}{\partial y} \\ \dfrac{\partial w}{\partial x} + \dfrac{\partial u}{\partial z} \end{Bmatrix}$$

L은 선형 미분 연산자(linear-differential operator)로 불린다.

6장에서도 언급하였듯이 재료가 탄성 영역 내에 있을 때에는 일반화된 Hooke의 법칙이 라고 불리는 응력과 변형률 관계가 존재한다. 이 관계는 다음 방정식으로 주어진다.

$$\varepsilon_{xx} = \frac{1}{E}[\sigma_{xx} - \nu(\sigma_{yy} + \sigma_{zz})] \tag{8.13}$$

$$\varepsilon_{yy} = \frac{1}{E}[\sigma_{yy} - \nu(\sigma_{xx} + \sigma_{zz})]$$

$$\varepsilon_{zz} = \frac{1}{E}[\sigma_{zz} - \nu(\sigma_{xx} + \sigma_{yy})]$$

$$\gamma_{xy} = \frac{1}{G}\tau_{xy}, \quad \gamma_{yz} = \frac{1}{G}\tau_{yz}, \quad \gamma_{zx} = \frac{1}{G}\tau_{zx}$$

응력과 변형률 관계는 다음과 같이 행렬 형태로 간략히 표현할 수 있다.

$$\{\boldsymbol{\sigma}\} = [\boldsymbol{\nu}]\{\boldsymbol{\varepsilon}\} \tag{8.14}$$

여기서 각 행렬은 다음과 같다.

$$\{\boldsymbol{\sigma}\} = \begin{Bmatrix} \sigma_{xx} \\ \sigma_{yy} \\ \sigma_{zz} \\ \tau_{xy} \\ \tau_{yz} \\ \tau_{xz} \end{Bmatrix}$$

$$[\boldsymbol{\nu}] = \frac{E}{1+\nu}\begin{bmatrix} \frac{1-\nu}{1-2\nu} & \frac{\nu}{1-2\nu} & \frac{\nu}{1-2\nu} & 0 & 0 & 0 \\ \frac{\nu}{1-2\nu} & \frac{1-\nu}{1-2\nu} & \frac{\nu}{1-2\nu} & 0 & 0 & 0 \\ \frac{\nu}{1-2\nu} & \frac{\nu}{1-2\nu} & \frac{1-\nu}{1-2\nu} & 0 & 0 & 0 \\ 0 & 0 & 0 & \frac{1}{2} & 0 & 0 \\ 0 & 0 & 0 & 0 & \frac{1}{2} & 0 \\ 0 & 0 & 0 & 0 & 0 & \frac{1}{2} \end{bmatrix}$$

$$\{\boldsymbol{\varepsilon}\} = \begin{Bmatrix} \varepsilon_{xx} \\ \varepsilon_{yy} \\ \varepsilon_{zz} \\ \gamma_{xy} \\ \gamma_{yz} \\ \gamma_{xz} \end{Bmatrix}$$

어떤 고체 물체가 3축 방향으로 하중을 받을 때에 변형률 에너지 Λ는

$$\Lambda^{(e)} = \frac{1}{2}\int_V (\sigma_{xx}\varepsilon_{xx} + \sigma_{yy}\varepsilon_{yy} + \sigma_{zz}\varepsilon_{zz} + \tau_{xy}\gamma_{xy} + \tau_{xz}\gamma_{xz} + \tau_{yz}\gamma_{yz})\, dV \qquad (8.15)$$

로 표현되며, 간단한 행렬 형태로는 다음과 같이 표현된다.

$$\Lambda^{(e)} = \frac{1}{2}\int_V [\boldsymbol{\sigma}]^T\{\boldsymbol{\varepsilon}\}\, dV \qquad (8.16)$$

Hooke의 법칙을 이용하여 위의 식에서 응력을 변형률로 표현하면, 식 (8.15)는 다음과 같이 표현된다.

$$\Lambda^{(e)} = \frac{1}{2}\int_V \{\boldsymbol{\varepsilon}\}^T[\boldsymbol{\nu}]\{\boldsymbol{\varepsilon}\}\, dV \qquad (8.17)$$

이제 4절점 사면체 요소의 강성행렬을 정식화할 것이다. 이 요소는 4개의 절점을 가지고 있으며, 각 절점에서 x, y, z축 방향으로의 3개 직선(translation)변위 자유도를 가진다는 점을 기억하기 바란다. 변위 u, v, w를 절점변위와 형상함수로 표현하면 다음과 같다.

$$\{\mathbf{u}\} = [\mathbf{S}]\{\mathbf{U}\} \qquad (8.18)$$

여기서 각 행렬은 다음과 같다.

$$\{\mathbf{u}\} = \begin{Bmatrix} u \\ v \\ w \end{Bmatrix}$$

$$[\mathbf{S}] = \begin{bmatrix} S_1 & 0 & 0 & S_2 & 0 & 0 & S_3 & 0 & 0 & S_4 & 0 & 0 \\ 0 & S_1 & 0 & 0 & S_2 & 0 & 0 & S_3 & 0 & 0 & S_4 & 0 \\ 0 & 0 & S_1 & 0 & 0 & S_2 & 0 & 0 & S_3 & 0 & 0 & S_4 \end{bmatrix}$$

$$\{\mathbf{U}\} = \begin{Bmatrix} u_I \\ v_I \\ w_I \\ u_J \\ v_J \\ w_J \\ u_K \\ v_K \\ w_K \\ u_L \\ v_L \\ w_L \end{Bmatrix}$$

그 다음의 과정들은 더 많은 항이 들어간다는 점 외에는 6장에서의 2차원 평면 문제에 대한 강성행렬을 유도하는 방식과 유사하다. 우선 변형률과 변위장을 연관시키고 나서 형상함수를 이용하여 절점변위와 연관시킨다. 이를 위하여 식 (8.12)로 주어진 변형률−변위 관계식에 따라 변위 성분을 x, y, z에 대하여 미분하여야 한다. 이 연산 결과 다음 관계식을 얻을 수 있다.

$$\begin{Bmatrix} \varepsilon_{xx} \\ \varepsilon_{yy} \\ \varepsilon_{zz} \\ \gamma_{xy} \\ \gamma_{yz} \\ \gamma_{xz} \end{Bmatrix} = \begin{bmatrix} \frac{\partial S_1}{\partial x} & 0 & 0 & \frac{\partial S_2}{\partial x} & 0 & 0 & \frac{\partial S_3}{\partial x} & 0 & 0 & \frac{\partial S_4}{\partial x} & 0 & 0 \\ 0 & \frac{\partial S_1}{\partial y} & 0 & 0 & \frac{\partial S_2}{\partial y} & 0 & 0 & \frac{\partial S_3}{\partial y} & 0 & 0 & \frac{\partial S_4}{\partial y} & 0 \\ 0 & 0 & \frac{\partial S_1}{\partial z} & 0 & 0 & \frac{\partial S_2}{\partial z} & 0 & 0 & \frac{\partial S_3}{\partial z} & 0 & 0 & \frac{\partial S_3}{\partial z} \\ \frac{\partial S_1}{\partial y} & \frac{\partial S_1}{\partial x} & 0 & \frac{\partial S_2}{\partial y} & \frac{\partial S_2}{\partial x} & 0 & \frac{\partial S_3}{\partial y} & \frac{\partial S_3}{\partial x} & 0 & \frac{\partial S_4}{\partial y} & \frac{\partial S_4}{\partial x} & 0 \\ 0 & \frac{\partial S_1}{\partial z} & \frac{\partial S_1}{\partial y} & 0 & \frac{\partial S_2}{\partial z} & \frac{\partial S_1}{\partial y} & 0 & \frac{\partial S_3}{\partial z} & \frac{\partial S_3}{\partial y} & 0 & \frac{\partial S_4}{\partial z} & \frac{\partial S_4}{\partial y} \\ \frac{\partial S_1}{\partial z} & 0 & \frac{\partial S_1}{\partial x} & \frac{\partial S_2}{\partial z} & 0 & \frac{\partial S_2}{\partial x} & \frac{\partial S_3}{\partial z} & 0 & \frac{\partial S_3}{\partial x} & \frac{\partial S_4}{\partial z} & 0 & \frac{\partial S_4}{\partial x} \end{bmatrix} \begin{Bmatrix} u_I \\ v_I \\ w_I \\ u_J \\ v_J \\ w_J \\ u_K \\ v_K \\ w_K \\ u_L \\ v_L \\ w_L \end{Bmatrix} \tag{8.19}$$

식 (8.4)의 관계를 이용하여 형상함수를 대입하고 미분을 하면 다음 관계식을 얻는다.

$$\{\boldsymbol{\varepsilon}\} = [\mathbf{B}]\{\mathbf{U}\} \tag{8.20}$$

여기서

$$
[\mathbf{B}] = \frac{1}{6V}\begin{bmatrix} b_I & 0 & 0 & b_J & 0 & 0 & b_K & 0 & 0 & b_L & 0 & 0 \\ 0 & c_I & 0 & 0 & c_J & 0 & 0 & c_K & 0 & 0 & c_L & 0 \\ 0 & 0 & d_I & 0 & 0 & d_J & 0 & 0 & d_K & 0 & 0 & d_L \\ c_I & b_I & 0 & c_J & b_J & 0 & c_K & b_K & 0 & c_L & b_L & 0 \\ 0 & d_I & c_I & 0 & d_J & c_J & 0 & d_K & c_K & 0 & d_L & c_L \\ d_I & 0 & b_I & d_J & 0 & b_J & d_K & 0 & b_K & d_L & 0 & b_L \end{bmatrix}
$$

그리고 체적 V와 b, c, d항들은 식 (8.5)와 (8.6)에 주어져 있다. 변위로 표현된 변형률 성분을 변형률 에너지 수식에 대입하면 다음 관계식을 얻는다.

$$
\Lambda^{(e)} = \frac{1}{2}\int_V \{\boldsymbol{\varepsilon}\}^T[\boldsymbol{\nu}]\{\boldsymbol{\varepsilon}\}dV = \frac{1}{2}\int_V [\mathbf{U}]^T[\mathbf{B}]^T[\boldsymbol{\nu}][\mathbf{B}][\mathbf{U}]dV \tag{8.21}
$$

절점변위에 대하여 미분하면 다음 관계식을 얻을 수 있다.

$$
\frac{\partial \Lambda^{(e)}}{\partial U_k} = \frac{\partial}{\partial U_k}\left(\frac{1}{2}\int_V [\mathbf{U}]^T[\mathbf{B}]^T[\boldsymbol{\nu}][\mathbf{B}][\mathbf{U}]dV\right), \quad k = 1, 2, \ldots, 12 \tag{8.22}
$$

식 (8.22)에서 강성행렬 $[\mathbf{K}]^{(e)}\{\mathbf{U}\}$를 다음과 같이 얻을 수 있다.

$$
[\mathbf{K}]^{(e)} = \int_V [\mathbf{B}]^T[\boldsymbol{\nu}][\mathbf{B}]dV = V[\mathbf{B}]^T[\boldsymbol{\nu}][\mathbf{B}] \tag{8.23}
$$

여기서 V는 요소의 체적이다. 이 강성행렬의 차원은 12×12이다.

하중행렬

3차원 문제의 하중행렬은 6.2절에서 설명한 방법과 유사한 방법으로 얻을 수 있다. 사면체 요소의 하중행렬은 12×1행렬이다. 집중하중의 경우에는 하중이 가해진 절점에서 하중 크기와 하중 방향을 고려하여 하중행렬을 구성할 수 있다. 분포하중의 경우에는 하중행렬을 다음 방정식으로부터 얻을 수 있다.

$$
\{\mathbf{F}\}^{(e)} = \int_A [\mathbf{S}]^T\{\mathbf{p}\}dA \tag{8.24}
$$

여기서

$$
\{\mathbf{p}\} = \begin{Bmatrix} p_x \\ p_y \\ p_z \end{Bmatrix}
$$

이고, A는 분포하중이 가해진 면의 면적이다. 4절점 사면체 요소의 면의 형상은 삼각형이다. 분포하중이 $I-J-K$면에 작용하는 경우 하중행렬은 다음과 같다.

$$\{\mathbf{F}\}^{(e)} = \frac{A_{I-J-K}}{3}\begin{Bmatrix} p_x \\ p_y \\ p_z \\ p_x \\ p_y \\ p_z \\ p_x \\ p_y \\ p_z \\ 0 \\ 0 \\ 0 \end{Bmatrix} \tag{8.25}$$

사면체 요소의 다른 면에 작용하는 분포하중에 의한 하중행렬은 이와 유사한 방법으로 구할 수 있다.

8.3 8절점 육면체 요소

8절점 육면체(eight-node brick) 요소는 고체역학 문제의 해석에 사용하는 요소 중에서 4절점 사면체 요소 다음으로 간단한 요소이다. 이 요소는 8개의 절점을 가지며, 각 절점에서는 x, y, z방향의 3개 직선변위를 자유도로 갖는다. 그림 8.2에 전형적인 8절점 육면체 요소를 도시하였다.

이 요소의 변위장을 절점변위와 형상함수로 표현하면 다음과 같다.

$$\begin{aligned} u &= \frac{1}{8}(u_I(1-s)(1-t)(1-r) + u_J(1+s)(1-t)(1-r)) \\ &+ \frac{1}{8}(u_K(1+s)(1+t)(1-r) + u_L(1-s)(1+t)(1-r)) \\ &+ \frac{1}{8}(u_M(1-s)(1-t)(1+r) + u_N(1+s)(1-t)(1+r)) \\ &+ \frac{1}{8}(u_O(1+s)(1+t)(1+r) + u_P(1-s)(1+t)(1+r)) \end{aligned} \tag{8.26}$$

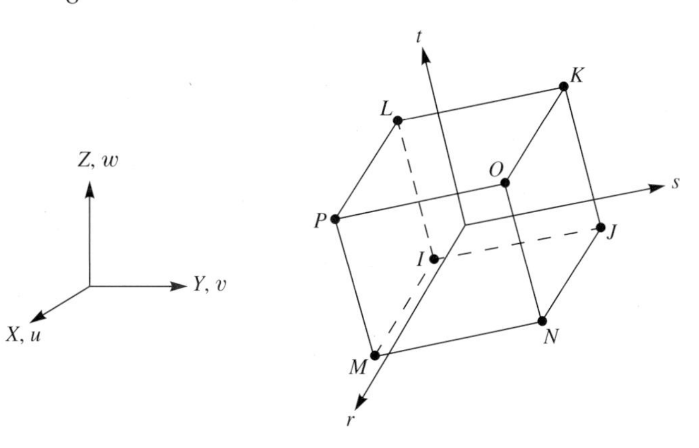

그림 8.2 8절점 육면체 요소

$$
\begin{aligned}
v &= \frac{1}{8}(v_I(1-s)(1-t)(1-r) + v_J(1+s)(1-t)(1-r)) \\
&+ \frac{1}{8}(v_K(1+s)(1+t)(1-r) + v_L(1-s)(1+t)(1-r)) \\
&+ \frac{1}{8}(v_M(1-s)(1-t)(1+r) + v_N(1+s)(1-t)(1+r)) \\
&+ \frac{1}{8}(v_O(1+s)(1+t)(1+r) + v_P(1-s)(1+t)(1+r)) \qquad (8.27)
\end{aligned}
$$

$$
\begin{aligned}
w &= \frac{1}{8}(w_I(1-s)(1-t)(1-r) + w_J(1+s)(1-t)(1-r)) \\
&+ \frac{1}{8}(w_K(1+s)(1+t)(1-r) + w_L(1-s)(1+t)(1-r)) \\
&+ \frac{1}{8}(w_M(1-s)(1-t)(1+r) + w_N(1+s)(1-t)(1+r)) \\
&+ \frac{1}{8}(w_O(1+s)(1+t)(1+r) + w_P(1-s)(1+t)(1+r)) \qquad (8.28)
\end{aligned}
$$

열해석 문제에서도 이와 유사하게 요소 내부의 온도를 다음과 같이 표현할 수 있다.

$$
\begin{aligned}
T &= \frac{1}{8}(T_I(1-s)(1-t)(1-r) + T_J(1+s)(1-t)(1-r)) \\
&+ \frac{1}{8}(T_K(1+s)(1+t)(1-r) + T_L(1-s)(1+t)(1-r)) \\
&+ \frac{1}{8}(T_M(1-s)(1-t)(1+r) + T_N(1+s)(1-t)(1+r)) \\
&+ \frac{1}{8}(T_O(1+s)(1+t)(1+r) + T_P(1-s)(1+t)(1+r)) \qquad (8.29)
\end{aligned}
$$

8.4 10절점 사면체 요소

그림 8.3에 도시한 10절점 사면체(ten-node tetrahedral) 요소는 3차원 선형 4절점 사면체 요소를 고차화한 요소이다. 4절점 사면체 요소와 비교하면 10절점 사면체 요소는 곡면 경계를 가지는 문제를 더 적절하게 모델링할 수 있고, 더 정확하게 해석할 수 있다.

고체역학 문제에서 변위장은 다음과 같이 표현된다.

$$
\begin{aligned}
u &= u_I(2S_1-1)S_1 + u_J(2S_2-1)S_2 + u_K(2S_3-1)S_3 + u_L(2S_4-1)S_4 \\
&+ 4(u_M S_1 S_2 + u_N S_2 S_3 + u_O S_1 S_3 + u_P S_1 S_4 + u_Q S_2 S_4 + u_R S_3 S_4) \qquad (8.30)
\end{aligned}
$$

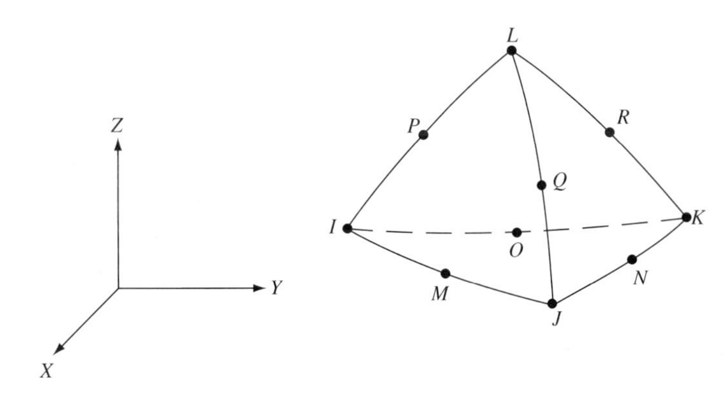

그림 8.3 10절점 사면체 요소

$$v = v_I(2S_1 - 1)S_1 + v_J(2S_2 - 1)S_2 + v_K(2S_3 - 1)S_3 + v_L(2S_4 - 1)S_4 + 4(v_M S_1 S_2 + v_N S_2 S_3 + v_O S_1 S_3 + v_P S_1 S_4 + v_Q S_2 S_4 + v_R S_3 S_4) \quad (8.31)$$

$$w = w_I(2S_1 - 1)S_1 + w_J(2S_2 - 1)S_2 + w_K(2S_3 - 1)S_3 + w_L(2S_4 - 1)S_4 + 4(w_M S_1 S_2 + w_N S_2 S_3 + w_O S_1 S_3 + w_P S_1 S_4 + w_Q S_2 S_4 + w_R S_3 S_4) \quad (8.32)$$

열해석 문제에서는 이와 유사한 방법으로 요소 내부의 온도를 다음과 같이 근사한다.

$$T = T_I(2S_1 - 1)S_1 + T_J(2S_2 - 1)S_2 + T_K(2S_3 - 1)S_3 + T_L(2S_4 - 1)S_4 + 4(T_M S_1 S_2 + T_N S_2 S_3 + T_O S_1 S_3 + T_P S_1 S_4 + T_Q S_2 S_4 + T_R S_3 S_4) \quad (8.33)$$

8.5 20절점 육면체 요소

그림 8.4에 도시한 20절점 육면체(twenty-node brick) 요소는 3차원 8절점 육면체 요소를 고차화한 요소이다. 8절점 육면체 요소와 비교하면 20절점 육면체 요소는 곡면 경계를 가지는 문제를 더 적절하게 모델링할 수 있고, 더 정확하게 해석할 수 있다.

고체역학 문제에서 변위장은 다음과 같이 표현된다.

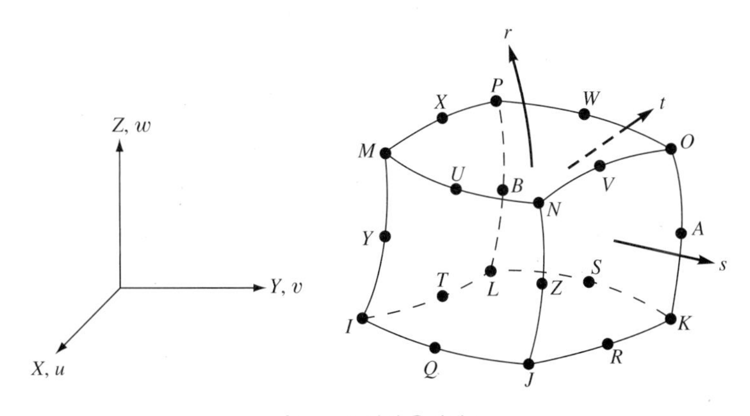

그림 8.4 20절점 육면체 요소

$$u = \frac{1}{8}(u_I(1-s)(1-t)(1-r)(-s-t-r-2) + u_J(1+s)(1-t)(1-r)(s-t-r-2))$$
$$+\frac{1}{8}(u_K(1+s)(1+t)(1-r)(s+t-r-2) + u_L(1-s)(1+t)(1-r)(-s+t-r-2))$$
$$+\frac{1}{8}(u_M(1-s)(1-t)(1+r)(-s-t+r-2) + u_N(1+s)(1-t)(1+r)(s-t+r-2))$$
$$+\frac{1}{8}(u_O(1+s)(1+t)(1+r)(s+t+r-2) + u_P(1-s)(1+t)(1+r)(-s+t+r-2))$$
$$+\frac{1}{4}(u_Q(1-s^2)(1-t)(1-r) + u_R(1+s)(1-t^2)(1-r))$$
$$+\frac{1}{4}(u_S(1-s^2)(1+t)(1-r) + u_T(1-s)(1-t^2)(1-r))$$
$$+\frac{1}{4}(u_U(1-s^2)(1-t)(1+r) + u_V(1+s)(1-t^2)(1+r))$$
$$+\frac{1}{4}(u_W(1-s^2)(1+t)(1+r) + u_X(1-s)(1-t^2)(1+r))$$
$$+\frac{1}{4}(u_Y(1-s)(1-t)(1-r^2) + u_Z(1+s)(1-t)(1-r^2))$$
$$+\frac{1}{4}(u_A(1+s)(1+t)(1-r^2) + u_B(1-s)(1+t)(1-r^2)) \tag{8.34}$$

변위의 v, w 성분도 u 성분과 유사하게 다음과 같이 표현된다.

$$v = \frac{1}{8}(v_I(1-s)(1-t)(1-r)(-s-t-r-2) + v_J(1+s)(1-t)(1-r)(s-t-r-2))$$
$$+\frac{1}{8}(v_K(1+s)(1+t)(1-r)(s+t-r-2) + \ldots)$$
$$\ldots$$
$$w = \frac{1}{8}(w_I(1-s)(1-t)(1-r)(-s-t-r-2) + w_J(1+s)(1-t)(1-r)(s-t-r-2))$$
$$+\frac{1}{8}(w_K(1+s)(1+t)(1-r)(s+t-r-2) + \ldots)$$
$$\ldots \tag{8.35}$$

열전달 문제에서는 이와 유사한 방법으로 요소 내부의 온도를 다음과 같이 근사한다.

$$T = \frac{1}{8}(T_I(1-s)(1-t)(1-r)(-s-t-r-2) + T_J(1+s)(1-t)(1-r)(s-t-r-2))$$
$$+\frac{1}{8}(T_K(1+s)(1+t)(1-r)(s+t-r-2) + \ldots)$$
$$\ldots \tag{8.36}$$

8.6 ANSYS에서 3차원 요소* 의 예제

ANSYS는 3차원 문제를 해석하기 위한 다양한 요소를 제공하고 있다. 이 절에서는 ANSYS의 3차원 요소를 소개하기로 한다.

열-솔리드 요소

SOLID70 열전도 열전달 문제를 모델링하는 데 사용하는 3차원 요소이다. 이 요소는 그림 8.5와 같이 8개의 절점을 가지며, 각 절점에서의 온도를 자유도(절점당 1개 자유도)로 갖는다. 이 요소의 각 면은 원 안의 번호로 표기하였다. 대류(convection) 및 열유속(heat flux)이 요소의 표면에 가해질 수 있다. 또한 열발생률(heat generation rate)도 각 절점에 가할 수 있다. 이 요소는 정상(steady-state) 또는 과도(transient) 문제의 해석에 사용할 수 있다.

이 요소의 결과 데이터로는 절점온도와 평균 표면온도, 온도 구배 성분, 요소 중앙의 벡터합 및 열유속 성분 등이다.

SOLID90 정상 또는 과도 열전도 열전달 문제를 모델링하는 데 사용하는 3차원 20절점 육면체 요소이다. 이 요소는 SOLID70 요소보다 더 정확하지만 해석 시간은 더 소요된다. 그림 8.6에 도시한 바와 같이 각 절점에서는 온도를 자유도(절점당 1개 자유도)로 갖는다. 이 요소는 곡면 경계를 가진 문제의 모델링에 적합하다. 필요한 입력 데이터나 결과 데이터는 SOLID70 요소의 경우와 유사하다.

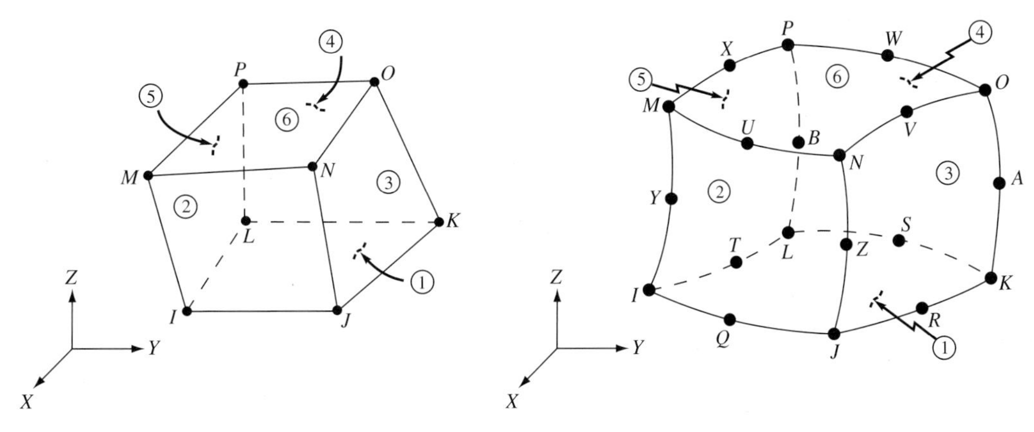

그림 8.5 ANSYS의 SOLID70 요소

그림 8.6 ANSYS의 SOLID90 요소

구조-솔리드 요소

SOLID185 등방성 고체역학 문제를 모델링하는 데 사용하는 3차원 육면체 요소이다. 그림 8.7에 도시한 바와 같이 이 요소는 8개의 절점을 가지며, 각 절점에서는 x, y, z방향의 3개 직선변위 자유도를 갖는다. (요소의 각 면은 원 안의 번호로 표기하였다.) 불규칙적인 영

* ANSYS의 승인하에 게재하였다.

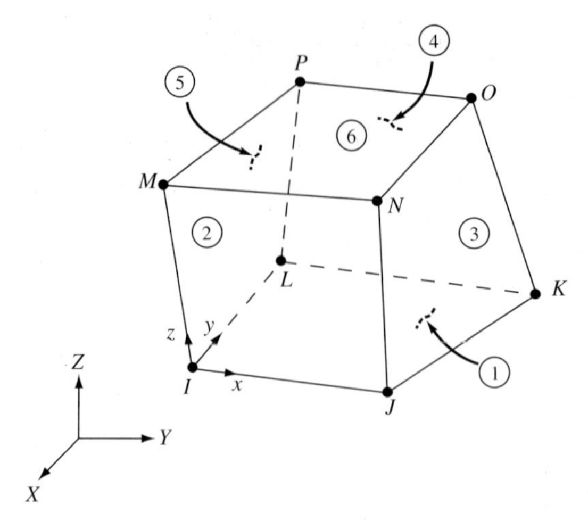

그림 8.7 ANSYS의 SOLID185 요소

역에서 사용 시에는 프리즘, 사면체, 피라미드의 형태에 사용될 수 있다. 분포하중(압력)을 요소의 표면에 가할 수 있다. 이 요소는 대변형, 대변형률, 소성, 크립(creep) 문제를 해석할 수 있다.

결과 데이터는 절점변위 외에도 x, y, z 각 방향의 수직응력과 전단응력, 주응력(principal stress)이 있다. 요소의 응력 방향은 요소 좌표계와 나란한 방향이다.

SOLID65 강화 콘크리트(reinforced concrete)나 유리섬유와 같은 강화 복합재료(reinforced composite) 문제를 모델링하는 데 사용한다. 이 요소는 SOLID45 요소와 유사하고, 그림 8.8과 같이 8개의 절점을 가지며, 각 절점에서는 x, y, z방향의 3개의 직선변위 자유도를 갖는다. 이 요소는 인장으로 인한 균열이나 압축으로 인한 압착(crush) 문제를 해석할 수 있다. 이 요소는 보강보(reinforced bar, 줄여서 rebar라고 함)를 가지는 문제에도 사용할 수 있다. 세 종류의 보강보(rebar)를 정의할 수 있으며, 이 보강보는 소성변형 및 크립변형할 수 있다. 이 요소는 한 종류의 고체 재료와 3개의 보강보 재료를 가진다. 보강보를 정의하는 데이터로는 재료 번호, 체적비(요소 전체 체적 대 보강보의 체적), 방향각(orientation angle)이

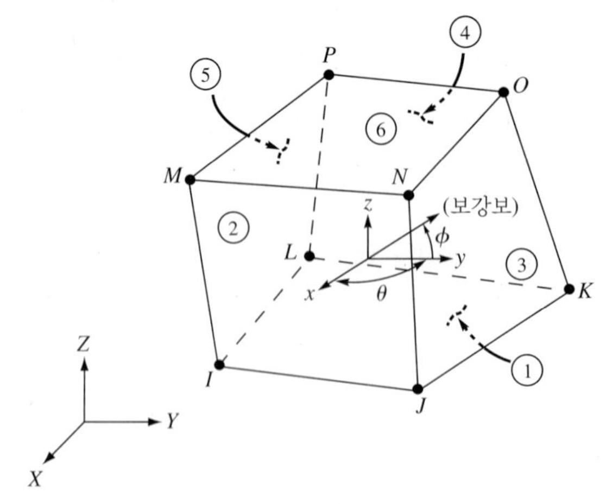

그림 8.8 ANSYS의 SOLID65 요소

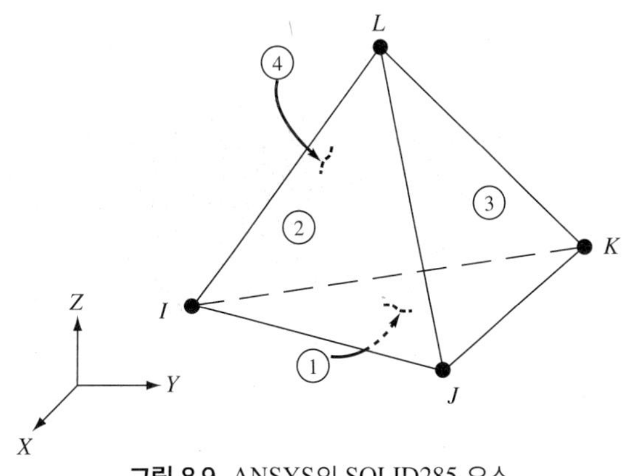

그림 8.9 ANSYS의 SOLID285 요소

있다. 보강보의 방향각은 요소 좌표계에 대해 계측된 2개의 각도로 정의된다. 보강보를 사용하지 않는 경우에는 보강보의 재료 번호에 0을 입력하면 된다.

결과 데이터로는 절점변위 외에 x, y, z 각 방향의 수직응력, 전단응력, 주응력이 있다. 요소의 응력 방향은 요소 좌표계와 나란한 방향이다.

SOLID285 4절점 사면체 요소로서, 요소의 각 절점에서 x, y, z방향의 3개의 직선변위 자유도를 갖는 절점 압력 요소를 갖는다. 마찬가지로 그림 8.9에서는 정수력이 작용한다. 앞의 경우처럼 요소의 각 면은 원 안의 번호로 표기하였다. 분포하중(압력)을 요소의 각 면에 가할 수 있다.

결과 데이터는 이전에 설명한 다른 구조−솔리드 요소의 경우와 유사하다.

SOLID186 그림 8.10에 도시한 바와 같이 20절점 육면체 요소로서 요소의 각 절점에서는 x, y, z방향의 3개 직선변위 자유도를 갖는다. **SOLID185**를 고차화한 요소이다. 입력 데이터와 결과 데이터는 이전에 설명한 다른 구조−솔리드 요소의 경우와 유사하다.

SOLID187 그림 8.11에 도시한 바와 같이 10절점 사면체 요소로서 요소의 각 절점에서는 x, y, z방향의 3개 직선변위 자유도를 갖는다. 이 요소는 대변형, 대변형률, 소성, 크립 문제의 해석에 사용할 수 있다.

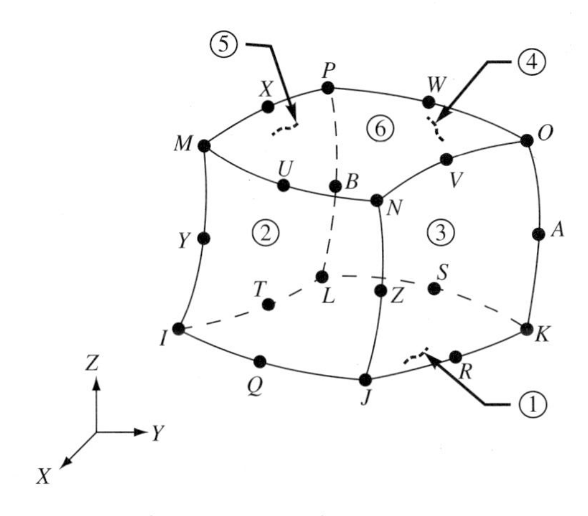

그림 8.10 ANSYS의 SOLID186 요소

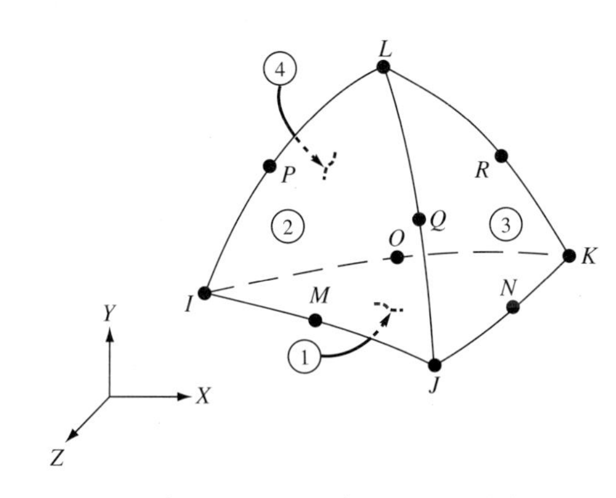

그림 8.11 ANSYS의 SOLID187 요소

8.7 기본적인 입체모형 생성 방법*

해석하고자 하는 물체의 입체모형 모델을 만드는 방법에는 **상향식 모델링**(bottom-up modeling)과 **하향식 모델링**(top-down modeling)의 두 가지 방법이 있다. 상향식 모델링에서는 우선 주요점(keypoints)을 먼저 정의하고, 이 정의된 점을 이용하여 선, 면, 체적 순으로 정의한다. 주요점은 작업평면에서 한 점을 클릭하는 방법이나, 사용하는 좌표계에 따른 주요점의 좌표를 입력하는 방식으로 정의할 수 있다. 그림 8.12에 주요점을 정의하는 데 사용하는 Keypoints 메뉴를 도시하였고, 주요점을 만들기 위한 명령은 다음과 같다.

main menu: **Preprocessor → Modeling → Create → Keypoints**

상향식 모델링 방식에서 그 다음 순서는 선을 이용하여 물체의 모서리를 표시하는 것이다. ANSYS는 그림 8.13의 Lines 메뉴에서와 같이 선을 작성하는 방법으로 네 가지 방식을 선택할 수 있도록 하고 있다. 스플라인(splines)을 선택하면, 여러 개의 주요점을 지나는 스플라인을 이용하여 임의의 형태의 곡선을 만들 수 있다. 그리고 작성된 여러 개의

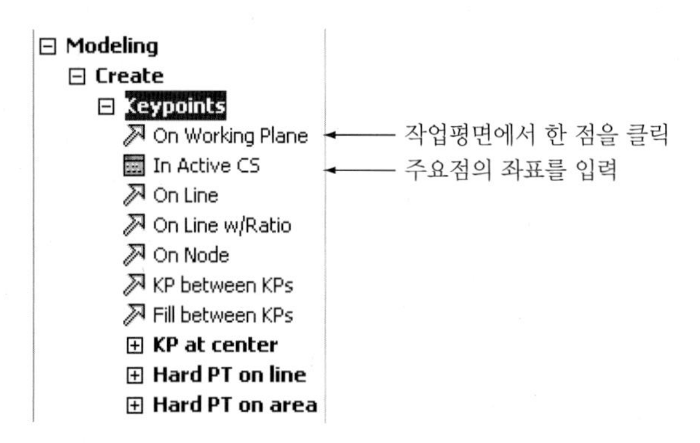

그림 8.12 주요점을 정의하기 위한 메뉴(Keypoints menu)

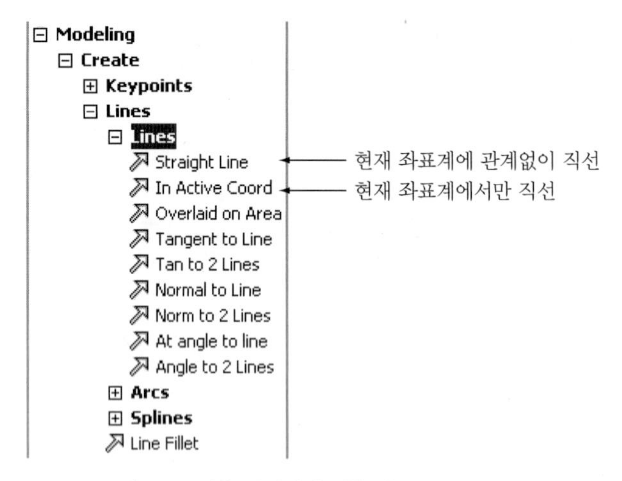

그림 8.13 선을 정의하기 위한 메뉴(Lines menu)

* ANSYS의 승인하에 게재하였다.

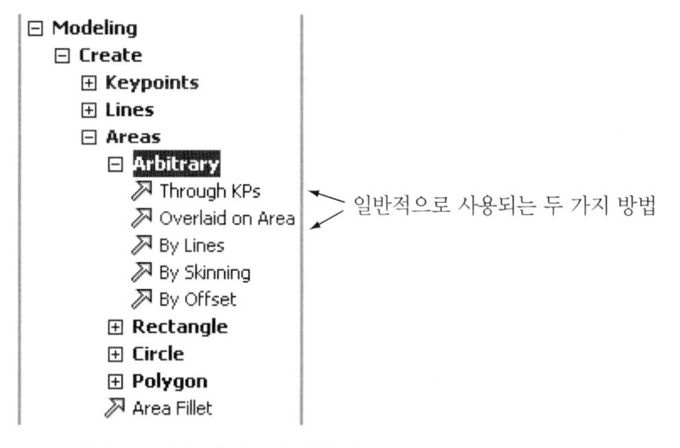

그림 8.14 면을 정의하기 위한 메뉴(Area-Arbitrary submenu)

선을 이용하여 임의의 형상을 갖는 곡면을 만들 수 있다. 선을 만들기 위한 명령은 다음과 같다.

main menu: **Preprocessor → Modeling → Create → Lines**

상향식 모델링 방법에서는 그림 8.14에서와 같은 Area-Arbitrary라는 하위메뉴(submenu)를 이용하여 면을 정의할 수 있다. 면을 정의하기 위한 명령은 다음과 같다.

main menu: **Preprocessor → Modeling → Create → Areas → Arbitrary**

이 외에도 면을 정의할 수 있는 다섯 가지 방법이 있다. 즉, (1) 1개의 선을 특정 방향으로 끌기(dragging), (2) 1개의 선을 특정 축에 대해 회전하기(rotating), (3) 두 면의 연결 면(area-fillet) 만들기, (4) 여러 선에 곡면 입히기(skinning), (5) 한 면을 확대 또는 축소하기(offsetting)의 방법이다. (1)의 방법은 특정한 선을 따라 1개의 선을 끌어서(drag, sweep) 면을 생성하는 것이고, (2)의 방법은 1개의 선을 특정 회전축에 대해 회전시킴으로써 곡면을 만드는 것이다. (3)의 방법은 일정한 곡률 반경을 가지면서 서로 다른 두 면에 접하는 다른 면을 생성하는 것이다. (4)의 방법은 정의된 여러 개의 선을 포함하는 곡면을 만드는 것이고, (5)의 방법은 정의된 한 면을 확대하거나 축소하여 새로운 면을 생성하는 것을 말한다. 이러한 작업을 그림 8.15에 도시하였다.

하향식 모델링 방법에서는 그림 8.16에 도시한 체적 하위메뉴(Volumes submenu)를 선택하여 체적을 정의할 수 있다. 체적을 정의하는 명령은 다음과 같다.

main menu : **Preprocessor → Modeling → Create → Volumes → Arbitrary**

면의 생성에서와 마찬가지로 면을 특정한 선(궤적)을 따라 끌거나, 특정 회전축을 중심으로 회전시켜서 체적을 생성할 수 있다.

하향식 모델링에서는 입방체 기본 형상(primitives)을 이용하여 3차원 입체모형을 생성할 수 있다. ANSYS는 그림 8.17과 같이 육면체, 프리즘, 원통, 원뿔, 구, 토러스 등의 3차원

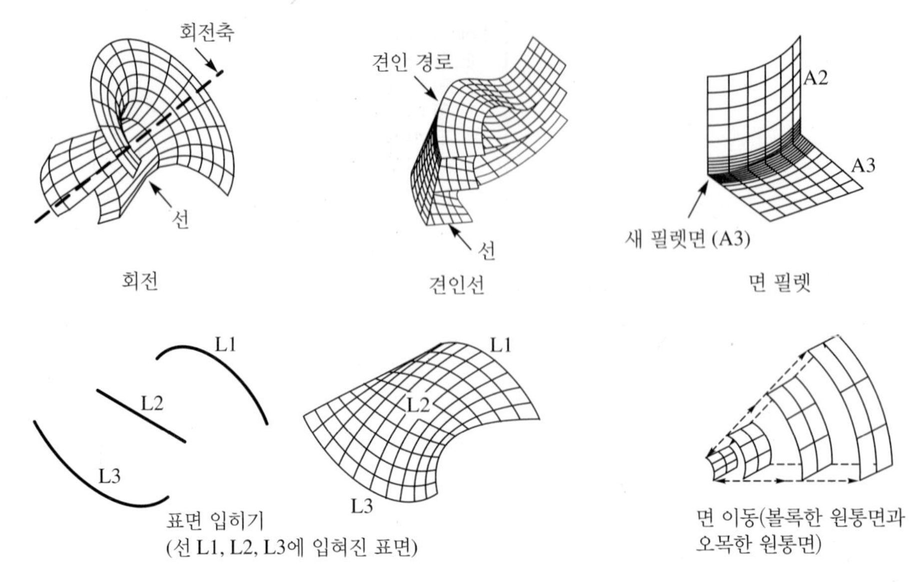

그림 8.15 면을 생성하는 방법

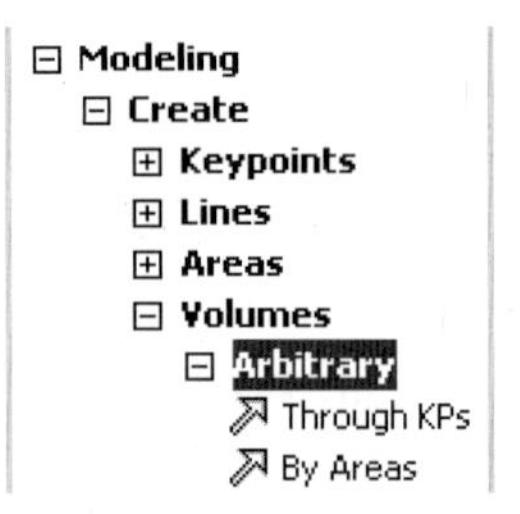

그림 8.16 체적 하위메뉴(Volumes submenu)

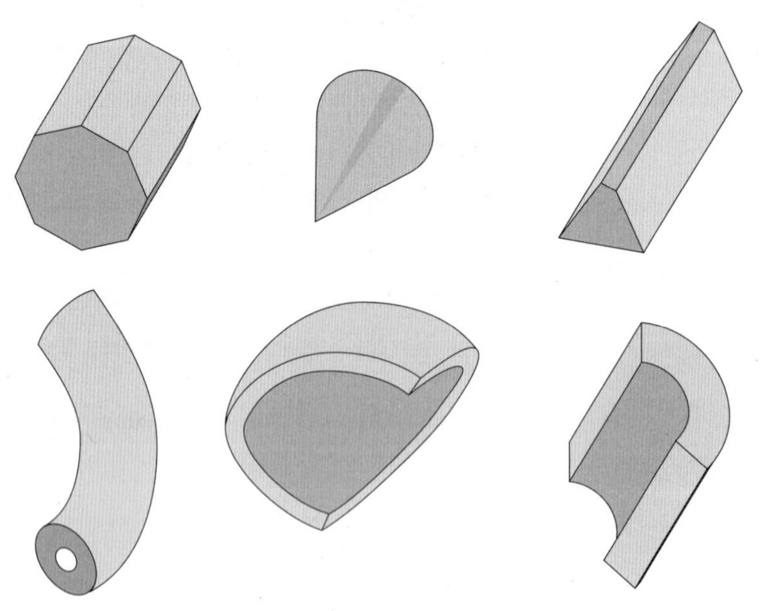

그림 8.17 3차원 기본 형상의 예

기본 형상을 제공한다.

기본 형상을 이용하여 입체모형을 생성하면, ANSYS는 그 입체모형의 체적을 구성하는 면, 선 및 주요점의 번호를 자동적으로 할당한다는 점을 명심해야 한다.

어떤 방법으로 면 또는 체적을 생성하든지, 더하기 및 빼기 등의 Boolean 연산을 통하여 새로운 입체모형 모델을 생성할 수 있다.

격자생성 조절

지금까지 해석 모델에서 요소의 크기를 조절하기 위하여 전체 요소 크기를 사용하였다. 즉, 전체 요소 크기 설정(GLOBAL-ELEMENT-SIZE) 대화상자로 한 요소의 변 길이를 설정할 수 있다. 이제 요소의 크기뿐만 아니라 요소의 형상도 조정할 수 있는 방법을 생각해 보자. 한 요소가 다른 두 형상의 요소가 될 수 있는 경우에는 격자생성 작업을 하기 이전에 요소의 형상을 선택하는 것이 매우 중요하다. 예를 들어, PLANE183 요소는 삼각형 또는 사변형 형상을 가질 수 있다. 격자생성법의 선택을 위하여 그림 8.18과 같이 대화상자를 열 때

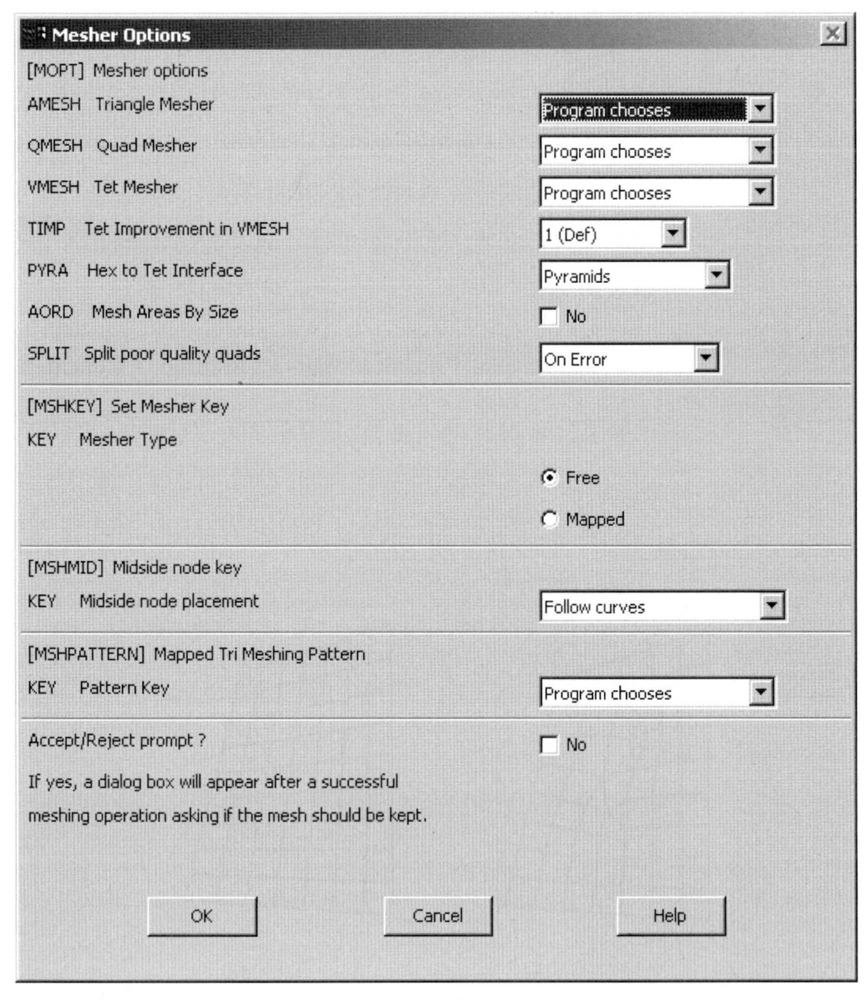

그림 8.18 요소 형상을 선택하기 위한 대화상자

는 다음과 같은 명령을 사용한다.

main menu: **Preprocessor → Meshing → Mesher Opts**

자유 격자생성법과 규격 격자생성법

자유 격자생성법(free meshing)은 삼각형과 사변형이 혼합된 평면 요소 또는 삼각형 평면 요소를 사용하거나 사면체 체적 요소를 사용한다. 그런데 구조해석에서는 가능하면 저차 삼각형 요소나 사면체 요소를 사용하지 않는 것이 바람직하다. 반면에 **규격 격자생성법**(mapped meshing)은 모두 사각형 면적 요소와 육면체 요소를 사용한다. 그림 8.19는 이러한 두 가지 격자생성법의 차이점을 도시하였다.

그렇지만 규격 격자생성법을 적용하기 위해서는 몇 가지 만족해야만 하는 조건이 있다. 어떤 면에 대하여 규격 격자생성법을 적용하기 위해서는 그 면에 3개 또는 4개의 변이 있어야 하고, 한 변의 요소 수와 그 반대 변의 요소 수가 같아야 하며, 3개의 변이 있는 면은 짝수 개의 요소가 있어야 한다. 만일 면에 4개 이상의 변이 있는 경우에는 **합치기**(concatenate) 명령을 사용하여 변의 개수를 4개로 줄여야 한다. 한 체적에 대해서 규격 격자생성법을 적용하기 위해서 입방체는 4개, 5개 또는 6개의 면을 가져야 하고 마주 보는 면에 같은 개수의 요소를 가져야 하며, 오면체 프리즘이나 사면체의 경우에는 요소 수는 짝수여야 한다. 입방체인 경우에는 합치기 명령을 이용하여 물체를 둘러싼 면의 개수를 줄일 수 있다. 합치기는 격자생성 작업의 마지막 단계에서 하여야 하며, 합치기 명령을 실행한 고체모형에 대해서는 어떠한 입체모형 생성 연산도 되지 않는다. 다음의 명령으로써 합치기를 실행한다(그림 8.20 참조).

main menu: **Preprocessing → Meshing → Concatenate**

그림 8.21에 특정 면적에 대한 자유 격자생성법과 규격 격자생성법을 도시하였다. 일반적인 유한요소 모델링의 규칙으로서, 많이 찌그러진 형상으로 요소를 생성하는 것과 갑작스러운 요소 크기 변화를 피하는 것이 바람직하다. 이러한 상황에 대한 예를 그림 8.22에 도

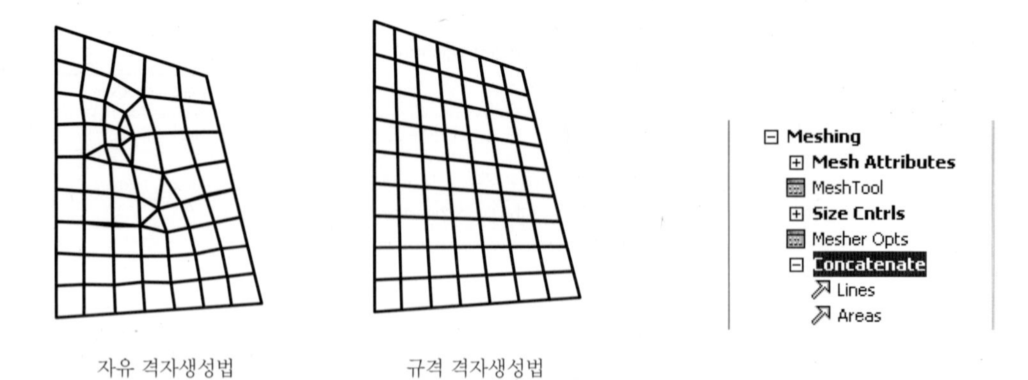

그림 8.19 자유 격자생성법과 규격 격자생성법의 차이

그림 8.20 합치기 대화상자

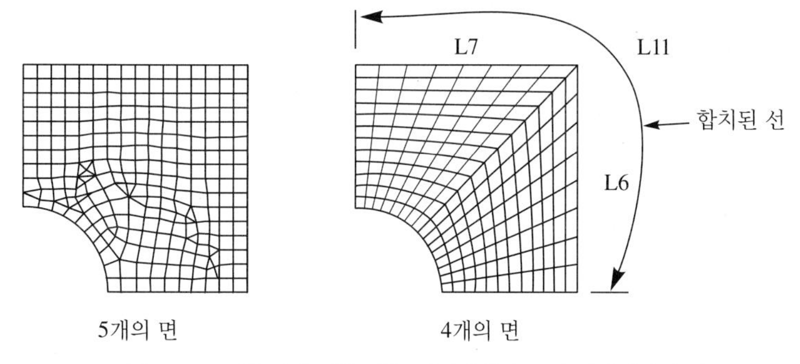

그림 8.21 동일 면에 대한 자유 격자생성과 규격 격자생성의 예

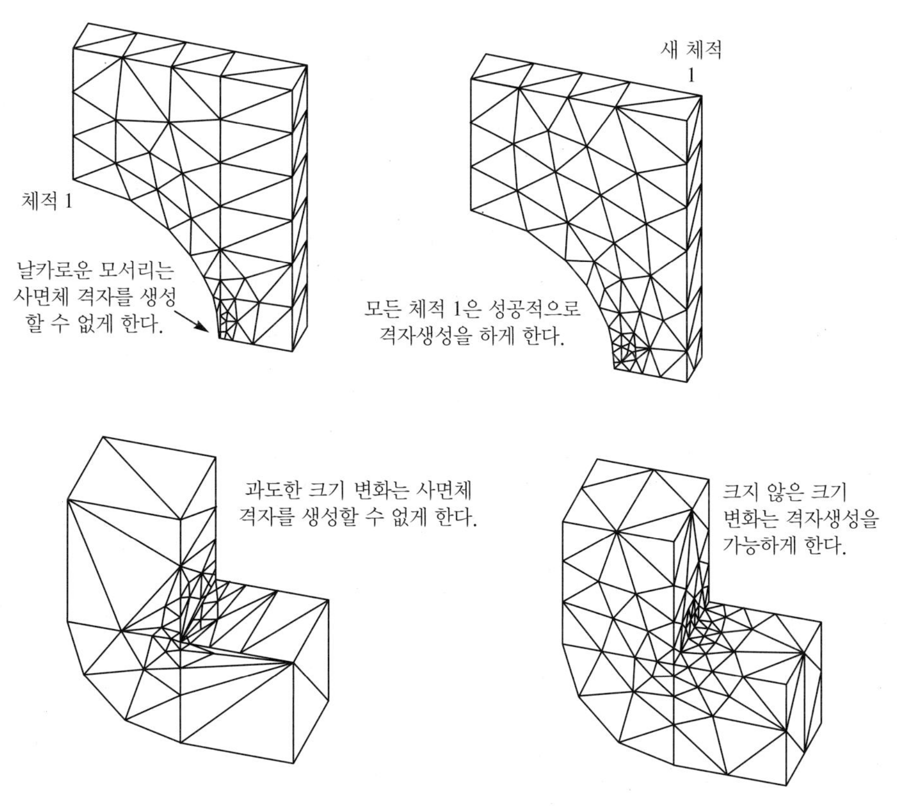

그림 8.22 바람직하지 못한 요소 분할

시하였다.

격자생성 결과가 만족스럽지 못한 경우에는 **지움**(clear) 명령을 사용하여 고체 모델에서 해당 절점과 요소를 삭제하면 된다. 다음 순서로 지움 명령을 실행할 수 있다.

main menu : **Preprocessor → Meshing → Clear**

예를 들어, 면 생성 명령과 사출(extrude) 명령을 이용하여 히트 싱크(放熱板, heat sink)의 고체 모델을 생성하는 방법을 살펴보기로 하자.

8.8 ANSYS를 이용한 구조해석 예제

예제 8.1

그림 8.23과 같은 브라켓이 윗면에 50 lb/in^{2}의 분포하중을 받고 있다. 브라켓의 구멍 표면은 고정되어 있고, 탄성계수 29×10^6 lb/in^{2}이고 Poisson 비 $\nu = 0.3$인 강철로 만들어져 있다. 변형 형상과 von Mises 응력 분포를 도시하라.

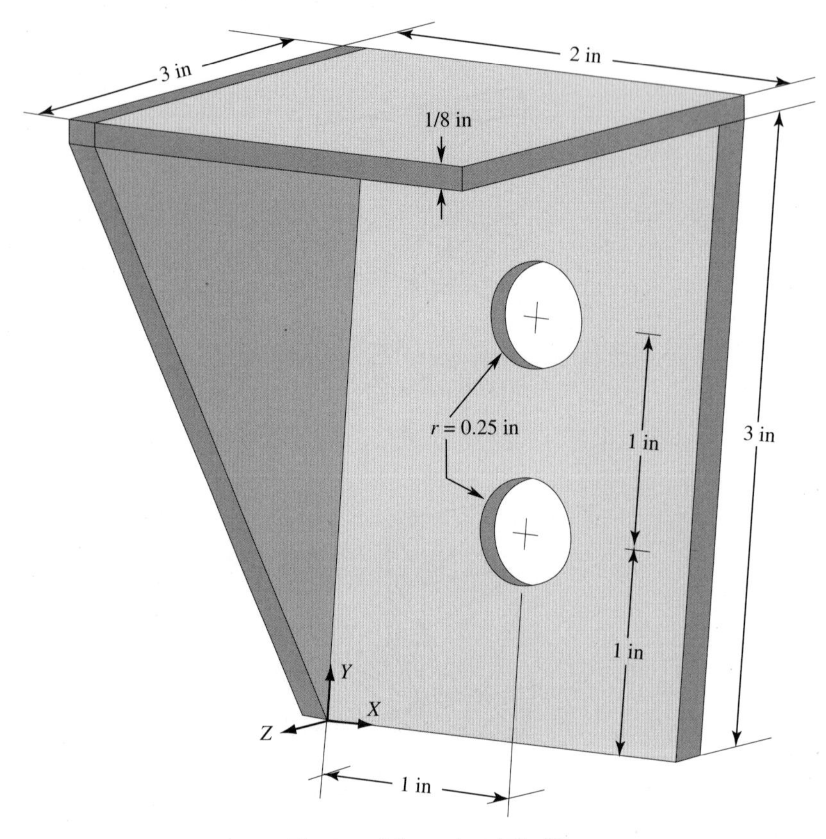

그림 8.23 예제 8.1의 브라켓 제원

다음 각 단계는 이 문제를 풀기 위한 기하학적 모델링 방법, 적절한 요소를 선택하는 방법, 경계조건을 가하는 방법 및 결과를 얻는 방법을 설명하고 있다.

Workbench 19.2를 실행하고 Toolbox에서 **Static Structural** 시스템을 드래그하여 Project Schematic에 추가한다.

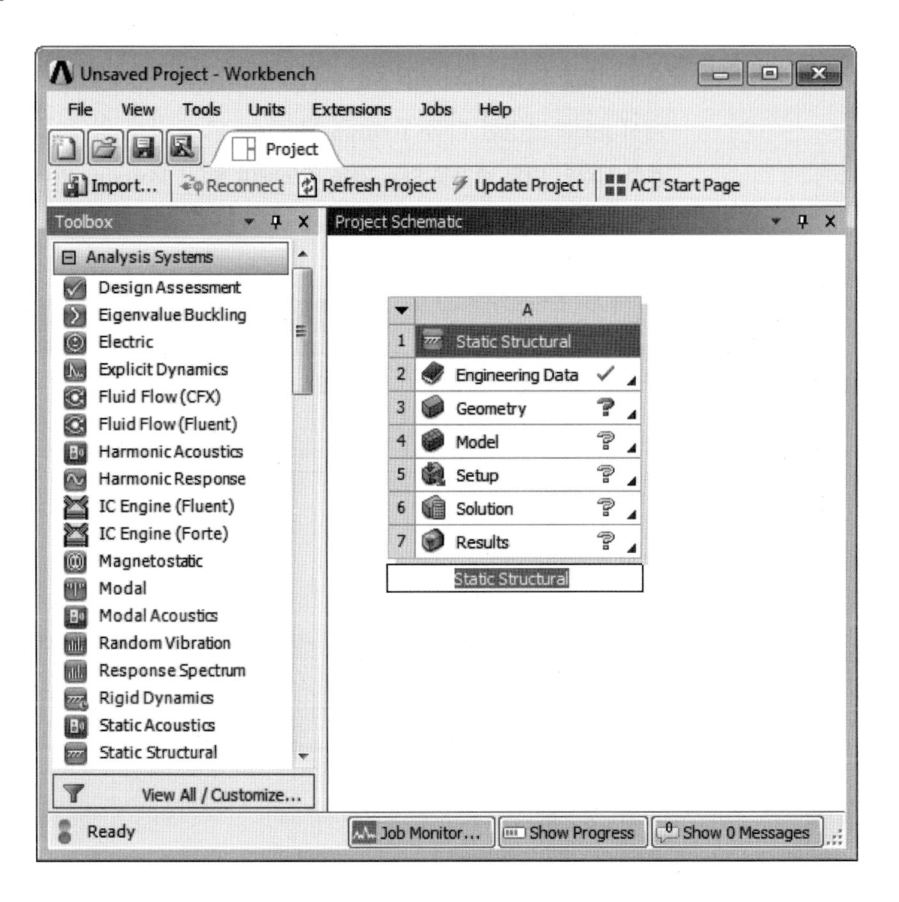

File → Save

3D Truss로 프로젝트의 폴더와 파일 이름을 선택한다.

Engineering Data 셀을 두 번 클릭한다. Click here to add a new material 항목에 **Steel**을 입력한다. Toolbox에서 Steel 위로 **Isotropic Elasticity**를 드래그하여 놓는다. 단위를 Pa에서 psi로 변경한 다음 Young's Modulus의 노란색 영역에 29e6을 입력하고 Enter를 친다. **흔한 실수인 단위 변경을 잊는 것을 주의해야 한다!** Poisson 비에 0.3을 입력한다.

Project 탭을 클릭한다. **Geometry** 셀을 두 번 클릭한 후 SpaceClaim을 실행한다.

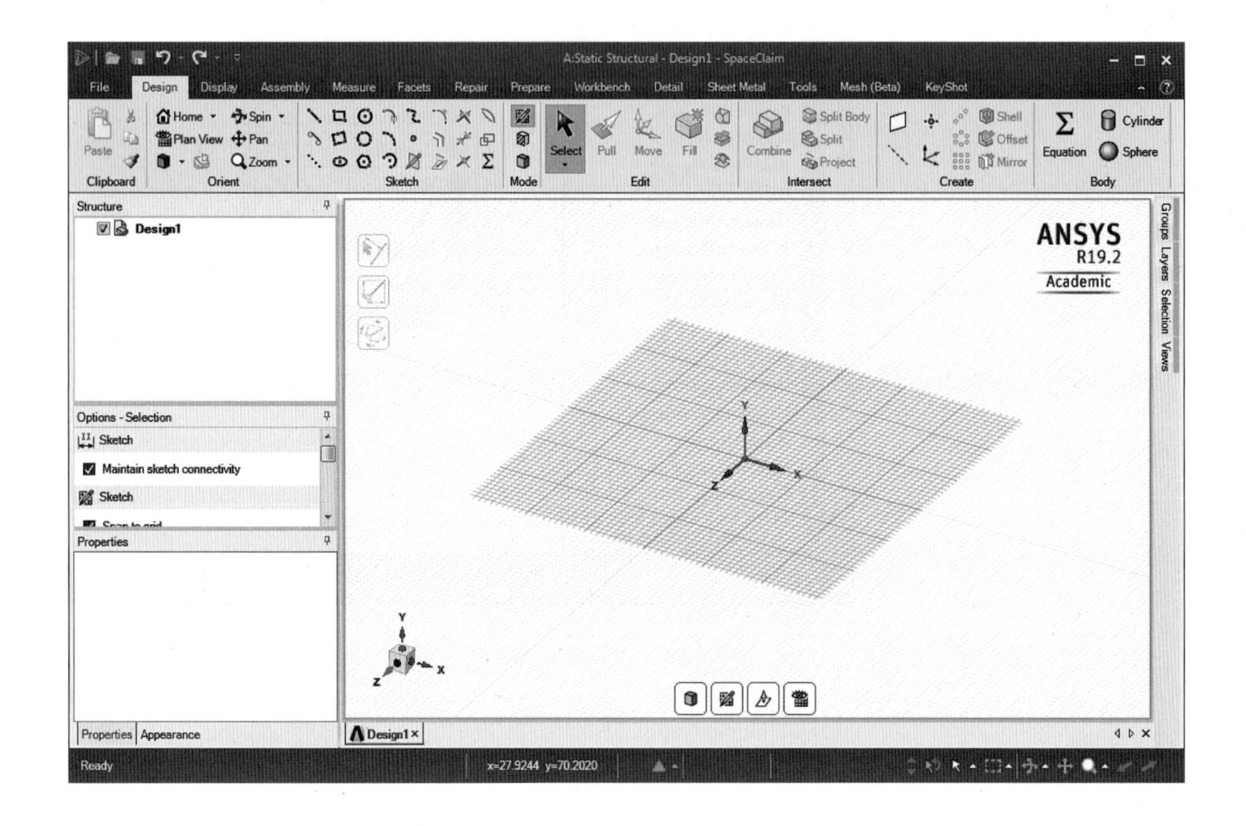

File → SpaceClaim Options

왼쪽 목록에서 **Units**을 선택하고, **Type:**을 **Imperial**로, **Length:**를 **Inches**로 설정한다. Grid로 스크롤하여 Minor grid spacing에 0.125 in를 입력한다.

그림 8.23에서 좌표계 원점은 격자 내부에 있고 격자의 두께는 0.125 in이며, 이는 현재 Grid snap이다. 상단 뷰의 치수는 3×2인치이다.

SpaceClaim에서 개별 격자 사각형을 선택할 수 있을 때까지 휠을 스크롤하여 좌표계에 가깝게 확대한다. **Rectangle**을 클릭하고 x = −0.125 y = −0.125에서 첫 번째 점을 선택한 다음 앞으로 드래그한다.

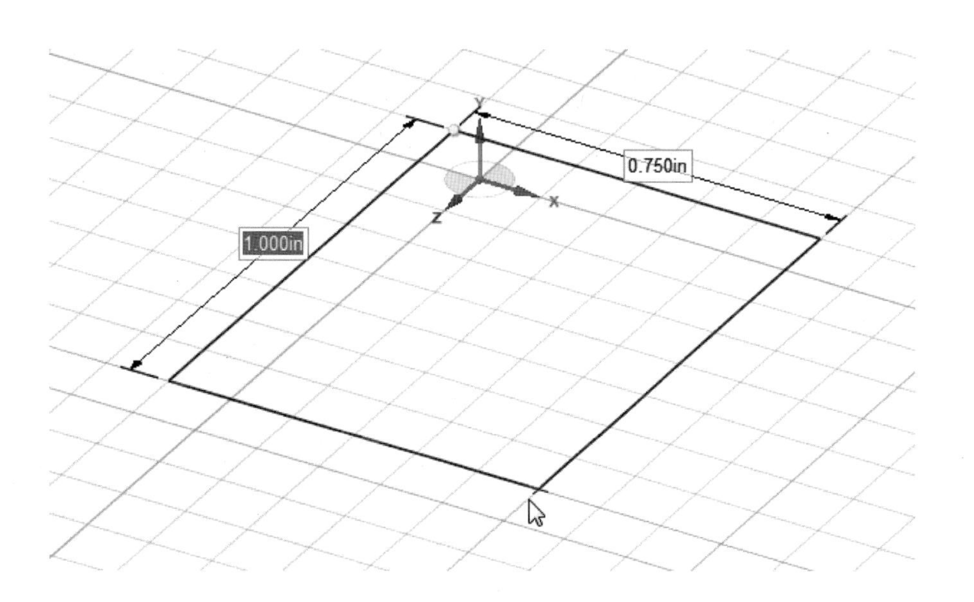

키보드에서 3을 입력하고, Tab 키를 누른 다음 2를 입력하고 Enter를 친다.

Pull을 클릭하면 곡선이 surface로 바뀐다. Surface를 클릭하고 위로 드래그한다. 마우스를 놓기 전에 3.125를 입력한다. 클릭했다 놓으면 노란색 화살표가 나타나며, 화살표를 당긴 다음 마우스를 놓으면 값을 입력할 때 마우스 버튼을 누르지 않고 입력할 수 있다. 흰색 배경을 한 번 클릭하여 상단 면의 선택을 취소한다. 그렇지 않으면 다음 도구를 선택할 때 이 면에 활성화된다.

Shell을 선택하고, 제거할 3개의 면을 클릭한다. 쉘의 벽 두께에 대한 파란색 치수 입력창에는 이미 0.125 in의 올바른 값이 입력되어 있다. **Complete** 확인란을 클릭한다.

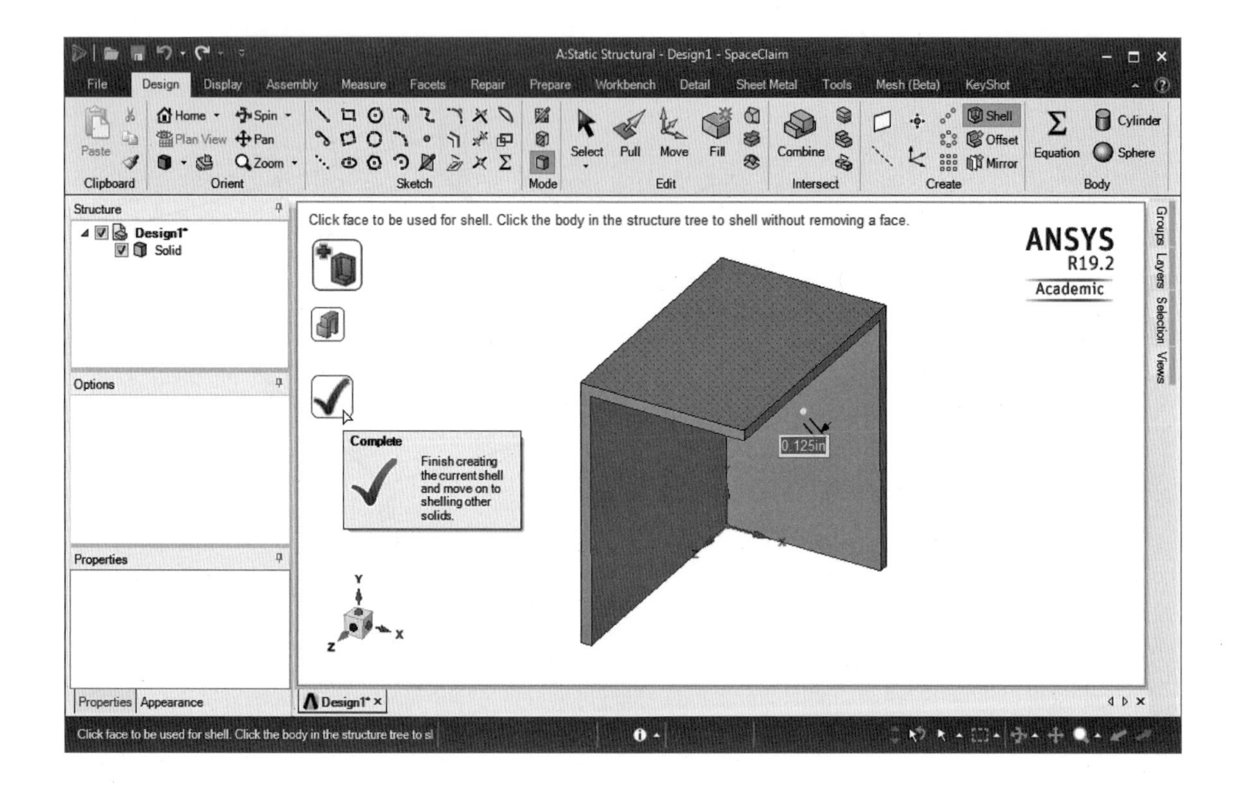

Select 버튼을 클릭하고, 왼쪽 면을 선택한 다음 **Sketch Mode** 버튼을 클릭한다. 그 다음 키보드에서 **V**를 입력하여 Plan View를 가져오고, **Z** 키를 눌러 화면 확대/축소한다. 왼쪽 안쪽 상단에서 오른쪽 안쪽 하단까지 대각선을 그린다.

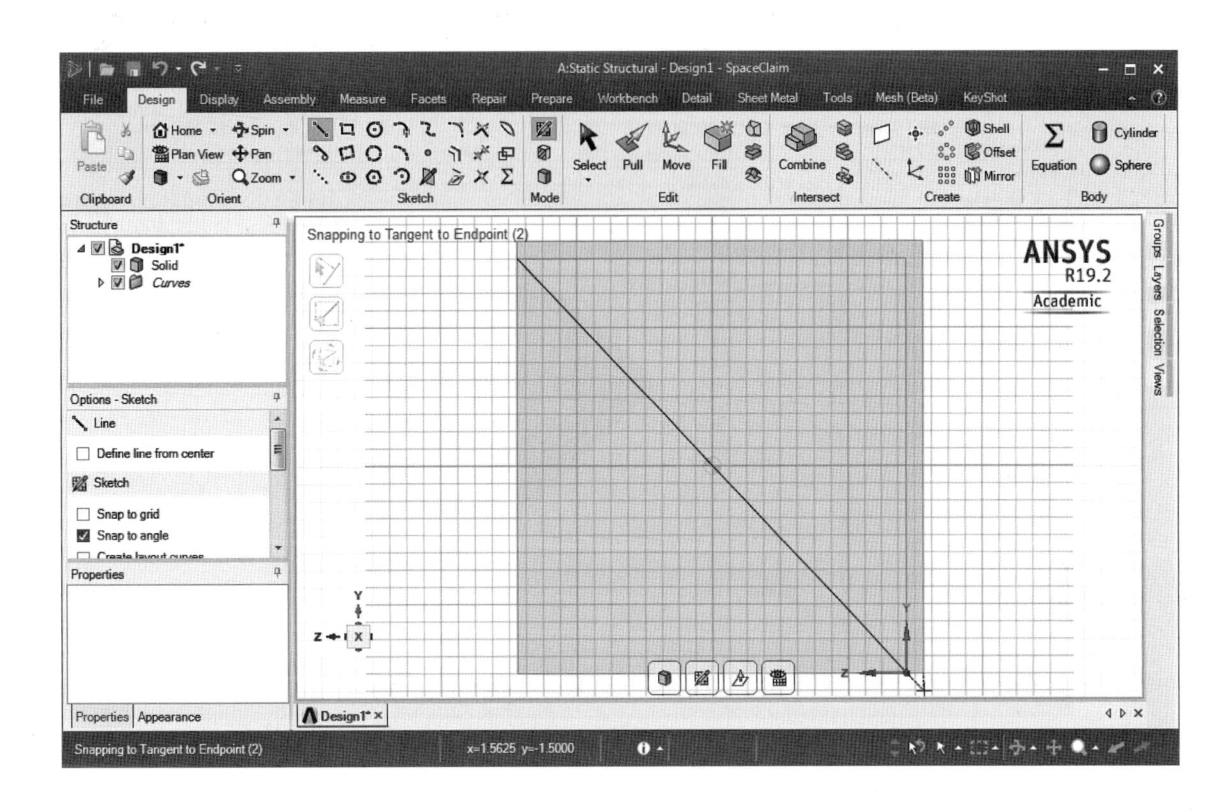

3D Mode 버튼을 클릭하고, Home 버튼을 클릭하거나 H를 입력한다. Pull을 클릭하고, 삼각형 면을 클릭한 다음 두께를 통해 당겨 해당 면을 제거한다. Select를 클릭한다.

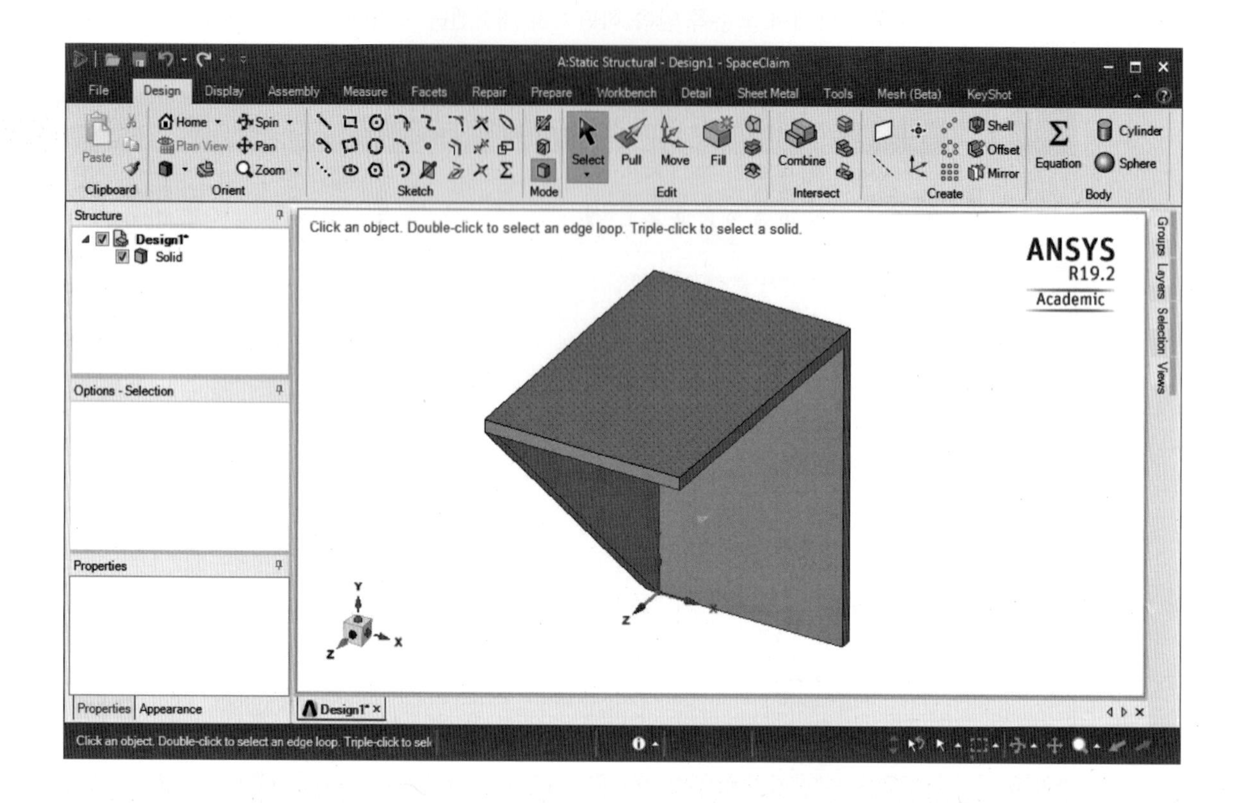

2개의 구멍을 생성할 뒷면을 클릭하고, Sketch Mode 버튼(또는 K 입력)을 클릭한다. 그 다음 키보드에서 V를 입력하여 Plan View를 가져온다. Circle을 클릭한다. Options-Sketch 창에서 Cartesian Dimensions을 선택한다. 파란색 점선 원이 포인터에 나타난다.

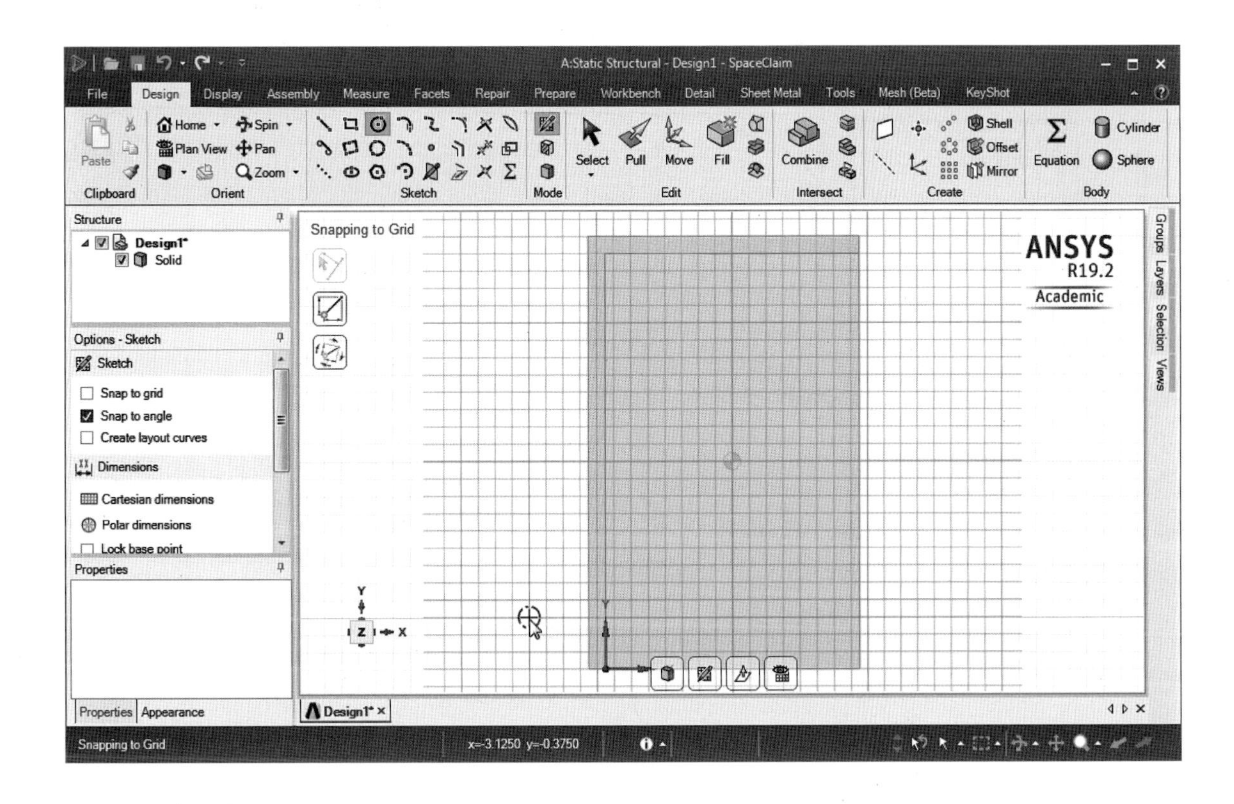

원점을 클릭하고, 면의 중심까지 드래그하고, 2개의 좌표를 입력할 수 있는지 확인한다.

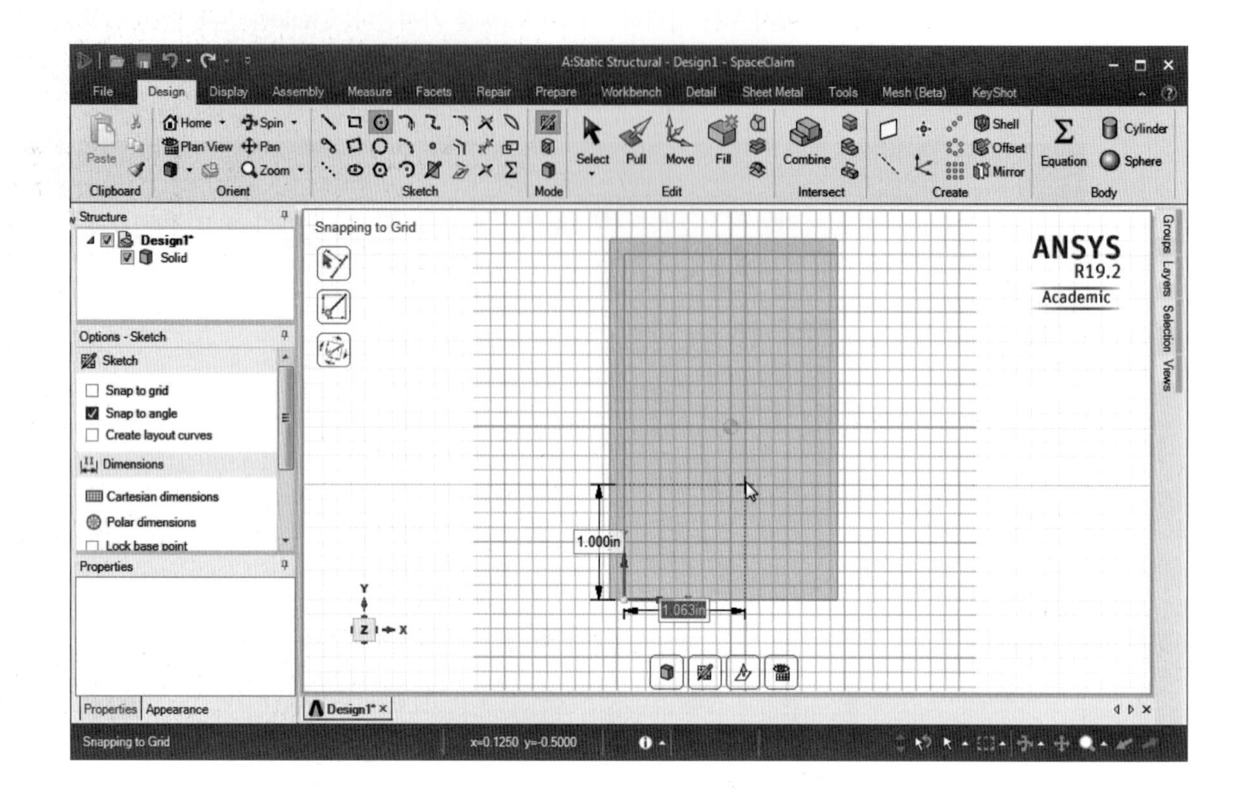

1을 입력하고 Tab 키를 눌러 다시 1을 입력하고 Enter를 친다. 그 다음 마우스를 드래그하면 (1, 1)의 좌표에 원이 나타난다. 직경에 0.5를 입력한다.

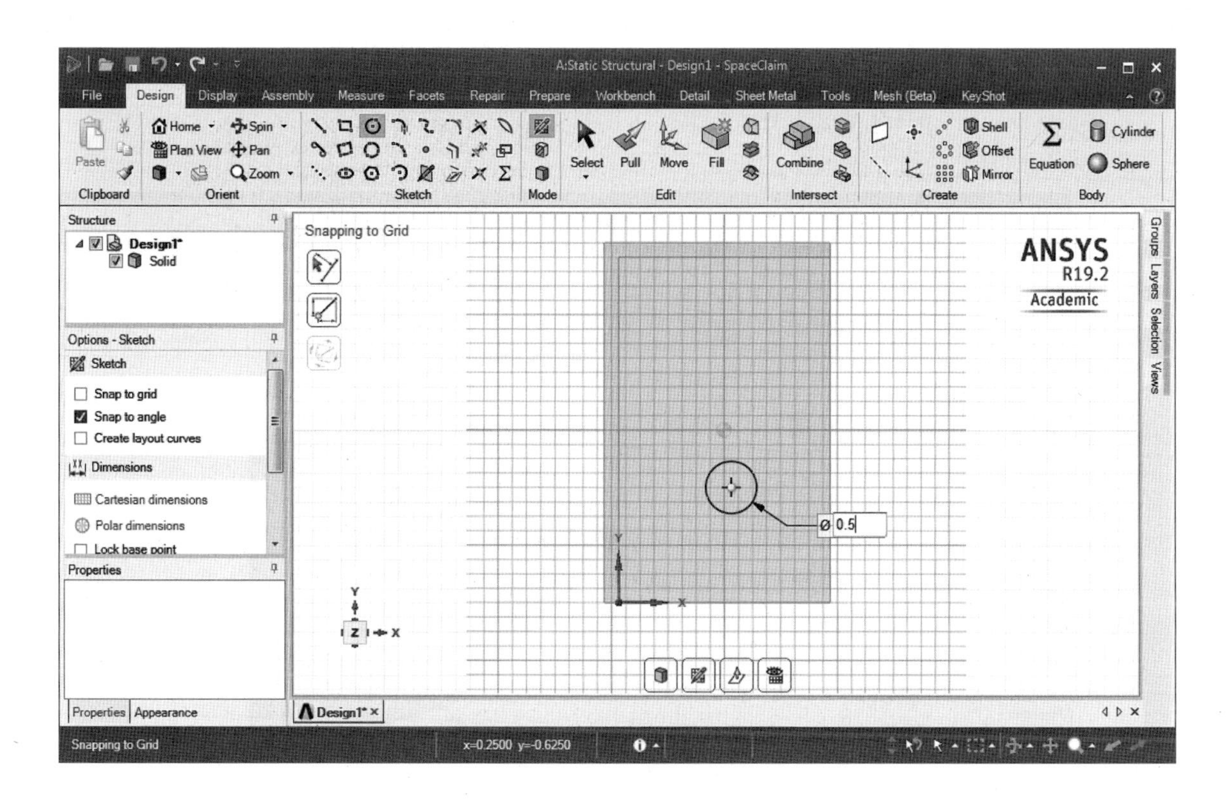

Esc 키를 누른다. 이제 두 번째 원에 대해서도 동일한 작업을 반복하되 Y 좌표에는 2 in를 입력한다. **Esc** 키를 두 번 누른다. **3D Mode** 버튼을 누른다. H를 입력하거나 Home 버튼을 눌러 Isometric 화면으로 전환한다. Pull을 선택하고, 아래쪽 원형 면을 클릭한 다음 벽을 통해 당겨 구멍을 생성한다. 상단 원형 면에 대해서도 동일한 작업을 반복한다. 지오메트리 생성을 완료하였다.

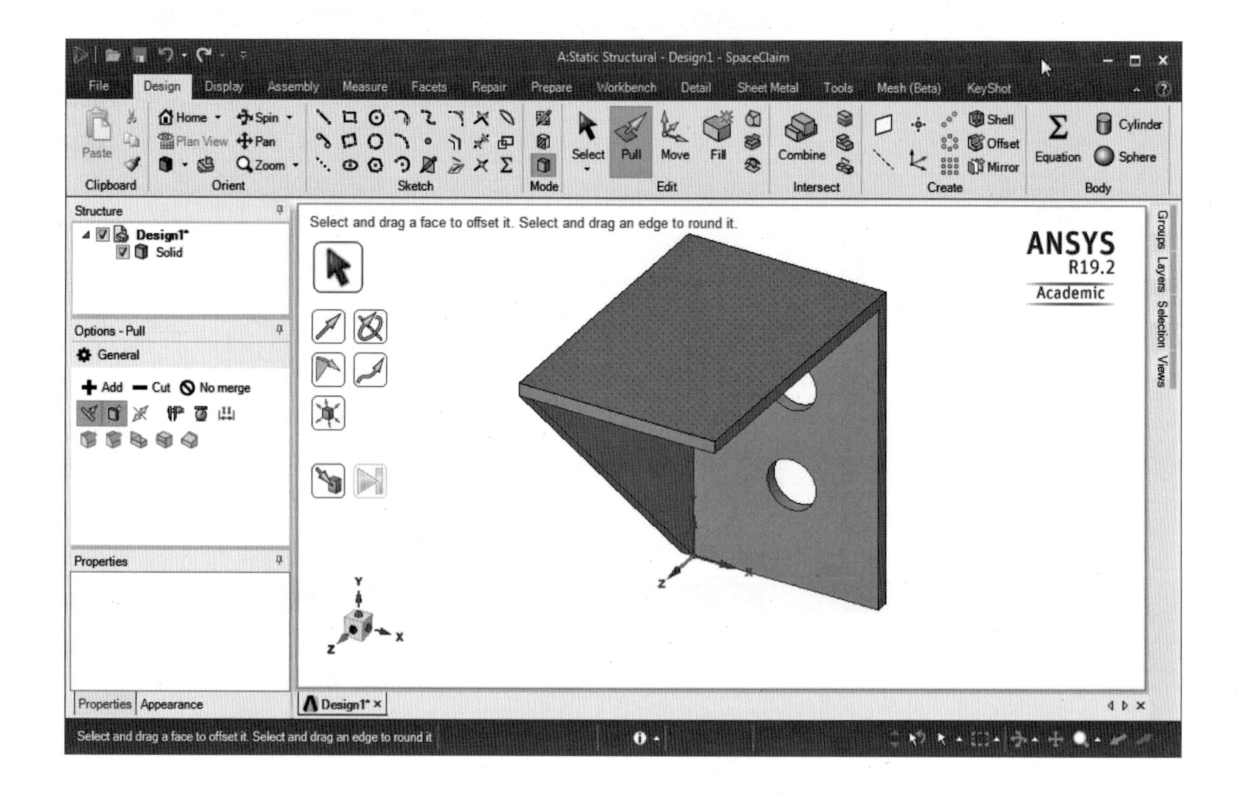

SpaceClaim을 종료하고 Static Structural 시스템에서 Model 셀을 두 번 클릭한다. Mechanical app이 시작되는 것을 기다리고 지오메트리가 연결되는 것을 기다린다. 연결이 완료되면, **F7** 키를 눌러 크기에 맞게 확대/축소한다.

Outline에서 **Geometry** 분기를 확장하고 **SYS\Solid** body를 클릭한다. 세부정보 창의 Material에서 **Assignment**를 Steel로 변경한다.

Mesh 분기를 클릭한다. 세부정보 창에서 Sizing 범주를 확장하고 **Resolution**에 6을 입력한다. Mesh에 마우스 오른쪽 버튼을 클릭하고, **Generate Mesh**를 선택한다.

Geometry filter에서 **Face**를 클릭한다. 구멍에 대한 2개의 원형 면을 클릭하고, Supports 클릭한 다음 Fixed Support를 선택한다.

상단 면을 클릭한다. Loads를 클릭하고 Pressure를 선택한 다음 50을 입력한다. 단위는 이미 U.S Customary(in, etc)로 설정되어 있어야 한다.

Outline에서 **Solution** 분기를 클릭한다. **Deformation**을 클릭하고 **Total**을 선택한다. **Stress**를 클릭하고 **Equivalent(von-Mises)**를 선택한다. 이제 해석할 준비가 되었다.

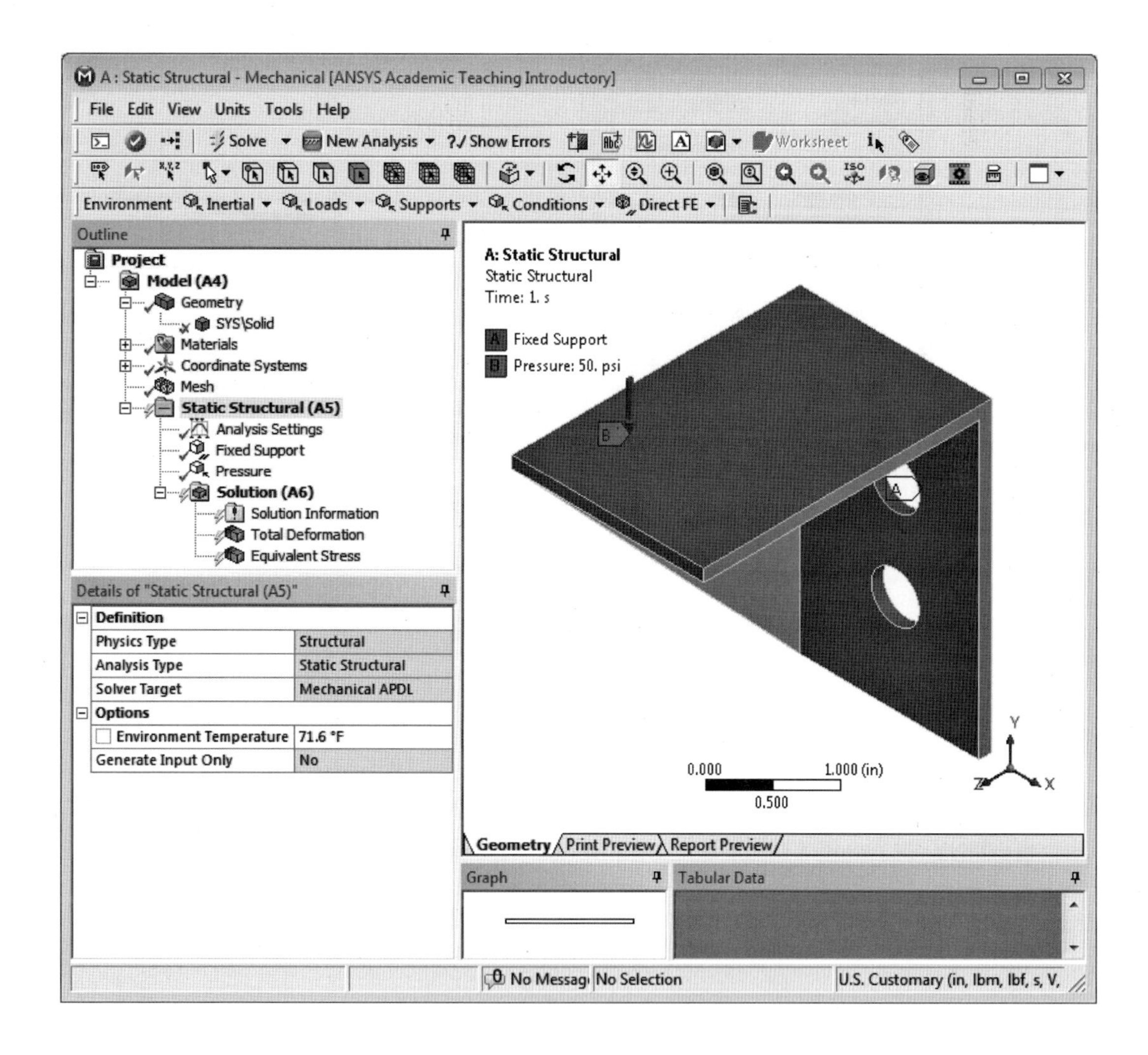

Solve를 클릭한다. 해석이 완료되면 Total Deformation을 클릭한다.

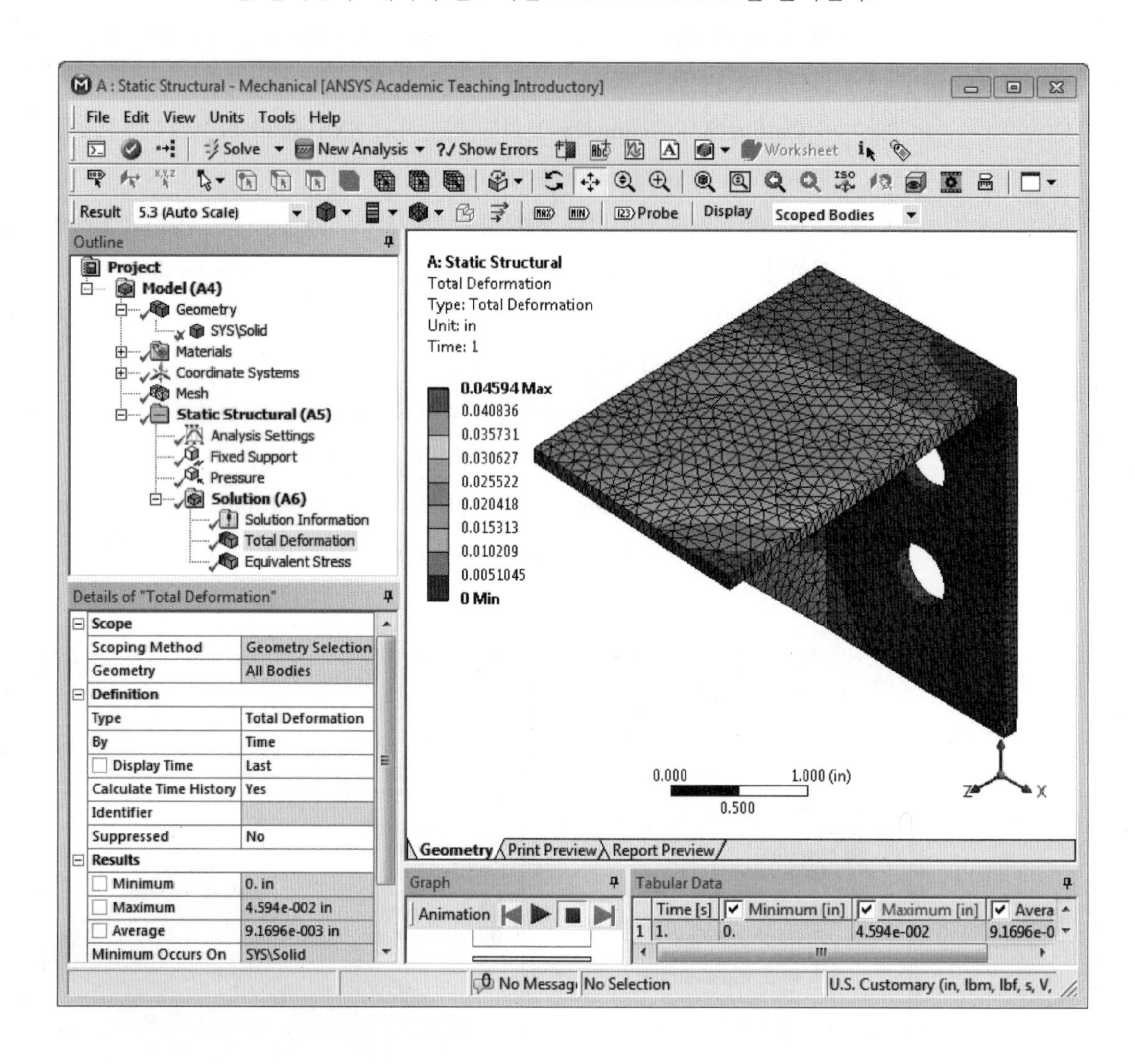

Equivalent Stress를 클릭한다. **Max** flag를 클릭한다.

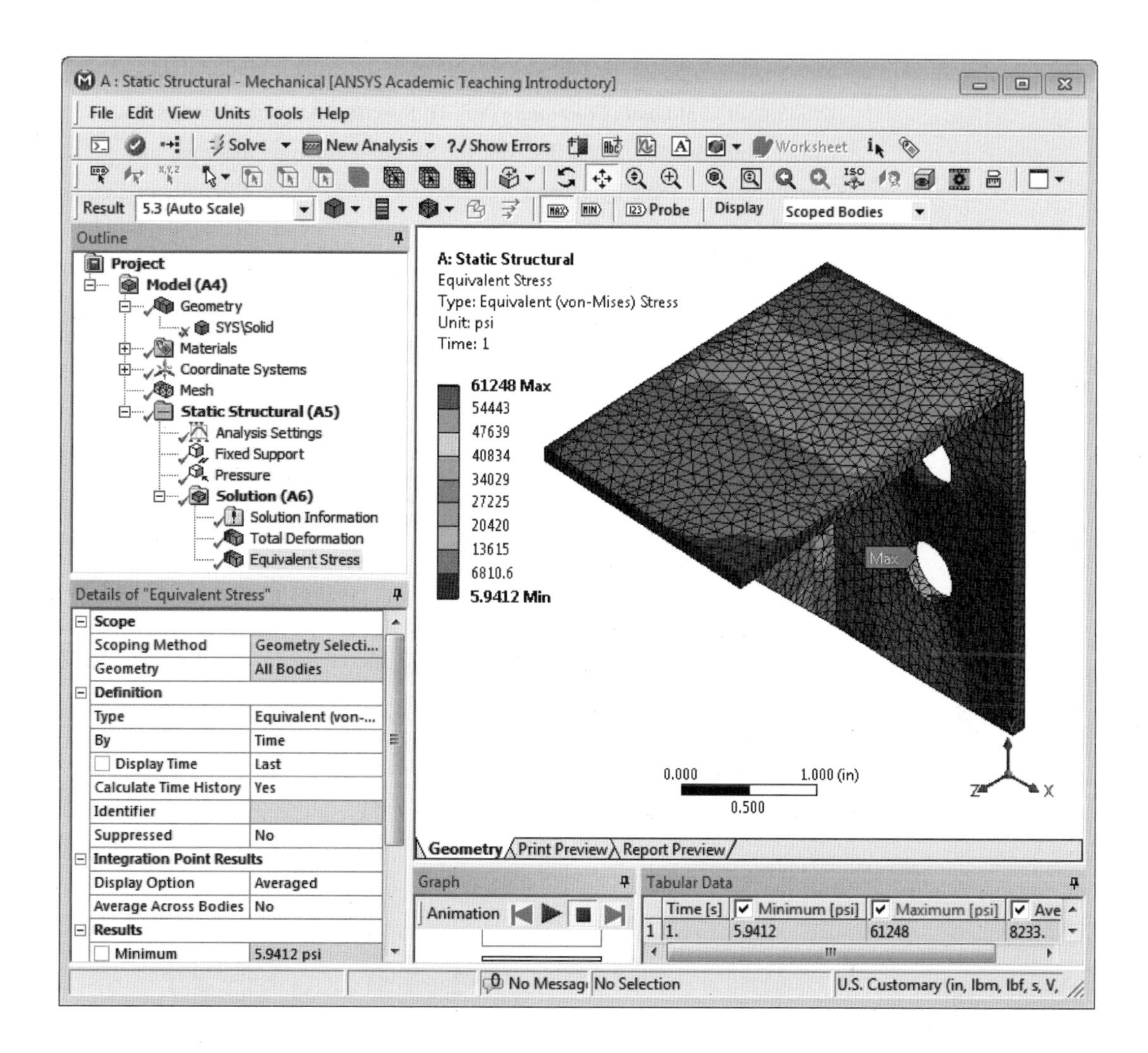

이것으로 예제 풀이가 완료된다.

요약

1. 사면체 요소의 형상함수를 구하는 방법을 알아야 한다.
2. 사면체 요소의 강성행렬과 하중행렬을 유도하는 방법을 알아야 한다.
3. 8절점 육면체 요소와 이 요소의 고차 요소인 20절점 육면체 요소에 익숙해져야 한다.
4. ANSYS에서 사용이 가능한 구조-솔리드 해석 및 열해석 요소에 익숙해져야 한다.
5. 상향식 모델링과 하향식 모델링의 차이를 알아야 한다.
6. 유한요소해석 결과를 검증할 수 있는 방법을 찾을 수 있어야 한다.

참고문헌

ANSYS User's Manual: Procedures, Vol. I, Swanson Analysis Systems, Inc.

ANSYS User'ss Manual: Commands, Vol. II, Swanson Analysis Systems, Inc.

ANSYS User's Manual: Elements, Vol. III, Swanson Analysis Systems, Inc.

Chandrupatla, T., and Belegundu, A., *Introduction to Finite Elements in Engineering,* Englewood Cliffs, NJ, Prentice Hall, 1991.

Zienkiewicz, O. C., *The Finite Element Method,* 3d. ed., New York, McGraw-Hill, 1977.

연습문제

1. 사면체 요소에 대해 절점변위로써 응력 성분을 표현하는 수식을 유도하라. 이렇게 계산된 응력 성분으로부터 3개의 주응력은 어떻게 계산하는가?

2. ANSYS를 이용하여, 다음 그림에 도시한 물체의 입체모형 모델을 생성하라. 여러 방향에서 물체를 투시할 수 있는 동적 모드를 선택하라. 생성된 입체모형 모델을 등각투상도로 도시하라.

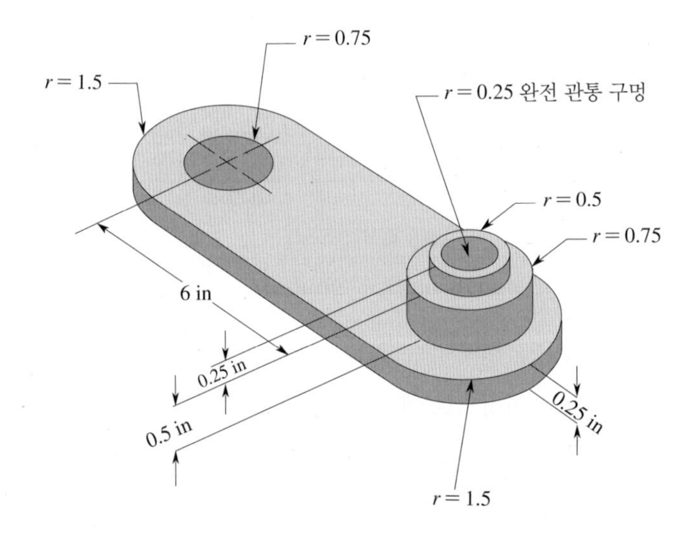

3. ANSYS를 이용하여, 다음 그림에 도시한 바와 같이 1 ft 길이의 길이방향 내부 핀이 있는 파이프에 대한 입체모형 모델을 생성하라. 여러 방향에서 물체를 투시할 수 있는 동적 모드를 선택하라. 생성된 입체모형 모델을 등각투상도로 도시하라.

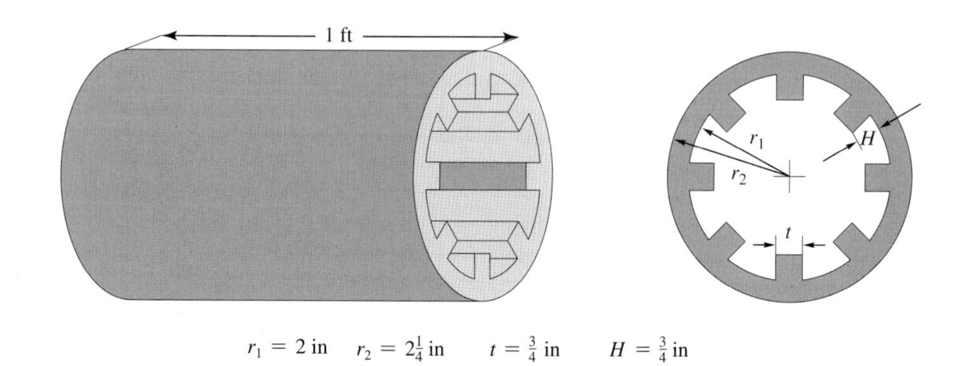

$r_1 = 2$ in $r_2 = 2\frac{1}{4}$ in $t = \frac{3}{4}$ in $H = \frac{3}{4}$ in

4. ANSYS를 이용하여, 다음에 도시한 그림과 같이 벽에 부착하는 파이프를 지지해주는 브래킷의 고체 모델을 생성하라. 여러 방향에서 물체를 투시할 수 있는 동적 모드를 선택하라. 생성된 입체모형 모델을 등각투상도로 도시하라.

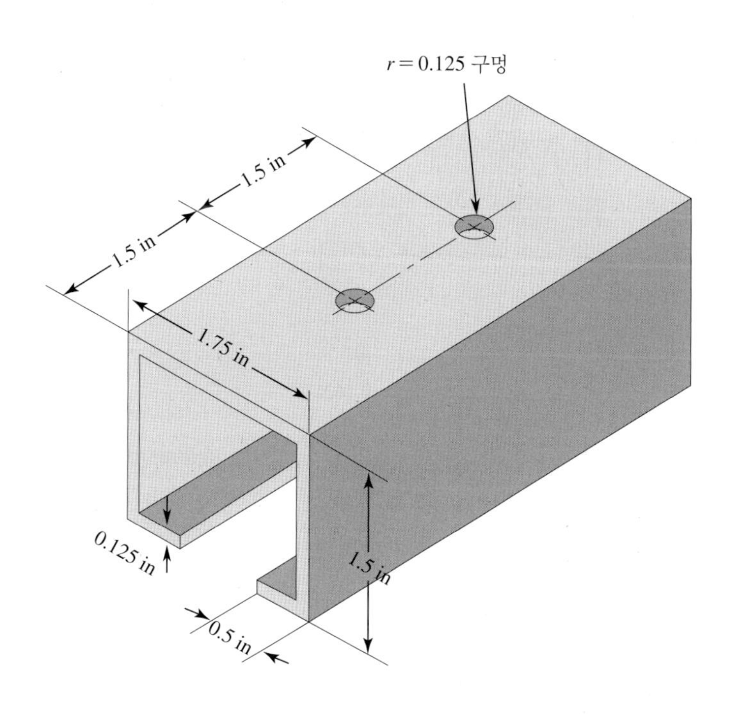

5. ANSYS를 이용하여, 다음에 도시한 그림과 같은 열교환기(heat exchanger)의 입체모형 모델을 생성하라. 여러 방향에서 물체를 투시할 수 있는 동적 모드를 선택하라. 생성된 입체모형 모델을 등각투상도로 도시하라.

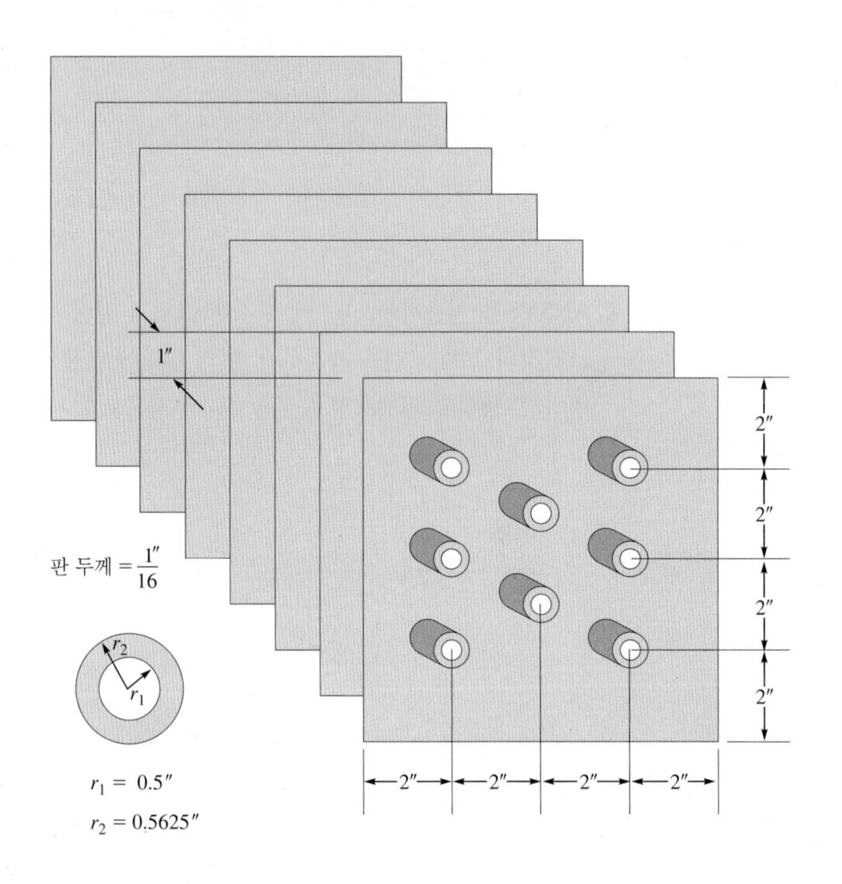

6. ANSYS를 이용하여, 다음에 도시한 그림과 같은 바퀴의 입체모형 모델을 생성하라. 여러 방향에서 물체를 투시할 수 있는 동적 모드를 선택하라. 생성된 입체모형 모델을 등각투상도로 도시하라.

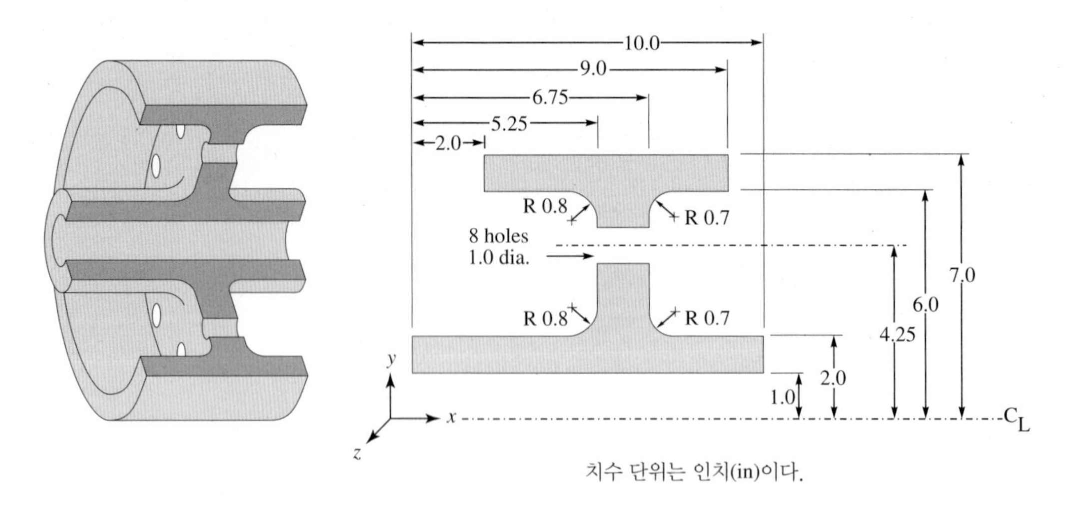

7. ANSYS를 이용하여, 다음 그림에 도시한 바와 같이 100 mm 길이의 길이방향 내부 핀이 있는 파이프에 대한 입체모형 모델을 생성하라. 여러 방향에서 물체를 투시할 수 있는 동적 모드를 선택하라. 생성된 입체모형 모델을 등각투상도로 도시하라.

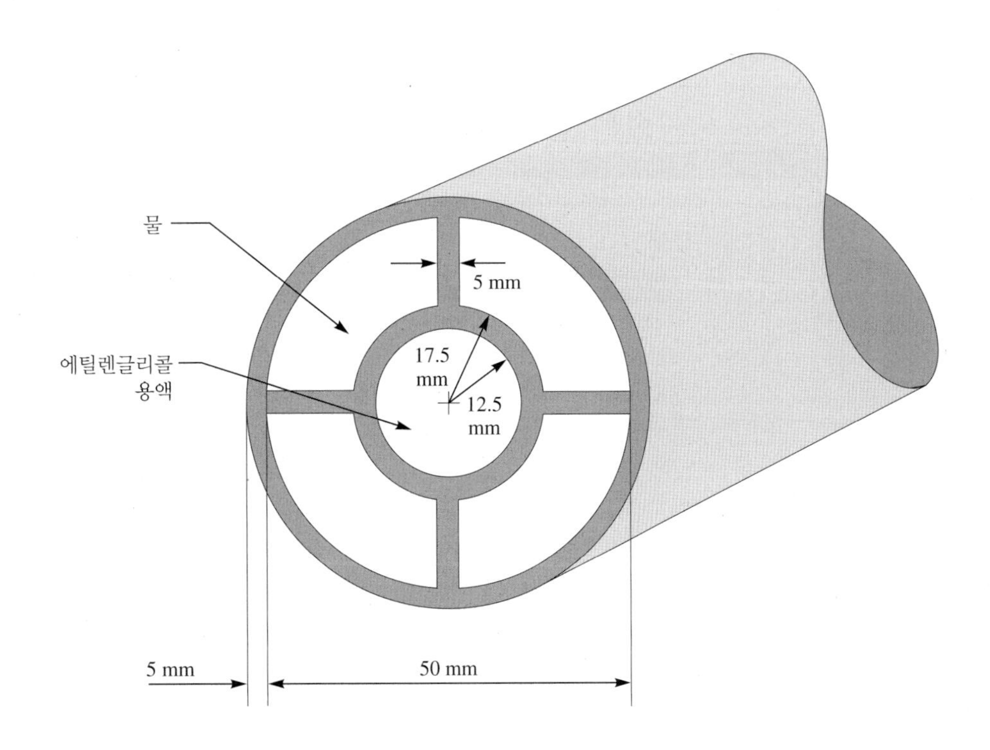

8. ANSYS를 이용하여, 다음에 도시한 그림과 같은 지지 구조물의 주응력 분포를 계산하여 도시하라. 브래킷은 강철로 만들어 졌으며, 구멍 주위는 고정되어 있다.

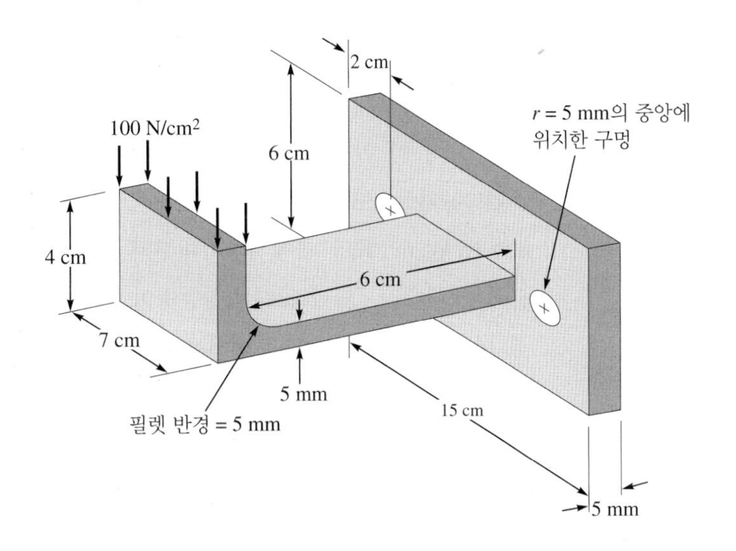

9. ANSYS를 이용하여, 다음에 도시한 교통표지판의 von Mises 응력 분포를 구하고 도시하라. 기둥은 강철로 만들어 졌으며 표지판은 시속 60마일의 돌풍을 받는다. 바람에 의한 힘을 계산할 때에는 공기저항 공식인 $F_D = C_D A \frac{1}{2} \rho U^2$을 사용하라. 여기서 F_D는 하중이고 $C_D = 1.18$, ρ는 공기 밀도, U는 바람 속도, A는 표지판의 면적(frontal area)이다. 기둥에 가해지는 하중은 무시하라. 이 문제를 복잡한 유한요소 모델이 아닌, 간단한 외팔보 문제로 모델링할 수 있는지 설명하라.

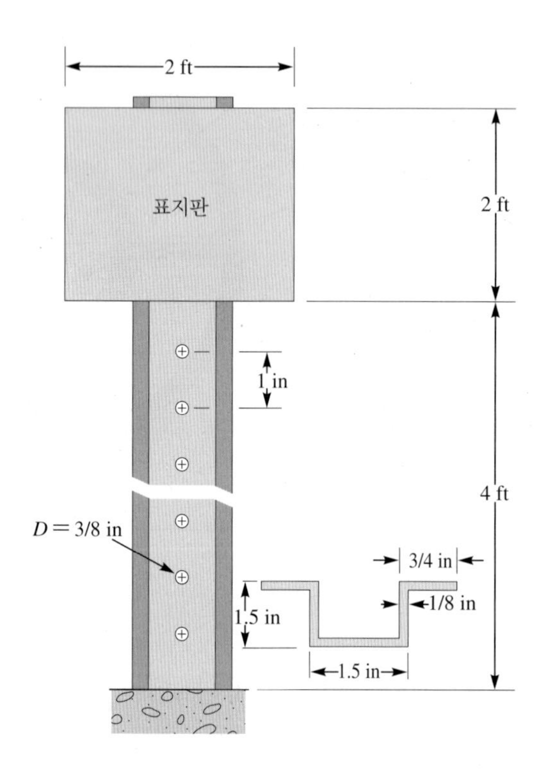

10. 실수로 빈 유리 커피포트를 가열판에 올려 두었다고 생각해 보자. 가열판이 커피포트의 바닥에 약 20 W를 가한다고 가정하고, 주위 공기 온도가 25°C이고 열전달계수 $h = 15 \text{ W/m}^2 \cdot \text{K}$일 때에 유리 내부의 온도 분포를 구하라. 커피포트는 원통형이고 직경 14 cm, 높이 14 cm, 두께 3 mm이다. 이 문제를 1차원 열전도 문제로 풀어서 정교한 3차원 모델을 만드는 것을 피할 수 있는가?

11. ANSYS를 이용하여, 소켓 렌치의 3차원 고체 모델을 생성하라. 치수는 실제 소켓으로부터 측정하라. 고체 실린더, 육각 프리즘, 기본 형상을 이용하여 모델을 작성하라. 하중과 경계조건에 대하여 적절한 가정을 하고 응력 계산을 시행하라. von Mises 응력을 도시하라. 파괴를 초래할 수 있는 하중의 형태와 크기를 논하라.

12. 겨울 기간에는 실내 온도를 70°F로 유지한다. 그러나 난방 통풍구가 창문 아래에 있기 때문에 창문 바닥을 따라 더운 공기의 온도 분포가 균일하지 못하다. 열전달계수 $h = 1.46\ \text{Btu/hr} \cdot \text{ft}^2 \cdot {}^\circ\text{F}$에 대하여, 온도 변화를 1 ft당 80°F에서 90°F의 선형 변화로 가정하고, 외부 공기 온도를 10°F로, 열전달계수를 $h = 6\ \text{Btu/hr} \cdot \text{ft}^2 \cdot {}^\circ\text{F}$로 가정하라. ANSYS를 이용하여, 다음 그림과 같은 창문의 온도 분포를 결정하라. 창문을 통한 전체 열손실은 얼마나 되는가?

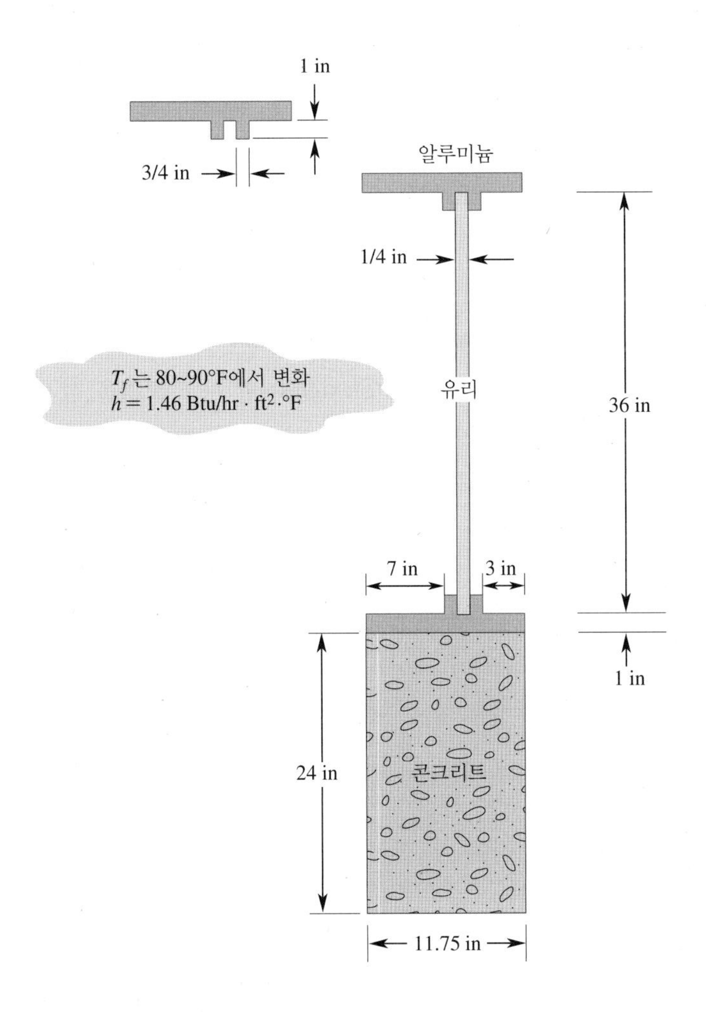

13. ANSYS를 이용하여, 다음 그림과 같은 연결 부품(link component) 내부의 주응력을 계산하여 도시하라. 이 부품은 강철로 만들어져 있다.

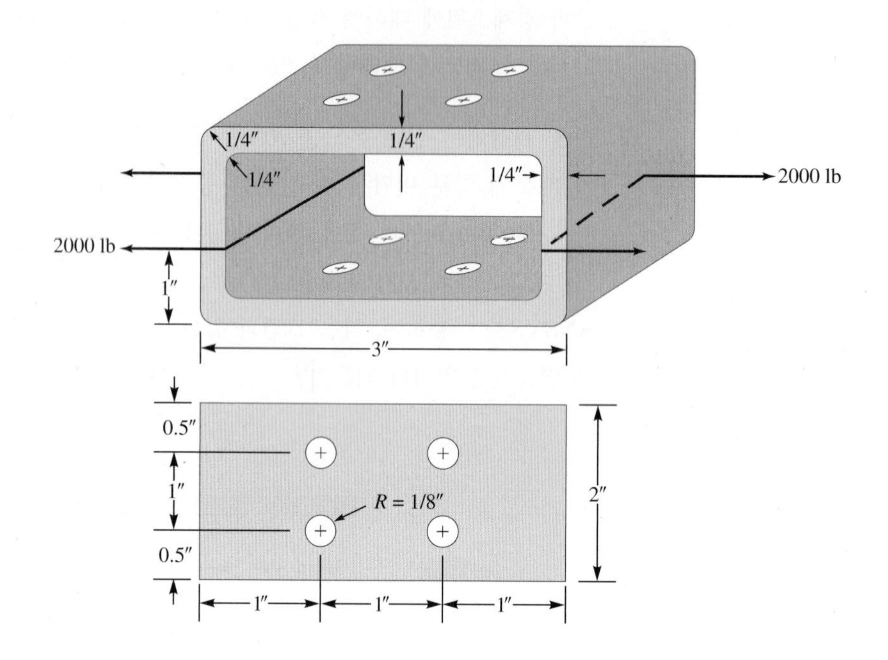

14. 설계과제 6장의 설계과제 **14**를 참고하여 주어진 규정과 규칙에 따라 $\frac{3}{8}''\times 6''\times 6''$ 플렉시글라스(plexiglas) 판 구조 모델을 설계하고 제작하라. 이 구조 모델의 단면 모양은 어떠한 모양이 되어도 관계가 없다. 흔히 사용되는 단면형상을 다음 그림에 도시하였다.

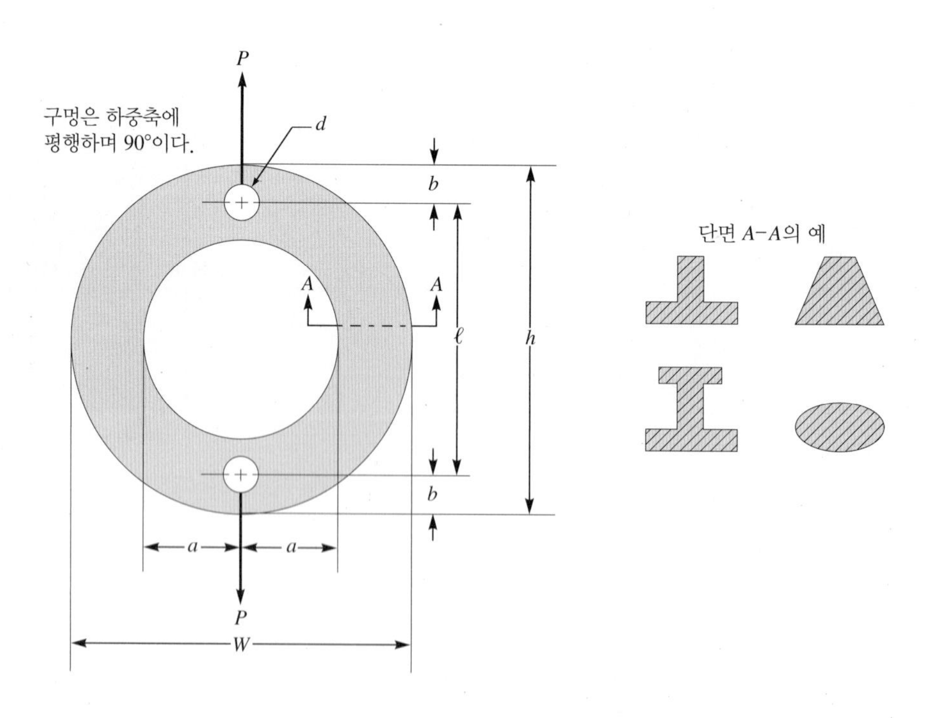

15. 설계과제 ANSYS의 3차원 보 요소를 이용하여 다음 그림에 도시한 프레임의 단면 크기를 결정하라. 속이 빈 튜브를 이용하라. 프레임은 신호등의 무게를 지탱하고, 시속 80마일의 돌풍을 견뎌야 한다. 각자의 최종 설계에 대한 보고서를 작성하라.

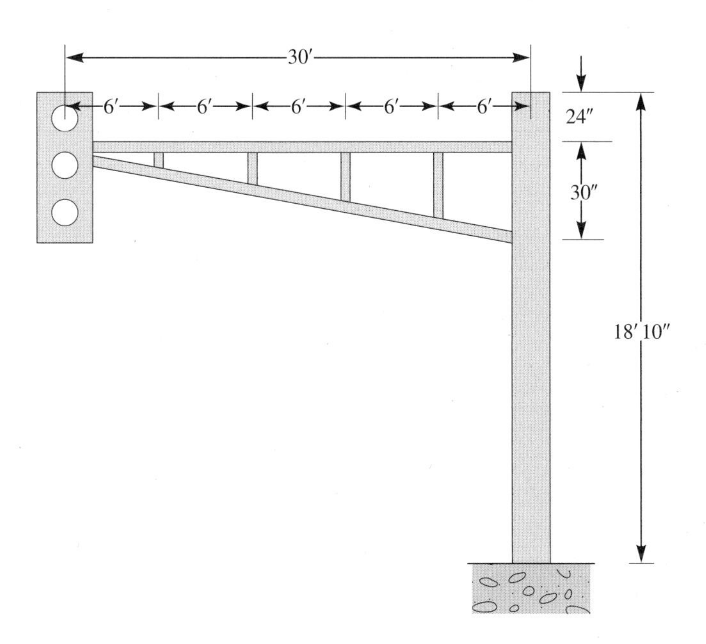

APPENDIX

부록

부록 A 재료의 기계적 물성

표 A.1 공학 재료의 기계적 평균 물성[a] (SI 단위)

재료	밀도 ρ (Mg/m^3)	탄성계수 E (GPa)	전단계수 G (GPa)	항복응력 σ_Y (MPa)			극한응력 σ_u (MPa)			50 mm 표본의 % 신장량	Poisson 비 ν	열팽창 계수 α $(10^6)/°C$
				인장	압축[b]	전단	인장	압축[b]	전단			
금속												
알루미늄 단조 합금 2014-T6	2.79	73.1	27	414	414	172	469	469	290	10	0.35	23
알루미늄 단조 합금 6061-T6	2.71	68.9	26	255	255	131	290	290	186	12	0.35	24
주철 합금 회 ASTM 20	7.19	67.0	27	–	–	–	179	669	–	0.6	0.28	12
주철 합금 가단 ASTM A-197	7.28	172	68	–	–	–	276	572	–	5	0.28	12
구리 합금 적동 C83400	8.74	101	37	70.0	70.0	–	241	241	–	35	0.35	18
구리 합금 황동 C86100	8.83	103	38	345	345	–	655	655	–	20	0.34	17
마그네슘 합금 [Am 1004-T61]	1.83	44.7	18	152	152	–	276	276	152	1	0.30	26
강철 합금 구조 A36	7.85	200	75	250	250	–	400	400	–	30	0.32	12
강철 합금 스테인리스 304	7.86	193	75	207	207	–	517	517	–	40	0.27	17
강철 합금 공구 L2	8.16	200	78	703	703	–	800	800	–	22	0.32	12
티타늄 합금 [Ti-6Al-4V]	4.43	120	44	924	924	–	1,000	1,000	–	16	0.36	9.4
비금속												
콘크리트 저강도	2.38	22.1	–	–	–	12	–	–	–	–	0.15	11
콘크리트 고강도	2.38	29.0	–	–	–	38	–	–	–	–	0.15	11
강화 플라스틱 케브라 49	1.45	131	–	–	–	–	717	483	20.3	2.8	0.34	–
강화 플라스틱 30% 유리	1.45	72.4	–	–	–	–	90	131	–	–	0.34	–
목재 선택 구조 등급 미송나무	0.47	13.1	–	–	–	–	2.1[c]	26[d]	6.2[d]	–	0.29[e]	–
목재 선택 구조 등급 흰 전나무	3.60	9.65	–	–	–	–	2.5[c]	36[d]	6.7[d]	–	0.31[e]	–

[a] 특정 재료의 물성치는 합금, 광물조합, 시편의 기계가공, 열처리 등에 의하여 차이가 난다. 좀 더 정확한 값을 위해서는 재료에 관한 도서를 참고하여야 한다.
[b] 연성 재료에서 인장과 압축에 대한 항복강도와 극한강도는 동일하다고 가정한다.
[c] 결에 수직하게 측정한다.
[d] 결에 평행하게 측정한다.
[e] 하중이 결을 따라 작용할 때 결에 수직하게 변형을 측정한다.
출처: *Mechanics of Materials*, 2nd ed., R. C. Hibbeler, Macmillan, New York.

표 A.2 공학 재료의 기계적 평균 물성[a] (U.S. 상용 단위)

재료	밀도 γ (lb/in^3)	탄성계수 E (GPa)	전단계수 G (GPa)	항복응력 σ_Y (10^3) ksi			극한응력 σ_u (10^3) ksi			50 mm 표본의 % 신장량	Poisson 비 ν	열팽창 계수 α (10^6)/°F
				인장	압축[b]	전단	인장	압축[b]	전단			
금속												
알루미늄 단조 합금 2014-T6	0.101	10.6	3.9	60	60	25	68	68	42	10	0.35	12.8
알루미늄 단조 합금 6061-T6	0.098	10.0	3.7	37	37	19	42	42	27	12	0.35	13.1
주철 합금 회 ASTM 20	0.260	10.0	3.9	–	–	–	26	97	–	0.6	0.28	6.70
주철 합금 가단 ASTM A-197	0.263	25.0	9.8	–	–	–	40	83	–	5	0.28	6.60
구리 합금 적동 C83400	0.316	14.6	5.4	11.4	11.4	–	35	35	–	35	0.35	9.80
구리 합금 황동 C86100	0.319	15.0	5.6	50	50	–	95	95	–	20	0.34	9.60
마그네슘 합금 [Am 1004-T61]	0.066	6.48	2.5	22	22	–	40	40	22	1	0.30	14.3
강철 합금 구조 A36	0.284	29.0	11.0	36	36	–	58	58	–	30	0.32	6.60
강철 합금 스테인리스 304	0.284	28.0	11.0	30	30	–	75	75	–	40	0.27	9.60
강철 합금 공구 L2	0.295	29.0	11.0	102	102	–	116	116	–	22	0.32	6.50
티타늄 합금 [Ti-6Al-4V]	0.160	17.4	6.4	134	134	–	145	145	–	16	0.36	5.20
비금속												
콘크리트 저강도	0.086	3.20	–	–	–	1.8	–	–	–	–	0.15	6.0
콘크리트 고강도	0.086	4.20	–	–	–	5.5	–	–	–	–	0.15	6.0
강화 플라스틱 케브라 49	0.0524	19.0	–	–	–	–	104	70	10.2	2.8	0.34	–
강화 플라스틱 30% 유리	0.0524	10.5	–	–	–	–	13	19	0.34	–	0.34	–
목재 선택 구조 등급 미송나무	0.017	1.90	–	–	–	–	0.30[c]	3.78[d]	0.90[d]	–	0.29[e]	–
목재 선택 구조 등급 흰 전나무	0.130	1.40	–	–	–	–	0.36[c]	5.18[d]	0.97[d]	–	0.31[e]	–

[a] 특정 재료의 물성치는 합금, 광물조합, 시편의 기계가공, 열처리 등에 의하여 차이가 난다. 좀 더 정확한 값을 위해서는 재료에 관한 도서를 참고하여야 한다.

[b] 연성재료에서 인장과 압축에 대한 항복강도와 극한강도는 동일하다고 가정한다.

[c] 결에 수직하게 측정한다.

[d] 결에 평행하게 측정한다.

[e] 하중이 결을 따라 작용할 때 결에 수직하게 변형을 측정한다.

부록 B 재료의 열적 물성치

표 B.1 재료의 열적 물성치(상온 또는 주어진 온도)(SI 단위)

재료	밀도 (kg/m^3)	비열 ($J/kg \cdot K$)	열전도도 ($W/m \cdot K$)
Aluminum (alloy 1100)	2740	896	221
Asphalt	2110	920	0.74
Cement	1920	670	0.029
Clay	1000	920	
Concrete (stone)	2300	653	1.0
Fireclay Brick	1790 @ 373 K	829	1.0 @ 473 K
Glass (soda lime)	2470	750	1.0 @ 366 K
Glass (lead)	4280	490	1.4
Glass (pyrex)	2230	840	1.0 @ 366 K
Iron (cast)	7210	500	47.7 @ 327 K
Iron (wrought)	7700 @ 373 K		60.4
Paper	930	1300	0.13
Soil†	2050	1840	0.5
Steel (mild)	7830	500	45.3
Wood (ash)	690		0.172 @ 323 K
Wood (mahogany)	550		0.13
Wood (oak)	750	2390	0.176
Wood (pine)	430		0.11

† 출처: Incropera, F., and Dewitt D., *Fundamentals of Heat and Mass Transfer*, 4th ed., New York, John Wiley and Sons, 1996.

출처: *ASHRAE Handbook*: *Fundamental Volume*, American Society of Heating, Refrigerating, and Air-Conditioning Engineers, Atlanta, 1993.

부록 C 선과 면적의 성질

표 C.1 선분의 도심

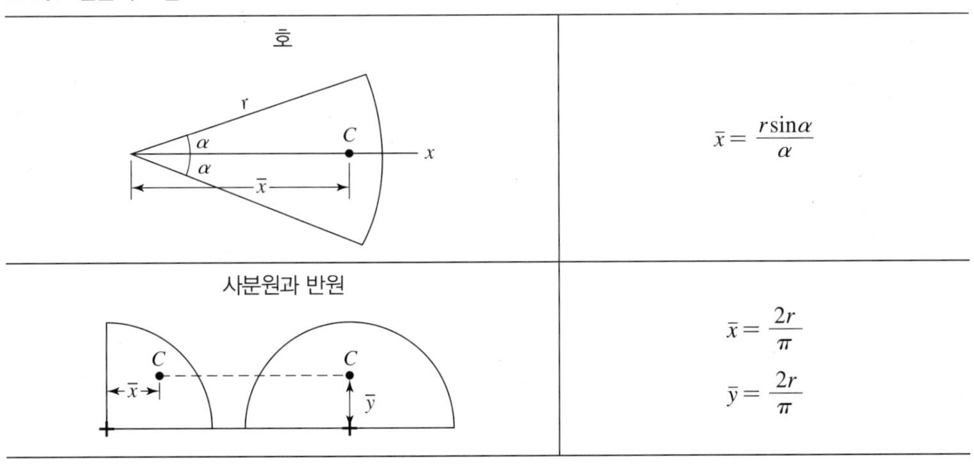

형상	도심
호	$\bar{x} = \dfrac{r\sin\alpha}{\alpha}$
사분원과 반원	$\bar{x} = \dfrac{2r}{\pi}$ $\bar{y} = \dfrac{2r}{\pi}$

표 C.2 면적의 도심과 2차 모멘트

형상	도심	관성 면적 모멘트
y, r, C, x	----	$I_x = I_y = \dfrac{\pi r^4}{4}$ $J_c = \dfrac{\pi r^4}{2}$
y, C, r, $\bar{y}$, x	$\bar{y} = \dfrac{4r}{3\pi}$	$I_x = I_y = \dfrac{\pi r^4}{8}$ $J_c = \dfrac{\pi r^4}{4}$
y, r, C, $\bar{y}$, x, $\bar{x}$	$\bar{x} = \bar{y} = \dfrac{4r}{3\pi}$	$I_x = I_y = \dfrac{\pi r^4}{16}$ $J_c = \dfrac{\pi r^4}{8}$
y, a, h, $\bar{x}$, C, $\bar{y}$, x, b	$\bar{x} = \dfrac{a+b}{3}$ $\bar{y} = \dfrac{h}{3}$	$I_x = \dfrac{bh^3}{12}$ $I_{\bar{x}} = \dfrac{bh^3}{36}$
h, C, $\bar{x}$, x, b	----	$I_x = \dfrac{bh^3}{3}$ $I_{\bar{x}} = \dfrac{bh^3}{12}$ $J_c = \dfrac{bh}{12}(b^2+h^2)$

표 C.3 관성 질량 모멘트

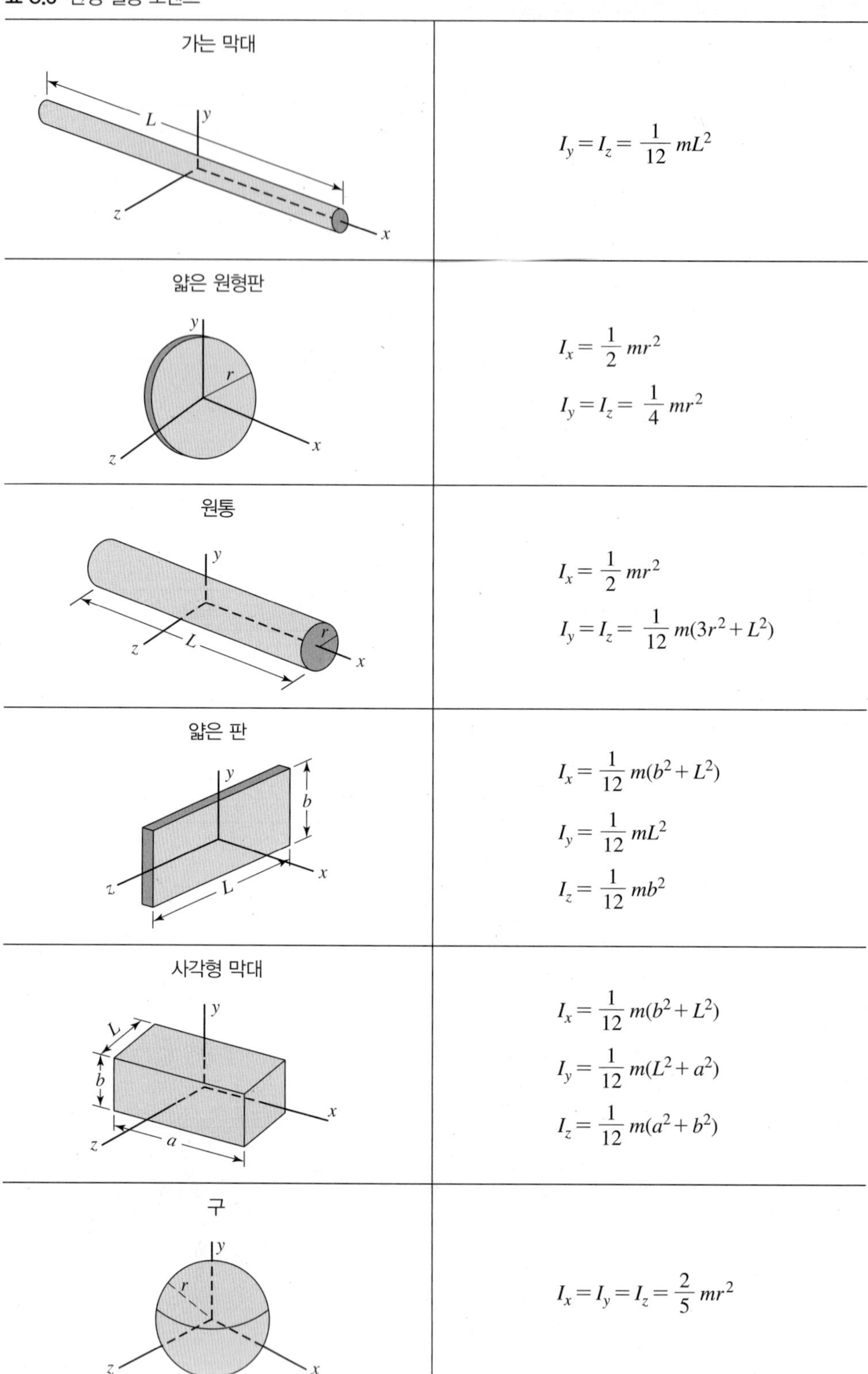

형상	관성 질량 모멘트
가는 막대	$I_y = I_z = \frac{1}{12} mL^2$
얇은 원형판	$I_x = \frac{1}{2} mr^2$ $I_y = I_z = \frac{1}{4} mr^2$
원통	$I_x = \frac{1}{2} mr^2$ $I_y = I_z = \frac{1}{12} m(3r^2 + L^2)$
얇은 판	$I_x = \frac{1}{12} m(b^2 + L^2)$ $I_y = \frac{1}{12} mL^2$ $I_z = \frac{1}{12} mb^2$
사각형 막대	$I_x = \frac{1}{12} m(b^2 + L^2)$ $I_y = \frac{1}{12} m(L^2 + a^2)$ $I_z = \frac{1}{12} m(a^2 + b^2)$
구	$I_x = I_y = I_z = \frac{2}{5} mr^2$

부록 D 구조강의 기하학적 물성

표 D.1 넓은 플랜지 단면 또는 W 형상

명칭*	면적 A	깊이 d	웹 두께 t_w	플랜지		x-x 축			y-y 축		
				너비 b	두께 t_f	I	S	r	I	S	r
	in^2	in	in	in	in	in^4	in^3	in	in^4	in^3	in
W24×104	30.6	24.06	0.500	12.750	0.750	3100	258	10.1	259	40.7	2.91
W24×94	27.7	24.31	0.515	9.065	0.875	2700	222	9.87	109	24.0	1.98
W24×84	24.7	24.10	0.470	9.020	0.770	2370	196	9.79	94.4	20.9	1.95
W24×76	22.4	23.92	0.440	8.990	0.680	2100	176	9.69	82.5	18.4	1.92
W24×68	20.1	23.73	0.415	8.965	0.585	1830	154	9.55	70.4	15.7	1.87
W24×62	18.2	23.74	0.430	7.040	0.590	1550	131	9.23	34.5	9.80	1.38
W24×55	16.2	23.57	0.395	7.005	0.505	1350	114	9.11	29.1	8.30	1.34
W18×65	19.1	18.35	0.450	7.590	0.750	1070	117	7.49	54.8	14.4	1.69
W18×60	17.6	18.24	0.415	7.555	0.695	984	108	7.47	50.1	13.3	1.69
W18×55	16.2	18.11	0.390	7.530	0.630	890	98.3	7.41	44.9	11.9	1.67
W18×50	14.7	17.99	0.355	7.495	0.570	800	88.9	7.38	40.1	10.7	1.65
W18×46	13.5	18.06	0.360	6.060	0.605	712	78.8	7.25	22.5	7.43	1.29
W18×40	11.8	17.90	0.315	6.015	0.525	612	68.4	7.21	19.1	6.35	1.27
W18×35	10.3	17.70	0.300	6.000	0.425	510	57.6	7.04	15.3	5.12	1.22
W16×57	16.8	16.43	0.430	7.120	0.715	758	92.2	6.72	43.1	12.1	1.60
W16×50	14.7	16.26	0.380	7.070	0.630	659	81.0	6.68	37.2	10.5	1.59
W16×45	13.3	16.13	0.345	7.035	0.565	586	72.7	6.65	32.8	9.34	1.57
W16×36	10.6	15.86	0.295	6.985	0.430	448	56.5	6.51	24.5	7.00	1.52
W16×31	9.12	15.88	0.275	5.525	0.440	375	47.2	6.41	12.4	4.49	1.17
W16×26	7.68	15.69	0.250	5.500	0.345	301	38.4	6.26	9.59	3.49	1.12
W14×53	15.6	13.92	0.370	8.060	0.660	541	77.8	5.89	57.7	14.3	1.92
W14×43	12.6	13.66	0.305	7.995	0.530	428	62.7	5.82	45.2	11.3	1.89
W14×38	11.2	14.10	0.310	6.770	0.515	385	54.6	5.87	26.7	7.88	1.55
W14×34	10.0	13.98	0.285	6.745	0.455	340	48.6	5.83	23.3	6.91	1.53
W14×30	8.85	13.84	0.270	6.730	0.385	291	42.0	5.73	19.6	5.82	1.49
W14×26	7.69	13.91	0.255	5.025	0.420	245	35.3	5.65	8.91	3.54	1.08
W14×22	6.49	13.74	0.230	5.000	0.335	199	29.0	5.54	7.00	2.80	1.04

* W, 공칭 깊이(in), 1 ft당 무게

출처: *Mechanics of Materials*, 2nd ed., R. C. Hibbeler, Macmillan, New York.

(계속)

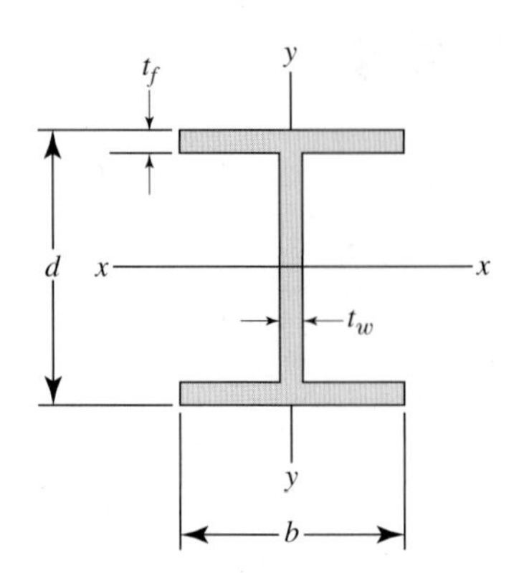

표 D.1 넓은 플랜지 단면 또는 W 형상(계속)

명칭*	면적 A	깊이 d	웹 두께 t_w	플랜지		x-x 축			y-y 축		
				너비 b	두께 t_f	I	S	r	I	S	r
	in^2	in	in	in	in	in^4	in^3	in	in^4	in^3	in
W12×87	25.6	12.53	0.515	12.125	0.810	740	118	5.38	241	39.7	3.07
W12×50	14.7	12.19	0.370	8.080	0.640	394	64.7	5.18	56.3	13.9	1.96
W12×45	13.2	12.06	0.335	8.045	0.575	350	58.1	5.15	50.0	12.4	1.94
W12×26	7.65	12.22	0.230	6.490	0.380	204	33.4	5.17	17.3	5.34	1.51
W12×22	6.48	12.31	0.260	4.030	0.425	156	25.4	4.91	4.66	2.31	0.847
W12×16	4.71	11.99	0.220	3.990	0.265	103	17.1	4.67	2.82	1.41	0.773
W12×14	4.16	11.91	0.200	3.970	0.225	88.6	14.9	4.62	2.36	1.19	0.753
W10×100	29.4	11.10	0.680	10.340	1.120	623	112	4.60	207	40.0	2.65
W10×54	15.8	10.09	0.370	10.030	0.615	303	60.0	4.37	103	20.6	2.56
W10×45	13.3	10.10	0.350	8.020	0.620	248	49.1	4.32	53.4	13.3	2.01
W10×30	8.84	10.47	0.300	5.810	0.510	170	32.4	4.38	16.7	5.75	1.37
W10×39	11.5	9.92	0.315	7.985	0.530	209	42.1	4.27	45.0	11.3	1.98
W10×19	5.62	10.24	0.250	4.020	0.395	96.3	18.8	4.14	4.29	2.14	0.874
W10×15	4.41	9.99	0.230	4.000	0.270	68.9	13.8	3.95	2.89	1.45	0.810
W10×12	3.54	9.87	0.190	3.960	0.210	53.8	10.9	3.90	2.18	1.10	0.785
W8×67	19.7	9.00	0.570	8.280	0.935	272	60.4	3.72	88.6	21.4	2.12
W8×58	17.1	8.75	0.510	8.220	0.810	228	52.0	3.65	75.1	18.3	2.10
W8×48	14.1	8.50	0.400	8.110	0.685	184	43.3	3.61	60.9	15.0	2.08
W8×40	11.7	8.25	0.360	8.070	0.560	146	35.5	3.53	49.1	12.2	2.04
W8×31	9.13	8.00	0.285	7.995	0.435	110	27.5	3.47	37.1	9.27	2.02
W8×24	7.08	7.93	0.245	6.495	0.400	82.8	20.9	3.42	18.3	5.63	1.61
W8×15	4.44	8.11	0.245	4.015	0.315	48.0	11.8	3.29	3.41	1.70	0.876
W6×25	7.34	6.38	0.320	6.080	0.455	53.4	16.7	2.70	17.1	5.61	1.52
W6×20	5.87	6.20	0.260	6.020	0.365	41.4	13.4	2.66	13.3	4.41	1.50
W6×15	4.43	5.99	0.230	5.990	0.260	29.1	9.72	2.56	9.32	3.11	1.46
W6×16	4.74	6.28	0.260	4.030	0.405	32.1	10.2	2.60	4.43	2.20	0.966
W6×12	3.55	6.03	0.230	4.000	0.280	22.1	7.31	2.49	2.99	1.50	0.918
W6×9	2.68	5.90	0.170	3.940	0.215	16.4	5.56	2.47	2.19	1.11	0.905

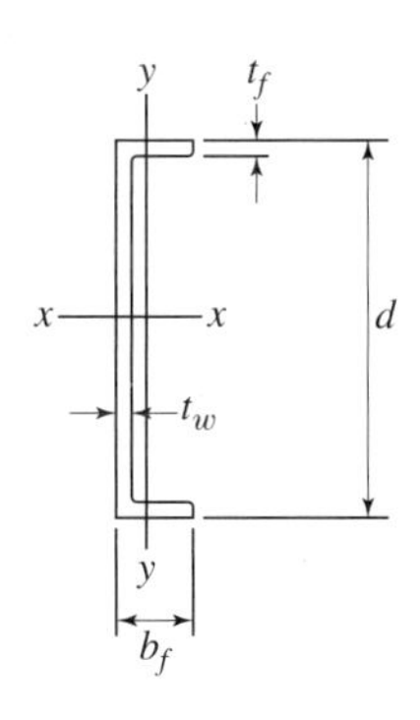

표 D.2 미국 표준 채널 또는 C 형상

명칭*	면적 A	깊이 d	웹 두께 t_w		플랜지				x-x 축			y-y 축		
					너비 b_f		두께 t_f		I	S	r	I	S	r
	in^2	in	in		in		in		in^4	in^3	in	in^4	in^3	in
C15×50	14.7	15.00	0.716	11/16	3.716	3 3/4	0.650	5/8	404	53.8	5.24	11.0	3.78	0.867
C15×40	11.8	15.00	0.520	1/2	3.520	3 1/2	0.650	5/8	349	46.5	5.44	9.23	3.37	0.886
C15×33.9	9.96	15.00	0.400	3/8	3.400	3 3/8	0.650	5/8	315	42.0	5.62	8.13	3.11	0.904
C12×30	8.82	12.00	0.510	1/2	3.170	3 1/8	0.501	1/2	162	27.0	4.29	5.14	2.06	0.763
C12×25	7.35	12.00	0.387	3/8	3.047	3	0.501	1/2	144	24.1	4.43	4.47	1.88	0.780
C12×20.7	6.09	12.00	0.282	5/16	2.942	3	0.501	1/2	129	21.5	4.61	3.88	1.73	0.799
C10×30	8.82	10.00	0.673	11/16	3.033	3	0.436	7/16	103	20.7	3.42	3.94	1.65	0.669
C10×25	7.35	10.00	0.526	1/2	2.886	2 7/8	0.436	7/16	91.2	18.2	3.52	3.36	1.48	0.676
C10×20	5.88	10.00	0.379	3/8	2.739	2 3/4	0.436	7/16	78.9	15.8	3.66	2.81	1.32	0.692
C10×15.3	4.49	10.00	0.240	1/4	2.600	2 5/8	0.436	7/16	67.4	13.5	3.87	2.28	1.16	0.713
C9×20	5.88	9.00	0.448	7/16	2.648	2 3/8	0.413	7/16	60.9	13.5	3.22	2.42	1.17	0.642
C9×15	4.41	9.00	0.285	5/16	2.485	2 1/2	0.413	7/16	51.0	11.3	3.40	1.93	1.01	0.661
C9×13.4	3.94	9.00	0.233	1/4	2.433	2 3/8	0.413	7/16	47.9	10.6	3.48	1.76	0.962	0.669
C8×18.75	5.51	8.00	0.487	1/2	2.527	2 1/2	0.390	3/8	44.0	11.0	2.82	1.98	1.01	0.599
C8×13.75	4.04	8.00	0.303	5/16	2.343	2 3/8	0.390	3/8	36.1	9.03	2.99	1.53	0.854	0.615
C8×11.5	3.38	8.00	0.220	1/4	2.260	2 1/4	0.390	3/8	32.6	8.14	3.11	1.32	0.781	0.625
C7×14.75	4.33	7.00	0.419	7/16	2.299	2 1/4	0.366	3/8	27.2	7.78	2.51	1.38	0.779	0.564
C7×12.25	3.60	7.00	0.314	5/16	2.194	2 1/4	0.366	3/8	24.2	6.93	2.60	1.17	0.703	0.571
C7×9.8	2.87	7.00	0.210	3/16	2.090	2 1/8	0.366	3/8	21.3	6.08	2.72	0.968	0.625	0.581
C6×13	3.83	6.00	0.437	7/16	2.157	2 1/8	0.343	5/16	17.4	5.80	2.13	1.05	0.642	0.525
C6×10.5	3.09	6.00	0.314	5/16	2.034	2	0.343	5/16	15.2	5.06	2.22	0.866	0.564	0.529
C6×8.2	2.40	6.00	0.200	3/16	1.920	1 7/8	0.343	5/16	13.1	4.38	2.34	0.693	0.492	0.537
C5×9	2.64	5.00	0.325	5/16	1.885	1 7/8	0.320	5/16	8.90	3.56	1.83	0.632	0.450	0.489
C5×6.7	1.97	5.00	0.190	3/16	1.750	1 3/4	0.320	5/16	7.49	3.00	1.95	0.479	0.378	0.493
C4×7.25	2.13	4.00	0.321	5/16	1.721	1 3/4	0.296	5/16	4.59	2.29	1.47	0.433	0.343	0.450
C4×5.4	1.59	4.00	0.184	3/16	1.584	1 5/8	0.296	3/16	3.85	1.93	1.56	0.319	0.283	0.449
C3×6	1.76	3.00	0.356	3/8	1.596	1 5/8	0.273	1/4	2.07	1.38	1.08	0.305	0.268	0.416
C3×5	1.47	3.00	0.258	1/4	1.498	1 1/2	0.273	1/4	1.85	1.24	1.12	0.247	0.233	0.410
C3×4.1	1.21	3.00	0.170	3/16	1.410	1 3/8	0.273	1/4	1.66	1.10	1.17	0.197	0.202	0.404

* W, 공칭 깊이(in), 1 ft당 무게

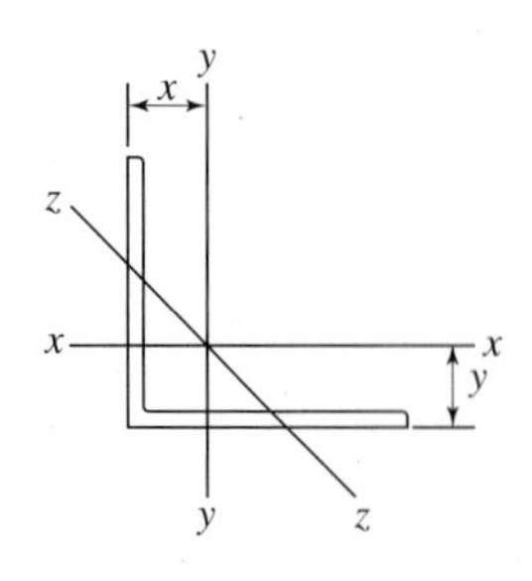

표 D.3 동일한 빗변을 가지는 각

크기 및 두께	단위 길이당 무게	면적 A	x-x 축				y-y 축				z-z 축
			I	S	r	y	I	S	r	x	r
in	lb	in^2	in^4	in^3	in	in	in^4	in^3	in	in	in
∟8×8×1	51.0	15.0	89.0	15.8	2.44	2.37	89.0	15.8	2.44	2.37	1.56
∟8×8×3/4	38.9	11.4	69.7	12.2	2.47	2.28	69.7	12.2	2.47	2.28	1.58
∟8×8×1/2	26.4	7.75	48.6	8.36	2.50	2.19	48.6	8.36	2.50	2.19	1.59
∟6×6×1	37.4	11.0	35.5	8.57	1.80	1.86	35.5	8.57	1.80	1.86	1.17
∟6×6×3/4	28.7	8.44	28.2	6.66	1.83	1.78	28.2	6.66	1.83	1.78	1.17
∟6×6×1/2	19.6	5.75	19.9	4.61	1.86	1.68	19.9	4.61	1.86	1.68	1.18
∟6×6×3/8	14.9	4.36	15.4	3.53	1.88	1.64	15.4	3.53	1.88	1.64	1.19
∟5×5×3/4	23.6	6.94	15.7	4.53	1.51	1.52	15.7	4.53	1.51	1.52	0.975
∟5×5×1/2	16.2	4.75	11.3	3.16	1.54	1.43	11.3	3.16	1.54	1.43	0.983
∟5×5×3/8	12.3	3.61	8.74	2.42	1.56	1.39	8.74	2.42	1.56	1.39	0.990
∟4×4×3/4	18.5	5.44	7.67	2.81	1.19	1.27	7.67	2.81	1.19	1.27	0.778
∟4×4×1/2	12.8	3.75	5.56	1.97	1.22	1.18	5.56	1.97	1.22	1.18	0.782
∟4×4×3/8	9.8	2.86	4.36	1.52	1.23	1.14	4.36	1.52	1.23	1.14	0.788
∟4×4×1/4	6.6	1.94	3.04	1.05	1.25	1.09	3.04	1.05	1.25	1.09	0.795
∟3 1/2×3 1/2×1/2	11.1	3.25	3.64	1.49	1.06	1.06	3.64	1.49	1.06	1.06	0.683
∟3 1/2×3 1/2×3/8	8.5	2.48	2.87	1.15	1.07	1.01	2.87	1.15	1.07	1.01	0.687
∟3 1/2×3 1/2×1/4	5.8	1.69	2.01	0.794	1.09	0.968	2.01	0.794	1.09	0.968	0.694
∟3×3×1/2	9.4	2.75	2.22	1.07	0.898	0.932	2.22	1.07	0.898	0.932	0.584
∟3×3×3/8	7.2	2.11	1.76	0.833	0.913	0.888	1.76	0.833	0.913	0.888	0.587
∟3×3×1/4	4.9	1.44	1.24	0.577	0.930	0.842	1.24	0.577	0.930	0.842	0.592
∟2 1/2×2 1/2×1/2	7.7	2.25	1.23	0.724	0.739	0.806	1.23	0.724	0.739	0.806	0.487
∟2 1/2×2 1/2×3/8	5.9	1.73	0.984	0.566	0.753	0.762	0.984	0.566	0.753	0.762	0.487
∟2 1/2×2 1/2×1/4	4.1	1.19	0.703	0.394	0.769	0.717	0.703	0.394	0.769	0.717	0.491
∟2×2×3/8	4.7	1.36	0.479	0.351	0.594	0.636	0.479	0.351	0.594	0.636	0.389
∟2×2×1/4	3.19	0.938	0.348	0.247	0.609	0.592	0.348	0.247	0.609	0.592	0.391
∟2×2×1/8	1.65	0.484	0.190	0.131	0.626	0.546	0.190	0.131	0.626	0.546	0.398

부록 E 단위환산

표 E.1 단위환산

양	SI → US 상용	US 상용 → SI
길이	1 mm = 0.03937 in	1 in = 25.4 mm
	1 mm = 0.00328 ft	1 ft = 304.8 mm
	1 cm = 0.39370 in	1 in = 2.54 cm
	1 cm = 0.0328 ft	1 ft = 30.48 cm
	1 m = 39.3700 in	1 in = 0.0254 m
	1 m = 3.28 ft	1 ft = 0.3048 m
면적	1 mm^2 = 1.55E−3 in^2	1 in^2 = 645.16 mm^2
	1 mm^2 = 1.0764E−5 ft^2	1 ft^2 = 92903 mm^2
	1 cm^2 = 0.155 in^2	1 in^2 = 6.4516 cm^2
	1 cm^2 = 1.07E−3 ft^2	1 ft^2 = 929.03 cm^2
	1 m^2 = 1550 in^2	1 in^2 = 6.4516E−4 m^2
	1 m^2 = 10.76 ft^2	1 ft^2 = 0.0929 m^2
체적	1 mm^3 = 6.1024E−5 in^3	1 in^3 = 16387 mm^3
	1 mm^3 = 3.5315E−8 ft^3	1 ft^3 = 28.317E6 mm^3
	1 cm^3 = 0.061024 in^3	1 in^3 = 16.387 cm^3
	1 cm^3 = 3.5315E−5 ft^3	1 ft^3 = 28317 cm^3
	1 m^3 = 61024 in^3	1 in^3 = 1.6387E−5 m^3
	1 m^3 = 35.315 ft^3	1 ft^3 = 0.028317 m^3
면적 2차 모멘트(길이)^4	1 mm^4 = 2.402E−6 in^4	1 in^4 = 416.231E3 mm^4
	1 mm^4 = 115.861E−12 ft^4	1 ft^4 = 8.63097E9 mm^4
	1 cm^4 = 24.025E−3 in^4	1 in^4 = 41.623 cm^4
	1 cm^4 = 1.1586E−6 ft^4	1 ft^4 = 863110 cm^4
	1 m^4 = 2.40251E6 in^4	1 in^4 = 416.231E−9 m^4
	1 m^4 = 115.86 ft^4	1 ft^4 = 8.631E−3 m^4

(계속)

표 E.1 단위환산(계속)

양	SI → US 상용	US 상용 → SI
질량	1 kg = 68.521E−3 slug 1 kg = 2.2046 lbm	1 slug = 14.593 kg 1 lbm = 0.4536 kg
밀도	1 kg/m^3 = 0.001938 slug/ft^3 1 kg/m^3 = 0.06248 lbm/ft^3	1 slug/ft^3 = 515.7 kg/m^3 1 lbm/ft^3 = 16.018 kg/m^3
힘	1 N = 224.809E−3 lbf	1 lbf = 4.448 N
모멘트	1 N·m = 8.851 in·lb 1 N·m = 0.7376 ft·lb	1 in·lb = 0.113 N·m 1 ft·lb = 1.356 N·m
압력, 응력, 탄성계수, 전단계수	1 Pa = 145.0377E−6 lb/in^2 1 Pa = 20.885E−3 lb/ft^2 1 KPa = 145.0377E−6 Ksi	1 lb/in^2 = 6.8947E3 Pa 1 lb/ft^2 = 47.880 Pa 1 Ksi = 6.8947E3 KPa
일, 에너지	1 J = 0.7375 ft·lb 1 KW·hr = 3.41214E3 Btu	1 ft·lb = 1.3558 J 1 Btu = 293.071E−6
일률	1 W = 0.7375 ft·lb/s 1 KW = 3.41214E3 Btu/hr 1 KW = 1.341 hp	1 ft·lb/s = 1.3558 W 1 Btu/hr = 293.07E−6 KW 1 hp = 0.7457 KW
온도	$°C = \frac{5}{9}(°F - 32)$	$°F = \frac{9}{5}°C + 32$

부록 F MATLAB의 소개

이 부록에서는 전 세계적으로 널리 사용되고 있는 수학 프로그램인 MATLAB을 알아본다. MATLAB은 아주 강력한 프로그램으로, 특히 행렬의 계산에 유용하다(실제 MATLAB은 이를 목적으로 개발되었다). 많은 교재들에서 다양한 문제를 해결할 수 있는 MATLAB의 기능을 설명하였을 것이다. 이 절의 목적은 MATLAB의 구성을 간단히 소개하고, 이를 바탕으로 프로그램의 사용법을 익히는 것이다. 스프레드시트(spreadsheet)나 MATLAB 같은 계산 프로그램이 도입되기 전 엔지니어들은 공학 문제를 해결하기 위해 자신만의 프로그램을 작성하여 사용하였다. 아직까지 많은 엔지니어들은 복잡한 문제를 풀기 위해 프로그램을 만들지만, 그중 많은 부분을 MATLAB과 같은 계산 프로그램에서 지원하는 내부함수들을 이용하고 있다. MATLAB은 사용자 자신만의 프로그램을 작성할 시에도 사용할 수 있을 만큼 유용하다.

이제 MATLAB의 기본 구성에 대하여 알아보자. 그리고 MATLAB에서 데이터나 수식을 어떻게 입력하는지와 몇 가지 전형적인 공학적 계산의 실행에 대하여 설명한다. 또 MATLAB의 수치, 확률, 논리함수에 대해서도 설명한다. 다음으로 MATLAB의 조건문, 반복문, 그리고 계산된 결과의 도시화(plotting)에 대하여 알아본다. 마지막으로 MATLAB의 곡선접합(curve fitting)과 문자계산능력에 대하여 간단히 설명한다.

기본 개념

MATLAB의 기본적인 개념에 대하여 설명한다. 이 개념을 한 번만 잘 이해하면 MTLAB을 이용하여 공학 문제를 풀 수 있을 것이다. 모든 프로그램이 그러하듯 MATLAB 또한 그 고유의 문법과 전문용어가 있다. MATLAB을 실행시켰을 때 일반적인 창은 그림 F.1과 같다.

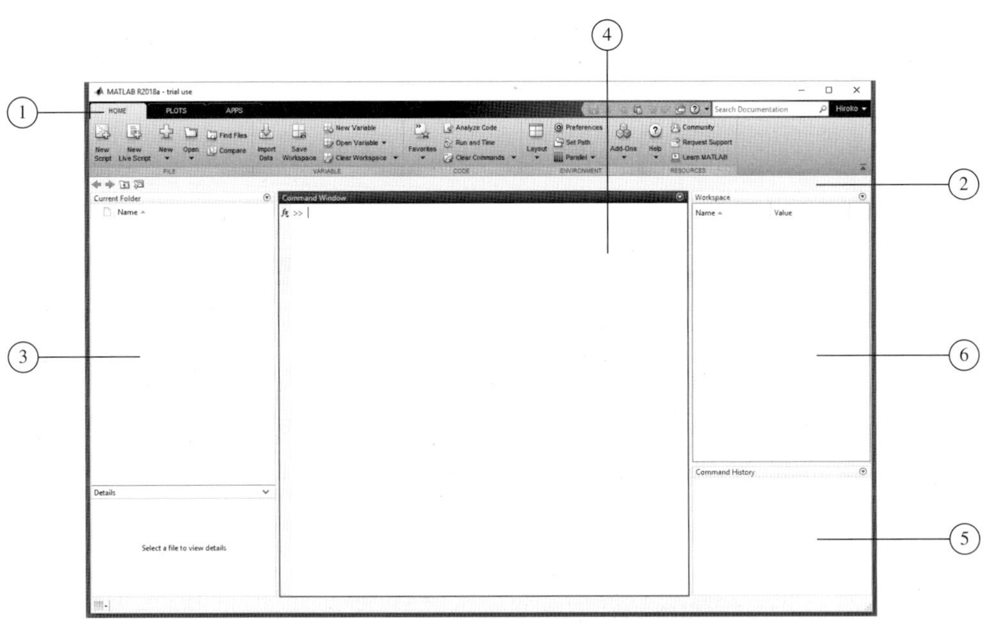

그림 F.1 MATLAB의 작업공간 배치

기본 설정 시의 MATLAB 창의 주요 구성 요소는 그림 F.1에서 보는 바와 같이 구분된다.

1. **MENU Tabs/bar**: 작업공간(workspace)을 저장하거나 데이터 불러오기 같이 특정 목적의 명령어들이 포함되어 있다.
2. **Current Directory**: 현재 활성화된 디렉터리(directory)를 확인할 수 있다. 또 디렉터리를 바꿀 수도 있다.
3. **Current Folder**: 현재 디렉터리에 있는 모든 파일과 그 종류, 크기 및 설명 등을 보여준다.
4. **Command Windows**: 여기에 변수를 입력하거나 MATLAB에 명령을 입력한다. 또 계산의 결과를 보여준다.
5. **Command History**: 전 MATLAB의 작업시간 동안 명령어가 사용된 시간과 날짜를 보여준다. 또 현재 사용된 명령어의 이력을 보여준다.
6. **Workspace**: MATLAB 작업시간 동안 생성한 변수들을 보여준다.

그림 F.1과 같이 기본 설정 시에 MATLAB의 화면은 Current Directory, Command Window, Command History 3개의 창으로 나누어진다. 명령창(Command Window)에는 사용자가 변수를 지정하거나 또는 도시화하는 것같이 원하는 명령을 키보드로 입력할 수 있다. 명령이력창(Command History Window)에는 MATLAB의 전 작업시간 동안 사용한 명령어의 사용날짜와 사용시간이 나타나 있다. 또 이곳에는 현재 작업시간에서 사용한 명령의 이력도 나타난다. 과거에 사용한 명령을 명령이력창에서 명령창으로 이동시킴으로써 다시 사용할 수 있다. 과거에 사용된 명령을 다시 사용하려면 명령이력창에서 원하는 명령어를 클릭한 상태로 드래그해서 명령창에 놓으면 된다. 다른 방법으로, 상향키(up arrow key, ↑)를 누르면 과거에 사용한 명령어들이 하나씩 나타날 것이다. 또 현재 명령창 내의 명령어를 복사, 붙여넣기를 하고 이를 편집하여 다시 사용할 수도 있다. 명령창을 깨끗이 지우고 싶을 경우에는 화면에 **clc** 명령을 입력한다.

이제 MATLAB 환경에서 변수의 값과 행렬의 요소를 정의해 보자. 예로, 그림 F.2와 같

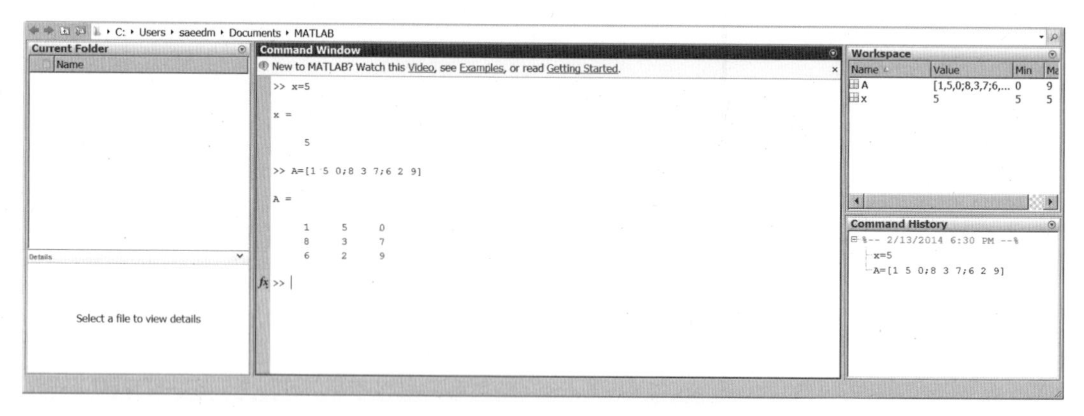

그림 F.2 MATLAB에서의 변수 또는 행렬 요소 지정의 예제

이 명령창에서 프롬프트(>>) 모양 뒤에 **x = 5**를 키보드로 입력함으로써 변수 x의 값으로 5를 지정하였다. MATLAB에서 사용하는 간단한 스칼라(산술) 연산은 표 F.1과 같다.

표 F.1 MATLAB의 스칼라(산술) 연산

연산	기호	예: $x=5$와 $y=3$	결과
덧셈	+	$x+y$	8
뺄셈	−	$x-y$	2
곱셈	*	$x*y$	15
나눗셈	/	$(x+y)/2$	4
지수	^	x^2	25

행렬 $[A]$를 $[A] = \begin{bmatrix} 1 & 5 & 0 \\ 8 & 3 & 7 \\ 6 & 2 & 9 \end{bmatrix}$로 정의하기 위해서는 화면에 다음과 같이 입력한다.

```
A=[1 5 0;8 3 7;6 2 9]
```

MATLAB에서는 행렬을 [ ]로 구분하고, 한 행 안의 요소들은 빈 칸(blank space)으로 분리하며, 각 행들은 세미콜론(semicolon, ;)으로 구분한다.

format, disp, fprintf 명령

MATLAB에서는 계산된 결과를 화면에 나타내기 위한 몇 가지 명령을 제공한다. MATLAB의 **format** 명령을 이용하면 결과를 특정 형태로 나타낼 수 있다. 이 예로, 만약 $x = 2/3$으로 정의한다면 MATLAB은 $x = 0.6667$로 화면에 나타낼 것이다. 기본 설정에 의하여 MATLAB은 소수점 이하 4자리만을 표시한다. 더 많은 소수점을 표시하고 싶다면 **format long** 명령을 입력한다. 명령을 실행한 후 다시 x를 치면 소수점 이하 14자리 수인 $x = 0.66666666666667$이 나타날 것이다. 표 F.2에서의 명령들을 이용하여 x값을 여러 형태로 제어할 수 있다. format 명령어는 MATLAB 내부의 계산과정에는 관여하지 않고 단지

표 F.2 format 명령의 설정

MATLAB 명령어	$x = 2/3$의 표시방법	설명
format short	0.6667	4자리 소수 표시–기본 형식
format long	0.66666666666667	14자리 소수 표시
format rat	2/3	분수 표시
format bank	0.67	2자리 소수 표시
format short e	6.6667e − 001	4자리 소수와 과학적 표시
format long e	6.666666666666666e − 001	14자리 소수와 과학적 표시
format hex	3fe5555555555555	16진수 표시
format +	+	양수, 음수, 0에 따라 +, −, 빈칸으로 표시
format compact		결과에서 빈 줄을 삭제

화면에 보여주는 값에만 영향을 준다.

disp 명령은 문자나 변수값을 화면에 나타낼 때 사용한다. 예를 들어, ***x*** **= [1 2 3 4 5]**로 지정되어 있을 경우, **disp(x)**를 입력하면 화면에 1 2 3 4 5가 나타날 것이다. 또 disp('Result =')를 입력하면 Result=가 나타날 것이다. 문장을 화면에 나타내고 싶을 경우에 문장은 작은따옴표(' ')로 둘러싸여져야 한다.

fprintf 명령은 다양한 형태로 사용 가능하다. 이 명령을 이용하여 문자 혹은 원하는 소수점을 가진 값을 나타낼 수 있다. 또 특수문자 형식인 **\n**과 **\t**를 이용하여 원하는 곳에서 한 줄이나 탭을 삽입할 수도 있다. fprintf 명령의 설명을 위하여 예제 F.1을 보자.

예제 F.1

MATLAB 명령창에 다음과 같은 명령을 입력하라.

x = 10

fprintf('The value of x is %g \n', x)

MATLAB 창에는 다음과 같이 나타날 것이다.

The value of x is 10

예제 F.1의 실제 결과 화면은 다음 그림과 같이 나타날 것이다.

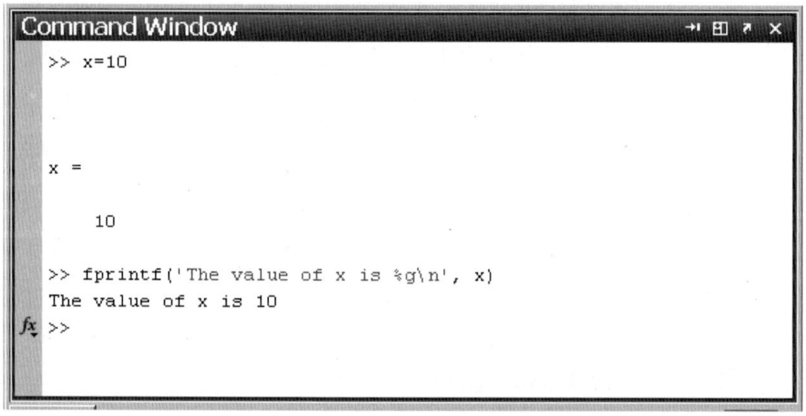

```
Command Window
>> x=10

x =

    10

>> fprintf('The value of x is %g\n', x)
The value of x is 10
>>
```

이때 문장이나 형식코드는 작은따옴표로 둘러싸여져야 한다. 또한 %g는 숫자의 형태를 지정한 것으로 *x*값인 10으로 대체된다. MATLAB은 \n을 만나기 전까지 아무런 값도 출력하지 않는다. disp와 fprintf에 관한 또 다른 내용은 다른 예제에서 다룬다.

작업공간의 저장

save your_filename 명령을 이용함으로써 작업공간을 저장할 수 있다. your_filename은 작업공간의 이름으로 저장하고 싶은 문장을 입력한다. **load your_filename** 명령을 이용하여 특정 파일을 저장장치에서 메모리로 불러들일 수 있다. MATLAB을 오래 사용하다 보면 많은 파일들이 생성되게 된다. 이때, **dir** 명령을 이용하면 현재 디렉터리에 저장된 요소들의 목록을 확인할 수 있다. 변수 지정이나 간단한 MATLAB 명령은 명령창을 이용하여 해결할 수 있다. 하지만 장문의 프로그램을 작성할 시에는 M-file을 이용하는 것이 편리하다. 이 부록의 후반에서 M-file의 생성, 편집, 실행, 디버그에 대하여 설명한다.

변수의 범위 생성

데이터를 생성, 해석, 도시화할 때는 데이터의 범위를 설정하는 것이 편리하다. 데이터의 **범위**(range)나 행렬의 행(row)을 설정할 때는 시작값, 증분, 끝값만이 필요하다. 예를 들어, 0에서 100까지 25의 증분으로 *x*값(즉, 0 25 50 75 100)을 생성하려면 명령창에 다음과 같이 입력한다.

x=0:25:100

MATLAB 언어에서 데이터의 범위는 시작값 : 증분 : 끝값의 형태로 정의된다. 또 다른 예로 다음과 같이 입력하면,

Countdown=5:-1:0

Countdown 행은 5 4 3 2 1 0으로 구성될 것이다.

MATLAB의 수식 생성

MATLAB을 이용하여 공학 공식을 입력하고 결과값을 계산할 수 있다. 수식을 쓸 때는 연산의 구역을 구분하기 위하여 괄호를 이용한다. 예로, MATLAB의 명령창에 **count=100+5*2**라 입력하면 곱하기를 먼저 수행하여 10이 나온 후 다음으로 100을 더하여 전체 결과값으로 110을 내놓을 것이다. 그러나 만약 100과 5 옆에 **count=(100+5)*2**와 같이 괄호를 쓴다면 결과는 210으로 계산될 것이다. MATLAB의 간단한 산술 연산은 표 F.3에 나와 있다.

표 F.3 MATLAB의 산술 연산

연산	기호	예 : $x=10$과 $y=2$	z, 예의 공식 결과
덧셈	+	$z=x+y+20$	32
뺄셈	−	$z=x-y$	8
곱셈	*	$z=(x*y)+9$	29
나눗셈	/	$z=(x/2.5)+y$	6
지수	^	$z=(x\hat{}y)\hat{}0.5$	10

요소 대 요소 연산

MATLAB은 간단한 스칼라(산술) 연산 이외에, 추가적으로 요소 대 요소 연산과 행렬 연산이 가능하다. 요소 대 요소 연산의 기호는 표 F.4에 나타나 있다. 더 쉬운 이해를 위하여 직

표 F.4 MATLAB의 요소 대 요소 연산

연산	산술 연산	연산 시 요소 대 요소 등가 기소
덧셈	+	+
뺄셈	−	−
곱셈	*	.*
나눗셈	/	./
지수	^	.^

선 주로를 달리는 5명 주자의 몸무게(**m = [60 55 70 68 72]**)와 속도(**s = [4 4.5 3.8 3.6 3.1]**)를 측정한다고 하자. **m**배열과 **s**배열은 각각 5개의 요소를 가지고 있다. 이제 각 주자의 운동량(momentum)을 구하고자 한다. MATLAB의 요소 대 요소 곱하기를 이용하여 각 주자의 운동량은 다음과 같이 **momentum = m.*s** 명령으로 계산할 수 있다. 이 결과 **momentum = [240 247.5 266 244.8 223.2]**이다. 여기서 기호 **(.*)**은 요소 대 요소 연산자이다.

요소 대 요소 연산에 대한 좀 더 나은 이해를 위하여 MATLAB의 명령창에 **a = [7 4 3 −1]**과 **b = [1, 3, 5, 7]**을 입력하고 다음 연산을 수행해 보자.

```
>> a+b
ans = 8  7  8  6
>> a−b
ans = 6  1  −2  −8
>> 3*a
ans = 21  12  9  −3
>> 3.*a
ans = 21  12  9  −3
>> a.*b
ans = 7  12  15  −7
>> b.*a
ans = 7  12  15  −7
>> 3.^a
ans = 1.0e+003 *
2.1870  0.0810  0.0270  0.0003
>> a.^b
ans = 7  64  243  −1
>> b.^a
ans = 1.0000  81.0000  125.0000  0.1429
```

예제 F.2를 스스로 풀어보아라.

예제 F.2

이번 예제는 온도의 변화에 따라 공기의 밀도가 어떻게 변하는지를 나타낸다. MATLAB의 요소 대 요소 연산을 사용하라. 공기의 밀도는 이상기체의 법칙에 의해서 다음과 같이 주어진다.

$$\rho = \frac{P}{RT}$$

여기서 $P =$ 표준 대기압(101.3 kPa)

$R \equiv$ 공기의 기체상수 $\left(286.9\left(\frac{\text{J}}{\text{kg}\cdot\text{K}}\right)\right)$

$T \equiv$ 공기의 켈빈 온도

온도와 공기 밀도의 관계가 위와 같이 MATLAB을 이용하여 온도가 0°C(273.15K)에서 50°C(323.15K)까지 5°C씩 증가하면서 변할 때 밀도의 변화를 표로 나타내어라.

MATLAB의 명령창에 다음과 같이 입력한다.

```
>> Temperature = 0:5:50;
>> Density = 101300./((286.9)*(Temperature + 273));
>> fprintf('\n\n');disp('Temperature(C) Density(kg/m^3)');
   disp([Temperature', Density'])
```

위의 명령에서 각 줄 마지막의 세미콜론(;)은 그의 결과값을 화면에 나타내지 않도록 하는 기능을 한다. 만약 세미콜론 없이 **Temperature = 0:5:50**이라고 한다면 MATLAB은 다음과 같이 온도를 한 행으로 화면에 나타낼 것이다.

```
Temperature = 0 5 10 15 20 25 30 35 40 45 50
```

(./)는 MATLAB의 요소 대 요소 연산자로 각 온도값에 대하여 나눗셈을 수행한다.

disp 명령에서 **Temperature'**과 **Density'** 위의 (')은 한 행으로 저장되어 있는 결과값을 화면에 나타내기 전에 한 열로 바꾸는 기능을 한다. 행렬의 행과 열을 바꾸는 작업을 행렬의 전치(transpose)라 한다. 예제 F.2의 최종 결과값은 그림 F.3과 같다. Temperature와 Density가 한 열로 나타나 있는 것을 확인하라. 또 **fprintf**와 **disp** 명령의 사용법도 다시 숙지하라.

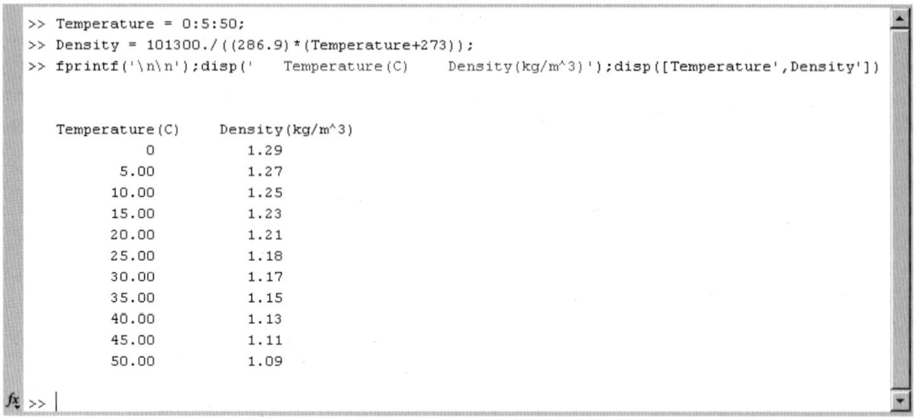

```
>> Temperature = 0:5:50;
>> Density = 101300./((286.9)*(Temperature+273));
>> fprintf('\n\n');disp('    Temperature(C)     Density(kg/m^3)');disp([Temperature',Density'])


   Temperature(C)     Density(kg/m^3)
            0            1.29
         5.00            1.27
        10.00            1.25
        15.00            1.23
        20.00            1.21
        25.00            1.18
        30.00            1.17
        35.00            1.15
        40.00            1.13
        45.00            1.11
        50.00            1.09

fx >> |
```

그림 F.3 예제 F.2의 결과

위의 예제에서 요소 대 요소 나눗셈 연산을 사용하였다. MATLAB의 또 다른 요소 대 요소의 연산의 기호는 표 F.4에 주어져 있다.

행렬 연산

MATLAB은 행렬을 계산하고 조작하기 위한 많은 도구를 제공한다. 표 F.5는 이러한 기능의 예를 보여준다. 이 부록의 끝부분과 예제 F.9, F.10에서 MATLAB의 행렬 연산에 대하여 알아본다.

표 F.5 MATLAB 행렬 연산의 예

연산	기호 또는 명령어	예:
덧셈	+	A+B
뺄셈	−	A−B
곱셈	*	A*B
전치	행렬명′	A′
역(inverse)	inv(행렬명)	inv(A)
행렬식	det(행렬명)	det(A)
고유치	eig(행렬명)	eig(A)
행렬과 나눗셈(선형 방정식의 해를 구하기 위한 Gauss 소거법 사용)	\	예제 F.10 참조

예제 F.3

MATLAB을 이용하여 표 F.6과 같이 예금과 이자에 관한 표를 만들어라.

표 F.6과 같은 표를 만들기 위해서 다음과 같은 명령을 입력한다.

표 F.6 예금과 이자의 관계

달러 금액	이율			
	0.06	**0.07**	**0.075**	**0.08**
1000	60	70	75	80
1250	75	87.5	93.75	100
1500	90	105	112.5	120
1750	105	122.5	131.25	140
2000	120	140	150	160
2250	135	157.5	168.75	180
2500	150	175	187.5	200
2750	165	192.5	206.25	220
3000	180	210	225	240

```
>> format bank
>> Amount = 1000:250:3000;
>> Interest_Rate = 0.06:0.01:0.08;
>> Interest_Earned = (Amount')*(Interest_Rate);
>> fprintf('\n\n\t\t\t\t\t\t\t Interest Rate');fprintf('\n\t Amount\t\t');. . .
fprintf('\t\t %g',Interest_Rate);fprintf('\n');disp([Amount',Interest_Earned])
```

마지막 명령에서 3개의 마침표(줄임표, ...)는 명령어가 다음 줄에 계속된다는 표시이다. **fprintf**와 **disp** 명령의 사용에 유의하라. 예제 F.3의 최종 결과는 그림 F.4와 같다.

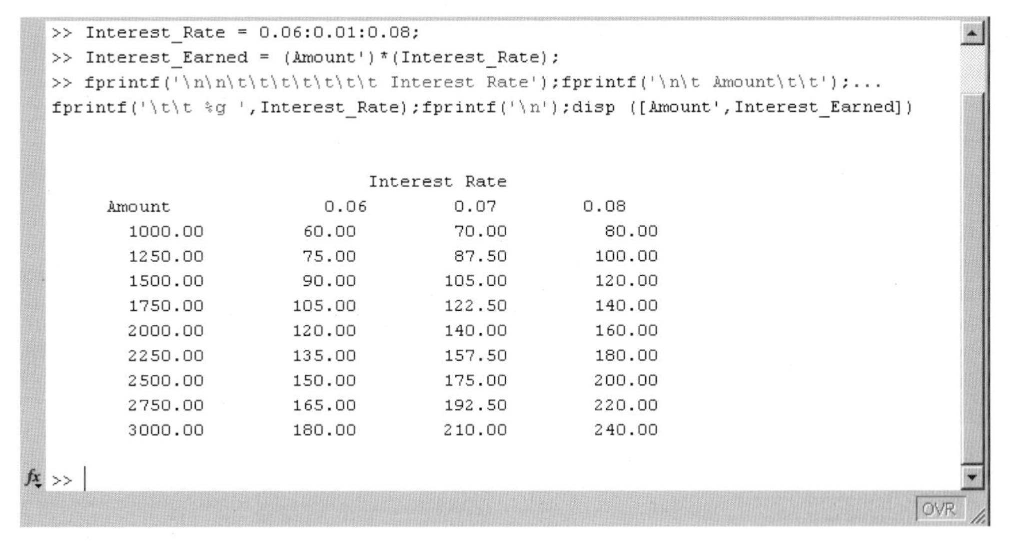

```
>> Interest_Rate = 0.06:0.01:0.08;
>> Interest_Earned = (Amount')*(Interest_Rate);
>> fprintf('\n\n\t\t\t\t\t\t\t Interest Rate');fprintf('\n\t Amount\t\t');...
fprintf('\t\t %g ',Interest_Rate);fprintf('\n');disp ([Amount',Interest_Earned])


                          Interest Rate
     Amount            0.06        0.07        0.08
       1000.00        60.00       70.00       80.00
       1250.00        75.00       87.50      100.00
       1500.00        90.00      105.00      120.00
       1750.00       105.00      122.50      140.00
       2000.00       120.00      140.00      160.00
       2250.00       135.00      157.50      180.00
       2500.00       150.00      175.00      200.00
       2750.00       165.00      192.50      220.00
       3000.00       180.00      210.00      240.00

>> |
```


그림 F.4 예제 F.3의 명령코드와 결과

MATLAB 내부함수 사용법

MATLAB에서는 데이터를 분석할 수 있는 광범위한 내부함수를 제공한다. MATLAB 내부함수는 수치, 삼각함수, 확률, 논리함수 등의 카테고리로 분류된다. 여기에서는 가장 일반적으로 쓰이고 있는 함수에 대하여 알아본다. **help** 명령 뒤에 함수의 이름을 입력함으로써 그 함수의 사용법을 알 수 있다.

표 F.7에 자주 사용되는 MATLAB의 내부함수에 대한 사용목적과 개략적인 설명이 있다. 표 F.7의 내용에 대하여 공부할 때 예제 F.4를 이용하라.

예제 F.4

다음의 변수들은 MATLAB 내부함수의 소개를 위하여 사용될 것이다.

Mass = [102 115 99 106 103 95 97 102 98 96]

표 F.7에서 각 함수의 결과는 'result of the example' 항에 나타나 있다.

표 F.7 공학 해석에 사용되는 MATLAB 내부함수

함수	함수 설명	예	결과
sum	주어진 배열값의 합	sum(Mass)	1013
mean	주어진 배열의 평균값	mean(Mass)	101.3
max	주어진 배열의 최댓값	max(Mass)	115
min	주어진 배열의 최솟값	min(Mass)	95
std	주어진 배열의 표준편차	std(Mass)	5.93
sort	주어진 배열의 오른차순 분류	sort(Mass)	95 96 97 98 99 102 102 103 106 115
pi	π의 값 3.14151926535897…	pi	3.14151926535897…
tan	아규먼트의 탄젠트값, 아규먼트는 라디안임.	tan(pi/4)	1
cos	아규먼트의 코사인값, 아규먼트는 라디안임.	cos(pi/2)	0
sin	아규먼트의 사인값, 아규먼트는 라디안임.	sin(pi/2)	1

MATLAB 내부함수의 다른 예는 표 F.8에 나타나 있다.

표 F.8 MATLAB 내부함수의 다른 예

sqrt(x)	x의 제곱근
factorial(x)	x의 계승. 예를 들면, 5의 계승은 (5)(4)(3)(2)(1) = 120임.
삼각함수	
acos(x)	x의 역코사인 함수. 코사인값이 알려져 있을 때 각도를 구하는 데 사용
asin(x)	x의 역사인 함수. 사인값이 알려져 있을 때 각도를 구하는 데 사용
atan(x)	x의 역탄젠트 함수. 탄젠트값이 알려져 있을 때 각도를 구하는 데 사용
지수와 대수 함수	
exp(x)	e^x의 값
log(x)	x의 자연대수. 반드시 $x > 0$이어야 함.
log10(x)	x의 상용대수(밑수가 10)
log2(x)	x의 대수(밑수가 2)

예제 F.5

MATLAB을 이용하여 주어진 데이터 표 F.9의 산술평균(average, arithmetic mean)과 표준편차(standard deviation)를 계산하라.

표 F.9 예제 F.5의 데이터

그룹 A의 데이터 ρ(kg/m^3)	그룹 B의 데이터 ρ(kg/m^3)
1020	950
1015	940
990	890
1060	1080
1030	1120
950	900
975	1040
1020	1150
980	910
960	1020

예제 F.5의 최종 결과는 그림 F.5와 같다.

```
>> Density_A = [1020 1015 990 1060 1030 950 975 1020 980 960];
>> Density_B = [950 940 890 1080 1120 900 1040 1150 910 1020];
>> Density_A_Average = mean(Density_A)

Density_A_Average =

       1000.00

>> Density_B_Average = mean(Density_B)

Density_B_Average =

       1000.00

>> Standard_Deviation_For_Group_A = std(Density_A)

Standard_Deviation_For_Group_A =

         34.56

>> Standard_Deviation_For_Group_B = std(Density_B)

Standard_Deviation_For_Group_B =

         95.22
```

그림 F.5 예제 F.5의 MATLAB 명령창

다음 MATLAB 명령은 다음과 같은 결과를 얻을 수 있다.

≫ Density_A = [1020 1015 990 1060 1030 950 975 1020 980 960];

≫ Density_B = [950 940 890 1080 1120 900 1040 1150 910 1020];

≫ Density_A_Average = mean(Density_A)

Density_A_Average =

1000.00

≫ Density_B_Average = mean(Density_B)

Density_B_Average =

1000.00

≫ Standard_Deviation_For_Group_A = std(Density_A)

Standard_Deviation_For_Group_A =

34.56

≫ Standard_Deviation_For_Group_B = std(Density_B)

Standard_Deviation_For_Group_B =

95.22

≫

반복문 제어 – *for*문과 *while*문

컴퓨터 프로그램을 작성하다 보면 그중 한 줄이나 한 블록을 여러 번 반복해야 하는 경우가 있다. MATLAB은 이런 경우를 위하여 ***for***와 ***while*** 명령을 지원한다.

*for*문

*for*문을 이용하면 특정 줄이나 블록을 원하는 횟수만큼 반복할 수 있다. *for*문의 형식은 아래와 같다.

for index = start-value : increment : end-value

a line or a block of your computer code

end

예를 들어, $x = 22.00, 22.50, 23.00, 23.50, 24.00$에서 $y = x^2 + 10$ 값을 계산하고자 한다. 이 계산의 결과값은 $y = 494.00, 516.25, 539.00, 562.25, 586.00$일 것이다. 이의 계산을 위한 MATLAB 프로그램 코드는 아래와 같다.

```
x = 22.0;
for i = 1:1:5
    y=x^2+10;
    disp([x',y'])
    x = x + 0.5;
end
```

선행한 예제에서는 인덱스는 i로, 시작값은 1, 증분은 1, 끝값은 5이다.

***while*문**

*while*문을 이용하면 원하는 줄이나 블록을 특정 조건과 만날 때까지 반복할 수 있다. *while*문의 형식은 다음과 같다.

while controlling-expression

a line or a block of your computer code

end

*while*문에서 특정 줄이나 블록은 제어문이 참인 경우에 반복된다. 아래의 예에서 *while*은 다음과 같이 사용된다.

```
x = 22.0;
while x <= 24.00
      y=x^2+10;
      disp([x',y'])
      x = x + 0.5;
end
```

위의 예에서 <= 표시는 작거나 같음을 의미한다. 이는 관계 연산자 또는 비교 연산자라고도 한다. 다음으로 MATLAB의 논리와 관계 연산자를 설명한다.

MATLAB의 관계 연산자와 조건문

이 절에서는 MATLAB의 관계 연산자와 조건문의 사용에 대하여 알아본다. 관계 연산자 또는 비교 연산자는 변수의 크기를 비교한다. 관계 연산자는 표 F.10에 있다. MATLAB의 관계 연산자와 조건문을 알아보기 위해 예제 F.6을 풀어본다.

표 F.10 MATLAB의 관계 연산자

관계 연산자	의미
<	보다 작음
<=	보다 작거나 같음
==	같음
>	보다 큼
>=	보다 크거나 같음
~=	같지 않음

조건문−*if, else*

컴퓨터 프로그램을 작성하다 보면 한 줄이나 한 블록이 특정 조건(true)과 만날 경우 실행되어야 하는 경우가 있다. MATLAB은 이런 경우를 위하여 *if*와 *else* 명령을 제공한다.

*if*문

*if*문 조건 제어의 가장 간단한 형태이다. *if*문을 사용하면 *if*를 따르는 문장이 참인 경우, 특정 줄이나 블록을 그 문장 길이만큼 반복할 수 있다. *if*문의 구조는 다음과 같다.

> *if expression*
>
> a line or a block of your computer code
>
> *end*

예로, 10명의 시험성적(scores = [85 92 50 77 80 59 65 97 72 40])을 가지고 있다고 하자. 이 중 성적이 60점 이하인 경우 FAILING이라고 지시하는 프로그램을 만들고자 한다. 위의 예에 대한 MATLAB 프로그램 코드는 아래와 같다.

```
scores=[85 92 50 77 80 59 65 97 72 40];
for i=1:1:10
  if scores (i) <60
    fprintf('\t %g \t\t\t\t\t FAILING\n', scores (i))
  end
end
```

*if, else*문

else문은 특정 줄이나 블록을 **if**문이 참이 아닌 경우에 실행하게 한다. 예를 들어, 성적 중 FAILING뿐 아니라 PASSING된 성적도 알고 싶다고 가정하자. 이 경우에 대하여 다음과 같이 코딩할 수 있다.

```
scores=[85 92 50 77 80 59 65 97 72 40];
for i=1:1:10
    if scores (i) >=60
      fprintf('\t %g \t\t\t\t\t PASSING\n', scores (i));
    else
      fprintf('\t %g \t\t\t\t\t FAILING\n', scores (i))
    end
end
```

MATLAB의 명령창에 위와 같은 내용을 스스로 실습해 보아라.

또한 MATLAB은 **if, else** 명령과 함께 사용할 수 있는 **elseif**문을 제공한다. **elseif**문에 대한 자세한 사항은 **help elseif**를 이용하여 공부해 보자.

예제 F.6

그림 F.6의 파이프라인은 압력이 20 psi를 넘어서면 열리는 제어(또는 체크) 밸브와 연결되어 있다. 시간과 기록에 따라 여러 가지 값이 읽혀질 것이다. MATLAB의 관계 연산자와 조건문을 이용하여 밸브의 개폐 위치를 나타내는 목록을 작성하는 프로그램을 만들어라.

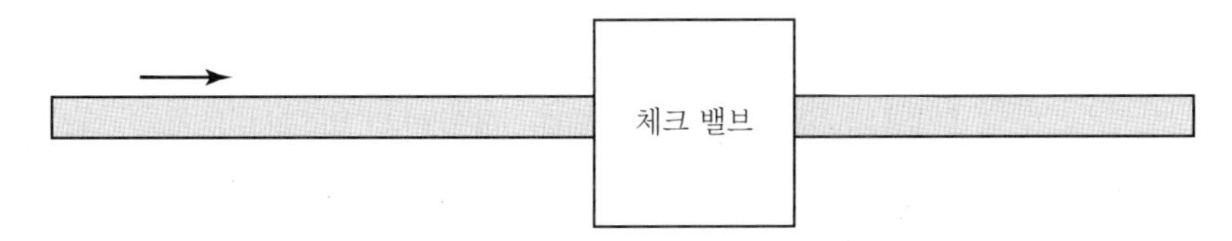

그림 F.6 예제 F.6의 개략도

예제 F.6의 결과는 그림 F.7과 같다. 다음 명령들을 이용하여 해를 구할 수 있다.

```
≫ pressure = [20 18 22 26 19 19 21 12];
≫ fprintf('\t Line Pressure (psi)\t Valve Position\n\n');for i = 1:8
if pressure(i)> = 20
fprintf('\t %g \t\t\t\t OPEN\n',pressure(i))
else
fprintf('\t %g \t\t\t\t CLOSED\n',pressure(i))
end
end
```

```
>> pressure=[20 18 22 26 19 19 21 12];
>> fprintf('\t Line Pressure (psi) \t Valve Position\n\n');for i=1:8
if pressure(i) >=20
fprintf('\t %g \t\t\t\t OPEN\n',pressure(i))
else
fprintf('\t %g \t\t\t\t CLOSED\n',pressure(i))
end
end
     Line Pressure (psi)      Valve Position

     20                       OPEN
     18                       CLOSED
     22                       OPEN
     26                       OPEN
     19                       CLOSED
     19                       CLOSED
     21                       OPEN
     12                       CLOSED
fx >> |
```

그림 F.7 예제 F.6의 해

M-FILE

앞에서 설명했듯이 변수 입력이나 간단한 명령은 MATLAB의 명령창을 이용하여 수행할 수 있다. 그러나 프로그램의 크기가 늘어난다면 M-file을 이용하는 것이 편리하다. 이 파일은 확장자가 *.m*이기에 M-file이라 불린다. M-file은 문서편집기나 MATLAB의 Editor/Debugger를 이용하여 만들 수 있다. M-file을 작성하기 위해서는 M-file Editor와

MATLAB을 실행시키고, 새로운 프로그램을 위한 창을 하나 열어야 한다. 프로그램을 작성하면서 좌측의 숫자를 통해서 그 줄의 번호를 알 수 있다. 줄 번호는 프로그램을 디버깅(debugging)할 때 유용하게 사용된다. 파일을 저장할 때는 간단히 **File → Save**를 클릭하고 원하는 이름을 적으면 된다. 파일명은 반드시 문자로 시작해야 하며, 숫자와 밑선(_)을 포함할 수 있다. 이때 파일명은 MATLAB의 명령어와 중복되지 않도록 주의해야 한다. 파일명이 MATLAB의 명령어로 쓰이고 있는지를 확인하려면 명령창에 **exist ('file-name')**을 입력한다. 작성된 프로그램을 실행하기 위해서는 **Debug → Run**(혹은 **F5** 키를 누른다)을 클릭한다. 첫 번째 실행에서 프로그램의 실수를 찾았다고 실망하지는 마라. 이는 아주 일반적인 현상이다. 실수를 찾기 위해서 디버거(Debugger)를 이용할 수 있다. 디버깅에 대하여 더 알고 싶다면 MATLAB의 명령창에서 *help debug*를 사용하라.

예제 F.7

Pascal은 7세 때, 1, 2, 3, …, n까지의 합을 구하기 위해 식 $\frac{n(n+1)}{2}$을 만들었다고 한다. 이야기에 따르면 Pascal은 1부터 100까지의 합을 구하라는 선생님의 질문을 받았을 때, 몇 분 안에 위 식을 도출했다고 한다. Pascal은 아래와 같은 방법으로 문제를 해결한 것으로 보인다.

첫 번째, 그는 다음과 같이 한 줄에 1부터 100까지의 수를 썼다.

1 2 3 4 .... 99 100

그런 다음, 다음 줄에 수를 역순으로 썼다.

100 99 98 97 .... 2 1

그 후 각 수를 더했으며, 그 결과는 모두 101이었다.

101 101 101 101 .... 101 101

Pascal은 그가 1부터 100까지의 수를 두 번 사용하였으므로, 문제의 해는 결과를 2로 나누어야 한다는 것을 깨달았으며 결국 $\frac{100(101)}{2} = 5050$임을 구하였다. 이후 그는 그의 접근과정을 일반화하여 식 $\frac{n(n+1)}{2}$을 만들었다.

이제, M-file을 이용하여 사용자가 숫자 n을 입력하면 1부터 n까지의 합을 구하는 프로그램을 작성해 볼 것이다. 프로그램의 흥미를 위해 여기서 Pascal의 식을 사용하지 않고 *for* 문을 사용한다. 그림 F.8처럼 MATLAB의 Editor를 이용하여, 이름이 **For_Loop_Example.m**인 프로그램을 만든다. 프로그램에서 % 표시는 주석을 나타낸다. MATLAB은 % 이후의 모든 것을 주석으로 취급한다. 또한 화면상의 커서(cursor)를 움직임으로써 프로그램 내에서의 위치인 줄(Line, Ln)과 열(Column, Col)을 찾을 수 있다. 줄과 열 번호는 Editor 우측

```
1       % For_Loop_Example.m
2
3       % Ask the user to input the upper value
4  -    upper_value=input('please input the upper value of the number:');
5       % Set the sum equal to zero
6  -    sum=0;
7  -    for k=1:1:upper_value
8  -        sum=sum+k;
9  -    end
10      % Print the result
11 -    fprintf('\n The sum of numbers from 1 to %g is equal to: %g\n', upper_value,sum)
```

그림 F.8 예제 F.7의 M-file

하단 모서리에서 찾을 수 있다. 줄과 열 번호는 프로그램을 디버깅할 때 유용하게 사용된다. **Debug → Run**을 클릭함으로써 프로그램을 실행하고, 그 결과는 그림 F.9에 있다.

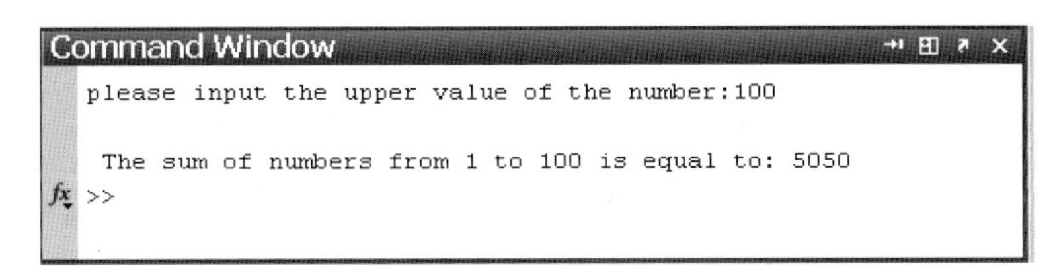

그림 F.9 예제 F.7의 결과

MATLAB의 도시화 기능

MATLAB은 차트를 그리기 위한 다양한 기능을 제공한다. 예를 들면, 일반적인 x-y 차트, 세로 그래프(column charts, histograms), 등고선(contour), 평면도면(surface plots)이 있다. 그러나 공학 분야에서는 x-y 형태의 차트를 많이 사용하고 있으므로, 여기서는 x-y 차트를 자세히 다룬다.

예제 F.8

가로, 세로가 모두 10 cm인 종이의 양쪽을 x cm씩 접어서 상자를 만들 때, 만들 수 있는 상자의 최대 체적은 얼마인가? 이 문제는 간단한 해석해를 가진다. 하지만 MATLAB의 도시화 기능을 설명하기 위하여 MATLAB을 사용하여 풀어보기로 한다.

체적은 종이의 양쪽을 x cm씩 접어서 만들어지며, 이는 다음 식

$$\text{volume} = (10 - 2x)(10 - 2x)x$$

로 나타낼 수 있다. 또한 체적은 $x = 0$과 $x = 5$에서 0이 될 것이다. 그러므로 x의 범위를 0에서 5까지로 한정하고 증분을 0.1로 한다. 체적이 최대로 되는 점을 찾기 위해 volume 대 x의 그래프를 그린다. 해를 찾기 위한 MATLAB의 명령은 다음과 같다.

```
>> x = 0:0.1:5;
>> volume = (10 − 2*x).*(10 − 2*x).*x;
>> plot (x,volume)
>> title ('Volume as a function of x')
>> xlabel ('x (cm)')
>> ylabel ('Volume (cm^3)')
>> grid minor
>>
```

예제 F.8의 MATLAB 명령창은 그림 F.10과 같다. volume 대 x의 그래프는 그림 F.11에서 볼 수 있다.

```
>> x = 0:0.1:5;
>> volume = (10-2*x).*(10-2*x).*x;
>> plot (x,volume)
>> title ('Volume as a function of x')
>> xlabel ('x (cm)')
>> ylabel ('Volume (cm^3)')
>> grid minor
fx >>
```

그림 F.10 예제 F.8의 MATLAB 명령창

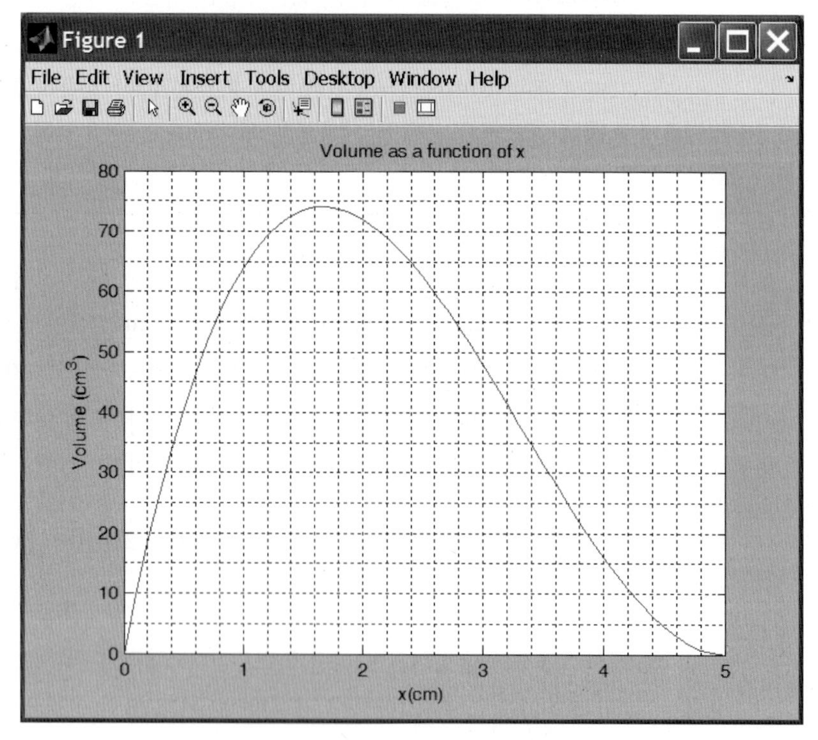

그림 F.11 예제 F.8의 volume 대 x 그래프

이제 데이터를 그래프로 그리기 위한 MATLAB의 명령에 대하여 알아보자. **plot(x,y)** 명령은 y 대 x의 그래프를 그리는 명령어이다. 그래프의 선 종류, 도식 기호, 색 등을 다양하게 하기 위해서 **plot(x,y,s)** 명령을 사용할 수 있다. 여기서 s는 선 종류, 도식 기호, 색 등의 특성을 나타내는 문자이다. s는 표 F.11 중 하나의 값을 취할 수 있다.

표 F.11 MATLAB의 선과 기호 속성

기호	색상	기호	데이터 기호	기호	선 종류
b	blue	.	point	–	solid
g	green	O	circle	:	dotted
r	red	x	x–mark	–.	dash-dot
c	cyan	+	plus	– –	dashed
m	magenta	*	star		
y	yellow	s	square		
k	black	d	diamond		
		v	triangle(down)		
		^	triangle(up)		
		<	triangle(left)		
		>	triangle(right)		

예를 들어, **plot(x,y,'k*–')**의 명령을 하면 MATLAB은 각 데이터 점에 *표를 가진 검은색 실선으로 그래프를 그릴 것이다. 만약 그래프의 색을 지정하기 않는다면 MATLAB은 임의로 그래프의 색을 지정할 것이다.

그래프 상단에 문장을 추가하고 싶을 때는, **title('text')** 명령을 이용한다. **xlabel('text')** 명령은 X축의 이름을 생성한다. 작은따옴표 안의 문장이 X축 아래에 보여질 것이다. 이와 비슷하게 Y축의 이름은 **ylabel('text')** 명령을 이용하여 만들 수 있다. 그래프 내에 격자를 표시하기 위해서는 **grid on**(또는 **grid**) 명령을 한다. **grid off** 명령은 그래프에서 격자를 제거한다. 그림 F.11처럼 보조격자선을 만들기 위해서는 **grid minor** 명령을 사용한다.

일반적으로, 그래프 속성 편집기(graph property editor)를 사용하는 것이 용이하다. 예를 들어, 선을 두껍게 하고, 색을 바꾸고, 데이터 점에 표식을 추가하기 위해서는 원하는 선 위에 마우스 포인트를 올리고 더블클릭한다. 이를 위해서는 선택모드에 있는지를 먼저 확인해야 할 필요가 있다. 선택모드를 활성화시키기 위해서는 프린트 아이콘 옆의 화살표를 클릭한다. 그림 F.12에서처럼 선의 두께를 0.5에서 2로, 색을 검정으로, 데이터 표식을 다이아몬드 모양으로 설정한다. 이 새로운 설정은 그림 F.13에 반영되어 있다.

다음으로 **Insert** 항목하에 **Text Arrow**를 선택함으로써 체적이 최대인 점을 가리키는 화살표를 추가하고, 문장 "Maximum volume occurs at $x = 1.7$ cm"를 추가한다. 이는 그림 F.14에 반영되어 있다.

또한 **Edit → Current Object Properties...**를 선택하여 그림 F.15의 속성 편집기(prop-

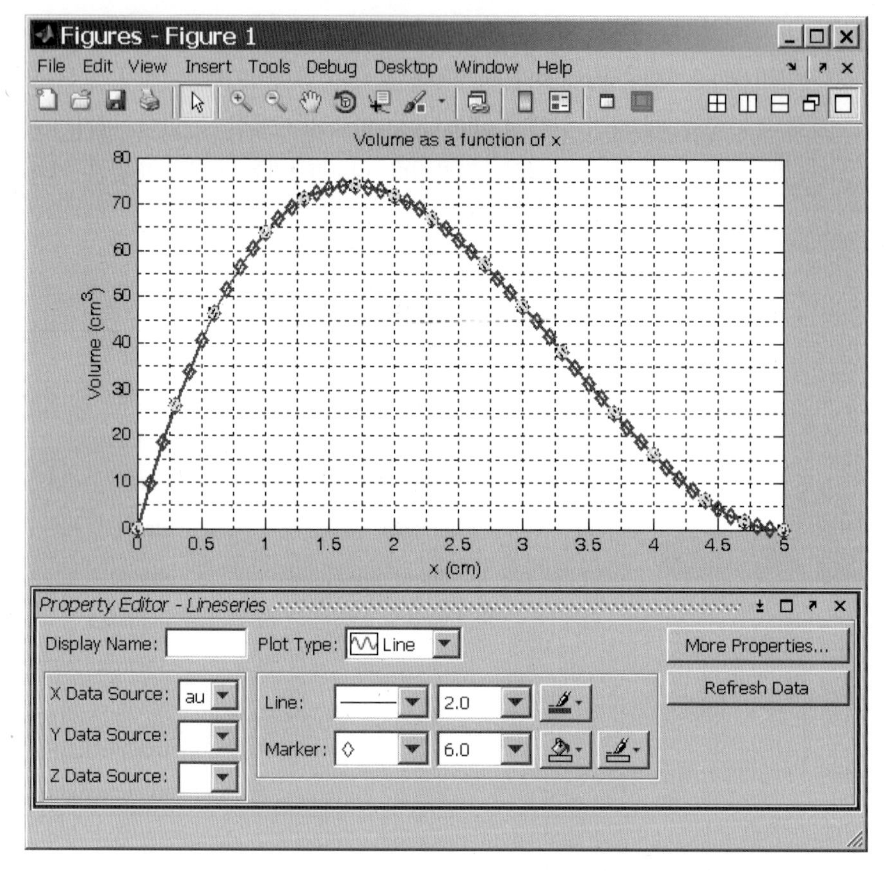

그림 F.12 속성이 변경된 예제 F.8의 그래프

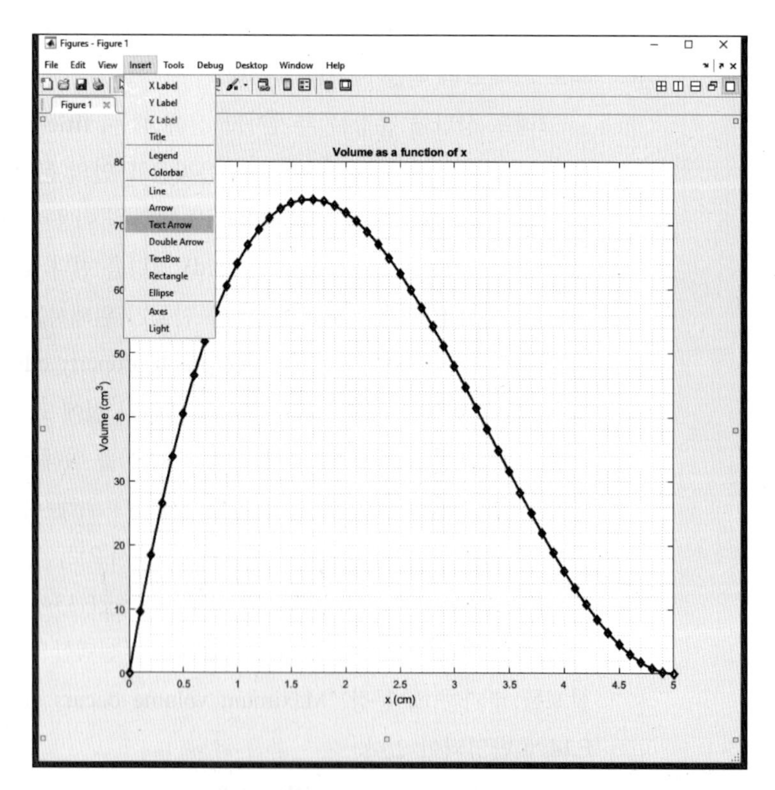

그림 F.13 Insert Text Arrow 혹은 Insert Text options를 이용한 화살표와 문장의 추가

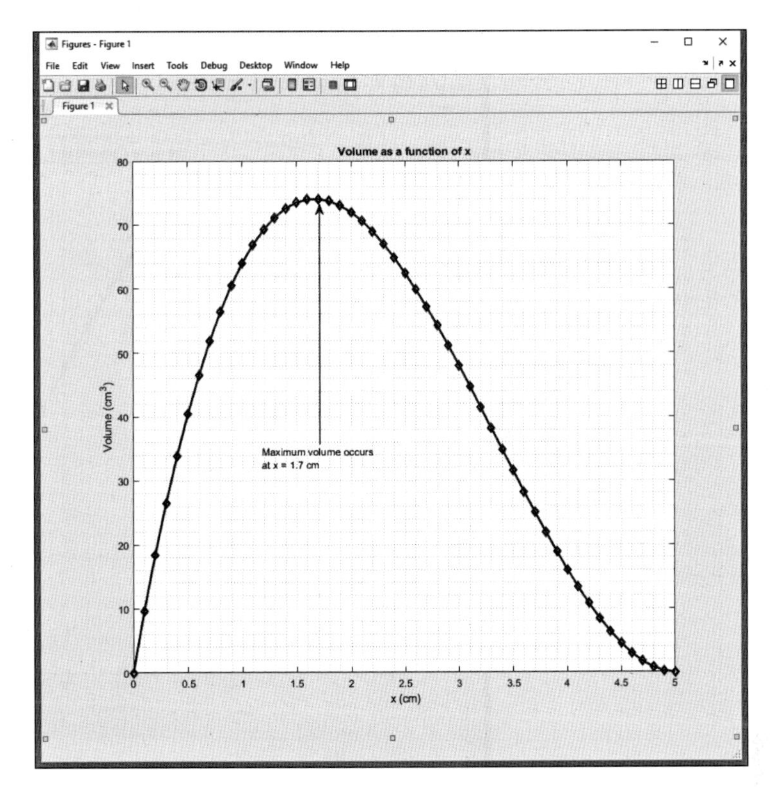

그림 F.14 예제 F.8의 해

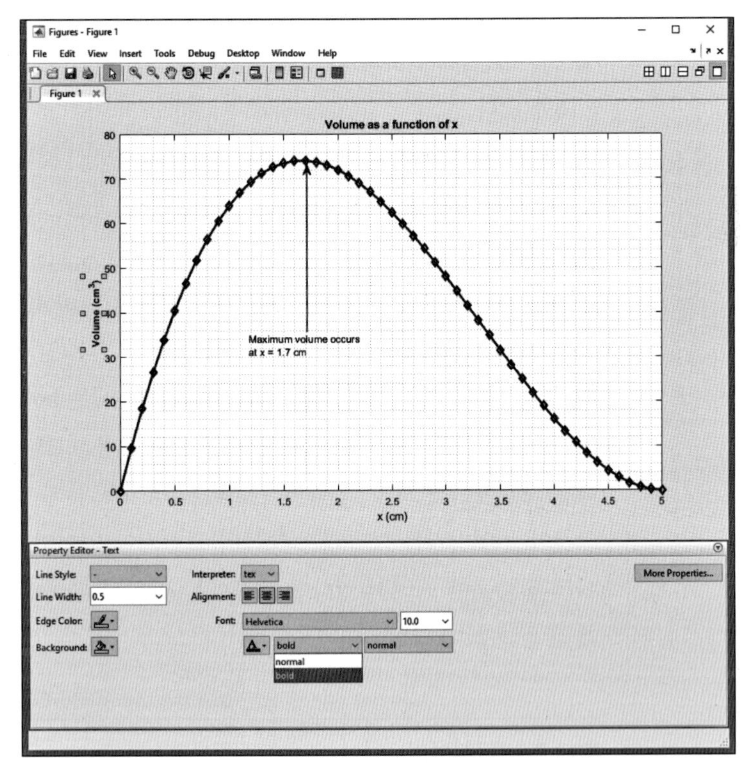

그림 F.15 MATLAB의 속성 편집기

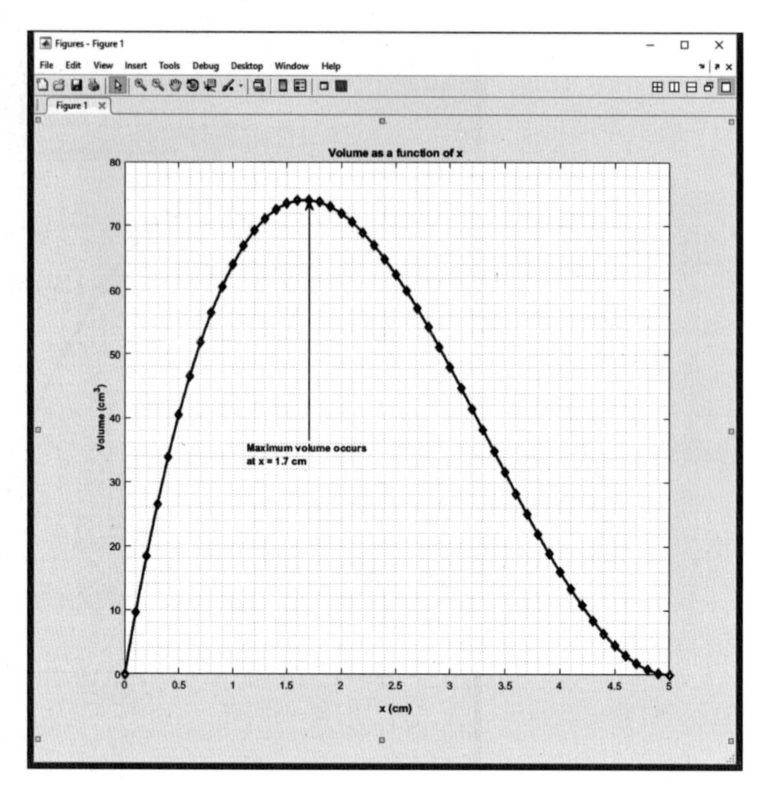

그림 F.16 예제 F.8의 결과

erty editor)를 이용하여 선택된 객체의 속성을 변경하여, 글자의 크기와 스타일을 바꾸고 제목을 만들거나, 축의 이름을 두껍게 할 수도 있다. 이를 예제 F.8에 적용한 결과는 그림 F.16에 있다.

MATLAB에서는 등고선과 평면도면을 포함한 다른 형태의 도표를 그릴 수도 있다. 또한 x, y축의 단위(scale)를 조절할 수도 있다. 예를 들어, MATLAB의 **loglog(x,y)** 명령은 x, y축에 대하여 로그 10의 단위를 사용한다. 여기서 x, y는 그리고자 하는 변수이다. **loglog(x,y)** 명령은 로그 단위를 사용하는 것 이외에 형식은 **plot(x,y)** 명령과 동일하다. **semilogx(x,y)** 혹은 **semilogy(x,y)** 명령은 x축 혹은 y축이 로그 10인 도표를 그린다. 마지막으로 동일한 그래프에 또 다른 데이터 집합을 추가하고자 할 때는 **hold** 명령을 사용한다는 것을 참고하라.

MATLAB, Excel 혹은 다른 프로그램을 사용하거나 손으로 직접 도표를 그릴 때에도 공학용 도표에는 반드시 각 축의 단위와 속성이 포함되어야 한다. 또한 도표에는 그림 번호와 그것이 무엇인지를 나타내는 제목이 포함되어 있어야 한다. 만약 한 도표에 1개 이상의 데이터 집합들이 그려져 있다면 도표에는 반드시 데이터들을 구별하기 위한 표식이 있는 범례 혹은 목록이 포함되어 있어야 한다.

예제 F.2 (다시보기)

예제 F.2의 결과를 이용하여 온도의 함수인 밀도의 값을 보여주는 그래프를 만들어라.

MATLAB의 명령창에 아래 그림과 같이 입력하고, 밀도의 그래프를 그린다.

```
>> Temperature = 0:5:50;
>> Density = 101300./((286.9)*(Temperature+273));
>> plot(Temperature,Density)
>> title('Density of Air as a Function of Tempera
>> xlabel('Temperature (C)')
>> ylabel('Density (kg/m^3)')
>> grid on
>>
```

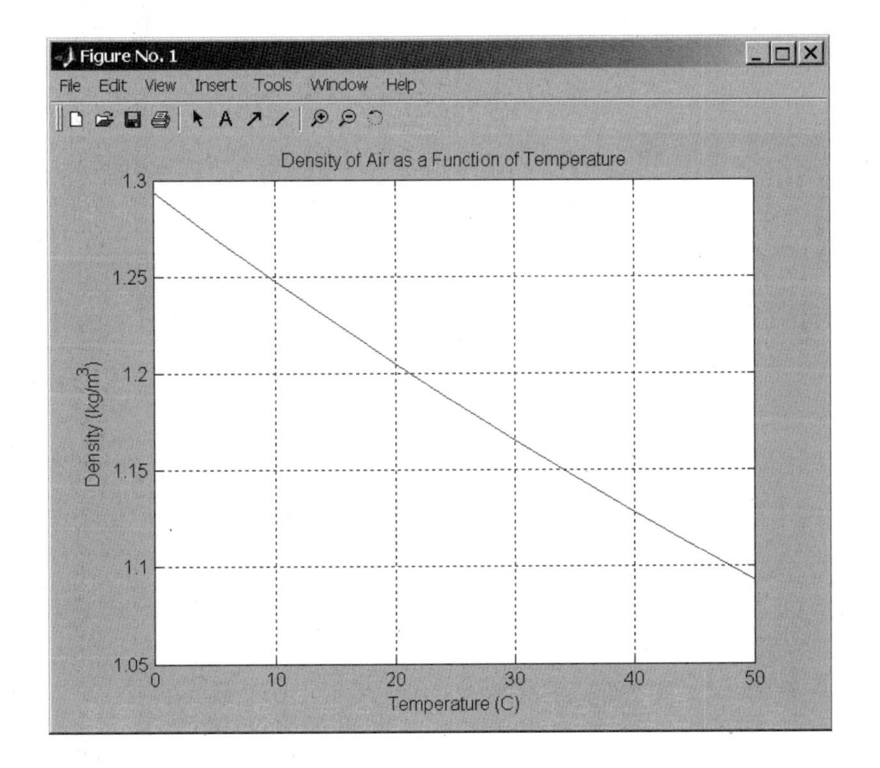

Excel과 다른 데이터 파일을 MATLAB으로 읽어들이기

때때로 Excel과 같은 프로그램을 사용하여 만들어진 파일들을 MATLAB으로 불러들여 추가적인 해석을 수행하는 것이 편리할 때가 있다. 데이터를 MATLAB으로 불러들이는 방법을 설명하기 위해서 그림 F.17의 Excel 파일을 고려한다. 이 Excel 파일은 예제 F.8에서 만들어진 것으로 x값과 그에 해당하는 체적값이 나타나 있다. MATLAB으로 파일을 불러들이기 위해 Home Tab에서 **Import Data**를 선택하고, 적절한 디렉토리에 가서 원하는 파일을 연다. 그러면 MATLAB이 데이터를 불러들여 x와 volume값을 저장할 것이다.

이제 체적을 x의 함수인 그래프로 나타내고자 한다. 그래프를 그리기 위해서 그림 F.19와 같이 몇 줄의 수식만 입력하면 된다. 그 결과는 그림 F.20에서 볼 수 있다.

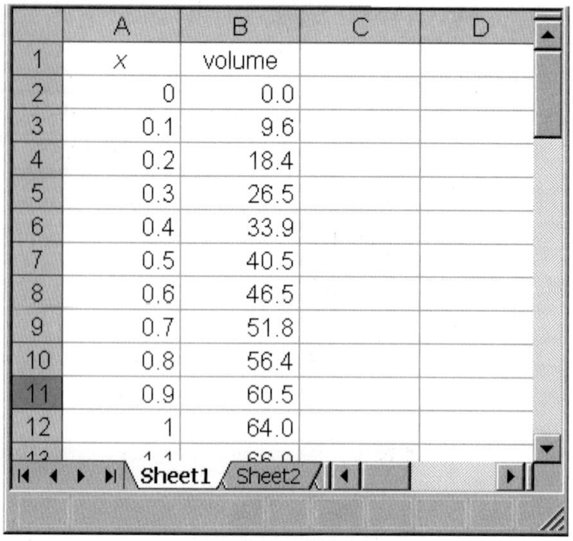

	A	B	C	D
1	x	volume		
2	0	0.0		
3	0.1	9.6		
4	0.2	18.4		
5	0.3	26.5		
6	0.4	33.9		
7	0.5	40.5		
8	0.6	46.5		
9	0.7	51.8		
10	0.8	56.4		
11	0.9	60.5		
12	1	64.0		

Sheet1 / Sheet2

그림 F.17 예제에서 사용된 Excel 파일

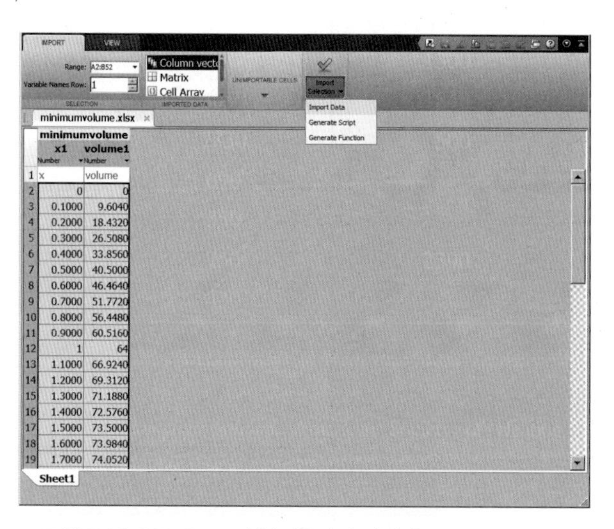

그림 F.18 MATLAB의 불러들이기 마법사(Import Wizard)

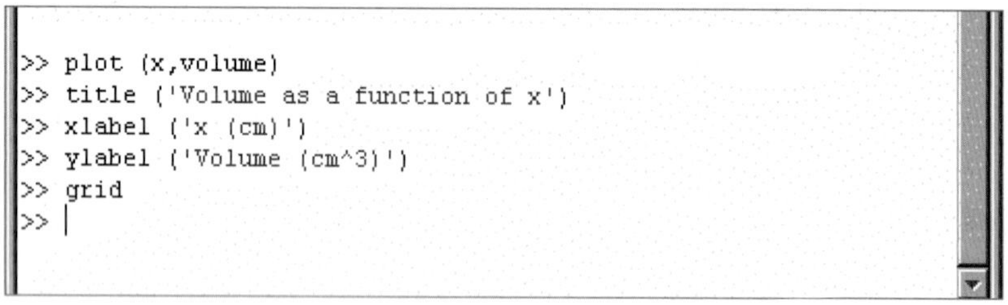

```
>> plot (x,volume)
>> title ('Volume as a function of x')
>> xlabel ('x (cm)')
>> ylabel ('Volume (cm^3)')
>> grid
>> |
```

그림 F.19 그림 F.20의 그래프를 얻기 위한 명령

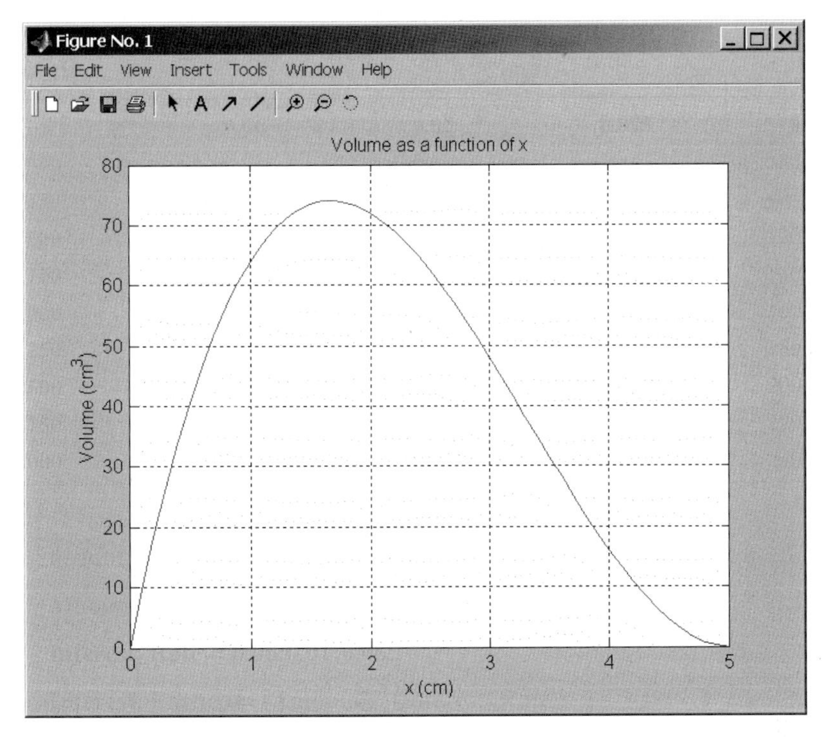

그림 F.20 Excel 파일을 불러들여 그린 volume 대 x 그래프

MATLAB의 행렬 계산

앞에서 설명했듯이 MATLAB은 행렬을 계산하고 조작하기 위한 많은 기능들을 제공한다. 표 F.5는 이러한 기능들을 보여준다. 예제 F.9를 통해 몇 가지 MATLAB의 행렬 명령을 알아본다.

예제 F.9

다음과 같이 3개의 행렬이 있다.

$$[\boldsymbol{A}] = \begin{bmatrix} 0 & 5 & 0 \\ 8 & 3 & 7 \\ 9 & -2 & 9 \end{bmatrix}, \quad [\boldsymbol{B}] = \begin{bmatrix} 4 & 6 & -2 \\ 7 & 2 & 3 \\ 1 & 3 & -4 \end{bmatrix}, \quad \{\boldsymbol{C}\} = \begin{Bmatrix} -1 \\ 2 \\ 5 \end{Bmatrix}$$

MATLAB을 이용하여, 다음의 계산을 수행하라.

(a) $[\boldsymbol{A}] + [\boldsymbol{B}] = ?$, (b) $[\boldsymbol{A}] - [\boldsymbol{B}] = ?$, (c) $3[\boldsymbol{A}] = ?$, (d) $[\boldsymbol{A}][\boldsymbol{B}] = ?$, (e) $[\boldsymbol{A}]\{\boldsymbol{C}\} = ?$,

(f) determinate of $[\boldsymbol{A}]$.

이 문제의 해는 아래와 같다. 이 문제들을 공부할 때, MATLAB에서 얻은 해들은 일반 서체(regular typeface)임을 유의하라. 볼드체(boldface)는 이용자가 입력해야 하는 부분이다.

```
>> A = [0 5 0;8 3 7;9 -2 9]
A =
     0     5     0
     8     3     7
     9    -2     9
>> B = [4 6 -2;7 2 3;1 3 -4]
B =
     4     6    -2
     7     2     3
     1     3    -4
>> C = [-1;2;5]
C =
    -1
     2
     5
>> A + B
ans =
     4    11    -2
    15     5    10
    10     1     5
>> A - B
ans =
    -4    -1     2
     1     1     4
     8    -5    13
>> 3*A
ans =
     0    15     0
    24     9    21
    27    -6    27
>> A*B
ans =
    35    10    15
    60    75   -35
    31    77   -60
```

```
>> A*C
ans =
      10
      33
      32
>> det(A)
ans =
     -45
      >>
```

예제 F.10

아래 연립 방정식을 Gauss 소거법(elimination)을 이용한 방법과 **[*A*]**의 역행렬을 구하여 **{*b*}**(식의 우측 값들)에 곱하는 방법으로 풀어라.

$$\begin{aligned} 2\boldsymbol{x}_1 + \boldsymbol{x}_2 + \boldsymbol{x}_3 &= 13 \\ 3\boldsymbol{x}_1 + 2\boldsymbol{x}_2 + 4\boldsymbol{x}_3 &= 32 \\ 5\boldsymbol{x}_1 - \boldsymbol{x}_2 + 3\boldsymbol{x}_3 &= 17 \end{aligned}$$

위의 문제에서, 계수행렬 **[*A*]**와 우측 항 **{*b*}**는 다음과 같다.

$$[\boldsymbol{A}] = \begin{bmatrix} 2 & 1 & 1 \\ 3 & 2 & 4 \\ 5 & -1 & 3 \end{bmatrix} \text{ 그리고 } \{\boldsymbol{b}\} = \begin{Bmatrix} 13 \\ 32 \\ 17 \end{Bmatrix}$$

먼저 이 문제를 MATLAB의 좌측 나누기(division) 연산자 \를 이용하여 푼다. \연산자는 Gauss 소거법을 이용하여 문제를 푼다. 다음으로 문제를 **inv** 명령을 이용하여 푼다.

```
>> A = [2 1 1;3 2 4;5 -1 3]
A =
     2     1     1
     3     2     4
     5    -1     3

>> b = [13;32;17]
b =
    13
    32
    17
```

```
>> x = A\b
x =
      2.0000
      5.0000
      4.0000

>> x = inv(A)*b
x =
      2.0000
      5.0000
      4.0000
```

각 식에 해($x_1 = 2$, $x_2 = 5$, $x_3 = 4$)를 대입하면 $2(2) + 5 + 4 = 13$, $3(2) + 2(5) + 4(4) = 32$, $5(2) - 5 + 3(4) = 17$을 만족할 것이다.

MATLAB의 곡선 접합

MATLAB은 다양한 곡선 접합을 제공한다. 예제 F.11을 통해 MATLAB을 이용하여 데이터 점들에 근접한 식을 얻는 방법을 알아본다. 예제 F.11에서는 다음 식과 같이 데이터 점들에 가장 잘 맞는 n차 다항식의 계수(c_0, c_1, c_2, …, c_n)를 결정하기 위하여 **polyfit(x,y,n)** 명령을 이용할 것이다.

$$y = c_0 x^n + c_1 x^{n-1} + c_2 x^{n-2} + c_3 x^{n-3} + \cdots + c_n$$

예제 F.11

아래 데이터들에 가장 잘 맞는 식을 찾아라.

X	Y
0.00	2.00
0.50	0.75
1.00	0.00
1.50	−0.25
2.00	0.00
2.50	0.75
3.00	2.00

데이터들을 도시화하면 y와 x 사이의 관계는 2차(2차 다항식)라는 것을 알 수 있다. 데이터들에 가장 잘 맞는 2차 다항식의 계수를 구하기 위하여, 다음과 같이 명령을 입력한다.

```
>> format compact
>> x = 0:0.5:3
```

```
≫ y = [2 0.75 0 ·0.25 0 0.75 2]
≫ Coefficients = polyfit(x,y,2)
```

예제 F.11을 위한 MATLAB의 명령창은 그림 F.21과 같다. 위의 명령을 실행하면 MATLAB은 계수($c_0 = 1$, $c_1 = -3$, $c_2 = 2$)들을 구할 것이다. 그러므로 데이터들에 가장 잘 맞는 식은 $y = x^2 - 3x + 2$이다.

```
>> format compact
>> x=0:0.5:3
x =
        0    0.5000    1.0000    1.5000    2.0000    2.5000    3.0000
>> y = [2 0.75 0 -0.25 0 0.75 2]
y =
   2.0000    0.7500         0   -0.2500         0    0.7500    2.0000
>> Coefficients = polyfit(x,y,2)
Coefficients =
   1.0000   -3.0000    2.0000
>>
```

그림 F.21 예제 F.11의 명령창

MATLAB의 문자 계산

앞의 절들에서는 MATLAB을 이용하여 수치적 공학 문제를 푸는 방법에 대하여 공부하였다. 이 절에서는 MATLAB의 문자(symbolic) 기능에 대하여 간단히 알아본다. 이름에서 알 수 있듯이 문자 계산(SYMBOLIC MATHEMATICS)은 문제와 답이 숫자 대신에 x와 같은 문자로 나타난다. 예제 F.12를 이용하여 MATLAB의 문자 기능을 설명한다.

예제 F.12

표 F.12에 있는 MATLAB의 문자 계산을 알아보기 위해 다음 함수들을 이용한다.

표 F.12 MATLAB 기호 연산의 예

함수	함수 설명	예	결과
sym	문자 함수 생성	F1x = sym('x^2−5*x+6')	F1x = x^2−5*x+6
		F2x = sym('x−3')	F2x = x−3
		F3x = sym('(x+5)^2')	F3x = (x+5)^2
		F4x = sym('5*x−y+2*x−y')	F4x = 5*x−y+2*x−y
factor	가능하다면 함수를 간단한 항으로 계승화	factor(Fx1)	(x−2)*(x−3)
simplify	함수를 단순화	simplify(F1x/F2x)	x−2
expand	함수를 전개함	expand(F3x)	x^2+10*x+25
collect	계수를 집계하여 문자 표현을 단순화	collect(F4x)	7*x−2*y
solve	문자 표현의 값을 구함	solve(F1x)	x = 2 and x = 3
ezplot (f, min, max)	최소, 최대 사이의 함수 f의 도시화	ezplot(F1x,0,2)	그림 F.22 참조

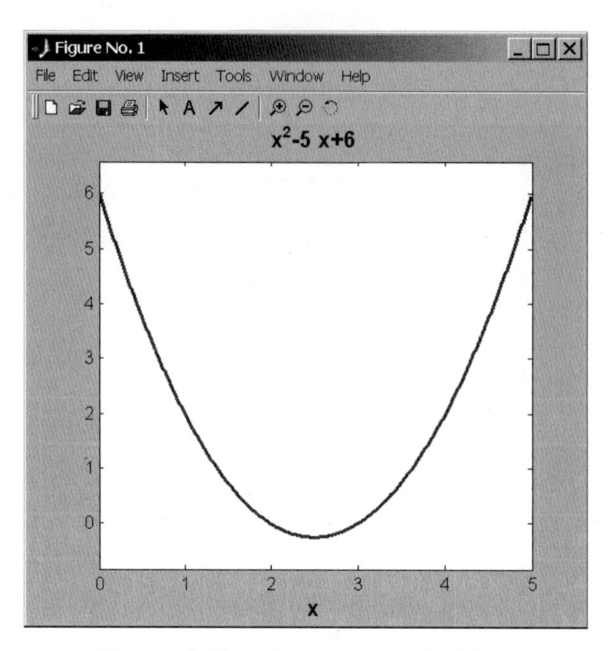

그림 F.22 예제 F.12의 ezplot(표 F.12의 마지막 줄)

$$f_1(x) = x^2 - 5x + 6$$
$$f_2(x) = x - 3$$
$$f_3(x) = (x + 5)^2$$
$$f_4(x) = 5x - y + 2x - y$$

선형 연립 방정식의 해

이 절에서는 선형 연립 방정식의 해를 구하기 위해 MATLAB의 문자 계산을 어떻게 사용할 수 있는지 알아본다. 아래에서와 같이 미지수가 x, y, z인 3개의 선형 방정식을 고려하자.

$$2x + y + z = 13$$
$$3x + 2y + 4z = 32$$
$$5x - y + 3z = 17$$

MATLAB에서 solve 명령은 기호 대수 방정식의 해를 포함한다. **solve** 명령의 기본 형태는 **solve('eq1','eq2', ... ,'eqn')**이다. 해를 구하기 위해서는 다음과 같이 먼저 각 식들을 정의한 후 **solve** 명령을 수행한다.

```
>> equation_1='2*x + y + z=13';
>> equation_2= '3*x + 2*y + 4*z=32';
>> equation_3= '5*x - y + 3*z=17';
>> eqns=[equation_1, equation_2, equation_3];
>> vars=[x y z];
>> [x,y,z]=solve(eqns, vars)
```

식의 해는 $x = 2$, $y = 5$, $z = 4$로 주어진다. 이 예를 위한 MATLAB의 명령창은 그림 F.23과 같다.

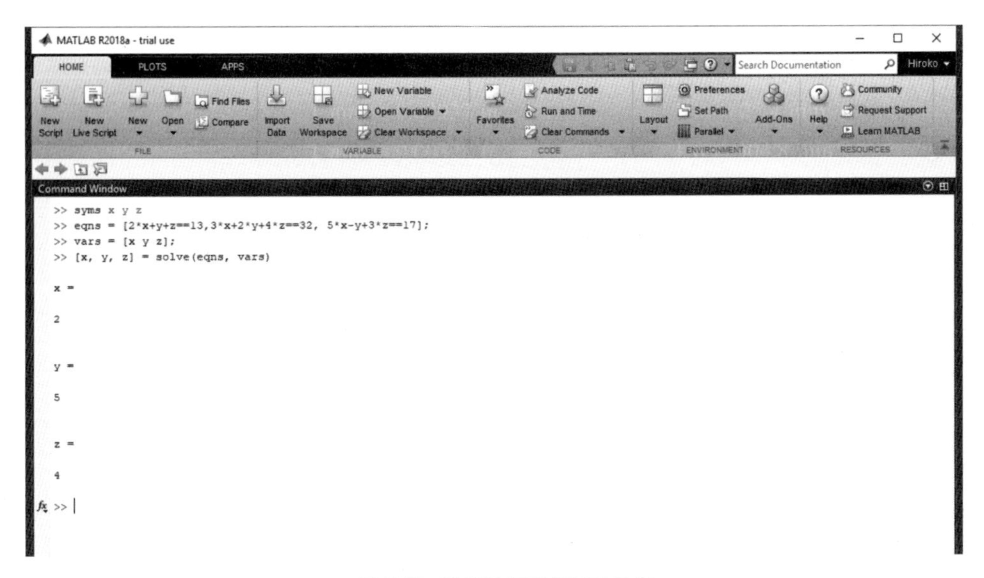

그림 F.23 위 예의 연립 방정식의 해

부록의 도입부에서 말했듯이 MATLAB의 기능에 대하여 자세히 설명한 교재들이 많다. 이 부록의 목적은 MATLAB을 사용하는 데 기본적인 사항들의 소개와 간단한 유한요소 모델의 해석을 위한 프로그램을 작성하는 데 있다. MATLAB에 대한 자세한 내용은 여러 교재를 참고하라.

INDEX

찾아보기